建筑节能施工工法汇编及技术应用

杨惠忠 主编

中国建筑工业出版社

图书在版编目(CIP)数据

建筑节能施工工法汇编及技术应用/杨惠忠主编. —北京：中国建筑工业出版社，2009
 ISBN 978-7-112-11022-3

Ⅰ.建… Ⅱ.杨… Ⅲ.建筑-节能-工程施工-施工技术 Ⅳ.TU7

中国版本图书馆CIP数据核字(2009)第088608号

建筑节能施工工法的开发、编写和推广应用，是促进建筑节能企业进行技术积累和技术跟踪，提高企业的技术素质和管理水平，加速建筑节能科技成果向现实生产力转化的有效途径。本书汇集了10个建筑节能方面的国家级施工工法、7个省级施工工法、10个企业级施工工法及11篇由国内知名建筑节能专家撰写的热门新技术应用文章，涵盖了国内目前广泛应用的、较为成熟的建筑节能施工做法和前沿的专项技术，反映了当前国内建筑节能技术应用的较高水平。本书内容丰富，知识性、实用性强，图文并茂，可全面指导建筑节能的施工及质量控制。

本书可供建筑设计、施工、监理、建筑节能研究与推广等相关单位的工程技术人员学习参考，也可供房地产开发技术人员及大专院校相关专业师生阅读。

* * *

责任编辑：范业庶　曲汝铎
责任设计：郑秋菊
责任校对：兰曼利　梁珊珊

建筑节能施工工法汇编及技术应用

杨惠忠　主编

*

中国建筑工业出版社出版、发行（北京西郊百万庄）
各地新华书店、建筑书店经销
北京天成排版公司制版
北京凯通印刷厂印刷

*

开本：787×1092毫米　1/16　印张：35½　字数：886千字
2009年9月第一版　　2009年9月第一次印刷
印数：1—3000册　　定价：**75.00**元
ISBN 978-7-112-11022-3
(18268)

版权所有　翻印必究
如有印装质量问题，可寄本社退换
（邮政编码　100037）

编委会名单

主　编　杨惠忠
副主编　何占能　邵杰仪
编　委　张　斌　任成茂　黄振利　季广其
　　　　　　康玉范　刘　悦　吴秀琪　陈有生
　　　　　　邵　兵　俞顺飞　金义键　张国阳
　　　　　　程家兴　虞章星　朱孔华　滕　荣

前　言

工法是指以工程为对象，以工艺为核心，运用系统工程的原理，把先进技术和科学管理结合起来，经过工程实践形成的综合配套的施工方法。它既是企业标准的重要组成部分，又是企业技术水平和施工能力的重要标志。工法分为国家级（一级）、省（部）级（二级）和企业级（三级）三个等级。完整的工法应包括形成过程、适用范围、技术原理、工艺流程、操作要点、机具设备、劳动组织、质量要求、效益分析、应用实例等内容。为提高我国整体施工技术管理水平，自1988年开始，建设部每两年评审一次国家级工法，已批准的国家级工法有效期为6年。

近年来，建筑节能在国内迅速发展，相关法律法规陆续出台，节能面积不断扩大。同时也出现了很多建筑节能工程质量问题，严重制约了建筑节能新技术的应用与推广工作。建筑节能工法的研究与应用极大地提高了工程技术的应用效能，同时也提高了建筑节能行业的工程质量。本书就是基于以上几点考虑而组织编写的。

为了满足施工企业对工法更深入地了解和促进建筑节能新技术的推广应用，本书博采众长，汇集了建筑节能国家级工法10个、省级工法7个、企业级工法10个，参与的企业有十多家，另外还汇编了由国内知名节能专家撰写的热门新技术应用文章11篇，同时选编了建筑节能常用术语中英文对照约200条。本书得到了很多国内外著名节能企业的帮助和支持，得到了许多国内著名节能老专家的指导，在此表示衷心感谢。同时，在这里也感谢中国建筑工业出版社编辑们的辛勤劳动。

本书的出版对我国建筑节能施工工法的进一步升级及建筑节能技术进步将起到良好的促进作用。

目　录

第一篇　建筑节能国家级施工工法

GKP外墙外保温(聚苯板聚合物砂浆增强网做法)面砖饰面施工工法 …………… 3

现浇混凝土有网聚苯板复合胶粉聚苯颗粒面砖饰面外墙外保温施工工法 ………… 17

轻质防火隔热浆料复合外保温体系施工工法 ………………………………………… 37

聚氨酯硬泡体屋面防水保温系统施工工法 …………………………………………… 61

胶粉聚苯颗粒贴砌聚苯板面砖饰面外墙外保温施工工法 …………………………… 70

喷涂硬泡聚氨酯面砖饰面外墙外保温施工工法 ……………………………………… 98

聚氨酯硬泡外保温工程喷涂施工工法 ………………………………………………… 121

GKP外墙外保温(聚苯板聚合物砂浆增强网做法)涂料饰面施工工法 ……………… 137

台风地区节能铝合金窗防渗漏施工工法 ……………………………………………… 148

聚氨酯硬泡体外墙外保温系统施工工法 ……………………………………………… 156

第二篇　建筑节能省级施工工法

房屋建筑钢丝网架珍珠岩夹芯板内隔墙施工工法 …………………………………… 169

房屋建筑工业灰渣混凝土空心隔墙条板内隔墙施工工法 …………………………… 184

聚苯复合保温板外墙内保温系统施工工法 …………………………………………… 204

TS现场模浇聚氨酯硬泡外墙外保温面砖饰面施工工法 ……………………………… 215

轻质砂蒸压加气混凝土砌块填充墙粘合法施工工法 ………………………………… 226

TS现场模浇聚氨酯硬泡外墙外保温涂料饰面施工工法 ……………………………… 234

TS20聚苯颗粒保温材料外墙内保温施工工法 ………………………………………… 245

第三篇　建筑节能企业级施工工法

TS干挂保温装饰复合型板外墙外保温施工工法 ……………………………………… 253

ZTS环保型多功能复合保温板外墙外保温工程施工工法 …………………………… 263

胶粉聚苯颗粒保温浆料面砖饰面外墙外保温施工工法 ……………………………… 274

胶粉聚苯颗粒保温浆料涂料饰面外墙外保温施工工法 …………………………… 289
XN无机建筑保温砂浆面砖饰面外墙外保温施工工法 …………………………… 304
欧文斯科宁惠围®外墙外保温系统施工工法 ……………………………………… 322
欧文斯科宁连环甲™挂板外墙外保温系统(SIS)施工工法 ……………………… 335
膨胀聚苯板薄抹灰外墙外保温系统施工工法 ……………………………………… 351
伊通(YTONG)轻质砂加气砌块的施工工法 ……………………………………… 362
特拉块(烧结页岩空心砌块)砌体施工工法 ………………………………………… 371

第四篇 建筑节能技术研究及应用

建筑外墙外保温系统的防火安全 …………………………………………………… 387
保温材料及性能检测技术 …………………………………………………………… 410
建筑节能的现场检测方法 …………………………………………………………… 422
国内外外墙外保温的发展及基本构造概论 ………………………………………… 446
建筑门窗物理性能的检测技术 ……………………………………………………… 450
红外热成像无损检测技术原理及工程应用 ………………………………………… 464
节能墙体系统的技术与应用 ………………………………………………………… 497
薄抹灰外墙外保温系统粘贴面砖的应用策略 ……………………………………… 510
硬泡聚氨酯(PUF)—高效节能保温建材及施工工法简介 ……………………… 517
断桥隔热铝合金中空玻璃窗隔声性能实测及分析研究——国都枫华府第项目声
　环境探讨 …………………………………………………………………………… 525
供热采暖的相关技术研究 …………………………………………………………… 532

附录 建筑节能常用术语中英文对照

第一篇
建筑节能国家级施工工法

GKP外墙外保温(聚苯板聚合物砂浆增强网做法)面砖饰面施工工法

北京住总集团有限责任公司技术开发中心
鲍宇清　钱选青　王文波　周　宁　龚海光

1　前　言

随着国家经济的发展和国际能源问题的日益突出,建筑节能已成为国家的一项重要国策。外墙外保温由于热桥少,房间热稳定好等诸多优点,已成为目前墙体节能保温的主要做法。1994年,北京住总集团开发了GKP外墙外保温技术,于1996年通过北京市建委组织的技术鉴定,1999年荣获建设部科技进步三等奖,2003年获得国家发明专利(专利号为ZL 96 1 20602.0)并颁布了企业标准,之后在此基础上经过对材料进一步改进和完善,大大优化了工艺方法,使之更好地适用于面砖饰面的外墙外保温工程。在GKP外墙外保温技术的基础上,经过对大量的施工工程进行总结,完成本工法。

2　技　术　特　点

2.0.1　以聚苯板(模塑板或挤塑板)作保温层,导热系数小,保温可靠,可满足现行65%及更高节能标准的要求。
2.0.2　粘钉结合的连接方式,确保与结构墙体的连接安全。
2.0.3　配套的材料和完善的工艺措施,系统具有可靠的耐久性。

3　适　用　范　围

本工法适用于各类地区新建建筑和既有建筑改造,采用聚苯板增强网聚合物砂浆做法外饰面为面砖的外墙外保温工程。

4　工　艺　原　理

本工法是在外墙外保温-聚苯板玻纤网格布聚合物砂浆做法的基础上,针对外饰面为面砖的饰面荷载增大,为抵抗保温材料剪切变形和高空风压,达到《建筑工程饰面砖粘结强度检验标准》JGJ 110的标准,满足面砖拉拔强度大于等于0.4MPa要求的外保温施工工法。本工法的外保温系统采用与基层墙体粘钉结合的连接方式，按设计或每两层设一道托架；使用新型聚合物砂浆，增强网采用与砂浆握裹力好的先焊后热浸镀锌钢丝网，7～11mm聚合物砂浆防护；高性能的饰面砖胶粘剂和填缝剂，并采取多种构造措施；确保了外保温饰面砖做法的系统安全性和耐久性。

5 施工工艺流程及操作要点

5.1 基本构造及工艺流程

5.1.1 基本构造

基本构造示意图见图1。

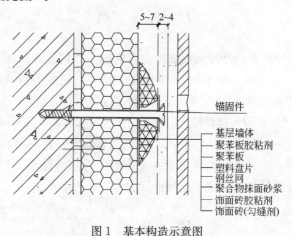

图1 基本构造示意图

5.1.2 工艺流程

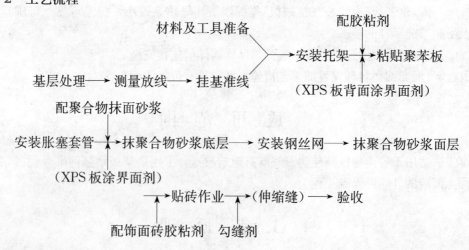

5.2 操作要点

5.2.1 放线

根据建筑立面设计和外保温技术要求，在墙面弹出外门窗水平、垂直控制线及伸缩缝线、装饰线条、装饰缝线等。

5.2.2 拉基准线

在建筑外墙大角（阳角、阴角）及其他必要处挂垂直基准钢丝线，每个楼层适当位置挂水平线，以控制聚苯板的垂直度和平整度。

5.2.3 XPS板背面涂界面剂

如使用 XPS 板，在 XPS 板与墙的粘结面上涂刷界面剂，晾置备用。

5.2.4 配聚苯板胶粘剂

按配制要求严格计量，机械搅拌，确保搅拌均匀。一次配制量应少于可操作时间内的用量。拌好的料注意防晒避风，超过可操作时间后不准使用。

5.2.5 安装托架

（1）从最下层粘贴聚苯板处弹水平线，沿线安装托架，方法见图2托架安装图。

（2）托架依据结构层高和聚苯板尺寸按设计要求留设，若无要求则每两楼层留设一道，以在楼板位置为宜；若结构本身有挑出构造，可替代托架。

（3）托架应做防腐蚀处理。

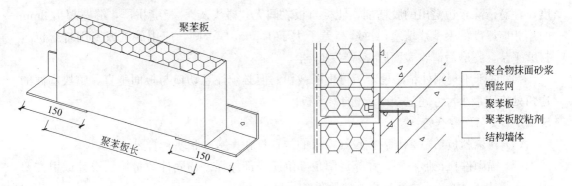

图 2　托架安装图

5.2.6 粘贴聚苯板

（1）排板按水平顺序进行，上下应错缝粘贴，阴阳角处做错茬处理；聚苯板的拼缝不得留在门窗口的四角处。做法参见图3聚苯板排列示意图。

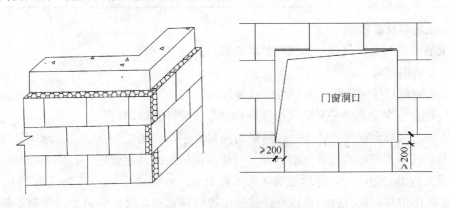

图 3　聚苯板排列示意图

(2) 聚苯板的粘结方式有点框法和条粘法。点框法适用于平整度较差的墙面，条粘法适用于平整度好的墙面，粘结面积率不小于50%。不得在聚苯板侧面涂抹胶粘剂。具体做法参见图4聚苯板粘结示意图。

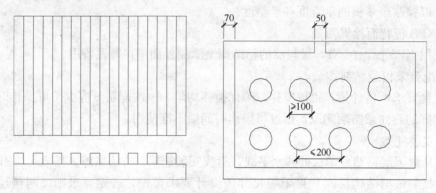

图4　聚苯板粘结示意图

(3) 粘板时应轻柔、均匀地挤压聚苯板，随时用2m靠尺和托线板检查平整度和垂直度。注意清除板边溢出的胶粘剂，使板与板之间无"碰头灰"。板缝拼严，缝宽超出2mm时用相应厚度的聚苯片填塞，拼缝高差不大于1.5mm。否则，应用砂纸或专用打磨机具打磨平整，打磨后清除表面漂浮颗粒和灰尘。

(4) 局部不规则处粘贴聚苯板可现场裁切，但必须注意切口与板面垂直。整块墙面的边角处应用最小尺寸超过300mm的聚苯板。

5.2.7　安装胀塞套管

(1) 在聚苯板粘贴24h后按设计要求的位置打孔，塞入胀塞套管。

(2) 锚固件梅花形布置，在靠近阳角部位应局部加强。锚固件数量按照设计或甲方要求，不得少于4个/m²。每平方米锚固件数量见表1。

每平方米锚固件数量表　　　　　　　　　　　　　　　　　　　表1

间距(mm)	300	350	400	450	500
每平方米锚固件数量(个/m²)	11	8	6	5	4

5.2.8　抹底层抹面砂浆

对套管孔进行保护处理后抹底层抹面砂浆，厚度5～7mm。

5.2.9　安装钢丝网

(1) 抹完底层抹面砂浆24h后可铺设钢丝网，将锚固钉(附垫片)压住钢丝网插入胀塞套管，使钢丝网绷紧，绷平紧贴底层抹面砂浆，然后拧紧锚固钉。

(2) 钢丝网裁剪宜保证最外一边网格的完整；钢丝网搭接不少于50mm，且保证2个完整网格的搭接；左右搭接接茬应错开，防止局部接头网片层数过多，影响抹灰质量；钢丝网铺设时应沿一边进行，尽量使钢丝网拉紧绷平。

(3) 阴阳角和门窗口边的折边应提前按位置折成直角，保证转角处的垂直平整。门窗口处钢丝网卷边长度以掩至门窗口或附框口边为准；阴阳角400mm范围内不宜搭接。

图 5 是阴阳角做法，图 6 是洞口做法。

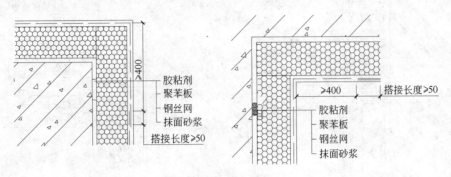

图 5　阴阳角做法

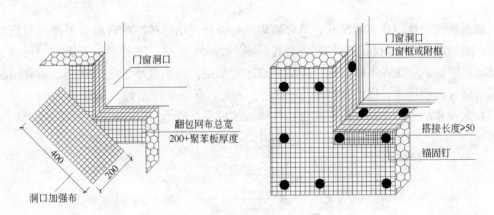

图 6　洞口做法

5.2.10　抹面层抹面砂浆

(1) 在钢丝网上抹面层抹面砂浆，厚度 2～4mm，钢丝网不得外露。

(2) 砂浆抹灰施工间歇应在自然断开处，如伸缩缝、挑台等部位，以方便后续施工的搭接。在连续墙面上如需停顿，面层砂浆不应完全覆盖已铺好的钢丝网，需与钢丝网、底层砂浆形成台阶形坡茬，留茬间距不小于 150mm，以免钢丝网搭接处平整度超出偏差。

5.2.11　"缝"处理

伸缩缝、结构沉降缝的处理。

(1) 伸缩缝施工时，分格条应在抹灰工序时就放入，待砂浆初凝后起出，修整缝边；缝内填塞发泡聚乙烯圆棒（条）作背衬，再分两次勾填建筑密封膏，勾填厚度为缝宽的 50%～70%。

(2) 沉降缝根据具体缝宽和位置设置金属盖板，以射钉或螺钉紧固。具体做法如图 7 和图 8 所示。

5.2.12　面砖饰面作业

应在样板件测试合格，抹面砂浆施工 7d 后抹灰基面达到饰面施工要求时进行面砖饰面作业。

(1) 弹分格线、排砖

在抹面砂浆上，按排砖大样图和水平、垂直控制线弹出分格线。

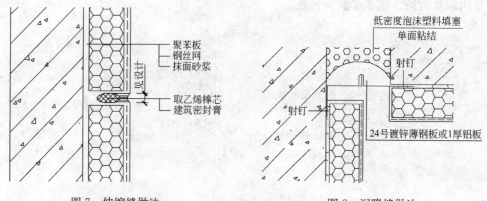

图7 伸缩缝做法　　　　　　图8 沉降缝做法

根据深化设计图和实际尺寸,结合面砖规格进行现场排砖。排砖时水平缝应与门窗口平齐,竖向应使各阳角和门窗口处为整砖。同一墙面上的横、竖排列,不得有一行以上的非整砖,非整砖应排在不明显处,即阴角或次要部位,且不宜小于1/2整砖。通常用缝宽来调整面砖排列尺寸,但砖缝宽度应不小于5mm,不得采用密缝。墙面突出的卡件、孔洞处,面砖套割应吻合,排砖应美观。具体做法见图9所示。

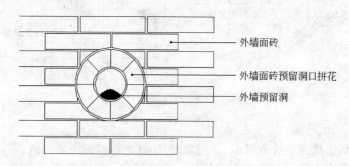

图9 外墙预留洞口面砖套割示意图

(2) 浸砖

将选好的面砖清理干净,浸水2h以上,并清洗干净,待表面晾干后方可粘贴。

(3) 粘贴面砖

1) 先粘贴标砖作为基准,控制面砖的垂直、平整度和砖缝位置、出墙厚度。然后在每一分格内均挂横竖向通线,作为粘贴标准,自下而上进行粘贴。粘结层厚度宜为4～8mm。先在各分格第一皮面砖的下口位置上固定好托尺,第一皮面砖落在托尺上与墙面贴牢,用水平通线控制面砖的外皮和上口,然后逐层向上粘贴。面砖粘贴时,面砖之间的水平缝用宽度适宜的米厘条控制,米厘条用贴砖砂浆临时粘贴,并临时加垫小木楔调整平整度。待粘贴面砖的砂浆强度达到设计强度75%时,取出米厘条。

2) 面砖阳角拼接做法采用倒2mm角的做法,避免面砖出现"硬碰硬"现象。具体做法见图10所示。

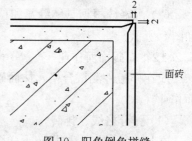

图10 阳角倒角拼缝

3）女儿墙压顶、窗台等部位需要粘贴面砖时，除流水坡度符合设计要求外，应采取顶面砖压立面砖的做法，防止向内渗水，引起空裂，同时还应采取立面中最下一排低于底面砖4～6mm的做法，使其起到滴水线（槽）的作用，防止尿檐引起污染，详细做法见图11所示。

4）饰面砖胶粘剂的披刮采用双布法，即先在墙面上用梳齿抹子满刮一道饰面砖胶粘剂，如图12所示。再在砖背面满抹一层饰面砖胶粘剂，然后把面砖粘贴到墙上，用小铲轻轻敲击，使之与基层粘结牢固，并用靠尺检查，调整平整度和垂直度，用开刀调整面砖的横竖缝。在粘结层初凝前或允许的时间内，可调整面砖的位置和接缝宽度，使之附线并敲实；在初凝后或超过允许的时间后，严禁振动或移动面砖。

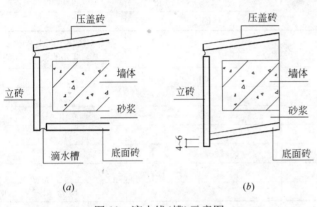

图11 滴水线（槽）示意图　　　图12 饰面砖胶粘剂披刮示意图

（4）勾缝

勾缝应按设计要求的材料和深度进行。勾缝应连续、平直、光滑、无裂纹、无空鼓。勾缝宜按先水平后垂直的顺序进行，缝宽5mm时，缝宜凹进面砖2～3mm。勾缝后要及时用干净的布或棉丝将砖表面擦干净，防止污染墙面。

6 材料与设备

6.1 系统要求

其技术指标应符合表2的要求。

GKP面砖饰面外保温系统技术要求　　　表2

项　目			指　标
系统热阻 [(m²·K)/W]			复合墙体热阻符合设计要求
耐候性	外观质量		无宽度大于0.1mm的裂缝，无粉化、空鼓、剥落现象
	拉伸粘结强度(MPa)	EPS	切割至聚苯板表面 ≥0.10
		XPS	切割至聚苯板表面 ≥0.20
		饰面砖	切割至抹面砂浆表面 ≥0.4
24h吸水量(g/m²)			≤500
耐冻融(10次)			裂纹宽度≤0.1mm，无空鼓、剥落现象

6.2 聚苯板

应符合《绝热用模塑聚苯乙烯泡沫塑料》GB/T 10801.1 或《绝热用挤塑聚苯乙烯泡沫塑料》GB/T 10801.2 标准的要求，其技术指标见表3和表4。EPS板上墙前，应在自然条件下陈放不少于42d或在60℃蒸汽中陈放不少于5d；XPS板应在自然条件下陈放不少于28d。聚苯板的宽度不宜超过1200mm，高度不宜超过600mm。

聚苯乙烯泡沫塑料板技术要求　　　　　　表3

项目		指标	
		EPS	XPS
导热系数［W/(m·K)］		≤0.042	符合 GB/T 10801.2 中第5.3条的要求
表观密度(kg/m³)		≥18	—
熔结性	断裂弯曲负荷(N)	≥25	—
	弯曲变形(mm)	≥20	≥10
尺寸稳定性(%)		≤0.5	≤1.2
水蒸汽透湿系数［ng/(Pa·m·s)］		2.0～4.5	1.2～3.5
吸水率(%)		≤4	≤2
燃烧性		B2级	B2级

聚苯板的允许偏差(mm)　　　　　　表4

项目		允许偏差	项目	允许偏差
厚度	不大于50	±1.5	高度	±1.5
	大于50	±2.0	对角线差	±3.0
宽度	≤900	±1.5	板边平直	±2.0
	>900	±2.5	板面平整度	－1.5，+2

6.3 聚苯板胶粘剂

其技术要求见表5。

聚苯板胶粘剂技术要求　　　　　　表5

项目		指标
拉伸粘结强度(MPa)（与水泥砂浆）	常温常态	≥0.60
	耐水	≥0.40
拉伸粘结强度(MPa)（与模塑板）	常温常态	≥0.10
	耐水	≥0.10
拉伸粘结强度(MPa)（与配套的挤塑板）	常温常态	≥0.20
	耐水	≥0.20
聚苯板胶粘剂与基层墙体拉伸粘结强度(MPa)		≥0.3
可操作时间(h)		≥2
与聚苯板的相容性(mm)		剥蚀厚度≤1.0

6.4 聚合物抹面砂浆

其技术要求见表6。

聚合物抹面砂浆技术要求　　　　　　　表6

项　目		指　标
拉伸粘结强度(MPa)(与模塑板)	常温常态	≥0.10
	耐　水	≥0.10
	耐冻融	≥0.10
拉伸粘结强度(MPa)(与挤塑板)	常温常态	≥0.20
	耐　水	≥0.20
	耐冻融	≥0.20
抗压强度/抗折强度		≤3.0
抗拉强度(MPa)	常温常态	≥0.5
	耐　水	≥0.5
	耐冻融	≥0.5
可操作时间(h)		≥2
与聚苯板的相容性(mm)		剥蚀厚度≤1.0

6.5 增强材料

采用热浸镀锌电焊钢丝网,其性能指标应符合表7的要求。

镀锌钢丝网的技术要求　　　　　　　表7

项　目	后热镀锌电焊网	项　目	后热镀锌电焊网
钢丝直径(mm)	0.8～1.0	焊点抗拉力(N)	≥65
网孔中心距(mm)	12～26	断丝(处/m)	≤1
镀锌层质量(g/m^2)	≥122	脱焊(点/m)	≤1

6.6 机械锚固件

制作的金属机械锚固件应经耐腐蚀处理,塑料套管和圆盘应用聚酰胺(PA6或PA6.6)、聚乙烯(PE)或聚丙烯(PP)等材料制成,不得使用回收料,其主要技术性能见表8。

机械锚固件的主要技术性能指标　　　　　　　表8

试　验　项　目	技　术　指　标
拉拔力(kN)	在C25以上的混凝土中,≥0.60

螺钉长度和有效锚固深度,根据基层墙体材料和设计要求并参照生产厂使用说明确定。

6.7 饰面砖

其性能指标应符合表 9 的要求。

饰面砖的主要技术性能指标　　　　　　　表 9

试 验 项 目	技 术 指 标
吸水率①(%)	0.5～6.0
面积(mm²)	≤15000
厚度(mm)	≤10
单位面积质量(kg/m²)	≤20
抗冻性	经冻融试验后无裂缝或破坏

① 耐候性试验拉拔强度符合《建筑工程饰面砖粘结强度检验标准》(JGJ 110)的陶质砖，吸水率可适当放宽。

6.8 饰面砖胶粘剂

应采用水泥基粘结材料，其性能指标应符合表 10 的要求。

饰面砖胶粘剂的主要技术性能指标　　　　　　　表 10

试 验 项 目		技 术 指 标
与饰面砖拉伸粘结强度(MPa)	原强度	≥0.5
	浸水后	≥0.5
	热老化后	≥0.5
	冻融循环后	≥0.5
20min 晾置时间后的强度(MPa)		≥0.5
滑移(mm)		≤0.5
横向变形(mm)		≥1.5

6.9 填缝剂

其性能指标应符合表 11 的要求。

填缝剂的主要技术性能指标　　　　　　　表 11

项 目		指 标
与饰面砖拉伸粘结强度(MPa)	原强度	≥0.1
	浸水后	≥0.1
	热老化后	≥0.1
	冻融循环后	≥0.1
横向变形(mm)		≥2.0
吸水量(g/m²)	30min	<2
	240min	<5
28d 的线性收缩值(mm/m)		<3.0
抗泛碱性		无可见泛碱

6.10 其他材料

6.10.1 发泡聚乙烯圆棒或条

用于填塞伸缩缝,作密封膏的背衬材料,直径(宽度)为缝宽的1.3倍。

6.10.2 建筑密封膏

应采用聚氨酯、硅酮、丙烯酸酯型建筑密封膏,其技术性能除应符合现行标准《聚氨酯建筑密封膏》JC 482、《建筑用硅酮结构密封胶》GB 16776、《丙烯酸酯建筑密封膏》JC/T 484的有关要求外,还应与外保温系统相容。

6.11 机具设备

外接电源设备、电动搅拌器、开槽器、角磨机、电锤、称量衡器、密齿手锯、壁纸刀、剪刀、螺丝刀、钢丝刷、腻子刀、抹子、阴阳角抿子、托线板、2m靠尺、墨斗等。

7 质量控制

7.1 主控项目

7.1.1 外墙外保温系统性能及所用材料,应符合国家和地方有关标准的要求。材料进场后,应做质量检查和验收,其品种、规格、性能必须符合设计要求。

检验方法:检查系统型式检验报告和材料的产品合格证,现场抽样复验。复检材料及项目见表12。

材料现场抽样复验项目　　　　　　　　　　表12

序号	材料名称	现场抽样数量	复验项目	判定方法
1	聚苯板	以同一厂家生产、同一规格产品、同一批次进场,每500m³为一批,不足500m³亦为一批。每批随即抽取3块样品进行检验	导热系数、表观密度、抗拉强度、尺寸稳定性、燃烧性能	复验项目均符合本工法第6章技术性能,即判为合格。其中任何一项不合格时,应从原批中双倍取样对不合格项目重检,如两组样品均合格,则该批产品为合格,如仍有一组以上不合格,则该批产品判为不合格
2	聚苯板胶粘剂	每20t为一批,不足20t亦为一批。对砂浆从一批中随机抽取5袋,每袋取2kg,总计不少于10kg,液料则按《色漆、清漆和色漆与清漆甲原材料取样》GB/T 3186进行	常温常态和浸水拉伸粘结强度(与水泥砂浆)	
3	抹面砂浆	同聚苯板胶粘剂	常温常态和浸水拉伸粘结强度(与聚苯板)、柔韧性	
4	镀锌钢丝网	每7000m²为一批	网孔中心距、丝径、上锌量、焊点抗拉力	
5	饰面砖胶粘剂	每30t为一批,不足30t亦为一批。其余同聚苯板胶粘剂	拉伸粘结强度(原强度)	
6	填缝剂	同饰面砖胶粘剂	吸水量	

7.1.2 聚苯板与墙面必须粘结牢固,无松动和虚粘现象。聚苯板胶粘剂与基层墙体拉伸粘结强度不得小于0.3MPa,粘结面积率不小于50%。

检验方法：观察；按《建筑工程饰面砖粘结强度检验标准》JGJ 110的方法实测干燥条件下聚苯板胶粘剂与基层墙体的拉伸粘结强度；检查隐蔽工程验收记录。

7.1.3 锚固件数量、锚固位置和锚固深度应符合设计要求。

检验方法：观察；卸下锚固件,实测锚固深度；卡尺量。

7.1.4 聚苯板的厚度必须符合设计要求,其负偏差不得大于3mm。

检验方法：用钢针插入和尺量检查。

7.1.5 抹面砂浆与聚苯板必须粘结牢固,无脱层、空鼓,面层无爆灰和裂缝等缺陷。抹面砂浆与聚苯板拉伸粘结强度采用EPS时不得小于0.10MPa,采用XPS时不得小于0.20MPa。

检验方法：观察；按《建筑工程饰面砖粘结强度检验标准》JGJ 110的方法实测样板件抹面砂浆与聚苯板拉伸粘结强度；检查施工纪录。

7.1.6 饰面砖粘贴必须牢固,饰面砖粘结强度不得小于0.4MPa。

检验方法：按《建筑工程饰面砖粘结强度检验标准》JGJ 110的方法实测样板件饰面砖粘结强度；检查施工纪录。

7.2 一般项目

7.2.1 聚苯板安装应上下错缝,挤紧拼严,拼缝平整,碰头缝不得抹胶粘剂。

检验方法：观察；检查施工纪录。

7.2.2 聚苯板安装允许偏差应符合表13的规定。

聚苯板安装允许偏差和检验方法　　　　表13

项次	项　目	允许偏差(mm)	检　查　方　法
1	表面平整	3	用2m靠尺和楔形塞尺检查
2	立面垂直	3	用2m垂直检测尺检查
3	阴、阳角垂直	3	用2m托线板检查
4	阳角方正	3	用200mm方尺检查
5	接茬高差	1.5	用直尺和楔形塞尺检查

7.2.3 钢丝网应铺压平整,不得露于抹面砂浆之外。增强网的搭接长度必须符合设计要求。

检验方法：观察；检查施工纪录。

7.2.4 变形缝构造处理和保温层开槽、开孔及装饰件的安装固定应符合设计要求。

检验方法：观察；手扳检查。

7.2.5 外保温墙面抹面砂浆层的允许偏差和检验方法应符合表14的规定。

外保温墙面层的允许偏差和检验方法　　　　表14

项次	项　目	允许偏差(mm)	检　查　方　法
1	表面平整	4	用2m靠尺和楔形塞尺检查
2	立面垂直	4	用2m垂直检测尺检查
3	阴、阳角方正	4	用直角检测尺检查
4	分格缝(装饰线)直线度	4	拉5m线,不足5m拉通线,用钢直尺检查

8 安 全 措 施

8.0.1 进入现场必须戴好安全帽。制定防止工具、用具、材料坠落的措施，施工现场严禁上下抛扔工具等物品。

8.0.2 从事施工作业高度在 2m 以上时，必须采取有效的防护措施，系好安全带，防止坠落。

8.0.3 必须对脚手架进行安全检查，确认合格后方可上人。脚手架应满铺脚手板，并固定牢固，严禁出现探头板。

8.0.4 使用手持电动工具均应设置漏电保护器，戴绝缘手套，防止触电。机械发生事故时，非机电维修人员严禁维修。

9 环 保 措 施

9.0.1 施工时脚手架或吊篮应加强围挡，避免聚苯板碎屑遗撒。

9.0.2 专人及时清理、装袋并将废料放置到指定地点，及时清运。

9.0.3 靠近居民生活区施工时，要控制施工噪声。需夜间运输材料时，车辆不得鸣笛，减少噪声扰民。

10 效 益 分 析

GKP 外墙外保温面砖饰面施工工法是墙体节能的重要工法，可满足北京市节能 65% 的要求，并解决了在外保温系统上贴面砖的难题。北京市每年的竣工面积超过 5000 万 m^2，若 20% 贴面砖，而且其中仅 20% 按 GKP 外墙外保温面砖饰面施工工法施工，每年就有 200 万 m^2。按 65% 节能，其能耗从 $25.2kg/m^2$ 降到 $8.8kg/m^2$，每年将节约 32800t 标准煤，同时减少大量的二氧化碳等有害气体排放。而且，饰面砖安全性差也会产生巨大的质量成本，甚至造成人身事故。GKP 外墙外保温面砖饰面施工工法的应用解决了这一难题，保证饰面砖的安全，不但会大大减少不安全因素，降低质量成本，同时也给施工方带来巨大的经济效益。

11 工程应用实例

11.1 朝阳区潘家园漪龙台公寓外保温工程概况

漪龙台工程位于朝阳区潘家园，为檐高 72m 的高层公寓，外保温施工始于 2003 年 3 月，终于 2003 年 7 月，由新兴建设二公司施工，采用 GKP 面砖饰面外墙外保温施工工法施工。

该工程为北京第一个高层后粘聚苯板做法外保温贴砖工程。针对该项目，在先期邀请了业内的部分专家对这种工艺和该项目进行研讨，基本可行后在施工现场模拟工程实况进行样板墙实验，进行了大量的测试，获得了丰富的第一手资料。这些工作获得了甲方和施工总包单位的认可。

外保温施工由总包单位新兴建设二公司负责，主要材料由北京住总技术开发中心提供，现场进行技术指导，进行全程技术监督。该工程采用聚合物砂浆胶粘剂外贴50mm厚密度$22kg/m^3$的聚苯板，粘结面积50%，每平方米设置6～8套锚固件，将玻纤网改成钢丝网，保护层厚度为10mm，外侧用饰面砖胶粘剂粘贴面砖。为了检验工程实效，在每个部位完工后专门邀请检测单位立即进行实体检测，检测结果均符合相关要求。在工程完工当天又邀请北京市质检站进行了拉拔检测，结果全部满足JGJ 110标准的要求。

11.2 奥林匹克花园二期工程情况

该工程位于朝阳区东坝，为5～7层的低密度住宅区。2004年初，北京奥林匹克投资置业有限公司因其一期工程采用的是常规的玻纤网薄抹灰做法，面砖施工质量效果不好。二期的20个栋号约$48000m^2$保温面积的工程全部按照GKP面砖饰面外墙外保温施工工法，交由北京住总技术开发中心施工，西立面、北立面粘贴40mm厚挤塑板保温，南立面、东立面粘贴30mm厚挤塑板保温，门窗洞口侧边粘贴15mm薄挤塑板。外侧钢丝网，抹灰厚度为8～10mm。在2004年5～8月施工期后，该工程顺利通过了检测验收，工程质量良好，获得了甲方的好评。

11.3 顺义区后沙峪双裕住宅小区工程情况

该工程位于顺义区后沙峪，钢筋混凝土结构，地上7层，采用GKP面砖饰面外墙外保温施工工法施工，外贴50mm厚挤塑板保温，镀锌钢丝网增强，聚合物砂浆防护层，外墙保温面积$38300m^2$。由北京天洋志普房地产开发有限公司开发，北京城建北方建设有限责任公司总承包。2005年9月施工，工程质量良好。

现浇混凝土有网聚苯板复合胶粉聚苯颗粒面砖饰面外墙外保温施工工法

北京振利建筑工程有限责任公司

刘晓明 任 玮 黄振利 朱 青

1 前 言

1.0.1 现浇混凝土有网聚苯板复合胶粉聚苯颗粒外墙外保温系统（简称有网现浇系统）采用双面进行界面砂浆预处理的斜嵌入式单面钢丝网架膨胀聚苯板（简称EPS钢丝网架板或有网EPS板）与混凝土墙体一次浇筑成型方式固定保温层，有网EPS板面层采用胶粉聚苯颗粒保温浆料进行抹灰找平。

1.0.2 该技术系统获得了科学技术部等五部局的"国家重点新产品"、"国家火炬计划"等奖项。现已通过建设部的评估，并被建设部评为全国绿色建筑创新奖二等奖。

1.0.3 本技术系统拥有全部中国自主知识产权，发明专利有抗裂保温墙体及施工工艺 ZL 98103325.3，实用新型有整体浇筑聚苯保温复合墙体 ZL 01201103.7。

1.0.4 截至目前，本技术系统已编的行业（协会）标准有《现浇混凝土复合膨胀聚苯板外墙外保温技术要求》JG/T 228—2007、《胶粉聚苯颗粒复合型外墙外保温系统》CAS 126—2005，并被编入北京、天津、甘肃、安徽、内蒙古等地方标准中，在华北、新疆、内蒙古、天津、山东、浙江、辽宁、甘肃、湖南等多个标准图集中也编入了该技术系统。

2 工 法 特 点

2.0.1 本工法采用主体结构和保温层一次成型做法，施工速度快，有网EPS板双面涂刷界面处理砂浆，增强了有网EPS板与混凝土的粘结。

2.0.2 有网EPS板斜插丝浇筑在混凝土中，增强了系统与基层墙体的连接。

2.0.3 采用胶粉聚苯颗粒保温浆料作为有网EPS板面层的找平层，有效解决了以往抹水泥砂浆抹灰易开裂、损坏等问题，并且减轻了面层荷载，阻断了由斜插丝产生的热桥，并可提高系统的防火性能。

2.0.4 该系统做法具有抗风荷载性能好、防火标准高、保温效果好、施工方便快捷、耐候性强等特点，双网构造设计能够充分地分散和释放应力，有效地控制裂缝的产生，外饰面采用面砖饰面，抗震性能好，有网EPS板与混凝土浇筑工序可在冬期施工。

3 适用范围

本工法适用于基层墙体为现浇钢筋混凝土,且基层墙体与保温层一次浇筑成型的外墙外保温工程,可适用于不同气候区、不同节能标准、不同建筑高度和不同防火等级要求的建筑外墙外保温工程。

4 工艺原理

4.0.1 采用有网EPS板与混凝土现浇一次成型做法,并用胶粉聚苯颗粒保温浆料作为有网EPS板面层的找平材料,可提高系统的防火透气功能。抗裂防护层采用抗裂砂浆复合热镀锌电焊网做法,热镀锌电焊网由塑料锚栓锚固于基层墙体,抗震性能好;饰面层采用的专用面砖粘结砂浆及面砖勾缝料均具有粘结力强、柔韧性好、抗裂防水效果好的特点。

4.0.2 有网现浇系统各构造层材料柔韧性匹配,热应力释放充分,基本构造见表1。

现浇混凝土有网EPS板面砖饰面基本构造　　　　表1

基层墙体 ①	系统的基本构造				构造示意图
	保温层 ②	找平层 ③	抗裂防护层 ④	饰面层 ⑤	
现浇混凝土墙体	经EPS板界面砂浆处理的有网EPS板	胶粉聚苯颗粒保温浆料(≥20mm)	第一遍抗裂砂浆+热镀锌电焊网(用塑料锚栓与基层锚固或与钢丝网架双向绑扎)+第二遍抗裂砂浆	面砖粘结砂浆+面砖+勾缝料	

5 施工工艺流程及操作要点

5.1 施工工艺流程

施工工艺流程见图1。

5.2 施工准备

5.2.1 工程技术准备

(1) 根据工程量、施工部位和工期要求,制定施工方案,保温施工前施工负责人应熟悉图纸。

(2) 组织施工队进行技术交底和观摩学习,进行安全教育。

(3) 材料配制应指定专人负责,配合比、搅拌机具与操作应符合要求,严格按厂家说明书配置,严禁使用过时砂浆。

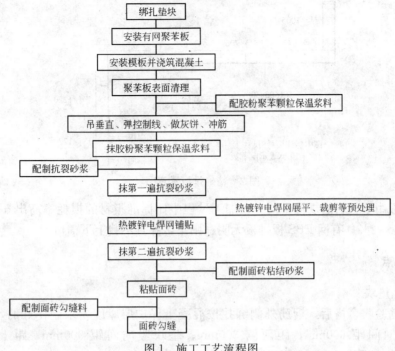

图 1 施工工艺流程图

5.2.2 搅拌棚及库房搭建

根据工程量的大小及现场计划存放材料的多少设置搅拌棚及库房。搅拌站的搭建需要选择背风方向，靠近垂直运输机械，搅拌棚需要三侧封闭，一侧作为进出料通道。

库房的搭建要求：地面应平整坚实，远离砂石料场，处于砂石料场的下风向；要求防水、防潮、防阳光直晒。材料采取离地架空堆放，聚苯板存放场地应具有防火设施。

5.2.3 施工作业条件

(1) 外墙面上的雨水管卡、预埋铁件等应提前安装完毕，并预留外保温厚度。

(2) 作业时环境温度不应低于5℃，风力不应大于5级。

(3) 雨期施工应做好防雨措施，雨天不得施工。

(4) 施工用脚手架横、竖杆距墙面、墙角的间距需适度，且应满足保温层厚度和施工操作要求。

5.2.4 有网EPS板精确排板

如果施工要求为精确排板，则加工前，工厂内应先根据建筑施工图对墙面、门窗上下口等进行精确排板，板的厚度按照图纸的设计要求确定，板的高度在一般情况下为楼层的高度，如果用户另有要求需要加工上下企口，则应在层高的基础上多加一个企口的高度。排板的原则为：按大墙的各个立面或根据轴线对板进行排列，并依次编号，尽量采用标准板，即宽度为1.22m的板。如遇门窗、阳台等不能使用标准板的地方，则确定其相邻板企口到洞口的尺寸即为板的宽度；门窗的上下板尺寸，则根据门窗表上门窗的尺寸及立面图上门窗的位置进行确定。然后按照一定的走向，或根据标明的轴线方向对板进行编号，并绘制排板图(图2)，使排板图上非标准板的板号与其尺寸相对应，加工时严格按照尺寸进行加工，并在加工好的板上标记板号及尺寸，便于安装时按照排板图找板。

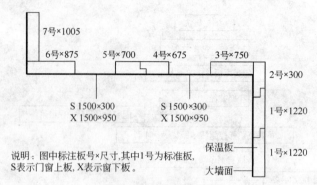

图 2 精确排板示意图

精确排板由于板材的规格不同,在加工过程中比标准板材的损耗率高出5%,网片的损耗率为1‰~2‰。有网EPS板排板无阴、阳角,并且不裁上下横口。

5.3 操作要点

5.3.1 绑扎垫块

外墙钢筋验收合格后,钢筋外侧绑扎按混凝土保护层厚度要求制作好的水泥砂浆垫块,垫块横向间距600mm,距两侧300mm;垫块竖向间距900mm,距上下两端各500mm,且每块聚苯板内不少于6块。

5.3.2 安装有网EPS板

(1) 精确排板时根据排板图排列聚苯板;非精确排板时,可按照建筑的外墙形状及特殊节点的形状在工地现场将聚苯板裁好,裁剪时先剪断钢网,再裁聚苯板。将聚苯板的接缝处涂刷上胶粘剂(有污染的部分必须先清理干净),然后将聚苯板粘结上,粘结完成的聚苯板不要再移动。

(2) 将聚苯板就位于外墙钢筋的外侧,将L筋(直径ϕ6,长150mm,弯钩30mm,其穿过保温板部分刷防锈漆两道)按垫块位置穿过聚苯板,用低碳钢丝将其与钢丝网及墙体钢筋绑扎牢固,企口按缝搭接安装,要求两板尽可能紧密(图3)。

(3) 外墙阳角及窗口、阳台底边处,须附加角网及连接平网,搭接长度不小于200mm。

(4) 板缝处须附加网片,并用U形8号镀锌低碳钢丝穿过有网EPS板绑扎在钢筋上,外侧用低碳钢丝绑扎在钢丝网架上(图4)。

图 3 L筋安装

图 4 板缝加网片

(5) 聚苯板安装完毕后,使底部内收 3~5mm,以保证拆模后聚苯板底部与上口平齐。

(6) 首层聚苯板必须严格控制在同一水平线上,以确保上层聚苯板的缝隙严密和垂直。

5.3.3 安装模板

(1) 宜采用大模板,按保温板厚度确定模板配制尺寸、数量。

(2) 将外墙内侧向的大模板准确就位,调整好垂直度,立模的精度要符合标准要求,并固定牢靠,使该模板成为基准模板(图5)。

(3) 插穿墙拉杆,完成相应的调整和紧固。

5.3.4 浇筑混凝土

浇筑混凝土前保温板顶面处须采用遮挡措施;新、旧混凝土接茬处应均匀浇筑 30~50mm 同强度的细石混凝土。混凝土应分层浇筑,厚度控制在500mm,一次浇筑高度不宜超过 500mm,混凝土下料点应分散布置,连续进行,间隔时间不超过2h(图6)。

图5 外模板安装

图6 浇筑混凝土

混凝土浇筑完毕后须整理上口甩出钢筋,并以木抹子抹平混凝土表面。常温条件下,混凝土浇筑完成后混凝土强度达到 1.2MPa 时即可拆除墙体内、外侧的大模板。

5.3.5 聚苯板表面处理

(1) 聚苯板表面漏出的混凝土浆如果和聚苯板之间有空鼓,则必须清理干净;聚苯板表面界面砂浆脱落部分应补刷。

(2) 聚苯板表面大面积凹进或破损严重、偏差过大的部位,应用胶粉聚苯颗粒保温浆料填补找平;如果有凸出的部位,可用木锤把高出的部位往里敲打收进,也可采用打磨聚苯板的方法处理。

5.3.6 吊垂直、弹控制线、做灰饼、冲筋

根据建筑物高度确定放线的方法,高层建筑及超高层建筑可利用墙大角、门窗口两边,用经纬仪打直线找垂直。多层建筑或中高层建筑,可从顶层用大线坠吊垂直,绷钢丝找规矩,横向水平线可依据楼层标高或施工±0.000 向上 500mm 线为水平基准线进行交圈控制。门窗、阳台、明柱、腰线等处都要横平竖直。根据吊垂直通线及保温层厚度,每步架大角两侧弹上控制线。

在距大墙阴角或阳角约 100mm 处,根据垂直控制通线按 1.5m 左右间距做垂直方向

灰饼，顶部灰饼距楼层顶部约 100mm，底部灰饼距楼层底部约 100mm。待垂直方向灰饼固定后，在同一水平位置的两个灰饼间拉水平控制通线，具体做法为将带小线的小圆钉插入灰饼，拉直小线，小线要比灰饼略高 1mm，在两灰饼之间按 1.5m 左右间距水平粘贴若干灰饼或冲筋。灰饼可用胶粉聚苯颗粒保温浆料做，也可用废聚苯板裁成 50mm×50mm 小块粘贴。

每层灰饼粘贴施工作业完成后，水平方向用 5m 小线拉线检查灰饼的一致性，垂直方向用 2m 托线板检查垂直度，并测量灰饼厚度，冲筋厚度应与灰饼厚度一致。用 5m 小线拉线检查冲筋厚度的一致性，并记录。

5.3.7　找平层施工

（1）胶粉聚苯颗粒保温浆料抹灰及找平

抹胶粉聚苯颗粒保温浆料时，其平整度偏差为±4mm，抹灰厚度略高于灰饼的厚度。胶粉聚苯颗粒保温浆料抹灰按照从上至下，从左至右的顺序抹。涂抹整个墙面后，用杠尺在墙面上来回搓抹，去高补低。最后再用铁抹子压一遍，使表面平整，厚度一致（图7）。

图 7　抹胶粉聚苯颗粒保温浆料找平

保温面层凹陷处用稀胶粉聚苯颗粒保温浆料抹平，对于凸起处可用抹子立起来将其刮平。待抹完保温面层 30min 后，用抹子再赶抹墙面，先水平后垂直，再用托线尺检测后达到验收标准。

胶粉聚苯颗粒保温浆料施工时要注意清理落地灰，落地灰应及时少量多次重新搅拌使用。

（2）阴阳角找方应按下列步骤进行

1）用木方尺检查基层墙角的直角度，用线坠吊垂直检验墙角的垂直度；

2）胶粉聚苯颗粒保温浆料抹灰后应用木方尺压住墙角浆料层上下搓动，使墙角胶粉聚苯颗粒保温浆料基本达到垂直，然后用阴、阳角抹子压光，以确保垂直度偏差和直角度偏差均为±2mm；

3）门窗口施工时应先抹门窗侧口、窗台和窗上口，再抹大墙面，施工前应按门窗口的尺寸截好单边八字靠尺，做口应贴尺施工，以保证门窗口处方正。

5.3.8　抹抗裂砂浆，铺压热镀锌电焊网

1）待找平层施工完成 3~7d 且施工质量验收合格后，即可进行抗裂防护层施工。

2）先抹第一遍抗裂砂浆，厚度控制在 2~3mm。接着铺贴热镀锌电焊网，应分段进行铺贴，热镀锌电焊网的长度最长不应超过 3m。为使施工质量得到保证，施工前应预先展平热镀锌电焊网并按尺寸要求裁剪好，边角处的热镀锌电焊网应折成直角。铺贴时应沿水平方向按先下后上的顺序依次平整铺贴，铺贴时先用 U 形卡子卡住热镀锌电焊网，使其紧贴抗裂砂浆表面，然后按双向@500mm 梅花状分布用塑料锚栓将热镀锌电焊网锚固在基层墙体上，有效锚固深度不得小于 25mm，局部不平整处用 U 形卡子压平（图8）。热镀锌电焊网之间搭接宽度不应小于两个网格，搭接层数不得大于 3 层，搭接处

用U形卡子和钢丝固定。所有阳角处的热镀锌电焊网不应断开，阴阳角处角网应压住对接片网。窗口侧面、女儿墙、沉降缝等热镀锌电焊网收头处应用水泥钉加垫片将热镀锌电焊网固定在主体结构上。

3) 热镀锌电焊网铺贴完毕后，应重点检查阳角处热镀锌电焊网连接状况，再抹第二遍抗裂砂浆，并将热镀锌电焊网包覆于抗裂砂浆之中，抗裂砂浆的总厚度宜控制在8～10mm，抗裂砂浆面层应平整。

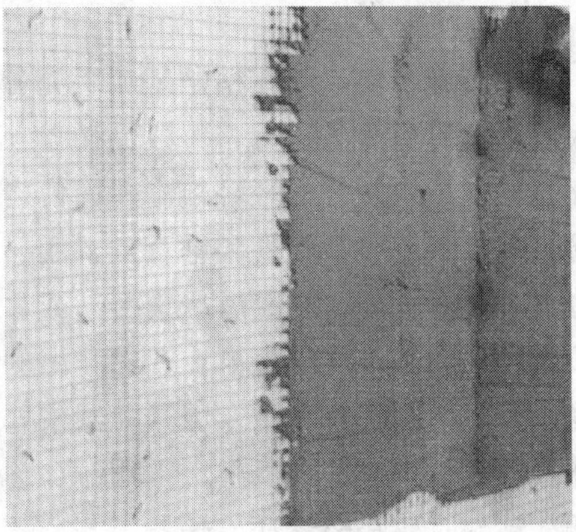

图8 抗裂砂浆铺压热镀锌电焊网

5.3.9 粘贴面砖

(1) 饰面砖工程深化设计

饰面砖粘贴前，应首先对设计未明确的细部节点进行辅助深化设计，按不同基层做出样板墙或样板件，确定饰面砖排列方式、缝宽、缝深、勾缝形式及颜色、防水及排水构造、基层处理方法等施工要点。饰面砖的排列方式通常有对缝排列、错缝排列、菱形排列、尖头形排列等几种形式；勾缝通常有平缝、凹平缝、凹圆缝、倾斜缝、山形缝等几种形式。确定粘结层及勾缝材料、调色矿物辅料等的施工配合比，外墙饰面砖不得采用密缝，留缝宽度不应小于5mm，一般水平缝10～15mm，竖缝6～10mm，凹缝勾缝深度一般为2～3mm。排砖原则确定后，现场实地测量结构尺寸，综合考虑找平层及粘结层的厚度，进行排砖设计，条件具备时应采用计算机辅助计算和制图。作粘结强度试验，经建设、设计、监理各方认可后，以书面的形式进行确定。

(2) 弹线分格

抗裂砂浆基层验收后即可按图纸要求进行分段分格弹线，同时进行粘贴控制面砖的工作，以控制面砖出墙尺寸和垂直度、平整度。注意，每个立面的控制线应一次弹完。每个施工单元的阴阳角、门窗口、柱中、柱角都要弹线。控制线应用墨线弹制，验收合格后才能局部放细线施工。

(3) 排砖

阳角、窗口、大墙面、通高的柱垛等主要部位都要排整砖，非整砖要放在不明显处，且不宜小于1/2整砖。墙面阴阳角处最好采用异形角砖，不宜将阳角两侧砖边磨成45°角后对接；如不采用异形角砖，也可采用大墙面饰面砖压小墙面饰面砖的方法。横缝要与窗台平齐，墙体变形缝处，饰面砖宜从缝两侧分别排列，留出变形缝。外墙饰面砖粘贴应设置伸缩缝，竖向伸缩缝宜设置在洞口两侧或与墙边、柱边对应的部位，横向伸缩缝可设置在洞口上下或与楼层对应处，伸缩缝应采用柔性防水材料嵌缝。对于女儿墙、窗台、檐口、腰线等水平阳角处，顶面砖应压盖立面砖，立面底皮砖应封盖底平面面砖，可下凸3～5mm兼作滴水线，底平面面砖向内翘起以便于滴水。

(4) 浸砖

吸水率大于0.5%的饰面砖应浸泡后使用，吸水率小于0.5%的饰面砖不需要浸砖。饰面砖浸水后应晾干后方可使用。

(5) 贴砖

贴砖施工前,应在粘贴基层上充分用水湿润。贴砖作业一般从上至下进行,高层建筑大墙面贴砖应分段进行,每段贴砖施工应由下至上进行。先固定好靠尺板贴最下一皮砖,面砖贴上后用灰铲柄轻轻敲击砖面使之附线,轻敲表面固定。用开刀调整竖缝,用小杠尺通过标准点调整平整度和垂直度,用靠尺随时找平找方。在粘结层初凝时,可调整面砖的位置和接缝宽度,初凝后严禁振动或移动面砖。砖缝宽度可用自制米厘条控制,如符合模数也可采用标准成品缝卡。墙面凸出的卡件、水管或线盒处宜采用整砖套割后套贴,套割缝口要小,圆孔宜采用专用开孔器来处理,不得采用非整砖拼凑镶贴。粘贴施工时,当室外气温大于35℃,应采取遮阳措施。贴砖时背面打灰要饱满,粘结灰浆中间略高四边略低,粘贴时要轻轻揉压,压出灰浆,最后用铁铲剔除灰浆。粘结灰浆厚度宜控制在3～5mm左右。面砖的垂直、平整度应与控制面砖一致。

粘贴纸面砖时应事先制定与纸面砖相应的模具,将模具套在纸面砖上,然后将模具后面刮满厚度为2～5mm的粘结砂浆,取下模具,从下口粘贴线向上粘贴纸面砖,并压实拍平,应在粘结砂浆初凝前,将纸面砖纸板刷水润透,并轻轻揭去纸板,应及时修补表面缺陷,调整缝隙,并用粘结砂浆将未填实的缝隙嵌实。

5.3.10 面砖勾缝

勾缝施工应采用专用的勾缝胶粉,施工时按要求加水搅拌均匀制成专用勾缝砂浆。勾缝施工应在面砖粘贴施工检查合格后进行。粘结层终凝后可按照样板墙确定的勾缝材料、缝深、勾缝形式及颜色进行勾缝,勾缝要视缝的形式使用专用工具;勾缝宜先勾水平缝再勾竖缝,纵横交叉处要过渡自然,不能有明显痕迹。砖缝要在一个水平面上,并且连续、平直、深浅一致,表面应压光,缝深2～3mm。采用成品勾缝材料应按厂家说明书进行操作。缝勾完后应立即用棉丝或海绵蘸水或清洗剂擦洗干净,勾缝完毕对大面积外墙面进行检查,保证整体工程的清洁美观。

5.3.11 细部节点做法

细部节点做法参见图9～图11所示。

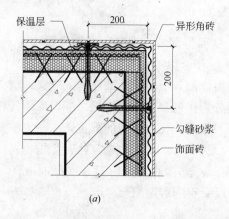
(a)

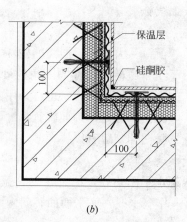
(b)

图9 阴阳角做法
(a)阳角;(b)阴角

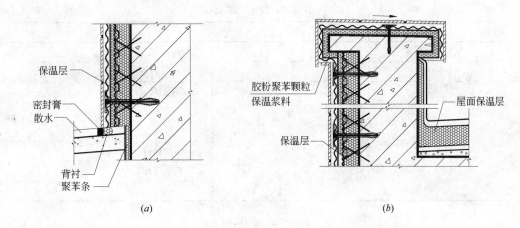

图10 勒脚和女儿墙做法
(a)勒脚；(b)女儿墙

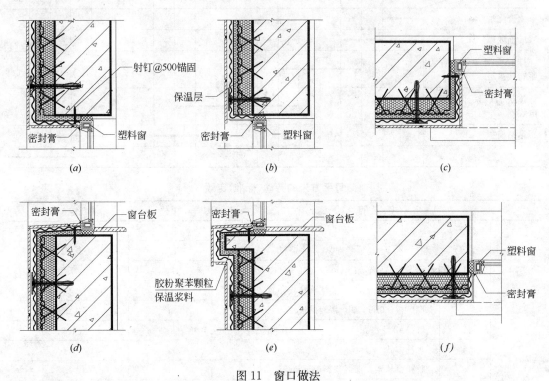

图11 窗口做法
(a)窗上口(一)；(b)窗上口(二)；(c)窗侧口(一)；(d)窗下口(一)；
(e)窗下口(二)；(f)窗侧口(二)

5.4 劳动力组织

本工法按外墙保温面积10000m²、工期80d(不包括组合浇筑)计算的劳动力计划，见表2，施工进度计划见表3，每平方米的劳动(标准)定额见表4。

劳动力计划　　　　　　　　　　　　　　　表2

序号	工种名称	高峰时段需求人数(人)	备注	
1	抹灰工	50		
2	普工	24		
3	管理人员	6	项目经理	1人
			技术员	1人
			质检员	1人
			材料员	1人
			安全管理员	1人
			工长	2人

施工进度计划　　　　　　　　　　　　　　表3

工序＼工日	6个月	1	3	5	8	12	16	20	24	28	32	36	40	44	48	52	56	60	65
组合浇筑	━━																		
墙面处理		━━━																	
抹胶粉聚苯颗粒保温浆料找平层				━━━━━━															
抹抗裂砂浆压热镀锌电焊网								━━━━━━━━━											
粘贴面砖											━━━━━━━								
面砖勾缝															━━━━━				

每平方米的劳动(标准)定额　　　　　　　表4

项目			单位	消耗定额数量
人工	技工		工日	0.159
	普工		工日	0.027
材料	1	EPS板界面砂浆	kg	0.7
	2	EPS板(60mm厚，非精确排板)①	m³	0.063
		EPS板(60mm厚，精确排板)②	m³	0.060
	3	P.O 42.5水泥	kg	1.0
	4	水洗中砂	kg	1.0
	5	胶粉聚苯颗粒保温浆料(15mm厚)	m³	0.015
	6	抗裂砂浆(胶液型)②	kg	3.0
		抗裂砂浆(干拌型)②	kg	12.0
	7	热镀锌电焊网	m²	1.2
	8	塑料锚栓	个	5.010
	9	面砖粘结砂浆	kg	6.000
	10	勾缝粉	kg	2.500

① EPS板耗量为工地现场耗量，在工厂加工过程中精确排板比非精确排板的损耗率高5％。
② 抗裂砂浆的胶液型和干拌型可任选一种，如选用胶液型需另按使用说明加水泥和砂子。

6 材料与设备

6.1 系统要求

6.1.1 该外墙外保温系统应通过耐候性试验和抗震试验验证。

6.1.2 该外墙外保温系统的性能应符合表5的要求。

外墙外保温系统性能要求 表5

试 验 项 目	性 能 要 求
耐候性（80次高温—淋水循环和5次加热—冷冻循环）	试验后不应出现饰面层起鼓或剥落、抗裂防护层空鼓或脱落等破坏，不应有可渗水裂缝；抗裂防护层与找平层或保温层之间的拉伸粘结强度及找平层与保温层之间的拉伸粘结强度不应小于0.1MPa或破坏发生在保温层中；饰面砖粘结强度不应小于0.4MPa
耐冻融性能（30次循环）	
吸水量（水中浸泡1h）	小于1000g/m²
抗冲击性	3J级
抗风荷载性能	不小于风荷载设计值（安全系数不小于1.5）
抗裂防护层不透水性	2h不透水
水蒸气渗透阻	符合设计要求
热阻	符合设计要求
火反应性	不应被点燃，试验结束后试件厚度变化不超过5%，热释放速率最大值≤10kW/m²，900s总放热量≤5MJ/m²
抗震性能	设防烈度地震作用下面砖饰面及外保温系统无脱落
饰面砖现场拉拔强度	≥0.4MPa

注：1. 水中浸泡24h，带饰面层或不带饰面层的系统吸水量均小于500g/m²时，免作耐冻融性能检验。
　　2. 耐候性试验后，可在其试件上直接检测抗冲击性。

6.2 工程材料要求

6.2.1 有网EPS板各项技术性能：

（1）EPS板的性能指标应符合表6的要求。

EPS板性能指标 表6

项 目	单 位	指 标
表观密度	kg/m³	≥18
导热系数	W/(m·K)	≤0.041
压缩强度	MPa	≥0.10
垂直于板面方向的抗拉强度	MPa	≥0.10
尺寸稳定性	%	≤0.6
燃烧性能等级	—	不低于E级
水蒸气透过系数	ng/(Pa·m·s)	≤4.5
吸水率	%	≤4

(2) 有网 EPS 板的规格尺寸及加工质量应符合表 7~表 9 的要求。

有网 EPS 板的规格(单位：mm)　　　　　　　　　　　　　　　表 7

层　高	长	宽	厚
2800	2825~2850	1220	40~150
2900	2925~2950		
3000	3025~3050		
其　他	其他规格可根据实际层高协商确定		

注：1. 有网 EPS 板的钢丝网片尺寸应略小于 EPS 板的尺寸。
　　2. EPS 板的厚度包括梯形槽部分的厚度，厚度根据保温要求计算确定。

有网 EPS 板的规格尺寸允许偏差(单位：mm)　　　　　　　　　　表 8

项　目		允许偏差	项　目		允许偏差
长度、宽度	<1000	±5	厚度	<50	±2
	1000~2000	±8		50~75	±3
	2000~4000	±10		75~150	±4
	>4000	正偏差不限，-10		含钢丝网时	±5
两对角线偏差		≤10	钢丝网两对角线偏差		≤10

有网 EPS 板的质量要求　　　　　　　　　　　　　　　　　　　表 9

项　目	质　量　要　求
凹槽	钢丝网片一侧的 EPS 板面上凹槽宽 20~30mm，凹槽深 10±2mm，并且间距均匀
企口	EPS 板两长边设高低槽，宽 20~25mm，深 1/2 板厚，要求尺寸准确
界面处理	EPS 板的两面及钢丝网架上均匀喷涂 EPS 板界面砂浆，EPS 板界面砂浆与 EPS 板的粘结牢固，涂层均匀一致，不得露底，干擦不掉粉
EPS 板对接	板长≤3000mm 时，EPS 板对接不应多于两处，且对接处需用 EPS 板粘板胶粘牢
钢丝网片与 EPS 板的最短距离	10±2mm
镀锌低碳钢丝	用于钢丝网片的镀锌低碳钢丝直径为 2.00mm、2.20mm，用于斜插丝的镀锌低碳钢丝直径为 2.20、2.50mm，其性能指标应符合《钢丝网架夹芯板用钢丝》YB/T 126 的要求
焊点拉力	抗拉力≥330N，无过烧现象
焊点质量	网片漏焊、脱焊点不超过焊点数的 8‰，连续脱焊点不应多于 2 点，板端 200mm 区段内的焊点不允许脱焊、虚焊，斜插丝脱焊点不超过 3%
斜插钢丝(腹丝)密度	(100~150)根/m^2
斜插钢丝与钢丝网片夹角	60°±5°
钢丝挑头	网边挑头长度≤6mm，插丝挑头≤5mm
穿透 EPS 板挑头	当 EPS 板厚度≤50mm 时，穿透 EPS 板挑头离板面垂直距离≥30mm；当 50mm<EPS 板厚度≤100mm 时，穿透 EPS 板挑头离板面垂直距离≥35mm；当 EPS 板厚度>100mm 时，穿透 EPS 板挑头离板面垂直距离≥40mm

注：横向钢丝应对准 EPS 板横向凹槽中心。

6.2.2 EPS板粘板胶的性能指标应符合表10的要求。

EPS板粘板胶主要性能指标 表10

项目		单位	指标
固含量		%	≥70
黏度		MPa·s	5000～10000
拉伸粘结强度	与水泥砂浆试块	MPa	≥0.4
	与EPS板试块		≥0.1且EPS板破坏
可操作时间		h	≥2
腐蚀度		mm	≤3

6.2.3 EPS板界面砂浆的性能指标应符合表11的要求。

EPS板界面砂浆性能指标 表11

项目			指标
外观	干粉型产品		均匀一致，不应有结块
	胶液型产品		经搅拌后应呈均匀状态，不应有块状沉淀
施工性			施工无困难
低温贮存稳定性（胶液型产品）			3次试验后，无结块、凝聚及组成物的变化
拉伸粘结强度	与水泥砂浆试块	标准状态7d	≥0.3MPa
		标准状态14d	≥0.5MPa
		浸水后	≥0.3MPa
	与EPS板试块（标准状态14d或浸水后）		≥0.10MPa或EPS板破坏

6.2.4 胶粉聚苯颗粒保温浆料的性能指标应符合表12的要求。

胶粉聚苯颗粒保温浆料性能指标 表12

项目		单位	指标
干密度		kg/m³	180～250
导热系数		W/(m·K)	≤0.060
抗压强度(56d)		MPa	≥0.2
抗拉强度(56d)	干燥状态	MPa	≥0.1
	浸水48h，取出干燥14d		
线性收缩率		%	≤0.3
软化系数(56d)		—	≥0.5
燃烧性能等级		—	不低于C级

6.2.5 抗裂砂浆的性能指标应符合表13的要求。

抗裂砂浆性能指标 表13

项目		单位	指标
可使用时间	可操作时间	h	≥1.5
	在可操作时间内拉伸粘结强度	MPa	≥0.7
拉伸粘结强度（常温28d）		MPa	≥0.7
浸水后的拉伸粘结强度（常温28d，浸水7d）		MPa	≥0.5
压折比		—	≤3.0

6.2.6 塑料锚栓由螺钉和带圆盘的塑料膨胀套管两部分组成，其中螺钉采用经过表面防锈蚀处理的金属制成，塑料膨胀套管应采用聚酰胺、聚乙烯或聚丙烯等制作，不得使用回收的再生材料。塑料锚栓的性能指标应符合表14的要求。

塑料锚栓的性能指标　　　　　　　　　　表14

项　目	单　位	指　标
有效锚固深度	mm	≥25
圆盘直径	mm	≥50
套管外径	mm	7～10
单个胀栓抗拉承载力标准值（混凝土墙）	kN	≥0.8

6.2.7 热镀锌电焊网的性能指标除应符合《镀锌电焊网》QB/T 3897—1999的要求外，还应符合表15的要求。

热镀锌电焊网的性能指标　　　　　　　　　表15

项　目	单　位	指　标
镀锌工艺	—	先焊接后热镀锌
丝径	mm	0.90±0.04
网孔大小	mm	12.7×12.7
焊点抗拉力	N	>65
镀锌层重量	g/m²	≥122

6.2.8 面砖粘结砂浆的性能指标应符合表16的要求。

面砖粘结砂浆的性能指标　　　　　　　　表16

项　目		单　位	指　标
拉伸粘结强度		MPa	≥0.6
压折比		—	≤3.0
压剪粘结强度	原强度	MPa	≥0.6
	耐温7d	MPa	≥0.5
	耐水7d	MPa	≥0.5
	耐冻融30次	MPa	≥0.5
线性收缩率		%	≤0.3

6.2.9 面砖勾缝料的性能指标应符合表17的要求。

面砖勾缝料性能指标　　　　　　　　　表17

项　目		单　位	指　标
外　观		—	均匀一致
颜　色		—	与标准样一致
凝结时间	初凝时间	h	≥2
	终凝时间	h	≤24

续表

项目		单位	指标
拉伸粘结强度	原强度(常温常态14d)	MPa	≥0.6
	耐水(常温常态14d,浸水48h,放置24h)	MPa	≥0.5
	压折比	—	≤3.0
透水性(24h)		mL	≤3.0

6.2.10 饰面砖粘贴面应带有燕尾槽,并不得有脱模剂,其性能指标除应符合《陶瓷砖》GB/T 4100、《陶瓷劈离砖》JC/T 457、《玻璃马赛克》GB/T 7697 的相关要求外,还应符合表18的要求。

外保温饰面砖的性能指标 表18

项目		单位	指标
尺寸	6m以下墙面 表面面积	cm²	≤410
	厚度	cm	≤1.0
	6m及以上墙面 表面面积	cm²	≤190
	厚度	cm	≤0.75
	单位面积质量	kg/m²	≤20
吸水率	Ⅰ、Ⅵ、Ⅶ气候区	%	≤3
	Ⅱ、Ⅲ、Ⅳ、Ⅴ气候区		≤6
抗冻性	Ⅰ、Ⅵ、Ⅶ气候区	—	50次冻融循环无破坏
	Ⅱ气候区		40次冻融循环无破坏
	Ⅲ、Ⅳ、Ⅴ气候区		10次冻融循环无破坏

注:气候区划分级按《建筑气候区划标准》GB 50178—1993 中一级区划执行。

6.2.11 在该外墙外保温系统中所采用的附件,包括密封膏、密封条、金属护角、水泥钉、盖口条等应分别符合相应产品标准的要求。

6.2.12 水泥为强度等级42.5的普通硅酸盐水泥,水泥技术性能应符合《通用硅酸盐水泥》GB 175—2007 的要求。

6.2.13 砂子选用中砂,应符合《普通混凝土用砂、石质量及检验方法标准》JGJ 52—2006 的规定。

6.2.14 材料消耗计划(按外墙保温面积10000m²计算)见表19。

材料消耗计划 表19

序号	材料名称		单位	规格	平方米耗量	总用量
1	EPS板(60mm厚)	精确排板	m³	—	0.06	600
		非精确排板		—	0.063	630
2	EPS板界面砂浆		kg	1×25	0.7	7000
3	15mm厚胶粉聚苯颗粒保温浆料		m³	胶粉料25kg/袋,聚苯颗粒0.2m³/袋	0.015	150
4	抗裂砂浆	干粉型	kg	1×25	12	120000
		胶液型	kg	1×200	3.0	30000

续表

序号	材料名称	单位	规格	平方米耗量	总用量
5	热镀锌电焊网	m²	1×30	1.2	12000
6	面砖粘结砂浆	kg	1×25	6	60000
7	塑料锚栓	套	φ8×80mm	5	50000
8	勾缝粉	kg	1×25	2.5	25000

6.3 机具设备

每万平方米所需用的机具设备计划见表20。

机具设备计划　　　　　　　　　表20

序号	机具设备名称	规格型号	单位	数量	备注
1	小推车	0.14m³	辆	20	
2	电锤	—	把	5	
3	强制性砂浆搅拌机	250L～300L	台	4	
4	手提式搅拌器	—	台	4	
5	钢网展平机	ZP-1	台	1	展平热镀锌电焊网
6	钢网剪网机	YD-1	台	1	裁剪热镀锌电焊网
7	钢网挡角机	YC-1	台	1	热镀锌电焊网成型
8	电动冲击钻	—	把	1	
9	瓷砖切割器	—	台	1	
10	手提式电动打磨机	—	台	1	
11	电烙铁	—	把	1	
12	380V橡套线	五芯	m		根据现场而定
13	220V橡套线	三芯	m		根据现场而定
14	配电箱（三相）	砂浆机及临电	套	4	

注：常用抹灰工具及抹灰检测器具若干、喷枪、克丝钳子、剪刀、壁纸刀、手锯、手锤、滚刷、铁锹、水桶、扫帚等；常用的检测工具：经纬仪及放线工具、托线板、方尺、水平尺、探针、钢尺、靠尺；另外，总包方应配备好垂直运输机械、外墙脚手架、室外操作吊篮等。

7 质量控制

7.1 一般规定

7.1.1 应按照《建筑节能工程施工质量验收规范》GB 50411 和《建筑装饰装修工程质量验收规范》GB 50210 的相关规定进行外墙外保温工程的施工质量验收。

7.1.2 外墙出挑构件及附墙部件，如：阳台、雨罩、靠外墙阳台栏板、空调室外机搁板、附属柱、凸窗、装饰线和靠外墙阳台分户隔墙等，均应按设计要求采取隔断热桥和保温措施。

7.1.3 窗口外侧四周墙面应按设计要求进行保温处理。

7.1.4 面砖饰面的验收还应按照《外墙饰面砖工程施工及验收规程》JGJ 126 的相关规定进行验收。

7.1.5 锚固件、网片和承托架等应满足防锈要求。

7.2 主控项目

7.2.1 所用材料和半成品、成品进场后，应做质量检查和验收，其品种、配比、规格、性能必须符合设计要求和本工法及有关标准的规定。

7.2.2 EPS 板平均厚度必须符合设计要求，不允许有负偏差。

7.2.3 EPS 板及钢丝网架表面应均匀喷涂 EPS 板界面砂浆。

7.2.4 安装有网 EPS 板前应按规定的数量在外墙钢筋外侧绑扎砂浆垫块（不得采用塑料垫卡）。

7.2.5 有网 EPS 板安装后，外侧模板安装前，应检查 L 形 $\phi6$ 筋的数量和锚入深度，数量每平方米不少于 4 个，且位置均匀，与钢筋连接牢固，锚入深度应符合设计要求。

7.2.6 保温层与墙体及各构造层之间必须粘结牢固，无脱层、空鼓及裂缝。

7.2.7 热镀锌电焊网铺设、锚固平整，塑料锚栓数量、锚固位置及深度符合要求。

7.2.8 面砖的品种、规格、颜色应符合设计要求。

7.2.9 饰面砖粘结必须牢固，面砖工程面层应无空鼓和裂缝。

7.3 一般项目

7.3.1 表面平整、洁净，接茬平整，线角顺直、清晰，毛面纹路均匀一致。

7.3.2 护角符合施工规定，表面光滑、平顺，门窗框与墙体间缝隙填塞密实，表面平整。

7.3.3 孔洞、槽、盒位置和尺寸正确，表面整齐、洁净。

7.3.4 外保温墙面层的允许偏差及检验方法应符合表 21 的规定。

外保温墙面允许偏差和检验方法 表 21

项次	项目		允许偏差(mm)	检查方法
1	表面平整		5	用 2m 靠尺和楔形塞尺检查
2	垂直度	每 层	7	用 2m 托线板检查
		全 高	$H/1000$ 且不大于 20	用经纬仪或吊线和尺量检查
3	阴、阳角垂直		6	用 2m 托线板检查
4	阴、阳角方正		3	用 200mm 拐尺、塞尺检查
5	接缝高差		≤4	用直尺、塞尺检查
6	板间缝隙		≤8	尺量

8 安 全 措 施

8.1 安全措施

8.1.1 机械设备、吊篮必须由专人操作，经检验确认无安全隐患后方可使用。

8.1.2 操作人员必须遵守高空作业安全规定，系好安全带，防止坠物发生。

8.1.3 进场前，必须进行安全培训，注意防火，现场不许吸烟、喝酒。

8.1.4 为避免工地现场电焊操作引起火灾，电焊操作必须在胶粉聚苯颗粒保温浆料抹灰施工工序完成后进行。

8.1.5 遵守施工现场制定的一切安全制度。

8.2 成品保护

8.2.1 施工完成后的墙面、色带、滴水槽、门窗口等处的残存砂浆，应及时清理干净。

8.2.2 外墙外保温施工完成后，进行脚手架拆除等后续工序时应注意对外保温墙面的成品保护；严禁在保温墙面上随意剔凿，避免脚手架管等物品冲击墙面。

8.2.3 翻拆架子或升降吊篮应防止碰撞已完成的保温墙体，其他工种作业时不得污染或损坏墙面，严禁踩踏窗口，防止损坏棱角。

8.2.4 保温层、抗裂防护层、饰面层在硬化前应防止水冲、撞击、振动。

8.2.5 应保护好墙上的埋件、电线槽、盒、水暖设备和预留孔洞等。

9 环 保 措 施

9.0.1 外保温工程在施工过程中必须严格遵守国家和当地的建设工程施工现场环境保护标准及建设工程施工现场场容卫生标准的有关规定。

9.0.2 保温工程施工现场内各种施工相关材料应按照施工现场平面图要求布置，分类码放整齐，材料标识要清晰准确。

9.0.3 施工现场所用材料保管应根据材料特点采取相应的保护措施。材料的存放场地应平整夯实，有防潮排水措施。材料库内外的散落粉料必须及时清理。

9.0.4 为防止聚苯颗粒飞散、粉料扬尘，施工现场必须搭设封闭式胶粉聚苯颗粒保温浆料及砂浆搅拌机机棚，并配备有效的降尘防尘及污水排放装置。

9.0.5 搅拌机设专职人员环境保护，及时清扫杂物，对所用过的废袋子及时捆好，用完的塑料桶码放整齐并及时清退。

9.0.6 胶粉聚苯颗粒保温浆料搅拌机四周及现场内无废弃胶粉聚苯颗粒保温浆料和砂浆。

9.0.7 施工现场注意节约用水，杜绝水管渗泄漏及长流水。

9.0.8 保温工程施工时，建筑物内外散落的零散碎料及运输道路遗洒（撒）应设专人清扫。

9.0.9 施工垃圾及废弃保温板材应集中分拣,并及时清运回收利用,按指定的地点堆放。

10 效 益 分 析

本工法可满足不同气候区的节能标准要求,其耐候能力强、耐久性好。其安全性可以避免常见的外墙外保温裂缝和火灾事故。绿色环保,性价比优。已在多个工程应用中得到证实,经济效益、社会效益俱佳。

11 应 用 实 例

青岛鲁信长春花园外墙外保温工程。

青岛鲁信长春花园(图12)是由山东鲁信置业有限公司投资建设,工程地址位于青岛市银川东路1号,建筑面积99万 m^2,建筑结构分为混凝土现浇钢丝网架聚苯板和框架剪力墙填充加气混凝土砌块结构,共计99栋楼。

(a)

(b)

图12 鲁信长春花园现场施工图片

该工程采用有网EPS板与混凝土现浇一次成型,并用胶粉聚苯颗粒保温浆料对钢丝网架进行找平,可提高系统的防火透气及抗裂功能。抗裂防护层采用抗裂砂浆复合热镀锌钢丝网,由塑料锚栓锚固于基层墙体,抗震性能好;饰面层采用的专用面砖粘结砂浆及面砖勾缝料均具有粘结力强、柔韧性好、抗裂防水效果好的特点。系统各构造层材料柔韧性匹配,热应力释放充分。

该做法使主体结构和保温层一次成型,有网EPS板双面涂刷界面砂浆,增强了有网

EPS板与混凝土的粘结；有网EPS板斜插丝浇筑在混凝土中，增强了系统与基层墙体的连接。采用胶粉聚苯颗粒保温浆料作为找平层，有效地解决了以往抹水泥砂浆抹灰易开裂、损坏等问题，并且减轻了面层荷载，阻断了由斜插丝产生的热桥。该系统做法具有抗风载荷性能好、防火标准高、保温效果好、施工方便快捷、耐候性强，双网构造设计能够充分地分散和释放应力，有效地控制裂缝的产生，外饰面采用面砖饰面，抗震性能好。

轻质防火隔热浆料复合外保温体系施工工法

北京六建集团公司
北京振利高新技术有限公司
陈丹林　宋长友　樊旭辉　张莉莉　杨　军

1　前　言

  轻质防火隔热浆料复合外保温体系是根据我国建筑节能发展现状与发展趋势，于2002年由北京六建集团公司结合工程项目与北京振利高新技术有限公司、星胜设计公司联合协作向北京市科委提出了《高层建筑外墙耐火外保温综合技术研究——达到北京市第三期建筑节能标准》的科研课题，于2003年市科委正式批准立项；课题编号：H030630030210。主要开发可达65%建筑节能目标并满足高层建筑以及防火要求的新型建筑节能外墙外保温系统，并进行了项目查新与相关技术研究试验，以及模拟现场施工工艺的试验样板墙制作。课题于2006年5月30日通过北京市科委专家组验收鉴定：认为该项成果利用轻质防火隔热浆料对聚苯等保温板材进行砌贴和找平处理，符合外墙保温系统柔性变形和无空腔并耐火保温的要求，经工程施工和大型防火试验证明，防火保温构造设计与施工适应性良好，技术成熟，性价比合理，并可有效地克服外保温体系面层裂缝问题，工程应用效果良好。使保温墙体具备了保温、隔热、防火、耐候、防水一体化的功效（表1）。形成了适合我国高层建筑防火需要的一种新型外墙外保温技术，综合水平达到国内领先水平，经技术查新，该项技术成果为国内首创，并已成功申请为国家实用新型专利技术，专利号ZL2005 2 0200294.9。

轻质防火隔热浆料复合外保温体系性能指标　　　　　　　　　　表1

试验项目		性能指标	
耐候性		经80次高温（70℃）—淋水（15℃）循环和20次加热（50℃）—冷冻（-20℃）循环后不得出现开裂、空鼓或脱落。抗裂砂浆层与保温层的拉伸粘结强度不应小于0.1MPa，破坏部位位于保温层	
吸水量（g/m²，浸水1h）		≤1000	
抗冲击强度	涂料饰面	普通型（单网）	3J冲击合格
		加强型（双网）	10J冲击合格
	面砖饰面	3J冲击合格	
抗风压值		不小于工程项目的风荷载设计值	
耐冻融		30次循环表面无裂纹、空鼓、起泡、剥离现象	
水蒸气湿流密度[g/(m²·h)]		≥0.85	

续表

试 验 项 目	性 能 指 标
不透水性	试样抗裂砂浆层内侧无水渗透
耐磨损(500L砂)	无开裂、龟裂或表面剥落、损伤
抗拉强度(涂料饰面)(MPa)	≥0.1 并且破坏部位不得位于各层界面
饰面砖拉拔强度(MPa)	≥0.4
抗震性能(面砖饰面)	设防烈度地震作用下面砖饰面及外保温系统无脱落
耐火性能	A级

该技术曾获得2005年度北京建工集团科技进步二等奖。

该工法是在北京百子湾住宅小区试点工程以及滨都苑等工程总计31157m² 外保温面积的工程实践基础上修改编写而成。

2 适 用 范 围

本体系工法适用于不同气候区域、不同建筑节能标准以及有较高防火要求的多层及高层建筑、基层墙体为混凝土或各种砌体墙的外墙外保温，饰面为涂料(100m以上)或面砖(60m以下)做法的工程。

3 工 法 特 点

3.1 满足高层建筑防火规范的要求

该工法采取常用的高分子发泡高效保温材料——EPS模塑聚苯板、XPS挤塑聚苯板等作为主保温材料；外面复合经防火阻燃改性后的新型ZL轻质防火隔热胶粉聚苯颗粒保温浆料(难燃B1级，无次生烟尘，复合为A级不燃体)，同时改密排对缝点粘聚苯板为留缝贴砌聚苯板，利用防火隔热胶粉聚苯颗粒保温浆料的不燃烧性，对聚苯板做垂直及水平方向的耐火分隔，将外保温墙进行分仓处理，阻拦和延缓火灾蔓延，杜绝引火通道，外保温体系耐火性能达到A级，从而提高了高层建筑的安全性。

3.2 达到65%节能标准

本外墙保温体系工法工艺构造是由界面层、复合保温层、抗裂防护层和装饰面层组成。其中复合保温层是先将15mm厚粘结保温浆料抹于墙体表面，然后贴砌经防火界面剂处理好的保温板块—聚苯板，表面再用15~20mm厚防火隔热保温浆料找平，形成粘结保温浆料＋保温板＋防火隔热浆料的无空腔复合保温层；其上抗裂防护层、装饰面仍沿用传统做法。粘结层和抹面层保温浆料与聚苯板复合保温，体系保温性能能够满足节能65%的建筑节能标准。

为确保整个工程达到节能65%标准，可针对工程"热桥"部位采用防火隔热胶粉聚苯颗粒保温浆料找平的措施解决局部"热桥"部位的保温问题，也可采取窗口安装从外墙结构中线全部改移到结构外皮的方法，解决窗口部位的热桥问题。

3.3 构造合理，具有良好的抗裂性能和优良的耐候性能

轻质防火隔热胶粉聚苯颗粒保温浆料贴砌聚苯板外墙外保温体系构造是在聚苯板两侧采用导热系数介于聚苯板和聚合物砂浆两者之间的粘结保温浆料作为粘结层和找平层，使保温层与抗裂层之间导热系数差由聚苯板与抗裂砂浆之间相差22倍过渡到聚苯颗粒粘结保温浆料与抗裂砂浆相差13倍，不仅使聚苯板受环境温度影响减少，温差应力减少，同时也减轻了面层砂浆的热负荷，有效地避免了采用重质砂浆直接粘结和抹面使相邻材料导热系数差过大，易产生裂缝的缺点，从而提高了整个保温体系的稳定性和耐久性。同时，由于该体系为满粘无空腔体系，粘结面积大，粘结力是普通外保温聚苯板薄抹灰体系的3倍左右，聚苯板各点受力均匀，使抗风压性能大大提高。耐风压尤其是耐负风压能力大大超过聚苯板薄抹灰体系，可在100m以上的高层建筑中应用。

3.4 施工工艺简单可靠

该保温体系采用贴砌法施工成型，适应性好。粘结层为胶粉聚苯颗粒粘结保温浆料抹灰成型，可在平整度不高的基层上直接施工找平，因此可节省大量的剔凿和找平工作量，缩短施工周期。该做法施工工艺简单可靠、科学合理、施工速度快，已在多个工程应用中得到证实。

3.5 较高的性价比

轻质防火隔热浆料复合外保温体系保温主材为经济实用的高效高分子发泡板材，较单一的纯聚苯颗粒保温或板材保温性价比更高，价格更为合理，且防火节能性能优异。

4 工 艺 原 理

本工法根据阻燃并防止蔓延的原则，以及逐层柔性渐变释放应力的原理设计施工工艺构造，以保证该保温体系的防火性并控制保温体系裂缝产生。

本外保温工艺构造是由界面层、复合保温层、抗裂防护层和装饰面层组成。各构造层采用材料导热系数低，且逐层渐变提高保温及抗裂性能。其中复合保温层是先将15mm厚粘结保温浆料抹于墙体表面，然后贴砌经防火界面剂处理好的保温板块—聚苯板，表面再用15～20mm厚防火隔热保温浆料找平，形成粘结保温浆料＋保温板＋防火隔热浆料的无空腔复合保温层，其上抗裂防护层、装饰面仍沿用传统做法。其防火隔热保温层及砌缝分仓可有效保证整个体系不燃不蔓延。

其粘结和抹面层保温浆料与聚苯板复合保温按设计要求计算厚度，以确保体系保温性能能够满足第三期节能65%的建筑节能标准。

轻质防火隔热浆料复合外保温体系构造图见图1、图2。

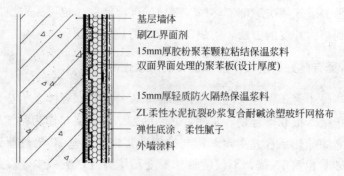

图 1 涂料饰面构造图

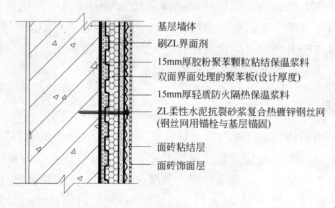

图 2 面砖饰面构造图

5 施工工艺流程及操作要点

5.1 施工工艺流程

施工工艺流程见图 3。

5.2 施工操作要点

5.2.1 施工准备

（1）基层准备

1）保温施工前应会同相关部门做好结构验收。外墙面基层的垂直度和平整度应符合现行国家标准《混凝土结构工程施工质量验收规范》GB 50204—2002 和《砌体工程施工质量验收规范》GB 50203—2002 的要求。进行隐蔽施工前应将各大角的控制钢垂线安装完毕，高层建筑铅垂线用经纬仪检验合格。

2）外墙面的阳台栏杆、雨落管托架、外挂消防梯等安装完毕。墙面的暗埋管线、线盒、预埋件应提前安装完毕，并应考虑到保温层的厚度影响。

3）外窗的附框安装完毕。

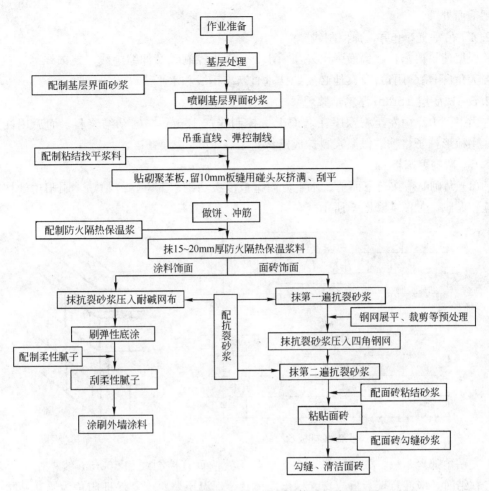

图 3 轻质防火隔热浆料复合外保温体系工艺流程图

4) 墙面脚手架孔、穿墙孔及墙面缺损处用水泥砂浆修整完毕。

5) 混凝土梁、墙面的钢筋头和凸起物清除完毕。

6) 主体结构的变形缝应提前做好处理。

7) 墙面应清理干净,清洗油渍、清扫浮灰等。如基层墙体偏差过大,则应进行抹面砂浆找平。

(2) 作业条件

作业环境温度不应低于5℃,风力不大于5级,严禁雨天施工,雨期施工时应做好防雨措施。

5.2.2 基层处理

墙面应清理干净,清洗油渍,清扫浮灰等;旧墙面松动、风化部分应剔除干净;墙表面凸起物大于或等于10mm时应剔除。

5.2.3 外墙界面处理

界面拉毛用磙子滚、扫帚拉、木抹子搓都可,但在配合比上应做调整,控制水泥与砂子的配比为1∶1,合理调整界面剂用量。拉毛不宜太厚,但必须保证所有的混凝土墙面都做到毛面处理。

5.2.4 吊垂直、套方、弹控制线

根据建筑要求,在墙面弹出外门窗水平、垂直控制线及伸缩缝线、装饰线等。在建筑外墙大角(阳角、阴角)及其他必要处挂垂直基准钢线和水平线。

5.2.5 抹底层15mm厚粘结浆料

由下到上、由左至右顺序在墙面上按控制线抹15mm厚的粘结浆料,而后用杠尺刮平,用梳形抹子将粘结保温浆料抹成槽状。

5.2.6 贴砌聚苯板

(1)贴砌时应按自下而上、水平方向排板依次贴砌,上下错缝粘贴,阴阳角处均应交错互锁贴砌,如图4和图5所示。

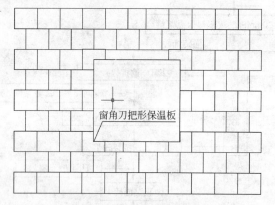
图4 保温板排板示意图

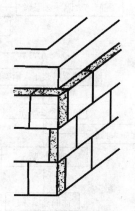
图5 大角排板图

先贴角部聚苯板,放水平线,在首层阳角处按垂直控制线和500mm线粘贴角部聚苯板。粘结时,应注意聚苯板应交叉探出墙体一个保温层总厚度,保证阳角为错茬粘贴。粘贴时应用线坠双向吊垂直检查,最后应用水平尺检验聚苯板水平度合格。粘贴角部聚苯板的下沿应沿墙体正负零线铺贴。同样,在墙体的另一端粘贴角部聚苯板,并在两板间拉出该贴砌层的水平控制线。

(2)贴砌时,先用浆料将聚苯板背面的沟槽抹平,按上跟线、下跟棱的要求分层粘贴聚苯板,也可采用仅在墙面抹灰均匀轻柔挤压聚苯板,使聚苯板沟槽埋入浆料的方法。聚苯板间应用浆料挤砌,板缝约10mm,灰缝不饱满处用胶粉聚苯颗粒粘结保温浆料填实勾平。每贴砌3层应用2m靠尺和托线板检查平整度和垂直度。

(3)窗口四角部位聚苯泡沫板裁成刀把形,用粘结保温浆料贴砌施工时,门窗侧口部位的保温应用保温浆料直接抹灰作口施工。门窗口、墙角处不得贴砌小于标准尺寸1/2的非标准尺寸板,小于标准尺寸1/2的非标准尺寸板应贴砌在窗间墙等次要部位。

(4)面砖饰面的聚苯板应预先在工厂内或施工现场用专用机具钻孔,贴砌时注意将孔洞用保温浆料挤填严实。

(5)聚苯板排板遇到非标准尺寸时,可进行现场裁切。裁切时,应注意边口尺寸整齐,切口应与聚苯板面垂直。整墙面阳角处应尽可能使用整板,必须使用非整板时,非整板的宽度不应小于300mm。聚苯板表面平整度、垂直度不达标时,应用粗砂纸将其打磨

至达标为止。

5.2.7 抹15～20mm厚防火隔热浆料找平面层

（1）聚苯板粘贴约24h后，用防火隔热浆料在聚苯板上罩面找平；聚苯板间若有预留间隔带应采用防火隔热浆料填塞；门窗洞口、墙体边角处等特殊部位以及防火隔离带部位均用防火隔热浆料进行处理。

（2）在配制粘结浆料、防火隔热浆料以及抗裂砂浆时，搅拌需设专人专职进行，以保证配合比的准确。在施工现场搅拌质量可以通过观察其可操作性、抗滑坠性、膏料状态以及其湿表观密度等方法判断。

5.2.8 划分格线，门、窗口滴水槽（按设计要求）

在保温层施工完成后，根据设计要求弹出分格线、滴水槽控制线，用壁纸刀沿线划开设定的凹槽，槽深15mm左右，用抗裂砂浆填满凹槽，将滴水槽嵌入凹槽与抗裂砂浆粘结牢固，收去两侧沿口浮浆，滴水槽应镶嵌牢固、水平。

5.2.9 抗裂层施工

待保温层施工完3～7d且保温层施工质量验收合格以后，即可进行抗裂层施工。

（1）涂料饰面抗裂层施工

1）耐碱网格布长度不大于3m，尺寸应事先裁好，网格布包边应剪掉。

2）抹抗裂砂浆时，厚度应控制在3～4mm，抹完一定宽度应立即铁抹子压入耐碱网格布。网布之间搭接宽度不应小于50mm，先压入一侧，再抹一些抗裂砂浆再压入另一侧，严禁干搭。阴角处耐碱网格布要压茬搭接，其宽度不小于50mm；阳角处也应压茬搭接，其宽度不小于200mm。网格布铺贴要平整，无褶皱，砂浆饱满度达到100%，同时要抹平、找直，保持阴阳角处的方正和垂直度。

3）首层墙面应铺贴双层耐碱网格布，第一层应铺贴加强型网格布，铺贴方法与上述方法相同。铺贴加强型网格布时，网布与网布之间采用对接方法，然后进行第二层普通网格布铺贴，铺贴方法如前所述，两层网格布之间抗裂砂浆应饱满，严禁干贴。

4）建筑物首层外保温应在阳角处双层网格布之间设专用金属护角，护角高度一般为2m。在第一层网格布铺贴好后，应放好金属护角，用抹子拍压出抗裂砂浆，抹第二遍抗裂砂浆包裹住护角。

5）在窗洞口等处应沿45°方向增贴一道网格布（400mm×300mm），如图6所示。

（2）面砖饰面抗裂层施工

1）施工时抹第一遍抗裂砂浆，厚度控制在2～3mm。热镀锌电焊网分段进行铺贴，热镀锌电焊网的长度最长不应超过3m。

2）为使边角施工质量得到保证，施工前预先用钢网展平机、剪网机及挝角机对热镀锌电焊网进行预处理。先用钢丝网展平机将钢丝网展平并用剪网机裁剪四角网，用挝角机将边角处的四角网预先折成直角。

3）铺贴时，应沿水平方向按先下后上的顺序

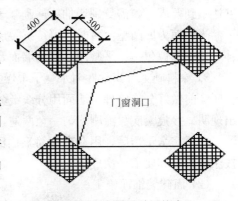

图6 门窗洞口贴网格布

依次平整铺贴，铺贴时先用 U 形卡子卡住四角网使其紧贴抗裂砂浆表面，然后按双向@500 梅花状分布用尼龙胀栓将四角网锚固在基层墙体上，有效锚固深度不得小于 25mm，局部不平整处用 U 形卡子压平。

4）热镀锌电焊网之间搭接宽度不应小于两个网格，搭接层数不得大于 3 层，搭接处用 U 形卡子、钢丝固定。所有阳角钢网不应断开，阴阳角处角网应压住对接片网。窗口侧面、女儿墙、沉降缝等钢丝网收头处应用水泥钉加垫片使钢丝网固定在主体结构上。

5）四角网铺贴完毕应重点检查阳角钢网连接状况，再抹第二遍抗裂砂浆，并将四角网包覆于抗裂砂浆之中，抗裂砂浆的总厚度宜控制在 8～10mm，抗裂砂浆面层应平整。

(3) 抗裂层施工注意事项

1）在抗裂层施工前，应在窗框与保温层之间放一预制长条薄板，其厚为 3mm、宽为 5mm，待抗裂层施工完后取出，留作窗户注胶用。

2）抗裂层的平整度控制首先要求保温层的平整度达到标准，达不到平整质量标准要求应事先用保温浆料找平；窗角、阴阳角等部位的加强网格布应先用 ZL 水泥抗裂砂浆贴好，接着连续施工大墙面，掌握先施工细部，后施工整体，整片的耐碱网格布压住分散的加强型耐碱网格布的原则；在耐碱网格布搭接时，应将底层耐碱网格布压入抗裂砂浆后，随即压入面层耐碱网格布。施工作业面上应准备一些未拌合的抗裂剂，在耐碱网格布无法压入抗裂砂浆时，可用扫帚等工具在墙面上抛洒一些抗裂剂，使其湿润，并使抗裂砂浆不粘抹子，随抛随抹。

3）抗裂砂浆抹完后，严禁在此面层上抹普通水泥砂浆腰线、口套线或刮涂刚性腻子，如水泥腻子、石膏腻子等。

5.2.10 饰面层施工

(1) 涂料饰面施工

1）涂刷高分子乳液弹性底层涂料。在抗裂层施工完 2h 后即可涂刷高分子乳液弹性底层涂料。

2）刮柔性耐水腻子。饰面为平涂时，墙面满刮柔性耐水腻子。应视基层平整度情况分遍分层刮平，分层打磨；大墙面刮腻子，宜采用 400～600mm 长的刮板，门窗口角等面积较小部位宜用 200mm 长的刮板。一般先进行坑洼部位局部修补，然后连续满刮两遍，半干后适当打磨凸起刮痕与接茬，清扫浮尘后，再继续刮两遍，半干后打磨平整，若平整度达不到要求时，需分别增加一遍刮腻子和打磨的工序，直至达到平整度要求。

当饰面为凹凸型涂料时，可待抗裂层基层干燥后，对一些重点部位刮柔性耐水腻子找补，这些部位包括：平整度不够的墙面，阴角、阳角、色带，以及需要做平涂的部位。

3）涂料施工。当柔性耐水腻子干燥并验收合格后即可按所选涂料要求进行涂饰施工。上底漆前做好分格处理，墙面用分线纸分格代替分格缝。每次涂刷应涂满一格，避免底漆出现明显接痕。底漆涂刷均匀一至两遍，完全干燥 12h。

底漆完全干透后，用造型滚筒滚面漆时用力均匀，让其紧密贴附于墙面，蘸料均匀，按涂刷方向和要求一次成活。

(2) 面砖装饰面施工

1）饰面砖工程深化设计：饰面砖粘贴前，应首先对涉及未明确的细部节点进行辅助深化设计,按不同基层做出样板墙或样板件,确定饰面砖排列方式、缝宽、缝深、勾缝形式及颜色、防水及排水构造、基层处理方法等施工要点。饰面砖的排列方式通常有对缝排列、错缝排列、菱形排列、尖头形排列等几种形式;勾缝通常有平缝、凹平缝、凹圆缝、倾斜缝、山形缝等几种形式。确定粘结层及勾缝材料、调色矿物辅料等的施工配合比,外墙饰面砖不得采用密缝,留缝宽度不应小于5mm,一般水平缝10~15mm,竖缝6~10mm,凹缝勾缝深度一般为2~3mm。排砖原则确定后,现场实地测量结构尺寸,综合考虑找平层及粘结层的厚度,进行排砖设计,条件具备时应采用计算机辅助计算和制图。作粘结强度试验,经建设、设计、监理各方认可后,以书面的形式进行确定。

2) 弹线分格:抗裂砂浆基层验收后即可按图纸要求进行分段分格弹线。同时进行粘贴控制面砖的工作,以控制面砖出墙尺寸和垂直度、平整度。注意每个立面的控制线应一次弹完。每个施工单元的阴阳角、门窗口、柱中、柱角都要弹线。控制线应用墨线弹制,验收合格后班组才能局部放细线施工。

3) 排砖:排砖时宜满足以下要求:阳角、窗口、大墙面、通高的柱垛等主要部位都要排整砖,非整砖要放在不明显处,且不宜小于1/2整砖;墙面阴阳角处最好采用异形角砖,如不采用异形砖,宜留缝或将阳角两侧砖边磨成45°角后对接;横缝要与窗台平齐;墙体变形缝处,面砖宜从缝两侧分别排列,留出变形缝;外墙饰面砖粘贴应设置伸缩缝,竖向伸缩缝宜设置在洞口两侧或与墙边、柱边对应的部位,横向伸缩缝可设置在洞口上下或与楼层对应处,伸缩缝应采用柔性防水材料嵌缝;对于女儿墙、窗台、檐口、腰线等水平阳角处,顶面砖应压盖立面砖,立面底皮砖应封盖底平面面砖,可下凸3~5mm兼作滴水线,底平面面砖向内翘起,以便于滴水。

4) 浸砖:吸水率大于0.5%的瓷砖应浸泡后使用。吸水率小于0.5%的瓷砖不需要浸砖。瓷砖浸水后应晾干后方可使用。

5) 贴砖:贴砖施工作业前,应在粘贴基层上充分用水湿润;贴砖作业一般为从上至下进行。高层建筑大墙面贴砖应分段进行。每段贴砖施工应由下至上进行。先固定好靠尺板贴最下一皮砖,面砖贴上后用灰铲柄轻轻敲击砖面使之附线,轻敲表面固定;用开刀调整竖缝,用小杠尺通过标准点调整平整度和垂直度,用靠尺随时找平找方;在粘结层初凝时,可调整面砖的位置和接缝宽度,初凝后严禁振动或移动面砖。砖缝宽度可用自制米厘条控制,如符合模数也可采用标准成品缝卡。墙面凸出的卡件、水管或线盒处宜采用整砖套割后套贴,套割缝口要小,圆孔宜采用专用开孔器处理,不得采用非整砖拼凑镶贴。粘贴施工时,当室外气温大于35℃,应采取遮阳措施。贴砖时,背面打灰要饱满,粘结灰浆中间略高四边略低,粘贴时要轻轻揉压,压出灰浆最后用铁铲剔除灰浆。粘结灰浆厚度宜控制在3~5mm左右,面砖的垂直、平整应与控制面砖一致。

粘贴纸面砖时,应事先制定与纸面砖相应的模具,将模具套在纸面砖上,然后将模具后面刮满粘结砂浆,厚度为2~5mm,取下模具,从下口粘贴线向上粘贴纸面砖,并压实拍平,应在粘结砂浆初凝前,将纸面砖纸板刷水润透,并轻轻揭去纸板,应及时修补表面缺陷,调整缝隙,并用粘结砂浆将未填实的缝隙嵌实。

6) 面砖勾缝:

① 保温系统瓷砖勾缝施工应用专用勾缝胶粉,按要求加水搅拌均匀,制成专用勾缝

砂浆。

② 勾缝施工应在面砖施工检查合格后进行。粘结层终凝后可按照样板墙确定的勾缝材料、缝深、勾缝形式及颜色进行勾缝，勾缝要视缝的形式使用专用工具；勾缝宜先勾水平缝再勾竖缝，纵横交叉处要过渡自然，不能有明显痕迹。砖缝要在一个水平面上，缝深2～3mm，连续、平直、深浅一致，表面压光；采用成品勾缝材料应按厂家说明书操作。

③ 缝勾完后应立即用棉丝、海绵蘸水或用清洗剂擦洗干净，勾缝完毕对大面积外墙面进行检查，保证整体工程的清洁美观。

5.2.11 细部节点构造

(1) 涂料饰面外保温细部节点：特殊细部节点图应由施工单位或材料系统供应商根据设计图提供，如图7所示。

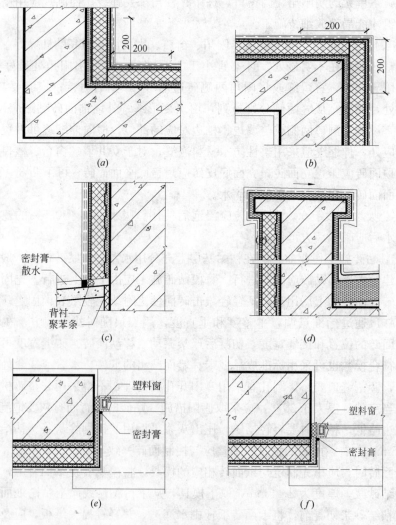

图7 涂料饰面细部节点构造（一）

(a)阴角；(b)阳角；(c)勒脚；(d)女儿墙；

(e)窗侧口（一）；(f)窗侧口（二）

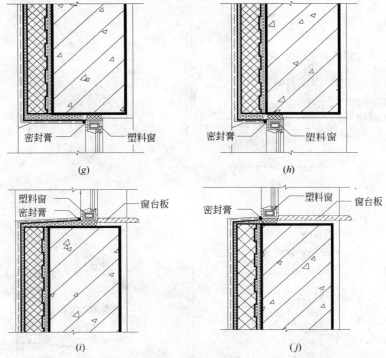

图7 涂料饰面细部节点构造（二）

(g)窗上口（一）；(h)窗上口（二）；(i)窗下口（一）；(j)窗下口（二）

（2）面砖饰面外保温细部节点构造见图8～图12。

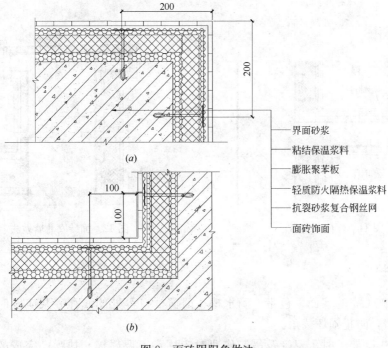

图8 面砖阴阳角做法

(a)阳角；(b)阴角

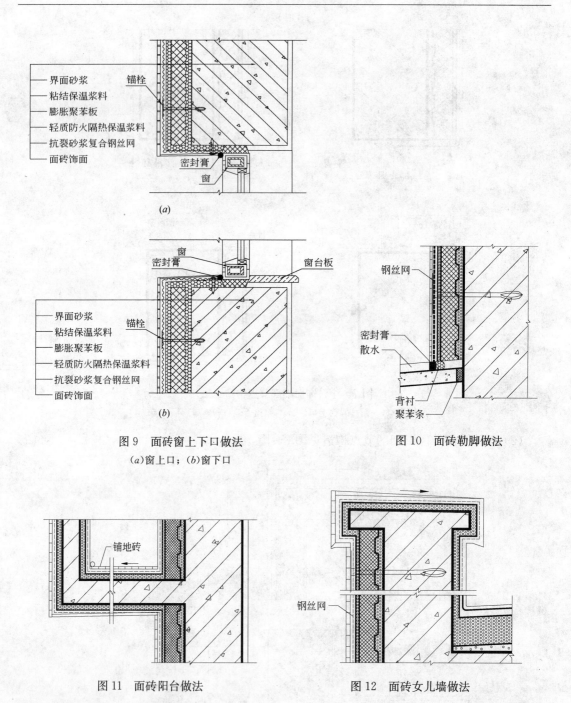

图9 面砖窗上下口做法
(a)窗上口；(b)窗下口

图10 面砖勒脚做法

图11 面砖阳台做法

图12 面砖女儿墙做法

5.3 成品保护

5.3.1 施工完的墙面、色带、滴水槽、门窗框口等处的残存砂浆应及时清理干净。严禁蹬踩窗台，防止损坏棱角。

5.3.2 拆除架子时，架管及吊篮作业时应注意不要碰撞、挂蹭已完成的保温墙面，以免造成防护层损伤，撞坏门窗和口角。

5.3.3 应保护好墙上的埋件、电线槽、盒、水暖设备和预留孔洞等。

5.3.4 保温层、抗裂防护层、装饰层等各构造层在干燥硬化前禁止水冲、撞击、挤压、振动。

5.3.5 吊篮作业要注意对吊篮边框做好防护,以免撞击墙面,造成保温面层破坏。

5.3.6 其他工种作业时,应采取适当防护措施,防止污染或损坏墙面。

6 材料与设备

6.1 材料准备

建筑界面砂浆、膨胀聚苯板、粘结保温浆料、防火隔热浆料、涂塑耐碱玻纤网格布、水泥抗裂砂浆、高分子乳液弹性底层涂料、抗裂柔性耐水腻子、42.5级普通硅酸盐水泥、中砂;配套材料主要有机械固定塑料锚栓、专用金属护角(断面尺寸为35mm×35mm×0.5mm,高2000mm)、外墙装饰涂料等;面砖饰面还需准备热镀锌四角钢网、尼龙胀栓、水泥钉、面砖粘结砂浆、面砖勾缝料、饰面砖等(涂塑耐碱玻纤网格布、高分子乳液弹性底层涂料、抗裂柔性耐水腻子不用准备)。

6.1.1 ZL建筑用界面处理剂

(1)主要技术性能见表2。

界面剂主要技术性能　　　　　　　表2

项　　目			技　术　指　标	
			ZL喷砂界面剂	ZL涂刷界面剂
容器中状态			搅拌后无结块,呈均匀状态	
施工性			喷涂无困难	刷涂无困难
低温贮存稳定性			3次试验后,无结块、凝聚及组成物的变化	
粘结强度(MPa)	与水泥砂浆试块	标准状态	≥0.70	
		浸水后	≥0.50	
	与聚苯板试块	标准状态	≥0.10且聚苯板破坏时喷砂界面完好	≥0.10且聚苯板破坏时涂刷界面完好
		浸水后	≥0.10且聚苯板破坏时喷砂界面完好	≥0.10且聚苯板破坏时涂刷界面完好
	与胶粉聚苯颗粒保温浆料试块	标准状态	≥0.10且聚苯板破坏时喷砂界面完好	≥0.10且聚苯板破坏时涂刷界面完好
		浸水后		

(2)ZL建筑用界面处理砂浆的配制:中砂:水泥:界面剂按1:1:1重量比用砂浆搅拌机或手提搅拌器搅拌均匀。

6.1.2 聚苯板

应为阻燃型聚苯乙烯泡沫塑料板,六面必须满刷界面剂,聚苯板规格600mm×400mm×设计厚度。涂料饰面用无孔聚苯板(图13);面砖饰面用双孔聚苯板(图14),应在施工前预先将锚塞孔加工好。

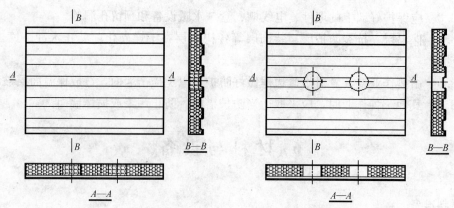

图13 涂料饰面用无孔聚苯板　　　图14 面砖饰面用双孔聚苯板

聚苯板技术性能应符合《绝热用模塑聚苯乙烯泡沫塑料》GB/T 10801.1—2002 的规定。详见表3。

聚苯板技术性能　　　　　　　　　　　　　　　表3

项目		单位	指标
表观密度		kg/m³	18.0～20.0
压缩强度(即在10%变形下的压缩应力)		kPa	≥100
导热系数		W/(m·K)	≤0.041
70℃48h后尺寸变化率		%	≤3
水蒸气透湿系数		ng/(Pa·m·s)	≤4.5
吸水率		%(V/V)	≤4
熔结性	断裂弯曲负荷	N	≥25
	弯曲变形	mm	≥20
氧指数		%	≥30

6.1.3 粘结保温浆料及防火隔热浆料

（1）聚苯颗粒轻骨料主要技术性能见表4。

聚苯颗粒轻骨料主要技术性能　　　　　　　　　　表4

项目	单位	指标
堆积密度	kg/m³	12.0～21.0
粒度	mm	0.5～5

（2）ZL保温胶粉料技术性能见表5。

ZL保温胶粉料技术性能　　　　　　　　　　　　表5

项目	单位	指标
初凝时间	h	≥4
终凝时间	h	≤12
安定性	—	合格
拉伸粘结强度	MPa	≥0.6(常温28d)
浸水拉伸粘结强度	MPa	≥0.4(常温28d,浸水7d)

(3) 粘结保温浆料的配制

先开机将38kg左右的水倒入砂浆搅拌机内，然后倒入一袋25kg的胶粉料，搅拌3～5min，再倒入一袋130L的聚苯颗粒，继续搅拌3～5min，搅拌均匀后倒出，该胶粉应随搅随用，在3h内用完。粘结保温浆料粘结性能指标见表6。

粘结保温浆料粘结性能 表6

项 目		单 位	指 标
拉伸粘结强度（与带界面剂的水泥砂浆试块）	常温常态14d	MPa	≥0.20
	耐冻融（冻融循环10次）		无开裂
抗拉粘结强度（与带界面剂砂浆的18kg/m³膨胀聚苯板）	常温常态14d	MPa	≥0.10且聚苯板破坏
	耐冻融（冻融循环10次）		无开裂
可操作时间		h	≥2

(4) 防火隔热保温浆料的配制。

先开机，将35～40kg水倒入砂浆搅拌机内，然后倒入一袋25kg胶粉料，搅拌3～5min后，再倒入一袋200L聚苯颗粒，继续搅拌3min，搅拌均匀后倒出。该浆料应随搅随用，在4h内用完，严禁人工搅拌。防火隔热保温浆料性能指标见表7。

防火隔热保温浆料性能 表7

项 目		单 位	指 标
拉伸粘结强度（与带界面剂的水泥砂浆试块）	常温常态14d	MPa	≥0.20
	耐冻融（冻融循环10次）		无开裂
抗拉粘结强度（与带界面剂砂浆的18kg/m³膨胀聚苯板）	常温常态14d	MPa	≥0.10且聚苯板破坏
	耐冻融（冻融循环10次）		无开裂
可操作时间		h	≥2
防火性能			B1

6.1.4 涂塑耐碱玻纤网格布

主要技术性能应符合《耐碱玻璃纤维网格布》JC/T 841—1999的标准，见表8。

涂塑耐碱玻纤网格布主要技术性能 表8

项 目			单 位	指 标
网眼密度	普通型	经 向	孔数/100mm	25
		纬 向	孔数/100mm	25
	加强型	经 向	孔数/100mm	16.7
		纬 向	孔数/100mm	16.7
单位面积重量	普通型		g/m²	≥180
	加强型		g/m²	≥500
断裂强力	普通型	经 向	N/50mm	≥1250
		纬 向	N/50mm	≥1250

续表

项　　目		单　位	指　标
断裂强力	加强型	经　向	N/50mm	≥3000
		纬　向	N/50mm	≥3000
耐碱强度保持率(28d)		经　向	%	≥90
		纬　向	%	≥90
涂塑量		普通型	g/m²	≥20
		加强型	g/m²	≥20

6.1.5　ZL抗裂水泥砂浆

由ZL专用砂浆抗裂剂与水泥砂子按比例配制搅拌而成。

（1）抗裂剂及抗裂砂浆技术性能见表9。

抗裂剂及抗裂砂浆技术性能　　　　表9

	项　目	单　位	指　标
抗裂剂	不挥发物含量	%	≥20
	贮存稳定性		6个月无结块、凝聚及发霉现象
抗裂砂浆	砂浆稠度	mm	80～130
	可操作时间	h	2
	拉伸粘结强度(28d)	MPa	>0.8
	浸水拉伸粘结强度(7d)	MPa	>0.6
	渗透压力比	%	≥200
	抗弯曲性	—	5%弯曲变形无裂纹
	压折比		≤3.0

（2）水泥：强度等级32.5普通硅酸盐水泥，水泥技术性能应符合《通用硅酸盐水泥》GB 175—2007的要求。

（3）中砂：应符合《普通混凝土用砂、石质量及检验方法标准》JGJ 52—2006中细度模数的规定，含泥量小于3%。

（4）ZL抗裂水泥砂浆的配制：

ZL水泥砂浆抗裂剂：中砂：水泥按1：3：1重量比，用砂浆搅拌机或手提搅拌器搅拌均匀。配制抗裂砂浆加料次序：应先加入抗裂剂、中砂，搅拌均匀后，再加入水泥继续搅拌3min倒出。抗裂砂浆不得任意加水，应在2h内用完。

6.1.6　配套材料

主要有机械固定塑料锚栓、专用金属护角（断面尺寸为35mm×35mm×0.5mm，高2000mm）等。

6.1.7　高分子乳液弹性底层涂料

主要技术性能见表10。

高分子乳液弹性底层涂料主要技术性能　　　　　表10

项　目		单　位	指　标
容器中状态		—	搅拌后无结块，呈均匀状态
施工性		—	刷涂无障碍
干燥时间	表干时间	h	≤4
	实干时间	h	≤8
拉伸强度		MPa	≥1.0
断裂伸长率		%	≥300
低温柔性绕φ10mm棒		—	−20℃无裂纹
不透水性(0.3MPa，0.5h)		—	不透水
加热伸缩率	伸　长	%	≤1.0
	缩　短	%	≤1.0

6.1.8 ZL抗裂柔性耐水腻子

（1）主要技术性能见表11。

ZL抗裂柔性耐水腻子主要技术性能　　　　　表11

项　目	单　位	指　标
胶液容器中状态		均匀乳液
粉料		无结块、均匀粉料
施工性		刮涂二遍无障碍
可操作时间	h	≥3
耐水性		48h无异常
耐碱性		24h无异常
拉伸粘结强度　常温28d 　　　　　　　浸水7d 　　　　　　　冻融循环(5次)	MPa MPa MPa	≥0.5 ≥0.4 ≥0.4
柔韧性(直径50mm)		无裂纹
低温储存稳定性		

（2）ZL抗裂柔性耐水腻子的配制：

ZL抗裂柔性腻子胶：ZL抗裂柔性腻子粉＝1∶2（重量比），用手提搅拌器搅拌均匀后使用，保证在2h内用完。

6.1.9 外墙建筑涂料

饰面用外墙建筑涂料必须与该体系相容，且符合现行国家及行业相关材料标准，其抗裂性能还应满足表12的要求。

外墙建筑涂料性能　　　　　表12

项　目		指　标
抗裂性	平涂料	断裂伸长率≥150%
	连续性复层涂料	主涂层断裂伸长率≥150%
	浮雕类复层涂料	浮雕层干燥抗裂性符合要求

6.1.10 四角钢丝网

面砖饰面抗裂层用四角钢丝网必须采用热镀锌工艺,其规格性能指标应符合表13的要求。

四角钢丝网规格性能 表13

项 目	单 位	指 标
丝径	mm	0.9±0.04
网孔大小	mm	12.7×12.7
焊点抗拉力	N	≥65
镀锌层重量	g/m²	122

6.1.11 塑料膨胀锚栓

其性能应符合表14的要求。

塑料膨胀锚栓性能 表14

项 目	单 位	指 标
有效锚固深度 h_{ef}	mm	≥25
塑料圆盘直径	mm	≥50
单个锚栓抗拉承载力标准值	kN	≥0.8

6.1.12 面砖胶粘剂

外保温贴面砖宜采用柔性胶粘剂其性能指标见表15。

面砖胶粘剂性能 表15

项 目		单 位	指 标
拉伸粘结强度		MPa	≥0.60
压折比		—	≤3.0
压剪胶接强度	原强度	MPa	≥0.6
	耐温 7d	MPa	≥0.5
	耐水 8d	MPa	≥0.5
	耐冻融 30 次	MPa	≥0.5
线性收缩率		%	≤3.0

6.1.13 面砖勾缝胶粉

要满足柔韧性方面的指标要求,目的在于有效释放面砖及粘结材料的热应力变形,避免饰面层面砖的脱落。同时,勾缝材料应具有良好的防水透气性,其性能见表16。

面砖勾缝胶粉性能 表16

项 目	单 位	指 标
外观	—	均匀一致
颜色	—	与标准样一致
凝结时间	h	大于2h,小于24h

续表

项　目		单　位	指　标
拉伸粘结强度	常温常态 14d	MPa	≥0.60
	耐水(常温常态 14d，浸水 48h，放置 24h)	MPa	≥0.50
	压折比	—	≤3.0
	透水性(24h)	ml	≤3.0

6.2 机具准备

6.2.1 机械准备

电热丝、接触式调压器、配电箱(三相)、电烙铁、容积约 300L 的强制式砂浆搅拌机、垂直运输机械、水平运输机械(小推车)、电锤钻、手提搅拌器、喷枪、外墙脚手架、室外操作吊篮等；面砖饰面外保温还需准备钢网展平机、钢网剪网机、钢网挝角机、瓷砖切割机。

6.2.2 常用工具准备

常用抹灰工具及抹灰专用检测工具、经纬仪及放线工具、水桶、剪子、滚刷、铁锹、手锤、方尺、靠尺、探针、水平尺、钢尺。常用涂饰工具：砂纸、打磨器、刮板。

7 质量标准及验收

外保温质量评定按《建筑装饰装修工程质量验收规范》GB 50210—2001 的"一般抹灰工程"、《胶粉聚苯颗粒复合型外墙外保温系统》CAS 126—2005 及《胶粉聚苯颗粒外墙外保温系统》JG 158—2004 的要求。

7.1 保温工程质量验收资料

(1)保温工程施工的施工图；(2)设计说明，设计变更资料；(3)材料的出厂合格证书；(4)第三方法定检测单位的材料性能报告；(5)材料进场验收记录，材料进场复检报告；(6)隐蔽工程验收记录；(7)施工质量记录等。

7.2 保温工程质量检验批

外墙外保温的检验批和检验数量应符合下列规定：以 500～1000m² 划分为一个检验批，不足 500m² 也应划分一个检验批；每个检验批每 100m² 应至少抽查一处，每处不得小于 10m²。门窗口以 50 个口为一检验批，抽查率不应小于 3%。

7.3 质量控制要点

7.3.1 基层处理：基层墙体垂直、平整度应达到结构工程质量要求。墙面清洗干净，无浮土、无油渍，空鼓及松动、风化部分应剔掉，界面均匀，粘结牢靠。

7.3.2 胶粉聚苯颗粒粘结浆料的厚度控制与聚苯板平整度控制。要求达到设计厚度，墙面平整，阴阳角、门窗洞口垂直、方正。

7.3.3 抗裂砂浆的厚度控制。涂料饰面抗裂砂浆层厚度为3～5mm，面砖饰面抗裂砂浆层厚度为8～10mm，墙面无明显接茬、抹痕，墙面平整，门窗洞口、阴阳角垂直、方正。

7.3.4 涂塑耐碱玻纤网格布铺设平整，搭接规范，宽度符合要求，阳角部位双向过角搭接，搭接边不得留在角部。

7.3.5 热镀锌四角钢网铺设平整，阳角部位钢网不得断开，搭接网边应被角网压盖，胀栓数量、锚固位置符合要求。

7.4 质量验收

7.4.1 主控项目

（1）所用涂料或饰面砖材料品种、规格、颜色、图案、质量、性能应符合设计要求及现行国家标准和本工法规定。

（2）保温层厚度及构造做法应符合建筑节能设计要求，聚苯板粘贴应保证粘结浆料的粘结饱满率，保温层平均厚度应用抽样统计方法进行检查，检验结果不应出现负偏差。

（3）保温层与墙体以及保温体系各构造层之间必须粘结牢固，无松动和虚粘现象，抹面防护砂浆应无脱层、空鼓及裂缝，面层无粉化、起皮、爆灰。

7.4.2 一般项目

（1）表面平整、洁净，接茬平整，线角顺直、清晰，毛面纹路均匀一致。

（2）护角符合施工规定，表面光滑、平顺，门窗框与墙体间缝隙填塞密实，表面平整。

（3）孔洞、槽、盒位置和尺寸正确，表面整齐、洁净，管道后面平整。

7.4.3 保温层允许偏差项目及检验方法

保温层允许偏差及检验方法见表17。

保温层允许偏差项目及检验方法　　　　表17

项次	项目	允许偏差(mm)		检查方法
		保温层	抗裂层	
1	立面垂直	4	2	用2m托线板检查
2	表面平整	4	2	用2m靠尺及塞尺检查
3	阴阳角垂直	4	2	用2m托线板检查
4	阴阳角方正	4	2	用20cm方尺和塞尺检查
5	立面总高度垂直度	$H/1000$ 且不大于20		用经纬仪、吊线检查
6	上下窗口左右偏移	不大于20		用经纬仪、吊线检查
7	同层窗口上、下	不大于20		用经纬仪、拉通线检查
8	分格条(缝)平直	3		拉5m小线和尺量检查
9	保温层厚度	平均厚度不出现负偏差		用探针、钢尺按抽样统计方法检查

7.4.4 饰面装修质量标准

(1) 涂料饰面：按照《建筑装饰装修工程质量验收规范》GB 50210—2001中"10涂饰工程"相关条款规定进行检查验收。

(2) 面砖饰面：按照《建筑装饰装修工程质量验收规范》GB 50210—2001中"8饰面板(砖)工程"及《外墙饰面砖工程施工及验收规程》JGJ 126—2000中相关规定进行验收。

7.5 易出现的问题及防治措施

7.5.1 保温浆料不粘，施工性能不理想。主要原因是由于搅拌机转速不够，搅拌机搅拌时间不足，加水量不准造成。选择每分钟转速大于60转的搅拌机。每台搅拌机可供15人左右抹灰施工，搅拌机数量不足，搅拌时间太短会造成浆料不粘。加水搅拌时应有专人计量控制，严禁随意调整水量。

7.5.2 保温浆料施工过程中的平整度的控制是提高工程质量的关键，若保温层的平整度不达标，防护面层的平整度将很难达标。保温浆料施工后应严格检验，修整达标后方可进行下步施工。

(1) 抗裂砂浆搅拌用砂应按要求过筛，否则，会造成面层粗糙，找平腻子用量超标。

(2) 抗裂砂浆表面压光操作时，面层应适量刷水。

(3) 表面出现规则性裂缝，主要原因是网格布干搭接或漏铺造成。

(4) 表面出现不规则裂缝，主要原因是面层使用了柔性不达标的材料。

(5) 聚苯板粘结后应在48h后再进行其他操作作业，防止聚苯板过早作业而出现的松动和虚粘现象。

(6) 聚苯板安装要严格按照上下错缝的方法施工，各板缝均应留出10mm左右的灰缝。

8 安全措施

8.0.1 机械设备、吊篮必须由专人操作，经检验确认无安全隐患后方可使用。

8.0.2 操作人员必须遵守高空作业安全规定，系好安全带，严禁往下抛扔物品、材料。

8.0.3 进场前，必须进行安全培训，注意防火，现场不许吸烟、喝酒。

8.0.4 遵守施工现场制定的一切安全制度。

8.0.5 保温板应使用阻燃型，保温板六个表面应在工厂预涂好界面处理砂浆，尽量避免现场裸板存放，保温板及聚苯轻骨料存放应远离火源并配有足够的消防灭火设备。对个别非标裸板存放地应进行覆盖，防止现场施工时火星飞溅引起火灾。

8.0.6 施工人员应严格遵守高空作业安全法规，必须戴安全帽、系安全带，采取有效的防护措施，防止坠落。

9 环保措施

外保温工程在施工过程中必须严格遵守《北京市建设工程施工现场环境保护标准》及

《北京市建设工程施工现场场容卫生标准》的规定。

9.0.1 保温工程施工现场内各种施工相关材料应按照施工现场平面图要求布置，分类码放整齐，材料标识要清晰准确。

9.0.2 施工现场所用材料保管应根据材料特点，采取相应的保护措施。材料的存放场地应平整夯实，有防潮排水措施。材料库内外的散落粉料必须及时清理。

9.0.3 为防止聚苯颗粒飞散、粉料扬尘，施工现场必须搭设封闭式保温浆料及砂浆搅拌机棚，并配备有效的降尘防尘及污水排放装置。

9.0.4 搅拌机设专职人员环境保护，及时清扫杂物，对用过的废袋子及时捆好，用完的塑料桶码放整齐并及时清退。

9.0.5 保温浆料搅拌机四周及现场内无废弃保温浆料和砂浆。

9.0.6 施工现场注意节约用水，杜绝水管渗漏及长流水。

9.0.7 保温工程施工时建筑物内外散落的零散碎料及运输道路遗洒(撒)应设专人清扫。

9.0.8 施工垃圾及废弃保温板材应集中分拣，并及时清运回收利用，按指定的地点堆放。

10 效 益 分 析

该做法集ZL胶粉聚苯颗粒外保温抹灰做法与聚苯板外保温粘贴做法之优点，构造合理，保温层与结构层之间无空腔，各构造层采用性能指标合理的逐层渐变材料，不仅对抗震、抗风压和抗温度变形有利，还可有效地保证达到65%以上节能标准，外面复合了一层轻质防火隔热保温浆料，可克服外贴聚苯板保温不防火、耐老化性能较差的缺陷。施工工艺简便，好操作，减少了现场湿作业量，而且价格与普通外保温做法接近，具有较高的性价比和较好的技术经济效益，且该技术体系集成配套，已形成较完善的产品标准和工艺规程。

轻质防火隔热ZL聚苯颗粒保温浆料利用回收的城市固体废弃物——废旧聚苯板作原材料，将垃圾资源化，使其再生转化为有用的建筑材料，在建设房屋的同时净化了环境。该技术体系不仅从建筑节能本身，而且从技术体系构成的各个层次材料上均能得到体现。其配套材料均为工厂预制按配比包装，现场搅拌，质量可控性好。该外墙外保温体系各个层面充分考虑了资源的综合利用，科学消纳固体废弃物，对推动建立良好的循环经济体系，可持续发展战略，开拓出一条全新的思路。在丰富外墙外保温节能技术体系的同时，更深层次、更广阔地拓宽了环保的节能理念，综合社会效益显著。

与国内外类似施工方法的主要技术指标分析对比见表18。

与国内外类似施工方法的主要技术指标分析对比　　　　表18

比较项目	薄抹灰贴聚苯板法	轻质防火隔热浆料复合外保温做法	胶粉聚苯颗粒做法	聚氨酯喷涂做法
适用墙体	各种墙体，考虑到安全性要求，超高层不宜采用	各种墙体	各种墙体	各种墙体
导热系数[W/(m·K)]	≤0.041	≤0.041	≤0.059	≤0.025

续表

比较项目	薄抹灰贴聚苯板法	轻质防火隔热浆料复合外保温做法	胶粉聚苯颗粒做法	聚氨酯喷涂做法
施工性	对基层墙体的平整度要求高，施工效率不高，板缝难处理，门窗洞口等局部存在热桥，材料利用也不充分	对基层墙体的平整度要求不高，在结构比较复杂或不规整的外墙表面施工时适应性好，施工速度快较快	现场成型保温材料，不受墙体外形的约束，在结构比较复杂或不规整的外墙表面施工时适应性好，施工须湿作业	对基层墙体的平整度要求高，基层墙体成型后，进行聚氨酯现场喷涂，施工速度快，整体性强
抗风压性能	有空腔，抗风压性能较差	无空腔，抗风压能力强	无空腔，抗风压能力强	无空腔，抗风压能力强
饰面做法	涂料	涂料、面砖	涂料、面砖	涂料、面砖
抗裂性能	板缝之间易产生裂缝，主要靠抗裂砂浆层抗裂	采用材料材性相近逐层渐变的柔性体系，不易发生裂缝	施工整体性好，柔性体系，不易发生裂缝	采用现场喷涂技术，不存在板缝，柔性体系、抗裂性能好
憎水性	与采用的防护面层有关，可达到较好憎水效果	呼吸功能强，与表面抗裂层组合可达到较好憎水效果	99%憎水率，呼吸功能强，与表面抗裂层组合可达到较好憎水效果	材料本身就可作为防水材料，能起到防水、隔潮作用
抗冲击性	>3J	>10J	>20J	>10J
防火性能	防火体系安全性能较差，火灾状态下聚苯板起火、烧结、缩孔，有次生烟尘灾害	满足高层建筑防火要求，火灾状态下不燃烧，保温体系安全稳定	满足高层建筑防火要求，火灾状态下不稳定，不会产生有毒烟雾，无次生烟尘灾害	复合胶粉聚苯颗粒保温浆料后，燃烧极限符合国家规范要求，火灾状态下聚氨酯起火，防火体系安全性能相对较差

11 工 程 实 例

11.1 百子湾住宅小区 A1 楼—轻质防火隔热浆料复合聚苯板（涂料饰面）做法

该工程主体为全现浇剪力墙结构，为北京建工集团有限责任公司房地产开发经营部开发，北京星胜建筑工程设计有限公司设计，北京六建集团公司总承包施工，开竣工时间：2004 年 3 月 18 日～2005 年 10 月 31 日；建筑面积 16527.73m²，建筑总高度为 62.25m，外保温面积 18627.01m²，工程质量评为 2006 年度北京市竣工长城杯金奖。

11.2 滨都苑二期工程——轻质防火隔热浆料复合聚苯板（面砖饰面）做法

该工程位于朝阳区麦子店北路及农展馆西路道口，主体为全现浇剪力墙结构，建筑地上 20 层，建筑高度 61m，总建筑面积 19043m²，分东西向南北向 2 座塔楼，平面形状呈 L 形，首层为商业用房，2～20 层为普通住宅；地下 1 层为汽车库及设备用房，地下 2 层为六级人防。2 层以上为轻质防火隔热浆料复合聚苯板外保温（面砖饰面）做法，配合落地观景窗，外保温建筑工程面积 12530m^2，工程质量优良，评为北京建工集团有限责任公司 2006 年度优质工程。

参考标准

1. 《混凝土结构工程施工质量验收规范》GB 50204—2002
2. 《砌体工程施工质量验收规范》GB 50203—2002
3. 《胶粉聚苯颗粒外墙外保温系统》JG 158—2004
4. 《胶粉聚苯颗粒复合型外墙外保温系统》CAS 126—2005
5. 《膨胀聚苯板薄抹灰外墙外保温系统》JG 149—2003
6. 《挤塑聚苯乙烯泡沫塑料》GB/T 10801.2—2002
7. 《通用硅酸盐水泥》GB 175—2007
8. 《建筑用砂》GB/T 14684—2001
9. 《建筑装饰装修工程质量验收规范》GB 50210—2001
10. 《居住建筑节能设计标准》DBJ 01—602—2004
11. 《北京市建设工程施工现场管理办法》
12. 《高层民用建筑设计防火规范》GB 50045—95
13. 《绝热用模塑聚苯乙烯泡沫塑料》GB/T 10801.1—2002
14. 《耐碱玻璃纤维网格布》JC/T 841—1999
15. 《普通混凝土用砂、石质量及检验方法标准》JGJ 52—2006
16. 《合成树脂乳液外墙涂料》GB/T 9755
17. 《复层建筑涂料》GB 9779
18. 《建筑涂料》GB 9153
19. 《外墙饰面砖工程施工及验收规程》JGJ 126—2000
20. 《建筑工程饰面砖粘结强度检验标准》JGJ 110—2008
21. 《居住建筑节能保温工程施工验收规程》DBJ 01—97—2004
22. 《建筑瓷板装饰工程技术规程》CECS 101：98

聚氨酯硬泡体屋面防水保温系统施工工法

上海市房地产科学研究院
上海克络蒂涂料有限公司
龙信建设集团有限公司

孙生根 杨永巍 季 亭 钱朱凤 张海军 陈 岗 董 管 张 辉

随着建筑业兴旺及施工技术的不断提高,上海地区的建筑保温热技术发展很快。经过多年努力,研制出了"聚氨酯硬泡体屋面防水保温系统"(以下简称"系统")。3年来,经过上百个大小工程项目的实践,获得了广大用户们的良好称誉和上海市有关部门的充分肯定。聚氨酯硬泡体是采用现场喷涂技术进行施工,该材料具有防水、保温两种功能,总结成本工法。

1 工法特点

"系统"中的聚氨酯硬泡体是经过现场喷涂设备在枪口撞击产生雾化状喷至干燥、平整的混凝土基层表面,雾化状的液体到基层面后平均十几秒钟成型,20min后即可上人。该系统是一个以防水涂膜、硬质聚氨酯泡沫塑料、纤维增强抗裂腻子为主要材料的,现场成型的防水保温系统。其明显的优势有:

(1) 与屋面采用全粘结,粘结强度高,抗荷载、抗风压能力强。
(2) 保温层导热系数小,具有良好的保温性能。
(3) 现场喷涂成型,无拼缝、无冷热桥等负面影响。
(4) 防水保温一体化,聚氨酯的闭孔率达到95%以上,防水性能优异。
(5) 使用寿命长达25年以上。
(6) 原材料体积小,运输方便。
(7) 施工快捷,周期短。
(8) 纤维增强抗裂腻子,可调成红、蓝、绿等多种色彩,美化屋顶环境。
(9) 物业管理简便,适修性较强。

2 适用范围

聚氨酯硬泡体可适用于任何形状的屋面防水保温工程,该系统集防水和保温于一体。其不仅适宜于新建建筑屋面的防水保温,对既有建筑的围护结构节能改造也有其独到之处,且施工简便,周期短,适用范围广,材料配套齐全,能满足我国不同气候条件下的建筑节能施工要求。该系统在屋面防水保温工程中具有的优势较为突出。

"系统"屋面可以预埋钢筋后挂瓦，也可以滚涂防水涂膜、批嵌抗裂腻子、铺贴沥青油毡瓦或浇捣 40mm 厚细石钢筋混凝土后铺贴地砖或石材等。

3 工艺原理

"系统"中的防水涂膜是采用有机高分子聚合物和无机反应性粉剂复合而成的双组分防水涂料，与基层附着力强，且整体性好，成膜后与水泥砂浆和其他胶粘剂亲和性优良，在此系统中主要起防水和界面处理作用，使聚氨酯硬泡体与基面能很好地结合，也使纤维增强抗裂腻子与聚氨酯硬泡体的粘结力大大加强。聚氨酯硬泡体以组合聚醚和异氰酸酯为主要材料的双组分材料，通过专用设备喷涂而成，具有优异的保温性。又因采用现场喷涂施工，形成一层连续的低吸水性的泡沫体，故防水性能优良。聚氨酯硬泡体在整个体系中是至关重要的，不仅在产品的配方上考虑到发泡率、抗拉和抗压强度、导热系数、吸水率等技术指标，而且在施工过程中要能掌握其发泡时间、发泡的平整度和厚度，所以对施工设备和施工人员有一定的技术要求。纤维增强抗裂腻子主要起表面保护和找平作用，它是以固体水溶性高分子聚合物和无机硅酸盐材料为主要粘合材料，添加各种助剂、抗裂增强纤维，在特定的干粉混合设备内高速分散而成。解决了常规腻子在保温板表面粘结力差，易产生龟裂等缺陷。

4 施工工艺流程及操作要点

4.1 施工工艺流程

屋面施工工艺流程如图1所示。

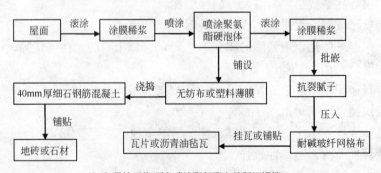

注：如果挂瓦片，须在喷涂聚氨酯之前预埋钢筋。

图 1 屋面施工工艺流程

4.2 基层要求

4.2.1 聚氨酯现场发泡体对基层最基本的要求是干燥，达到《屋面工程质量验收规范》GB 50207—2002的要求，平整度在10mm之内，无需找平。

4.2.2 出屋面的基层管道在喷涂施工前应设置防水套管，并用砂浆以"R"式做法，便于喷涂施工均匀、连接处圆滑，管道上喷涂高度不低于300mm，收头用卡箍卡紧，如图2所示。

4.2.3 横向落水口底部与基层面距离为10mm，内侧与墙面平；竖向落水口的上部略高于基层面5mm，如图3、图4所示。

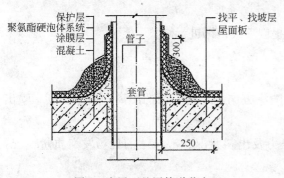

图2 出屋面基层管道节点

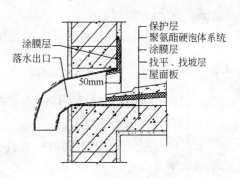

图3 横向落水口节点

4.2.4 屋面和山墙、女儿墙、天沟、檐沟以及凸出屋面结构的连接处（阴、阳角）应做成圆弧形，其圆弧半径为$R=80\sim100$mm；泛水部位的防水保温层一般用水泥砂浆覆盖，当中设钢丝网，钢丝网采用保温钉固定，保温钉在喷涂前胶粘于泛水基层面上，如图5所示。

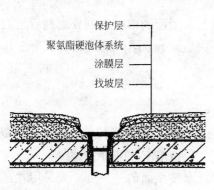

图4 竖向落水口节点

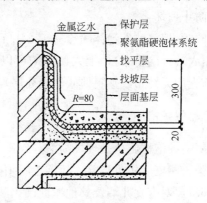

图5 山墙、女儿墙泛水节点

4.3 涂刷防水涂膜界面剂

按固相：液相：水＝1：1：1配合比配制，专人负责，严格计量，机械搅拌，确保搅拌均匀。配好的料应注意防晒避风，以免水分蒸发过快。一次配制量应在可操作时间内（4h内）用完。用滚刷将配好的界面剂均匀涂刷在清理干净的基面上，阴角等节点部位应重点涂刷。养护24h以上，干透。

4.4 喷涂操作

4.4.1 喷涂前，须提前1d对有落水口及管道出屋面的金属和塑料构件部位应重点进行石油沥青聚氨酯涂料涂膜处理，使细部处理更可靠。

4.4.2 硬质聚氨酯必须在喷涂前配置好，双组分液体原料必须按工艺设计的配比1∶1，专人负责，准确计量，混合应均匀，热反应须充分，输送管道不得渗漏，同时根据施工条件作适当的调整。

4.4.3 根据聚氨酯的厚度，使用专业施工设备，进行现场喷涂，喷涂时喷枪与施工基面间距为500～700mm。一个施工作业面可分遍喷涂完成，每遍的成型后厚度应不大于15mm。喷涂应连续均匀。

4.4.4 硬质聚氨酯喷涂24h后，用手提刨刀或钢锯进行修整。

4.5 施工要点

4.5.1 喷涂操作时枪手应时刻掌握好喷涂方向、与施工面的距离、喷涂角度、喷出压力，以及发泡厚度等要求。

4.5.2 现场喷涂之中随时检查设备压力及出料状况、泡沫体的现场发泡质量情况，一旦发现异常状况马上停枪调整。

4.5.3 屋面上的异形部位应按"细部构造"进行喷涂施工。特别是节点部位如落水口、烟道、出屋面管道、女儿墙、檐沟、泛水处，一旦发现漏喷、空洞，以及厚度不足的地方应及时进行补喷。同时对出现起壳、空鼓的地方进行挖除后补喷。

4.5.4 聚氨酯硬泡体的发泡稳定及固化时间约为20min，因此施工后20min内严禁上人，防止损坏。

4.5.5 聚氨酯发泡体喷涂完工24h后，不上人屋面的即可涂刷界面剂后批嵌抗裂腻子(内压入玻纤网格布)；上人屋面的可以浇捣40～60mm厚的钢筋细石混凝土作保护层(铺设前先用无纺布或塑料薄膜作隔离层)。

4.6 产品保护措施

聚氨酯硬泡体施工是现场喷涂，操作不慎会污染临近部位或其他设施。由于聚氨酯的粘结性强，污染后较难清除，故施工时须做好已经完工部位的保护措施。

4.6.1 对有女儿墙及其他屋面凸出物的非泛水喷涂面的分割处，应采用在泛水高度以上贴一排整齐的胶带，以防止不需喷涂的部位造成污染。

4.6.2 对屋面四周只有檐口时，采用在檐口上拉一条彩条布，以保护外界不受污染(檐口边用胶带贴好，便于混凝土保护层收头)。

4.6.3 对进行保护过的非喷涂地方，采用的胶带、薄膜等材料在喷涂完毕后进行清理，清理时注意与泡沫接口处不能断裂。

4.6.4 对既有建筑的屋面进行节能改造施工时，屋面的(设备、管道)连接件已安装完毕，屋面需要保护的设施应予以保护，并留出防水保温施工的余地。并且对基层做好处理，彻底清理有渗漏水隐患、不能保证粘结强度的原屋面层(爆皮、粉化、松动的原面层，出现裂缝空鼓的原面层)，修补缺陷，加固找平。通过现场抽样检测，确认其外保温系统与屋面有良好的附着力，即$F \geqslant 0.20$MPa。

4.7 季候性施工条件

4.7.1 雨期施工应做好防雨措施,准备遮盖材料、设备等物品。

4.7.2 基面的强度、表面平整度、干燥度等应符合国家有关施工验收规范的要求。

4.7.3 聚氨酯施工时,现场温度冬期不宜低于5℃,空气相对湿度不宜大于90%。不宜在5级及5级以上大风气候条件下施工,如需施工应采取防护措施。

5 材料与设备

5.1 材料要求

5.1.1 现场喷涂硬质聚氨酯的原料应密封包装,在储运过程中须严禁烟火,注意通风、干燥,防止暴晒、淋雨等,不得接近热源或接触强氧化、高腐蚀化学品。其性能指标应符合表1的要求。

硬质聚氨酯泡沫塑料物理性能指标　　　　　　　　　表1

检测项目	单位	技术指标	
		M型	H型
密度	kg/m³	≥35	≥55
导热系数	W/(m·K)	≤0.024	≤0.024
吸水率	%	≤3	
抗压强度	MPa	≥0.15	≥0.3
抗拉强度	MPa	≥0.2	≥0.5
粘结强度	MPa	≥0.2	
尺寸稳定性	%	≤1	
不透水性	0.3MPa,30min	不透水	
氧指数	%	26	

注:M型适宜不上人屋面,H型适宜上人屋面防水保温。

5.1.2 防水涂膜外观质量应均匀,无颗粒、异物及凝聚现象。其性能指标应符合表2的要求。

防水涂膜理化指标　　　　　　　　　表2

试验项目		单位	技术指标
固体含量		%	≥65
干燥时间	表干时间	h	≤4
	实干时间	h	≤8
拉伸强度	无处理	MPa	≥1.2
	加热处理后保持率	%	≥80
	碱处理后保持率	%	≥70
	紫外线处理后保持率	%	≥80

续表

试 验 项 目		单 位	技术指标
断裂伸长率	无处理	%	≥200
	加热处理	%	≥150
	碱处理	%	≥140
	紫外线处理	%	≥150
低温柔性		φ10mm 棒	-10℃无裂纹
不透水性		0.3MPa，30min	不透水
潮湿基面粘结强度		MPa	≥0.5

5.1.3 纤维增强抗裂腻子标准厚度做法为3～5mm，其性能指标应符合表3的要求。

纤维增强抗裂腻子物理性能指标　　表3

检 测 项 目			单 位	技术指标
可操作时间			h	≤4
拉伸粘结强度	与水泥砂浆	原强度	MPa	≥0.6
		耐 水	MPa	≥0.4
	与硬质聚氨酯	原强度	MPa	≥0.2
		耐 水	MPa	≥0.2

注：纤维增强抗裂腻子与聚氨酯硬泡体之间有涂膜稀浆作界面处理。

5.1.4 耐碱型玻璃纤维网格布其性能指标应符合表4的要求。

耐碱网布主要指标　　表4

试 验 项 目	性能指标
单位面积质量(g/m²)	≥130
耐碱断裂强力(经、纬向)(N/50mm)	≥750
耐碱断裂强力保留率(经、纬向)(%)	≥50
断裂应变(经、纬向)(%)	≥5.0

5.1.5 硅酸盐水泥和普通硅酸盐水泥：应符合现行国家标准《通用硅酸盐水泥》GB 175—2007 的要求。

5.1.6 其他材料：

建筑密封膏应采用聚氨酯建筑密封膏，其技术性能除应符合《聚氨酯建筑密封膏》JC 492 的有关要求外，还应与本系统有关产品相容。

5.2 主要机具

专用聚氨酯喷枪及设备、空气压缩机、磅秤、搅拌翻斗车、电动搅拌器、电锤(冲击钻)、电动刨刀、电动(手动)螺丝刀、壁纸刀、钢锯、钢丝、扫帚、棕刷、滚筒、墨斗、抹子、压子、阴阳角抹抿子、托线板、2m靠尺及楔形塞尺等。

6 质 量 控 制

聚氨酯硬泡体屋面防水保温系统的质量验收标准参照执行现行国家标准《屋面工程质量验收规范》GB 50207—2002、上海市工程建设规范《住宅建筑节能工程施工质量验收规程》DGJ 08—113—2005、《193 聚氨酯彩色防水保温系统技术规程》DBJ/CT 022—2004 的规定，同时还须满足以下几点：

6.0.1 防水保温层厚度设计：

（1）设计聚氨酯硬泡体防水保温层的厚度，应根据基层、建筑防水与保温层隔热性能等要求来制定，根据国家有关夏热冬冷地区的居住（公共）建筑节能设计标准 JGJ 75—2003、GB 50189—2005 要求，屋面的 K 值要求须小于等于 $1.0\ W/(m^2 \cdot K)$，一般情况下，聚氨酯保温层的厚度约在 $2\sim2.5cm$，就能达到节能标准。

（2）不需保温部位（如山墙、女儿墙泛水及凸出屋面结构）的结构表面，屋面聚氨酯硬泡体防水保温层应用厚度不得小于 10mm。

6.0.2 聚氨酯屋面防水保温系统与基面应粘结牢固，其拉伸粘结强度应大于 0.20MPa，玻纤网格布的搭接长度必须满足国家有关规范的要求。

6.0.3 现场喷涂使用专用设备，每次喷涂聚氨酯的厚度不得大于 15mm，整体完工后聚氨酯泡沫体最薄处厚度不得低于设计厚度的 80%，平均厚度大于设计值。最后对聚氨酯波峰大于 5mm 的地方，用手提刨刀或锯条进行修整。

6.0.4 聚氨酯屋面防水保温系统必须粘结牢固，无脱层、空鼓、孔洞及裂缝。网格布不得外露。

6.0.5 无爆灰和裂缝等缺陷，其外观应表面洁净，接茬平整。

6.0.6 屋面防水保温层的允许偏差，应符合表 5 的规定。

保温系统面层允许偏差及检验方法　　　　表 5

项次	项　目	允许偏差(mm)	检 验 方 法
1	表面平整	4	用 2m 靠尺、楔形塞尺进行检查
2	阴、阳角垂直	4	用 2m 托线板检查
3	阳角方正	4	用 200mm 方尺检查
4	伸缩缝（装饰线）平直	3	拉 5m 线和直尺检查

6.0.7 成品保护：

（1）外墙外保温或屋面防水保温施工完成后，后续工序应注意对成品进行保护。禁止在防水保温屋面上随意剔凿，避免尖锐物件撞击。

（2）因工序穿插、操作失误、使用不当或其他原因致使防水保温系统出现破损的，可按如下程序进行修补：

1）用锋利的刀具割除破损处，割除面积略大于破损面积，形状大致整齐。注意防止损坏周围的纤维增强抗裂腻子、网格布和硬质聚氨酯。

2）仔细把破损部位四周约 100mm 宽范围内的涂料和纤维增强抗裂腻子磨掉。注意不得伤及网格布,如果不小心切断了网格布,打磨面积应继续向外扩展。

3) 在修补部位四周贴不干胶纸带,以防造成污染。

4) 修补处聚氨酯表面应与周围硬质聚氨酯齐平,对修补部位作界面处理,滚涂防水涂膜,喷涂聚氨酯。

5) 用纤维增强抗裂腻子补齐破损部位的纤维增强抗裂腻子,用毛刷清理不整齐的边缘。对没有新抹纤维增强抗裂腻子的修补部位作界面处理。

6) 从修补部位中心向四周抹纤维增强抗裂腻子,做到与周围面层顺平,同时压入网格布,并满足网格布和原网格布的搭接要求。

7) 纤维增强抗裂腻子干后,在修补部位补做外饰面,其材料、纹路、色泽尽量与周围装饰一致。

8) 待外面干燥后,撕去不干胶纸带。

7 安 全 措 施

7.0.1 进入施工现场的作业人员,必须参加安全教育培训,考试合格方可上岗作业,未经培训或考试不合格者,不得上岗作业。凡有高血压等疾病不适合于高空作业者不得进行屋面工程施工。

7.0.2 进入施工现场的人员必须戴好安全帽,并系好下颊带;按照作业要求正确穿戴个人防护用品;在 2m 以上(含 2m)没有可靠安全防护设施高处的悬崖和陡坡施工时,必须系安全带;高处作业时,不得穿硬底和带钉易滑的鞋。

7.0.3 在施工现场行走要注意安全,不得攀登脚手架、井字架、龙门架、外用电梯。禁止乘坐非乘人的垂直运输设备。

7.0.4 脚手架上的工具、材料要分散放置平稳,不得超过允许荷载的范围。

7.0.5 屋面四周应设置不低于 1.2m 高的围栏,靠近屋面四周应侧身操作。严禁踩踏女儿墙、阳台栏板进行操作施工。

7.0.6 夜间或阴暗处作业,应使用 36V 以下安全电压照明灯具。

7.0.7 使用电钻、砂轮、手提刨刀等手持电动机具,必须装有漏电保护器,作业前应试机检查,作业时应戴绝缘手套。

7.0.8 材料拌制时,加料口及出料口要关严,传动部件加防护罩。

7.0.9 在进行聚氨酯喷涂时不准使用明火。

7.0.10 余料、杂物工具等应集中下运,不能随意乱丢乱掷。

8 环 保 措 施

8.0.1 干拌砂浆或其他粉状散装物料应堆放整齐,并用塑料彩条布覆盖,防止扬尘污染周围环境。

8.0.2 喷涂时,应掌握好风向,在下风处非喷涂范围处用彩条布进行隔离。

8.0.3 修整后的聚氨酯碎末应及时清理,每道工序应做到"活完脚下清",并将废料放置在指定的地点。

9 效益分析

聚氨酯硬泡体屋面防水保温系统与传统工艺施工法比较，有许多优点，具有较好的经济效益和社会效益，具体如表6所示。

屋面防水保温系统经济效益比较　　　　　表6

	聚氨酯硬泡体屋面防水保温材料	传统防水保温材料
1	防水保温功能合二为一，改性泡沫不透水，导热系数低，为 0.024W/(m·K)	功能单一，防水与保温各为不同材质，保温材料导热系数为 0.07～0.43W/(m·K)
2	性价比高，用传统Ⅲ级防水的成本，达到Ⅱ级防水要求	性价比低
3	施工快捷方便，减少施工配合工作量，单班次每日可完成 500m² 的工作量	施工程序繁琐，施工配合工作量大，施工周期较长
4	密度仅为 55kg/m³，减少屋顶荷载	传统保温材料密度在 500～600kg/m³，屋面负载较大
5	屋面细部处理优越，且无需设置排气管及排气槽，细部处理方法确保屋面无渗漏	细部处理较复杂，且容易形成渗水点，需放置排气管及排气槽
6	在任何形状的屋面都可快速施工并达到施工要求	异形屋面施工困难

施工队伍宜采用混合队承包。喷枪手、抹灰工、油漆工、机械操作工、普工按工作项目分工配备，由施工工长统一调度。屋面防水保温施工面积为 10000m² 的住宅项目，工期要求 30d 完成，需配备工长 1 名，技术员 1 名，质量检查员 2 名，安全员 1 名，机械维修工 2 名，电工 1 名，喷枪手 2 名，抹灰工 10 名，油漆工 10 名，普工 10 名，共计 40 人。

10 工程实例

10.0.1　苏州市碧瀛谷，屋面施工面积约 0.3 万 m²，2001 年完工，随访无任何渗漏。

10.0.2　闵行区荷兰新城，屋面施工面积约 0.2 万 m²，2006 年 6 月完工。

10.0.3　宝山区金兰雅墅，屋面施工面积约 8 万 m² 左右，2005 年底完工。

10.0.4　三航局三航大厦，高层屋面旧房改造，施工面积约 0.2 万 m²，2002 年完工，随访无任何渗漏。

胶粉聚苯颗粒贴砌聚苯板面砖饰面外墙外保温施工工法

北京振利建筑工程有限责任公司
北京建工集团有限责任公司
安徽建工集团有限公司
宋长友　田胜力　黄振利　朱　青　孙桂芳

1 前　言

1.0.1 胶粉聚苯颗粒贴砌聚苯板外墙外保温系统包括三种外保温做法：胶粉聚苯颗粒保温浆料外墙外保温做法（简称保温浆料做法）是一种现场抹灰成型的无空腔高防火等级保温做法；胶粉聚苯颗粒贴砌聚苯板（EPS板或XPS板）外墙外保温做法（简称贴砌聚苯板做法）和胶粉聚苯颗粒贴砌聚苯板外墙外保温简易做法（简称贴砌聚苯板简易做法）是对胶粉聚苯颗粒保温浆料外墙外保温做法的创新和发展，是适合于我国建筑节能65％标准及更高节能标准要求的外墙外保温做法。

1.0.2 本技术系统中的做法通过了建设部的技术评估，并被建设部评为全国绿色建筑创新二等奖，同时被列入国家重点新产品和火炬计划项目。

1.0.3 本技术系统具有全部中国自主知识产权。发明专利：胶粉聚苯颗粒外保温粘贴面砖墙体及其施工方法 ZL 02153345.8、抗裂保温墙体及施工工艺 ZL 98103325.3、聚苯板复合保温墙体及施工工艺 ZL 200410046100.4；实用新型：三明治式复合外保温墙体 ZL 200520200307.2、外保温后锚固粘贴面砖墙体 ZL 03264433.7。

1.0.4 截至目前，本技术系统已编的行业（协会）标准有《胶粉聚苯颗粒外墙外保温系统》JG 158—2004、《胶粉聚苯颗粒复合型外墙外保温系统》CAS 126—2005，并被编入北京、天津、甘肃、安徽、内蒙古等地方标准中，在华北、新疆、内蒙古、天津、山东、浙江、辽宁、甘肃、湖南等多个标准图集中也编入了该技术系统。

2 工 法 特 点

2.0.1 采取无空腔满粘满抹做法，粘结力大，无空腔，抗风压性能强。
2.0.2 各构造层设计从内至外柔性渐变，抗裂性能好。
2.0.3 施工适应性好，适应墙面及门、窗、拐角、圈梁、柱等变化，基层墙体剔凿量少。

2.0.4 充分利用无机不燃材料及采用分仓构造做法,提高了系统的防火性能。
2.0.5 板缝构造和XPS板的板洞设计有利于水蒸气排出。
2.0.6 采用抗裂防护层增强网塑料锚栓锚固于基层墙体做法,系统抗震性能好。

3 适用范围

3.0.1 保温浆料做法适用于北方地区不采暖楼梯间隔墙保温及加气混凝土砌块等砌体墙的外墙外保温,也适用于南方地区钢筋混凝土墙体及各类砌体墙体的外墙外保温。

3.0.2 贴砌聚苯板做法和贴砌聚苯板简易做法可用于不同气候区、不同建筑节能标准的建筑外墙外保温工程,基层可为混凝土、各种砌体材料。

3.0.3 保温浆料做法、贴砌聚苯板做法适合于防火等级要求较高的建筑使用,建筑高度一般不超过100m;贴砌聚苯板简易做法适合于防火等级要求不太高的建筑使用,建筑高度一般不超过60m。

4 工艺原理

4.0.1 保温浆料做法的胶粉聚苯颗粒保温浆料(简称保温浆料)保温层采用现场抹灰成型做法使之形成一个有机的整体并无板缝,大量纤维的添入使保温层不易发生空鼓;墙体基层用基层界面砂浆处理,使吸水率不同的材料附着力均匀一致;抗裂防护层采用抗裂砂浆复合热镀锌电焊网做法,热镀锌电焊网由塑料锚栓锚固于基层墙体,抗震性能好;饰面层采用的专用面砖粘结砂浆及面砖勾缝料粘结力强、柔韧性好、抗裂防水效果好。该做法各构造层材料柔韧性匹配,热应力释放充分。其基本构造见表1。

保温浆料做法面砖饰面基本构造　　　　表1

基层墙体①	保温浆料做法面砖饰面基本构造				构造示意图
	界面层②	保温层③	抗裂防护层④	饰面层⑤	
混凝土墙及各种砌体墙	基层界面砂浆	胶粉聚苯颗粒保温浆料	第一遍抗裂砂浆+热镀锌电焊网(用塑料锚栓与基层锚固)+第二遍抗裂砂浆	面砖粘结砂浆+面砖+勾缝料	

4.0.2 贴砌聚苯板做法采用胶粉聚苯颗粒粘结找平浆料(以下简称粘结找平浆料)满粘、贴砌双面涂刷聚苯板界面砂浆的梯形槽EPS板或双孔XPS板,板间留10mm板缝,

贴砌后用粘结找平浆料填平板缝及 XPS 板的两个孔洞,以增强聚苯板与粘结层、找平层的连接性能,提高系统的透气性;其表面再抹 10mm 厚粘结找平浆料,形成复合保温层并提高该做法的防火性能。其基本构造见表 2。

贴砌聚苯板做法面砖饰面基本构造　　　　表 2

基层墙体①	贴砌聚苯板做法面砖饰面基本构造					构造示意图
	粘结层②	保温层③	找平层④	抗裂防护层⑤	饰面层⑥	
混凝土墙或砌体墙	基层界面砂浆＋胶粉聚苯颗粒粘结找平浆料	经聚苯板界面砂浆处理的梯形槽 EPS 板或双孔 XPS 板	胶粉聚苯颗粒粘结找平浆料	第一遍抗裂砂浆＋热镀锌电焊网（用塑料锚栓与基层锚固）＋第二遍抗裂砂浆	面砖粘结砂浆＋面砖＋勾缝料	

4.0.3 贴砌聚苯板简易做法采用粘结找平浆料满粘、贴砌双面涂刷聚苯板界面砂浆的梯形槽 EPS 板或双孔 XPS 板,板间留 10mm 板缝,贴砌后用粘结找平浆料填平板缝及 XPS 板的两个孔洞,以增强聚苯板与粘结层、抗裂防护层的连接性能,提高系统的透气性。其基本构造见表 3。

贴砌聚苯板简易做法面砖饰面基本构造　　　　表 3

基层墙体①	贴砌聚苯板简易做法面砖饰面基本构造				构造示意图
	粘结层②	保温层③	抗裂防护层④	饰面层⑤	
混凝土墙或砌体墙	基层界面砂浆＋胶粉聚苯颗粒粘结找平浆料	经聚苯板界面砂浆处理的梯形槽 EPS 板或双孔 XPS 板	第一遍抗裂砂浆＋热镀锌电焊网（用塑料锚栓与基层锚固）＋第二遍抗裂砂浆	面砖粘结砂浆＋面砖＋勾缝料	

5 施工工艺流程及操作要点

5.1 施工工艺流程

施工工艺流程见图 1。

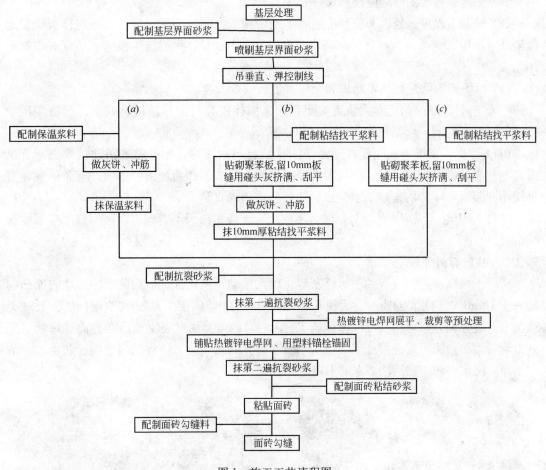

图 1 施工工艺流程图
(a)保温浆料做法；(b)贴砌聚苯板做法；(c)贴砌聚苯板简易做法

5.2 操作要点

5.2.1 施工准备

（1）基层墙体应符合现行国家标准《混凝土结构工程施工质量验收规范》GB 50204—2002 和《砌体工程施工质量验收规范》GB 50203—2002 及相关基层墙体质量验收规范的要求，保温层施工前应会同相关部门做好结构验收。如基层墙体偏差超标，则应抹砂浆找平。

（2）房屋各大角的控制钢垂线安装完毕。高层建筑及超高层建筑的钢垂线应用经纬仪复验合格。

（3）外墙面的阳台栏杆、雨落管托架、外挂消防梯等外墙外部构件安装完毕，并在安装时考虑保温系统厚度的影响。

（4）外窗的辅框安装完毕。

（5）墙面脚手架孔、穿墙孔及墙面缺损处用相应材料修整好。

（6）混凝土梁或墙面的钢筋头和凸起物清除完毕。

(7) 主体结构的变形缝应提前做好处理。

(8) 根据工程量、施工部位和工期要求制定施工方案，要样板先行，通过样板确定定额消耗，由甲方、乙方和材料供应商协商确定材料消耗量，保温施工前施工负责人应熟悉图纸。

(9) 组织施工队进行技术培训和交底，进行安全教育。

(10) 材料配制应指定专人负责，配合比、搅拌机具与操作应符合要求，严格按厂家提供的说明书配制，严禁使用过时浆料和砂浆。

(11) 根据需要准备一间搅拌站及一间堆放材料的库房，搅拌站的搭建需要选择背风方向，并靠近垂直运输机械，搅拌棚需要三侧封闭，一侧作为进出料通道。有条件的地方可使用散装罐。库房的搭建要求防水、防潮、防阳光直晒。

(12) 施工时气温应大于5℃，风力不应大于4级。雨天不得施工，雨期施工应采取防护措施。

5.2.2 基层界面处理

清理干净墙面，不应有油渍、浮灰等。墙面松动、风化部分应剔除干净。墙表面凸起物大于10mm时应剔除(图2)。为使基层界面附着力均匀一致，墙面均应做到界面处理无遗漏。基层界面砂浆可用喷枪或滚刷施工(图3)。砖墙、加气混凝土墙在界面处理前要先淋水润透墙面，阴干后方可施工。堵脚手眼和废弃的孔洞时，应将洞内杂物、灰尘等物清理干净，浇水湿润，然后按要求将其补齐砌严。

图2 墙面修整　　　　　　　　　图3 滚刷砂浆

5.2.3 吊垂直、弹控制线

根据建筑物高度确定放线的方法，高层建筑及超高层建筑可利用墙大角、门窗口两边，用经纬仪打直线找垂直。多层建筑或中高层建筑，可从顶层用大线坠吊垂直，绷钢丝找规矩，横向水平线可依据楼层标高或施工±0.000向上500mm线为水平基准线进行交圈控制。门窗、阳台、明柱、腰线等处都要横平竖直。根据吊垂直通线及保温层厚度，每步架大角两侧弹上控制线。

5.2.4 保温施工

(1) 保温浆料做法

1) 做灰饼、冲筋

在距大墙阴角或阳角约100mm处，根据垂直控制通线按1.5m左右间距做垂直方向灰饼，顶部灰饼距楼层顶部约100mm，底部灰饼距楼层底部约100mm。待垂直方向灰饼固定后，在同一水平位置的两个灰饼间拉水平控制通线，具体做法为将带小线的小圆钉插入灰饼，拉直小线，小线要比灰饼略高1mm，在两灰饼之间按1.5m左右间距水平粘贴若干灰饼或冲筋(图4)。灰饼可用保温浆料做，也可用废聚苯板裁成50mm×50mm小块粘贴。

每层灰饼粘贴施工作业完成后，水平方向用5m小线拉线检查灰饼的一致性，垂直方向用2m托线板检查垂直度，并测量灰饼厚度，冲筋厚度应与灰饼厚度一致。用5m小线拉线检查冲筋厚度的一致性，并做好记录。

2) 抹保温浆料

基层界面砂浆基本干燥后即可进行保温浆料的施工(图5)。在施工现场搅拌质量可以通过测量湿表观密度并观察其可操作性、抗滑坠性、膏料状态等方法判断。

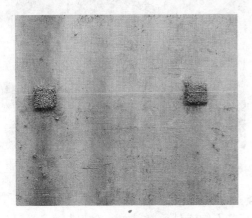
图4 做灰饼

图5 抹保温浆料

保温浆料应分遍抹灰，每遍抹灰厚度不宜超过20mm，间隔应在24h以上。第一遍抹灰应压实，最后一遍抹灰厚度宜控制在10mm左右，抹至与灰饼或冲筋平齐，并用大杠搓平。

最后一遍抹灰完成2~3h后进行保温层修补，施工前应用杠尺检查保温层的平整度，保温层的偏差应控制在±2mm。对于凹陷处用稀保温浆料抹平，对于凸起处可用抹子立起来将其刮平，最后用抹子分遍再赶抹保温层，先水平后垂直，再用托线尺、2m杠尺检测后达到验收标准。

施工时，在墙角处铺彩条布接落地灰并及时清理，落地灰不超过4h时可少量分批掺入新搅拌的保温浆料中。

阴阳角找方、门窗侧口应按下列步骤进行：

① 用木方尺检查基层墙角的直角度，用线坠吊垂直检验墙角的垂直度；

② 保温浆料面层大角抹灰时要用方尺压住墙角保温浆料层上下搓动，抹子反复检查抹压修补，基本达到垂直，然后用阴、阳角抹子压光，以确保垂直度偏差和直角度偏差均为±2mm；

③门窗口施工时应先抹门窗侧口、窗台和窗上口,再抹大墙面,施工前应按门窗口的尺寸截好单边八字靠尺,做口应贴尺施工,以保证门窗口处方正。

(2) 贴砌聚苯板做法

1) 贴角部聚苯板,放水平线

在首层阳角处按垂直控制线和+500mm线粘贴角部聚苯板(双面经聚苯板界面砂浆处理的梯形槽EPS板或双孔XPS板)。粘贴时应注意聚苯板交叉探出墙体一个保温层总厚度,保证阳角为错茬粘贴。粘贴时应用线坠双向吊垂直检查,最后用水平尺检验聚苯板水平度。粘贴角部聚苯板的下沿应沿墙体正负零线铺贴。同样,在墙体的另一端粘贴角部聚苯板,并在两板间拉出该贴砌层的水平控制线。

2) 贴砌聚苯板

聚苯板应预先加工成需要的规格和形状,EPS板的粘贴面应有梯形槽,XPS板的板面应用专用机械钻两个透气孔,聚苯板的双面应经聚苯板界面砂浆处理过。有两种贴砌EPS板的方法,一种是在墙面首先抹约15mm厚粘结找平浆料,再用粘结找平浆料将EPS板背面的梯形槽抹平,按上跟线、下跟棱的要求分层粘贴EPS板(图6);另一种是仅在墙面抹粘结找平浆料,通过均匀轻柔挤压EPS板,使EPS板梯形槽埋入粘结找平浆料。贴砌XPS板时,采用仅在墙面抹粘结

图6 抹粘结找平浆料贴砌聚苯板

找平浆料均匀轻柔挤压XPS板的方法,将XPS板的孔洞用粘结找平浆料填平。聚苯板之间约10mm宽的板缝应用粘结找平浆料砌筑,灰缝不饱满处用粘结找平浆料勾平。

聚苯板贴砌时遇到非标准尺寸时,可进行现场裁切。裁切时应注意边口尺寸整齐,切口应与聚苯板面垂直。

贴砌时应按自下而上、水平方向依次贴砌,上下错缝粘贴,门窗口、墙角处不得贴砌小于标准尺寸1/2的非标准尺寸板,小于标准尺寸1/2的非标准尺寸板应贴砌在窗间墙等次要部位。窗口处的板应裁成刀把形(图7),墙角处贴砌应交错互锁(图8)。

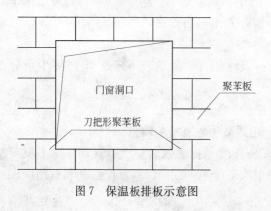

图7 保温板排板示意图

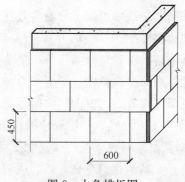

图8 大角排板图

3) 做灰饼、冲筋

在距大墙阴角或阳角约 100mm 处，根据垂直控制通线按 1.5m 左右间距做垂直方向灰饼，顶部灰饼距楼层顶部约 100mm，底部灰饼距楼层底部约 100mm。待垂直方向灰饼固定后，在同一水平位置的两个灰饼间拉水平控制通线，具体做法为将带小线的小圆钉插入灰饼，拉直小线，小线要比灰饼略高 1mm，在两灰饼之间按 1.5m 左右间距水平粘贴若干灰饼或冲筋(图9)。灰饼可用粘结找平浆料做，也可用废聚苯板裁成 50mm×50mm 小块粘贴。

每层灰饼粘贴施工作业完成后，水平方向用 5m 小线拉线检查灰饼的一致性，垂直方向用 2m 托线板检查垂直度，并测量灰饼厚度，冲筋厚度应与灰饼厚度一致。用 5m 小线拉线检查冲筋厚度的一致性，并记录。

4) 抹粘结找平浆料找平

粘结层固化后，根据防火要求在聚苯板面层抹不小于 10mm 厚粘结找平浆料(图10)，平整度偏差为±2mm，抹灰厚度略高于灰饼的厚度。

图9　做灰饼　　　　　　图10　抹粘结找平浆料找平

找平施工按照从上至下、从左至右的顺序抹。对于凹陷处应用稀粘结找平浆料抹平，凸起处可用抹子立起来将其刮平。抹完整个墙面后，用杠尺在墙面上来回搓抹，去高补低。最后再用抹子压一遍，使表面平整。

阴阳角找方、门窗侧口应按下列步骤进行：

① 用木方尺检查基层墙角的直角度，用线坠吊垂直检验墙角的垂直度；

② 粘结找平浆料抹灰后应用木方尺压住墙角浆料层上下搓动，使墙角粘结找平浆料基本达到垂直，然后用阴阳角抹子压光；

③ 粘结找平浆料大角抹灰时要用方尺、抹子反复测量抹压修补，以确保垂直度偏差和直角度偏差均为±2mm；

④ 门窗边框与墙体连接应预留出找平层的厚度，并做好门窗框表面的保护；

⑤ 窗户辅框安装验收合格后方可进行窗口部位的找平抹灰施工，门窗口施工时应先抹门窗侧口、窗台和窗上口，然后再抹大面墙，施工前应按门窗口的尺寸截好单边八字靠尺，做口应贴尺施工，以确保门窗口处方正及内、外尺寸的一致性。

(3) 贴砌聚苯板简易做法

1) 贴角部聚苯板，放水平线

在首层阳角处按垂直控制线和+500mm线粘贴角部聚苯板(双面经聚苯板界面砂浆处理的梯形槽EPS板或双孔XPS板)。粘结时应注意聚苯板应交叉探出墙体一个保温层总厚度，保证阳角为错茬粘贴。粘贴时应用线坠双向吊垂直检查，最后用水平尺检验聚苯板水平度。粘贴角部聚苯板的下沿应沿墙体正负零线铺贴。同样，在墙体的另一端粘贴角部聚苯板，并在两板间拉出该贴砌层的水平控制线。

2) 贴砌聚苯板

聚苯板应预先加工成需要的规格和形状，EPS板的粘贴面应有梯形槽，XPS板的板面应用专用机械钻两个透气孔，聚苯板的双面应经聚苯板界面砂浆处理过。有两种贴砌EPS板的方法，一种是在墙面首先抹约15mm厚粘结找平浆料，再用粘结找平浆料将EPS板背面的梯形槽抹平，按上跟线、下跟棱的要求分层粘贴EPS板；另一种是仅在墙面抹粘结找平浆料，通过均匀轻柔挤压EPS板，使EPS板梯形槽埋入粘结找平浆料。贴砌XPS板时，采用仅在墙面抹粘结找平浆料均匀轻柔挤压XPS板的方法，将XPS板的孔洞用粘结找平浆料填平。聚苯板之间约10mm宽的板缝应用粘结找平浆料砌筑，灰缝不饱满处用粘结找平浆料勾平(图11)。

图11 贴砌聚苯板

聚苯板贴砌遇到非标准尺寸时，可进行现场裁切。裁切时应注意边口尺寸整齐，切口应与聚苯板面垂直。贴砌时应按自下而上、水平方向依次贴砌，上下错缝粘贴，门窗口、墙角处不得贴砌小于标准尺寸1/2的非标准尺寸板，小于标准尺寸1/2的非标准尺寸板应贴砌在窗间墙等次要部位。窗口处的板应裁成刀把形，墙角处贴砌应交错互锁。

5.2.5 抹抗裂砂浆，铺压热镀锌电焊网

待保温层或找平层施工完成3~7d且施工质量验收合格后，即可进行抗裂防护层施工。

先抹第一遍抗裂砂浆，厚度控制在2~3mm(图12)。接着铺贴热镀锌电焊网，应分段进行铺贴，热镀锌电焊网的长度最长不应超过3m。为使施工质量得到保证，施工前应预先展平热镀锌电焊网并按尺寸要求裁剪好，边角处的热镀锌电焊网应折成直角。铺贴时，应沿水平方向按先下后上的顺序依次平整铺贴，铺贴时先用U形卡子卡住热镀锌电焊网，使其紧贴抗裂砂浆表面，然后按双向@500mm梅花状分布(图13)，用塑料锚栓将热镀锌电焊网锚固在基层墙体上，有效锚固深度不得小于25mm，局部不平整处用U形卡子压平。热镀锌电焊网之间搭接宽度不应小于两个网格，搭接层数不得大于3层，搭接处用U形卡子和钢丝固定。所有阳角处的热镀锌电焊网不应断开，阴阳角处角网应压住对接片网。窗口侧面、女儿墙、沉降缝等热镀锌电焊网收头处应用水泥钉加垫片将热镀锌电焊网固定在主体结构上。

图12 抹第一遍抗裂砂浆

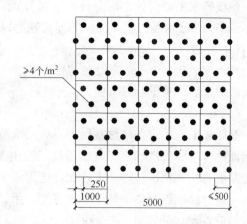
图13 锚固点分布示意图

热镀电焊网铺贴完毕后,应重点检查阳角处热镀电焊网连接状况,再抹第二遍抗裂砂浆,并将热镀电焊网包覆于抗裂砂浆之中,抗裂砂浆的总厚度宜控制在8～10mm,抗裂砂浆面层应平整。

5.2.6 粘贴面砖

(1) 饰面砖工程深化设计

饰面砖粘贴前,应首先对设计未明确的细部节点进行辅助深化设计,按不同基层做出样板墙或样板件,确定饰面砖排列方式、缝宽、缝深、勾缝形式及颜色、防水及排水构造、基层处理方法等施工要点。饰面砖的排列方式通常有对缝排列、错缝排列、菱形排列、尖头形排列等几种形式;勾缝通常有平缝、凹平缝、凹圆缝、倾斜缝、山形缝等几种形式。确定粘结层及勾缝材料、调色矿物辅料等的施工配合比,外墙饰面砖不得采用密缝,留缝宽度不应小于5mm,一般水平缝10～15mm,竖缝6～10mm,凹缝勾缝深度一般为2～3mm。排砖原则确定后,现场实地测量结构尺寸,综合考虑找平层及粘结层的厚度,进行排砖设计,条件具备时应采用计算机辅助计算和制图。作粘结强度试验,经建设、设计、监理各方认可后以书面的形式进行确定。

(2) 弹线分格

抗裂砂浆基层验收后即可按图纸要求进行分段分格弹线,同时进行粘贴控制面砖的工作,以控制面砖出墙尺寸和垂直度、平整度。注意每个立面的控制线应一次弹完。每个施工单元的阴阳角、门窗口、柱中、柱角都要弹线。控制线应用墨线弹制,验收合格后才能局部放细线施工。

(3) 排砖

阳角、窗口、大墙面、通高的柱垛等主要部位都要排整砖,非整砖要放在不明显处,且不宜小于1/2整砖。墙面阴阳角处最好采用异形角砖,不宜将阳角两侧砖边磨成45°角后对接;如不采用异形角砖,也可采用大墙面饰面砖压小墙面饰面砖的方法。横缝要与窗台平齐,墙体变形缝处,饰面砖宜从缝两侧分别排列,留出变形缝。外墙饰面砖粘贴应设置伸缩缝,竖向伸缩缝宜设置在洞口两侧或与墙边、柱边对应的部位,横向伸缩缝可设置在洞口上下或与楼层对应处,伸缩缝应采用柔性防水材料嵌缝。对于女儿墙、窗台、檐口、腰线等水平阳角处,顶面砖应压盖立面砖,立面底皮砖应封盖底平面面砖,可下凸3~5mm兼作滴水线,底平面面砖向内翘起以便于滴水。

(4) 浸砖

吸水率大于0.5%的饰面砖应浸泡后使用,吸水率小于0.5%的饰面砖不需要浸砖。饰面砖浸水后应晾干后方可使用。

(5) 贴砖

贴砖施工前,应在粘贴基层上充分用水湿润。贴砖作业一般从上至下进行,高层建筑大墙面贴砖应分段进行,每段贴砖施工应由下至上进行。先固定好靠尺板贴最下一皮砖,面砖贴上后用灰铲柄轻轻敲击砖面使之附线,轻敲表面固定(图14)。用开刀调整竖缝,用小杠尺通过标准点调整平整度和垂直度,用靠尺随时找平找方。在粘结层初凝时,可调整面砖的位置和接缝宽度,初凝后严禁振动或移动面砖。砖缝宽度可用自制米厘条控制,如符合模数也可采用标准成品缝卡。墙面凸出的卡件、水管或线盒处宜采用整砖套割后套贴,套割缝口要小,圆孔宜采用专用开孔器来处理,不得采用非整砖拼凑镶贴。粘贴施工时,当室外气温大于35℃,应采取遮阳措施。贴砖时背面打灰要饱满,粘结灰浆中间略高四边略低,粘贴时要轻轻揉压,压出灰浆最后用铁铲剔除灰浆。粘结灰浆厚度宜控制在3~5mm左右。面砖的垂直、平整度应与控制面砖一致。

图14 粘贴面砖

粘贴纸面砖时应事先制定与纸面砖相应的模具,将模具套在纸面砖上,然后将模具后面刮满厚度为2~5mm的粘结砂浆,取下模具,从下口粘贴线向上粘贴纸面砖,并压实拍平,应在粘结砂浆初凝前,将纸面砖纸板刷水润透,并轻轻揭去纸板,及时修补表面缺陷,调整缝隙,并用粘结砂浆将未填实的缝隙嵌实。

5.2.7 面砖勾缝

勾缝施工应采用专用的勾缝胶粉,施工时按要求加水搅拌均匀制成专用勾缝砂浆。勾缝施工应在面砖粘贴施工检查合格后进行。粘结层终凝后可按照样板墙确定的勾缝材料、缝深、勾缝形式及颜色进行勾缝,勾缝要视缝的形式使用专用工具;勾缝宜先勾水平缝再勾竖缝,纵横交叉处要过渡自然,不能有明显痕迹。砖缝要在一个水平面上,并且连续、平直、深浅一致,表面应压光,缝深2~3mm(图15)。采用成品勾缝材料应按厂家说明书进行操作。缝勾完后应立即用棉丝或海绵蘸水或清洗剂擦洗干净,勾缝完毕对大面积外墙面进行检查,保证整体工程的清洁美观。

图15 勾缝

5.2.8 细部节点做法

细部节点做法参见图16～图19，图中保温浆料做法的保温层是保温浆料，贴砌聚苯

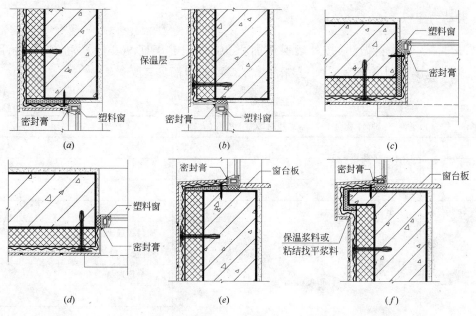

图16 窗口构造

(a)窗上口(一)；(b)窗上口(二)；(c)窗侧口(一)；(d)窗侧口(二)；(e)窗下口(一)；(f)窗下口(二)

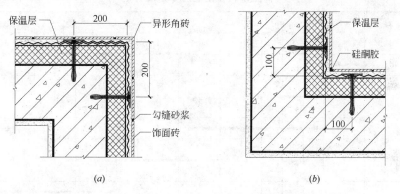

图17 阴角、阳角构造

(a)阳角；(b)阴角

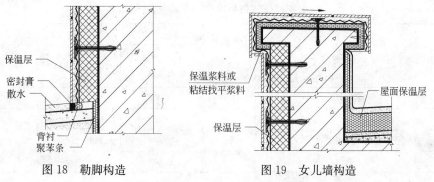

图18 勒脚构造　　　　图19 女儿墙构造

板做法的保温层是粘结找平浆料＋聚苯板＋粘结找平浆料，贴砌聚苯板简易做法的保温层是粘结找平浆料＋聚苯板。

5.3 劳动力组织

5.3.1 保温浆料做法（按外墙保温面积 10000m^2、工期 90d 计算）的劳动力计划见表 4，施工进度计划见表 5，每平方米的劳动（标准）定额见表 6。

保温浆料做法的劳动力计划 表 4

序 号	工种名称	高峰时段需求人数（人）	备 注
1	抹灰工	45	
2	普工	20	
3	机械维修工	1	
4	电工	1	
5	管理人员	5	项目经理1人 质检员1人 安全管理员1人 材料员1人 工长1人

保温浆料做法的施工进度计划 表 5

工序＼工日	1	3	5	8	11	15	18	21	24	27	30	33	36	39	42	45	50	55	60	65	70
基层处理	━	━	━																		
涂刷基层界面砂浆		━	━	━	━																
抹保温浆料				━	━	━	━	━	━												
抹抗裂砂浆，压热镀锌电焊网								━	━	━	━	━	━								
粘贴面砖													━	━	━	━	━	━	━		
面砖勾缝																			━	━	━

保温浆料做法每平方米的劳动（标准）定额 表 6

项 目			单位	消耗定额数量		
				加气混凝土基层	混凝土基层	保温浆料每增减10mm
人工		技工	工日	0.201	0.201	0.008
		普工	工日	0.022	0.022	—
材料	1	基层界面砂浆（胶液型）①	kg	0.703	0.700	—
		基层界面砂浆（干粉型）①	kg	1.202	1.200	—

续表

项目		单位	消耗定额数量		
			加气混凝土基层	混凝土基层	保温浆料每增减10mm
材料	2 保温浆料②	m³	0.051	0.051	0.010
	3 抗裂砂浆(胶液型)③	kg	3.001	3.001	—
	抗裂砂浆(干拌型)③	kg	12.000	12.000	—
	4 热镀锌电焊网	m²	1.15	1.15	—
	5 12号镀锌低碳钢丝	kg	0.026	0.026	—
	6 塑料锚栓	个	5.000	5.000	—
	7 面砖粘结砂浆	kg	6.000	6.000	—
	8 勾缝粉	kg	2.500	2.500	—

① 基层界面砂浆的胶液型和干粉型可任选一种,如选用胶液型需另按使用说明书加水泥和砂子。
② 保温浆料标准厚度以50mm计算。
③ 抗裂砂浆的胶液型和干拌型可任选一种,如选用胶液型需另按使用说明加水泥和砂子。

5.3.2 贴砌聚苯板做法(按外墙保温面积10000m²、工期80d计算)的劳动力计划见表7,施工进度计划见表8,每平方米的劳动(标准)定额见表9。

贴砌聚苯板做法的劳动力计划　　　　表7

序号	工种名称	高峰时段需求人数(人)	备　注
1	抹灰工	50	包括粘板、贴砖工人
2	普工	20	
3	机械维修工	1	
4	电工	1	
5	管理人员	6	项目经理1人 质检员1人 安全管理员1人 材料员1人 工长2人

贴砌聚苯板做法的施工进度计划　　　　表8

工序 \ 工日	施工进度计划
	1 3 5 7 9 12 15 18 21 24 27 30 33 36 39 42 45 48 51 54 57 60 63 65
基层处理	▬
涂刷基层界面砂浆	▬▬▬
抹粘结找平浆料,贴砌聚苯板	▬▬▬▬▬
聚苯板面层找平	▬▬▬

续表

工序 \ 工日	施工进度计划																						
	1	3	5	7	9	12	15	18	21	24	27	30	33	36	39	42	45	48	51	54	57	60	63	65
抹抗裂砂浆，压热镀锌电焊网								━	━	━	━	━	━	━	━									
粘贴面砖																━	━	━	━	━				
面砖勾缝																				━	━	━	━	

贴砌聚苯板做法每平方米的劳动(标准)定额　　　　表9

项目		单位	消耗定额数量		
			加气混凝土基层	混凝土基层	聚苯板每增减10mm时
人工	技工	工日	0.208	0.208	0.005
	普工	工日	0.027	0.027	—
材料	1 基层界面砂浆(胶液型)①	kg	0.703	0.700	—
	基层界面砂浆(干粉型)①	kg	1.0	1.2	—
	2 梯形槽EPS板50mm②	m³	0.051	0.051	0.010
	双孔XPS板50mm②	m³	0.051	0.051	0.010
	3 粘结找平浆料(25mm厚)	m³	0.031	0.031	—
	4 EPS板界面砂浆③	kg	0.8	0.8	—
	XPS板界面砂浆③	kg	0.5	0.5	—
	5 抗裂砂浆(胶液型)④	kg	3.001	3.001	—
	抗裂砂浆(干拌型)④	kg	12.0	12.0	—
	6 热镀锌电焊网	m²	1.150	1.150	—
	7 12号镀锌低碳钢丝	kg	0.026	0.026	—
	8 塑料锚栓	个	5.010	5.010	—
	9 面砖粘结砂浆	kg	6.000	6.000	—
	10 勾缝粉	kg	2.500	2.500	—

① 基层界面砂浆的胶液型和干粉型可任选一种，如选用胶液型需另按使用说明书加水泥和砂子。
② 梯形槽EPS板和双孔XPS板两种保温板可任选一种，标准厚度以50mm计算，两种材料不能同时使用。
③ EPS板界面砂浆和XPS板界面砂浆应与选用的保温板配套使用。
④ 抗裂砂浆的胶液型和干拌型可任选一种，如选用胶液型需另按使用说明加水泥和砂子。

5.3.3　贴砌聚苯板简易做法(按外墙保温面积10000m²、工期60d计算)的劳动力计划见表10，施工进度计划见表11，每平方米的劳动(标准)定额见表12。

贴砌聚苯板简易做法的劳动力计划　　　　表10

序号	工种名称	高峰时段需求人数(人)	备注
1	抹灰工	40	包括粘板、贴砖工人
2	普工	18	

续表

序号	工种名称	高峰时段需求人数(人)	备注
3	机械维修工	1	
4	电工	1	
5	管理人员	5	项目经理1人 质检员1人 安全管理员1人 材料员1人 工长1人

贴砌聚苯板简易做法的施工进度计划 表11

工序 \ 工日	1	3	5	8	11	12	14	17	20	24	27	30	34	37	41	44	47	50	53	55
基层处理	■	■																		
涂刷基层界面砂浆		■	■	■																
抹粘结找平浆料,贴砌聚苯板					■	■	■	■	■											
抹抗裂砂浆,压热镀锌电焊网							■	■	■	■	■	■	■							
粘贴面砖										■	■	■	■	■	■	■				
面砖勾缝																■	■	■	■	■

贴砌聚苯板简易做法每平方米的劳动(标准)定额 表12

项目		单位	加气混凝土基层	混凝土基层	聚苯板每增减10mm时
人工	技工	工日	0.189	0.189	0.005
	普工	工日	0.019	0.019	—
材料	1 基层界面砂浆(胶液型)①	kg	0.703	0.700	—
	基层界面砂浆(干粉型)①	kg	1.0	1.2	—
	2 梯形槽EPS板50mm②	m³	0.051	0.051	0.010
	双孔XPS板50mm②	m³	0.051	0.051	0.010
	3 粘结找平浆料(25mm厚)	m³	0.021	0.021	—
	4 EPS板界面砂浆③	kg	0.8	0.8	—
	XPS板界面砂浆③	kg	0.5	0.5	—
	5 抗裂砂浆(胶液型)④	kg	3.5	3.5	—
	抗裂砂浆(干拌型)④	kg	12.0	12.0	—
	6 热镀锌电焊网	m²	1.1	1.1	—

续表

	项 目	单位	消耗定额数量		
			加气混凝土基层	混凝土基层	聚苯板每增减10mm时
材料	7 12号镀锌低碳钢丝	kg	0.026	0.026	—
	8 塑料锚栓	个	5.010	5.010	—
	9 面砖粘结砂浆	kg	6.000	6.000	—
	10 勾缝粉	kg	2.500	2.500	—

① 基层界面砂浆的胶液型和干粉型可任选一种，如选用胶液型需另按使用说明书加水泥和砂子。
② 梯形槽EPS板和双孔XPS板两种保温板可任选一种，标准厚度以50mm计算，两种材料不能同时使用。
③ EPS板界面砂浆和XPS板界面砂浆应与选用的保温板配套使用。
④ 抗裂砂浆的胶液型和干拌型可任选一种，如选用胶液型需另按使用说明加水泥和砂子。

6 材料与设备

6.1 系统要求

6.1.1 该外墙外保温系统应通过耐候性试验和抗震试验验证。

6.1.2 该外墙外保温系统的性能应符合表13的要求。

外墙外保温系统性能要求　　　　表13

试验项目	性能要求
耐候性(80次高温-淋水循环和5次加热-冷冻循环)	试验后不应出现饰面层起鼓或剥落、抗裂防护层空鼓或脱落等破坏，不应有可渗水裂缝；抗裂防护层与找平层或保温层之间的拉伸粘结强度及找平层与保温层之间的拉伸粘结强度不应小于0.1MPa或破坏发生在保温层中；饰面砖粘结强度不应小于0.4MPa
耐冻融性能(30次循环)	
吸水量(水中浸泡1h)	小于1000g/m²
抗冲击性	3J级
抗风荷载性能	不小于风荷载设计值(安全系数不小于1.5)
抗裂防护层不透水性	2h不透水
水蒸气渗透阻	符合设计要求
热阻	符合设计要求
火反应性	不应被点燃，试验结束后试件厚度变化不超过5%，热释放速率最大值≤10kW/m²，900s总放热量≤5MJ/m²
抗震性能	设防烈度地震作用下面砖饰面及外保温系统无脱落
饰面砖现场拉拔强度	≥0.4MPa

注：1. 水中浸泡24h，带饰面层或不带饰面层的系统吸水量均小于500g/m²时，免作耐冻融性能检验。

2. 耐候性试验后，可在其试件上直接检测抗冲击性。

6.2 工程材料要求

6.2.1 保温浆料和粘结找平浆料的性能指标应符合表 14 的要求。

保温浆料和粘结找平浆料性能指标　　　　　表 14

项　目		单位	指　标	
			保温浆料	粘结找平浆料
干密度		kg/m³	180～250	≤300
导热系数		W/(m·K)	≤0.060	≤0.070
抗压强度(56d)		MPa	≥0.2	≥0.3
抗拉强度(56d)	干燥状态	MPa	≥0.1	—
	浸水48h,取出干燥14d			
线性收缩率		%	≤0.3	≤0.3
软化系数(56d)		—	≥0.5	≥0.5
燃烧性能等级		—	不低于C级	不低于C级
拉伸粘结强度(56d)	与带基层界面砂浆的水泥砂浆试块	干燥状态	≥0.1	≥0.12
		浸水48h,取出干燥14d	MPa	≥0.06
	与带聚苯板界面砂浆的聚苯板试块	干燥状态		≥0.10
		浸水48h,取出干燥14d	MPa	≥0.05

6.2.2 聚苯板应符合如下要求：

(1) 聚苯板的性能指标应符合表 15 的要求。

聚苯板性能指标　　　　　表 15

项　目	单位	指　标	
		EPS板	XPS板
表观密度	kg/m³	≥18	25～32
导热系数	W/(m·K)	≤0.041	≤0.032
压缩强度	MPa	≥0.10	0.15～0.25
垂直于板面方向的抗拉强度	MPa	≥0.10	≥0.20
尺寸稳定性	%	≤0.6	≤1.2
燃烧性能等级	—	不低于E级	不低于E级
水蒸气透过系数	ng/(Pa·m·s)	≤4.5	1.2～3.5
吸水率	%	≤4	≤2.0

(2) 为了便于粘贴，EPS 板粘贴面开有与长度方向平行的梯形槽(图 20)，简称梯形槽 EPS 板；为了便于透气和粘贴，在 XPS 板长度方向的中轴线上开有两个垂直于板面的通孔(图 21)，简称双孔 XPS 板。梯形槽 EPS 板和双孔 XPS 板的技术要求见表 16。

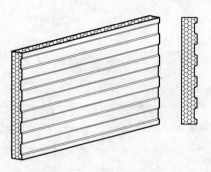

图 20 梯形槽 EPS 板　　　　　图 21 双孔 XPS 板

梯形槽 EPS 板和双孔 XPS 板的技术要求　　　　表 16

项　目		单位	指　标		允许偏差
			梯形槽 EPS 板	双孔 XPS 板	
通　孔	孔　径	mm	—	50~80	±3
	孔中心距	mm	—	200	±5
梯形槽	槽　宽	mm	30~60	—	±2
	槽　深	mm	5	—	±1
	槽间距	mm	30~60	—	±2
板　长		mm	600	600	±5
板　宽		mm	450	450	±5
板　厚		mm	符合设计要求	符合设计要求	±4
界面处理		—	聚苯板双面均匀喷涂聚苯板界面砂浆，厚度控制在 1~2mm 之间，聚苯板界面砂浆与聚苯板的粘结牢固，涂层均匀一致，不得露底，干擦不掉粉		—

注：EPS 板的厚度包括梯形槽部分的厚度，厚度根据保温要求计算确定。

6.2.3 基层界面砂浆性能指标应符合表 17 的要求。

基层界面砂浆性能指标　　　　表 17

项　目		单　位	指　标
压剪粘结强度	原强度	MPa	≥0.7
	耐水	MPa	≥0.5
	耐冻融	MPa	≥0.5

6.2.4 聚苯板界面砂浆的性能指标应符合表 18 的要求。

聚苯板界面砂浆性能指标　　　　表 18

项　目		指　标	
		EPS 板界面砂浆	XPS 板界面砂浆
外观	干粉型产品	均匀一致，不应有结块	
	胶液型产品	经搅拌后应呈均匀状态，不应有块状沉淀	
施工性		施工无困难	

续表

项目			指标	
			EPS板界面砂浆	XPS板界面砂浆
低温贮存稳定性(胶液型产品)			3次试验后，无结块、凝聚及组成物的变化	
拉伸粘结强度	与水泥砂浆试块	标准状态7d	≥0.3MPa	
		标准状态14d	≥0.5MPa	
		浸水后	≥0.3MPa	
	与聚苯板试块(标准状态14d或浸水后)		≥0.10Pa或EPS板破坏	≥0.15MPa或XPS板破坏

6.2.5 抗裂砂浆的性能指标应符合表19的要求。

抗裂砂浆性能指标 表19

项目		单位	指标
可使用时间	可操作时间	h	≥1.5
	在可操作时间内拉伸粘结强度	MPa	≥0.7
拉伸粘结强度(常温28d)		MPa	≥0.7
浸水后的拉伸粘结强度(常温28d,浸水7d)		MPa	≥0.5
压折比		—	≤3.0

6.2.6 塑料锚栓由螺钉和带圆盘的塑料膨胀套管两部分组成，其中螺钉采用经过表面防锈蚀处理的金属制成，塑料膨胀套管应采用聚酰胺、聚乙烯或聚丙烯等制作，不得使用回收的再生材料。塑料锚栓的性能指标应符合表20的要求。

塑料锚栓的性能指标 表20

项目	单位	指标
有效锚固深度	mm	≥25
圆盘直径	mm	≥50
套管外径	mm	7～10
单个胀栓抗拉承载力标准值(混凝土墙)	kN	≥0.8

6.2.7 热镀锌电焊网的性能指标除应符合《镀锌电焊网》QB/T 3897—1999的要求外，还应符合表21的要求。

热镀锌电焊网的性能指标 表21

项目	单位	指标
镀锌工艺	—	先焊接后热镀锌
丝径	mm	0.90±0.04
网孔大小	mm	12.7×12.7
焊点抗拉力	N	>65
镀锌层重量	g/m²	≥122

6.2.8 面砖粘结砂浆的性能指标应符合表22的要求。

面砖粘结砂浆的性能指标 表22

项目		单位	指标
拉伸粘结强度		MPa	≥0.6
压折比		—	≤3.0
压剪粘结强度	原强度	MPa	≥0.6
	耐温 7d	MPa	≥0.5
	耐水 7d	MPa	≥0.5
	耐冻融 30 次	MPa	≥0.5
线性收缩率		%	≤0.3

6.2.9 面砖勾缝料的性能指标应符合表23的要求。

面砖勾缝料性能指标 表23

项目		单位	指标
外 观		—	均匀一致
颜 色		—	与标准样一致
凝结时间	初凝时间	h	≥2
	终凝时间	h	≤24
拉伸粘结强度	原强度（常温常态 14d）	MPa	≥0.6
	耐水（常温常态 14d，浸水 48h，放置 24h）	MPa	≥0.5
压折比		—	≤3.0
透水性（24h）		mL	≤3.0

6.2.10 饰面砖粘贴面应带有燕尾槽，并不得有脱模剂，其性能指标除应符合《陶瓷砖》GB/T 4100、《陶瓷劈离砖》JC/T 457、《玻璃马赛克》GB/T 7697 的相关要求外，还应符合表24的要求。

外保温饰面砖的性能指标 表24

项目			单位	指标
尺寸	6m 以下墙面	表面面积	cm²	≤410
		厚 度	cm	≤1.0
	6m 及以上墙面	表面面积	cm²	≤190
		厚 度	cm	≤0.75
单位面积质量			kg/m²	≤20
吸水率	Ⅰ、Ⅵ、Ⅶ气候区		%	≤3
	Ⅱ、Ⅲ、Ⅳ、Ⅴ气候区			≤6
抗冻性	Ⅰ、Ⅵ、Ⅶ气候区		—	50次冻融循环无破坏
	Ⅱ气候区			40次冻融循环无破坏
	Ⅲ、Ⅳ、Ⅴ气候区			10次冻融循环无破坏

注：气候区划分级按《建筑气候区划标准》GB 50178—1993 中一级区划执行。

6.2.11 在该外墙外保温系统中所采用的附件,包括密封膏、密封条、金属护角、水泥钉、盖口条等应分别符合相应产品标准的要求。

6.2.12 水泥为强度等级42.5普通硅酸盐水泥,水泥技术性能应符合《通用硅酸盐水泥》GB 175—2007的要求。

6.2.13 砂子选用中砂,应符合《普通混凝土用砂、石质量及检验方法标准》JGJ 52—2006的规定。

6.2.14 材料消耗计划(按外墙保温面积10000m^2计算)见表25。

材 料 消 耗 计 划   表25

序号	材料名称		保温浆料做法		贴砌聚苯板做法		贴砌聚苯板简易做法	
			平方米耗量	总用量	平方米耗量	总用量	平方米耗量	总用量
1	基层界面砂浆	干粉型	1.2kg	12000kg	1.2kg	12000kg	1.2kg	12000kg
		胶液型	0.7kg	7000kg	0.7kg	7000kg	0.7kg	7000kg
2	40mm厚胶粉聚苯颗粒保温浆料		0.04m^3	400m^3	—	—	—	—
3	25mm厚胶粉聚苯颗粒粘结找平浆料		—	—	0.0312m^3	312m^3	—	—
	15mm厚胶粉聚苯颗粒粘结找平浆料		—	—	—	—	0.021m^3	210m^3
4	聚苯板	梯形槽EPS板(50mm厚)	—	—	0.051m^3	510m^3	0.062m^3	620m^3
		双孔XPS板(50mm厚)	—	—	0.051m^3	510m^3	0.062m^3	620m^3
5	聚苯板界面砂浆	EPS板界面砂浆	—	—	0.80kg	8000kg	0.80kg	8000kg
		XPS板界面砂浆	—	—	0.50kg	5000kg	0.50kg	5000kg
6	抗裂砂浆	胶液型	3kg	30000kg	3kg	30000kg	3kg	30000kg
		干粉型	12kg	120000kg	12kg	120000kg	12kg	120000kg
7	热镀锌电焊网		1.2m^2	12000m^2	1.2m^2	12000m^2	1.1m^2	11000m^2
8	塑料锚栓		5.5套	55000套	5.5套	55000套	5套	50000套
9	面砖粘结砂浆		6kg	60000kg	6kg	60000kg	6kg	60000kg
10	勾缝粉		2.5kg	25000kg	2.5kg	25000kg	2.5kg	25000kg

6.3 机具设备

6.3.1 常用机械设备:水平运输手推车、强制式砂浆搅拌机(转速>60r/s)、手提式搅拌器、电动吊篮或专用保温施工脚手架、垂直运输机械、电热丝、接触式调压器、热镀锌电焊网展平及裁剪设备、电动冲击钻、瓷砖切割器、380V橡套线(五芯)、220V橡套线(三芯)、配电箱(三相)、电锤等。

6.3.2 常用施工工具:铁抹子、阳角抹子、阴角抹子、齿形抹子、托灰板、喷枪、滚刷、杠尺(铝合金杠尺长度2~2.5m和长度1.5m两种)、靠尺(木靠尺2~3m单面为八字尺)、木方尺(单边长不小于150mm)、剪刀、壁纸刀、手锯、手锤、橡皮锤、克丝钳子、台秤、水桶、铁锹、扫帚等。

6.3.3 常用检测工具:经纬仪及放线工具、托线板、方尺、探针、水平尺、钢尺等。

7 质量控制

7.1 质量控制要点

7.1.1 基层墙体垂直、平整度应达到结构工程质量要求。墙面清洗干净，无浮土，无油渍，空鼓及松动、风化部分剔掉，界面处理均匀，粘结牢固。

7.1.2 保温浆料、粘结找平浆料和聚苯板的厚度应达到设计厚度，墙面平整，阴阳角、门窗洞口垂直、方正。

7.1.3 抗裂防护层厚度为8～10mm，墙面无明显接茬、抹痕，墙面平整，门窗洞口、阴阳角垂直、方正。

7.1.4 热镀电焊网与抗裂砂浆握裹力强，面砖饰面不宜采用抗裂砂浆复合玻纤网格布做法。

7.1.5 热镀电焊网铺设平整，阳角部位热镀电焊网不得断开，搭接网边应被角网压盖，塑料锚栓数量、锚固位置符合要求。

7.2 质量验收

7.2.1 一般规定

（1）应按照现行国家标准《建筑节能工程施工质量验收规范》GB 50411 和《建筑装饰装修工程质量验收规范》GB 50210 的相关规定进行外墙外保温工程的施工质量验收。

（2）面砖饰面的验收还应按照《外墙饰面砖工程施工及验收规程》JGJ 126 的相关规定进行验收。

7.2.2 主控项目

（1）所用材料品种、规格、质量、性能应符合设计要求和本工法及有关标准的规定。

（2）保温层厚度及构造做法应符合建筑节能设计要求，保温层平均厚度不允许出现负偏差。

（3）聚苯板与墙面必须粘结牢固，无松动和虚粘现象。

（4）外墙外保温系统各层构造做法应符合设计要求，并应按照经过审批的施工方案施工。

7.2.3 一般项目

（1）表面平整、洁净，接茬平整，线角顺直、清晰，毛面纹路均匀一致。

（2）护角符合施工规定，表面光滑、平顺，门窗框与墙体间缝隙填塞密实，表面平整。

（3）孔洞、槽、盒位置和尺寸正确，表面整齐、洁净。

（4）外保温墙面层的允许偏差及检验方法应符合表26的规定。

允许偏差及检验方法 表26

项次	项目	允许偏差(mm)		检查方法
		保温层	抗裂层	
1	立面垂直	4	3	用2m托线板检查
2	表面平整	4	3	用2m靠尺及塞尺检查
3	阴阳角垂直	4	3	用2m托线板检查
4	阴阳角方正	4	3	用200mm方尺和塞尺检查
5	分格条(缝)平直		3	拉5m小线和尺量检查
6	立面总高度垂直度	H/1000且不大于20		用经纬仪、吊线检查
7	上下窗口左右偏移	不大于20		用经纬仪、吊线检查
8	同层窗口上、下	不大于20		用经纬仪、拉通线检查
9	保温层厚度	平均厚度不出现负偏差		用探针、钢尺检查

8 安 全 措 施

8.0.1 每个工地须委派专职安全员，负责施工现场的安全管理工作，制定并落实岗位安全责任制，签订安全协议。工人上岗前必须进行安全技术培训，合格后才能上岗操作。制定意外安全事故应急处理预案，以防意外发生。现场安全规定应符合表27的要求。

现场安全规定 表27

序号	安全生产项目	检查内容	检查人	工作依据	合格要求
1	砂浆机	电机、配件、安装	专职安全员	机器安装规定	不漏电，配件齐全，运转正常
2	380V、220V相套线	表皮破坏情况，皮内是否断线	专职安全员	按电器安装规定	不破坏，不断线
3	阀箱	箱内配套是否齐全并有安全装置	专职安全员	按电器安装规定	使用时开关灵活，保证安全
4	小型机械	开关、线是否漏电	专职安全员	按电器安装规定	运转正常
5	架子	搭设是否符合规范	专职安全员	架子搭设安全规定	符合要求
6	劳保用品	立杆、横杆、小排木、安全网、脚手板、安全帽、安全带	专职安全员	按劳保规定	符合规定齐全
7	高空作业	架子、脚手板、安全帽、安全带及作业要求	专职安全员	按架子规定及安全交底	符合要求
8	吊篮	安全帽、安全带及作业要求、限定人员数量	专职安全员	按吊篮规定及安全培训和交底	符合要求

8.0.2 应遵守有关安全操作规程。脚手架、吊篮经安全检查验收合格后，方可上人

施工，施工时应有防止工具、用具、材料坠落的措施。

8.0.3 操作人员必须遵守高空作业安全规定，系好安全带。

8.0.4 进场前，必须进行安全教育，注意防火，现场不许吸烟、喝酒。

8.0.5 遵守施工现场制定的一切安全制度。

8.0.6 移动吊篮、翻拆架子应防止破坏已抹好的墙面，门窗洞口、边、角、垛宜采取保护措施。其他工种作业时应不得污染或损坏墙面，严禁踩踏窗口。

8.0.7 施工完的墙面、管道、门窗口等处残存的砂浆，应及时清理干净。

8.0.8 保温层、抗裂防护层、装饰层在干燥前应防止水冲、撞击、振动。

9 环保措施

9.0.1 外保温工程在施工过程中必须严格遵守国家和当地的建设工程施工现场环境保护标准及建设工程施工现场场容卫生标准的有关规定。

9.0.2 保温工程施工现场内各种施工相关材料应按照施工现场平面图要求布置，分类码放整齐，材料标识要清晰准确。

9.0.3 施工现场所用材料保管应根据材料特点采取相应的保护措施。材料的存放场地应平整夯实，有防潮排水措施。材料库内外的散落粉料必须及时清理。

9.0.4 为防止聚苯颗粒飞散、粉料扬尘，施工现场必须搭设封闭式保温浆料及砂浆搅拌机机棚，并配备有效的降尘防尘及污水排放装置。

9.0.5 搅拌机设专职人员保护环境，及时清扫杂物，对用过的废袋子及时捆好，用完的塑料桶码放整齐并及时清退。

9.0.6 保温浆料搅拌机四周及现场内无废弃保温浆料和砂浆。

9.0.7 施工现场注意节约用水，杜绝水管渗漏及长流水。

9.0.8 保温工程施工时建筑物内外散落的零散碎料及运输道路遗洒（撒）应设专人清扫。

9.0.9 施工垃圾及废弃保温板材应集中分拣，并及时清运回收利用，按指定的地点堆放。

10 效益分析

10.0.1 该技术综合了各种外墙外保温的优点，是国际领先的外墙外保温技术，采取了相应安全可靠的加固措施和合理的构造设计，可在高层建筑中使用。

10.0.2 本工法可满足不同气候区的节能标准要求，其耐候能力优异，可与建筑结构寿命同等。该技术可有效抵抗热应力、火、水或水蒸气、风压、地震等外界作用力直接作用于建筑物表面，防止出现饰面开裂、饰面砖起鼓、脱落等质量事故，使建筑物和外保温系统的安定性稳定可靠。

10.0.3 本工法所述的外墙外保温系统施工速度快、工程质量好、平整度好、可靠性高，市场前景广阔，具有较高的使用性，绿色环保，性价比优，已在多个工程应用中得到证实,具有较好的社会效益和经济效益。

11 应 用 实 例

11.1 南京星雨花园

南京星雨花园为采用保温浆料做法面砖饰面的精品高档高层住宅小区,位于江苏南京市河西新城区江东南路与集庆西路交汇点西南角,占地面积15公顷,建筑面积约38万m^2,投资总额为12亿元,有9栋18层小高层,19栋24~26层高层住宅,1所小学,1所幼儿园,1座会所,结构墙体为剪力墙,局部为黏土多孔砖填充墙。该工程于2006年4月竣工,从应用的情况看,材料配套齐全,工艺完备,施工方便,工程质量好。

11.2 北京滨都苑

北京滨都苑(图22)采用的是贴砌聚苯板做法面砖饰面的外墙外保温,位于朝阳区麦子店北路及农展馆西路道口,西侧为麦子店西路,南侧为农展馆北路,东北侧为绿化带及平房灌渠。建筑地上20层,建筑高度61m,总建筑面积为19043m^2,外保温面积约10000m^2。该工程分东西向南北向2座塔楼,平面形状呈L形,首层为商业用房,2~20层为普通住宅;地下1层为汽车库及设备用房,地下2层为六级人防。该工程质量符合相关规定的要求,竣工后一次性验收合格。

11.3 北京西局欣园住宅楼

北京西局欣园住宅小区工程(图23)采用的是贴砌聚苯板简易做法面砖饰面的外墙外保温。该工程位于北京市丰台区西局,建设单位为宏基源房地产开发公司,建筑面积为80000m^2,外保温面积30000m^2,建筑层数14~20层,节能设计标准达到65%,开工时间是2006年3月,竣工时间是2006年7月。验收时各项质量指标均符合要求,分项工程质量优良。

图22 北京滨都苑工程实景图

图23 北京西局欣园工程实景图

11.4 北京永泰花园小区

北京永泰花园小区建设单位为天鸿集团,设计单位为天鸿圆方设计院,施工单位为北京城建一公司。

该工程建筑面积50000m²,结构形式为剪力墙,建筑檐高21.5m,建筑层数6层,外墙保温面积20000m²,节能标准50%,开工时间2004年8月,竣工时间2004年11月。

该工程采用的是贴砌聚苯板做法,外饰面粘贴面砖。EPS板厚度为50mm,粘结找平浆料内粘结层20mm厚,外找平层10mm厚。抗裂防护层采用抗裂砂浆复合热镀锌电焊网并用塑料锚栓锚固,饰面层采用压折比小于3的面砖专用粘结砂浆粘贴面砖。整个系统无空腔、抗风荷载、抗开裂、耐候能力强,在保温节能的同时满足粘贴面砖安全性要求。

该工程质量符合相关规定的要求,竣工后一次性验收合格。

11.5 新疆新洲城市花园二期轩景苑

新洲城市花园二期轩景苑13~18号楼,位于乌鲁木齐市苏州路80号,建设单位为新疆金成房地产开发有限责任公司,设计单位为乌鲁木齐市铁路局勘测设计院,施工单位为新疆建工集团第一建筑工程有限责任公司,监理单位为新疆方正监理公司。该工程为框剪结构,建筑面积5000m²,外墙保温面积1200m²。建筑层数为6层,建筑高度为18.10m。节能标准为50%,采用的是贴砌聚苯板做法面砖饰面的外墙外保温。该工程开工时间为2005年8月,竣工时间为2006年5月。竣工后验收合格,质量情况稳定,至今无开裂、无脱落,保温性能良好。

11.6 新疆乌鲁木齐市第八中学实验楼节能改造工程

乌鲁木齐市第八中学实验楼节能改造工程,位于乌鲁木齐市东风路16号,乌鲁木齐市第八中学院内,建设单位为乌鲁木齐市第八中学,设计单位为新疆建筑设计研究院,施工单位为新疆天一建工投资集团有限责任公司,监里单位为新疆昆仑监理公司。该工程为砖混结构,建筑层数主体5层,局部2层,建筑面积4095m²,外墙为370mm厚实心黏土砖墙,外贴马赛克。节能设计标准50%,采用的是贴砌聚苯板做法面砖饰面的外墙外保温。该工程开工时间为2006年6月,竣工时间为2006年7月。

11.7 其他典型工程实例名单(表28)

典型工程实例名单　　　　　　　　　　　　　　表28

序号	工程名称	保温类型	建筑面积(m²)	外保温面积(m²)	施工日期
1	山东临沂桃源大厦	保温浆料做法	30000	12000	2001.06
2	北京清林苑	保温浆料做法	80000	38000	2002.10
3	蓝堡国际公寓	保温浆料做法	25000	12000	2002.11
4	哈尔滨黄金公寓	保温浆料做法	30000	11000	2003.07

续表

序号	工程名称	保温类型	建筑面积（m²）	外保温面积（m²）	施工日期
5	嘉铭桐城	保温浆料做法	140000	60000	2003.08
6	北京奇然家园	保温浆料做法	80000	35000	2003.11
7	长岛澜桥	保温浆料做法	180000	50000	2003.11
8	珠江绿洲	保温浆料做法	230000	100000	2003.11
9	徐州铜山供电局住宅楼	保温浆料做法	110000	50000	2004.05
10	永丰茉莉城	保温浆料做法	35000	13000	2004.08
11	名佳花园三期	保温浆料做法	68000	32000	2004.10
12	望京世纪春天	保温浆料做法	170000	70000	2004.11
13	颐德家园	保温浆料做法	80000	25000	2004.11
14	棕榈泉国际公寓	保温浆料做法	40000	16000	2004.10
15	清怡花苑	保温浆料做法	70000	43000	2005.11
16	西安亚美伟博广场	保温浆料做法	60000	38000	2006.03
17	青岛天福丽都	保温浆料做法	50000	34000	2006.05
18	京西宾馆什坊院5号宿舍楼	贴砌聚苯板做法	20000	9500	2006.09
19	北京交通大学软件工程楼	贴砌聚苯板做法	20000	7400	2007.04
20	北京出版发行物流中心	贴砌聚苯板做法	100000	20000	在建
21	同方国际	贴砌聚苯板简易做法	80000	27000	2005.11
22	亚运新新家园	贴砌聚苯板简易做法	90000	36000	2005.10
23	锦绣花园	贴砌聚苯板简易做法	20000	6000	2006.08
24	莱芜滨河花苑一期	贴砌聚苯板简易做法	60000	27000	在建
25	丽江新城	贴砌聚苯板简易做法	15000	40000	2006.12
26	青年汇住宅小区	贴砌聚苯板简易做法	40000	12000	2005.10
27	厢白旗	贴砌聚苯板简易做法	16000	5000	2005.10
28	天津泰达国际酒店	贴砌聚苯板简易做法	35000	9800	2007.06
29	信合嘉园	贴砌聚苯板简易做法	36000	15000	2006.06
30	西安电信十所	贴砌聚苯板简易做法	30000	12000	2007.09
31	挚信花园	贴砌聚苯板简易做法	36000	20000	2007.05

喷涂硬泡聚氨酯面砖饰面外墙外保温施工工法

北京振利建筑工程有限责任公司
浙江宝业建设集团有限公司
中天建设集团有限公司
唐军香 林燕成 黄振利 俞廷标 金跃辉 钱建芳

1 前 言

1.0.1 喷涂硬泡聚氨酯外墙外保温技术是适应65%节能标准和低能耗节能建筑的外墙保温技术，是适合我国国情和气候特点的外墙外保温技术。

1.0.2 本技术系统具有全部中国自主知识产权，共获专利13项，其中聚氨酯外保温墙体及施工方法 ZL 02153346.6、聚氨酯外保温粘贴面砖墙体及施工方法 ZL 02153344.X、聚氨酯阴阳角及门窗洞口喷粘结合施工方法及其聚氨酯预制块 ZL 03160003.4、阳角及阴角浇注模具及使用所述模具浇注聚氨酯保温墙体阴角及阳角的施工方法 ZL 03137331.3、喷涂聚氨酯保温装饰墙体及施工方法 ZL 200510200767.X 等7项为发明专利，聚氨酯外保温墙体 ZL 200420064725.9、聚氨酯喷粘结合墙体角部构造 ZL 032825072 等6项为实用新型专利。

1.0.3 该技术系统已通过北京市建委的鉴定，并被建设部评为全国绿色建筑创新二等奖，同时被列入国家重点新产品和国家级火炬计划。

1.0.4 截至目前，该技术系统被编入中国标准化协会标准《胶粉聚苯颗粒复合型外墙外保温系统》CAS 126—2005、北京市地方标准《外墙外保温施工技术规程（喷涂硬泡聚氨酯外墙外保温系统）》DBJ/T 01—102—2005 及安徽、陕西、四川、新疆、内蒙古、湖北、山东、宁夏、甘肃、河北、吉林、河南等多个标准图集，并在这些地区得到广泛应用。该技术还用在北京、新疆、浙江、河北等多个低能耗建筑中，应用效果良好。

2 工 法 特 点

2.0.1 采用现场机械化喷涂作业施工，施工速度快、效率高。

2.0.2 阴阳角等边口部位采用粘贴聚氨酯预制件做法，可减少材料损耗，有利于后续工序做直阴阳角、边口，提高整体施工质量。

2.0.3 对建筑物外形适应能力强，尤其适应建筑物构造节点复杂的部位的保温，如外挑构件、阁楼窗等。

2.0.4 使用聚氨酯防潮底漆对基层墙面进行处理,提高了聚氨酯保温层的闭孔率,均化了保温层与墙体的粘结力。

2.0.5 硬泡聚氨酯的导热系数为 0.022～0.027W/(m·K),喷涂的硬泡聚氨酯闭孔率≥92%,能形成连续的保温层,保温隔热效果好。

2.0.6 硬泡聚氨酯材料吸水率不大于3%、抗渗性不大于5mm(1000mm 水柱×24h 静水压),能很好地阻断水的渗透,使墙体保持良好、稳定的绝热状况。

2.0.7 喷涂硬泡聚氨酯保温层与基层墙体粘结牢固,无接缝、无空腔,能减少负风压对高层建筑外墙外保温系统的破坏。

2.0.8 聚氨酯界面砂浆采用专用的高分子乳液复配适量的无机胶凝材料而成,能将硬泡聚氨酯保温层与胶粉聚苯颗粒保温浆料找平层牢固地粘合在一起。

2.0.9 胶粉聚苯颗粒保温浆料含有大量无机材料,本身具有较好的保温性能和抗裂、防火、透气、耐候等性能,使用其对硬泡聚氨酯保温层面层进行找平处理后,可提高系统的保温、透气、抗裂、防火等性能。

2.0.10 采用抗裂防护层增强网塑料锚栓锚固于基层墙体做法,系统抗震性能好。

3 适 用 范 围

本工法适用于基层墙体为混凝土或各种砌体材料的外墙外保温工程,可用于不同气候区、不同建筑节能标准、不同建筑高度和不同防火等级要求的外墙外保温工程。

4 工 艺 原 理

4.0.1 采用高压无气喷涂工艺将以异氰酸酯、多元醇(组合聚醚或聚酯)为主要原料加入添加剂组成的双组分料现场喷涂在基层墙体表面迅速发泡形成无接缝的闭孔率极高的聚氨酯硬泡体保温层;建筑边角部位粘贴聚氨酯预制件,以处理阴阳角及保温层厚度控制;基层墙面涂刷聚氨酯防潮底漆,有效提高系统的防水透气性能;聚氨酯表面进行界面处理解决有机与无机材料之间的粘结难题;面层采用胶粉聚苯颗粒保温浆料找平和补充保温,同时可防止硬泡聚氨酯面层裂缝和老化,还可减薄聚氨酯保温层厚度,降低工程造价;抗裂防护层采用抗裂砂浆复合热镀锌电焊网做法,热镀锌电焊网由塑料锚栓锚固于基层墙体,抗震性能好;饰面层采用的专用面砖粘结砂浆及面砖勾缝料粘结力强,柔韧性好,抗裂防水效果好。

4.0.2 喷涂硬泡聚氨酯面砖饰面外墙外保温做法各构造层材料柔韧性匹配,热应力释放充分,基本构造见表1。

喷涂硬泡聚氨酯外墙外保温系统面砖饰面基本构造　　表1

基层墙体①	系统的基本构造					构造示意图
	界面层②	保温层③	找平层④	抗裂防护层⑤	饰面层⑥	
混凝土墙或砌体墙（砌体墙需用水泥砂浆找平）	聚氨酯防潮底漆	喷涂成型的硬泡聚氨酯＋聚氨酯界面砂浆（边角、洞口处粘贴聚氨酯预制件）	胶粉聚苯颗粒保温浆料	第一遍抗裂砂浆＋热镀锌电焊网（用塑料锚栓与基层锚固）＋第二遍抗裂砂浆	面砖粘结砂浆＋面砖＋勾缝料	

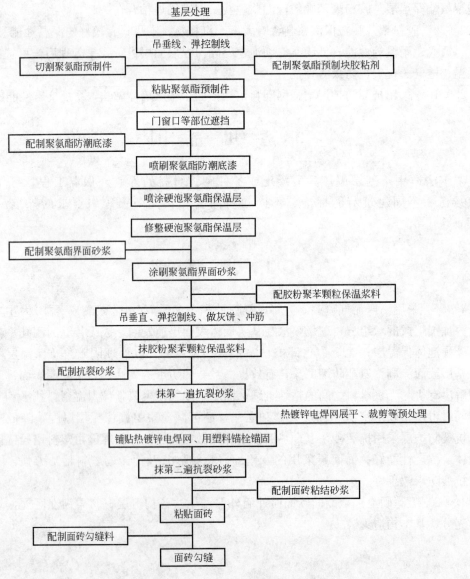

图1　施工工艺流程

5 施工工艺流程及操作要点

5.1 施工工艺流程

施工工艺流程见图 1。

5.2 操作要点

5.2.1 施工准备

(1) 基层墙体应符合现行国家标准《混凝土结构工程施工质量验收规范》GB 50204—2002 和《砌体工程施工质量验收规范》GB 50203—2002 及相关基层墙体质量验收规范的要求，保温层施工前应会同相关部门做好结构验收。如基层墙体偏差超过 3mm，则应抹砂浆找平。

(2) 房屋各大角的控制钢垂线安装完毕。高层建筑及超高层建筑的钢垂线应用经纬仪复验合格。

(3) 外墙面的阳台栏杆、雨落管托架、外挂消防梯等外墙外部构件安装完毕，并在安装时考虑保温系统厚度的影响。

(4) 外窗的辅框安装完毕。

(5) 墙面脚手架孔、穿墙孔及阳台板、墙面缺损处用相应材料修整好。

(6) 混凝土梁或墙面的钢筋头和凸起物清除完毕。

(7) 主体结构的变形缝应提前做好处理。

(8) 电动吊篮或专用保温层施工脚手架的安装应满足施工作业要求，经调试运行安全无误、可靠，并配备专职安全检查和维修人员。

(9) 根据需要准备一间搅拌站及一间堆放材料的库房，搅拌站的搭建需要选择背风方向，并靠近垂直运输机械，搅拌棚需要三侧封闭，一侧作为进出料通道。有条件的地方可使用散装罐。库房的搭建要求防水、防潮、防阳光直晒。

(10) 按如下要求准备和使用好喷涂机具：

1) 选用适宜的空气压缩机，安装使用时应注意以下几点：

① 开机前必须首先检查油标，油标指示不足时，必须将润滑油加足方可开机。润滑油夏季用 19 号，冬季用 13 号，不允许用其他机油代替。

② 检查配电设施与电机的匹配，使用电源电压应满足±5%的要求，如不能满足要求电机易烧损。

③ 开机前应打开排污阀，排尽压缩机内污水，用手拉动皮带轮确认可轻松转动后开机。

④ 开机后应空转 10~20min，无异常现象再逐渐升高到额定工作压力下运转。

2) 双组分硬泡聚氨酯高压无气喷涂机开机前的准备工作要点主要有：

① 检查各泵体油杯中是否有 2/3 杯的润滑油、DOP(邻苯二甲酸二辛酯)；

② 检查油雾器内是否有充足的润滑油；

③ 检查气水分离器内的水是否放掉；

④ 检查所有接头是否连接牢固；

⑤ 控制盘上的所有开关是否处于"OFF"位置；

⑥ 气源开关是否在关闭状态；

⑦ 调整 A 料和 B 料泵上的密封，锁紧螺母到可调状态，并需要周期性拧紧，当需要经常更换润滑油时应该拧紧泵密封；

⑧ 检查进料过滤网并按需维护。

3) 双组分硬泡聚氨酯高压无气喷涂机初始启动要点如下：

① 打开主电源，指示灯点亮；

② 启动空气压缩机，待压力稳定后缓慢增加压力，并检查所有气压接头是否有泄漏，按需拧紧；

③ 将黑、白原料注入提料泵，调节压力，排除输料管路中的残留物；

④ 将黑、白两种材料分别放置在黑、白料桶口处，同时缓慢打开两种材料的供料阀将黑、白料分别打回流；

⑤ 同时开启加热器开关，设定加热温度及保温系统（夏季黑料温度45℃，白料温度为35℃；春秋季黑料温度65℃，白料温度45℃），当环境温度低于10℃时，应用汽油喷灯对黑白料桶进行补充加热，待料温稳定后，关闭输料块供料阀，将输料块与枪体连接牢固。注意：由于组合多元醇加热时会膨胀，所以与枪体应快速连接，时间应在3min之内完成；

⑥ 先打开枪体上进气开关，再打开输料块供料阀，开启枪机进行试枪喷涂工作，试枪时同时缩小两出料管流量，调整进料两压力表指针平衡升至5MPa；

⑦ 开枪试喷要求物料雾化均匀，发泡速度一致，白化时间5s左右，失黏时间20s左右。

4) 双组分硬泡聚氨酯高压无气喷涂机关机要点如下：

① 停喷前必须先关掉加热器电源，把加热后原料喷出再停机；

② 每天工作结束关机时，应使增压泵杆降至最低位置，使泵杆全都浸在润滑液中；

③ 调节控制盘上的加热旋钮到0位，关闭保温电源、主加热器电源、空气压缩机电源及总电源，并清除油杯泵杆周围污物，油杯内注入 2/3 油位的邻苯二甲酸二辛酯清洗剂；

④ 关闭枪头两料块球阀，拆下 A、B 两原料和料块，把提料泵内高压原料放回到原料桶中，应注意两球阀要两人同时打开放料，一定要同步，把提料泵内压力卸到3MPa左右，关闭球阀使提料泵内留有一定压力，可以保持密封，防止关机后渗漏，用丙酮溶剂清洗喷枪，然后喷嘴涂封凡士林（药用膏）油封；

⑤ 从原料桶中提出两提料泵，清理干净多余料，然后用凡士林密封进料口，立放在设备车上；

⑥ 原料桶上所有开启盖必须旋紧盖好，防止原料组分受潮污染；

⑦ 设备各部位应保养干净，特别是主气缸活塞杆、提料泵活塞杆，下班后必须保养干净，并涂油防护；

⑧ 放掉气水分离器内的水，保证油雾器内足够的润滑油。

(11) 根据工程量、施工部位和工期要求制定施工方案，要样板先行，通过样板确定消耗定额，由甲方、乙方和材料供应商协商确定材料消耗量，保温层施工前施工负责人应熟悉图纸。

(12) 组织施工队进行技术培训和交底，进行好安全教育。

(13) 材料配制应指定专人负责，配合比、搅拌机具与操作应符合要求，严格按厂家提供的说明书配制，严禁使用过时浆料和砂浆。

(14) 硬泡聚氨酯保温材料喷涂前应做好门窗框等的保护。宜用塑料布或塑料薄膜等对应遮挡部位进行防护。

(15) 施工现场架子管、器械及施工现场附近的车辆等易被污染的物件都应罩护严密，以防止被喷涂现场漂移的聚氨酯污染。

(16) 喷涂硬泡聚氨酯的施工环境温度及基层温度不应低于10℃，风力不应大于4级，应有防风措施。胶粉聚苯颗粒保温浆料找平及抗裂防护层施工环境温度不应低于5℃。雨期施工应采取防雨措施，雨天不得施工。

(17) 聚氨酯白料、黑料应在干燥、通风、阴凉的场所密封贮存，白料贮存温度以15～20℃为宜，不得超过30℃，不得暴晒。黑料贮存温度以15～35℃为宜，不得超过35℃，最低贮存温度不得低于5℃。聚氨酯白料、聚氨酯黑料的贮存期均为6个月。聚氨酯白料、黑料在贮存运输中应有防晒措施。

5.2.2 基层处理

清理干净墙面，使墙面平整、洁净、干燥，不得有浮尘、滴浆、油污、空鼓及翘边等，墙面松动、风化部分应剔除干净，墙面平整度控制在±3mm以下。如果墙面平整度偏差过大，应抹砂浆进行找平。

5.2.3 吊垂直、弹控制线

在顶部墙面与底部墙面锚固好膨胀螺栓，作为大墙面挂钢丝的垂挂点，高层建筑用经纬仪打点挂线，多层建筑用大线坠吊细钢丝挂线，用紧线器勒紧在墙体大阴、阳角安装钢垂线，钢垂线距墙体的距离为保温层的总厚度。挂线后每层首先用2m杠尺检查墙面平整度，用2m托线板检查墙面垂直度。达到平整度要求方可施工。

5.2.4 粘贴聚氨酯预制件

(1) 在阴阳角或门窗口处，粘贴聚氨酯预制件，并达到标准厚度(图2)。对于门窗洞

(a)　　　　　　　　　　　　　(b)

图2　粘贴聚氨酯预制件

口、装饰线角、女儿墙边沿等部位，用聚氨酯预制件沿边口粘贴。墙面宽度不足 300mm 处不宜喷涂施工时，可直接用相应规格尺寸的聚氨酯预制件粘贴。

（2）预制件之间应拼接严密，缝宽超出 2mm 时，用相应厚度的聚氨酯片堵塞。

（3）粘贴时，用抹子或灰刀沿聚氨酯预制件周边涂抹配制好的胶粘剂胶浆，其宽度为 50mm 左右，厚度为 3～5mm，然后在预制块中间部位均匀布置 4～6 个粘结点，总涂胶面积不小于聚氨酯预制件面积的 40%。要求粘结牢固，无翘起、脱落现象。门窗洞口四角处的聚氨酯预制件应采用整块板切割成型，不得拼接。

（4）粘贴完成 24h 后，用电锤、冲击电钻在聚氨酯预制件表面向内打孔，拧或钉入塑料锚栓，钉帽不得超出板面，锚栓有效锚固深度不小于 25mm，每个预制件一般为 2 个锚栓。

5.2.5 门窗口等部位的遮挡

聚氨酯预制件粘结完成后喷施硬泡聚氨酯之前，应充分做好遮挡工作。门窗口等一般用塑料布裁成与门窗口面积相当的布块进行遮挡。对于架子管、铁艺等不规则需防护部位，应采用塑料薄膜进行缠绕防护。

5.2.6 喷刷聚氨酯防潮底漆

用喷枪或滚刷将聚氨酯防潮底漆均匀喷刷在基层墙面上（图 3），要求无透底现象，喷涂两遍，时间间隔为 2h。湿度大的天气，适当延长时间间隔，以第一遍表干为标准。

5.2.7 喷涂硬泡聚氨酯保温层

（1）开启聚氨酯喷涂机将硬泡聚氨酯均匀地喷涂于墙面之上（图 4），当厚度达到约 10mm 时，按 300mm 间距、梅花状分布插定厚度标杆，每平方米密度宜控制在 9～10 支。然后继续喷涂至与标杆齐平（隐约可见标杆头）。施工喷涂可多遍完成，每次厚度宜控制在 10mm 以内。喷涂总厚度按设计要求控制，也可采用粘贴聚氨酯厚度控制块掌握喷涂层厚度。

图 3　涂刷聚氨酯防潮底漆

(a)

(b)

图 4　喷涂硬泡聚氨酯保温层

(2) 墙体拐角(阴、阳角)处及不同材料的基层墙体交接处应连续不留缝喷涂。

(3) 墙体变形缝处的硬泡聚氨酯保温层应设置分隔缝，缝隙内应以聚氨酯或其他高弹性密封材料封口。

5.2.8 修整硬泡聚氨酯保温层

喷涂 20min 后用裁纸刀、手锯等工具清理、修整遮挡部位以及超过保温层总厚度的凸出部分(图5)。

5.2.9 喷刷聚氨酯界面砂浆

聚氨酯保温层修整完毕并且在喷涂 4h 之后，用喷斗或滚刷均匀地将聚氨酯界面砂浆喷刷于硬泡聚氨酯保温层表面(图6)。

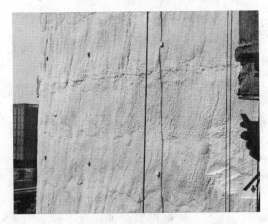
图5 超过保温层厚度凸出部位进行修整

图6 涂刷聚氨酯界面砂浆

5.2.10 吊垂直线，做灰饼

在距大墙阴角或阳角约 100mm 处，根据垂直控制通线按 1.5m 左右间距做垂直方向灰饼，顶部灰饼距楼层顶部约 100mm，底部灰饼距楼层底部约 100mm。待垂直方向灰饼固定后，在同一水平位置的两个灰饼间拉水平控制通线，具体做法为将带小线的小圆钉插入灰饼，拉直小线，小线要比灰饼略高 1mm，在两灰饼之间按 1.5m 左右间距水平粘贴若干灰饼或冲筋。灰饼可用胶粉聚苯颗粒保温浆料做，也可用废聚苯板裁成 50mm×50mm 小块粘贴。

每层灰饼粘贴施工作业完成后，水平方向用 5m 小线拉线检查灰饼的一致性，垂直方向用 2m 托线板检查垂直度，并测量灰饼厚度，冲筋厚度应与灰饼厚度一致。用 5m 小线拉线检查冲筋厚度的一致性，并记录。

5.2.11 找平层施工

(1) 胶粉聚苯颗粒保温浆料抹灰及找平

抹胶粉聚苯颗粒保温浆料时，其平整度偏差为 ±4mm，抹灰厚度略高于灰饼的厚度。胶粉聚苯颗粒保温浆料抹灰按照从上至下，从左至右的顺序抹。涂抹整个墙面后，用杠尺在墙面上来回搓抹，去高补低(图7)。最后再用铁抹子压一遍，使表面平整，厚度一致。

保温面层凹陷处用稀胶粉聚苯颗粒保温浆料抹平，对于凸起处可用抹子立起来将其刮平。

待抹完保温面层30min后，用抹子再赶抹墙面，先水平后垂直，并用托线尺检测。

胶粉聚苯颗粒保温浆料落地灰应及时清理，并可少量多次重新搅拌使用。

(2) 阴阳角找方应按下列步骤进行

1) 用木方尺检查基层墙角的直角度，用线坠吊垂直检验墙角的垂直度；

2) 胶粉聚苯颗粒保温浆料抹灰后应用木方尺压住墙角浆料层上下搓动，使墙角胶粉聚苯颗粒保温浆料基本达到垂直，然后用阴、阳角抹子压光，以确保垂直度偏差和直角度偏差均为±2mm；

图7 抹胶粉聚苯颗粒浆料用杠尺刮平

3) 窗户辅框安装验收合格后方可进行窗口部位的抹灰施工，门窗口施工时应先抹门窗侧口、窗台和窗上口，再抹大墙面，施工前应按门窗口的尺寸截好单边八字靠尺，做口应贴尺施工，以保证门窗口处方正。

5.2.12 抹抗裂砂浆，铺压热镀锌电焊网

(1) 待找平层施工完成3~7d且施工质量验收合格后，即可进行抗裂防护层施工。

(2) 先抹第一遍抗裂砂浆，厚度控制在2~3mm。接着铺贴热镀锌电焊网，应分段进行铺贴，热镀锌电焊网的长度最长不应超过3m。为使施工质量得到保证，施工前应预先展平热镀锌电焊网并按尺寸要求裁剪好，边角处的热镀锌电焊网应折成直角。铺贴时应沿水平方向按先下后上的顺序依次平整铺贴，铺贴时先用U形卡子卡住热镀锌电焊网，使其紧贴抗裂砂浆表面，然后按双向@500mm梅花状分布用塑料锚栓将热镀锌电焊网锚固在基层墙体上，有效锚固深度不得小于25mm，局部不平整处用U形卡子压平(图8)。热镀锌电焊网之间搭接宽度不应小于两个网格，搭接层数不得大于3层，搭接处用U形卡子和钢丝固定。所有阳角处的热镀锌电焊网不应断开，阴阳角处角网应压住对接网片。窗口侧面、女儿墙、沉降缝等热镀锌电焊网收头处应用水泥钉加垫片将热镀锌电焊网固定在主体结构上。

图8 抹抗裂砂浆铺压热镀锌电焊网

(3) 热镀锌电焊网铺贴完毕后，应重点检查阳角处热镀锌电焊网连接状况，再抹第二遍抗裂砂浆，并将热镀锌电焊网包覆于抗裂砂浆之中，抗裂砂浆的总厚度宜控制在8~10mm，抗裂砂浆面层应平整。

5.2.13 粘贴面砖

(1) 饰面砖工程深化设计

饰面砖粘贴前，应首先对设计未明确的细部节点进行辅助深化设计，按不同基层做出样板墙或样板件，确定饰面砖排列方式、缝宽、缝深、勾缝形式及颜色、防水及排水构造、基层处理方法等施工要点。饰面砖的排列方式通常有对缝排列、错缝排列、菱形排列、尖头形排列等几种形式；勾缝通常有平缝、凹平缝、凹圆缝、倾斜缝、山形缝等几种形式。确定粘结层及勾缝材料、调色矿物辅料等的施工配合比，外墙饰面砖不得采用密缝，留缝宽度不应小于5mm，一般水平缝10～15mm，竖缝6～10mm，凹缝勾缝深度一般为2～3mm。排砖原则确定后，现场实地测量结构尺寸，综合考虑找平层及粘结层的厚度，进行排砖设计，条件具备时应采用计算机辅助计算和制图。作粘结强度试验，经建设、设计、监理各方认可后以书面的形式进行确定。

(2) 弹线分格

抗裂砂浆基层验收后即可按图纸要求进行分段分格弹线，同时进行粘贴控制面砖的工作，以控制面砖出墙尺寸和垂直度、平整度。注意，每个立面的控制线应一次弹完。每个施工单元的阴阳角、门窗口、柱中、柱角都要弹线。控制线应用墨线弹制，验收合格后才能局部放细线施工。

(3) 排砖

阳角、窗口、大墙面、通高的柱垛等主要部位都要排整砖，非整砖要放在不明显处，且不宜小于1/2整砖。墙面阴阳角处最好采用异形角砖，不宜将阳角两侧砖边磨成45°角后对接；如不采用异形角砖，也可采用大墙面饰面砖压小墙面饰面砖的方法。横缝要与窗台平齐，墙体变形缝处，饰面砖宜从缝两侧分别排列，留出变形缝。外墙饰面砖粘贴应设置伸缩缝，竖向伸缩缝宜设置在洞口两侧或与墙边、柱边对应的部位，横向伸缩缝可设置在洞口上下或与楼层对应处，伸缩缝应采用柔性防水材料嵌缝。对于女儿墙、窗台、檐口、腰线等水平阳角处，顶面砖应压盖立面砖，立面底皮砖应封盖底平面面砖，可下凸3～5mm兼作滴水线，底平面面砖向内翘起以便于滴水。

(4) 浸砖

吸水率大于0.5%的饰面砖应浸泡后使用，吸水率小于0.5%的饰面砖不需要浸砖。饰面砖浸水后应晾干后方可使用。

(5) 贴砖

贴砖施工前，应在粘贴基层上充分用水湿润。贴砖作业一般从上至下进行，高层建筑大墙面贴砖应分段进行，每段贴砖施工应由下至上进行。先固定好靠尺板贴最下一皮砖，面砖贴上后用灰铲柄轻轻敲击砖面使之附线，轻敲表面固定(图9)。用开刀调整竖缝，用小杠尺通过标准点调整平整度和垂直度，用靠尺随时找平找方。在粘结层初凝时，可调整面砖的位置和接缝宽度，初凝后严禁振动或移动面砖。砖缝宽度可用自制米厘条控制，如符合模数也可采用标准成品缝卡。墙面凸出的卡件、水管

图9 粘贴面砖

或线盒处宜采用整砖套割后套贴，套割缝口要小，圆孔宜采用专用开孔器来处理，不得采用非整砖拼凑镶贴。粘贴施工时，当室外气温大于35℃，应采取遮阳措施。贴砖时背面打灰要饱满，粘结灰浆中间略高四边略低，粘贴时要轻轻揉压，压出灰浆最后用铁铲剔除灰浆。粘结灰浆厚度宜控制在3～5mm左右。面砖的垂直、平整度应与控制面砖一致。

粘贴纸面砖时，应事先制定与纸面砖相应的模具，将模具套在纸面砖上，然后将模具后面刮满厚度为2～5mm的粘结砂浆，取下模具，从下口粘贴线向上粘贴纸面砖，并压实拍平，应在粘结砂浆初凝前，将纸面砖纸板刷水润透，并轻轻揭去纸板，应及时修补表面缺陷，调整缝隙，并用粘结砂浆将未填实的缝隙嵌实。

5.2.14 面砖勾缝

勾缝施工应采用专用的勾缝胶粉，施工时按要求加水搅拌均匀制成专用勾缝砂浆。勾缝施工应在面砖粘贴施工检查合格后进行。粘结层终凝后可按照样板墙确定的勾缝材料、缝深、勾缝形式及颜色进行勾缝，勾缝要视缝的形式使用专用工具；勾缝宜先勾水平缝再勾竖缝，纵横交叉处要过渡自然，不能有明显痕迹。砖缝要在一个水平面上，并且连续、平直、深浅一致，表面应压光，缝深2～3mm。采用成品勾缝材料应按厂家说明书进行操作。缝勾完后应立即用棉丝、海绵蘸水或用清洗剂擦洗干净，勾缝完毕对大面积外墙面进行检查，保证整体工程的清洁美观。

5.2.15 细部节点做法

细部节点做法参见图10～图12。

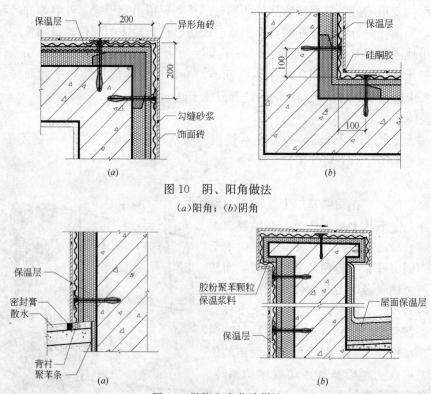

图10 阴、阳角做法
(a)阳角；(b)阴角

图11 勒脚和女儿墙做法
(a)勒脚；(b)女儿墙

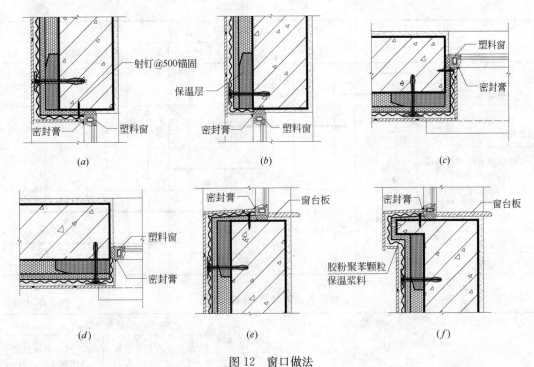

图 12 窗口做法
(a)窗上口(一);(b)窗上口(二);(c)窗侧口(一);(d)窗侧口(二);(e)窗下口(一);(f)窗下口(二)

5.3 劳动力组织

本工法按外墙保温面积 10000m^2、保温层厚度 50mm、施工人员 108 人、工期 70d 计算的劳动力计划见表 2,施工进度计划见表 3,每平方米的劳动(标准)定额见表 4。

劳动力计划 表 2

序号	工种名称	高峰时段需求人数(人)	备注
1	聚氨酯喷涂工	15	其中助手 11 人
2	抹灰工	55	
3	普工	30	
4	机械维修工	1	
5	电工	1	
6	管理人员	7	项目经理 1 人 技术员 1 人 质检员 1 人 材料员 1 人 安全管理员 1 人 工长 2 人

施工进度计划 表3

工序 \ 工日	1	4	7	10	13	16	19	22	25	28	31	34	37	40	45	50	55	60	65	70
墙面处理	■	■																		
涂刷聚氨酯防潮底漆	■	■	■	■																
聚氨酯保温层及其界面施工			■	■	■	■	■	■	■											
抹胶粉聚苯颗粒保温浆料找平层								■	■	■	■									
抹抗裂砂浆压热镀锌电焊网										■	■	■	■	■	■					
粘贴面砖												■	■	■	■	■				
面砖勾缝																	■	■	■	

每平方米的劳动(标准)定额 表4

项目		单位	消耗定额数量	
			喷涂硬泡聚氨酯保温层为10mm厚时	硬泡聚氨酯保温层每增减10mm时
人工	技工	工日	0.208	0.008
	普工	工日	0.011	—
材料	1 聚氨酯防潮底漆	kg	0.700	—
	2 聚氨酯界面砂浆	kg	0.700	—
	3 聚氨酯预制件胶粘剂①	kg	0.560	—
	4 聚氨酯预制件①	m²	0.080	—
	5 硬泡聚氨酯组合料	m³	0.010	0.010
	6 胶粉聚苯颗粒保温浆料	m³	0.0201	—
	7 抗裂砂浆(胶液型)②	kg	3.001	—
	抗裂砂浆(干拌型)②	kg	12.000	—
	8 热镀锌电焊网	m²	1.150	—
	9 12号镀锌钢丝	kg	0.026	—
	10 塑料锚栓	个	5.000	—
	11 面砖粘结砂浆	kg	6.000	—
	12 勾缝粉	kg	2.500	—

① 每平方米聚氨酯预制件另加10kg水泥。
② 抗裂砂浆的胶液型和干拌型可任选一种,如选用胶液型需另按使用说明加水泥和砂子。

6 材料与设备

6.1 系统要求

6.1.1 该外墙外保温系统应通过耐候性试验和抗震试验验证。

6.1.2 该外墙外保温系统的性能应符合表5的要求。

外墙外保温系统性能要求　　　　　　　　　　　　　　表5

试验项目	性能要求
耐候性（80次高温-淋水循环和5次加热-冷冻循环）耐冻融性能（30次循环）	试验后不应出现饰面层起鼓或剥落、抗裂防护层空鼓或脱落等破坏，不应有可渗水裂缝；抗裂防护层与找平层或保温层之间的拉伸粘结强度及找平层与保温层之间的拉伸粘结强度不应小于0.1MPa或破坏发生在保温层中；饰面砖粘结强度不应小于0.4MPa
吸水量（水中浸泡1h）	小于1000g/m²
抗冲击性	3J级
抗风荷载性能	不小于风荷载设计值（安全系数不小于1.5）
抗裂防护层不透水性	2h不透水
水蒸气渗透阻	符合设计要求
热阻	符合设计要求
火反应性	不应被点燃，试验结束后试件厚度变化不超过5%，热释放速率最大值≤10kW/m²，900s总放热量≤5MJ/m²
抗震性能	设防烈度地震作用下面砖饰面及外保温系统无脱落
饰面砖现场拉拔强度	≥0.4MPa

注：1. 水中浸泡24h，带饰面层或不带饰面层的系统吸水量均小于500g/m²时，免作耐冻融性能检验。
　　2. 耐候性试验后，可在其试件上直接检测抗冲击性。

6.2 工程材料要求

6.2.1 喷涂硬泡聚氨酯的性能指标应符合表6的要求。

喷涂硬泡聚氨酯性能指标　　　　　　　　　　　　　　表6

项　目	单　位	指　标
密度	kg/m³	≥30
导热系数	W/(m·K)	≤0.024
压缩强度	MPa	≥0.15
拉伸粘结强度（与水泥砂浆）	MPa	≥0.10
尺寸稳定性	%	≤1.0
抗拉强度	MPa	≥0.25
断裂伸长率	%	≥10

续表

项 目	单 位	指 标
燃烧性能等级	—	不低于 E 级
水蒸气透过系数	ng/(Pa·m·s)	≤5
吸水率	%	≤3

6.2.2 聚氨酯防潮底漆的性能指标应符合表 7 的要求。

聚氨酯防潮底漆性能指标 表 7

项 目		单 位	指 标
干燥时间	表干	h	≤4
	实干	h	≤24
涂层脱离的抗性	干燥基层	级	≤1
	潮湿基层	级	≤1
耐碱性		—	48h 不起泡、不起皱、不脱落

6.2.3 聚氨酯界面砂浆的性能指标应符合表 8 的要求。

聚氨酯界面砂浆性能指标 表 8

项 目		单 位	指 标
容器中状态		—	搅拌后无结块，呈均匀状态
拉伸粘结强度	与水泥砂浆 标准状态 7d	MPa	≥0.3
	与水泥砂浆 标准状态 14d	MPa	≥0.5
	与水泥砂浆 浸水处理	MPa	≥0.3
	与硬泡聚氨酯(标准状态 14d 或浸水处理)	MPa	≥0.15 或硬泡聚氨酯破坏

6.2.4 聚氨酯预制件胶粘剂的性能指标应符合表 9 的要求。

聚氨酯预制件胶粘剂性能指标 表 9

项 目		单位	指 标
容器中状态	A 组分	—	均匀膏状物，无结块、凝胶、结皮或不易分散的固体团块
	B 组分		均匀棕黄色胶状物
干燥时间	表干时间	h	≤4
	实干时间		≤24
拉伸粘结强度（与水泥砂浆）	标准状态	MPa	≥0.5
	浸水后		≥0.3
拉伸粘结强度（与聚氨酯）	标准状态	MPa	≥0.15 或聚氨酯试块破坏
	浸水后		≥0.15 或聚氨酯试块破坏

6.2.5 胶粉聚苯颗粒保温浆料的性能指标应符合表 10 的要求。

胶粉聚苯颗粒保温浆料性能指标   表 10

项　目		单　位	指　标
干密度		kg/m³	180～250
导热系数		W/(m·K)	≤0.060
抗压强度(56d)		MPa	≥0.2
抗拉强度(56d)	干燥状态	MPa	≥0.1
	浸水 48h,取出干燥 14d		
线性收缩率		％	≤0.3
软化系数(56d)		—	≥0.5
燃烧性能等级			不低于 C 级

6.2.6 抗裂砂浆的性能指标应符合表 11 的要求。

抗裂砂浆性能指标   表 11

项　目		单　位	指　标
可使用时间	可操作时间	h	≥1.5
	在可操作时间内拉伸粘结强度	MPa	≥0.7
拉伸粘结强度(常温 28d)		MPa	≥0.7
浸水后的拉伸粘结强度(常温 28d,浸水 7d)		MPa	≥0.5
压折比		—	≤3.0

6.2.7 塑料锚栓由螺钉和带圆盘的塑料膨胀套管两部分组成,其中螺钉采用经过表面防锈蚀处理的金属制成,塑料膨胀套管应采用聚酰胺、聚乙烯或聚丙烯等制作,不得使用回收的再生材料。塑料锚栓的性能指标应符合表 12 的要求。

塑料锚栓的性能指标   表 12

项　目	单　位	指　标
有效锚固深度	mm	≥25
圆盘直径	mm	≥50
套管外径	mm	7～10
单个胀栓抗拉承载力标准值(混凝土墙)	kN	≥0.8

6.2.8 热镀锌电焊网的性能指标除应符合《镀锌电焊网》QB/T 3897—1999 的要求外,还应符合表 13 的要求。

热镀锌电焊网的性能指标   表 13

项　目	单　位	指　标
镀锌工艺	—	先焊接后热镀锌
丝径	mm	0.90±0.04
网孔大小	mm	12.7×12.7
焊点抗拉力	N	＞65
镀锌层重量	g/m²	≥122

6.2.9 面砖粘结砂浆的性能指标应符合表14的要求。

面砖粘结砂浆的性能指标　　　　　表14

项　目		单　位	指　标
拉伸粘结强度		MPa	≥0.6
压折比		—	≤3.0
压剪粘结强度	原强度	MPa	≥0.6
	耐温 7d	MPa	≥0.5
	耐水 7d	MPa	≥0.5
	耐冻融 30 次	MPa	≥0.5
线性收缩率		%	≤0.3

6.2.10 面砖勾缝料的性能指标应符合表15的要求。

面砖勾缝料性能指标　　　　　表15

项　目		单　位	指　标
外　观		—	均匀一致
颜　色		—	与标准样一致
凝结时间	初凝时间	h	≥2
	终凝时间	h	≤24
拉伸粘结强度	原强度(常温常态 14d)	MPa	≥0.6
	耐水(常温常态 14d,浸水 48h,放置 24h)	MPa	≥0.5
压折比		—	≤3.0
透水性(24h)		mL	≤3.0

6.2.11 饰面砖粘贴面应带有燕尾槽，并不得有脱模剂，其性能指标除应符合《陶瓷砖》GB/T 4100、《陶瓷劈离砖》JC/T 457、《玻璃马赛克》GB/T 7697 的相关要求外，还应符合表16的要求。

外保温饰面砖的性能指标　　　　　表16

项　目			单　位	指　标
尺寸	6m 以下墙面	表面面积	cm²	≤410
		厚　度	cm	≤1.0
	6m 及以上墙面	表面面积	cm²	≤190
		厚　度	cm	≤0.75
单位面积质量			kg/m²	≤20
吸水率	Ⅰ、Ⅵ、Ⅶ气候区		%	≤3
	Ⅱ、Ⅲ、Ⅳ、Ⅴ气候区			≤6
抗冻性	Ⅰ、Ⅵ、Ⅶ气候区		—	50 次冻融循环无破坏
	Ⅱ气候区			40 次冻融循环无破坏
	Ⅲ、Ⅳ、Ⅴ气候区			10 次冻融循环无破坏

注：气候区划分分级按《建筑气候区划标准》GB 50178—1993 中一级区划执行。

6.2.12 在该外墙外保温系统中所采用的附件,包括密封膏、密封条、金属护角、水泥钉、盖口条等应分别符合相应产品标准的要求。

6.2.13 聚氨酯预制件应达到聚氨酯保温层设计厚度要求。

6.2.14 水泥为强度等级 42.5 普通硅酸盐水泥,水泥技术性能应符合《通用硅酸盐水泥》GB 175—2007 的要求。

6.2.15 砂子选用中砂,应符合《普通混凝土用砂、石质量及检验方法标准》JGJ 52—2006 的规定。

6.2.16 材料消耗计划(按外墙保温面积 10000m^2 计算)见表17。

材料消耗计划 表17

序号	材料名称		单位	平方米耗量	总用量
1	聚氨酯防潮底漆		kg	0.07	700
2	聚氨酯预制件		m^2	0.075	750
3	聚氨酯预制件胶粘剂		kg	2	20000
4	20mm 厚胶粉聚苯颗粒保温浆料		m^3	0.0201	201
5	聚氨酯组合料		m^3	0.05	500
6	聚氨酯界面砂浆		kg	0.7	7000
7	抗裂砂浆	干粉型	kg	12	120000
		胶液型	kg	3	30000
8	热镀锌电焊网		m^2	1.2	12000
9	U形卡子		个	30	300000
10	塑料锚栓		个	5.5	55000
11	面砖粘结砂浆		kg	6	60000
12	勾缝粉		kg	2.5	25000

6.3 机具设备

每万平方米所需用的机具设备计划见表18。

机具设备计划 表18

序号	机具设备名称	单位	规格型号	数量	备注
1	聚氨酯喷涂设备	套	—	4	
	空气压缩机	台	—	4	
2	小推车	辆	0.14m^3	20	
3	电锤	把	—	5	
4	砂浆搅拌机	台	0.3m^3	4	
5	手提式搅拌器	台	—	4	

续表

序号	机具设备名称	单位	规格型号	数量	备注
6	瓷砖切割器	—	台	1	
7	电动冲击钻	—	把	1	
8	钢网展平机	台	ZP-1	1	展平热镀锌电焊网
9	钢网剪网机	台	YD-1	1	裁剪热镀锌电焊网
10	钢网折角机	台	YC-1	1	热镀锌电焊网成形
11	配电箱(三相)	套	—	6	根据现场而定
12	380V橡套线	m	五芯		根据现场而定
13	220V橡套线	m	三芯		根据现场而定

备注：常用抹灰工具及抹灰检测器具若干、水桶、剪刀、滚刷、铁锹、扫帚、手锤等；常用的检测工具：经纬仪及放线工具、托线板、方尺、探针、钢尺；另外，总包方应配备好垂直运输机械、外墙脚手架、室外操作吊篮等。

7 质量控制

7.1 一般规定

7.1.1 应按照现行国家标准《建筑节能工程施工质量验收规范》GB 50411 和《建筑装饰装修工程质量验收规范》GB 50210 的相关规定进行外墙外保温工程的施工质量验收。

7.1.2 基层墙体垂直、平整度应达到结构工程质量要求。墙面清洗干净，无浮土、无油渍，空鼓及松动、风化部分应剔掉。聚氨酯防潮底漆、聚氨酯界面砂浆层要求涂刷均匀不得有漏底现象。

7.1.3 抗裂防护层厚度为8～10mm，墙面无明显接茬、抹痕，墙面平整，门窗洞口、阴阳角垂直、方正。

7.1.4 外墙出挑构件及附墙部件，如阳台、雨罩、靠外墙阳台栏板、空调室外机搁板、附墙柱、凸窗、装饰线和靠外墙阳台分户隔墙等，均应按设计要求采取隔断热桥和保温措施。

7.1.5 窗口外侧四周墙面应按设计要求进行保温处理。

7.1.6 热镀锌电焊网与抗裂砂浆握裹力强，面砖饰面不宜采用抗裂砂浆复合玻纤网格布做法。

7.1.7 热镀锌电焊网铺设平整，阳角部位热镀电焊网不得断开，搭接网边应被角网压盖，塑料锚栓数量、锚固位置符合要求。

7.1.8 面砖饰面的验收还应按照《外墙饰面砖工程施工及验收规程》JGJ 126 的相关规定进行验收。

7.2 主控项目

7.2.1 所用材料和半成品、成品进场后，应做质量检查和验收，其品种、配比、规格、性能必须符合设计要求和本工法及有关标准的规定。

7.2.2 保温层厚度及构造做法应符合建筑节能设计要求,保温层平均厚度不允许出现负偏差。

7.2.3 保温层与墙体以及各构造层之间必须粘结牢固,无脱层、空鼓、裂缝现象,面层无粉化、起皮、爆灰等现象。

7.2.4 面砖的品种、规格、颜色应符合设计要求。

7.2.5 饰面砖粘结必须牢固,面砖工程面层应无空鼓和裂缝。

7.3 一般项目

7.3.1 表面平整、洁净,接茬平整,线角顺直、清晰,毛面纹路均匀一致。

7.3.2 护角符合施工规定,表面光滑、平顺,门窗框与墙体间缝隙填塞密实,表面平整。

7.3.3 孔洞、槽、盒位置和尺寸正确,表面整齐、洁净。

7.3.4 外保温墙面层的允许偏差及检验方法应符合表19的规定。

外保温墙面允许偏差和检验方法　　　　　　表19

项次	项　目	允许偏差(mm)		检查方法
		保温层	抗裂层	
1	立面垂直	4	3	用2m托线板检查
2	表面平整	4	3	用2m靠尺及塞尺检查
3	阴阳角垂直	4	3	用2m托线板检查
4	阴阳角方正	4	3	用200mm方尺和塞尺检查
5	分格条(缝)平直	3		拉5m小线和尺量检查
6	立面总高度垂直度	H/1000且不大于20		用经纬仪、吊线检查
7	上下窗口左右偏移	不大于20		用经纬仪、吊线检查
8	同层窗口上、下	不大于20		用经纬仪、拉通线检查
9	保温层厚度	平均厚度不出现负偏差		用探针、钢尺检查

8 安 全 措 施

8.1 安全措施

8.1.1 每个工地须委派专职安全员,负责施工现场的安全管理工作,制定并落实岗位安全责任制,签订安全协议。工人上岗前必须进行安全技术培训,合格后才能上岗操作。制定意外安全事故应急处理预案,以防意外发生。

8.1.2 应遵守有关安全操作规程。机械设备、吊篮必须由专人操作。脚手架、吊篮经安全检查验收合格后,方可上人施工,施工时应有防止工具、用具、材料坠落的措施。

操作人员必须遵守高空作业安全规定，系好安全带。凡患有高血压、心脏病、恐高症、贫血病、癫痫病及不适宜高空作业人员不得从事高空作业。高空作业人员衣着要紧束轻便，禁止穿硬底鞋、拖鞋、高跟鞋和带钉易滑鞋上架操作。

8.1.3 进场前，必须进行安全培训，注意防火，现场不许吸烟、喝酒。

8.1.4 为避免工地现场电焊操作引起火灾，电焊操作必须在胶粉聚苯颗粒保温浆料抹灰施工工序完成后进行。

8.1.5 喷涂操作人员应戴防护口罩、防护眼镜和防护手套，穿劳保工作服。

8.1.6 应遵守施工现场制定的一切安全制度。

8.2 成品保护

8.2.1 施工完成后的墙面、色带、滴水槽、门窗口等处的残存砂浆，应及时清理干净。

8.2.2 外墙外保温施工完成后，进行脚手架拆除等后续工序时应注意对外保温墙面的成品保护；严禁在保温墙面上随意剔凿，避免脚手架管等物品冲击墙面。

8.2.3 翻拆架子或升降吊篮应防止碰撞已完成的保温墙体，其他工种作业时不得污染或损坏墙面，严禁踩踏窗口，防止损坏棱角。

8.2.4 保温层、抗裂防护层、饰面层在硬化前应防止水冲、撞击、振动。

8.2.5 应保护好墙上的埋件、电线槽、盒、水暖设备和预留孔洞等。

9 环 保 措 施

9.0.1 外保温工程在施工过程中必须严格遵守国家和当地的建设工程施工现场环境保护标准及建设工程施工现场场容卫生标准的有关规定。

9.0.2 保温工程施工现场内各种施工材料应按照施工现场平面图要求布置，分类码放整齐，材料标识要清晰、准确。

9.0.3 施工现场所用材料保管应根据材料特点，采取相应的保护措施。材料的存放场地应平整夯实，有防潮排水措施。材料库内外的散落粉料必须及时清理。

9.0.4 喷涂聚氨酯宜在挂有密目安全网的外架子上施工，防止风速较大时将喷出的聚氨酯雾化颗粒吹起飘落而污染环境，增大原料消耗。

9.0.5 为防止聚苯颗粒飞散、粉料扬尘，施工现场必须搭设封闭式胶粉聚苯颗粒保温浆料及砂浆搅拌机机棚，并配备有效的降尘除尘及污水排放装置。

9.0.6 搅拌机设专职人员保护环境，及时清扫杂物，对用过的废袋子及时捆好，用完的塑料桶码放整齐并及时清退。

9.0.7 胶粉聚苯颗粒保温浆料搅拌机四周及现场内无废弃胶粉聚苯颗粒保温浆料和砂浆。

9.0.8 施工现场注意节约用水，杜绝水管渗漏及长流水。

9.0.9 保温工程施工时建筑物内外散落的零散碎料及运输道路遗撒应设专人清扫。

9.0.10 施工垃圾及废弃保温板材应集中分拣，并及时清运回收利用，按指定的地点堆放。清理现场时，禁止将垃圾从窗洞口、阳台上、架子上随意抛撒，以防污染环境。

10 效益分析

10.0.1 本工法采用喷涂硬泡聚氨酯保温具有保温效果好、防火性能优异、抗湿热性能优异、界面处理有效提高相邻材料的粘结力、对主体结构变形适应能力强、抗裂性能好等优异的技术特点，可以保证优良的工程质量。

10.0.2 现场机械化喷涂的做法大大提高了施工效率，缩短了工期，且操作合理、简便，与粘贴保温板做法相比，可缩短工期15d左右。

10.0.3 用于外墙外保温的聚氨酯是一种化学稳定性较高的材料，耐酸、耐碱、耐热，聚氨酯是无溶剂型的、非氟利昂型的，因而不会产生有害气体，不会对环境造成危害。聚氨酯硬泡发泡剂材料可以采用化学回收法进行回收再利用，采用醇解、氨解、水解或热解等方法可以把聚氨酯溶解成聚氨酯原材料及其他化学原料。这样可以大大减少材料浪费，具有更良好的环保效果。

10.0.4 节约成本，具有较大的经济效益。经测算，与XPS板保温相比，可降低成本12%左右。

11 应用实例

11.1 北京真武庙五里融泽府住宅楼工程

融泽府位于北京市西城区真武庙五里地区，开发公司为北京富景文化旅游开发有限责任公司，施工单位为中建二局三公司。该工程外墙保温采用北京振利高新技术有限公司的喷涂硬泡聚氨酯外墙外保温做法，外饰面粘结面砖。总建筑面积62971.64m^2，其中地上建筑面积46741.06m^2，地下建筑面积16230.58m^2，外保温面积18200m^2。保温层采用70mm喷涂硬泡聚氨酯复合30mm胶粉聚苯颗粒保温浆料找平，节能要求达到65%以上，2006年9月开工。

11.2 北京金都杭城1号楼、7号楼及配套群楼工程

本工程位于北京市朝阳区，1号楼地下2层半，地上19层加跃层，全高72.5m，现浇钢筋混凝土大板结构，建筑面积40849.3m^2；7号楼地下1层，地上17层加跃层，全高62m，现浇钢筋混凝土大板结构，建筑面积12120.5m^2。该工程外墙外保温采用喷涂35mm厚硬泡聚氨酯和20mm厚胶粉聚苯颗粒保温浆料抹灰，外饰面粘贴面砖，满足北京地区节能65%的要求。2005年4月开工，2006年12月竣工。本工程采用喷涂硬泡聚氨酯基层墙面不用抹找平层，加快了施工进度，26000m^2外墙面可节约人工费及材料费13万元左右。保温工程提前工期9d，可节约脚手架租赁费2.31万元。

11.3 主要工程实例名单(表20)

工程实例名单　　　　　　　　　　　表20

序号	工程名称	建筑面积(m^2)	外保温面积(m^2)	施工日期
1	真武庙融泽府	62971.64	18200	2006.9
2	西二旗居住区S12地一期(长城杯)	75000	40000	2005.10
3	奇然家园	50000	26000	2005.11
4	运乔嘉园北区3号楼	10215.92	9000	2005.11
5	天盛金大厦	20000	13000	2005.11
6	上城国际	—	15000	2006.8
7	金都杭城	—	80000	2006.9

聚氨酯硬泡外保温工程喷涂施工工法

浙江宝业建设集团有限公司
中天建设集团有限公司
俞廷标　金跃辉　钱建芳　胡翔宇　冯兴良

1　前　言

对建筑物进行外墙体和屋面保温是建筑节能的有效途径之一，目前已有多种保温材料及其体系可以成功应用于外保温，其中聚氨酯硬泡外保温系统就是一种综合性能良好的新型外保温体系。我们浙江宝业建设集团有限公司、中天建设集团有限公司针对EPS板薄抹灰外保温系统易渗水、易裂缝、粘结力较差，EPS颗粒胶浆保温系统吸水性较大、易空鼓等问题，通过多个工程实践应用，经浙江省建筑装饰协会组织专家论证，编写出聚氨酯硬泡外保温工程涂喷施工工法。该工法使聚氨酯硬泡外保温在工程中应用做到技术先进、工艺可靠、保证质量、经济合理、节能效果明显。

2　工法特点

2.1　保温隔热效果好

硬泡聚氨酯的表观密度大于等于$30kg/m^3$，导热系数为$0.022\sim0.027W/(m·K)$。喷涂的硬泡聚氨酯闭孔率大于等于92%，能形成连续的保温层，保证保温材料与墙体的整体性并有效阻断热桥。

2.2　耐火性能较好

聚氨酯添加阻燃剂后，形成难燃自熄性。在遇火时，热量集中在胶粉聚苯颗粒浆料层表面，有利于提高聚氨酯保温层的耐火性能。

2.3　无空腔构造，抗风压能力强

喷涂硬泡聚氨酯保温层与基层墙体粘结牢固，无接缝、无空腔，能减少负风压对高层建筑外墙外保温系统的破坏。

2.4　防水防潮性能优良

硬泡聚氨酯材料吸水率不大于3%，抗渗性不大于5mm(1000mm水柱，24h静水压)，

能很好地阻断水的渗透，使墙体保持良好稳定的绝热状况，采用聚氨酯防潮底漆更具有防潮、防水作用。

2.5 与相邻构造层粘结牢固

聚氨酯界面砂浆能将聚氨酯保温层与胶粉聚苯颗粒防火透气过渡层牢固地粘合在一起，粘结强度大于100kPa。在10%形变下的压缩应力大于0.15MPa；70℃，48h后尺寸变化率不大于5%。

2.6 胶粉聚苯颗粒防火透气过渡层具有优良的保护性能

胶粉聚苯颗粒浆料复合在聚氨酯硬泡保温层表面，不仅起到很好的找平作用，同时对硬泡聚氨酯表面起一定保护作用，防止其面层裂缝和老化，还可减薄聚氨酯保温层厚度，降低工程造价。

2.7 抗渗防裂胶浆层能进一步起到保护作用

抗渗防裂胶浆内抹压入耐碱玻纤网格布能进一步保护保温层，使面层不裂不渗水。

2.8 施工性能良好，易于维修

硬泡聚氨酯喷涂采用机械化作业，施工速度快，效率高。为保证阴阳角等边口部位线角平直，如采用粘贴聚氨酯预制块做法，可减少材料损耗，有利于后续工序做直阴阳角、边口，提高整体施工质量。硬泡聚氨酯喷涂外保温体系装饰面层维修方便，维修后能使其外观及功能保持良好状态。

3 适 用 范 围

本工法适用于外墙和屋面的保温。

4 工 艺 原 理

硬质聚氨酯泡沫塑料是以组合聚醚和异氰酸酯的双组分材料，并通过专用设备喷涂，使A组分料和B组分料按一定比例从喷枪口喷出后均匀混合，迅速发泡，在基层上形成无接缝的聚氨酯硬泡体。其泡孔结构由无数个微小的闭孔组成，且微孔互不相通，因此该材料不吸水、不透水，保温性能好，且可直接喷涂于混凝土和砌体表面，粘结牢固，整体性好；聚氨酯界面砂浆采用专用的高分子乳液复配适量的无机胶凝材料而成，能将聚氨酯保温层与胶粉聚苯颗粒防火透气过渡层牢固地粘合在一起；胶粉聚苯颗粒浆料含有大量无机材料，复合在聚氨酯硬泡保温层表面，不仅起到很好的找平作用，同时可防止硬泡聚氨酯面层裂缝和老化，还可减薄聚氨酯保温层厚度，降低工程造价；抹面胶浆找平层内铺设耐碱玻纤网格布(外墙面砖饰面采用焊接热镀锌钢丝网并打入塑料锚栓固定)，有利于饰面层抗渗防裂和避免面砖脱落。

5 施工工艺流程及操作要点

5.1 工艺流程

聚氨酯硬泡外保温系统施工工艺流程如图1、图2所示。

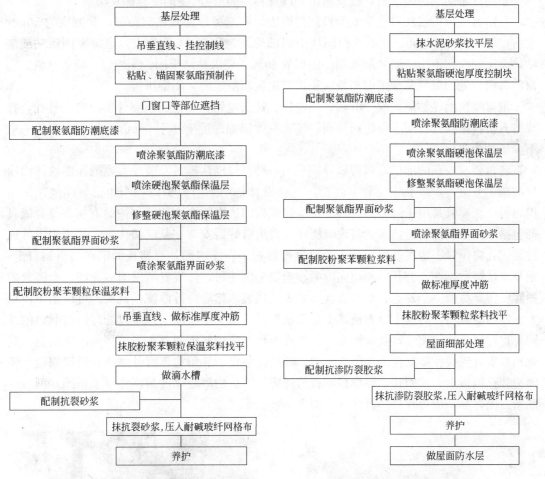

图1 聚氨酯硬泡外墙外保温施工工艺流程图

图2 聚氨酯硬泡屋面保温施工工艺流程图

注：1. 面砖饰面抗裂砂浆应分两遍抹，待第一遍抗裂砂浆硬化后铺热镀锌电焊钢丝网，用塑料锚栓锚固，再抹第二遍抗裂砂浆。
2. 涂料饰面、面砖饰面、幕墙饰面各工序未在此流程图中表示。

5.2 操作要点

5.2.1 基层处理

墙面应清理干净，清洗油渍，清扫浮灰等。墙面松动、风化部分应剔除干净。

5.2.2 吊垂直线、挂控制线

吊垂直线、挂厚度控制线。在建筑外墙大角及其他必要处挂垂直基准钢线。

5.2.3 粘贴、锚固聚氨酯预制件

在阴阳角或门窗口处粘贴聚氨酯预制件,并达到标准厚度。对于门窗洞口、装饰线角、女儿墙边沿等部位,用聚氨酯预制件沿边口粘贴。墙面宽度不足300mm处不宜喷涂施工,可用相应规格尺寸的聚氨酯预制件粘贴。

预制件之间应拼接严密,缝宽超出2mm时,用相应厚度的聚氨酯片堵塞。

粘贴时用抹子或灰刀沿聚氨酯预制件周边涂抹配制好的胶粘剂胶浆,其宽度为50mm左右,厚度为3~5mm,然后在预制块中间部位均匀布置4~6个点,也可采用条粘或满粘,总涂胶面积不小于聚氨酯预制件面积的40%,要求粘结牢固,无翘起、脱落现象。门窗洞口四角处的聚氨酯硬泡保温板应采用整块板切割成型,不得拼接。

聚氨酯预制件粘贴完成24h后,用电锤、冲击电钻在聚氨酯预制件表面向内打孔,拧或钉入塑料锚栓,钉帽不得超出板面,锚栓有效锚固深度不小于25mm,每个预制件一般不少于2个锚栓。

转角要求较高的部位,如窗口等,采用一种窗口浇注模具及喷涂聚氨酯保温墙体门窗口的施工方法,窗口浇注模具有两套:一套模具是用于门窗洞口四个角聚氨酯浇注的角模,另一套模具是用于门窗洞口四个角浇注完后四边中间剩余部分浇注的直模。每套模具都包括厚度控制板和遮挡板,将窗口浇注模具组合好后安装在基层墙体上,并用固定件通过锚固孔将模具固定在基层墙体上,厚度控制板平行于墙面,遮挡板固定在门窗洞口上;模具安装好后,在型腔开口侧边向内灌注聚氨酯浇注料,使聚氨酯发泡后充满整个模具的型腔;待聚氨酯完全发泡成型后拆模,先拆遮挡板,然后再拆厚度控制板。可以施工出很方正的门窗洞口,拆模十分方便,工程质量提高,解决了喷涂工艺难以处理门窗洞口的难题。这种窗口浇注模具,其特征在于:由直角形厚度控制板和直角形遮挡板组成角模,其遮挡板垂直连接在厚度控制板的内角边,厚度控制板的外角边连有外翻折直角锚固边,锚固边和遮挡板上有锚固孔,厚度控制板与锚固边围成的型腔厚度与浇注厚度相同,型腔一侧边封闭,另一侧边开口。具体详见图3、图4所示。

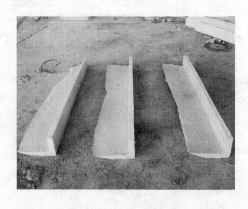

图3 角模

图4 角模安装

5.2.4 门窗口等部位的遮挡

聚氨酯预制件粘结完成后，喷施硬泡聚氨酯之前，应充分做好遮挡工作，门窗口等一般用塑料布裁成与门窗口面积相当的布块进行遮挡。对于管道支架、铁艺等不规则需防护部位应采用塑料薄膜进行缠绕防护。

5.2.5 喷涂聚氨酯防潮底漆

用喷枪或滚刷将聚氨酯防潮底漆均匀喷刷，无透底现象。

5.2.6 喷涂硬泡聚氨酯保温层

开启聚氨酯喷涂机将硬泡聚氨酯均匀地喷涂于墙面之上，当厚度达到约10mm时，按300mm间距、梅花状分布插定厚度标杆，每平方米密度宜控制在9~10支，然后继续喷涂至标杆齐平(隐约可见标杆头)。施工喷涂可多遍完成，每次厚度宜控制在10mm以内。喷涂总厚度按设计要求控制。也可采用粘贴聚氨酯厚度控制块掌握喷涂层厚度。

外墙体拐角(阴、阳角)处及不同材料的基层墙体交接处，应连续不留缝喷涂聚氨酯硬泡。

在墙体变形缝处聚氨酯硬泡保温层应设置分隔缝，缝隙内应以聚氨酯或其他高弹性密封材料封口(图5)。

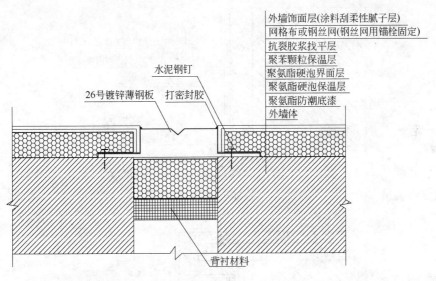

图 5 墙体变形缝处的分隔缝设置示意图

聚氨酯硬泡保温层沿墙体层高宜每层留设抗裂水平分隔缝，且不应穿透聚氨酯硬泡保温层；纵向以不大于两个开间并不大于10m宜设置竖向分隔缝(图6)。

应保证窗口部位聚氨酯硬泡与窗框的有效连接，窗上口及窗台下侧均应做滴水线或鹰嘴(图7)。

5.2.7 修整硬泡聚氨酯保温层

喷涂20min后用壁纸刀、手锯、手持式打磨机等工具清理、修整边缘不齐部位，以及超过保温层总厚度的凸出部分。

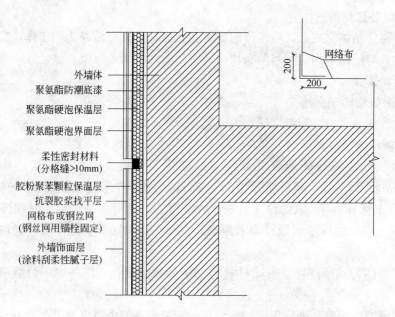

图6 聚氨酯硬泡保温层水平分隔缝设置示意图

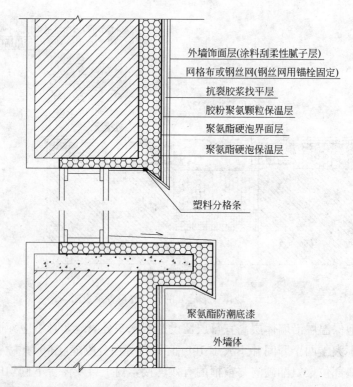

图7 窗口部位聚氨酯硬泡喷涂构造示意图

5.2.8 喷刷聚氨酯界面剂

聚氨酯保温层修整完毕并且在喷涂4h之后,用喷射斗或用滚刷均匀地将聚氨酯界面剂喷刷于硬泡聚氨酯保温层表面。

5.2.9 吊垂直线，做标准厚度冲筋

吊胶粉聚苯颗粒保温浆料找平层垂直厚度控制线，用胶粉聚苯颗粒找平浆料做标准厚度冲筋。

5.2.10 抹胶粉聚苯颗粒保温浆料

抹胶粉聚苯颗粒浆料找平，应分两遍施工，每遍间隔在24h以上，抹首遍浆料应压实，厚度不宜超过10mm。抹第二遍浆料应采用刮尺搓平，达到垂直度和平整度要求。胶粉聚苯颗粒保温找平层总厚度按设计要求控制。

5.2.11 做滴水槽

涂料饰面时，找平层施工完成后，根据设计要求拉滴水槽控制线。用壁纸刀沿线割出滴水槽，槽深15mm左右，用抗裂砂浆填满凹槽，将塑料滴水槽（成品）嵌入凹槽与抗裂砂浆粘结牢固。

5.2.12 抗裂砂浆层施工

找平层施工完成3~7d且保温层施工质量验收合格后，即可进行抗裂砂浆层施工。

耐碱玻纤网格布尺寸应根据预排尺寸裁好。抗裂砂浆应分两遍完成，总厚度5mm左右。抹面积与网格布相当的抗裂砂浆后应立即用铁抹子压入耐碱玻纤网格布。耐碱玻纤网格布之间搭接宽度不应小于50mm，先压入一侧，再压入另一侧，严禁干搭。阴阳角处也应压槎搭接，其搭接宽度不小于150mm，应保证阴阳角处的方正和垂直度。耐碱玻纤网格布要压在抗裂砂浆中，铺贴要平整，无褶皱，无翘边，可隐约见网格，砂浆饱满度达到100%。局部不饱满处应随即补抹第二遍抗裂砂浆找平并压实。

在门窗洞口等处应沿45°方向提前增贴一道耐碱玻纤网格布（300mm×400mm），如图8所示。

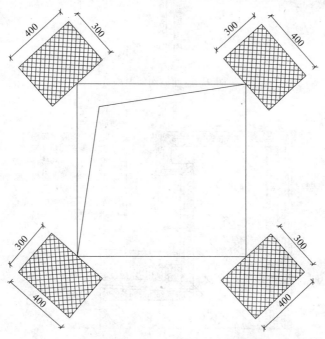

图8 门窗洞口处增贴一道耐碱玻纤网格布示意

建筑物首层底层墙面应铺贴双层耐碱玻纤网格布，第一层铺贴应采用对接方法，然后进行第二层网格布铺贴，两层网格布之间抗裂砂浆应饱满，严禁干贴。

建筑物首层底层外保温应在阳角处双层网格布之间设专用金属网护角，护角高度一般为2m。在第一层网格布铺贴好后，应放好金属网护角，用抹子拍压出抗裂砂浆，抹第二遍抗裂砂浆时完全包裹住护角。

抗裂砂浆施工完后，应检查平整度、垂直度及阴阳角方正，不符合要求的应用抗裂砂浆进行修补。严禁在此面层上抹普通水泥砂浆腰线、窗套线等。

5.2.13 屋面聚氨酯硬泡保温系统做法

除细部有所不同外，可参照聚氨酯硬泡喷涂法外墙保温系统，防水层及保护层按设计要求施工。屋面檐沟保温构造、女儿墙保温构造如图9、图10所示。

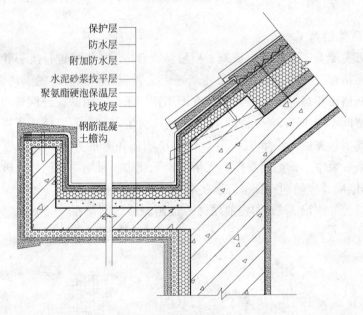

图9 屋面檐沟保温构造

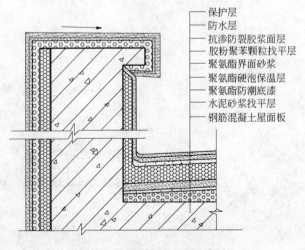

图10 女儿墙保温构造

6 材料与设备

6.1 材料

6.1.1 聚氨酯硬泡保温材料

(1) 聚氨酯硬泡主要材料性能指标

1) B组分料

应为聚合MDI,性能指标见表1。

聚合MDI性能指标 表1

项 目	指标要求	项 目	指标要求
NCO含量(%)	30~32	黏度(25℃)(mPa·s)	170~700

2) A组分料

A组分料中应无CFC,符合环保要求,外观透明,均匀不分层。

(2) 聚氨酯硬泡材料性能指标聚氨酯硬泡材料性能指标见表2。

聚氨酯硬泡材料性能指标 表2

序号	项 目		指标要求
			喷涂法
1	表观密度(kg/m³)		≥30
2	导热系数(23±2℃)[W/(m·K)]		≤0.024
3	拉伸粘结强度(kPa)		≥150
4	拉伸强度(kPa)		≥200
5	断裂延伸率(%)		≥7
6	吸水率(%)		≤4
7	尺寸稳定性(48h)(%)		80℃ ≤2.0;−30℃ ≤1.0
8	阻燃性能	热释放速率峰值(kW/m²)	≤250
		平均燃烧时间(s)	≤30
		平均燃烧高度(mm)	≤250
		烟密度等级(SDR)	≤75

6.1.2 聚氨酯硬泡保温系统配套材料性能指标

(1) 抹面抗裂胶浆性能指标见表3。

抹面抗裂胶浆性能指标 表3

序号	项 目		指标要求	测试方法
1	操作时间(h)		1.5~4.0	
2	拉伸粘结强度(与聚氨酯硬泡)(kPa)	原强度	≥150,且破坏界面在聚氨酯硬泡上	JG 149 JG/T 3049
		耐水性	≥100,且破坏界面在聚氨酯硬泡上	
		耐冻融性能	≥100,且破坏界面在聚氨酯硬泡上	

续表

序号	项 目	指标要求	测试方法
3	抗折强度(MPa)	≥7.5	GB/T 17671
4	压折比	≤3.0	JG 149 GB/17671

（2）耐碱玻纤网格布性能指标见表4。

耐碱玻纤网格布性能指标　　　　表4

序号	项 目	指标要求	测试方法
1	单位面积质量(g/m²)	≥130	GB/T 9914.3
2	耐碱断裂强力(经、纬向)(N/50mm)	≥750	GB/T 7689.5，JG 149
3	耐碱断裂强力保留率(经、纬向)(%)	≥50	JG 149
4	断裂应变(经、纬向)(%)	≤5.0	GB/T 7689.5，JG 149

（3）胶粉聚苯颗粒保温浆料性能指标见表5。

胶粉聚苯颗粒保温浆料性能指标　　　　表5

序号	项目名称	指　标
1	干表观密度(kg/m³)	≤400
2	导热系数[W/(m·K)]	≤0.07
3	抗压强度(MPa)	≥1.0
4	粘结强度(MPa)	≥0.2
5	线收缩率(%)	≤0.3
6	抗冻融性(抗压强度损失率)(%)	≤25

6.2 机具

6.2.1 机械设备

（1）运输机械

施工电梯或井架物料提升机、手推车。

（2）施工机械

强制式砂浆搅拌机、手提式搅拌器、喷枪及高压发泡喷涂机、冲击电钻、砂带打磨机等。

6.2.2 常用工具

木抹子、铁抹子、刮尺、靠尺、托线板、水桶、铁锹、滚刷、毛刷、线坠、钢尺、楔形塞尺、小锤、手锤、方尺、剪刀、壁纸刀、手锯、水平尺及放线工具等。

7 工程质量验收

7.1 基本规定

7.1.1 聚氨硬泡保温工程应按《建筑工程施工质量验收统一标准》GB 50300 的规定

进行施工质量验收。

7.1.2 建筑节能工程是单位工程的一个分部工程,墙体保温工程是建筑节能工程的一个子分部工程。本工法是墙体保温子分部工程中的喷涂聚氨酯外墙外保温分项工程,其分项工程按表 6 进行划分;屋面工程各子分部工程和分项工程的划分,应符合表 7 的要求。

喷涂聚氨酯外墙外保温分项工程 表 6

分部工程	子分部工程	分项工程	
		施工工艺类别	检验内容
建筑节能工程	外墙保温工程	聚氨酯硬泡喷涂施工工程	基层处理、聚氨酯硬泡保温层、变形缝、抹面层、饰面层

屋面工程各子分部工程和分项工程的划分 表 7

分部工程	子分部工程	分项工程
屋面工程	卷材防水屋面	保温层,找平层,卷材防水层,细部构造
	涂膜防水屋面	保温层,找平层,涂膜防水层,细部构造

7.1.3 外墙外保温分项工程以 500~1000m^2 墙面面积划分一个检验批,不足 500m^2 也应划分一个检验批;每个检验批每 100m^2 应至少抽查一处,每处不得小于 10m^2。细部构造应全部检查。

屋面保温层分项工程应按屋面面积每 100m^2 抽查一处,每处 10m^2,且不得少于 3 处。细部构造根据分项工程的内容,应全部进行检查。

7.2 主控项目

7.2.1 聚氨酯硬泡外保温系统及其主要组成材料性能应符合设计要求。

检验方法:检查系统的型式检验报告和出厂合格证、材料检验报告、进场材料复验报告。

7.2.2 门窗洞口、阴阳角、勒脚、檐口、女儿墙、变形缝等保温构造,必须符合设计要求。

检验方法:观察检查和检查隐蔽工程验收记录。

7.2.3 聚氨酯保温层厚度必须符合设计要求,平均厚度不允许负偏差。

检验方法:用带有毫米刻度的钢尺和探针检验:每处检验面积为 1m^2,在 1m^2 的面积内至少均匀检测 5 个点,每 100m^2 至少检测 5 处。保温层的最小厚度不得小于设计厚度。

7.2.4 聚氨酯保温层喷涂质量应无流挂、塌泡、破泡、烧芯等不良现象,泡孔均匀、细腻,24h 后无明显收缩。

检验方法:观察检查。

7.2.5 保温层与墙体以及各构造层之间必须粘结牢固,无脱层,无空鼓及裂缝,面层无粉化,无起皮、爆灰。

检查方法:用小锤轻击和观察检查。

7.3 一般项目

7.3.1 基层表面无酥松、毛刺、浮灰、污物,较平整、洁净。

检验方法:观察检查。

7.3.2 聚氨酯防潮底漆喷刷均匀,不得有漏底现象。

检验方法:观察检查。

7.3.3 聚氨酯界面剂喷刷均匀,不得有漏底现象。

检验方法:观察检查。

7.3.4 耐碱玻纤网格布铺压严实,不得有空鼓、褶皱、翘曲、外露等现象。

检验方法:观察检查。

7.3.5 外保温墙面的允许偏差和检验方法应符合表8的规定。

外保温墙面的允许偏差和检验方法　　　　表8

序号	项目	允许偏差(mm)	检验方法
1	表面平整	4	用2m靠尺和楔形塞尺检查
2	立面垂直	4	用2m垂直检测尺检查
3	阴阳角方正	4	用直角检测尺检查
4	分格缝(装饰线)直线度	4	拉5m线,不足5m拉通线,用钢直尺检查

7.3.6 聚氨酯硬泡屋面保温层厚度的允许偏差为±5%,且不得大于4mm。

检验方法:用钢针插入和尺量检查。

7.4 饰面砖工程、涂饰工程及幕墙工程应按照《建筑装饰装修工程质量验收规范》GB 50210—2001的规定进行检查验收。

8 安 全 措 施

8.0.1 喷涂人员应经过技术培训和安全教育方可上岗。操作前应经专业安全技术交底。

8.0.2 凡患有高血压、心脏病、恐高症、贫血病、癫痫病及不适宜高空作业人员不得从事高空作业。

8.0.3 高空作业人员衣着要紧束轻便,禁止穿硬底鞋、拖鞋、高跟鞋和带钉易滑鞋上架操作。喷涂操作人员应戴防护口罩、防护眼镜和防护手套,穿劳保工作服。

8.0.4 施工现场的脚手架、防护设施、安全标志和警告牌,不得擅自拆动,需拆动时应经施工负责人同意,并由专业人员加固后拆动。要有防止人员、材料坠落的措施。6级及以上风力禁止高空作业。

8.0.5 施工电梯、吊篮、脚手架应经安全检查验收合格后方可使用,乘人的施工电梯、吊篮应有可靠的安全装置,禁止人员随同物料提升机的运料吊篮上下。

8.0.6 高空作业不得向四周抛掷杂物,以防伤人。

8.0.7 聚氨酯硬泡喷涂施工时,现场应禁止使用明火,并配备消防灭火器材。

8.0.8 手持电动工具作业时应戴绝缘手套,电源线严禁有电缆破皮、接头不良现象发生,电源接头应连在带有漏电保护器的开关上

9 环保措施

9.0.1 喷涂聚氨酯宜在挂有密目安全网的外架子上施工,防止风速较大时将喷出的聚氨酯雾化颗粒吹起飘落而污染环境,增大原料消耗。

9.0.2 搅拌抗裂砂浆时应避开大风或在室内拌合,以免水泥被风刮起,造成粉尘污染。在室外应搭搅拌棚。

9.0.3 废料应及时分拣、清运、回收。施工垃圾要袋装堆放,清理现场时,禁止将垃圾从窗洞口、阳台上、架子上随意抛撒,以防污染环境。

9.0.4 经常组织人员参加现场检查,定期进行合规性评价,查出违规行为应督促整改并做好记录。

10 效益分析

10.1 节约成本,具有较大的经济效益

根据辽宁省2004年消耗量定额及材料市场信息指导价和厂家报价,XPS板和聚氨酯硬泡发泡剂保温成本比较,详见表9。

XPS板和聚氨酯硬泡发泡剂保温成本比较 表9

项 目	XPS板	聚氨酯发泡剂保温
材料单价	520元/m^3	18600元/t
导热系数	0.030W/(m·k)	0.024W/(m·K)
人工单价	定额用工0.5403×35=19元/m^2	根据厂家报价2元/m^2

按厚度5cm计算XPS板,每平方米XPS板材料价为:

$$520元/m^3 \times 0.05m = 26元/m^2$$

依据导热系数换算,聚氨酯硬泡发泡剂保温厚度:

$$0.024 W/(m·K) \times 5cm/0.030W/(m·K) = 4cm$$

依据施工经验,1t聚氨酯硬泡发泡剂施工4cm厚度时可以施工23m^3(也可根据密度计算)。

其材料价为:18600元/t×4cm/100/23m^3=33元/m^2。

与XPS板比较,采用聚氨酯硬泡发泡剂保温可节约成本12.2%。

10.2 导热系数低,具有良好的保温隔热性能

依据材料性能指标系数,比较XPS板、聚氨酯硬泡发泡剂保温、EPS板的导热系数和密度详见表10。

XPS板、聚氨酯硬泡发泡剂保温、EPS板的导热系数和密度　　　表10

名　称	导热系数	密　度
EPS板	0.041 W/(m·K)	18kg/m³
XPS板	0.030 W/(m·K)	22kg/m³
聚氨酯硬泡发泡剂保温	0.024 W/(m·K)	35kg/m³

10.3　施工快捷，可以明显缩短施工工期，减少周转材料租赁费用

　　硬泡聚氨酯喷涂外保温工程施工是机械化作业，施工速度快、效率高，是其他外保温作业不可比拟的。大连和平现代城住宅工程位于沙河口区和平广场西侧，结构形式为框架－剪力墙结构，总建筑面积43000m²，地下2层，地上33层，外墙面积为16000m²，外墙采用聚氨酯硬泡发泡剂保温喷涂法施工，总共用了25d外墙保温全部施工完毕，而采用EPS板保温施工时需要40d，缩短工期15d，可以减少外脚手架的钢管租赁费用。

10.4　使用环保材料，材料可以回收再利用，具有良好的环保效果

　　用于外墙外保温的聚氨酯是一种化学稳定性较高的材料，耐酸、耐碱、耐热，聚氨酯是无溶剂型的、非氟利昂型的，因而不会产生有害气体，不会对环境造成危害。聚氨酯硬泡发泡剂材料可以采用化学回收法进行回收再利用，即是指采用醇解、氨解、水解或热解等方法把聚氨酯溶解成聚氨酯原材料及其他化学原料。这样可以大大减少材料浪费，具有更好的环保效果。

11　工　程　实　例

　　11.0.1　大连和平现代城住宅工程位于沙河口区和平广场西侧，2004年11月开工，结构形式为框架-剪力墙结构，总建筑面积43000m²，地下2层，地上33层，外墙面积为16000m²，外墙采用聚氨酯硬泡发泡剂保温喷涂法施工，节约成本16万元。工期总共用了25d外墙保温全部施工完毕，而采用EPS板保温施工需要40d，缩短工期15d，可以减少外脚手架的钢管租赁费用0.019元/(m·d)×5.2m/m²×16000m²×15d＝2.4万元。

　　11.0.2　大连期货广场项目配套建筑工程位于大连市沙河口区，会展路北侧，大连市体育馆东侧，分东区5号、西区6号两大部分，每部分又由A、B、C三座建筑物组成，在建的大连期货广场两侧，成对称分布。2006年8月开工，工程总建筑面积为12.7万m²，地下2层，地上24层，外墙面积为32000m²，外墙采用聚氨酯硬泡发泡剂保温喷涂法施工，节约成本32万元。工期总共用了50d外墙保温全部施工完毕，而采用EPS板保温施工需要75d，缩短工期25d，可以减少外脚手架的钢管租赁费用0.019元/(m·d)×5.2m/m²×32000m²×25d＝7.9万元。

　　11.0.3　沈阳汇鑫苑工程位于沈阳市浑南区浑河大道南侧，2006年9月开工，结构形式为框架-剪力墙结构，总建筑面积103000m²，地下1层，地上22层，外墙面积为28000m²，外墙采用聚氨酯硬泡发泡剂保温喷涂法施工，节约成本28万元。工期总共用了

40d外墙保温全部施工完毕,而采用EPS板保温施工需要60d,缩短工期20d,可以减少外脚手架的钢管租赁费用0.019元/(m·d)×5.2m/m²×28000m²×20d=5.5万元。

11.0.4　北京金都杭城1号楼、7号楼及配套群楼

(1) 建设地点:北京市朝阳区。

(2) 结构形式:1号楼地下2层半,地上19层加跃层,全高72.5m,现浇钢筋混凝土大板结构,建筑面积40849.3m²。

7号楼地下1层地上17层加跃层,全高62m,现浇钢筋混凝土大板结构,建筑面积12120.5m²。

该工程外墙外保温采用喷涂硬泡聚氨酯和聚苯颗粒保温胶浆抹灰,外面砖饰面。

(3) 开竣工日期:2005年4月开工,2006年12月竣工。

(4) 应用效果:

1) 工程热工计算

根据北京市地方标准《居住建筑节能设计标准》DBJ 01—602—2004,基本数据见表11。

工程热工计算基本数据　　　　　表11

序号	材料名称	厚度(mm)	导热系数[W/(m·K)]	蓄热系数[W/(m²·K)]	修正系数
1	抹灰砂浆	20	0.87	10.75	1
2	钢筋混凝土	200	1.74	17.2	1
3	聚氨酯硬泡喷涂层	35	0.025	0.36	1.1
4	胶粉聚苯颗粒保温浆料	20	0.06	0.95	1.25
5	聚合物水泥抗裂胶浆	5	0.93	11.37	1

$$R = 0.020/0.87 + 0.200/1.74 + 0.035/0.025/1.1$$
$$+ 0.020/0.06/1.25 + 0.005/0.93 = 1.683$$
$$K_p = 1/(0.11 + R + 0.04)$$
$$= 1/(0.11 + 1.683 + 0.04)$$
$$= 0.546 W/(m^2 \cdot K)$$

从表11的计算结果可以看出,对于北京地区钢筋混凝土200mm厚墙体,用聚氨酯复合胶粉聚苯颗粒进行外保温时,聚氨酯厚度为35mm即可满足外墙平均传热系数$K_m \leq 0.6 W/(m^2 \cdot K)$的标准要求。

2) 效益分析

采用喷涂硬泡聚氨酯基层墙面不用抹找平层,加快了施工进度,26000m²外墙面可节约人工费及材料费13万元左右。保温工程提前工期9d,可节约脚手架租赁费2.31万元。

该系统不仅适用于目前节能50%的要求,而且可以在保证增加较低投入的前提下满足节能65%的要求,其性能指标均能达到国内外同类产品水平,性价比合理。

11.0.5　上海宝莲城中央商务区

(1) 该工程位于上海市宝山区,共9栋建筑,总建筑面积15万m²。其中:1号、2号楼为7层框架填充墙结构，高度37.7m；3号、4号楼为5层框架填充墙结构，高度23.7m；5号、6号、8号、9号楼为22层框架剪力墙结构，高度83.4m；7号楼为28层，高度119.0m。

(2) 该工程采用外墙喷涂聚氨酯硬泡保温层，干挂花岗石幕墙或玻璃幕墙。土建于2005年初开工，喷涂聚氨酯硬泡保温层施工于2006年8月开始，至2006年11月结束。保温工程提前工期13d，可节约脚手架租赁费9.63万元。

(3) 喷涂聚氨酯硬泡外保温系统与抹保温砂浆外保温系统、铺贴聚苯板外保温系统性能对比见表12。

喷涂聚氨酯硬泡外保温系统与抹保温砂浆外保温系统、铺贴聚苯板外保温系统性能对比　　表12

序号	项　　目	保温砂浆系统	聚苯板系统	聚氨酯系统
1	导热系数 W/(m·K)	0.07	0.03～0.04	0.022～0.027
2	基层粘结	直接粘结	点粘结加锚栓	直接粘结(牢固)
3	有无冷热桥	无	有	无
4	有无拼缝	无	有	无
5	施工方法	抹灰	拼装粘贴	喷涂
6	防水性能	吸水性大	易渗水	防水性较好
7	抗裂性能	一般	易裂缝	不易裂缝

从表12可见，喷涂聚氨酯硬泡外墙外保温系统技术性能综合指标与其他两种外墙外保温系统相比，均较优。

(4) 该工程外墙导热系数和外窗气密性现场检测均符合设计和现行国家标准《夏热冬冷地区居住建筑节能设计标准》JGJ 134的要求。

GKP外墙外保温（聚苯板聚合物砂浆增强网做法）涂料饰面施工工法

北京住总集团有限责任公司技术开发中心

鲍宇清　钱选青　王文波　周　宁　董　坤

1　前　言

随着国家经济的发展和国际能源问题的日益突出，建筑节能已成为国家的一项重要国策。外墙外保温由于热桥少房间热稳定好等诸多优点，已成为目前墙体节能保温的主要做法。1994年，北京住总集团开发了GKP外墙外保温技术，于1996年通过北京市建委组织的技术鉴定，1999年获得建设部科技进步三等奖，2002年以GKP系统为基础的北京市地方标准颁布实施，2003年获得国家发明专利（专利号为ZL 96 1 20602.0），之后经过对系统材料进一步改进和完善，优化了工艺方法，除发泡聚苯板外还可使用挤塑聚苯板作保温材料，可以更好地适用于涂料饰面的外墙外保温工程。在GKP外墙外保温技术的基础上，经过对大量的施工工程进行总结，完成本工法。

2　技　术　特　点

2.0.1　以聚苯板（模塑板或挤塑板）作保温层，导热系数小，保温可靠，可满足现行65%及更高节能标准的要求。

2.0.2　保温材料采用粘钉结合的连接方式，确保与结构墙体的连接安全。

2.0.3　配套的材料和完善的工艺措施，经过大型耐候性试验考验，确保外保温系统具有可靠的耐久性。

3　适　用　范　围

本工法适用于各类地区新建建筑和既有建筑改造中采用聚苯板玻纤网格布聚合物砂浆做法外饰面为涂料的外墙外保温工程。

4　工　艺　原　理

本工法用粘钉结合的方式将轻质高效的发泡聚苯板或挤塑聚苯板与结构墙体连接在一

起，外面用3~5mm的薄抹灰聚合物砂浆复合耐碱玻纤网格布作防护层，并用专用柔性腻子和配套涂料作饰面，对热桥和节点部位采用多种不同的材料和构造措施处理，经过大型耐候性试验考验，可确保GKP外保温涂料做法的系统安全性和耐久性。

5 施工工艺流程及操作要点

5.1 基本构造及工艺流程

5.1.1 基本构造
基本构造见图1。

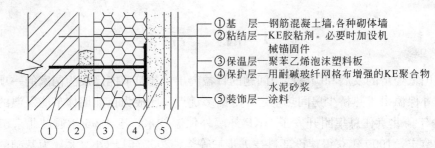

图1 基本构造示意图

5.1.2 工艺流程
工艺流程见图2。

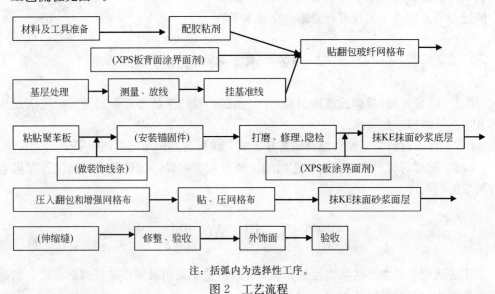

注：括弧内为选择性工序。
图2 工艺流程

5.2 操作要点

5.2.1 放线
根据建筑立面设计和外保温技术要求，在墙面弹出外门窗水平、垂直控制线及伸缩缝线、装饰线条、装饰缝线等。

5.2.2 拉基准线

在建筑外墙大角(阳角、阴角)及其他必要处挂垂直基准钢线,每个楼层适当位置挂水平线,以控制聚苯板的垂直度和平整度。

5.2.3 XPS 板背面涂界面剂

如使用 XPS 板,在 XPS 板与墙的粘结面上涂刷界面剂,晾置备用。

5.2.4 配 KE 聚苯板胶粘剂

按配制要求,严格计量,机械搅拌,确保搅拌均匀。一次配制量应少于可操作时间内的用量。拌好的料注意防晒避风,超过可操作时间后不准使用。

5.2.5 粘贴翻包网格布

凡粘贴的聚苯板侧边外露处(如伸缩缝、建筑沉降缝、温度缝等缝线两侧、门窗口处),都应做网格布翻包处理。翻包网格布翻过来后要及时地粘到聚苯板上。

为避免门、窗洞口加强网布处形成三层,应在翻包网格布翻贴时将其与加强网布重叠的部分裁掉(沿45°方向)。做法见图3。

5.2.6 粘贴聚苯板

排板按水平顺序进行,上下应错缝粘贴,阴阳角处作错茬处理;聚苯板的拼缝不得留在门窗口的四角处。做法参见图4聚苯板排列示意。

聚苯板的粘结方式有点框法和条粘法。点框法适用于平整度较差的墙面,条粘法适用于平整度较好的墙面,粘结面积率不小于40%。不得在聚苯板侧面涂抹胶粘剂。具体做法参见图5聚苯板粘结示意。

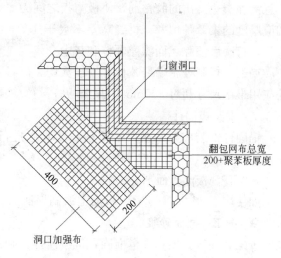

图3 洞口做法

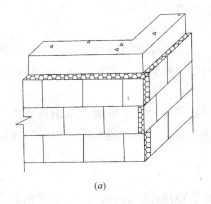

(a)

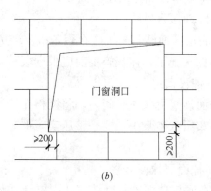

(b)

图4 聚苯板排列示意

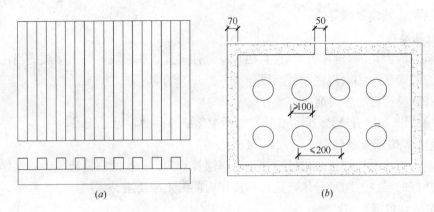

图 5 聚苯板粘结示意

粘板时应轻柔，均匀地挤压聚苯板，随时用 2m 靠尺和托线板检查平整度和垂直度。注意清除板边溢出的胶粘剂，使板与板之间无"碰头灰"。板缝拼严，缝宽超出 2mm 时用相应厚度的聚苯片填塞。拼缝高差不大于 1.5mm，否则，应用砂纸或专用打磨机具打磨平整，打磨后清除表面漂浮颗粒和灰尘。

局部不规则处粘贴聚苯板可现场裁切，但必须注意切口与板面垂直。整块墙面的边角处应用最小尺寸超过 300mm 的聚苯板。

5.2.7 安装锚固件

锚固件安装应至少在聚苯板粘贴 24h 后进行。打孔深度依设计要求。拧入或敲入锚固钉。

5.2.8 XPS 板涂界面剂

如使用 XPS 板，在 XPS 板面上涂刷界面剂。

5.2.9 配 KE 抹面砂浆

按配制要求，做到计量准确，机械搅拌，确保搅拌均匀。一次配制量应少于可操作时间内的用量。拌好的料注意防晒避风，超过可操作时间后不准使用。

5.2.10 抹底层抹面砂浆

（1）聚苯板安装完毕 24h 且经检查验收后进行。

（2）在聚苯板面抹底层抹面砂浆，厚度 2～3mm。门窗口四角和阴阳角部位所用的增强网格布随即压入砂浆中。

（3）底层抹面砂浆施工应在聚苯板安装完毕后的 20d 之内进行。若聚苯板安装完毕而长期未能抹灰施工，抹灰施工前应根据聚苯板的表面质量情况制定相应的界面处理措施。

5.2.11 铺设网格布

在抹面砂浆可操作时间内，将网格布绷紧后贴于底层抹面砂浆上，用抹子由中间向四周把网格布压入砂浆中，要平整压实，严禁网格布褶皱。铺贴遇有搭接时，搭接长度不少于 80mm。

5.2.12 抹面层抹面砂浆

（1）在底层抹面砂浆凝结前抹面层抹面砂浆，厚度 1～2mm，以覆盖网格布、微见网格布轮廓为宜。抹面砂浆切忌不停揉搓，以免形成空鼓。

(2) 防护层抹面砂浆的总厚度宜控制在3~5mm。

(3) 砂浆抹灰施工间歇应在自然断开处，如伸缩缝、挑台等部位，以方便后续施工的搭接。在连续墙面上如需停顿，面层抹面砂浆不应完全覆盖已铺好的网格布，需与网格布、底层抹面砂浆形成台阶形坡茬，留茬间距不小于150mm，以免网格布搭接处平整度超出偏差。

5.2.13 "缝"处理

伸缩缝、结构沉降缝的处理。伸缩缝施工时，分格条应在抹灰工序时就放入，待砂浆初凝后起出，修整缝边；缝内填塞发泡聚乙烯圆棒（条）作背衬，再分两次勾填建筑密封膏，勾填厚度为缝宽的50%~70%。沉降缝根据具体缝宽和位置设置金属盖板，以射钉或螺钉紧固。具体做法如图6、图7所示。

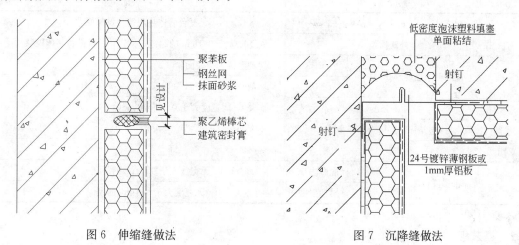

图6 伸缩缝做法　　　　图7 沉降缝做法

5.2.14 加强层做法

考虑首层与其他需加强部位的抗冲击要求，在抹面层抹面砂浆后加铺一层网格布，并加抹一道抹面砂浆，抹面砂浆总厚度控制在5~7mm。

5.2.15 装饰线条做法

装饰线条应根据建筑设计立面效果处理成凸形或凹形。

凸形称为装饰线，以聚苯板来体现为宜，此处网格布与抹面砂浆不断开。粘贴聚苯板时，先弹线标明装饰线条位置，将加工好的聚苯板线条粘于相应位置。线条凸出墙面超过100mm时，需加设机械固定件。线条表面按外保温抹灰做法处理。凹形称为装饰缝，用专用工具在聚苯板上刨出凹槽，再抹抹面砂浆。

5.2.16 涂料作业

(1) 待抹面砂浆基面达到涂料施工要求时可进行外饰面作业。

(2) 对平整度达不到装饰要求的部位应刮柔性腻子找平，找平施工时，应用靠尺对墙面及找平部位进行检验，对于局部不平整处，应先刮柔性耐水腻子进行修复。

(3) 打磨柔性腻子宜用砂纸加打磨板进行打磨。

(4) 大面积涂刮腻子应在局部修补之后进行，大面积涂刮腻子宜分两遍进行，但两遍涂刮方向应相互垂直。

（5）浮雕涂料可直接在抹面砂浆上进行喷涂，其他涂料在腻子层干燥后进行刷涂或喷涂。

6 材料与设备

6.1 系统要求

其技术指标应符合表1的要求。

GKP涂料饰面外保温系统技术要求　　　　　　　　表1

项　目			指　标
系统热阻[$(m^2 \cdot K)/W$]			复合墙体热阻符合设计要求
耐候性	外观质量		无宽度大于0.1mm的裂缝，无粉化、空鼓、剥落现象
	拉伸粘结强度(MPa)	EPS	切割至聚苯板表面≥0.10
		XPS	切割至聚苯板表面≥0.20
	抗冲击强度(J)		≥3.0，无宽度大于0.1mm的裂缝
水蒸气湿流密度(包括涂料)[$g/(m^2 \cdot h)$]			≥0.85
24h吸水量(含涂料)(g/m^2)			≤500
抗冲击强度(J)	标准做法		≥3.0，无宽度大于0.1mm的裂缝
	首层加强做法		≥10.0，无宽度大于0.1mm的裂缝

6.2 聚苯板

应符合《绝热用模塑聚苯乙烯泡沫塑料》GB/T 10801.1或《绝热用挤塑聚苯乙烯泡沫塑料》GB/T 10801.2标准的要求，其技术指标见表2和表3。EPS板上墙前，应在自然条件下陈放不少于42d或在60℃蒸汽中陈放不少于5d；XPS板应在自然条件下陈放不少于28d。聚苯板的尺寸宽度不宜超过1200mm，高度不宜超过600mm。

聚苯乙烯泡沫塑料板技术要求　　　　　　　　表2

项　目		指　标	
		EPS	XPS
导热系数[$W/(m \cdot K)$]		≤0.042	满足GB/T 10801.2中5.3的要求
表观密度(kg/m^3)		≥18	—
熔结性	断裂弯曲负荷(N)	≥25	—
	弯曲变形(mm)	≥20	≥10
尺寸稳定性(%)		≤0.5	≤1.2
水蒸气透湿系数[$ng/(Pa \cdot m \cdot s)$]		2.0～4.5	1.2～3.5
吸水率(%)		≤4	≤2
燃烧性		B2级	B2级

聚苯板的允许偏差   表3

项目		允许偏差(mm)	项目	允许偏差(mm)
厚度(mm)	不大于50	±1.5	高度	±1.5
	大于50	±2.0	对角线差	±3.0
宽度(mm)	≤900	±1.5	板边平直	±2.0
	>900	±2.5	板面平整度	-1.5，+2

6.3 KE聚苯板胶粘剂

其技术要求见表4。

KE聚苯板胶粘剂技术要求   表4

项　　目		指　　标
拉伸粘结强度(MPa)（与水泥砂浆）	常温常态	≥0.60
	耐　水	≥0.40
拉伸粘结强度(MPa)（与模塑板）	常温常态	≥0.10
	耐　水	≥0.10
拉伸粘结强度(MPa)（与配套的挤塑板）	常温常态	≥0.20
	耐　水	≥0.20
聚苯板胶粘剂与基层墙体拉伸粘结强度(MPa)		≥0.3
可操作时间(h)		≥2
与聚苯板的相容性(mm)		剥蚀厚度≤1.0

6.4 KE抹面砂浆

其技术要求见表5。

KE抹面砂浆技术要求   表5

项　　目		指　　标
拉伸粘结强度(MPa)（与模塑板）	常温常态	≥0.10
	耐　水	≥0.10
	耐冻融	≥0.10
拉伸粘结强度(MPa)（与挤塑板）	常温常态	≥0.20
	耐　水	≥0.20
	耐冻融	≥0.20
抗压强度/抗折强度		≤3.0
可操作时间(h)		≥2
与聚苯板的相容性(mm)		剥蚀厚度≤1.0

6.5 增强材料耐碱玻璃纤维网格布

其性能指标应符合表6的要求。

耐碱玻璃纤维网格布技术要求　　　　　表6

项　目	指　标	项　目	指　标
单位面积质量(g/m²)	≥160	耐碱断裂强力保留率(经纬向)(%)	≥50
断裂应变(%)	≤5	耐碱断裂强力(经纬向)(N/50mm)	≥750

6.6 机械锚固件

制作的金属机械锚固件应经耐腐蚀处理；塑料套管和圆盘应用聚酰胺(PA6或PA6.6)、聚乙烯(PE)或聚丙烯(PP)等材料制成，不得使用回收料，其性能指标见表7。

螺钉长度和有效锚固深度根据基层墙体材料和设计要求并参照生产厂使用说明书确定。

机械锚固件的主要技术性能指标　　表7

试验项目	技术指标
拉拔力(kN)	在C25以上的混凝土中，≥0.60

6.7 柔性腻子

其性能指标应符合表8的要求。

柔性腻子的主要技术性能指标　　　　表8

试验项目		技术指标
施工性		刮涂无障碍
初期抗裂性		无裂纹
粘结强度(MPa)	标准状态	≥0.6
	冻融循环后	≥0.4
耐水性(96h)		无异常
耐碱性(48h)		无异常
柔韧性		直径50mm，无裂纹
吸水量(g/10min)		≤2

6.8 建筑涂料

应符合《建筑外墙弹性涂料应用技术规程》DBJ/T 01—57—2001、《合成树脂乳液外墙涂料》GB/T 9755、《复层建筑涂料》GB 9779、《建筑涂料》GB 9153—88、《合成树脂乳液砂壁状建筑涂料》JC/T 24—2000的要求，还应与外保温系统相容。

6.9 其他材料

(1) 发泡聚乙烯圆棒或条：用于填塞伸缩缝，作密封膏的背衬材料，直径(宽度)为缝宽的1.3倍。

(2) 建筑密封膏：应采用聚氨酯、硅酮、丙烯酸酯型建筑密封膏，其技术性能除应符合现行标准《聚氨酯建筑密封膏》JC 482、《建筑用硅酮结构密封胶》GB 16776、《丙烯酸酯建筑密封膏》JC/T 484的有关要求外，还应与外保温系统相容。

6.10 机具设备

外接电源设备、电动搅拌器、开槽器、角磨机、电锤、称量衡器、密齿手锯、壁纸刀、剪刀、螺丝刀、钢丝刷、腻子刀、抹子、阴阳角抿子、托线板、2m靠尺、墨斗等。

7 质量控制

7.1 主控项目

7.1.1 外墙外保温系统性能及所用材料，应符合国家和北京市有关标准的要求。材料进场后，应做质量检查和验收，其品种、规格、性能必须符合设计要求。

检验方法：检查系统型式检验报告和材料的产品合格证，现场抽样复验。复检材料及项目见表9。

材料现场抽样复验项目 表9

序号	材料名称	现场抽样数量	复验项目	判定方法
1	聚苯板	以同一厂家生产、同一规格产品、同一批次进场，每500m³为一批，不足500m³亦为一批。每批随即抽取3块样品进行检验	导热系数、表观密度、抗拉强度、尺寸稳定性、燃烧性能	复验项目均符合本规程技术性能，即判为合格。其中任何一项不合格时应从原批中双倍取样，对不合格项目重检，如两组样品均合格，则该批产品为合格，如仍有一组以上不合格，则该批产品判为不合格
2	聚苯板胶粘剂	每20t为一批，不足20t亦为一批。对砂浆从一批中随机抽取5袋，每袋约2kg，总计不少于10kg，液料则按《涂料产品的取样》GB 3186进行	常温常态和浸水拉伸粘结强度（与水泥砂浆）	
3	抹面砂浆	同聚苯板胶粘剂	常温常态和浸水拉伸粘结强度（与聚苯板）、柔韧性	
4	耐碱型玻纤网格布	每7000m²为一批，不足7000m²亦为一批。每批抽取10m	耐碱断裂强力、耐碱断裂强力保留率	

7.1.2 聚苯板与墙面必须粘结牢固，无松动和虚粘现象。聚苯板胶粘剂与基层墙体拉伸粘结强度不得小于0.3 MPa。粘结面积率不小于40％。

检验方法：观察；按《建筑工程饰面砖粘结强度检验标准》JGJ 110 的方法实测干燥条件下聚苯板胶粘剂与基层墙体的拉伸粘结强度；检查隐蔽工程验收记录。

7.1.3 锚固件数量、锚固位置和锚固深度应符合设计要求。

检验方法：观察；卸下锚固件，实测锚固深度；卡尺量。

7.1.4 聚苯板的厚度必须符合设计要求，其负偏差不得大于3mm。

检验方法：用钢针插入和尺量检查。

7.1.5 抹面砂浆与聚苯板必须粘结牢固，无脱层、空鼓，面层无爆灰和裂缝等缺陷。抹面砂浆与聚苯板拉伸粘结强度采用EPS时不得小于0.10 MPa，采用XPS时不得小于0.20 MPa。

检验方法：观察；按JGJ 110的方法实测样板件抹面砂浆与聚苯板拉伸粘结强度；检查施工纪录。

7.2 一般项目

7.2.1 聚苯板安装应上下错缝，挤紧拼严，拼缝平整，碰头缝不得抹胶粘剂。

检验方法：观察；检查施工纪录。

7.2.2 聚苯板安装允许偏差应符合表10的规定。

聚苯板安装允许偏差和检验方法 表10

项次	项　目	允许偏差(mm)	检查方法
1	表面平整	3	用2m靠尺和楔形塞尺检查
2	立面垂直	3	用2m垂直检测尺检查
3	阴、阳角垂直	3	用2m托线板检查
4	阳角方正	3	用200mm方尺检查
5	接茬高差	1.5	用直尺和楔形塞尺检查

7.2.3 玻纤网应铺压严实，不得有空鼓、褶皱、翘曲、外露等现象，加强部位的玻纤网做法应符合设计要求，搭接长度必须符合规定要求。

检验方法：观察；检查施工纪录。

7.2.4 变形缝构造处理和保温层开槽、开孔及装饰件的安装固定应符合设计要求。

检验方法：观察；手扳检查。

7.2.5 外保温墙面抹面砂浆层的允许偏差和检验方法应符合表11的规定。

外保温墙面层的允许偏差和检验方法 表11

项次	项目	允许偏差(mm)	检查方法
1	表面平整	4	用2m靠尺和楔形塞尺检查
2	立面垂直	4	用2m垂直检测尺检查
3	阴、阳角方正	4	用直角检测尺检查
4	分格缝(装饰线)直线度	4	拉5m线，不足5m拉通线，用钢直尺检查

8 安 全 措 施

8.0.1 进入现场必须戴好安全帽。制定和落实防止工具、用具、材料坠落的措施，施工现场严禁上下抛扔工具等物品。

8.0.2 从事施工作业高度在2m以上时必须采取有效的防护措施，系好安全带，防止坠落。

8.0.3 必须对脚手架进行安全检查，确认合格后方可上人。脚手架应满铺脚手板，并固定牢固，严禁出现探头板。

8.0.4 使用手持电动工具均应设置漏电保护器，戴绝缘手套，防止触电。机械发生

9 环保措施

9.0.1 施工时脚手架或吊篮应加强围挡,避免聚苯板碎屑遗撒。

9.0.2 专人及时清理、装袋并将废料放置到指定地点,及时清运。

9.0.3 靠近居民生活区施工时,要控制施工噪声。需夜间运输材料时,车辆不得鸣笛,减少噪声扰民。

10 效益分析

GKP外墙外保温涂料饰面施工是墙体节能的重要工法,可满足北京市及国内现行节能设计标准的要求。仅以北京市为例,北京市每年的竣工面积超过5000万m^2,大部分为涂料饰面,若10%采用GKP外墙外保温涂料饰面施工工法施工,每年就有近500万m^2。按65%节能,其能耗从25.2kg/m^2降到8.8kg/m^2,每年将节约82000t标准煤,同时减少大量的二氧化碳、氮氧化物等有害气体排放。可带来巨大的社会和经济效益。

11 工程应用实例

11.1 茂林居1号楼工程

位于海淀区木樨地的茂林居1号住宅楼是16层装配式壁板楼,建成时间为1986年。1999年为配合因国庆50年大庆的长安街沿线改造,进行旧楼外保温的节能改造。采用住总GKP外墙外保温涂料饰面施工工法施工,粘贴30mm聚苯板,聚合物砂浆玻纤网格布抹灰,外饰面涂料。1999年7月底完工,至今未出现任何问题,居民住户反映良好。

11.2 延静里9号住宅楼

位于朝阳区延静里的9号住宅楼是16层装配式壁板楼,建成时间为1989年。2000年因该小区供暖系统无法保持充足供应量和房屋漏水两项原因,该楼决定进行旧楼改造作外保温施工。采用住总GKP外墙外保温涂料饰面施工工法施工,粘贴50mm聚苯板,聚合物砂浆玻纤网格布抹灰,外饰面涂料。2000年9月底完工,至今未出现任何问题,居民住户反映良好。

11.3 小营住宅小区外保温工程

小营住宅小区即雪梨澳乡工程位于海淀区小营,为二至三层别墅群,由北京首创阳光房地产有限责任公司开发。其中的B区、E区北、E区南三期工程外保温面积共计31000m^2,采用住总GKP外墙外保温涂料饰面施工工法施工,聚合物砂浆粘贴密度18kg/m^3的聚苯板,玻纤网格布聚合物砂浆抹灰,外饰面为涂料。该工程从2002~2005年,前后三期历时三年多,至今未出现任何质量问题,情况反映良好。

台风地区节能铝合金窗防渗漏施工工法

方元建设集团股份有限公司
龙信建设集团有限公司
应群勇　徐润胜　马从福　陈祖新　王士广　陈　岗

1　前　　言

近几年来，铝合金窗以其外形美观、重量轻、采光面积大和耐酸碱腐蚀等优点，广泛应用于民用建筑的外窗设计。2004年的"云娜"及2005年的"麦莎"强台风，使铝合金窗经受了严重考验。台风过后，住户投诉骤增，其中80%以上投诉为：迎风面铝合金窗渗漏水十分严重。

为了摸清情况，我们对3个已投入使用的住宅小区进行了调查，根据调查结果显示：窗下滑框、窗框拼接处、窗框与结构间隙处三个部位的渗漏水，占全部渗漏水原因的90%以上。针对这种情况，我们组织了铝合金窗的制作、安装单位分析、研讨对策。在总结各方面成功经验的基础上，从制安工艺上加以提高、改进，形成工法，并在集团公司自建工程中首先开始实施。对随后开工的一些工程项目，在征得建设单位同意后，予以推广。较好地解决了铝合金窗在台风中的渗漏水问题。现已得到广泛地应用。

2　工　法　特　点

本工法从建筑门窗的型材改进、产品制作、现场安装、门窗与墙体装饰面层防水工艺处理、嵌缝、注胶工艺处理、窗台防水处理等环节采取了有效措施，并对制安施工及验收全过程作出了明确规定，遏制了在台风气候条件下铝合金门窗大面积渗漏水情况的发生。

3　适　用　范　围

本工法适用于有台风袭击的、沿海及浅内陆地区的工业与民用建筑铝合金外窗制安施工。

4　工　艺　原　理

4.0.1　荷载规范规定的基本风压 w_0 与台风期极端风速的差异：

(1)《建筑结构荷载规范》GB 50009—2001 附表 D.4 中，提供了浙江省台州市椒江区洪家 $n=50$ 的基本风压 $w_0=0.55\text{kN/m}^2$。按照贝努利公式，可以计算出此 w_0 对应的风速为：$v_0=29.68\text{m/s}$。注：此 v_0 为离地 10m 高，10min 平均年最大风速。

(2)根据现行国家标准《热带气旋等级》GB/T 19201，热带气旋按中心附近地面 2min 平均风速划分为：从热带低压到超强台风共 6 个等级。而上条中 $w_0=0.55\text{kN/m}^2$ 所对应的风速 $v_0=29.68\text{m/s}$，仅为 10～11 级(24.5～32.6m/s)的强热带风暴。

(3)上述差异显然是由于实测最大平均风速的时间段长度不同所造成。经历过台风袭击的人们都知道：台风来袭时，极端风速的持续过程也就 1～2min。而外窗的大量渗漏水，正是从这股极端风速开始的。为了防止台风袭击时窗体本身及其周边的渗漏水发生，就必须在外窗制安的各个环节对台风期的极端风速予以足够重视。

4.0.2 国家标准对台风地区外窗抗渗漏的规定：

(1)国家标准图集《门窗、幕墙风荷载标准值》04J906 是当前门窗、幕墙制造企业和施工单位校核建筑外门窗抗风压性能的依据。该图集也是根据《建筑结构荷载规范》GB 50009—2001 的有关规定，在考虑了 $n=50$ 的基本风压 w_0、地面粗糙度及建筑物高度等多种因素后，通过查表直接得出风荷载标准值 w_k，而分级指标值 p_3 应 $\geq w_k$。从而选定建筑外窗抗风压性能等级。以台州市椒江区 B 类地面、80m 高处为例，按图集选定的建筑外窗抗风压性能等级应为 5 级。

(2)按照《建筑气候区划标准》GB 50178 规定，浙江沿海的甬、台、温地区应属于ⅢA 类台风地区。按现行国家标准《建筑外窗水密性能分级及检测方法》GB/T 7108 及《建筑外窗气密性能分级及检测方法》GB/T 7107 中规定，该地区的建筑外窗，应采用指标值大于 4 级的分级。

4.0.3 采用改进型材，提高拼接精度，胶密封及多种防水节点的工艺处理，从"堵"及"密封"上下工夫，提高建筑外窗的抗风压性能、水密性能及气密性能，减少外窗渗漏的危害。

5 施工工艺流程及操作要点

5.1 施工工艺流程

窗框料选择→窗体外框尺寸的确定→制作→窗框安装→窗框与墙体间隙的封堵→窗与墙体装饰面层防水工艺处理→窗扇安装→注胶密封→土建方面的配合(窗台防水处理)。

5.2 操作要点

5.2.1 窗框料选择

此处的框料指：与周边墙体连接的框料、用于分割窗形的竖/横挺料及窗扇四边料。

(1)铝合窗框料应选择：型材最小实测壁厚应大于等于 1.4mm。应符合后第 6.1.1 条的规定。

(2)改进推拉门窗下滑框断面：挡水背高应大于等于 65mm，在内外侧增加挡水板，两道附加止水胶片毛条卡槽和泄水孔位置的确定，形成下滑框止水体系。

(3) 下滑框泄水孔在制作时使用专用模具完成，应保证：在窗扇关闭的情况下，每个窗扇下的滑轨上不得开设泄水孔，以防止在台风条件下"泄水孔"变成"进水孔"。

5.2.2 窗体外框尺寸的确定

虽然土建施工时是按照图纸预留窗洞口的，但由于施工中的误差，设计上同一规格的洞口实际上存在一定的差别。所以，应首先对每个洞口进行实测实量，发现过大误差，应对洞口予以处理，以保证洞口尺寸。另外，窗体外框尺寸还受到外装修材料的影响。窗体外框与墙体饰面之间的间隙见表1。

窗体外框与墙体饰面之间的间隙　　　　　表1

墙体饰层材料	洞口边与窗框间隙(mm)	墙体饰层材料	洞口边与窗框间隙(mm)
水泥砂浆或陶瓷锦砖	15～20	大理石或花岗石板	50～60
釉面瓷砖	20～25		

5.2.3 制作

工艺流程：放样→划线→切割→冲压、钻孔、铣(槽)榫→拼接装配

(1) 采用计算机放样下料，特别要保证不同型材拼接处的尺寸，确保拼接吻合精度。

(2) 须用模板尺、钢尺、90°角钢尺、万能角度尺对照放样尺寸，使用钢制划针划线，严禁使用钢卷尺、木工铅笔划线。

(3) 切割采用数控切割机械完成，特别是各种45°角切割，须用高精度的数显双头切割机床完成工序，所有组角连接用角码采用角码自动切割锯床完成，不得手工或简单机械完成。

(4) 冲压须使用与锁具、配件、滑轮、型材断面造型面相符的同类、同心、同标尺模具完成。钻孔必须采用专用工具一次成型完成，铣(槽)榫须用高精度自动端面铣床完成，减少误差。

(5) 所有拼接增加采用"附加胶粘结密封技术"，确保拼接密封，不渗水。主要是使用特别制作的"组角胶"涂刷拼接面，对拼后挤压，在拼接面处形成一定强度的弹性密封连接，使窗框形成一个密封的整体(见图1)。装配时，对外露的螺钉也须进行打胶处理，先在钉孔处注胶，上螺钉，在最后5丝扣处时应在螺钉杆上再打胶，上紧螺钉，使胶密封螺钉。另外，采用附加止水胶片毛条，可以有效防止雨水通过毛条向室内渗透。

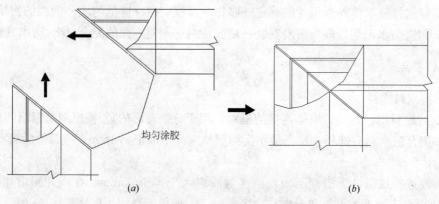

图1　窗扇框附加胶粘结连接示意图

5.2.4 窗框安装

(1) 窗框安装应选择土建结构中间验收合格后进行。

(2) 所有窗都应采用"后塞口"安装法，不得采用边安装边砌口或先安装后砌口的施工方法。

(3) 安装窗框前，必须先弹好窗洞口中心线及室内标高控制线。

(4) 当窗框装入洞口时，其上下框中心线应与洞口中心线对齐；窗的上下框四角及中横框的对称位置应用木楔塞紧。然后再调整窗框的垂直度、水平度，符合要求后，暂用木楔作临时固定。

5.2.5 窗框与墙体的固定

窗框与墙体固定时，应先固定上框，而后固定边框。固定方法应符合下列要求：

(1) 窗框上的锚固板应采用厚度1.5mm的镀锌冷轧钢板，严禁采用镀锌薄钢板；应采用自攻螺钉或铜螺钉将锚固板与窗框固定，严禁采用纯铝抽心铆钉连接；锚固板与墙体应采用螺钉式金属膨胀螺栓连接，不得采用水泥钉射钉枪连接。锚固板的位置，除四周离边角15～18cm设点外，其余间距不应大于50cm均分固定（见图2）。

(2) 黏土多孔砖墙洞口不得固定在砖缝处；空心砖及加气混凝土砌块墙体应在洞口两边换砌黏土多孔砖或在拟固定位置补砌预制混凝土块。

(3) 窗框与墙体固定完成后，应立即进行嵌缝处理，待嵌缝密实并具有一定强度后，方可抽出临时固定用的木楔。

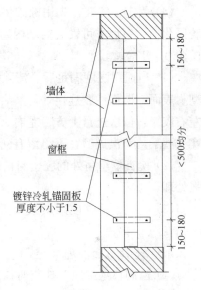

图2 锚固板位置示意图

5.2.6 窗框与墙体间隙的封堵

由于铝合金窗具有热胀冷缩的特性，窗框与墙体间隙处于弹性状态。所以最好采用弹性材料封堵，也可以采用干硬性水泥砂浆封堵。目前常用的弹性材料有：有机硅泡沫密封剂和聚氨酯发泡剂。因为这两种材料具有耐振、防裂、防水、防火、保温、粘着力强等优点，使用较广泛，最常用的是聚氨酯发泡剂。发泡剂等密封料必须填充饱满，未干前在内、外侧各压出一条5～8mm深的凹槽，以方便嵌填密封胶。

5.2.7 与墙体装饰面层防水工艺处理

(1) 当墙体装饰面层为水泥砂浆、弹性防水涂料饰面时，抹灰面层应小于型材底线面5mm，然后用φ10钢筋沿窗型材四周磨压成半圆状，待饰面干燥后注胶。

(2) 当墙面装饰面层为面砖、块石时，门窗四周除做坡面、滴水线外，应严格做到防水带或隔离线工艺处理，隔离线的工艺处理方法：应在基层抹灰面与面砖或块石距窗外边沿留出15～20mm孔隙，且装饰面层要低于型材底面5mm，然后将预留孔隙清理干净、冲水，用1:1的水泥砂浆添加建筑防水型胶水填充严实、平直，再用φ10钢筋沿窗型材面四周磨压成半圆状后注胶。

5.2.8 窗扇安装

(1) 窗扇安装宜选择在室内外装修基本结束后进行。

(2) 铝合金推拉窗应先将外扇插入上滑道的外槽内,自然下落于外滑道上。再安内扇,调整整扇的平行度、垂直度、滑动力、装置锁具并固定防盗块、防碰块,使窗扇与边框间平行。

(3) 对于平开窗窗扇,应先把合叶(铰链)按要求固定在窗框上,然后将窗扇嵌入框内,临时固定,调整合适后,再将窗扇固定在合叶(铰链)上。必须保证上下两个转动部分在同一轴线上,并复查窗扇开关是否灵活。密封条采用连续的三元乙丙中空胶条。窗扇与窗框的密封条各自接头位置应相互错开。三元乙丙中空胶条较普通胶条具有更大的弹性,可以达到更好的密封性。

(4) 固定窗安装,先用橡胶垫块按窗玻璃位置安装就位,依次先内后外进行注胶,待胶固化期结束后方可安装活动内扇。

5.2.9 注胶密封

(1) 当面层强度满足后,清除外框上的保护膜,铲除装饰面层遗留多余粘结物,扫清型材表面、墙面注胶连接处,然后在型材与墙面连接处两侧粘贴专用胶带,中间留15mm左右胶缝,依次进行上方、左右、下方注入与型材相容的合格硅酮耐候胶,并用手指挤实、磨平,一次成型,不得留有断带、毛刺现象。

(2) 检查框组角处的胶密封情况,及时补救,并在框框结合部、框角处注入耐候胶加强处理。

(3) 硅酮耐候胶使用质量受天气变化影响,在冬期或雨期施工时应注意注胶质量和时间。

5.2.10 土建方面的配合

(1) 窗洞口上部应在抹灰时抹出向外的滴水坡度,并应做成老鹰嘴滴水线(见图3)。

(2) 由于墙体多为加气混凝土砌块或多孔砖,有较大的孔隙率,为保证窗台处不渗水和窗台尺寸,采用现浇C20细石混凝土窗台板,外侧向下坡度3%。窗台板外侧下口应做滴水槽或老鹰嘴滴水线,防止雨水淋墙(见图4)。

图3 窗洞口上部老鹰嘴滴水线

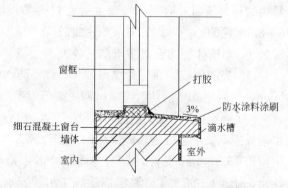

图4 细石混凝土窗台详图

(3) 窗洞口四周的任何一次抹灰,都要先清理被粉墙面,浇水湿润后(最好加抹一道界面剂)再抹灰,以免抹灰层空鼓,导致渗漏水。

6 材料与设备

6.1 材料

6.1.1 铝合金窗制安所需的基材为建筑行业用 6061、6063 和 6063A 铝合金热挤压型材,应符合《铝合金建筑型材 第1~5部分》GB/T 5237.1~5 的要求,型材最小实测壁厚应大于等于 1.4mm。铝合金窗制安应符合《铝合金窗》GB/T 8479 的要求。其窗纱、玻璃、密封材料、五金件也应符合《铝合金窗》GB/T 8479 附录 A 中所提供的标准规定。

6.1.2 密封胶料应采用产品性能符合 GB/T 14683—2003 要求的硅酮建筑密封胶,或产品性能符合 JC 483—92 要求的聚硫建筑密封胶。

6.1.3 平开窗的密封条采用三元乙丙中空胶条,框与扇的相切位置均应安装特制夹胶毛条。

6.1.4 五金件也应采用多点闭锁结构,对门窗的气密、水密性能有较大提高。

6.2 设备

铝合金窗的工厂制作及现场安装设备主要包括:

6.2.1 工厂制作设备:

(1) 用于型材加工的有:数显双头切割机床(型号 LJZ2X-500×4200);铝门窗端面铣床(型号 LXDB-250);塑铝型材单轴仿形铣床(型号 1-YDF-100);开式可倾压力机(型号 J23-6.3);塑铝型材单轴仿形铣床(型号 1-YDF-100);双角锯(型号 LJZ2-420)等。

(2) 用于框/扇成型的有:重型隔热型材撞角机(型号 KT-333D)等。

(3) 用于零配件及其他加工的有:角码自动切割锯床(型号 LJJA-500)等。

6.2.2 现场安装设备主要包括:手持式型材切割机、手持式磨光机、手持式冲击钻及钻头(与金属涨锚螺栓和固定锚固板配套)、射钉枪、手持式发泡剂注入枪和硅酮系列密封胶压注枪等;

7 质量控制

铝合金窗必须根据现行国家标准《建筑外窗抗风压性能分级及检测方法》GB/T 7106、《建筑外窗水密性能分级及检测方法》GB/T 7108 和《建筑外窗气密性能分级及检测方法》GB/T 7107 的规范,进行抗风压性能、水密性能及气密性能检测。

7.1 检测数量

同一窗型、规格尺寸应至少检测 3 樘试件。

7.2 试件要求

7.2.1 试件应为按所提供的图样生产的合格产品，不得附有任何多余配件或采用特殊的组装工艺或改善措施。

7.2.2 试件必须按照设计要求组合、装配完好，并保持清洁、干燥。

7.3 检测要求

7.3.1 抗风压性能检测采用定级检测压力差为分级指标。分级指标值 p_3 的选定，可直接根据工程的风荷载标准值 w_k 相对比，$p_3 \geqslant w_k$，w_k 的确定方法见《建筑结构荷载规范》GB 50009；也可以根据《门窗、幕墙风荷载标准值》（04J906）来确定 w_k。试件经检测，未出现功能障碍或损坏时，注明 $\pm p_3$ 值，按 $\pm p_3$ 值中绝对值较小者定级。如果经过检测，试件出现功能障碍或损坏时，记录出现功能障碍或损坏的情况及其发生部位。以出现出功能障碍或损坏所对应的压力差值的前一级压力差值定级。其余检测要求见《建筑外窗抗风压性能分级及检测方法》GB/T 7106。

7.3.2 水密性能检测采用波动加压法。记录每个试件严重渗漏时的检测压力差值。以严重渗漏时所受压力差值的前一级压力差值为该试件水密性能检测值。如果检测至委托方确认的检测值尚未渗漏，则此值为该试件的检测值。其余检测要求见《建筑外窗水密性能分级及检测方法》GB/T 7108。

7.3.3 气密性能检测以在 10Pa 压力差下的单位缝长空气渗透量或单位面积空气渗透量进行评价。检测方法及检测值的处理要求见《建筑外窗气密性能分级及检测方法》GB/T 7107。

7.4 检测报告

经检测合格的外窗除出据产品合格证书外，应同时附抗风压性能、水密性能及气密性能检测报告。

7.5 其他

关于窗安装的常规质量验收检查，执行现行金属门窗安装工程质量验收标准的有关规定。

8 安全措施

8.0.1 施工机械用电必须采用三级配电二级保护，使用三相五线制绝缘电缆，并安装漏电保护器，严禁乱拉乱接。施工机械的操作人员必须持证上岗，配备必要的防护设施，并遵守该机械的安全操作规程。

8.0.2 安装门窗不得站在外吊篮内操作，防止闪落伤人。安装门窗用的梯子必须结实牢固，不应缺档，不得放置过陡，梯子与地面间的夹角以 60°～70°为宜。严禁两人同时站在一个梯子上作业。

8.0.3 严禁穿拖鞋、高跟鞋、易滑鞋或光脚进入施工现场，进入施工现场必须戴好安全帽。

8.0.4 材料要堆放整齐、平稳。工具要随手放入工具袋内，上下传递物件时不得抛掷。

8.0.5 要经常检查手持电动工具是否有漏电现象，一经发现立即修理，坚决不能勉强使用。

9 环保措施

9.0.1 外窗制作及安装时所使用的型材切割机、磨光机、手持式冲击钻等设备工作时会产生很大的噪声，要注意防止噪声扰民。制作环境应按地方规定办理相应环保审批手续。对于噪声很大的制作及安装施工。不得在22：00～次日6：00期间作业。

9.0.2 对于制作及安装过程所需的胶料等零碎料在运输过程中应避免洒落，以免污染沿途地面；对于所产生的废料，如用于防护的保护胶纸，在撕下后应集中清理回收，不得随便乱扔。

聚氨酯硬泡体外墙外保温系统施工工法

上海市房地产科学研究院
上海克络蒂涂料有限公司
孙生根　杨永巍　季　亭　钱朱凤

1 前　言

随着建筑业兴旺及施工技术的不断提高,上海地区的建筑保温技术发展较快。经过多年试制研制出的"聚氨酯硬泡体外墙外保温系统"(以下简称"系统"),集防水和保温于一体。3年来,经过上百个大小工程项目的实践,获得了广大用户的良好称誉和上海市有关部门的充分肯定。聚氨酯硬泡体是采用现场喷涂技术进行施工,该材料具有防水、保温两种功能,总结成本工法。

2 工法特点

"系统"中的聚氨酯硬泡体是经过现场喷涂设备在枪口撞击产生雾化状喷至干燥、平整的混凝土基层表面,雾化状的液体到基层面后平均十几秒钟成型。该系统是一个以防水涂膜、硬质聚氨酯泡沫塑料、纤维增强抗裂腻子为主要材料现场成型的外墙外保温系统。其较为明显的优势有:

(1) 与基面全粘结,粘结强度高,抗荷载、抗风压能力强。
(2) 保温层导热系数小,具有良好的保温性能。
(3) 现场喷涂成型,无拼缝、无冷热桥等负面影响。
(4) 防水保温一体化,聚氨酯的闭孔率达到95%以上,防水性能优异。
(5) 使用寿命长达25年以上。
(6) 原材料体积小,运输方便。
(7) 施工快捷、周期短。
(8) 物业管理简便,适修性较强。

3 适用范围

聚氨酯硬泡体可适用于任何形状的外墙外保温工程,不仅适宜于新建建筑的外墙外保温,对既有建筑的围护结构节能改造也有其独到之处。且施工简便,周期短,适用范围广，材料配套齐全，能满足我国不同气候条件下的建筑节能施工要求。该系统在外墙外保温工程中具有的优势较为突出。

本系统外墙饰面层可以采用涂料，也可以干挂、湿贴面砖或大理石等，以起到不同保护、装饰效果。

4 工艺原理

"系统"中的防水涂膜是采用有机高分子聚合物和无机反应性粉剂复合而成的双组分防水涂料，与基层附着力强，且整体性好，成膜后与水泥砂浆和其他胶粘剂亲和性优良，在此系统中主要起防水和界面处理作用，使硬质聚氨酯泡沫塑料与基面能很好地结合，也使纤维增强抗裂腻子与聚氨酯泡沫塑料的粘结力大大加强。硬质聚氨酯泡沫塑料以组合聚醚和异氰酸酯为主要材料的双组分材料，通过专用设备喷涂而成，具有优异的保温性。又因采用现场喷涂施工，形成一层连续的低吸水性的泡沫体，故防水性能优良。硬质聚氨酯泡沫塑料在整个体系中是至关重要的，不仅在产品的配方上考虑到发泡率、抗拉和抗压强度、导热系数、吸水率等技术指标，而且在施工过程中要能掌握其发泡时间、发泡的平整度和厚度，所以对施工设备和施工人员有一定的技术要求。纤维增强抗裂腻子主要起表面保护和找平作用，它是以固体水溶性高分子聚合物和无机硅酸盐材料为主要粘合材料，添加各种助剂、抗裂增强纤维，在特定的干粉混合设备内高速分散而成。解决了常规腻子在保温板表面粘结力差、易产生龟裂等缺陷。

5 施工工艺流程及操作要点

5.1 墙体施工工艺流程图

施工工艺流程见图1。

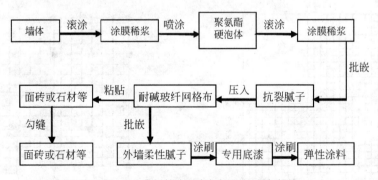

注：24m以上高层粘贴面砖或大理石，需加锚栓。

图1 墙体施工工艺流程图

5.2 节点构造说明图

各节点构造如图2所示。

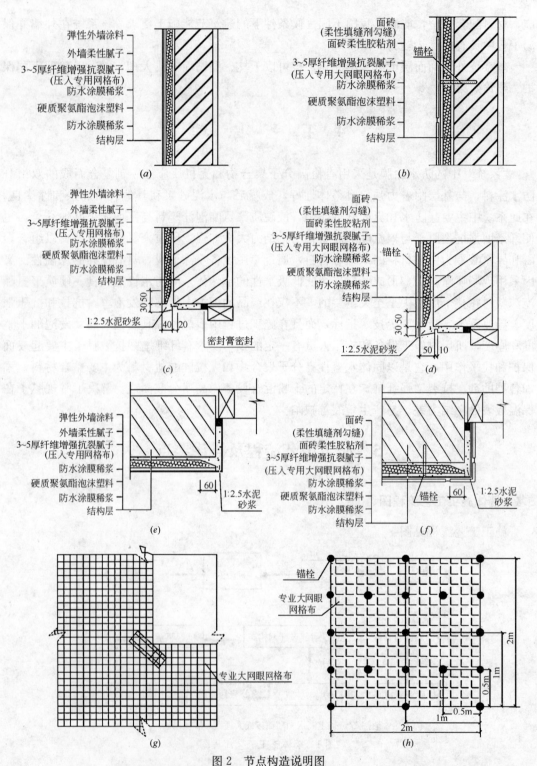

图 2　节点构造说明图

(a)外墙外保温基本结构(涂料面层)；(b)外墙外保温基本结构(面砖面层)；
(c)门窗洞上口阳角(涂料面层)；(d)门窗洞上口阳角(面砖面层)；(e)门窗侧阳角(涂料面层)；
(f)门窗侧阳角(面砖面层)；(g)门、窗洞口四角和阴角部位；(h)24m以上高层贴面砖，锚固栓排列

5.3 配制防水涂膜对基面进行界面处理

防水涂膜为双组分材料，先按 1∶1 调配使用方法，取一份液相，另取一份同比例固相缓缓加入液相中，且边加边搅拌均匀，无明显硬颗粒，再加入一份水稀释搅拌均匀。配料由专人负责，严格计量，机械搅拌，确保搅拌均匀。配好的料应注意防晒避风，以免水分蒸发过快。一次配制量应在可操作时间内（4h 内）用完。用滚刷将配好的界面剂均匀涂刷在清理干净的基面上，养护 24h 以上，干透。

5.4 吊垂直、套方、贴灰饼

采用经纬仪或大线坠吊垂直，检查墙的垂直度，用 2m 靠尺和楔形塞尺检查平整度（在 1cm 内），在建筑外墙大角（阳角、阴角）及其他必要处挂垂直基准线，每个楼层适当位置挂水平线，以控制聚氨酯的垂直度和平整度。根据外墙面和大角的垂直度确定保温层厚度（应保证设计厚度），弹厚度控制线，拉垂直、水平通线，套方做口，并按厚度用密度 20～30kg/m³ 的聚苯乙烯泡沫块做灰饼，用纤维增强抗裂腻子粘贴于墙面上，养护 24h 以上。

5.5 现场喷涂聚氨酯

根据聚氨酯的厚度，使用专业施工设备，进行现场喷涂，喷涂时喷枪与施工基面间距为 500～700mm。一个施工作业面可分遍喷涂完成，每遍的成形后厚度不大于 15mm。当日的施工作业面必须当日连续喷涂完成。硬质聚氨酯必须在喷涂前配置好，双组分液体原料必须按工艺设计的配比 1∶1，专人负责，准确计量，混合应均匀，热反应须充分，输送管道不得渗漏，喷涂应连续均匀。硬质聚氨酯喷涂 24h 后，用手提刨刀或钢锯进行修整。

5.6 滚涂防水涂膜稀浆

用滚筒刷在硬质聚氨酯上滚涂防水涂膜稀浆，可适量加入细砂，以增加粗糙度，养护 24h 以上，干透。

5.7 配制纤维增强抗裂腻子

根据生产厂使用说明书提供的配合比配制，专人负责，严格计量，机械搅拌，确保搅拌均匀。配好的料注意防晒避风，以免水分蒸发过快。一次配制量应在可操作时间内（4h 内）用完。

5.8 粘贴翻包网格布

在喷涂硬质聚氨酯侧边外露处（如伸缩缝、建筑沉降缝、温度缝等两侧、外窗口处）都应做网格布翻包处理。抹纤维增强抗裂腻子时应将翻包网格布压入纤维增强抗裂腻子中。门窗口四角和阴阳角部位所用的增强网格布也应压入纤维增强抗裂腻子中。单张网格布长度不宜大于 6m。铺贴遇有搭接时，必须满足横向 100mm、纵向 80mm 的搭接长度要求。纤维增强抗裂腻子抹灰施工间歇应在自然断开处，方便后续施工的搭接，如伸缩缝、阴阳角、挑台等部位，需与网格面、底层纤维增强抗裂腻子呈台阶形。

5.9 抹增强抗裂腻子

根据灰饼厚度，抹纤维增强抗裂腻子，至少分 2 遍抹完，每遍间隔应在 24h 以上。后一遍施工厚度要比前一遍施工厚度薄，后一遍操作时抹灰厚度略厚于灰饼厚度，并用大杠刮平，木抹子搓平，用靠尺检查平整度。当后一遍抗裂腻子施工完毕，将网格布绷紧后贴于纤维增强抗裂腻子层上，用抹子由中间向四周把网格布压入纤维增强抗裂腻子的表层，要平整压实，严禁网格布褶皱。

5.10 装饰线条做法

装饰缝根据建筑立面效果可处理成凸形或凹形。

5.11 外饰面涂料做法

待抹灰基面达到涂料施工要求时可进行涂料施工，施工方法与普通墙面涂料工艺相同。建议使用配套的柔性外墙腻子和专用弹性涂料。

5.12 既有建筑墙体改造施工

对既有建筑的墙体进行节能改造，应对基层作处理，彻底清理不能保证粘结强度的原外墙面层（爆皮、粉化、松动的原外装饰面层，出现裂缝空鼓的抹灰面层），清理不能保证粘结强度的原外墙面层，修补缺陷，加固找平。通过现场抽样检测，确认其外保温系统与旧饰面有良好的附着力，即 $F \geqslant 0.20\mathrm{MPa}$。对既有建筑进行围护结构外保温改造施工时，伸出墙面的（设备、管道）连接件应已安装完毕。

5.13 季候性施工条件

（1）雨期施工时应做好防雨措施，准备遮盖原材料、设备等物品。

（2）基面的强度、表面平整度、干燥度等应符合国家有关设计施工验收规范的要求。

（3）聚氨酯施工时现场温度冬期不宜低于 5℃。空气相对湿度不宜大于 90%。不宜在 5 级及 5 级以上大风气候条件下施工，如需施工应采取防护措施。

6 材料与设备

6.1 材料要求

6.1.1 现场喷涂硬质聚氨酯的原料应密封包装，在储运过程中须严禁烟火，注意通风、干燥，防止曝晒、淋雨等，不得接近热源或接触强氧化、高腐蚀化学品。其性能指标应符合表 1 的要求。

6.1.2 防水涂膜外观质量应均匀，无颗粒、异物及凝聚现象。其性能指标应符合表 2 的要求。

硬质聚氨酯泡沫塑料物理性能指标   表1

检测项目	单 位	技术指标
密度	kg/m³	≥35
导热系数	W/(m·K)	≤0.022
吸水率	%	≤3
抗压强度	MPa	≥0.15
抗拉强度	MPa	≥0.2
粘结强度	MPa	≥0.2
尺寸稳定性	%	≤1
不透水性	0.3MPa，30min	不透水
氧指数	%	26

防水涂膜理化指标   表2

试验项目		单位	技术指标	
			Ⅰ型	Ⅱ型
固体含量		%	≥65	
干燥时间	表干时间	h	≤4	
	实干时间	h	≤8	
拉伸强度	无处理	MPa	≥1.2	≥1.8
	加热处理后保持率	%	≥80	≥80
	碱处理后保持率	%	≥70	≥80
	紫外线处理后保持率	%	≥80	—
断裂伸长率	无处理	%	≥200	
	加热处理	%	≥150	
	碱处理	%	≥140	
	紫外线处理	%	≥150	
低温柔性		φ10mm棒	−10℃无裂纹	—
不透水性		0.3MPa，30min	不透水	不透水
潮湿基面粘结强度		MPa	≥0.5	≥1.0

6.1.3 纤维增强抗裂腻子标准做法厚3～5mm，其性能指标应符合表3的要求。

纤维增强抗裂腻子物理性能指标   表3

检测项目		单 位	技术指标
可操作时间		h	≤4
拉伸粘结强度	与水泥砂浆 原强度	MPa	≥0.6
	耐 水	MPa	≥0.4
	与硬质聚氨酯 原强度	MPa	≥0.2
	耐 水	MPa	≥0.2

注：纤维增强抗裂腻子与硬质聚氨酯泡沫塑料之间用涂膜稀浆作界面处理。

6.1.4 耐碱型玻璃纤维网格布其性能指标应符合表4的要求。

耐碱网布主要指标　　　　表4

试验项目	性能指标	试验项目	性能指标
单位面积质量(g/m²)	≥130	耐碱断裂强力保留率(经、纬向)(%)	≥50
耐碱断裂强力(经、纬向)(N/50mm)	≥750	断裂应变(经、纬向)(%)	≥5.0

6.1.5 硅酸盐水泥和普通硅酸盐水泥：应符合现行国家标准《硅酸盐水泥、普通硅酸盐水泥》的要求。

6.1.6 饰面材料：

建筑涂料应符合《建筑外墙弹性涂料应用技术规程》DBJ/T 01—57—2001、《合成树脂乳液外墙涂料》GB/T 9755—2001、《复层建筑涂料》GB/T 9779—2005、《弹性建筑涂料》JG/J 172—2005、《合成树脂乳液砂壁状建筑涂料》JG/T 24—2000 的要求，还应与外保温系统相容。

6.1.7 其他材料：

建筑密封膏应采用聚氨酯建筑密封膏，其技术性能除应符合《聚氨酯建筑密封膏》JC 482 的有关要求外，还应与本系统有关产品相容。

6.2 主要机具

专用聚氨酯喷枪及设备、空气压缩机、磅秤、搅拌翻斗车、电动搅拌器、电锤(冲击钻)、电动刨刀、电动(手动)螺丝刀、壁纸刀、钢锯、钢丝、扫帚、棕刷、滚筒、墨斗、抹子、压子、阴阳角抹抿子、托线板、2m靠尺及楔形塞尺等。

7 质 量 控 制

聚氨酯硬泡体外墙外保温系统的质量验收标准参照执行国家标准《外墙外保温工程技术规程》JGJ 144—2004、上海市工程建设规范《住宅建筑节能工程施工质量验收规程》DGJ 08—113—2005、《193聚氨酯彩色防水保温系统技术规程》DBJ/CT 022—2004 的规定，同时还须满足以下几点：

7.1 防水保温层厚度设计：

设计聚氨酯硬泡体防水保温层的厚度，应根据基层、建筑防水与保温层隔热性能等要求制定，根据国家有关夏热冬冷地区的居住(公共)建筑节能设计标准(JGJ 75—2003/GB 50189—2005)的要求，外墙的 K 值要求须不大于 $1.5W/(m^2·K)$，一般情况下聚氨酯保温层的厚度约在 1.5~2.0cm 就能达到节能标准。

7.2 聚氨酯外墙外保温系统与基面应粘结牢固，其拉伸粘结强度应大于0.20MPa，玻纤网格布的搭接长度必须满足国家有关规范的要求。

7.3 聚氨酯外墙外保温系统必须粘结牢固，无脱层、空鼓，网格布不得外露。

7.4 无爆灰和裂缝等缺陷，其外观应表面洁净，接茬平整。

7.5 墙面保温层的允许偏差，应符合表 5 的规定。

保温系统面层允许偏差及检验方法 表 5

项次	项 目	允许偏差(mm)	检验方法
1	表面平整	4	用 2m 靠尺、楔形塞尺进行检查
2	立面垂直	4	用 2m 托线板检查
3	阴、阳角垂直	4	用 2m 托线板检查
4	阳角方正	4	用 200mm 方尺检查
5	伸缩缝(装饰线)平直	3	拉 5m 线和直尺检查

7.6 成品保护

7.6.1 外墙外保温施工完成后，后续工序应注意对成品进行保护。禁止在防水保温墙面上随意剔凿，避免尖锐物件撞击。

7.6.2 因工序穿插、操作失误、使用不当或其他原因，致使防水保温系统出现破损的，可按如下程序进行修补：

（1）用锋利的刀具割除破损处，割除面积略大于破损面积，形状大致整齐。注意，防止损坏周围的纤维增强抗裂腻子、网格布和硬质聚氨酯被损坏。

（2）仔细地把破损部位四周约 100mm 宽范围内的涂料和纤维增强抗裂腻子磨掉。注意，不得伤及网格布，如果不小心切断了网格布，打磨面积应继续向外扩展。

（3）在修补部位四周贴不干胶纸带，以防造成污染。

（4）修补处聚氨酯表面应与周围硬质聚氨酯齐平，对修补部位作界面处理，滚涂防水涂膜，喷涂聚氨酯。

（5）用纤维增强抗裂腻子补齐破损部位的纤维增强抗裂腻子，用毛刷清理不整齐的边缘。对没有新抹纤维增强抗裂腻子的修补部位作界面处理。

（6）从修补部位中心向四周抹纤维增强抗裂腻子，做到与周围面层顺平，同时压入网格布，并满足网格布和原网格布的搭接要求。

（7）纤维增强抗裂腻子干后，在修补部位补做外饰面，其材料、纹路、色泽尽量与周围装饰一致。

（8）待外面干燥后，撕去不干胶纸带。

8 安 全 措 施

8.0.1 进入施工现场的作业人员，必须参加安全教育培训，考试合格后方可上岗作业，未经培训或考试不合格者，不得上岗作业。

8.0.2 凡有高血压等不适合高空作业者，不得进行登高工程施工。

8.0.3 进入施工现场的人员必须戴好安全帽，并系好下颏带；按照作业要求正确穿戴个人防护用品；在 2m 以上(含 2m)没有可靠安全防护设施高处的悬崖和陡坡施工时，必须系好安全带；高处作业时，不得穿硬底和带钉易滑的鞋。

8.0.4 在施工现场行走要注意安全，不得攀登脚手架、井字架、龙门架、外用电梯。

禁止乘坐非乘人的垂直运输设备。

8.0.5 脚手架上的工具、材料要分散放置平稳,不得超过允许荷载的范围。

8.0.6 严禁踩踏脚手架的护身栏和阳台栏板进行操作。

8.0.7 夜间或阴暗处作业,应使用36V以下安全电压照明灯具。

8.0.8 使用电钻、砂轮、手提刨刀等手持电动机具,必须装有漏电保护器,作业前应试机检查,作业时应戴绝缘手套。

8.0.9 材料拌制时,加料口及出料口要关严,传动部件加防护罩。

8.0.10 在进行聚氨酯喷涂时不准使用明火。

8.0.11 余料、杂物工具等应集中下运,不能随意乱丢乱掷。

9 环保措施

9.0.1 干拌砂浆或其他粉状散装物料应堆放整齐,并用塑料彩条布覆盖,防止扬尘污染周遍环境。

9.0.2 喷涂时应掌握好风向,在下风处非喷涂范围处用彩条布进行隔离。

9.0.3 修整后的聚氨酯碎末应及时清理,每道工序应做到"活完脚下清",并将废料放置在指定的地点。

10 效益分析

聚氨酯硬泡体外墙外保温系统与传统工艺施工法比较,其有许多优点,具有较大的经济效益和社会效益,具体如表6所示。

外墙外保温系统经济效益比较　　　　表6

	聚氨酯硬泡体外墙外保温系统	传统外墙外保温系统
1	防水保温功能合二为一,改性泡沫不透水,导热系数低,为0.024W/(m·K)	功能单一,防水与保温各为不同材质,保温材料导热系数为0.03~0.41W/(m·K)
2	施工快捷方便,减少施工配合工作量,单班次每日可完成500m²的工作量	施工程序繁琐,施工配合工作量大,施工周期较长
3	外墙细部处理优越,细部处理方法确保外墙面无渗漏隐患	细部处理较复杂,且容易形成渗水点
4	在任何形状的外墙面都可快速施工并达到施工要求	异形复杂的外墙面施工较困难

施工队伍宜用混合队承包。喷枪手、抹灰工、油漆工、机械操作工、普工按工作项目分工配制,由施工工长统一调度。一栋外墙外保温施工面积为10000m²的住宅项目,工期要求40d完成,需配备工长1名,技术员1名,质量检查员2名,安全员1名,机械维修工2名,电工1名,喷枪手2名,抹灰工30名,油漆工24名,普工12名共计76人。

11 应 用 实 例

主要应用工程见表7。

工 程 实 例　　　　　　　　表7

工程名称	施工面积(m^2)	完工时间
上海市检测中心	20000	2005.7
阳光华庭	8000	2005.5
德怡园	20000	2005.12
文博·水景	30000	2006.8

第二篇
建筑节能省级施工工法

房屋建筑钢丝网架珍珠岩夹芯板内隔墙施工工法

浙江宝业建设集团有限公司

章亚华 马 明 罗国庆 莫志华 方根波

1 前 言

为了保护土地资源和生态环境,房屋建筑墙材革新与建筑节能成为人们关注的焦点,安全、经济、节能、环保型的墙体材料不断出现并被推广使用。钢丝网架珍珠岩夹芯板(以下简称 GZ 板)内隔墙,是将天然膨胀珍珠岩与钢丝网进行有机结合,GZ 芯板按标准方法安装及节点处理后两侧抹砂浆增强,形成具有自重轻、防火、隔声、隔热等优点的复合墙体。根据我公司在杭州市公共卫生中心项目等工程上的使用情况,该复合墙体具有良好的物理力学性能,是墙体改革的一种较理想的替代材料,具有推广应用价值。为使该项技术得到较好的推广应用,整理成本工法。

2 特 点

2.0.1 GZ 板是采用镀锌钢丝网架与天然膨胀珍珠岩板相结合,在工厂内制作镀锌钢丝网架珍珠岩夹芯板,在现场安装后两侧抹水泥砂浆增强,形成复合墙体,具有自重轻、强度高等特点,各项力学性能指标均满足设计和规范标准要求。GZ 芯板自重为 $15kg/m^2$,抹灰后复合墙重 $115kg/m^2$,约为传统墙体的 $1/4 \sim 1/5$,可降低建筑基础和结构处理费用;复合墙体纵向允许荷载大于等于 $95kN/m$(跨度 2.2m),横向允许荷载不小于 $4.4kN/m$(跨度 2.2m),抗冲击性能较好,10kg 砂袋自 1.5m 落下 100 次,反面无裂缝、无塌陷。

2.0.2 墙体的防火、隔热、隔声性能优良。GZ 板经耐火极限测试,达到 3.5h,完全符合内隔墙体的防火要求;经隔热测试,热阻值不小于 $0.668(m^2 \cdot K)/W$,符合国家现行节能标准的要求;GZ 板的隔声经测试为 44dB,有效保证了使用房间的私密性。

2.0.3 施工快捷、方便。可提高工效,加快施工速度,减少现场垂直运输量。变传统砖墙湿作业为干作业,不受隔墙长度与高度限制,改善施工现场环境,减少建筑垃圾。GZ 板采用之字形条与网架焊成三维骨架网笼,填充料容易切割,在管线、埋件安装过程中,可将部分网格剪去,任意抽出芯材,埋入线管后再补上网片即可。便于管线、吊挂件、门窗安装。

2.0.4 复合墙体的抗裂能力较好。GZ板是以优质镀锌低碳钢丝制成的桁条为骨架，板与板之间用平网加强，与梁、柱、板等主体构件交接处有钢筋码、L形角码及特制的角网加强，粉刷后，抗裂能力大大优于其他墙体。

2.0.5 复合墙体无污染，为绿色环保型墙体，放射性指标限量符合国家现行标准要求。

3 适用范围

本工法适用于民用建筑的非承重内隔墙，一般工业建筑非承重内隔墙可参照使用。

4 工艺原理

GZ墙板水泥膨胀珍珠岩芯料具有隔声、轻质、防火、隔热等功能；之字形钢条与镀锌低碳钢丝网架焊成的三维骨架网笼起到隔墙体骨架的作用；U形网、角网、钢板网、平网、L形码等辅助安装配件作为GZ墙板与主体结构梁、柱、墙、楼板连接及GZ墙板与GZ墙板连接构件，使墙体整体牢固不裂缝；墙体双面抹灰可保护钢筋，加强墙体整体性，便于饰面（见图1、图2）。

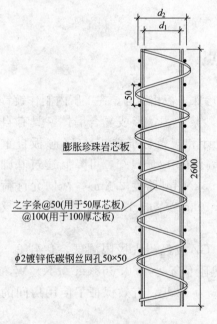

图1 GZ芯板断面示意图

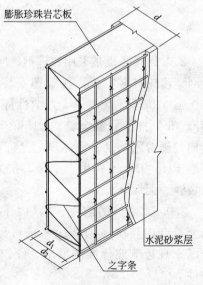

图2 复合墙体示意图

注：d—复合墙体厚度；d_1—珍珠岩芯板厚度；
d_2—钢丝网架外包厚度

5 施工工艺流程及操作要点

5.1 工艺流程

施工工艺流程见图3。

5.2 作业条件

5.2.1 现场具备GZ板的堆放场地，接通施工用电及用水。

5.2.2 垂直运输机械或提升机械的运输能力和吊笼尺寸须满足GZ板垂直运输要求。

5.2.3 GZ板安装应在主体结构完工并验收合格后，装饰抹灰前进行。

5.2.4 安装GZ板部位的楼地面、梁板底面、柱面、墙面等须平整，无杂物且无浮尘。

5.2.5 水暖电气设施安装应先放线定点。

5.2.6 施工环境温度不低于5℃。

5.3 施工准备

5.3.1 对本工程所用材料按规定进行检查验收，对所用工具设备进行检查，确保其处于安全使用状态。

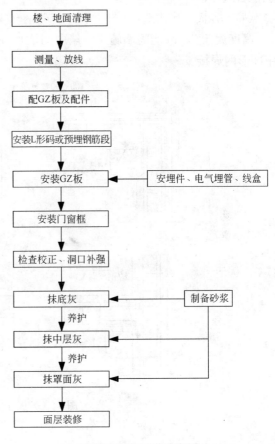

图3 施工工艺流程图

5.3.2 施工前应检验GZ芯板的外观质量，墙板安装位置、标高和轴线，同时对结构表面平整度及空间尺寸进行检验，不符合要求的应进行处理。

5.3.3 对实际主体结构进行测量，按施工图及实际空间进行GZ芯板的预排版，对GZ芯板进行切割加工，开好门窗及设备洞口。

5.3.4 GZ芯板由于运输、堆放、裁剪造成的变形必须在现场予以矫正，脱焊处必须用镀锌低碳钢丝绑牢。配套使用的膨胀螺栓、预埋钢筋段、L形角码和包覆网架等金属件表面除去杂物，严禁油渍污染。

5.4 施工操作要点

5.4.1 安装GZ芯板

(1) 按设计的隔墙位置尺寸，分别在楼地面、梁板底面和墙柱面上放线。

(2) 按节点要求的间距位置钻孔，埋设钢筋段，L形角码等固定拉结件。

(3) 安装GZ芯板，每块板缝间、与主体结构墙、梁、板柱的接口、阳角、阴角、门窗洞口等处均应按图中节点构造采用配套的钢丝网片覆盖加强，用镀锌钢丝绑扎牢固，GZ芯板边钢丝网与加强网交点应全部扎牢，其余部分交点可间隔交错扎牢，不应有变形漏扎现象。

(4) GZ板连接构造（见图4）：

高度大于3.9m的隔墙施工，墙中间增加50mm×50mm×3mm钢制方管，并与隔墙用U形网焊接。

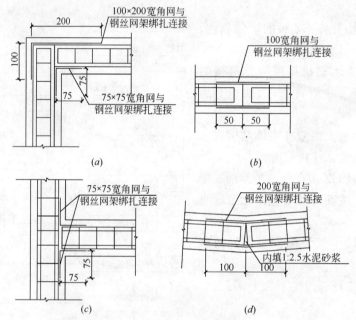

图4　GZ板连接示意图
(a)直角连接；(b)平接；(c)丁字墙板连接；(d)斜角连接

(5) GZ板采用L形角码用膨胀螺栓与主体结构连接，并与钢丝网架绑扎，或采用$\phi6$、长250mm钢筋段固定，钢筋段采用植筋施工。具体连接构造见图5所示。

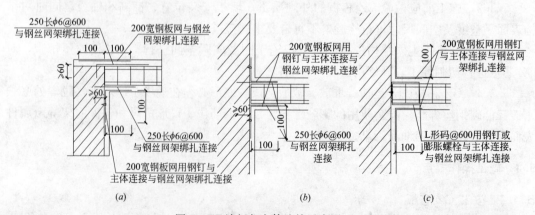

图5　GZ墙板与主体连接示意图（一）
(a)墙体与主板直角连接；(b)墙体与主板丁字形连接（一）；(c)墙体与主板丁字形连接（二）

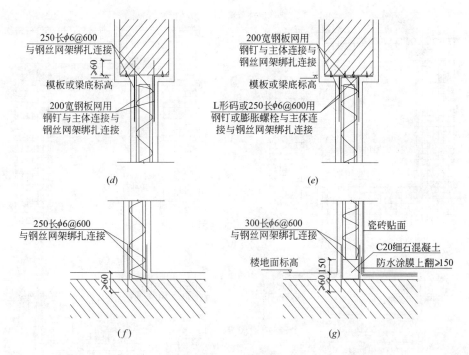

图 5 GZ 墙板与主体连接示意图(二)

(d)墙体与梁板连接(一);(e)墙体与梁板连接(二);(f)墙体与楼地面连接;(g)卫生间墙板与楼地面连接

(6) 采用抗震加固措施,加固方法按三种情况设置:

1) 非抗震设防地区如设计无要求时可不加固;

2) 抗震设防裂度为6度区时,GZ板缝上端隔缝设置L形角码或钢筋段,GZ板与结构墙柱按设计要求设L形角码或钢筋段;

3) 抗震设防裂度7、8度区时,GZ板缝上端均设置L形角码,GZ板与结构墙柱相接部位每块板设不少于2个L形角码,且L形角码间距不大于0.6m。

(7) 安装墙板固定件顺序:从顶部开始安装连接件—竖向—楼地面。

(8) 隔墙安装在有水房间施工,板底应浇筑不小于250mm高的C20细石混凝土翻边,以利防水。

(9) 门窗洞口构造见图6。

门窗洞口大于1500mm时,洞口下设临时支撑,并在洞口上方两侧水平放置$2\phi10@100mm$钢筋,$L=$洞口$+2×500mm$。临时支撑在墙面抹灰3d后拆除。

(10) 墙板接长、墙板构造柱、曲面墙板构造见图7。

(11) 开关盒、插座盒、接线盒、吊挂点及管线等安装,尽量减少切割钢丝网,如必须切割,则应在切割较大孔槽处用钢丝网加强,防止后凿孔洞。

预埋节点构造见图8、图9。

1) 开关盒、插座盒、接线盒、控制箱、吊挂点的预埋安装:在安装好的GZ芯板上划线开孔或开槽,孔应对穿;埋设开关盒、插座盒、接线盒及控制箱、吊挂点等时,应剪除开孔部位的钢丝;安装完毕,用1:3防裂砂浆填实,应保证埋设件不松动。

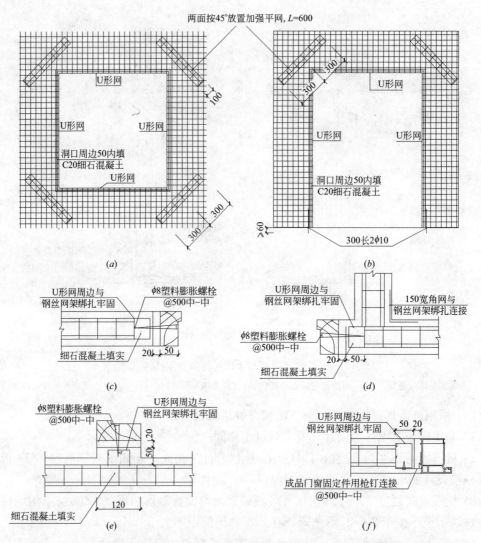

图6 门窗洞口构造示意图

(a)窗洞口做法示意；(b)门洞口做法示意；(c)墙板与木门窗连接(一)；
(d)墙板与木门窗连接(二)；(e)墙板与木门窗连接(三)；(f)墙板与塑钢、铝合金门窗连接

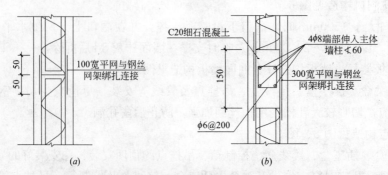

图7 墙板接长、墙板构造柱、曲面墙板构造示意图(一)

(a)GZ板接长(一)；(b)GZ板接长(二)

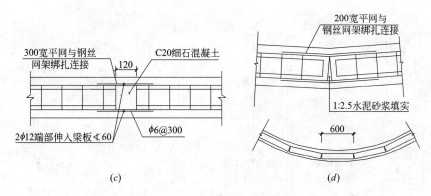

图7 墙板接长、墙板构造柱、曲面墙板构造示意图(二)

(c)墙板构造柱;(d)曲面墙板构造

说明：1. 隔墙高度为2600～3900mm时,GZ板接长构造采用图7(a);隔墙高度为3900～5200mm时;GZ板接长构造采用图7(b)。

2. 隔墙长度大于5000mm时,构造柱配筋采用图7(c),设置位置由单项工程确定。

3. 曲面墙按所需圆弧率半径用GZ芯板组成弧线,弧半径R宜大于5000mm。

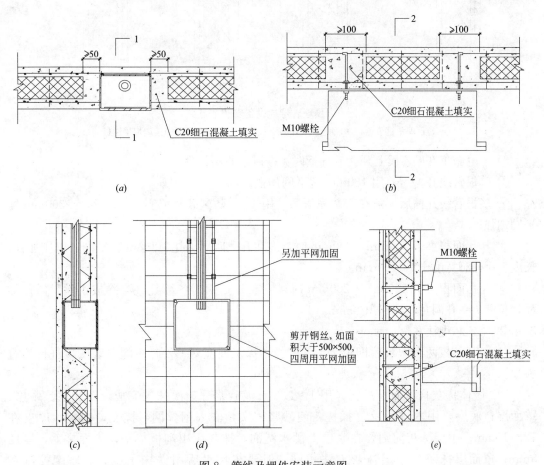

图8 管线及埋件安装示意图

(a)电线管、接线盒等预埋;(b)控制箱、消火箱等节点;

(c)1—1剖面;(d)1—1剖面的立面示意图;(e)2—2剖面

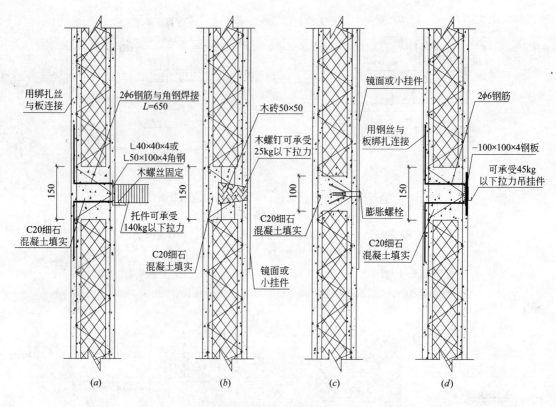

图9 预埋、悬挂设备安装节点图
(a)预埋角钢节点；(b)预埋木砖节点；(c)膨胀螺栓节点；(d)预埋焊接钢板

2) 水电施工在GZ板上开孔或开槽时，按以下原则处理：

① 单根管线开槽后，用100mm宽平网加强；

② 多根管线开槽后，需在安装完毕后，用1:3防裂砂浆填实，并用200～300mm宽平网加强；

③ 开孔面积小于200mm×200mm时，应在开孔四周绑扎100mm宽平网，以作加强，长度$L=$孔洞宽度$+2\times100$mm。

④ 开孔面积大于200mm×200mm时，应在开孔四周各绑扎3ϕ4冷拔钢丝，以作加强，长度$L=$孔洞宽度$+2\times100$mm。

5.4.2 GZ芯板抹灰

(1) GZ芯板两面抹灰后即成为GZ墙板，抹灰前应对GZ芯板的安装质量进行检查验收。

(2) 墙体抹灰自下而上进行，用1:2.5水泥砂浆分三次抹压完成，即底层、中层、罩面层；底层要用木抹子反复揉搓，使砂浆密实，嵌入钢丝网，搓面应粗糙，厚度在12～15mm；中层抹灰前则要在底层上洒水湿润，抹灰后用刮板找平，表面搓毛，厚度5mm；罩面层抹灰与中层抹灰方法相同，但要在收水后用铁抹子压光，厚度控制在3～5mm。

(3) 每层抹灰的间隔时间，在正常气温下应间隔48h以上，气温降低时应适当延长间隔时间；每层水泥砂浆终凝后应洒水养护。

(4) GZ 芯板两侧底层抹灰间隔时间不应小于 24h。

(5) 门窗、吊挂件等的安装应在抹灰完成一周后进行。

6 材料与设备

6.1 采用材料

6.1.1 GZ 芯板

(1) GZ 芯板是以镀锌低碳钢丝焊接成型的双面网架结构，中间填充膨胀珍珠岩复合芯料构成的网架芯板。

(2) GZ 芯板标准板长为 2600mm，板宽为 600mm。如需非标准板件可工厂定制，用量较少之零散小板可现场剪切。

(3) GZ 芯板运入工地必须有出厂合格证书。现场严禁露天堆放，避免日晒雨淋。搬运或安装时应轻搬轻放，堆放时应侧立放置。

(4) GZ 芯板型号见表 1。

GZ 芯板型号　　　　表 1

型号	珍珠岩芯板		钢丝网架厚度 (mm)	抹灰厚度 (mm)	完成墙体厚度 (mm)	适用高度 (m)	适用部位
	厚度 (mm)	重量 (kg/m²)					
GZ09	50	≤12.5	68	20	90	≤3.9	分室隔墙
GZ10	50	≤12.5	75	25	100		
GZ14	100	≤25	118	20	140	≤5.2	走道隔墙
GZ15	100	≤25	125	25	150		

(5) GZ 芯板表面和外观质量应符合表 2 的规定。

GZ 芯板表面和外观质量　　　　表 2

项目	质量要求	检查方法
外观	表面清洁，不应有明显油污	观察尺量检查
钢丝锈点	焊点区以外不允许	
焊点强度	抗拉力≥330N，无烧过现象	
焊点质量	腹丝与网片不允许漏焊、脱焊；网片漏焊、脱焊点不超焊点数的 8%，不应集中在一处，连续脱焊不应多于 2 点，板端 200mm 区段内的焊点不允许脱焊、虚焊	
钢丝挑头	板边挑头允许长度≤6mm，不得有 5 个以上漏剪、翘伸的钢丝挑头	
横向钢丝排列	网片纵横向钢丝间距为 50mm×50mm，纵横向钢丝应互相垂直	

(6) GZ 芯板规格尺寸允许偏差应符合表 3 的规定。

GZ芯板规格尺寸允许偏差(mm) 表3

项　目	允　许　偏　差	检　查　方　法
长　度	±10	尺量检查
宽　度	±5	
厚　度	±5	
对角线差	≤10	
膨胀珍珠岩板的厚度	≤4	
钢丝之字条波幅、波长	±2	
钢丝网片局部翘曲	≤5	
两钢丝网片中心面距离	±10	

6.1.2 镀锌低碳钢丝性能指标见表4。

镀锌低碳钢丝性能指标 表4

直径(mm)	抗拉强度(N/mm^2)		冷弯试验(反复弯曲180°，次)	镀锌层质量(g/m^2)
	A级	B级		
1.83±0.03	590～740	590～850	≥6	≥20

注：其他指标应符合GB 9972的要求。

6.1.3 膨胀珍珠岩板性能指标见表5。

膨胀珍珠岩板性能指标 表5

项　目	单　位	指　标
干密度	kg/m^3	≤250
导热系数	$W/(m·K)$	≤0.072
放射性指标限量	级	A
含水率	%	≤5

6.1.4 安装配件见表6。

GZ板安装配件 表6

名称	透视图	长度(mm)	展开宽度(mm)	制作材料	使用范围
U网		1200	150	ϕ1.8镀锌低碳钢丝	用于门窗洞口处
		1200	200		
L码		—	—	2mm厚钢板冲剪成型	用于墙板与建筑构件的连接
角网		1200	150	ϕ1.8镀锌低碳钢丝	用于墙板阴角处连接
		1200	400	ϕ1.8镀锌低碳钢丝	用于墙板阴角处连接

续表

名称	透视图	长度(mm)	展开宽度(mm)	制作材料	使用范围
钢板网		按需要	200	0.8mm 厚钢板网 网孔 9mm×25mm	用于墙板与建筑构件的连接
平网		600	100	ϕ1.8 镀锌低碳钢丝	用于门窗洞口处
		1200	100(200)		用于板缝的连接
		1200	300		用于墙板接长\构造柱

注：钢板网断面尺寸视建筑构件可适当调整。

6.1.5 水泥、砂、抗裂砂浆：

(1) 水泥强度等级 42.5 级，普通硅酸盐水泥。
(2) 砂应为中粗砂，细度模数不应低于 2.3，含泥量小于 3%，无杂质。
(3) 水泥砂浆配比按重量比 1∶2.5。
(4) 抗裂砂浆按以下方法拌制：
  1) 用建筑胶∶水＝1∶4 搅拌成胶液，拌匀。
  2) 用搅拌的胶液拌合 1∶2 的水泥砂浆，即可用作抗裂砂浆。

6.2 设备

6.2.1 GZ 墙板安装用机具和设备

冲击钻、切割机、电焊机、电锤、钢筋钩、剪刀、断丝钳、钢尺、2m 靠尺、抹刀、墨斗等。

7 质 量 控 制

7.1 基本规定

7.1.1 GZ 墙板的质量验收应执行现行国家标准《建筑工程施工质量验收统一标准》GB 50300 和《建筑装饰装修工程质量验收规范》GB 50210 的规定。

7.1.2 GZ 板安装应按设计图纸要求施工，不得擅自改动主体承重结构或主要使用功能，不得擅自改动水、暖、电、燃气、通信等配套设施。

7.1.3 所有材料进场时应对品种、规格、外观和尺寸进行检查验收。产品应附有合格证书和检测报告。

7.1.4 GZ 板验收时应检查下列文件和记录：

(1) 施工图设计文件；
(2) 材料的产品合格证书、性能检测报告和进场验收记录；
(3) 隐蔽工程验收记录；
(4) 施工记录。

7.1.5 GZ墙板应对下列隐蔽项目进行验收：
(1) 水电设施安装的预埋件、吊挂件；
(2) GZ板的各种固定件、预埋拉结筋、连接配件。

7.1.6 隔墙的检验批以每50间（大面积房间和走廊按墙面每30m^2为一间）划分为一个检验批，不足50间的为一个检验批。

7.1.7 检查数量：每个检验批应至少抽查10%，但不得少于3间，不足3间时应全数检查。

7.2 主控项目

7.2.1 GZ芯板的规格、性能及抹灰砂浆等主要材料的技术性能指标应符合相关标准的要求。其物理力学性能指标见表7。

GZ墙板物理力学性能指标 表7

项目	单位	墙板型号			
		GZ09	GZ10	GZ14	GZ15
面密度	kg/m^2	≤94	≤114	≤108	≤128
隔声	dB	≥40	≥40	≥45	≥45
耐火极限	h	≥3	≥3	≥3	≥3
单点吊挂力	N	800	800	800	800
抗冲击能力	—	承受10kg砂袋自落高度1m的冲击大于100次不断裂			

检验方法：观察；检查产品合格证书、进场验收记录和性能检测报告。

7.2.2 GZ芯板安装的预埋件、固定件、各种连接配件的位置、数量及连接方法应符合设计要求。

检验方法：观察；尺量检查；检查隐蔽工程验收记录。

7.2.3 GZ芯板安装必须牢固，稳定，不开裂，GZ芯板与主体的连接方法应符合设计要求。

检验方法：观察；手扳检查。

7.2.4 GZ墙板的抹灰层所用的砂浆配比和强度应符合设计要求。

检验方法：观察；检查产品合格证书、检测报告和施工记录。

7.3 一般项目

7.3.1 GZ芯板安装的允许偏差应符合表8的规定。

GZ芯板安装允许偏差控制 表8

项 目		允许偏差(mm)
墙轴线位移		8
垂直度（h为层间高度）	h≤2.6m	5
	2.6m<h≤5.2m	8
表面平整度（用2m靠尺和楔形塞尺检查）		5

续表

项 目	允许偏差(mm)
门窗洞口	5
埋件中心线位置	10
连接件间距	50
板缝间隙	<3

7.3.2 GZ墙板抹灰允许偏差控制见表9。

GZ墙板抹灰允许偏差控制 表9

项 目	允许偏差(mm)	检验方法
表面平整度	4	用2m靠尺和塞尺检查
阴、阳角垂直度	4	用2m托线板检查
阴、阳角方正	4	用直角检测尺检查
立面垂直度	4	用2m垂直检测尺检查
脱层、空鼓、爆灰	不允许	目测检查
外观	表面光滑、洁净，不应有污迹	目测检查
接槎平整、线角顺直清晰	不应有毛面、纹路不均匀	目测检查
与墙连接边、门窗洞口边、槽盒边与内面等缝隙	用砂浆填塞密实	目测和0.5m钢尺检查

8 安 全 措 施

8.0.1 GZ墙板施工中应认真执行《建筑施工安全检查标准》JGJ 59—99等国家现行安全施工标准、规范、规程的规定。操作前应对工人进行安全教育和交底。

8.0.2 GZ芯板堆放及临时存放应稳固，不得出现倾倒、滑落现象，以免损坏板材或伤人。

8.0.3 GZ芯板安装固定前应注意防倾倒，搭设的安装脚手架或操作平台经检查合格后方可进行GZ芯板的安装。

8.0.4 施工用电应采用三相五线制，"一机、一闸、一漏保"，手持电动工具应使用绝缘胶线。

8.0.5 施工操作人员应穿戴好安全防护用品。

8.0.6 施工机械设备操作人员应持证上岗，专人操作。

9 环 保 措 施

9.0.1 GZ墙板所用材料环保性能应符合现行国家标准《民用建筑工程室内环境污染控制规范》GB 50325的有关规定。

9.0.2 施工前应制定环境保护制度，以及各种人员的岗位责任制，进行上墙公布和张挂，落实到各个岗位中去。

9.0.3 在砂浆的搅拌区域均应搭设拌合机房,应避免搅拌过程中产生的粉尘污染大气。砂浆机四周设排水沟和沉淀池。

9.0.4 施工中应采取有效措施控制现场的粉尘、噪声、振动等对周围环境造成的污染和危害。尽量避免夜间施工。

9.0.5 生产中产生的珍珠岩芯板碎片等废物用塑料袋或编织袋装运,严禁凌空抛撒及乱倒乱卸;施工现场及生活区应放置足够的成品垃圾桶,设密封垃圾箱。

9.0.6 夜间施工用的太阳灯严禁对准周围居民区、道路等,应调整照明角度,集中照射到作业区。

10 效 益 分 析

10.0.1 GZ墙板其自重为15kg/m^2,粉刷后为115kg/m^2,是传统墙体重量的1/5,所以产品在工地垂直运输和施工安装中大大减轻劳动强度和工作量,同时,也降低了建筑基础和结构处理费用;GZ板经水泥砂浆抹面后,轴向允许荷载不小于95kN/m(跨度2.2m),横向允许荷载不小于4.4kN/m(跨度2.2m),抗冲出性能较好,0.1kN砂袋自1.5m落下100次,反面无裂缝、无塌陷;GZ墙板具有较好的防火、隔热、隔声效果;GZ板是以优质低碳钢丝制成的桁条为骨架,板与板之间用平网加强,与梁柱交接处有特制的角网加强,粉刷后,抗裂能力大大优于其他墙体。

10.0.2 GZ板的板材原材料资源十分丰富,有利于节能和环保,符合国家可持续发展的战略方针和节能政策,GZ板隔墙是墙体改革的替代材料。板材无放射污染,是绿色环保节能型建材,具有较好的社会效益。

10.0.3 施工操作简便,节省施工费用。GZ墙板的施工工艺方法简单,易学,稍加培训即可掌握。施工时2~3人为一个安装组,一个施工工日可安装施工35~50m^2GZ芯板,与目前较常用的GRC轻质隔墙相比,其工程施工综合效益分析见表10。

GZ墙板与GRC轻质隔墙施工综合分析对照表　　　表10

序号	项目	GRC轻质隔墙 (120mm)	GZ墙板 (120mm)	GZ墙板与GRC轻质隔墙比较结果
1	每工日施工	10m^2/工日	17.5m^2/工日	提高了工效
2	安装每平方米用工费	7.43元/m^2	5.00元/m^2	节约2.43元/m^2
3	施工质量	通病易发生	垂直、平整、无裂缝	质量易于控制
4	综合费用 (含材料人工机械费)	105.00~125.00元/m^2	85.00~95.00元/m^2	节约20.00~30.00元/m^2

11 应 用 实 例

11.1 浙江移动通信枢纽大楼工程

建设地址为杭州市环城北路154号地块,建设单位为浙江建工移动通信枢纽建设有限公司。该工程为现浇钢筋混凝土框架剪力墙结构,地下二层,地上二十五层,总建筑面积为 35520m²。该工程 GZ 板施工于 2004 年 3 月开工,至 2004 年 6 月竣工。工程的管道井等采用 GZ 芯板安装,共计 652m²。工程竣工后经三年多的使用观察,施工质量合格,无裂缝等质量通病出现,并于 2006 年被评为国家优质工程鲁班奖。

11.2 杭州市公共卫生中心工程

建设地址为杭州市江干区笕桥镇黎明村,建设单位为杭州市卫生局。该工程为现浇钢筋混凝土框架剪力墙结构,主要由疾控中心业务用房、疾控中心实验楼、急救中心业务用房、卫生监督所、后勤附属配套用房等五幢单体组成,地下一层,地上四至九层,总建筑面积为 45229m²。该工程 GZ 板施工于 2007 年 7 月开工,至 2007 年 11 月竣工。工程的部分内隔墙等采用 GZ 芯板安装,共计 5000m²。

11.3 浙江移动杭州分公司滨江移动通信枢纽楼工程

建设地点位于杭州市滨江区滨文路北侧,江晖路东侧。该工程总用地面积 16666m²,总建筑面积 46998.28m²,工程主要由通信机房、客服机房、数据机房组成,地下一层,地上五至十二层。该工程 GZ 板施工于 2007 年 12 月开工,至 2008 年 1 月竣工。工程的部分内隔墙等采用 GZ 芯板安装,共计 500m²。GZ 板施工速度快,现场文明施工及安全操作容易保证,施工质量合格,无裂缝等质量通病出现,取得了令人满意的效果。

房屋建筑工业灰渣混凝土空心隔墙条板内隔墙施工工法

浙江宝业建设集团有限公司

葛兴杰 李 锋 周旭亚 刘 义 张建强

1 前 言

在科学发展观的指导下，房屋建筑墙材革新与建筑节能成为人们关注的焦点，新的安全、适用、经济、节能、环保型的墙体材料不断出现并被推广使用。工业灰渣混凝土空心隔墙条板（以下简称"条板"）具有质量轻、强度高等优点，有很好的推广使用价值。根据我公司在苏州市都市花园七期A标等工程上使用张家港市常阴河新型墙体材料厂生产的条板安装施工内隔墙的实践，总结出一套施工速度快、质量好的条板内隔墙施工技术，经浙江省科技信息研究院查新，本施工技术有创新点。浙江省建筑装饰行业协会组织专家鉴定认为：该技术先进可行，有较强的实用性，节能环保，可推广应用，具有国内领先水平。为推广该施工技术，特编制本工法。

2 特 点

2.0.1 墙体质量轻、强度高。可减轻墙体自重，降低建筑基础和结构处理费用。板材强度高，物理性能指标均达到国家标准，满足设计和使用要求。条板安装固定牢固，墙体节点及板材接缝等部位无裂缝产生。

2.0.2 墙体保温隔声、防水、防火性能优良。户内隔墙不用其他辅助材料即能达到保温隔声效果，分户隔墙可做成复合保温墙或双层板保温隔墙。根据不同墙体厚度和表面处理方式，单层墙体隔声可达 35~50dB，增加了使用的私密空间。条板隔墙的防水防潮及防火性能优良，可用于防火隔墙。

2.0.3 墙板的几何尺寸准确，可加工性能好，便于安装施工。条板为工厂化生产，长度可根据建筑层高量身定做，施工可自由切割，外观质量优良，安装后的墙体垂直平整。便于管线、设施的埋设和装修作业，墙板沿墙高、长度方向均可接长，施工便捷，降低劳动强度。

2.0.4 环保节能效果好，经济适用性强。墙板主材为水泥、粉煤灰、炉渣、农作物秸秆、锯末，原材料资源十分丰富，并利用工农业废弃物，符合国家节能利废政策，无放射污染。一般安装好的墙板直接批刮腻子后刮大白刷涂料装饰，减少了抹灰作业，节约建设资金。

3 适用范围

本工法适用于抗震设防裂度8度及以下地区工业与民用建筑户内无长期浸水环境的分室隔墙、分户隔墙、防火隔墙、管道井隔墙、厨卫间隔墙等非承重的室内隔墙。

4 工艺原理

工业灰渣混凝土空心隔墙条板是属于轻质隔墙板，其在隔墙安装施工中，主要是解决条板连接固定、长高隔墙施工等难题，使安装后的条板隔墙固定牢固、垂直平整、节点及板缝无裂缝，满足抗震及使用功能要求。本工法主要采取以下措施。

4.0.1 合理选择符合标准要求的隔墙板及配件、材料。

4.0.2 板的固定及抗震措施：在非抗震地区，条板墙与结构梁、板和结构墙、柱、地面连接采用刚性连接方法；在有抗震设防要求的地区采用刚性与柔性结合的方法连接固定。

4.0.3 板缝抗裂措施：板间满嵌胶粘剂，板缝两侧以胶粘剂加玻纤网布增强处理。

4.0.4 建筑隔声：分户墙体的空气声计权隔声量应大于等于45dB，可做双排板隔墙构造，所选用条板的厚度不宜小于60mm，板间也可填入吸声保温材料。亦可选用隔声性能符合要求的单层板，其厚度不能小于120mm。户内分室隔墙空气声计权隔声量应大于35dB，条板的厚度不宜小于90mm。

4.0.5 防潮防水：无水房间不需采取其他防水防潮措施。有水房间一侧墙体应设有防水防潮措施，沿隔墙设有水池、面盆等设备时，墙面应做防水层，隔墙下部做C20细石混凝土条基200mm高。

4.0.6 防火：可按设计对墙体防火功能的要求来选择条板的厚度，120mm条板耐火极限可达4h以上。对要求特别高的防火墙也可采用双层板隔墙构造。

4.0.7 电气设施：电气线路可做明设，亦可做暗设，利用条板孔敷设线路或在墙板上开槽敷设线路，开关、插座、户内箱盒可做相应明装或暗装。

4.0.8 管道设备：在隔墙上安装管道支架、设备吊挂点，根据使用要求设埋件，吊挂点的间距应大于300mm，单点吊挂力应不大于1kN。

4.0.9 门窗安装：门、窗两边和顶部用门、窗框板、过梁板，板上有埋件与门、窗框固定。门、窗框板均在工厂制作，门、窗框与墙板结合部位采取密封处理措施。

4.0.10 装饰及保温：隔墙面可根据设计要求采用涂料、抹灰及其他装饰。在安装分户隔墙及楼梯间隔墙时，应按设计要求做保温层，可采用粘贴保温板或抹保温砂浆，也可采用复合保温墙做法。

4.0.11 条板隔墙长、高控制措施：隔墙安装长度较长时，设构造柱和施工缝。隔墙高度超过条板长度时，条板竖向接板安装，错缝连接，错缝间距不小于500mm，并根据隔墙的高度及抗震要求采取相应加固措施。

条板墙体的接板限制高度为：60mm厚隔墙不大于3.0m；90mm厚隔墙不大于3.6m；

120mm 厚隔墙不大于 4.2m；150mm 厚隔墙不大于 4.5m。

竖向条板接缝不宜大于 2 次。如需要超过限高安装隔墙，应由工程设计单位另做加固、抗震设计，安装单位按图施工。

宽度小于 300mm 的条板应加设加强筋，条板最小宽度不得小于 200mm。

5 施工工艺流程及操作要点

5.1 工艺流程

工艺流程如图 1 所示。

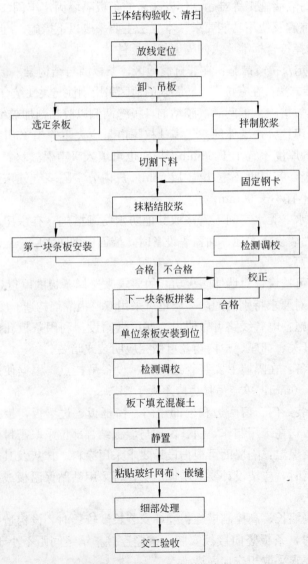

图 1 条板隔墙安装工艺流程

5.2 作业条件

5.2.1 现场具备条板的堆放场地,接通施工用水及用电。

5.2.2 垂直运输机械或提升机械的运输能力和吊笼尺寸须满足条板垂直运输的要求。

5.2.3 主体结构已施工完毕,经检查验收合格。与条板相接的墙体,最好不做抹灰层。

5.2.4 安装隔墙板部位的楼地面、梁板底面、柱面、墙面等须平整,无杂物且无浮尘。

5.2.5 水暖电气设备安装应先放线定点,钻孔埋设预埋件或开关、插座,尽量利用板孔敷设暗埋管线。

5.2.6 施工环境温度应不低于5℃。

5.3 施工准备

5.3.1 检查条板、胶粘剂、耐碱玻纤网格布、钢卡、水泥等材料规格、品种、性能等技术指标,是否符合设计和有关标准要求,应在现场取样测试的,按规定取样测试。

5.3.2 对预安装部位进行认真清扫,墙、柱面不平处用水泥砂浆修补平整。

5.3.3 隔墙的排版设计。

(1)在工程施工前,必须进行排版设计,其流程如图2所示。

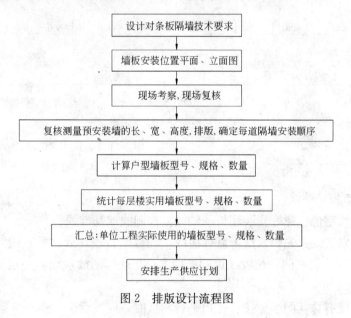

图2 排版设计流程图

(2)排版设计应搞清如下事项:

1)设计对条板隔墙安装的技术要求:包括墙板的规格、型号、抗震设防等级、节点处理、质量要求,等等。为排版设计提供依据。

2)现场考察:考察施工环境、作业条件,是否采用拼接方案等。

3)安装立面图:确定墙板的长度,测量安装空间的净高减去30～50mm的技术处理层,该尺寸为墙板的实际长度。

4) 门窗洞口图：洞口高度确定门头板，洞口宽度影响墙板面积和数量。

5) 安装平面图：根据墙的实际长度，确定每道墙实际使用条板数量。

6) 现场复核：复核现场实际尺寸与图纸是否有出入。

(3) 按照上述设计依据，先按户型分规格、型号、列表逐一计算，然后统计每个楼层的实际使用数量，再汇总到单位工程。排版应考虑正常损耗和切割剩下边料的充分利用（图3）。

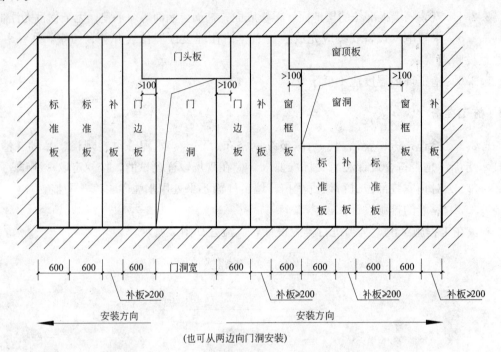

图 3 排版设计与施工示意

5.4 施工操作要点

5.4.1 放墙板安装线。

(1) 场地放线定位：弹好安装墙板的轴线、控制线或基准线。

(2) 放墙板安装线：先弹长线，后弹短线；先放平行线，后放垂直线，交叉线；最后确定门窗洞位置线。再把同一位置线返到结构梁、板底，能放双线，一定要上、下都要放双线。

(3) 墙板与没有抹灰的墙、梁、柱边平行相接时，应注意15～20mm厚度的抹灰层。

5.4.2 卸、吊、堆放墙板。

(1) 在离垂直运输机械较近的位置处卸板，按不同规格堆放整齐。露天堆放最好要用雨布遮盖，防止日晒雨淋。

(2) 条板堆放：板下端1/4处设两横向垫木，凹槽朝下侧立，斜角不小于75°堆放。

(3) 吊板时，用两个略小于板孔的圆棒插入墙的第二孔中抬入吊笼，板在吊笼里应侧立，放置稳固。

5.4.3 钢卡固定。

根据排版图,在条板拼缝处的上端将 U 形钢卡或 1 号 L 形钢卡预先固定在结构梁、板上。结构墙、柱与隔墙相接节点处,也同时将钢卡固定好(图 4)。

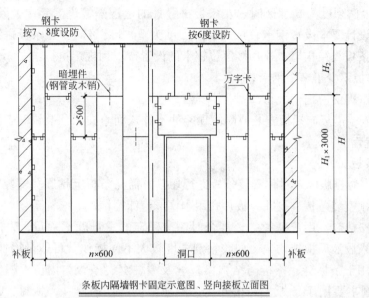

条板内隔墙钢卡固定示意图、竖向接板立面图

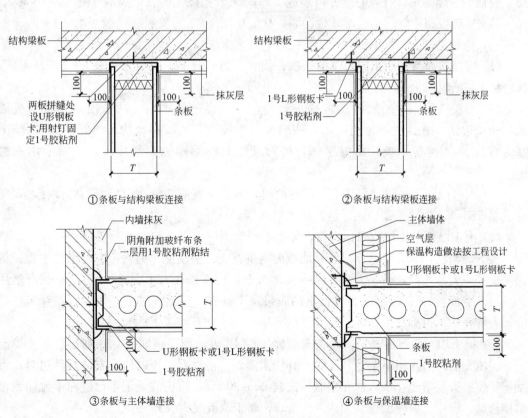

① 条板与结构梁板连接　　② 条板与结构梁板连接

③ 条板与主体墙连接　　④ 条板与保温墙连接

图 4　钢卡固定示意图

钢卡固定按以下三种情况设置:

(1) 非抗震设防地区:室内装饰抹灰后,抹灰砂浆能把条板墙牢牢夹住。如设计无明确要求时,可不设置钢卡加固,但门窗顶板位置须设钢卡。

(2) 抗震设防烈度为6度区时,在条板拼缝处的上端隔缝设置钢卡,条板与结构墙、柱相接部位按设计要求设置钢卡;抗震设防烈度为7、8度区时,在条板拼缝处的上端每缝设置钢卡,条板与结构墙、柱相接部位钢卡的设置按下列规定执行:

1) 每块条板不少于2个钢卡;

2) 钢卡的间距不大于1.5m。

(3) 条板隔墙需竖向接板安装或隔墙顶端处不抹灰而直接吊顶装饰时,必须按本条第(2)款规定设置钢卡。

5.4.4 条板安装。

(1) 根据安装排版图,对预安装条板进行切割。需在条板上钻通孔安装管线的,用多功能钻孔机在预安装条板上打孔。板顶孔用木塞或泡沫棒堵严。

(2) 拌合胶粘剂,用灰桶搅拌。拌合时,按确定的重量配比称量,先向桶内倒入水泥、细砂,加入胶液后搅拌均匀。如胶粘剂稠度较大不便操作,可适量增加少许胶液。1号胶粘剂主要用于条板缝、条板与结构梁板缝及墙柱缝、条板与门窗框缝等缝隙粘结处理;2号胶粘剂主要用于条板上开槽开孔、预埋预设部位的修补、填封、粘合等粘结处理。胶粘剂随拌随用,存放时间不可超过1.5h。已开始硬化的胶粘剂不可使用。

(3) 与墙板相接触的结构梁、板、墙、柱上均用1:3的胶液(108胶:水=1:3)涂刷湿润后,抹胶粘剂。

(4) 按楼层净高选用不同长度的条板,侧立、凹槽向上,用软毛刷蘸1:3胶液湿润,抹胶粘剂(顶面、凹槽、侧面)。

(5) 墙板就位。由两人将墙板扶正就位,一人在一侧推挤,一人用撬棒将墙板撬起,边撬边挤,并通过撬棒的移动,使墙板移在线内,使胶粘剂均匀填充接缝(以挤出浆为宜);一人准备木楔,拿好手锤,待对准线时,撬棒撬起墙板不动,板下用木楔固定。

(6) 木楔以两个一组,每块墙板底打两组,木楔位置应选择在墙板实心肋位处,以免造成墙板破损,为便于调校应尽量打在墙板两侧。

(7) 由于墙板对线就位为粗调校,加上木楔紧固时有微小错位,一般需重新调校即微调。板下端调校:一人手拿靠尺紧靠墙板面测垂直度、平整度,另一手拿锤击打木楔;板顶调校:一人拿靠尺,另一人拿方木靠在墙板上,用手锤在方木上轻轻敲打校正(严禁用铁锤直击墙板)。校正后用刮刀将挤出的胶浆刮平补齐,然后安装下一块墙板,直至整幅墙板安装完毕。再重新检查,消除偏差后可填充板下细石混凝土。

(8) 板下填充细石混凝土。墙板安装完毕后4h内,用拌制好的C20细石混凝土填充板下。填充前,清除板下杂物和灰尘,并浇水湿润,灌注混凝土时两人在墙板两边对挤混凝土,使底脚混凝土在墙板内孔中微微鼓起20~30mm,防止混凝土水化过程中收缩致使墙体松动。混凝土面应凹进墙面内3~5mm,便于墙板底脚收光(见图5)。

(9) 板下填充混凝土强度达到50%以上时,取出木楔,并在该处填塞混凝土。

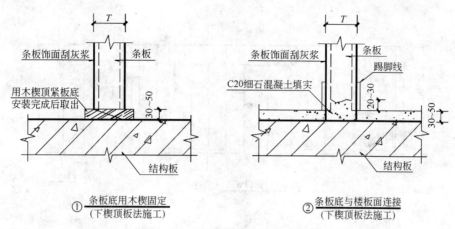

图5 板下混凝土施工

(10) 墙板安装顺序：从一端向另一端按顺序安装；有门洞时，可从门口向两边安装。当墙板宽度不足一块整板需补板时，补板尺寸应大于等于200mm。

5.4.5 门窗口条板安装。

(1) 先安装门框板，锯出门头板搁放在门框板L形处，搁放搭接长度不小于100mm，门框板与门相接边不小于150mm范围内必须实心。门框板安装后再向两侧安装。窗框板安装方法及技术要求与门框板安装相同。

(2) 门头板、窗顶板架立在门窗框板上，水平接缝，四周用1号胶粘剂挤压密实，灰缝控制在5~7mm为宜，并以2号预埋件或万字形钢卡与门窗框板固定，详见图6所示。

(3) 当门窗洞口宽不大于1.5m时，在门框板上设预埋件，与门窗框相连接。当门洞口高度不大于2.1m时设3个埋件，大于2.1m时设4个埋件，埋件间距沿高度均分；窗洞口埋件一般设2个，窗洞口高度大于1.5m时设3个。

(4) 当门窗洞口宽度大于等于1.5m时，在门窗框两侧及顶上增加钢抱框或门头套板，门上条板横向拼接，条板两端下角设长60mm的∟50×50角钢托并与钢框焊牢。钢抱框与条板上的预埋件焊牢，详见图7所示。门窗框以预埋件与钢抱框或门头套板相连接。

5.4.6 条板的竖向接板安装。

条板长度一般不超过3m，超过此长度不便于搬运和安装，隔墙高度在3m以下时，不宜用竖向接板的方法安装。竖向接板采用如下方法施工：

(1) 条板搭接位置按设计或按排版设计方案确定的位置错缝搭接，错缝距离不小于500mm。

(2) 选定两种不同长度的条板，用坐浆法安装下部条板，一长一短间隔安装。

(3) 待底部墙板胶粘剂具有一定强度后，用脚手架或马凳跳板作施工平台安装上部条板，注意接缝口顺直平整，满嵌1号胶粘剂。

(4) 对有抗震设防要求的隔墙，在接缝处用万字形钢卡加强连接固定，或在板缝接头处暗埋φ20钢管，长300mm，或插入直径与条板孔相当的圆木销，长300mm，加强连接

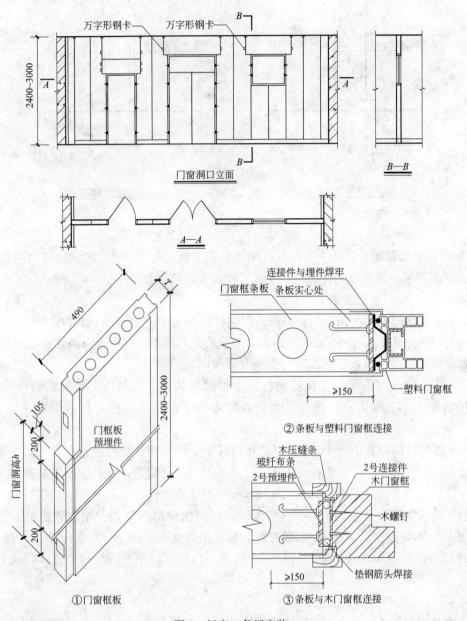

图6 门窗口条板安装

固定详如图8所示。

5.4.7 裂缝防治措施：

(1)隔墙长度超过6m时，每隔6m设一钢柱或混凝土构造柱，做法详见图9。

如采用钢柱时，在条板边间隔900mm预埋一个1号预埋件。

(2)墙体长度超过4m以上时，在墙长中部或每3m(五块条板宽)设置一道施工缝，此缝为空装，缝宽约5～7mm。让安装的墙板自然收缩，30d后，用2号胶粘剂拌合的细水泥砂浆多次填抹密实，缝两侧粘结100mm宽玻纤网格布。

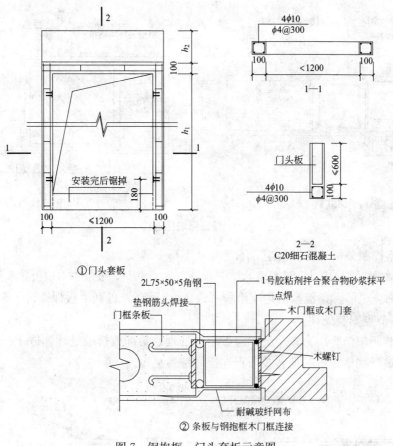

图7 钢抱框、门头套板示意图

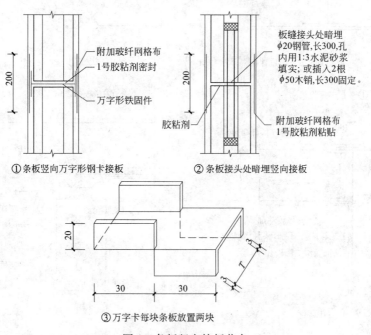

图8 条板竖向接板节点

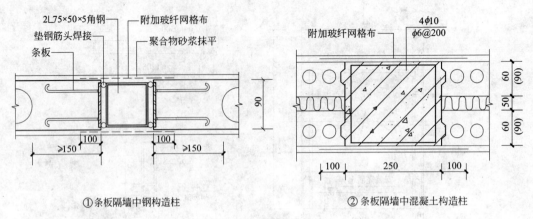

① 条板隔墙中钢构造柱　　　　② 条板隔墙中混凝土构造柱

图 9　条板隔墙构造柱

(3) 严格控制条板的养护龄期，不足 28d 不得上墙安装。

(4) 控制进入现场安装的墙板含水率，保证不大于 10%，安装前对墙板含水率进行检测。

(5) 装饰施工前，条板墙面均应涂刷一遍 1:3 胶液，以利墙板保持含水率平衡。

5.4.8　节点安装处理。

条板安装阴阳角为应力集中处，应做增强处理，角部板拼缝处须满嵌 1 号胶粘剂。阴阳角均粘贴玻纤网格布。其他各类节点连接做法参见图 10。

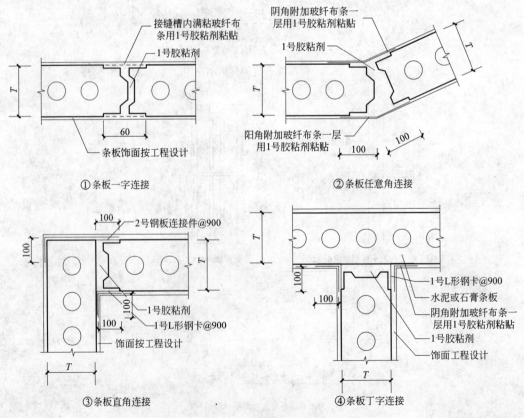

① 条板一字连接　　　　② 条板任意角连接

③ 条板直角连接　　　　④ 条板丁字连接

图 10　条板节点

5.4.9 嵌缝：

（1）在隔墙安装14d后（也可在水电预埋后），可进行嵌缝处理。方法如下：在条板拼接处先用毛刷醮1∶3胶液湿润板口，之后，在拼缝处批刮1号胶粘剂1.5～2mm厚，将耐碱玻纤布条铺平压入胶粘剂。一天后刮第二遍胶粘剂，胶粘剂总厚度3～5mm，面层胶粘剂应抹平压实，详见图10。

（2）结构梁、板、墙、柱与条板接缝处、墙板拼接处、转角处、构造柱及门窗框边等部位，同样用上述做法粘贴玻纤网格布，布宽不小于200mm，且保证每侧墙搭接宽度100mm以上，参见各节点图。

5.4.10 细部处理：

（1）墙板局部凹陷。平整度达不到要求时（偏差3～5mm），可在墙板凹陷处用1号胶粘剂拌合的特细砂浆抹平。抹压前，先用1∶3胶液涂刷湿润。

（2）墙板面局部凸起。其超出部分用角磨砂轮机磨平，之后，用上述方法抹平压光。

（3）墙板安装时出现缺棱掉角、局部破损等，用1号胶粘剂拌合的细石混凝土补起，至少二遍补平，底层应凹进板面约3～5mm，第二遍用1号胶粘剂补平。

（4）钢板预埋件及连接件形状、用途如图11所示。

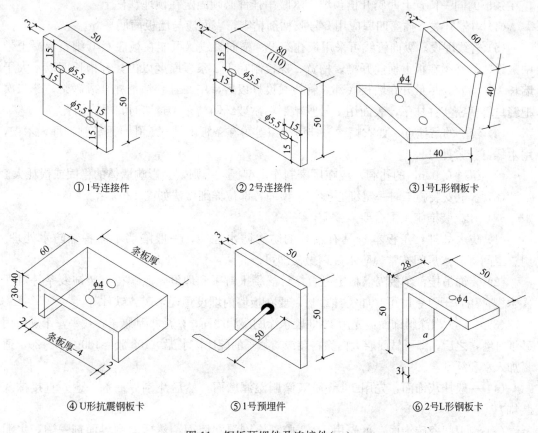

① 1号连接件　　② 2号连接件　　③ 1号L形钢板卡

④ U形抗震钢板卡　　⑤ 1号预埋件　　⑥ 2号L形钢板卡

图11　钢板预埋件及连接件（一）

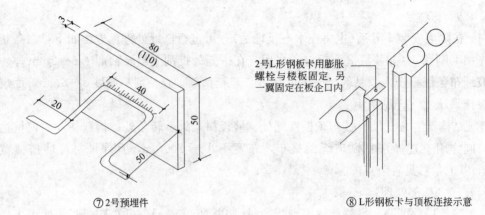

⑦ 2号预埋件　　　　　　　　　⑧ L形钢板卡与顶板连接示意

图 11　钢板预埋件及连接件（二）

5.4.11　水电专业配合要点：

（1）施工时间。应在墙板安装一周后进行。不可过早，以免墙板强度不足而损坏。

（2）画线定位。在墙体上画出水电管线、线盒、吊挂预埋件的位置，误差不超过 5mm。

（3）板面若需开孔开槽，应用电钻开孔或用切割机切割后用手锤錾子轻轻剔凿，不得用大锤敲打。洞口尺寸不宜过大（一般应控制在 0.03m² 以内）。预埋件不得开通透孔，禁止在条板的同一位置上两侧开槽预埋。水暖吊挂件必须固定在预埋铁件上。

（4）电器开关、插座四周应用 2 号胶粘剂粘牢，表面应与墙板面层平齐。

（5）管线埋设。纵向管线可采用板孔布设；横向管线尽可能在板底 C20 细石混凝土带中敷设，如必须在板上横向开槽，槽宽、深控制在 1/2 条板厚度以内，开槽长度以不大于墙长 1/2 为宜，尽量开在墙板底部。管线敷设好以后，用 2 号胶粘剂拌合成砂浆，分二次把缝口填塞密实并抹平，表面用 2 号胶粘剂粘贴玻纤网格布。封堵时，板应堵孔。

（6）较小的吊挂点，如衣帽钩、挂镜线条等可在条板上钻 φ35 孔后用胶粘剂埋入木楔，用木螺钉拧紧即可。

（7）超过 0.03m² 的孔洞，应在厂家制作定型板，否则，会影响墙体的稳固或损耗大。

（8）水电安装施工时一定细心操作。预埋各部位详细做法如图 12 所示。

5.4.12　装饰施工配合要点：

（1）防水处理：条板本身具有较好的防渗防水性能，一般隔墙不需特殊防水处理。厨、卫间等有水房间按常规防水处理做法即可。

（2）装饰吊挂：条板隔墙板上可直接钉混凝土钉子和埋设膨胀螺栓；装饰线条等可埋入木楔，用钉子钉紧即可；如需挂重物，要在板墙内埋设预埋木砖或铁件等。

（3）一般大白涂料饰面：先用 1：3 胶水涂刷湿润墙面，然后批刮腻子，找平，干燥后用砂纸打磨，之后，即可做面层大白涂料装饰。腻子的配比按水泥：108 胶＝100：15～20，适量加入水和纤维素。

（4）一般抹灰饰面：先用 1：3 胶液涂刷湿润墙面，然后涂刮界面剂一遍，直接抹灰装饰。

（5）厨卫间瓷砖饰面：可先用 1：3 胶液涂刷湿润墙面，然后涂刮界面剂一遍，水泥砂浆打底，粘贴瓷砖。

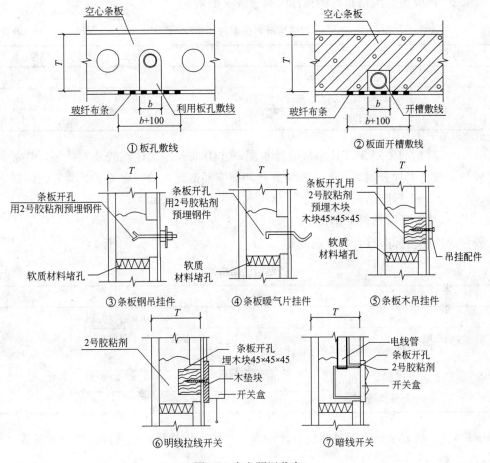

图12 水电预埋节点

6 材料与设备

6.1 材料

6.1.1 条板的外观质量、尺寸偏差、物理力学性能应符合《工业灰渣混凝土空心隔墙条板》JG 3063第5.2条和第5.3条规定。其中板的面密度、抗弯破坏荷载、空气声计权隔声量按表1控制。

条板物理性能 表1

序号	项 目	指 标			检验方法
		板厚60mm	板厚90mm	板厚120mm	
1	面密度(kg/m²)	≤70	≤90	≤110	JG 3063 JG/T 169
2	抗弯破坏荷载/板自重倍数	≥1.5	≥1.5	≥1.5	
3	空气声隔声量(dB)	≥30	≥35	≥40	

6.1.2 耐碱玻纤网格布性能指标应符合表2的规定

耐碱玻纤网格布性能指标　　　　　　　　　　表2

序号	项目	指标要求	试验方法
1	单位面积质量（g/m²）	≥130	JC 561.1
2	拉伸断裂强力（经、纬向）(N/50mm)	≥1310	GB/T 7689.5
3	耐碱拉伸断裂强力保留率（经、纬向）(%)	≥50	JC 561.2

6.1.3 胶粘剂采用32.5R型硅酸盐水泥，Ⅱ类细砂，加建筑胶及水拌制，拌制时应先将胶与水按比例拌合均匀，形成胶液。拌制前应经试配检验符合要求，参考配比如下：

1号胶粘剂：建筑胶∶水∶水泥∶砂＝1～1.3∶4∶5∶10

2号胶粘剂：建筑胶∶水∶水泥∶砂＝1.4～1.7∶4∶6∶10

胶粘剂性能指标应符合表3的规定。

胶粘剂性能指标　　　　　　　　　　表3

序号	项目		指标要求		试验方法
1	可操作时间（h）		1.5～4.0		JG 149 JG/T 3049
2	抗剪强度（MPa）		1号胶粘剂	2号胶粘剂	
			≥1.5	≥2.0	
	拉伸粘结强度（MPa） （与水泥砂浆）	干燥	≥1.5	≥3.0	
		浸水	≥1.0	≥2.0	

6.1.4 条板安装所需用的材料：参照表4中的名称规格，按实际需要用量备齐。

条板安装材料品种和主要性能　　　　　　　　　　表4

序号	材料名称	规格型号执行标准	主要性能	注意事项
1	硅酸盐水泥	32.5R型水泥 GB 175	3d抗压强度≥16MPa， 28d抗压强度≥32.5MPa	使用前抽样复试
2	细砂	Ⅱ类细砂 GB/T 14684	含泥量≤5%，松散堆积密度≥1350kg/m³	用筛孔为1.28mm筛子过筛
3	碎石	粒径：5～15mm GB/T 14685	连续级配；针状颗粒<25%，含泥量<1.5%	
4	胶粘剂	胶凝材料配制	见表3	经测试合格后使用
5	耐碱玻纤网布	宽60、100、200、300～400mm	见表2	使用前裁好打卷
6	射钉（射弹）	φ3.5×30mm	φ6.5×11mm，"H"型	固定钢卡用
7	水	混凝土用水 JGJ 63		取当地饮用水
8	条板	60、90、120型 JGJ 3063	见表1	宽度、长度按设计规定，其他宽度型号需定购
9	各类连接件、钢卡、预埋件	3mm厚	见图11	防锈处理或用镀锌件

6.2 条板安装的机械工具

6.2.1 墙板安装所需的机械、工具,参照表5中的有关名称、规格型号按实际用量配备。

墙板安装的机械工具名称规格型号　　　　表5

序号	工具名称	规格型号	备注	序号	工具名称	规格型号	备注
	测量、放线工具						
1	钢卷尺	3.5m、5m、10m		6	铁锤	2P	
2	双人梯		自制	7	铁锹		拌料
3	画线工具			8	泥抹子		塑、钢制
4	钢直尺	1m、0.5m		9	油灰刀		
5	靠尺	2m		10	灰桶		
6	水平尺			11	电工用具		
7	吊线锤			12	凿子		
8	水平软管	测量门窗洞高度用			现场吊运墙板机械、工具		
	安装机械、工具			1	井架、货梯		
1	手提切割机	C91750W		2	平车		
2	手电钻			3	木方	50×100	
3	钻孔机			4	抬棒	φ50×800	木或钢
4	砂浆搅拌机			5	尼龙绳	φ25	
5	木楔、撬棒	自制	见图13	6	木棒	φ80 长1100	

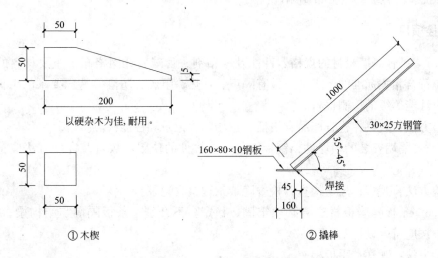

图13 木楔、撬棒制作示意图

7 质量控制

7.1 基本规定

7.1.1 条板隔墙的质量验收应执行现行国家标准《建筑工程施工质量验收统一标准》GB 50300 和《建筑装饰装修工程质量验收规范》GB 50210 的有关规定。

7.1.2 条板隔墙安装应按设计图纸要求和排版图施工；不得擅自改动建筑主体、承重结构或主要使用功能；不得擅自改动水、暖、电、燃气、通信等配套设施。

7.1.3 所有材料进场时应对品种、规格、外观和尺寸进行验收。产品应有合格证，进场后需要复验的材料，应抽取样品进行复验。现场配制的胶粘剂应经试配检验合格后使用。

7.1.4 条板隔墙与顶棚和其他墙体的交接处、条板缝间应采取防开裂措施。

7.1.5 条板隔墙的隔声、隔热、阻燃、防潮等性能应符合设计和现行国家相关标准的要求。

7.1.6 条板隔墙验收时应检查下列文件和记录：
(1) 施工图设计文件和排版图。
(2) 材料的产品合格证、性能检测报告、进场验收记录和条板复验报告。
(3) 隐蔽工程验收记录。
(4) 施工记录。

7.1.7 条板隔墙应对下列隐蔽项目进行验收：
(1) 水电设施安装的预埋件、吊挂件。
(2) 隔墙板与主体结构连接的钢板卡，竖向接板的钢板连接件或预埋件。
(3) 门窗口板的预埋件。
(4) 抗裂耐碱玻纤网格布粘贴。

7.2 主控项目

7.2.1 条板隔墙板材的规格、性能及胶粘剂、耐碱玻纤网格布等主要材料的技术性能指标应符合相关标准的要求。条板有隔声、隔热、阻燃、防潮等特殊要求的工程，板材应有相应性能等级的检测报告。

检验方法：观察；检查产品合格证、进场验收记录和性能检测报告。

7.2.2 隔墙安装的预埋件、钢板卡件、连接件的位置、数量及连接方法应符合设计要求。

检验方法：观察；尺量检查；检查隐蔽工程验收记录。

7.2.3 条板隔墙板材安装必须牢固、稳定，不开裂，条板隔墙与结构梁、板、墙、柱连接方法应符合设计要求。

检验方法：观察；手扳检查。

7.2.4 条板隔墙板底缝内细石混凝土填塞密实，混凝土强度值满足设计要求。

检验方法：观察；检查混凝土检验报告。

7.2.5 门窗框与条板隔墙连接必须牢固，框与墙体连接处应密实，无裂缝，门窗框与条板隔墙的连接方法必须符合设计要求。

检验方法：观察；尺量检查；检查隐蔽工程验收记录。

7.2.6 条板隔墙所用接缝材料的品种及接缝方法应符合设计要求。

检验方法：观察；检查产品合格证书、检验报告和施工记录。

7.3 一般项目

7.3.1 条板隔墙板材安装应垂直、平整，位置正确，转角方正，板材不应有裂缝和缺损。

检查方法：观察；尺量检查。

7.3.2 条板隔墙表面应平整光滑、洁净，接缝应平整、顺直，胶粘剂饱满，耐碱玻纤网格布不得露出、褶皱。

检验方法：观察；手摸检查。

7.3.3 条板隔墙竖向接板缝错缝间距应不小于500mm，边板最小板宽应不小于200mm。

检验方法：观察；尺量检查。

7.3.4 条板隔墙上的孔洞、槽、盒、吊挂件应位置正确，开孔尺寸符合设计要求，套割方正，边缘整齐。

检验方法：观察；尺量检查。

7.3.5 条板隔墙安装的允许偏差及检验方法应符合表6的要求。

条板隔墙安装允许偏差和检验方法　　　　　　　　　　　表6

项目	允许偏差(mm)	检验方法
墙体轴线位移	4	用经纬仪或拉线和尺检查
表面平整度	3	用2m靠尺和楔形塞尺检查
立面垂直度	3	用2m垂直检测尺检查
接缝高低差	2	用直尺和楔形塞尺检查
阴阳角垂直	3	用2m垂直检测尺检查
阴阳角方正	3	用方尺及楔形塞尺检查
门窗洞口中心偏差	3	用钢尺检查
门窗洞口尺寸偏差	4	用钢尺检查

8 安 全 措 施

8.0.1 条板隔墙施工中应认真执行《建筑施工安全检查标准》JGJ 59等国家现行安全施工标准、规范、规程的规定。操作前应对工人进行安全教育和交底。

8.0.2 条板堆放及临时存放应稳固，不得出现倾倒、滑落现象。楼层上临时存放应分散堆放。

8.0.3 条板安装固定前应注意防倾倒，搭设的安装脚手架或操作平台经检查合格后方可进行条板安装作业。

8.0.4 施工用电应采用三相五线制，一机、一闸、一漏，手持电动工具应使用绝缘胶线。

8.0.5 施工操作人员应佩戴好安全保护用品。

8.0.6 施工机械设备操作人员应持证上岗，专人操作。

8.0.7 胶液存放及搅拌胶粘剂时应注意防火，避免与电焊火花等明火接触。

9 环保措施

9.0.1 条板隔墙所用材料环保性能应符合现行国家标准《民用建筑工程室内环境污染控制规范》GB 50325 的有关规定。

9.0.2 施工中应采取有效措施控制现工现场的粉尘、噪声、振动等对周围环境造成的污染和危害。居民区内夜间不得进行条板切割、钻孔施工。

9.0.3 废弃的条板边块、碎渣等固体废弃物及安装施工中清理出的灰渣，严禁凌空抛撒，应统一收集清理，集中堆放，在指定地点抛弃。及时做好落手清工作。

9.0.4 六级风以上的天气不宜施工，如需施工应采取防护措施。

10 效益分析

10.0.1 条板隔墙具有轻质高强的优点，墙板的面密度为 $70\sim110kg/m^2$，与空心砖墙、混凝土空心砌块墙相比较，可增加用户的使用面积，减轻墙体重约50%左右，能降低建筑物的自重。从而可相对减少基础、主体结构处理的费用。安装好的墙板垂直度、平整度好，转角方正，可减少或取消抹灰作业，而直接批刮腻子后进行饰面装饰，可减少墙体抹灰而增加的自重，也可节省抹灰的费用。板材具有较好的保温、隔声、防火效果，用作户内分室隔墙时，单层板材墙即可满足保温、隔声的要求；用作分户隔墙时，可用双层板夹保温隔声材料的复合隔墙或用单层厚板（板厚度≥120mm）加保温材料的复合隔墙。120mm 厚墙板防火能力可达 4h 以上。条板隔墙的施工工艺先进合理，其使用功能能够满足设计和有关标准的要求，具有良好的推广应用价值。

10.0.2 条板的板材原材料资源十分丰富，并且是利用工农业的废弃物，有利于资源的再生和利用，有利于节能和环保，符合国家可持续发展的战略方针和节能利废政策，条板隔墙是墙体改革的替代材料。板材无放射污染，是绿色环保节能型建材，具有良好的社会效益。

10.0.3 施工操作简便，节省施工费用。条板隔墙的施工工艺方法简单，易学，稍加培训即可掌握。施工时 2~3 人为一个安装组，一个施工工日可安装施工 $30\sim50m^2$ 条板隔墙，与多孔砖砌筑墙体比较，可提高工效一倍以上，工程施工综合效益分析见表 7。

条板隔墙与多孔砖墙施工用工及费用分析对照表　　　表7

序号	项目	多孔砖砌体（240mm）	条板隔墙	多孔砖砌体与条板隔墙比较结果
1	每工日施工	3.5m^2/人工日	墙高3m以下15m^2/人工日，墙高3～4m 10m^2/人工日	提高了工效一倍以上
2	安装每平方米用工费	7.43元/m^2	墙高3m以下3.30元/m^2，墙高3～4m 5.00元/m^2	墙高3m以下节约4.10元/m^2，墙高3～4m节约2.43元/m^2
3	墙体抹灰	两侧抹灰 2×8.06元/m^2	两侧批刮腻子2×2.51元/m^2	节约11.1元/m^2
4	施工质量	通病易发生	垂直、平整、转角方正	质量易于控制
5	综合费用（含材料人工机械费）	78.00～87.00元/m^2	75.00～81.00元/m^2	条板墙可节省3.00～6.00元/m^2

11 应 用 实 例

11.0.1 苏州市都市花园七期A标工程，建设地址为苏州市工业园区，建设单位是苏州工业园区华新国际城市发展有限公司。该工程为现浇混凝土框架剪力墙结构，共5幢26层住宅楼，总建筑面积87000m^2。该工程于2004年8月开工，2005年12月竣工。工程的部分室内隔墙、厨卫间隔墙等采用90mm厚条板安装施工，共计16353m^2，墙体施工高度2.7～2.9m，条板隔墙施工时间为2005年2～4月。该工程施工时一个操作组2～3人，每天可安装45～55m^2，施工速度快，安装后室内墙面一侧直接批刮腻子刷涂料装饰，无抹灰作业，厨卫间一侧做面砖装饰。工程竣工后经一年多的使用观察，施工质量合格，墙体固定牢固，无裂缝起壳现象产生，用户满意。该工程内隔墙安装施工综合价格为70.12元/m^2，与混凝土加气块墙体比较，综合造价节省约4.87元/m^2。

11.0.2 苏州市特诺尔爱佩斯高新塑料有限公司新建厂房工程，工程地址在苏州市工业园区，建设单位为特诺尔爱佩斯（苏州）高新塑料有限公司。该工程为混凝土框架结构，3层，建筑面积9568m^2，墙体施工高度4.2m，内隔墙均采用120mm厚双孔条板竖向接板施工，共计3860m^2。该工程于2006年7月开工，2007年2月竣工。条板隔墙施工时间为2006年11月，该工程施工时一个操作组3人，每组每天可安装内隔墙30～50m^2，安装后的条板内隔墙牢固、稳定，墙面垂直平整，表面光洁，转角方正。经一年的使用，墙体无开裂，用户满意。综合价格为78.32元/m^2，与混凝土多孔砖墙体比较，综合造价节省3.59元/m^2。

11.0.3 昆山纽约之星数码科技城工程，位于昆山市城北，总建筑面积31000m^2，地上15层，建设单位为昆山市中仁房地产开发有限公司。该工程为现浇混凝土框架剪力墙结构，工程于2005年3月开工，2006年6月竣工。本工程室内隔墙、厨卫间隔墙、管道井隔墙均采用90mm厚条板施工，共计5830m^2。墙体施工高度2.7～2.9m，一个操作组2～3人，每组每天可安装内隔墙55m^2左右，条板隔墙施工时间为2005年11～12月，工程经一年多的使用，墙体无开裂、起壳现象，用户满意。条板隔墙综合价格为70.87元/m^2，与混凝土加气块墙体比较，综合造价节省4.12元/m^2。

聚苯复合保温板外墙内保温系统施工工法

上海拉法基石膏建材有限公司

刘 悦 汤旻骅

1 前 言

聚苯复合保温石膏板外墙内保温系统是将聚苯板（XPS、EPS）与纸面石膏板粘合而成的复合保温板（以下简称复合保温板）用粘结石膏固定于外墙内表面，同时形成饰面层。该系统干法作业，施工快捷，绿色环保，满足节能保温设计要求。通过对建筑物的外部围护结构进行保温隔热处理，可达到降低建筑能耗、改善居住环境等目的。

2 工 法 特 点

本施工工法采用保温苯板与护面石膏板工厂复合成型，工地一次粘贴施工，仅使用接缝系统处理接缝的方法。因复合保温板是在工厂加工，质量有保证；现场工序、工料也都简单，灵活快速，易掌握、易操作、易控制。聚苯复合保温板完成面平整顺直，对安装工人安装技术要求低。在室内环境施工，不受气候影响，也无需脚手架等配合。

3 适 用 范 围

3.0.1 本系统适用于民用和工业建筑的各种外墙的内保温，以及既有建筑节能改造。基层墙体可以是钢筋混凝土、混凝土砌块、混凝土多孔砖或多孔黏土砖等墙体，用于砂加气砌块，砌体表面应做界面剂处理。

3.0.2 采用本系统作为内保温，使用于耐火等级为一、二级的建筑，燃烧性能为难燃性，达 B 级。

3.0.3 本系统不得用于室外环境。不宜用于振动、高温、有腐蚀介质等作业环境的工业建筑中，如需采用应有加强和防护措施。

3.0.4 编制依据

《民用建筑热工设计规范》GB 50176—93
《夏热冬冷地区居住建筑节能设计标准》JGJ 134—2001
《住宅建筑围护结构节能应用技术规程》DG/TJ 08—206—2002

《公共建筑节能设计标准》GB 50189—2005
《建筑内部装修设计防火规范》GB 50222—1995(2001版)
《纸面石膏板》GB/T 9775—2008
《绝热材料稳态热阻及有关特性的测定防护热板法》GB/T 10294—88
《住宅建筑构件》03J 930—1
《绝热用模塑聚苯乙烯泡沫塑料》GB 10801.1—2002
《玻璃纤维制品试验方法》JC 176—80
《民用建筑节能设计标准》JGJ 26—95
《建筑装饰装修工程质量验收规范》GB 50210—2001
《建筑节能工程施工质量验收规范》GB 50411—2007

4 工艺原理

通过粘结石膏把聚苯复合保温板粘结到外墙内表面基层，形成保温层，然后使用嵌缝膏和接缝纸带把保温板拼缝密实。由于该保温层处于围护结构外墙内侧，减小了因外界气候变化导致结构变形产生的保温层开裂。该系统为室内干法作业，施工迅速。

5 施工工艺流程及操作要点

5.1 施工工艺流程

本系统一般的施工工艺流程如图1所示。

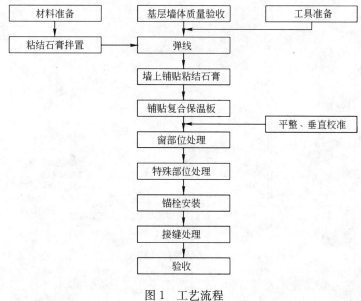

图1 工艺流程

5.2 操作要点

5.2.1 基层要求

(1) 建筑外墙施工完毕并验收合格后方可施工(可以是内侧未作找平抹灰的清水墙体)。垂直度、平整度应控制在8mm之内。

(2) 基层墙面必须干燥、清洁。对于已装修的墙面，须先清除涂料、满批等。

5.2.2 作业条件

(1) 安装现场要保持干燥，地面不应有积水。安装前应对现场进行清洁，清除积灰、油污及杂物。

(2) 对于基层墙面上的浮灰、浮浆或粉刷空鼓、脱落，须提前去除。

(3) 在安装位置上残留的砂浆等必须铲除，地面不平整应予以整平。

(4) 粘结石膏、嵌缝膏的施工使用温度为5~40℃。

5.2.3 弹线控制

(1) 按照设计在地坪及顶棚上弹出复合保温板的外边线。弹线位置：空腔层厚度+复合保温石膏板厚度。空腔层厚度可根据墙体的平整度在10~25mm间作调整。

(2) 确定施工起点(一般从墙端或墙角开始)、施工方向和每块板的布置位置。

5.2.4 粘结石膏的拌置

粘结石膏的配制：质量水粉比为1∶2.2~1∶2.3，用搅拌器搅拌均匀，该材料应随拌随用，并在2h内用完，未及时用完的应做废弃处理。

5.2.5 粘结石膏的铺设(图2)

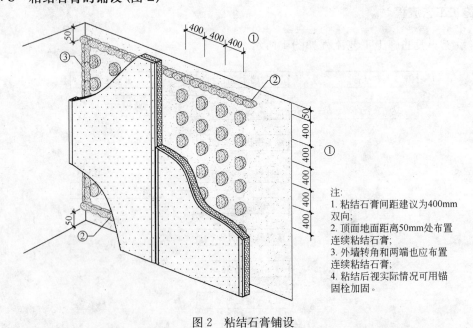

注：
1. 粘结石膏间距建议为400mm双向；
2. 顶面地面距离50mm处布置连续粘结石膏；
3. 外墙转角和两端也应布置连续粘结石膏；
4. 粘结后视实际情况可用锚固栓加固。

图2 粘结石膏铺设

(1) 每个粘结石膏饼长不小于150mm，宽不小于80mm，厚度不小于35mm，并尽量保持厚度均匀。

(2) 粘结石膏沿墙面应按间距 400mm 双向布置。缺乏内保温板安装经验的,可先在墙体上纵横双向以 400mm 间距弹出排放粘结石膏饼的参照线。

(3) 在离地面、顶面 50mm 位置,应布置连续的粘结石膏。

(4) 窗、门或其他洞口周边应连续满布粘结石膏。

(5) 墙端和转角部位同样应布置沿墙高方向的连续粘结石膏饼。

5.2.6 铺贴复合保温板 (图 3)

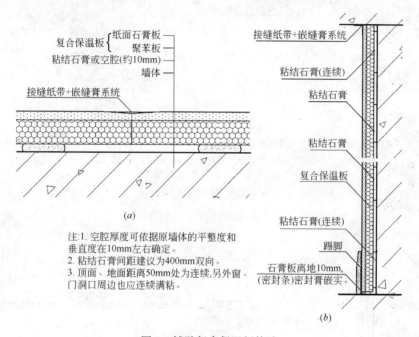

图 3 铺贴复合保温板构造
(a)平面构造;(b)剖面构造

(1) 对于接线盒等细小开洞(半径、边长不大于 200mm),允许先在上板前,在复合保温板上预先开设。对于门、窗洞口允许采用沿洞口拼板的施工方法。

(2) 复合保温板应从墙的一端开始,顺序安装,板与板自然靠拢,不留孔隙。

(3) 使用顶板器将复合保温板的上口顶紧楼板,然后将复合保温板背面苯板紧压于粘结石膏饼上,在移走顶板器前在复合保温板下口垫小块石膏板,以保持 10mm 距地距离,待复合板安装完毕且粘结石膏饼完全达到强度(8h)后,撤去所垫石膏板,并用密封胶填实。

(4) 使用直边靠尺以地坪、天花参照线为准,用 2m 靠尺贴紧敲实复合保温板表面,使复合保温板安装到位。

5.2.7 特殊部位的处理

(1) 阴、阳角的处理见图 4。

(2) 窗部位的处理见图 5。

(3) 接线盒、穿墙管线部位的处理见图 6。

(4) "T"形墙部位的处理见图 7。

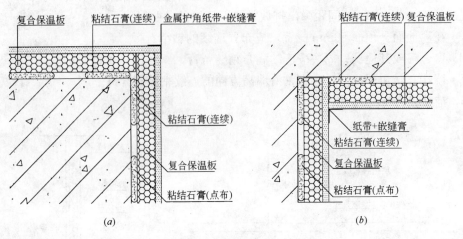

注:
阳角处需对板做切边处理,以使聚苯板保温层闭合。

图 4 阴、阳角的处理
(a)阳角处理；(b)阴角处理

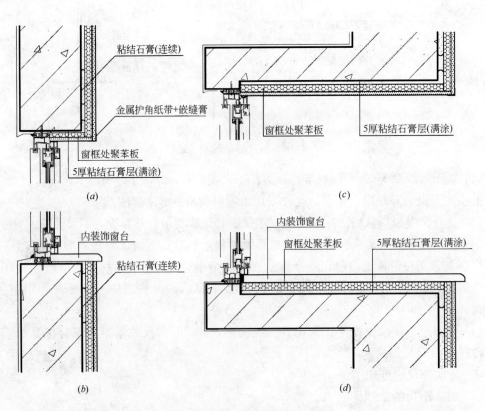

图 5 窗部位的处理
(a)窗上口；(b)窗下口；(c)凸窗上口；(d)凸窗下口

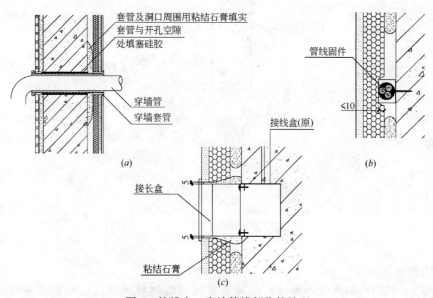

图 6 接线盒、穿墙管线部位的处理
(a)穿墙管线部位(纵剖面)；(b)穿墙管线部位(横剖面)；(c)接线盒部位

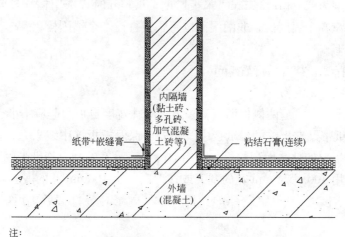

注：
适用于内隔墙为黏土砖、多孔砖、加气混凝土砖等非混凝土的情况。
(a)

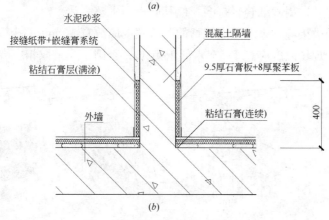

(b)

图 7 "T"形墙部位的处理(一)

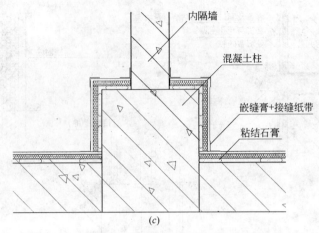

图 7 "T"形墙部位的处理(二)

5.2.8 锚栓安装

待粘结石膏硬化后(约 8h)再进行锚栓安装以及接缝处理。可根据复合保温板使用部位、选用厚度、外饰面层的设计情况，选择不同长度、规格的锚栓。苯板厚度小于 30mm 时，选用锚栓长度为 80mm；30mm<苯板厚度≤50mm 时，选用锚栓长度为 100mm。潮湿部位每张板打设 6 个锚固栓，非潮湿部位每张板打设 2 个锚固栓。

5.2.9 接缝处理

(1) 拌置嵌缝膏，拌合后静置 5min。

(2) 清洁板缝，无污物。

(3) 嵌缝膏涂抹在板缝两侧保温石膏板上，涂抹宽度自板边起应不小于 50mm。

(4) 将接缝纸带贴在板缝处，纸带中线同复合保温板板缝中线重合，使接缝纸带在相邻两张复合保温板上的粘贴面积相等，并用 70~80mm 宽的刮刀把纸带底下多余的腻子和空气刮出，然后用 100~150mm 宽的刮刀或抹刀刮一层 100mm 宽的嵌缝膏。

(5) 等第一道接缝干燥后(3~4h)，用 120 号砂纸轻轻打磨后再用嵌缝膏刮第二道，操作方法同第(4)点。

(6) 用嵌缝膏将第二道接缝覆盖、刮平，宽度较第二道缝每边宽出至少 50mm。

(7) 待其凝固后，用砂纸轻轻打磨，使其同板面平整一致。

(8) 若遇切割边接缝，则每道嵌缝膏的覆盖宽度应放宽 100mm(图 8)。

(9) 接缝施工现场温度应高于 5℃，低于 40℃；否则，应采取相应措施。

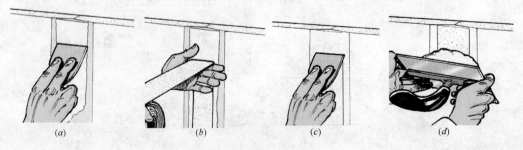

图 8 接缝处理

6 材料与设备

6.1 系统的材料组成

6.1.1 主料

复合保温板、专用粘结石膏。

6.1.2 辅材

嵌缝膏、接缝纸带、金属护角纸带等。

6.1.3 配件

锚固钉、密封胶、其他。

6.2 施工工具

搅拌器、塑料桶、裁板刀、刨边器、手锯、砂纸、抹子、批刀、墨斗线、线坠、水平尺、卷尺、2m靠尺、激光水平垂直放线设备。

6.3 复合保温板系统的物理性能见表1。

复合保温板系统的物理性能 表1

项 目	单位	复合 XPS 板	复合 EPS 板
抗冲击性	J	≥3.0	≥2.5
粘结石膏与 XPS(EPS)粘结强度	MPa	≥0.06	≥0.06
燃烧性能	级	B	B
绿色环保认证	—	有	有

6.4 XPS、EPS板物理性能指标见表2。

XPS、EPS板物理性能指标 表2

项 目	单位	XPS	EPS
密　度	kg/m³	25～35	18～22
导热系数	W/(m·K)	≤0.030	≤0.041
吸水率(28d,全浸)	%	≤1.0	≤4.0
透湿系数	ng/(m·s·Pa)	≤3.5	≤4.5
尺寸稳定性	%	≤1.2	≤0.3
压缩强度	MPa	≥0.25	≥0.1
燃烧性能	级	≥D	≥D

6.5 粘结石膏的物理性能指标见表3。

粘结石膏的物理性能指标 表3

项 目	单 位	XPS
初凝时间	min	120
粘结强度	MPa	≥0.6(与水泥砂浆)
抗压强度	MPa	≥6.0

续表

项　目	单　位	XPS
保水率	%	≥70
抗裂性能	—	24h无裂痕
收缩率	%	≤0.06
施工温度	℃	5～40
水粉比（质量）	—	1∶2.1～1∶2.3
抗折强度	MPa	≥3.0

7 质 量 控 制

7.1 主控项目

7.1.1 复合保温板的品种、规格、性能应符合设计要求，有隔声、隔热、阻燃、防潮等特殊要求的工程，板材应有相应等级检测报告。

检查方法：观察；检查产品合格证书、进场验收记录和性能检测报告。

7.1.2 安装复合保温板所需的粘结石膏饼位置、数量应符合设计要求。

检查方法：观察；尺量检查；检查隐蔽工程验收记录。

7.1.3 复合保温板材所用的接缝材料的品种及接缝方法应符合设计要求。

检查方法：观察；检查产品合格证书和施工记录。

7.1.4 复合保温板材的安装必须牢固。

检查方法：观察。

7.1.5 保温板厚度应符合设计要求，负偏差不得大于1.5mm。

检查方法：用钢针插入和尺量检查。

7.2 一般项目

7.2.1 空腔厚度不得小于5mm。

7.2.2 保温系统表面应平整，无污垢、裂纹、起皮、弯曲等缺陷，接缝采用嵌缝膏及纸带应均匀、顺直。

检查方法：观察；手摸检查。

7.2.3 保温系统的孔洞、槽、盒应位置正确、套割吻合、边缘整齐。

检查方法：观察。

7.2.4 边角符合施工规定，表面光滑、平顺，门窗框与墙体间接缝应用金属护角纸带接缝，表面平整。

检查方法：观察；手摸检查。

7.2.5 复合保温板安装的允许偏差和检验方法应符合表4的规定。

安装允许偏差和检验方法　　　　　　　表4

项　目	允许偏差(mm)	检验方法
表面平整度	4	用2m靠尺和楔形塞尺检查
立面垂直度	4	用2m托线板检查
阴、阳角垂直度	4	用2m托线板检查
阴阳角方正	4	用200mm方尺和楔形塞尺检查
接缝高差	1.5	用直尺和楔形塞尺检查

8 安全措施

8.0.1 进入施工现场的作业人员，必须参加安全教育培训，考试合格，方可上岗作业，未经培训或考试不合格者，不得上岗作业。

8.0.2 进入施工现场的人员必须戴好安全帽，并系好帽带；按照作业要求正确穿戴个人防护用品；不得穿硬底和带钉易滑的鞋进行施工。

8.0.3 在保温材料堆放处及施工处2m范围内不得进行电、气焊作业。

8.0.4 使用电动搅拌器、电锤等手持电动工具，必须装有漏电保护器，作业前，应试机检查，作业时，应戴绝缘手套。

9 环保措施

9.0.1 系统内所有组成产品均有绿色建材认证。

9.0.2 系统主材复合保温板通过放射性有害物质检测认证。

9.0.3 保温施工过程中避免明火接触产品，特别是苯板。

10 效益分析

10.1 社会效益

在能源紧缺的当今社会，建筑物保温节能是大势所趋，也是各国政府积极倡导的最有效的节能举措之一。采用本系统不但可以满足冬冷夏热地区50%的第二步节能标准，而且还有潜力应对目前部分寒冷地区和今后将要推进的第三步节能标准即65%节能的需求。可大大降低建筑物能耗标准，提高能源的利用率，提高居住环境质量。进而也降低在开发能源过程中对环境的索取和破坏及浪费，利国利民。

10.2 经济效益

本系统无论是对新建建筑进行保温覆盖，还是对既有建筑的保温改造，都是非常可行和经济的。对于开发商来说，系统的特点决定了施工相当便捷、快速，不受室外气候条件限制，也无需脚手架配合，工期有可靠的保障，还可以省去墙体内侧的抹灰费用。石膏板面相对于水泥砂浆抹灰面的平整优势，又使本系统在腻子抹平工序上又省工省料，最后形成的墙面质量也有很大的提高。因为保温层是设在室内侧，系统的安全性和使用寿命无疑也得以提高。

对于小业主而言，优异的保温效果所带来的不仅是室内居住环境的极大改善，空调电费和暖气费用的节省也完全可以在5~8年内收回所有的保温系统成本。

TS 现场模浇聚氨酯硬泡外墙外保温面砖饰面施工工法

哈尔滨天硕建材工业有限公司
康玉范　霍树运

1 工法特点

TS 现场模浇聚氨酯硬泡外保温系统墙体表层无严重质量缺陷，不需找平。模板设计为可调边框，采用标准化模板防粘技术，现场无须清理。阴、阳角处用专用模板直接成型，表面平整度和线角精度 3～5mm，机械化浇注聚氨酯硬泡侧压发泡，保温层厚度在 20～150mm 范围内任意调整。聚氨酯硬泡保温层无空腔、无拼缝连接，导热系数小于 0.024W/(m·K)，保温、隔热效果良好。聚氨酯硬泡界面剂可提高粘结力，同时提高保温层强度。

找平抗裂砂浆复合尼龙套胀钉（德国 TOX 系列）固定镀锌钢网，形成刚性约束、刚性支撑、强化系统可靠性，适应各种饰面的粘结方法、涂料、面砖或真石漆，实现装饰多样化。

既有建筑外墙可以直接施工，高效节能，持久稳定，形成层层防水、层层抗裂、抗风压、抗冻胀，耐久、耐候；热工性能长期稳定，工程安全长期可靠，构成综合技术优势。

2 适用范围

本工法用途广泛，既能用于公共建筑，也可用于住宅及既有建筑改造工程在外墙表面上直接施工；既可用于多层，尤宜用于高层；既可用于北方采暖地区，也可用于南方各地，沿海多雨地区更佳。

3 工艺原理

本技术采用标准化防粘模板技术，将双组分硬泡聚氨酯保温材料现场浇注在预先安装好的模板腔内，在基层墙体表面构成保温层。聚氨酯表面进行界面处理，解决有机与无机材料之间的粘结难题。采用 TOX 尼龙套胀钉固定镀锌钢丝网，涂抹找平砂浆构成找平层。粘结层采用粘结砂浆粘贴面砖。再用勾缝粉进行勾缝，构成面砖饰面层。基本构造见表1。

TS现场模浇硬泡聚氨酯外墙外保温面砖饰面系统基本构造 表1

基层墙体(1)	系统的基本构造				构造示意图
	界面层(2)	保温层(3)	锚固找平层(4)	饰面层(5)	
混凝土墙或砌体墙(砌体墙需用水泥砂浆找平)①	TS226基层界面剂②	固定模板浇注硬泡聚氨酯③＋TS227聚氨酯界面砂浆④	TOX尼龙套胀钉固定镀锌钢丝网与基层墙体连接⑤＋TS211找平砂浆⑧	TS210面砖粘结砂浆⑥＋面砖⑦＋TS212勾缝料	①②③④⑤⑥⑦⑧

4 工艺流程和操作要点

4.1 施工工艺流程

施工工艺流程见图1。

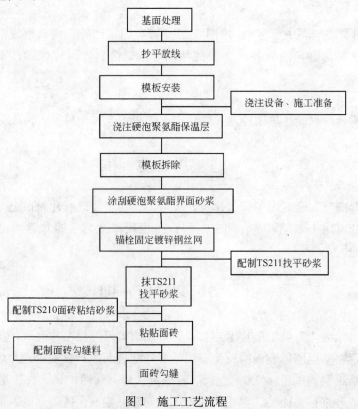

图1 施工工艺流程

4.2 操作要点

4.2.1 施工准备

(1) 基层墙体应符合现行国家标准《混凝土结构工程施工质量验收规范》GB 50204—2002和《砌体工程施工质量验收规范》GB 50203—2002 的要求。

(2) 墙面应清理干净，清洗油渍，清扫浮灰等。墙面松动、风化部分应剔除干净。墙面平整度控制在±3mm 以下。如墙面偏差过大，应用水泥砂浆找平。

(3) 填充砌体与混凝土框架墙、梁、柱的连接处，铺镀锌钢丝网抹砂浆抗裂。

(4) 外门窗专业施工队将外门窗矫正完毕后立即进行加固、注单组分发泡胶于框墙面的交接处，以利于对框体有一个良好的嵌固作用。

(5) 各种依附外墙的水落管卡、空调机架、穿墙套管等，须在外保温施工前，安装预埋就位。

(6) 主体结构的变形缝应提前做好处理。

(7) 电动吊篮或专用保温施工脚手架的安装应满足施工作业要求，经调试运行安全无误、可靠，并配备专职安全检查和维修人员。

(8) 编制施工方案，确定质量目标，制定各种保障措施，提出相应计划，组织操作人员培训，做出样板墙。

4.2.2 施工要点

(1) 基层处理

1) 墙面应清理干净，无油渍、浮尘、污垢、脱膜剂、风化物、涂料、防水剂、潮气、泥土等妨碍粘结的材料，并剔除表面大于10mm 凸出物，使之平整。

2) 墙体验收合格后将 TS226 基层界面剂喷在主体墙表面，不得漏涂。厚度约0.1～0.3mm，涂后24h 进行喷涂保温层施工。

3) 墙面含水率小于15%，且不大于20%。

(2) 喷涂墙体基层界面剂

墙体验收合格用喷枪或辊刷将 TS226 基层界面剂均匀喷刷，刷喷时须均匀一致，不得漏涂，厚度约0.1～0.2mm。

(3) 安装专用模板

1) 根据吊垂线、水平线测量墙面平整度，在建筑物外墙大角(阴角、阳角)及其他必要处挂垂直基准线，每层适当位置挂水平线，以控制垂直度和平整度。

2) TOX 尼龙套胀钉固定标准化防粘模板(600mm×2400mm)，从阴角(阳角)开始，支模板顺序由下往上。

3) 模板安装稳定、牢靠。

(4) 浇注聚氨酯硬泡

1) 现场浇注聚氨酯硬泡时，环境气温宜为10～40℃，但应不低于10℃，也不高于40℃，高湿或暴晒下严禁施工，风力大于五级、雨天不得施工，湿度大于80%时不宜施工。

2) 在浇注前，必须利用浇注机枪嘴自身所具备的功能把模板内的浮灰或砖渣吹出去。

3) 开启聚氨酯浇注机，将聚氨酯硬泡均匀浇注在模板空腔内，一次浇注成型高度宜为300～500mm，冒出模板的部分应清除掉。

4) 浇注熟化10~15min后拆除模板。聚氨酯硬泡保温层不许虚粘，不许有空鼓、裂纹等缺陷。

5) 聚氨酯硬泡保温层应充分熟化48~72h后，再进行下道工序的施工。

6) 平面浇注采用平模板，阳角采用阳角模板浇注，门窗洞口、凹凸装饰线采用角模板浇注。

7) 女儿墙处保温层双面一直做到护顶。

(5) 刮涂聚氨酯界面剂

聚氨酯硬泡保温层经验收并且在48~72h后，用辊刷均匀地将聚氨酯界面砂浆滚涂于聚氨酯硬泡保温层表面，并用铁抹子压一遍。

(6) 抗裂砂浆找平层及面砖饰面层施工

聚氨酯硬泡保温层与聚氨酯界面砂浆验收合格后，进行抗裂砂浆找平层施工。

1) TOX尼龙套胀钉锚固镀锌钢丝网。

TOX尼龙套胀钉按水平500mm、垂直500mm梅花状排列，用电锤在墙面打孔，钻孔深度主体墙内不小于55mm，压入尼龙胀塞。镀锌钢丝网对接铺平，用电动螺丝刀将尼龙套胀钉和压片压紧镀锌钢丝网，各钉压紧力应均匀，镀锌钢丝网与聚氨酯硬泡保温层贴紧。钢丝网对接处用双股22号镀锌绑线捆扎牢靠，间距200~250mm。阳角处钢丝网对接按间距100~150mm用双股22号镀锌绑线捆扎，阳角边部必须用尼龙套胀钉压紧。

2) 抹抗裂砂浆找平层。

锚固镀锌钢丝网验收合格后抹抗裂砂浆找平层，并将镀锌钢丝网包覆于抗裂砂浆之中，抗裂砂浆的总厚度宜控制在7mm±2mm，抗裂砂浆找平面层应达到平整度和垂直度要求，并且表面搓毛。

3) 粘贴面砖、勾缝。

抗裂砂浆找平层施工完一般应适当喷水养护，约24h后即可进行粘贴饰面砖工序。饰面砖粘贴施工按照《外墙饰面砖工程施工及验收规程》JGJ 126—2000标准执行。面砖粘结砂浆厚度宜控制在3~5mm。外门窗口等部位面砖边缝灌注耐候密封胶。专用勾缝胶粉勾缝。禁止用普通砂浆勾缝，不允许漏勾。面砖缝勾完后用布或棉纱蘸稀盐酸擦洗干净，勾缝后要适当浇水养护，勾缝完毕时应对大面积外墙面进行检查和清洗，保证整体工程的清洁美观。

(7) 细部节点构造(图2)

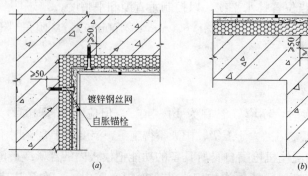

图2 细部节点构造(一)
(a)阴角；(b)阳角

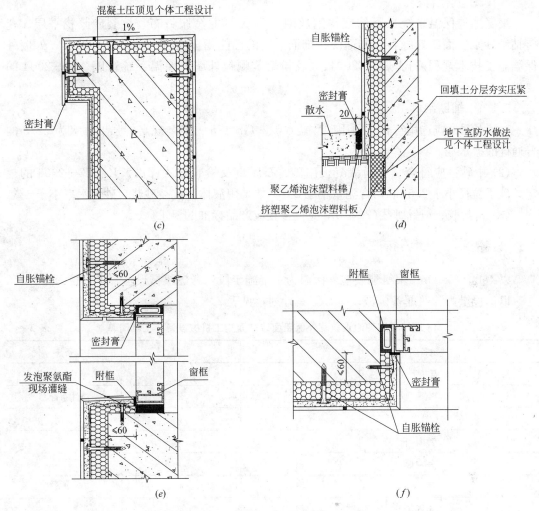

图2 细部节点构造(二)
(c)女儿墙;(d)勒脚;(e)窗上、下口;(f)窗侧口

5 材料与设备

5.1 材料

5.1.1 聚氨酯硬泡外墙外保温面砖饰面系统应经权威部门大型耐候性试验验证,还应经抗震试验验证并确保其在设防烈度地震作用下面砖饰面及外保温系统无脱落。

5.1.2 聚氨酯硬泡保温材料。

聚氨酯硬泡外保温系统面砖性能,以及该系统所用墙体基层界面剂、聚氨酯硬泡、聚氨酯界面砂浆的性能指标应符合现行国家标准《聚氨酯硬泡保温防水工程技术规范》GB 50404—2007、《聚氨酯硬泡外墙外保温工程技术导则》的规定。

5.1.3 其他材料。

聚氨酯外保温系统系所用镀锌钢丝网、TOX尼龙套胀钉布、抗裂砂浆找平层、瓷砖粘结砂浆、面砖勾缝料、饰面砖、饰面涂料的性能指标应符合国家现行标准《外墙外保温施工技术规程》JG 144—2004、《胶粉聚苯颗粒外墙外保温系统》JG 158—2004的要求。

5.1.4 辅助用料：

（1）水泥：应选用符合《通用硅酸盐水泥》GB 175—2007规定的强度等级为32.5的普通硅酸盐水泥。

（2）中砂：应符合《普通混凝土用砂、石质量及检验方法标准》JGJ 52—2006的规定，砂子粒径小于2.5mm，含泥量小于2%。如采用液体类抗裂砂浆，砂含水率小于6%。

（3）密封胶、镀锌绑线（22号）等应符合相应产品标准的要求。

5.2 设备

以4500～5500m² 聚氨酯硬泡外保温为一个施工段，考虑机械设备、工具投入量。

以工程量为参照配备机械设备、工具计划，见表2。

TS现场模浇硬泡聚氨酯外保温面砖饰面施工机械设备、工具清单　　表2

序号	设备名称	单位	数量	备注
1	聚氨酯浇注机	台	2	
2	空压机	台	2	浇注机配套
3	线坠	个	4	（自制）
4	专用模板	块	150	
5	手电锤	把	4	
6	手电钻	把	4	
7	电匹子	把	4	
8	射钉枪	把	1	
9	砂浆搅拌机	台	1	可总包提供
10	强动力吸尘器	台	1	220V, 1.2kW
11	手提电锯	台	3	220V, 0.85kW
12	手提压刨	台	7	220V, 0.75kW
13	电动砂布机	台	8	220V, 0.30kW
14	钢筋剪	把	1	
15	透明胶带	盘	85	
16	380V橡套线	m	五芯	根据现场而定
17	220V橡套线	m	三芯	根据现场而定

注：常用抹灰工具及抹灰检测器具若干，水桶、剪刀、滚刷、铁锹、扫帚、手锤等；常用的检测工具：经纬仪及放线工具、托线板、方尺、探针、钢尺；另外，总包方应配备好垂直运输机械、外墙脚手架、室外操作吊篮等。

5.3 劳动组织

以外保温工程量 4500~5500m² 为一个施工段,考虑劳动力投入量。劳动力安排以每班八小时工作制为基础,以工程量为参照配备(表3)。

劳动力安排及进场计划表 表3

序号	工种名称	按工程施工阶段投入劳动力情况	备注
		每年度正常施工季节	
1	维护电工	1	国家操作证
2	机械修理工	1	国家操作证
3	放线工	1	企业操作证
4	模板工	16	企业操作证
5	浇注工	4	国家保温操作证
6	抹灰工	18	
7	辅助工	22	
8	油漆工	2	
	合计	65	

劳动组织优先采用专业队与混合队承包,专业队须配置维护电工、机械修理工、放线工、模板工、保温浇注工等;混合队须配置抹灰工、辅助工、油漆工等。专业承包队须经国家相关主管部门和保温工程公司(企业内部)经专业培训并考试合格,取得上岗资格。

项目经理带领项目部成员负责对专业承包队和混合承包队的管理。使各承包队间组织协调。

6 质量要求

6.1 TS现场模浇聚氨酯硬泡施工技术系统工程验收

6.1.1 TS现场模浇聚氨酯硬泡外保温工程应按现行国家标准《建筑节能工程施工质量验收规范》GB 50411 及《建筑装饰装修工程质量验收规范》GB 50210 的相关规定进行施工质量验收。

6.1.2 建筑节能工程是建筑工程的一个分部工程,墙体保温工程是建筑节能工程的一个子分部工程。墙体保温子分部工程具体即为 TS 现场模浇聚氨酯硬泡外保温工程,其分项工程应按表4进行划分。

TS聚氨酯硬泡外墙外保温子分部工程和分项工程划分 表4

分部工程	子分部工程	分项工程检验内容
建筑节能工程	TS现场模浇聚氨酯硬泡外墙外保温工程	基层处理,聚氨酯硬泡保温层,变形缝,抗裂找平层,饰面层等

6.1.3 分项工程以墙面每500～1000m² 划分为一个检验批,不足500m² 也应划分为一个检验批;每个检验批每100m² 应至少抽查一处,每处不得小于10m²。细部构造应全数检查。

6.1.4 主控项目:

(1) 所用材料品种、质量、性能应符合设计要求和本规程规定(材料检测报告和出厂合格证)。

(2) 聚氨酯硬泡保温层的厚度应符合设计要求,保温层平均厚度不允许出现负偏差。

(3) 面砖饰面锚固件固定时,锚固件数量、位置、锚固深度和拉拔力应符合设计要求,进行锚固件锚固力现场拉拔试验。

(4) 保温层与墙体以及各构造层之间必须粘结牢固,不应脱层、空鼓及裂缝,面层无粉化、起皮、爆灰。

6.1.5 一般项目:

(1) 进场保温材料与构件的外观和包装完好无损,符合设计要求和产品标准的规定。

(2) 基层应无脱层、空鼓和裂缝,基层应平整、洁净,含水率应符合施工要求。

(3) 聚氨酯基层界面剂喷涂均匀,严禁有漏底现象。

(4) 聚氨酯界面砂浆刮涂厚度均匀,严禁有漏底现象。

(5) 抗裂砂浆中:1)涂料饰面使用的耐碱玻纤网格布的铺贴和搭接应符合设计和施工方案要求;2)面砖饰面使用的镀锌钢丝网的铺贴和对接应符合设计和施工方案要求。

(6) 穿墙套管、脚手架、孔洞等,按照施工方案要求施工。

(7) 阴(阳)角、门窗洞孔及与不同材料交界处等特殊部位按照施工方案要求施工。

(8) 聚氨酯硬泡保温层必须达到熟化时间后方可进行下道工序施工。

(9) 现场浇注聚氨酯硬泡面砖饰面系统允许偏差项目及检查方法见表5。

现场浇注聚氨酯硬泡面砖饰面系统允许偏差项目及检查方法　　表5

项次	项　目	允许偏差(mm)	检查方法
1	立面垂直	4	用2m托线板检查
2	表面平整	4	用2m靠尺及塞尺检查
3	阴阳角垂直	4	用2m托线板检查
4	阴阳角方正	4	用2m靠尺及塞尺检查
5	立面总高度垂直	H/1000 不大于20	用经纬仪及吊线检查
6	上下窗口左右偏移	不大于20	用经纬仪及吊线检查
7	窗口上下偏移	不大于20	用经纬仪及拉通线检查
8	保温层厚度	不允许有负偏差	用针及钢尺检查
9	接缝直线度	3	钢尺检查
10	接缝隙高低差	1	钢尺和塞尺检查
11	接缝宽度	1	钢尺检查

6.1.6 外墙外保温工程竣工验收应提交下列文件:

(1) 外墙外保温系统的设计文件、图纸会审、设计变更和洽商记录;

(2) 施工方案和施工工艺;
(3) 外墙外保温系统的型式检验报告及其主要组成材料的产品合格证、出厂检验报告、进场复检报告和现场验收记录;
(4) 施工技术交底;
(5) 施工工艺记录及施工质量检验记录;
(6) 隐蔽工程验收记录;
(7) 外保温系统的耐候性检验报告(既有);
(8) 其他必须提供的资料。

7 安全措施

7.0.1 外架子上堆放材料不得过于集中,在同一跨度内不超过2人。严格控制脚手架施工荷载。

7.0.2 贴面使用的材料,堆放整齐、平稳,边用边运,不许乱扔。

7.0.3 搅拌机应由专人操作、维修、保养,电气设备绝缘良好,并接地。

7.0.4 不随意拆除、斩断脚手架软硬拉结,不拆除脚手架上的安全措施,经施工现场安全员允许后,才能拆除。

7.0.5 凡从事外保温作业人员必须接受安全知识的教育。

7.0.6 高处作业所用工具、材料严禁投掷,上下立体交叉作业确有需要时,中间须设隔离设施。

7.0.7 搭拆防护棚和安全设施,需设警戒区,有专人防护。

7.0.8 分层施工的楼梯口和梯段边,必须安装临边防护栏杆;顶层楼梯口应随工程结构的进度,安装正式栏杆或者临时栏杆;梯段旁边亦应设置两道栏杆,作为临时护栏。

7.0.9 电梯井口,根据具体情况设防护栏或固定栅门与工具式栅门,电梯井内每隔两层或最多10m设一道安全平网,也可以按当地习惯,在井口设固定的格栅或采取砌筑坚实的矮墙等措施。

7.0.10 施工现场内临时用电的施工和维修必须由经过专门培训取得上岗证专业电工完成,电工等级应与工程的难度和技术复杂性相适应。

8 环保的措施

8.1 创文明施工的技术组织措施

8.1.1 平面管理

严格按照各施工阶段的施工平面布置图规划和管理:
(1) 施工平面图规划具有科学性、方便性,施工现场严格按照文明施工的有关规定管理。
(2) 所有的材料堆场、小型机具的布设均按平面图要求布置,如有调整要征得现场监理或业主的同意。

（3）在做好总平面管理工作的同时，经常检查执行情况，坚持合理的施工顺序，不打乱仗，力求均衡生产。

8.1.2 重点部位的要求

（1）施工现场的文明施工。

（2）施工作业区域内的文明施工。在施工过程中，严格要求各作业班组做到工完场清，以保证施工楼层面没有多余的材料及垃圾。项目经理部派专人对各楼层进行清扫、检查，使每个已施工完的结构面清洁；运入各楼层的材料堆放整齐，保证整个楼面整齐划一。

（3）其他具体措施：

1）施工区、办公区、生活区划分明确，安排合理；

2）现场材料分类标识，堆放整齐；

3）加强施工现场用电管理，严禁乱拉乱接电线，并派专人对电气设备定期检查，对所有不合规范的进行整改，杜绝隐患；

4）现场施工人员按规定统一穿戴安全防护用品及证卡上岗。

8.2 环境保护的技术组织措施

为了保护和改善施工现场的生活环境，防止由于建筑施工造成的作业污染，保障施工现场施工过程的良好生活环境是十分重要的。切实做好建筑施工现场的环境保护工作，主要采取以下措施：

8.2.1 建筑垃圾及粉尘控制的技术措施：

（1）对施工现场并经常洒水和浇水，以减少粉尘污染。

（2）装卸有粉尘的材料时，要洒水湿润或在仓库内进行。

（3）严禁向建筑物外抛掷垃圾，所有垃圾装袋运出。

8.2.2 噪声控制的技术措施：

（1）施工中采用低噪声的工艺和施工方法。

（2）教育操作人员，减少人为噪声污染。

（3）场内采用低噪声机械，一般情况下，晚上10点以后及午休时尽量不施工。

9 效 益 分 析

9.0.1 采用外墙外保温增加室内使用面积近2%，实际相当于降低了单位面积的造价，其综合造价低于内保温造价。

9.0.2 能够对内部墙体结构很好地保护，减少主体结构产生裂缝、变形的机率，减少维修费用。

9.0.3 由于保温材料导热系数低，具有良好的保温效果，避免了局部热桥，可以降低采暖供热的能耗，节约能源。

10 应 用 实 例

10.0.1 御翠豪庭小区位于上海市古北新区Ⅰ～Ⅱ区西北角的地块,北为红宝石路,东为规划路银珠路,南临规划步行街黄金城道,西为绿化带及古北路。总建筑面积194469m²,外保温面积129653m²,节能要求达到65%,开工时间是2006年8月。该工程外墙保温采用哈尔滨天硕建材工业有限公司TS现场模浇聚氨酯硬泡外墙外保温做法,外饰面粘结面砖和涂料。

10.0.2 采用TS现场模浇聚氨酯硬泡外保温的其他工程见表6。

工 程 实 例　　　　　表6

序号	工程名称	建筑面积或装修总面积(m²)	施工日期
1	杭州绿城金桂大厦	10000	2005.5
2	北京东旭新村别墅	2100	2005.11
3	烟台莱阳阳光城66号别墅	1000	2006.8
4	内蒙古长山豪金矿项目	5400	2006.9
5	上海好世鹿鸣苑小区	48896	2007.3
6	上海御翠豪庭小区	194469	在建

轻质砂蒸压加气混凝土砌块填充墙粘合法施工工法

浙江宝业建设集团有限公司
俞廷标 朱良锋 王荣富 陈 力 叶小倩

1 前 言

建筑墙体改革，是改变我国数千年一直沿用的"秦砖汉瓦"历史，节约土地资源与能源，实现可持续发展战略的一项重要工作。2004年3月初，国家发展改革委、国土资源部、建设部、农业部四部联合发布《关于印发进一步做好禁止使用实心黏土砖工作的意见的通知》，禁止实心黏土砖的使用，推广节能、环保等新型墙体材料的使用。本公司根据在绍兴县行政中心办公楼、绍兴县天汇广场、杭州黄龙综合楼等工程的施工经验，提出轻质砂蒸压加气混凝土砌块填充墙粘合法施工的工艺，整理出本工法。

2 适 用 范 围

2.0.1 适用于室内走廊、隔墙及非承重填充墙。
2.0.2 不适用于外墙及承重内墙的墙体工程。

3 工艺原理及特点

3.0.1 轻质砂蒸压加气混凝土砌块填充墙，是以采用轻质砂蒸压加气混凝土砌块（以下简称"轻砌块"）为墙体块材，以轻砌块专用的水泥基胶粘剂为粘结材料进行组砌的墙体。

3.0.2 轻砌块内部为独立的封闭小孔，直径为1~2mm，故墙体的自重轻，保温隔热性能优良，隔声和防火性能均优于普通混凝土砌块墙体。

3.0.3 轻砌块的胶粘剂是工厂生产的粉末状水泥基胶粘剂，施工时加水拌合即可，砌筑轻砌块时不需用水湿润，克服了以往使用水泥砂浆存在的砌块需要预先湿润，砂浆配合比不稳定，费力、费时的缺点。

3.0.4 轻砌块与胶粘剂均为工厂化生产，砌块外形尺寸规整，专用胶粘剂的涂层较薄，易保证砌体的平整度和整体性。

3.0.5 采用胶粘剂的墙体的水平灰缝和竖直灰缝厚度均比砂浆砌体的灰缝厚度薄。水平灰缝、竖直灰缝的厚度为2~5mm，能有效减少墙体收缩裂缝的产生。

3.0.6 墙面无需抹灰，可以直接批刮腻子，涂刷内墙涂料饰面，节约工程费用。

3.0.7 施工便捷。一块 600mm×150mm×300mm 型轻砌块相当于 18 块普通黏土标准砖体积，并可连续砌筑，能大大提高砌筑速度，降低劳动力成本。轻砌块可锯、钻、钉、挂、镂等，便于管线埋设和二次装修，方便施工。

3.0.8 有利于节能环保。墙体砌块原材料为天然材料，在生产、运输和使用过程中污染小，施工时用水量少，能源消耗低。砌筑施工前对所有墙面在施工图上进行编号、排版，根据砌块的大小及用量，进行合理的切割，使施工所产生的边角零料量大大减少。

4 材料、工具

4.1 材料

4.1.1 轻砌块。绝干密度为 $400\sim650 kg/m^3$，由专业的建材厂家生产，其主要的技术参数见表1、表2。

砌块的规格尺寸(mm)　　　　　　　　　　　　　　　表1

尺　寸	大块(D)	小块(K)
长度 L	600	600
宽度 B	100	100，125，150，200，250，300
高度 H	600，500	200，250，300

砌块尺寸偏差和外观质量指标　　　　　　　　　　　表2

项　目		指　标		
		优等品(A)	一等品(B)	合格品(C)
尺寸允许偏差(mm)	长度 L	±1	±2	±3
	宽度 B	±0.5	±1	±2
	高度 H	±1	±1	±2
缺棱掉角	处数≤	0	1	2
	最大尺寸(mm)≤	0	30	50
平面弯曲(mm)≤		0	1	2
油污		不得有		
裂缝	条数≤	0	0	1

4.1.2 胶粘剂。一般由生产轻砌块的专业建材厂家配套生产，质量可靠，具体技术指标见表3。

胶粘剂施工技术参数指标　　　　　表3

项　目	技术参数及指标
混合比	50kg专用胶粘剂需加入12～15L水
有效使用时间	气温25℃时，拌合后应在2h内用完，若拌制时间超过2.5h，须重新搅拌
涂覆量	灰缝涂覆厚度2～5mm，使用600mm×250mm×125mm轻砌块时，胶粘剂用量为3.5kg/m²
搅拌时间	用手电钻加ϕ12mm圆钢自制搅拌头的搅拌机搅拌2～4min
包装及储存	每包重50kg，在干燥处储存时间约为4个月

4.2 工具

操作工具见表4。

操作工具　　　　　表4

工具名称	功　能	每一作业组用量
手提式电动切割机	切割砌块	1台
钢齿磨板	刨削砌块	1块
砂磨板	磨平砌块表面	1块
毛刷	清除砌块表面粉尘	1把
水平尺	定位砌块	1把
细线	控制墙面水平度和平整度	2卷
批灰勺	批灰	1把
刮灰刀	清除灰缝处挤出的胶粘剂	1把
橡皮手锤	控制平整度，敲紧砌块	1把
冲击手电钻	在混凝土柱或墙上钻孔	1把
托线板	控制墙面垂直度和平整度	1副

5　工艺流程

墙面编号，排版→基层清理，找平，放线，立皮数杆→拌制胶粘剂→砌筑，校正→与钢筋混凝土墙或柱连接→与钢筋混凝土梁、板底连接→门窗框的安装→墙体暗敷管线。

6　工艺操作要点

6.0.1　墙面编号，排版。砌筑施工前对所有墙面进行电脑排版、编号，根据砌块的大小及用量，进行合理的切割，降低施工产生的边角零料量。

6.0.2　基层清理，找平，放线，立皮数杆。砌筑前应先清理基层，将基层用C20细石混凝土或1∶3水泥砂浆找平，弹出墙的中轴线、边线及门、窗洞口的位置线，并根据开间尺寸进行水平排缝，依据砌体净高设计皮数杆，确保组砌方式最佳。

6.0.3　拌制胶粘剂。将胶粘剂倒入灰桶，按比例加水，搅拌至均匀(约3min)，拌合后胶粘剂即可使用。应根据现场用量，拌制胶粘剂，拌制的胶粘剂最好在2h时内用完，拌制时间若超过2.5h，则应加适量胶粘剂粉料及水重新拌制。

6.0.4 砌筑，校正。砌筑每楼层的第一皮轻砌块前，应先用水润湿基面，然后用1:3水泥砂浆铺砌，轻砌块的垂直灰缝应批刮胶粘剂，并以水平尺、橡皮手锤校正轻砌块的水平和垂直度。第二皮轻砌块的砌筑，须待第一皮轻砌块水平灰缝的砌筑砂浆初凝后方可进行。砌筑时，轻砌块底面水平下落，就位时手扶控制，对准位置缓慢放下，用橡皮手锤轻击，使轻砌块符合准线要求为止。每层应从转角或定位轻砌块处开始砌筑，砌一块，校正一块，皮皮拉线，控制砌体标高和表面平整度。

6.0.5 与钢筋混凝土墙或柱连接。采用在混凝土墙体或柱上植筋法与砌体连接。先在轻砌块隔皮水平缝标高处的混凝土墙、柱上用冲击手电钻打孔，孔深60～80mm，孔径6～8mm，清除孔内粉尘，注入结构胶后，插入长1m、ϕ^b4～ϕ^b5的钢丝，做法见图1。

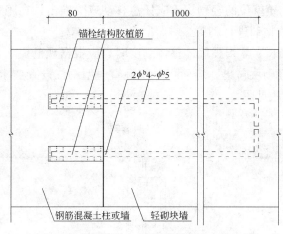

图1 轻砌块墙体与钢筋混凝土墙、柱连接

6.0.6 与钢筋混凝土梁、板底连接。轻砌块墙顶面与钢筋混凝土梁或板底面间应预留10～25mm孔隙，然后在墙顶中间部位每隔600mm用经防腐处理的木楔楔紧固定，再在木楔两侧用水泥砂浆或玻璃纤维棉、矿棉和PU发泡剂嵌严。

6.0.7 门窗框的安装。砌筑时，在门窗洞两侧的墙体按上、中、下位置每边砌入带防腐木砖的C20混凝土块。普通木门窗安装时，用钉子将门窗框与预制混凝土块连接固定。塑钢、铝合金门窗安装时，用尼龙锚栓或射钉将塑钢、铝合金门窗框连接铁件与预制混凝土块固定，框与砌体之间的缝隙用PU发泡剂填充(图2)。

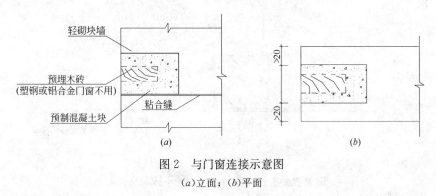

图2 与门窗连接示意图
(a)立面；(b)平面

6.0.8 墙体暗敷管线。敷设管线须待墙体完成并达到一定强度后方可进行。开槽时应使用手提式电动切割机并辅以手工镂槽器。凿槽时与墙面夹角不得大于45°，开槽深度不宜超过墙厚的1/3。敷设管线后的槽应用1：3水泥砂浆填实，宜比墙面微凹2mm，再用胶粘剂补平，沿槽长外贴宽度不小于100mm的玻璃纤维网格布增强。

6.0.9 砌筑注意事项：

（1）每块轻砌块砌筑时，应将砌块对正准线，上下对齐，用橡皮锤轻击，用水平尺找平，并做到上下皮砌块错缝搭接，其搭接长度一般不宜小于轻砌块长的1/3，特殊部位不小于100mm。

（2）砌体转角和交接处应同时砌筑，对不能同时砌筑而又必须留设的临时间断处，应砌成斜槎。接槎时先清理槎口，然后铺胶粘剂接砌。

（3）施工时，已砌筑就位的轻砌块不应任意移动或受撞击，在施工完毕30min后，若需校正，应重新铺抹胶粘剂进行砌筑。

（4）若轻砌块墙较长，需增强墙体整体刚度时，应根据规范要求在墙长的中间部位设置型钢柱，型钢柱由轻砌块包裹，墙面仍平整顺直。型钢柱设置要求：墙长大于6m，或墙高大于4m。具体做法见图3。

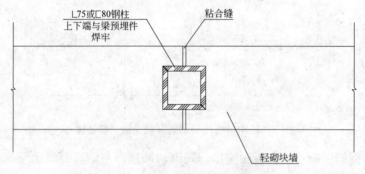

图3 型钢柱做法（平剖面）

（5）跨度小于1000mm的非承重过梁可采用梁高250mm的轻砌块专用过梁；跨度大于1000mm，小于1500mm的非承重过梁，可采用梁高400mm的专用过梁。

（6）批刮腻子时，轻砌块与钢筋混凝土柱的连接做法如图4所示。

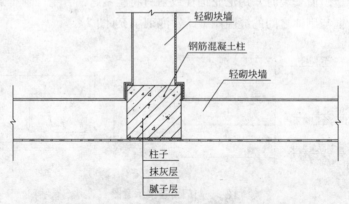

图4 钢筋混凝土柱抹灰与轻砌块墙不抹灰交接处做法

(7) 装饰踢脚线块材太厚时，可用钢齿磨板将该部位的轻砌块磨薄后，再用胶粘剂镶贴踢脚板块，这样踢脚线出墙厚度符合设计及规范要求，能达到理想的观感效果。

7 劳动组织

一个砌筑工人，配备两个辅工，负责拌浆、供灰、运输砌块、清理现场及其他辅助工作等。

8 质量检验评定标准

8.1 主控项目

轻砌块外形应符合要求，轻砌块、胶粘剂的强度应符合设计要求。

检验方法：检查材料的产品合格证、产品性能检测报告和复验报告。

8.2 一般项目

8.2.1 砌体一般尺寸的允许偏差应符合表5的规定。

砌体允许偏差　　　　　表5

序号	项目		允许偏差(mm)	检验方法
1	轴线位置偏移		5	用经纬仪或拉线和尺量检查
2	垂直度	高度≤3m	3	用2m托线板检查
		高度>3m	4	用2m托线板检查
3	表面平整度		3	用2m靠尺和楔形塞尺检查
4	水平灰缝平直度		4	灰缝上口用10m长的线拉直并用尺检查，不足10m拉通线
5	门窗洞口（后塞框）	宽度	±4	用尺量检查
		高度	±4	

抽检数量：对表中1、4项，在检验批的标准间中随机抽查10%，但不应少于3间；大面积房间和楼道按两个轴线或每10延长米为一标准间计数。每间检验不应少于3处。对表中的其他项，在检验批中抽检10%，且不应少于5处。

8.2.2 灰缝厚度、饱满度应满足表6的要求。

抽验数量：每步架子不少于3处，且每处不应少于3块。

灰缝饱满度要求　　　　　表6

灰缝及厚度(mm)	饱满度及要求	检验方法
水平缝2~5	≥85%	用百格网检查轻砌块底面、顶面及侧面胶粘剂粘结痕迹面积
垂直缝3~5	≥80%	

8.2.3 轻砌块砌体不应与其他块材混砌。

抽检数量：在检验批中抽检20%，且不应小于5处。

检验方法：观察检查。

8.2.4 砌体留置的拉结钢筋的位置应与块体皮数相符合。拉结钢筋应置于灰缝中，埋置长度应符合设计和规范要求，竖向位置偏差不应超过一皮高度。

抽检数量：在检验批中抽检20%，且不应少于5处。

检验方法：观察和用尺量检查。

8.2.5 砌筑时应错缝搭砌，搭砌长度不应小于轻砌块长的1/3，竖向通缝不应大于2皮。

抽检数量：在检验批的标准间中抽查10%，且应不少于3间。

检查方法：观察和用尺量检查。

8.2.6 墙体砌至接近梁、板底时，应留10～25mm的孔隙，待墙体砌筑完并至少间隔3d后，再用防腐木楔每隔600mm楔紧固定，木楔两侧用水泥砂浆或玻璃纤维棉、矿棉、PU发泡剂嵌严。

抽检数量：每验收批抽查10%墙片，且不应少于3片墙。

检验方法：观察检查。

9 安 全 技 术

9.0.1 搅拌胶粘剂时应避免五级及以上大风或改在室内搅拌。

9.0.2 搭设砌墙架子必须有详细的施工方案，参加搭设架子的人员必须经培训合格，持证上岗。

9.0.3 施工现场的脚手架、防护设施、安全标志和警告牌，不得擅自拆动。

9.0.4 遇到恶劣气候（如大风），影响安全施工时，禁止高空作业。

10 技术经济分析

10.1 经济效益

采用轻砌块的内填充墙自重轻，故能有效减轻建筑物的自重，减少建筑物基础和结构的投资，降低施工劳动强度。轻砌块采用胶粘剂粘合，灰缝厚度比采用砂浆砌筑薄，胶粘剂与轻砌块的兼容性好，粘结力强，能有效克服墙体裂缝。墙面可不做抹灰，直接批刮腻子，涂刷内墙涂料饰面，能缩短工期。另外，切割后的剩余废料可经打碎后用作铺设屋面找坡层。

10.2 社会效益

轻砌块在生产、运输和使用过程中均无污染，施工用水量少。施工前对所有墙体编号，进行合理的排版和布局，使边角零料的产量大大减少。并且其墙体的保温、隔热、隔声、防火性能优良，100mm厚的墙体就能达到黏土砖一砖半墙厚的保温隔热效果，减少结构自重的同时，还能增加建筑空间。故是新型的绿色、环保、节能墙体，具有较好的社会效益。

11　工程应用实例

11.0.1　绍兴县行政中心办公大楼工程：该工程主楼建筑面积33680m^2，高49.3m，地上11层，地下1层，采用框架剪力墙结构，室内走廊及办公室隔墙均为125mm厚轻砌块，内墙面积7000余m^2，用高级乳胶漆饰面，该轻砌块填充墙砌筑自2002年5月19日开始至2002年6月23日结束。经全面的质量检查，砌体无明显裂缝，砌体垂直度合格率达95％，平整度合格率达94％。一个工日（8h）能砌筑11～12m^2，比砖砌体提高工效30％左右（砖砌体一个工日能砌筑8m^2）。

11.0.2　绍兴县天汇广场工程：该工程主楼建筑面积43280m^2，地上4层，地下1层，框架剪力墙结构。室内走廊、楼梯、防火墙以及办公室隔墙均为轻砌块，墙厚从100～240mm不等。内墙面积19000余m^2。该轻砌块填充墙砌筑自2003年7月1日开始至2003年8月2日结束。经全面的质量检查，砌体无明显裂缝，砌体垂直度合格率达92％，平整度合格率达96％。一个工日（8h）能砌筑11～12m^2。

TS 现场模浇聚氨酯硬泡外墙外保温涂料饰面施工工法

哈尔滨天硕建材工业有限公司
康玉范　霍树运

1　工法特点

　　TS 现场模浇聚氨酯硬泡外墙外保温涂料饰面系统保温层，采用低氟或无氟双组分聚氨酯，模板成型限制自由发泡工艺，在有侧压条件下成型，密度均匀，具有较高的抗压强度，无平行墙面分层现象，适合各种基层墙体，墙体表层无严重质量缺陷，不需找平。模板设计为可调边框，采用标准化模板防粘技术，现场无须清理。阴、阳角处用专用模板直接成型，表面平整度、线角精度高，尺寸稳定，收缩率小，保温层厚度在 20～150mm 范围内任意调整。聚氨酯硬泡保温层无空腔、无拼缝连接，导热系数 0.18～0.024W/(m·K)，保温、隔热效果良好。聚氨酯硬泡界面剂可提高粘结力，同时提高保温层强度。
　　保护层采用抗裂砂浆夹耐碱玻纤网格布，并涂复柔性腻子、弹性防水涂料饰面层。
　　既有建筑外墙可以直接施工，高效节能，持久稳定，形成层层防水、层层抗裂、抗风压、抗冻胀、耐久、耐候；热工性能长期稳定，工程安全长期可靠，构成综合技术优势。

2　适用范围

　　本工法用途广泛，既能用于公共建筑，也可用于住宅及既有建筑改造工程在外墙表面上直接施工；可用于多层建筑，尤宜用于高层建筑外墙面施工；既可用于北方采暖地区，也可用于南方各地，沿海多雨地区更佳。

3　工艺原理

　　本技术系统采用标准化防粘模板技术，将双组分硬泡聚氨酯现场浇注在预先安装好的模板腔内，在基层墙体表面构成保温层。聚氨酯表面进行界面处理，解决有机与无机材料之间的粘结难题。保护层采用抗裂砂浆复合耐碱玻纤网格布，并涂复柔性腻子、弹性防水涂料饰面层。
　　TS 现场模浇聚氨酯硬泡外墙外保温涂料饰面系统构造见表 1。

TS现场模浇聚氨酯硬泡外墙外保温涂料饰面系统基本构造 表1

基层墙体	构 造 示 意 图				
	界面层	保温层	抗裂保护层	饰面层	
混凝土墙或砌体墙（砌体墙需用水泥砂浆找平）①	TS226基层界面剂②	固定模板浇注硬泡聚氨酯③＋TS227聚氨酯界面砂浆④	TS20R抗裂砂浆夹耐碱玻纤网格布⑤＋TS203柔性腻子⑥	涂料饰面⑦	①②③④⑤⑥⑦

4 工艺流程和操作要点

4.1 施工工艺流程（见图1）

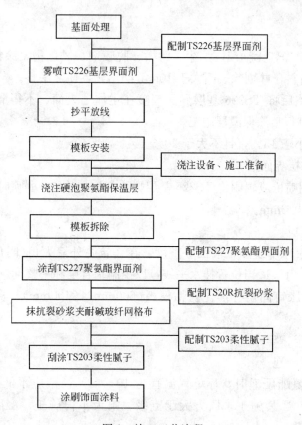

图1 施工工艺流程

4.2 操作要点

4.2.1 施工准备

（1）基层墙体应符合现行国家标准《混凝土结构工程施工质量验收规范》GB 50204—2002 和《砌体工程施工质量验收规范》GB 50203—2002 的要求。

（2）墙面应清理干净，清洗油渍，清扫浮灰等。墙面松动、风化部分应剔出干净。墙面平整度控制在±3mm 以下。如墙面偏差过大，应用水泥砂浆找平。

（3）填充砌体与混凝土框架墙、梁、柱的连接处，铺镀锌钢丝网抹砂浆抗裂。

（4）外门窗专业施工队将外门窗矫正完毕后立即进行加固、注单组分发泡胶于框墙面的交接处，以利于对框体有一个良好的嵌固作用。

（5）各种依附外墙的水落管卡、空调机架、穿墙套管等，须在外保温施工前，安装预埋就位。

（6）主体结构的变形缝应提前做好处理。

（7）电动吊篮或专用保温施工脚手架的安装应满足施工作业要求，经调试运行安全无误、可靠，并配备专职安全检查和维修人员。

（8）编制施工方案，确定质量目标，制定各种保障措施，提出相应计划、组织操作人员培训，做出样板墙。

4.2.2 施工要点

（1）基层处理

1）墙面应清理干净，无油渍、浮尘、污垢、脱膜剂、风化物、涂料、防水剂、潮气、泥土等妨碍粘结的材料，并剔除表面大于 10mm 凸出物，使之平整。

2）墙体验收合格后将 TS226 基层界面剂喷在主体墙表面，不得漏涂。厚度约 0.1～0.3mm，涂后 24h 进行喷涂保温层施工。

3）墙面含水率小于 15%，且不大于 20%。

（2）喷涂墙体基层界面剂

墙体验收合格用喷枪或辊刷将 TS226 基层界面剂均匀喷刷，刷喷时须均匀一致，不得漏涂。厚度约 0.1～0.2mm。

（3）安装专用模板

1）根据吊垂线、水平线测量墙面平整度，在建筑物外墙大角（阴角、阳角）及其他必要处挂垂直基准线，每层适当位置挂水平线，以控制垂直度和平整度。

2）TOX 尼龙套胀钉固定标准化防粘模板（600mm×2400mm），从阴角（阳角）开始，支模板顺序由下往上。

3）模板安装稳定、牢靠。

（4）浇注聚氨酯硬泡

1）现场浇注聚氨酯硬泡时，环境气温宜为 10～40℃，但应不低于 10℃，也不高于 40℃，高湿或暴晒下严禁施工，风力大于五级，雨天不得施工，湿度大于 80%时不宜施工。

2) 在浇注前，必须利用浇注机枪嘴自身所具备的功能把模板内的浮灰或砖渣吹出。

3) 开启聚氨酯浇注机将聚氨酯硬泡均匀浇注在模板空腔内，一次浇注成型高度宜为300～500mm，冒出模板的部分应清除掉。

4) 浇注熟化10～15min后拆除模板。聚氨酯硬泡保温层不许虚粘、不许有空鼓、裂纹等缺陷。

5) 聚氨酯硬泡保温层应充分熟化48～72h后，再进行下道工序的施工。

6) 平面浇注采用平模板，阳角采用阳角模板浇注，门窗洞口、凹凸装饰线采用角模板浇注。

7) 女儿墙处保温层双面一直做到护顶。

(5) 刮涂聚氨酯界面剂

聚氨酯硬泡保温层经验收并且在48～72h后，用辊刷均匀地将聚氨酯界面砂浆滚涂于聚氨酯硬泡保温层表面，并用铁抹子压一遍。

4.2.3 TS现场模浇聚氨酯硬泡外保温—涂料饰面操作要点

TS聚氨酯界面砂浆完全干燥24h后施工界面砂浆。

(1) 抹抗裂砂浆保护层及涂料饰面施工

1) 抹抗裂砂浆保护层，总厚度3～5mm。耐碱玻纤网格布尺寸预先裁好。抹抗裂砂浆保护层面积与耐碱玻纤网格布等宽后，用刮杠刮平，立即压入网格布搓浆、压平。网格布垂直使用，搭边宽度不少于50mm，阴阳角搭边宽度不少于200mm，严禁干搭，砂浆饱满度100%（禁止用水泥干粉或喷水压光）。网格布必须平整，无皱折或偏斜，网格布必须靠外侧与分格条两侧对齐。表面平整，隐现耐碱网格布暗格为佳。

2) 上窗口顶应设置滴水沿（槽或线）。

3) 装饰造型、空调机座等部位必须保证流水坡向正确。

4) 窗口阴角、空调机座阴角、落水管固定件等部位均留嵌密封胶槽，槽宽4～6mm，深3～5mm。嵌密封胶，不得漏嵌或不饱满。

5) 分格条（如果有）。用壁纸刀将保温层划深为分格条厚度+2mm，宽为分格条宽度+6mm凹槽。先裁200mm网格布，在凹槽内嵌入聚合物砂浆，把裁好的网格布压入砂浆中，再抹入聚合物砂浆镶嵌分格条，分格条预留厚度是保护层的厚度。分格条两侧网格布压入1～2mm聚合物砂浆中。分格条应平齐，顺直一致。

6) 首层楼采用双层网格布，抗裂砂浆分两遍完成，第一层网格布可采用对接，搓浆后即进行第二层网格布施工。两层网格布缝应错开，严禁干搭，砂浆饱满度100%。

(2) 刮柔性腻子、涂刷涂料饰面

1) 抗裂砂浆保护层完全干燥后，刮柔性腻子。采用刮涂，纵横各一遍，厚度均匀一致，严禁漏涂。各阴阳角处认真涂满。施工厚度1.5mm左右。

2) 涂刷弹性涂料或弹性防水涂料，均匀饱满无起泡、起皮，光洁。

(3) 细部节点构造

细部节点构造见图2。

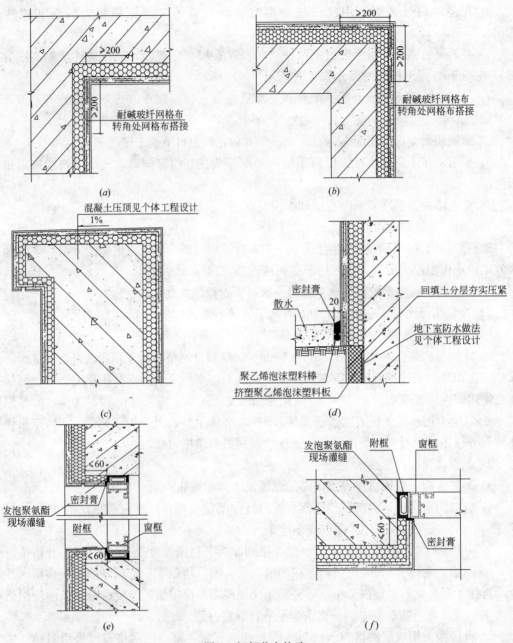

图 2 细部节点构造

(a)阴角；(b)阳角；(c)女儿墙；(d)勒脚；(e)窗上、下口；(f)窗侧口

5 材料与设备

5.1 材料

5.1.1 TS现场模浇聚氨酯硬泡外墙外保温饰面系统应经权威部门大型耐候性试验

验证。

5.1.2 硬泡聚氨酯保温材料。

聚氨酯硬泡外保温系统涂料性能,以及该系统所用墙体基层界面剂、聚氨酯硬泡、聚氨酯界面砂浆的性能指标应符合现行国家标准《聚氨酯硬泡保温防水工程技术规范》GB 50404—2007、《聚氨酯硬泡外墙外保温工程技术导则》的规定。

5.1.3 其他材料。

聚氨酯外保温系统系所用镀锌钢丝网、TOX尼龙套胀钉、耐碱玻纤网格布、抗裂砂浆保护层、瓷砖粘结砂浆、面砖勾缝料、饰面砖、饰面涂料的性能指标应符合国家现行标准《外墙外保温施工技术规程》JG 144—2004、《胶粉聚苯颗粒外墙外保温系统》JG 158—2004 的要求。

5.1.4 辅助用料。

(1) 水泥:应选用符合《通用硅酸盐水泥》GB 175—2007 规定的强度等级为32.5的普通硅酸盐水泥。

(2) 中砂:应符合《普通混凝土用砂、石质量及检验方法标准》JGJ 52—2006 的规定,砂粒径小于2.5mm,含泥量小于2%。如采用液体类抗裂砂浆,砂含水率小于6%。

(3) 密封胶、镀锌钢丝(22号)等,应分别符合相应产品标准的要求。

5.2 设备

以 4500~5500m² 聚氨酯硬泡外保温为一个施工段,考虑机械设备、工具投入量。

以工程量为参照配备机械设备、工具计划,见表2。

TS现场模浇硬泡聚氨酯外保温涂料饰面施工机械设备、工具清单 表2

序号	设备名称	单位	数量	备注
1	聚氨酯浇注机	台	2	
2	空压机	台	2	浇注机配套
3	线坠	个	4	(自制)
4	专用模板	块	150	
5	手电锤	把	4	
6	手电钻	把	4	
7	电批子	把	4	
8	射钉枪	把	1	
9	砂浆搅拌机	台	1	可总包提供
10	强动力吸尘器	台	1	220V,1.2kW
11	手提电锯	台	3	220V,0.85kW
12	手提压刨	台	7	220V,0.75kW
13	电动砂布机	台	8	220V,0.30kW

续表

序号	设备名称	单位	数量	备注
14	钢筋剪	把	1	
15	透明胶带	盘	85	
16	380V橡套线	米	五芯	根据现场而定
17	220V橡套线	米	三芯	根据现场而定

注：常用抹灰工具及抹灰检测器具若干、水桶、剪刀、滚刷、铁锹、扫帚、手锤等；常用的检测工具：经纬仪及放线工具、托线板、方尺、探针、钢尺；另外，总包方应配备好垂直运输机械、外墙脚手架、室外操作吊篮等。

5.3 劳动组织

以外保温工程量在 4500～5500m² 为一个施工段，考虑劳动力投入量。劳动力安排以每班 8 小时工作制为基础，以工程量为参照配备（表3）。

劳动力安排及进场计划表   表3

序号	工种名称	按工程施工阶段投入劳动力情况	备注
		每年度正常施工季节	
1	维护电工	1	国家操作证
2	机械修理工	1	国家操作证
3	放线工	1	企业操作证
4	模板工	16	企业操作证
5	浇注工	4	国家保温操作证
6	抹灰工	18	
7	辅助工	22	
8	油漆工	2	
	合计	65	

劳动组织优先采用专业队与混合队承包，专业队须配置维护电工、机械修理工、放线工、模板工、保温浇注工等；混合队须配置抹灰工、辅助工、油漆工等。专业承包队须经国家相关主管部门和保温工程公司（企业内部）经专业培训并考试合格，取得上岗资格。

项目经理带领项目部成员负责对专业承包队和混合承包队的管理。使各承包队间组织协调。

6 质 量 控 制

6.1 TS 现场模浇聚氨酯硬泡施工技术系统工程验收

6.1.1 TS 现场模浇聚氨酯硬泡外保温工程应按现行国家标准《建筑节能工程施工质

量验收规范》GB 50411 及《建筑装饰装修工程质量验收规范》GB 50210 的规定进行施工质量验收。

6.1.2 建筑节能工程是建筑工程的一个分部工程,墙体保温工程是建筑节能工程的一个子分部工程。墙体保温子分部工程具体即为 TS 现场模浇聚氨酯硬泡外保温工程,其分项工程应按表 4 进行划分。

TS 聚氨酯硬泡外墙外保温子分部工程和分项工程划分 表 4

分部工程	子分部工程	分项工程检验内容
建筑节能工程	TS 现场模浇聚氨酯硬泡外墙外保温工程	基层处理,聚氨酯硬泡保温层,变形缝,抹面层,饰面层等

6.1.3 分项工程以墙面每 500～1000m^2 划分为一个检验批,不足 500m^2 也应划分为一个检验批;每个检验批每 100m^2 应至少抽查一处,每处不得小于 10m^2。细部构造应全数检查。

6.1.4 主控项目:

(1) 所用材料品种、质量、性能应符合设计要求和本规程规定(材料检测报告和出厂合格证)。

(2) 聚氨酯硬泡保温层的厚度应符合设计要求,保温层平均厚度不允许出现负偏差。

(3) 保温层与墙体以及各构造层之间必须粘结牢固,不应脱层、空鼓及裂缝,面层无粉化、起皮、爆灰。

6.1.5 一般项目:

(1) 进场保温材料与构件的外观和包装完好无损,符合设计要求和产品标准的规定。

(2) 基层应无脱层、空鼓和裂缝,基层应平整、洁净,含水率应符合施工要求。

(3) 聚氨酯基层界面剂喷涂均匀,严禁有漏底现象。

(4) 聚氨酯界面砂浆刮涂厚度均匀,严禁有漏底现象。

(5) 抗裂砂浆中:1)涂料饰面使用的耐碱玻纤网格布的铺贴和搭接应符合设计和施工方案要求;2)穿墙套管、脚手架、孔洞等,按照施工方案要求施工。

(6) 阴(阳)角、门窗洞孔及与不同材料交界处等特殊部位按照施工方案要求施工。

(7) 聚氨酯硬泡保温层必须达到熟化时间后方可进行下道工序施工。

(8) 现场浇注聚氨酯硬泡涂料饰面系统允许偏差及检验方法见表 5。

现场浇注聚氨酯硬泡涂料饰面系统允许偏差项目及检验方法 表 5

项次	项 目	允许偏差(mm)	检查方法
1	立面垂直度	4	用 2m 托线板检查
2	表面平整	4	用 2m 靠尺及塞尺检查
3	阴阳角垂直	4	用 2m 托线板检查
4	阴阳角方正	4	用 2m 靠尺及塞尺检查
5	立面总高度垂直	H/1000 不大于 20	用经纬仪,吊线检查

续表

项次	项 目	允许偏差(mm)	检查方法
6	上下窗口左右偏移	不大于20	用经纬仪，吊线检查
7	窗口上下偏移	不大于20	用经纬仪，拉通线检查
8	保温层厚度	不允许有负偏差	用针，钢尺检查
9	分格条(缝)平直	3	用5m小线和尺量检查

6.1.6 外墙外保温工程竣工验收应提交下列文件：
(1) 外墙外保温系统的设计文件、图纸会审、设计变更和洽商记录；
(2) 施工方案和施工工艺；
(3) 外墙外保温系统的型式检验报告及其主要组成材料的产品合格证、出厂检验报告、进场复检报告和现场验收记录；
(4) 施工技术交底；
(5) 施工工艺记录及施工质量检验记录；
(6) 隐蔽工程验收记录；
(7) 外保温系统的耐候性试验报告及系统的热阻检验报告；
(8) 其他必须提供的资料。

7 安 全 措 施

7.0.1 外架子上堆放材料不得过于集中，在同一跨度内不超过2人。严格控制脚手架施工荷载。

7.0.2 贴面使用的材料，堆放整齐平稳，边用边运，不许乱扔。

7.0.3 搅拌机应有专人操作、维修、保养，电气设备绝缘良好，并接地。

7.0.4 不随意拆除、斩断脚手架软硬拉结，不拆除脚手架上的安全措施，经施工现场安全员允许后，才能拆除。

7.0.5 凡从事外保温作业人员必须接受安全知识的教育。

7.0.6 高处作业所用工具、材料严禁投掷，上下立体交叉作业确有需要时，中间须设隔离设施。

7.0.7 搭拆防护棚和安全设施，需设警戒区，有专人防护。

7.0.8 分层施工的楼梯口和梯段边，必须安装临边防护栏杆，顶层楼梯口应随工程结构的进度，安装正式栏杆或者临时栏杆；梯段旁边亦应设置两道栏杆，作为临时护栏。

7.0.9 电梯井口，根据具体情况设防护栏或固定栅门与工具式栅门，电梯井内每隔两层或最多10m设一道安全平网，也可以按当地习惯，在井口设固定的格栅或采取砌筑坚实的矮墙等措施。

7.0.10 施工现场内临时用电的施工和维修必须由经过专门培训取得上岗证专业电工完成，电工等级应与工程的难度和技术复杂性相适应。

8 环保措施

8.1 创文明施工的技术组织措施

8.1.1 平面管理

严格按照各施工阶段的施工平面布置图规划和管理：

(1) 施工平面图规划具有科学性、方便性，施工现场严格按照文明施工的有关规定管理。

(2) 所有的材料堆场、小型机具的布设均按平面图要求布置，如有调整将征得现场监理或业主的同意。

(3) 在做好总平面管理工作的同时，经常检查执行情况，坚持合理的施工顺序，不打乱仗，力求均衡生产。

8.1.2 重点部位的要求

(1) 施工现场的文明施工。

(2) 施工作业区域内的文明施工。在施工过程中，严格要求各作业班组做到工完场地清，以保证施工楼层面没有多余的材料及垃圾。项目经理部派专人对各楼层进行清扫、检查，使每个已施工完的结构面清洁；运入各楼层的材料堆放整齐，保证整个楼面整齐划一。

(3) 其他具体措施：

1) 施工区、办公区、生活区划分明确，安排合理；

2) 现场材料分类标识，堆放整齐；

3) 加强施工现场用电管理，严禁乱拉乱接电线，并派专人对电气设备定期检查，对所有不合规范的进行整改，杜绝隐患；

4) 现场施工人员按规定统一穿戴安全防护用品及证卡上岗。

8.2 环境保护的技术组织措施

为了保护和改善施工现场的生活环境，防止由于建筑施工造成的作业污染，保障施工现场施工过程的良好生活环境是十分重要的。切实做好建筑施工现场的环境保护工作，主要采取以下措施：

8.2.1 建筑垃圾及粉尘控制的技术措施：

(1) 对施工现场并经常洒水和浇水，以减少粉尘污染。

(2) 装卸有粉尘的材料时，要洒水湿润或在仓库内进行。

(3) 严禁向建筑物外抛掷垃圾，所有垃圾装袋运出。

8.2.2 噪声控制的技术措施：

(1) 施工中采用低噪声的工艺和施工方法。

(2) 教育操作人员，减少人为噪声污染。

(3) 场内采用低噪声机械，一般情况下，晚上10点以后及午休时尽量不施工。

9 效益分析

9.0.1 采用外墙外保温增加室内使用面积近2%,实际相当于降低了单位面积的造价,其综合造价低于内保温造价。

9.0.2 能够对内部墙体结构很好地保护,减少主体结构产生裂缝、变形的机率,减少维修费用。

9.0.3 由于保温材料导热系数低,具有良好的保温效果,避免了局部热桥,可以降低采暖供热的能耗,节约能源。

10 应用实例

采用TS现场模浇聚氨酯硬泡外保温涂料工程见表6。

工程实例　　　　　　　　　　　表6

序号	工程名称	外保温面积(m²)	施工日期
1	烟台莱阳阳光城66号别墅	1000	2006.8
2	内蒙古长山豪金矿项目	5400	2006.9
3	上海御翠豪庭小区	194469	在建
4	上海好世鹿鸣苑小区	48896	2007.3

TS20聚苯颗粒保温材料外墙内保温施工工法

浙江昆仑建设集团股份有限公司
李钧强　劳震宇　陈海虎　余武建

1 前　言

TS20聚苯颗粒材料外墙内保温体系是一种采用TS201界面剂、TS20聚苯颗粒保温浆料、聚合物砂浆夹耐碱玻纤网格布、TS20R聚合物乳液等系统材料在现场成型的新型墙体保温体系。该保温体系包括：TS201界面层、TS20聚苯颗粒保温层、聚合物砂浆夹耐碱玻纤网格布防护层、弹性防水材料层及装饰层等部分，集墙体保温、抗裂防护、装饰功能为一体。采用TS20聚苯颗粒保温材料施工，适用范围广，材料配备齐全，工艺简便、合理，能满足我国大部分地区不同气候条件的建筑节能施工要求。

2 工法特点

2.0.1 聚苯颗粒浆体保温层。聚苯颗粒具有容重轻、导热系数小的良好保温性能。聚苯颗粒浆体保温层材料从提高粘结强度，抗拉强度，提高软化系数，降低线性收缩率等方面，全面提高综合性能水平，确保无空腔粘结，无裂缝、无脱落。

2.0.2 聚合物砂浆夹耐碱玻纤网格布防护层。聚合物砂浆和耐碱性好的增强玻纤网格布形成一层能适应墙体的变形，避免产生裂缝的防护层。其中网格布经纬向抗拉强度一致，所受变形应力均匀向四面分散，增强砂浆的抗拉性能；聚合物砂浆的软化系数高，耐水性好，耐冻融、耐候性好；与基层适应性强，整体性好，干缩率低；干燥快，施工方便；耐火等级高。

3 适用范围

TS20聚苯颗粒保温材料外墙内保温工法适用于不同地区不同气候条件下，多层及高层建筑的钢筋混凝土、加气混凝土、砌块、烧结砖和非烧结砖等的外墙保温工程。

4 工艺原理

聚苯颗粒具有良好的保温效果，本身有一定的弹性，在胶凝材料的包裹下形成一层有一定强度的亚弹性体,可吸收在自然条件下的膨胀、收缩变形。因此,保温层不会出现"空"、"鼓"、"裂"。聚合物砂浆具有良好的弹性,可适应墙体变形,防止产生裂缝。

施工工艺:基层墙体处理──→涂刷 TS201 界面砂浆──→抹 TS20 保温浆料──→抹 TS20R 聚合物砂浆──→贴耐碱玻纤网格布──→涂 TS202 养护液。

5 材 料 性 能

5.0.1 TS201 界面剂性能(表1)。

TS201 界面剂性能　　　　　　　　表 1

项 目	指 标
外观	乳白色液体
pH 值	7~9
粘结强度(MPa)	≥0.5
剪切强度(MPa)	≥0.5

5.0.2 TS20 保温浆体性能(表2)。

TS20 保温浆体性能　　　　　　　　表 2

类别	项 目	指 标
保温层	线性收缩率(%)	≤0.3
	干密度(kg/m²)	≤230
	导热系数[W/(m·K)]	≤0.059
	压缩强度(kPa)	≥250
	抗拉强度(kPa)	≥100
	软化系数(%)	≥70
保护层	抗压强度(MPa)	≥1.0
	粘结强度(MPa)	≥0.5
	憎水率(%)	≥98
	抗冻融	15次不开裂

5.0.3 TS20R 聚合物砂浆性能(表3)。

TS20R 砂浆性能　　　　　　　　表 3

项 目	指 标
砂浆稠度(mm)	80~130
可操作时间(h)	≥2.0
拉伸粘结强度(常温 28d)	≥0.8
过浸水粘结强度(MPa)(常温 28d、浸水 7d)	≥0.6
抗弯曲性(5%)	变形无裂缝
渗透压力比(%)	200

5.0.4 耐碱玻纤网格布性能(表4)。

耐碱玻纤网格布性能　　　　表4

项　目		单　位	指　标
孔径		mm	4×4
			4×5
单位重量		g/m²	≥180
			≥210
抗拉强度	径向	N/50mm	≥800
	纬向		≥1000
耐碱保持率(28d)	径向	%	≥90
	纬向		≥90

5.0.5 TS202养护液性能(表5)。

TS202养护液性能　　　　表5

项　目	指　标
拉伸粘结强度(MPa)	≥0.5
浸水后粘结强度(MPa)	≥0.4
柔韧性(直径30mm)	卷曲无裂缝

5.0.6 32.5级普通硅酸盐水泥：应符合现行国家标准《通用硅酸盐水泥》GB 175—2007的要求。

5.0.7 中砂：应符合《普通混凝土用砂、石质量及检验方法标准》JGJ 52—2006的规定，含泥量小于3%。

6 施工机具及施工条件

施工机具及施工条件见表6。

施工机具及施工条件　　　　表6

施工机械	机具	强制式砂浆搅拌机、手推车、手提搅拌机(喷浆机)			
	工具	剪刀、壁纸刀、抹灰工具、刮杠			
施工条件	环境条件		基层准备	门窗口	安全条件
	温度	湿度	墙面各种埋件施工完成，无交叉作业	门窗安装完毕并验收，节点构造方案确定	脚手架牢固可靠，间距合理
	5~35℃	<80%			

7 工艺流程及操作要点

7.1 材料配制

(1) TS201界面处理砂浆的配制。水泥为普通硅酸盐水泥或硅酸盐水泥，砂为中砂

（砂含泥量不大于2%，含水率不大于6%，砂粒径不大于2.5mm），按 TS201 界面剂：32.5级水泥：砂＝1：1～1.2：1～1.2 配制（重量比），搅拌均匀。搅拌好的界面砂浆 2h 内用完。

（2）TS20 聚苯颗粒保温浆料的配制。先将 38～40kg 水倒入砂浆搅拌机内（加水量不多于40kg），倒一袋 T20 胶粉料搅拌 3～5min 后，再倒入一袋聚苯颗粒搅拌 3～5min，搅拌均匀。

（3）TS20R 聚合物砂浆的配制。TS20R 乳液、中砂、32.5级水泥按 1.0～1.2：1：3 重量比用砂浆搅拌机或手提搅拌器搅拌均匀。配制聚合物砂浆禁止加水，拌好的浆料 2h 内用完，初凝后的浆料禁止使用。

7.2 基层墙面处理施工

（1）墙面应清理干净，去除外墙所有附着物、油污及混凝土梁外胀等缺陷修整合格，凸出物高度控制小于 10mm。

（2）对于混凝土墙体和砌筑填充加气混凝土墙体应满涂界面砂浆。砌体与梁、柱间隙用钢丝网处理，门窗安装完毕并完成局部填平，注发泡保温浆料。

7.3 冲筋、打饼施工

吊垂直、套方找规矩，弹厚度控制线，按垂直和水平控制线拉通线，根据设计要求的保温层厚度，用保温浆料贴饼冲筋，以控制抹灰厚度，达到冲筋、打饼的目的，筋宽 70mm，间距 1000mm，饼直径大于 70mm，间距 400mm，均与保温层等厚。

7.4 胶粉聚苯颗粒保温层施工

（1）胶粉聚苯颗粒保温层厚度 30mm，第一遍 10mm 左右，采用鱼鳞状涂抹，不宜来回拉抹，阴角部位宜从外向内拉抹，各边角部位用力压实。

（2）表面用手按不动时进行保温层第二遍施工（24h 后），第二遍达到设计厚度，用大杠测补局部凹坑，用大杠搓平，阳角部位压实，按线角标准施工，门窗口抹压至门窗框根部。

（3）保温层连续面积大于 36m² 时，按间隔 6m 设一道伸缩缝，用苯板条填充，缝宽 30～40mm。

7.5 聚合物砂浆夹耐碱玻纤网格布防护层施工

抹聚合物砂浆厚度约 3～5mm，大杠刮平用铁抹子压入网格布。网格布必须靠外侧，网格布搭边 50mm，先压入一侧，再抹一些聚合物砂浆压入另一侧，严禁干搭。网格布铺贴要平整、无褶皱，砂浆饱满度达到 100%，不许用水泥干粉或喷水压光，门窗阳角用双层网格布，拌好浆料 2h 内用完。

7.6 分格条施工

用壁纸刀将 TS20 保温层划深为分格条厚度＋2mm，宽为分格条宽度＋6mm 凹槽，分格缝部位的网格布先压入下边后压入上边，将背面涂满聚合物砂浆的分格条压入找正、粘牢,分格条嵌入后不许用水泥干粉或喷水等对分格条边角压光。

7.7 节点施工

装饰造型、空调机座等部位保证流水坡向正确,窗口阴角、空调机座阴角、落水管固定件等部分均留嵌密封胶槽,窗口等节点部位用TS96B密封胶进行密封。

8 劳动组织

宜采用混合队承包,抹灰工,油漆工、机操工、普工按工作项目分工配制。由现场施工员统一调度。

9 质量要求

9.1 主控项目

(1) 所用材料品种、质量、性能应符合要求。
(2) 保温层厚度及构造做法应符合建筑节能设计要求,保温层厚度均匀,不允许有负偏差。
(3) 保温层与墙体以及各构造层之间必须粘结牢固,无脱层、空鼓、裂缝,面层无粉化、起皮、爆灰等现象。

9.2 一般项目

(1) 表面平整、洁净,接茬平整,无明显抹纹,线脚、分层条顺直、清晰。
(2) 墙面所有门窗口、孔洞、槽、盒位置和尺寸正确,表面整齐洁净,管道后面抹灰平整。
(3) 分格条宽度、深度均匀一致,平整光洁,棱角整齐,横平竖直、通顺;滴水线(槽)流水坡向正确,线(槽)顺直。
(4) 空调眼、支架位置准确无误。
(5) 门窗框与墙体间缝隙填塞密实,表面平整。

9.3 保温层和砂浆面层允许偏差(表7)

保温层和砂浆面层允许偏差及检验方法　　表7

项　目	允许偏差(mm)		检验方法
	保温层	面层	
立面垂直	5	3	用2m托线板检查
表面平整	4	2	2m靠尺和楔形尺检查
阴阳角方正	4	2	用2m托线板检查
阴阳角垂直	5	2	20cm方尺和楔形尺检查
厚度	3	—	用直尺和钢针检查

10 安 全 措 施

上岗前进行安全培训，高空作业要系好安全带，戴好安全帽，现场禁止吸烟。

11 技术经济分析

该抹灰工法适用于各种结构的保温施工，不受建筑形状、类型、窗口、门口设置的限制，施工速度快，整体性强，抗裂性能好等优点，综合造价比保温板低，保温性能稳定，耐水、不脱落、材料配套齐全，是一项既具有经济效益，又有社会效益的新技术。

12 工 程 实 例

该外墙内保温工法在旅游·水印城Ⅰ期、Ⅱ期、Ⅲ期工程中应用，共计10栋住宅楼，建筑面积30万m^2，外墙内保温抹灰施工面积达到10万m^2，质量优良，保温效果好。

第三篇
建筑节能企业级施工工法

TS干挂保温装饰复合型板外墙外保温施工工法

哈尔滨天硕建材工业有限公司
浙江湖州市建工集团有限公司
康玉范 霍树运 刘明健 潘洪贵 陈有生 卢伟强 徐 吉 曹顺发

1 工法特点

TS干挂保温装饰复合型板外墙外保温系统采用三维可调镀锌金属组合挂件，实现装饰板相对基面的上下、左右、垂直方向空间位置快速调整和固定，并确保保温层厚度；发泡聚氨酯和硅硐胶将金属挂件完全封闭防腐；装饰板间缝隙用硅硐胶封闭，形成可靠防水构造。保温装饰复合板工厂化生产，装配化施工，标准化保证；保温、防水、装饰一次干挂施工，实现多功能化；现场无湿作业，保温层厚度在20～130mm范围内可调；抗风压、抗冻胀、耐侯寿命长；多种色彩装饰板、耐紫外线性能优异、不褪色，表面具有自洁功能。

2 适用范围

本工法用途广泛，既能用于公共建筑，也可用于住宅及既有建筑改造工程，既可用于北方采暖省区，也可用于南方各地，尤其适宜高档装饰要求的既有公共建筑外保温改造工程。

3 工艺原理

TS干挂保温装饰复合型板外保温系统基本构造见表1。

TS干挂保温装饰复合型板外保温系统基本构造 表1

基层墙体	构造示意图			
混凝土墙或砌体墙（砌体墙需用水泥砂浆找平）	安装可调金属挂件	安装保温装饰复合型板（工厂化生产）+拉铆钉固定	浇注聚氨酯+硅酮胶嵌缝	基层墙体 保温板材（EPS、XPS、EPU-h等） 饰面板材 硅酮密封胶 拉铆钉 三维可调金属挂件 现浇硬质泡沫聚氨酯（EPU-h）

4 工艺流程和操作要点

4.1 施工工艺流程(见图1)

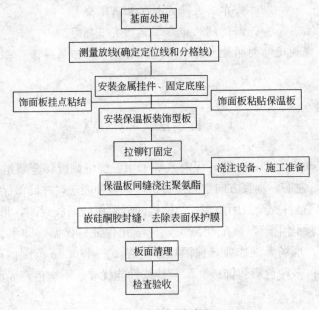

图1 施工工艺流程

4.2 操作要点

4.2.1 施工准备

(1) 安装施工前,核对现场垂直运输设备情况。

(2) 构件贮存时,应依照安装顺序排列,在室外存放时应采取防雨、防潮、防火等保护措施。

(3) 墙体基层检验,去除基层的空鼓部分及凸出基层表面3mm以上的附着物,基层达到施工要求。

(4) 复合板安装前,外门窗已经安装完毕或窗框已经安装固定就位,并符合设计要求,门窗框与墙体间隙已经密封处理。

(5) 核对各节点构造措施,并制定完善施工工艺。

4.2.2 施工要点

(1) 应对外墙保温装饰工程按安装基准进行校核,轴线、分格线的测量应与主体结构测量相配合,其偏差应及时调整,不得累计。

(2) 龙骨采用自上而下的顺序安装,用控制线保证龙骨的立面平整度偏差不超过5mm。

(3) 龙骨料、连接件应检查核对,并满足设计要求,必要时应设置辅助连接;可调龙骨、挂件连接于龙骨，同时还应和基层连接。

（4）龙骨安装固定并经工程检查验收后进行下道工序施工。

（5）保温装饰复合板安装必须随时调整并定位，且与挂件形成最终不可改变位置的固定方式。

（6）保温装饰复合板应保证组装质量，连接牢固，安全可靠。复合板安装时，位置的偏差应控制不大于1.5mm。安装中必须确保保温装饰复合板外观不受损伤。

（7）现场浇注聚氨酯硬泡时，环境气温宜为10～40℃，但应不低于10℃，也不高于40℃，高湿或暴晒下严禁施工，风力大于五级、雨天不得施工，湿度大于80％时不宜施工。浇注聚氨酯保温材料部位不得有漏浇或空洞缺陷。

（8）饰面板块的挂点粘结。饰面板保温层的粘结环境应通风、防尘；其作业温度为15～30℃，但不应低于10℃或高于30℃；其作业湿度不宜大于60％，但不应高于70％。

（9）硅酮胶密封处理前，应及时修整垂直、水平方向直线度，并达到要求。密封胶嵌缝应饱满、密封严密，不得高出板面。硅酮结构密封胶、硅酮耐候密封胶应有与所接触材料的相容性报告。

（10）细部节点构造（见图2）。

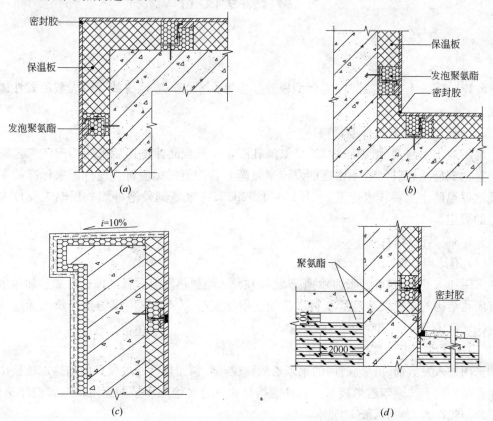

图2 细部节点构造（一）
(a)阳角；(b)阴角；(c)女儿墙；(d)勒角

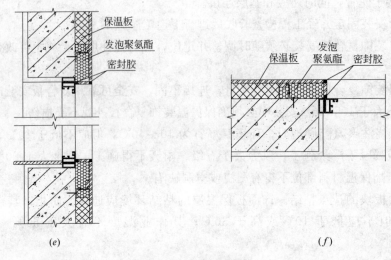

图 2 细部节点构造(二)
(e)窗上、下口；(f)窗侧口

5 材料与设备

5.1 材料

5.1.1 TS干挂保温装饰复合型板外保温饰面系统，应经权威部门大型耐候性试验验证。

5.1.2 硬泡聚氨酯保温材料：

采用加入发泡剂(可膨胀性)的聚氨酯乳液，经机械高速搅拌后采用喷或注工艺发泡成型且达到硬质(高回弹)干密度的发泡聚氨酯。其性能指标应符合现行国家标准《聚氨酯硬泡保温防水工程技术规范》GB 50404—2007、《聚氨酯硬泡外墙外保温工程技术导则》的规定。

5.1.3 其他材料：

(1) 泡沫聚苯板

采用加入发泡剂(可膨胀性)的聚苯乙烯颗粒，经预热发泡后置入模具内加热加压生成具有闭孔结构的发泡聚苯乙烯板材。其性能指标应符合《绝热用模塑型聚苯乙烯泡沫塑料》GB/T 10801.1—2002 EPS的要求。

(2) 挤塑聚苯板

采用加入发泡剂(可膨胀性)的聚苯乙烯颗粒，经预加热后通过模具内加热加压挤出具有闭孔结构的泡沫聚苯乙烯板材。其性能指标应符合《绝热用挤塑型聚苯乙烯泡沫塑料》GB/T 10801.2—2002 XPS的要求。

(3) 胶粘剂

建筑外檐可饰面板材，采用天硕产品专用干挂胶粘剂，按设计构造做法，按同类板材粘结挂点的专用干挂胶粘剂。

(4) 硅酮胶

建筑外檐饰面板材，其板缝填嵌天硕产品，专用防水耐候硅酮胶。

5.2 设备

以 4500～5500m² 聚氨酯硬泡外保温为一个施工段，考虑机械设备、工具投入量。以工程量为参照制定机械设备、工具计划，见表2。

TS干挂保温装饰复合型板外保温施工机械设备工具清单 表2

序号	设备名称	单位	数量	备注
1	聚氨酯浇注机	台	2	
2	空压机	台	2	浇注机配套
3	线坠	个	4	（自制）
4	电动切割工具	台	2	
5	电动胶粘剂搅拌器	台	4	
6	手电钻	把	4	
7	电批子	把	4	
8	射钉枪	把	1	
9	注胶压力枪	把	4	
10	强动力吸尘器	台	1	220V, 1.2kW
11	手提电锯	台	3	220V, 0.85kW
12	手提压刨	台	7	220V, 0.75kW
13	电动砂布机	台	8	220V, 0.30kW
14	钢筋剪	把	1	
15	透明胶带	盘	85	
16	380V橡套线	m	五芯	根据现场而定
17	220V橡套线	m	三芯	根据现场而定

注：常用抹灰工具及抹灰检测器具若干、水桶、剪刀、滚刷、铁锹、扫帚、手锤等；常用的检测工具：经纬仪及放线工具、托线板、方尺、探针、钢尺；另外，总包方应配备好垂直运输机械、外墙脚手架、室外操作吊篮等。

5.3 劳动组织

以外保温工程量在 4500～5500m² 为一个施工段，考虑劳动力投入量。劳动力安排以每班八小时工作制为基础，以工程量为参照配备(表3)。

劳动组织优先采用专业队与混合队承包，专业队须配置维护电工、机械修理工、放线工、安装保温装饰板工、保温浇注工等；专业承包队须经国家相关主管部门和保温工程公

劳动力安排及进场计划表　　　　　　　表3

序号	工种名称	按工程施工阶段投入劳动力情况（人） 每年度正常施工季节	备注
1	维护电工	1	国家操作证
2	机械修理工	1	国家操作证
3	放线工	4	企业操作证
4	安装装饰板工	16	企业操作证
5	浇注工	4	国家保温操作证
6	辅助工	22	
	合计	58	

司（企业内部）专业培训并考试合格，取得上岗资格。

项目经理带领项目部成员，负责对专业承包队和混合承包队的管理。

6 质量控制

6.1 一般规定

6.1.1 TS外保温干挂材料、饰面板材、部品配件等应符合设计要求或合同约定，且必须在监理监督下实行进场验收；进场验收时，应检查有效的产品生产日期、出厂合格证、企业标准、技术性能检测报告等资料，并按国家现行产品标准进行抽验并记录。

6.1.2 TS外保温干挂的保温材料应按现行产品标准进行密度、压缩（10%）强度、阻燃（自熄）性等复试，镀锌自胀钢锚栓的锚固应按现行国家标准《建筑工程饰面砖粘结强度检验标准》JGJ 110 的规定进行拉拔检测。

6.1.3 TS外保温干挂在建筑节能工程中子分部、分项工程中的划分应符合表4的规定。

TS外保温干挂在建筑节能工程中子分部、分项工程中的划分　　　表4

子分部工程	分项工程
外围护墙体保温	TS外保温干挂（金属组合挂件、粘结粘贴饰面板、现浇聚氨酯、饰面板硅酮胶嵌缝）

6.1.4 TS外保温干挂工程质量检验批，按外墙外保温TS干挂面积划分，同一种饰面板每500～1000m^2为一个检验批，不是500m^2也应按一个检验批计算；但每批抽检量不得少于5%，且不得少于5块（组）。

TS外保温干挂工程质量检验批的验收应符合下列规定：

（1）现行国家工程建设强制性标准（强制性条文）项目必须合格；

（2）主控项目应符合《TS保温装饰板外保温技术规范》（为本企业的企业标准）的规定；

（3）一般项目应达到80％以上的抽检合格率符合《TS保温装饰板外保温技术规范》的规定，并在允许偏差范围且最大偏差不得大于1.5倍的允许偏差值。

6.2 镀锌金属组合挂件

6.2.1 镀锌金属组合挂件产品进入施工现场应按设计或合同约定进行验收，并按规定进行抽检、记录。

6.2.2 镀锌自胀螺栓应符合设计要求，锚固应正确、牢固。

检验方法：检查拉拔检测报告，报告应有合格性评定。

6.2.3 镀锌金属组合挂件板层表面应均匀，无起皮现象，金属件无翘曲现象。

检验方法：观察检查。

6.2.4 基层墙面的抄平、放线应正确，垂直控制允许偏差应不大于10mm，水平控制允许偏差应不大于±3mm。

检验方法：经纬仪、尺量等检查。

6.2.5 龙骨可调量，竖向不大于20mm、水平方向不大于250mm，允许偏差应不大于±2mm。

检验方法：按墙面控制线用尺量并记录。

6.2.6 挂件的可调量不大于10mm，允许偏差应不大于±0.5mm。

检验方法：按墙面的控制线用尺测量并记录。

6.3 粘结、粘贴

6.3.1 TS胶粘剂与EPS、XPS、EPU—h等板材及饰面板材应符合技术要求，必须按国家现行产品标准进行质量抽检与验收。

检验方法：符合《TS保温装饰板外保温技术规程》第6.1.1条规定。

6.3.2 EPS、XPS、EPU—h等板应按国家现行产品标准对其密度、压缩（10％）强度、阻燃（自熄）性等进行抽检复试。

检验方法：检查复试报告，并有合格性结论。

6.3.3 胶膜涂层的临界厚度应为0.2mm，允许偏差为0.02mm。

胶膜基层面应洁净、无污物；胶膜涂刷应均匀，表面无尘落物；涂刷膜面饱满度应不低于95％；挂点检查宜为(20～30mm宽×200mm～300mm长)，保温板面涂刷膜面积应不低于40％，可点涂、条涂做法。

检验方法：胶膜测厚仪，观察检查、网格板、卡尺。

6.3.4 饰面板材挂点涂刷胶粘剂时，溢胶应及时清除干净。

检验方法：观察检查。

6.3.5 EPS、XPS、EPU—h板材的切割加工允许偏差为±2.0mm。

检验方法：钢卷尺、直尺、卡尺等。

6.4 干挂饰面板

6.4.1 TS外保温干挂的组装材料、加工板材后均应符合设计要求，挂件与饰面板挂连接必须牢固,安装固定后不得位移。

检验方法:按《TS保温装饰板外保温技术规程》第6.1.1条规定执行(含加工质量验收文件),硬橡胶锤敲击。

6.4.2 TS外保温干挂饰面板干挂安装的饰面板,颜色、品种、规格、竖缝、水平缝、缝宽等应符合设计要求,其干挂安装的允许偏差及检查方法应符合表5规定。

TS外保温干挂饰面板干挂安装的允许偏差及检查方法　　　表5

序号	项目	允许偏差(mm)	检查方法
1	竖缝及墙面垂直度($H<30m$)	≤10	激光经纬仪或经纬仪
2	墙面平整度	≤2.5	2m靠尺、钢板尺
3	竖缝直线度	≤2.5	2m靠尺、钢板尺
4	水平缝或横缝直线度	≤2.5	2m靠尺、钢板尺
5	缝宽度(与设计值对比)	±2	卡尺
6	两相邻石板间接缝高低差	≤1.0	深度尺
7	板块平面高差	≤1.0	水平尺、塞尺

注:设计另有要求或合同另有约定时,应符合设计或合同约定的要求。

6.5 浇注硬质泡沫聚氨酯

6.5.1 TS外保温干挂采用现场浇注EPU—h的浇料(黑料、白料)产品应符合设计要求,并应有配比设计和EPU—h的型式检验报告、出厂合格等。

检验方法:按《TS保温装饰板外保温技术规程》第7.1.7条规定执行。

6.5.2 TS外保温干挂浇注EPU—h时应在监理监督下按国家现行标准留置抽检试块,按现行国家产品标准进行密度、压缩(10%)强度、阻燃(自熄)性等复试。

检验方法:检查复试报告,并有合格结论的判定。

6.5.3 TS外保温干挂浇注EPU—h施工应分层连续浇注均匀,每层浇注高度不宜大于300mm,每层浇注间隔时间不宜大于2.0h;浇注层之间应粘结密实,不得有浇结,严禁出现焦糊或僵料层现象。

检验方法:检查现场施工示范质量验收文件(质量验收文件应具有剖开法的检验内容)、观察检查。

6.5.4 TS外保温干挂浇注EPU—h应均匀,不得空鼓、断层、孔隙等。

检验方法:硬橡胶小锤敲击检查。

6.5.5 TS外保温干挂浇注EPU—h施工,浇料不得污染饰面板材的表面,饰面板材后饰面时亦不得严重污染板面。EPU—h严重污染板面时,及时清除。

检验方法:观察检查。

6.6 硅酮建筑密封胶

6.6.1 TS外温干挂采用的TS干挂密封胶应符合设计及合同约定的要求,其产品质量应符合国家现行产品的标准，施工并应进行抽检。

6.6.2 嵌注 TS 密封胶之前，必须清理板缝，不得有污物、凹凸不平而影响密封胶嵌注质量问题，板缝间不得有浮灰、浮尘及易造成胶板开裂的污渍。

检验方法：观察检查。

6.6.3 嵌注 TS 干挂密封胶体不得有开裂、网裂、脱层、粉化等。

检验方法：观察检查。

7 安全措施

7.0.1 外架子上堆放材料不得过于集中，在同一跨度内不超过 2 人。严格控制脚手架上施工荷载。

7.0.2 使用的材料堆放整齐平稳，边用边运，不许乱扔。

7.0.3 搅拌机应由专人操作、维修、保养，电气设备绝缘良好，并接地。

7.0.4 不随意拆除、斩断脚手架软硬拉结，不拆除脚手架上的安全措施，经施工现场安全员允许后，才能拆除。

7.0.5 凡从事外保温作业人员必须接受安全知识教育。

7.0.6 高处作业所用工具、材料严禁抛掷，上下立体交叉作业确有需要时，中间须设隔离设施。

7.0.7 搭拆防护棚和安全设施，需设警戒区，有专人防护。

7.0.8 分层施工的楼梯口和梯段边，必须安装临边防护栏杆；顶层楼梯口应随工程结构的进度，安装正式栏杆或者临时栏杆；梯段旁边亦应设置两道栏杆，作为临时护栏。

7.0.9 电梯井口根据具体情况设防护栏或固定栅门与工具式栅门，电梯井内每隔两层或最多 10m 设一道安全平网，也可以按当地习惯，在井口设固定的格栅或采取砌筑坚实的矮墙等措施。

7.0.10 施工现场内临时用电的施工和维修，必须由经过专门培训并取得上岗证的专业电工完成，其等级应与工程的难度和技术复杂性相适应。

8 效益分析

8.0.1 采用外墙外保温增加室内使用面积近 2%，实际相当于降低了单位面积的造价，其综合造价低于内保温造价。

8.0.2 能够使内部墙体结构得到很好的保护，减少主体结构产生裂缝、变形的机率，减少维修费用。

8.0.3 由于保温材料导热系数低，具有良好的保温效果，避免了局部热桥，可以降低采暖供热的能耗，节约能源。

9 应 用 实 例

采用本系统工法施工工程见表6。

工 程 实 例　　　　　　　　　　表6

序号	工程名称	外保温面积(m²)	施工日期
1	沈阳心海阳光	3000	2006.8
2	山东莱阳	5000	2006.9

ZTS环保型多功能复合保温板外墙外保温工程施工工法

哈尔滨天硕建材工业有限公司
浙江湖州市建工集团有限公司
康玉范 霍树运 刘明健 潘洪贵 陈有生 卢伟强 徐 吉 曹顺发

1 前 言

ZTS环保型多功能复合保温板属于建筑物外墙外保温材料，是环保型多功能复合保温材料，可满足节能50%及以上外保温工程需要，符合国家节能环保标准。ZTS环保型多功能复合保温板是以ZT环保轻质复合墙板(以水泥、粉煤灰、石英砂、废聚苯回收料加有机交联剂为主要原料的板材)为面料与保温材料PU—h(XPS板或EPS板)工厂化制成，将保温材料和ZT墙板二者的优势融为一体，具有轻质、高强、刚度好、耐火、保温、隔热、隔声、抗渗、防潮、防霉等多种功能，具有较强的钉挂性、耐冲击性，并能与各种外装饰材料结合，耐压强度高，柔韧性可与硬木性质媲美。可广泛用于外墙保温、混凝土坡屋面保温。该产品施工简单，工序少，应用范围广泛，达到现场无湿作业程度，可缩短工期并节省施工费用。实践证明，该产品比其他同类保温材料更具有先进性。

2 技 术 特 点

本技术系统是哈尔滨天硕建材工业有限公司研发的采用微泡胶与尼龙套胀钉相结合的外墙外保温施工技术，使外墙保温施工达到工厂化生产、装配化施工、现场无湿作业，并且实现一次施工完成保温防水装饰多功能墙体，克服了水泥及胶粘剂易损坏、空鼓、开裂、掉皮、脱落等问题，提高了保温效果，延长了使用寿命，简化了后续保温工程的施工工序，减轻了劳动强度，大大提高了工作效率。

(1)此复合保温板外保温施工采用三种施工工艺，一是特种自找平发泡胶粘剂，同时用高可靠锚钉固定，实现高可靠连接，适于高层及多层建筑；二是采用高可靠尼龙套胀钉无粘结固定，适用于多层和低层建筑；三是在现场先用尼龙套胀钉固定保温复合板，然后在预留的空腔内浇注聚氨酯硬泡材料，适于节能高标准或大风地区超高层或严寒地区高标准保温工程。以上各种方法都将保温复合板以企口方式结合。

(2)表观质量长期稳定性。

保温复合板装配过程中，在企口部位以特种发泡胶粘剂封合接缝处，并在外表面预加工的台阶凹口内以网格布和柔性腻子嵌缝，各锚钉孔端采用同材质抗裂腻子嵌合填埋，使接缝部位和钉孔部位做到与基面平整光滑一致，且不变形、不开裂，确保表观质量长久稳定。

（3）饰面多样化和广泛适应性。

复合保温板在工厂加工为高平整涂料饰面，在现场施工后形成无缝涂料饰面风格和有缝的铝塑幕墙饰面风格两种特点。

复合保温板在工厂加工成凸纹表面，以涂料饰面后形成凸凹漆饰面效果。

复合保温板在工厂加工成仿面砖表面，以各种高档涂料形成外墙面砖饰面效果。

以上涂料饰面施工既可以在工厂施工也可以在现场施工，均可现场装配化完成外保温工程。

3 施工工艺做法

ZTS环保型多功能复合保温系统主要由基层1∶3水泥砂浆找平、TS225微泡胶、保温层ZTS复合板饰面层构成。ZTS复合保温板施工用料主要包括：TS225发泡胶（水泥基胶粘料）、ZTS复合保温板、尼龙套胀钉、浇注聚氨酯硬泡、饰面涂料等。

3.1 ZTS复合保温板钉粘结合方式（表1）

ZTS保温板钉粘结合方式　　　　表1

①外墙	系统基本构造				构造示意图
	②基层	③保温层	④饰面层	⑤尼龙套胀钉锚固	
实心粘土砖	墙面用1∶3水泥砂浆找平层	TS225微泡胶＋ZTS复合板	清理板缝＋用复合板同种材料嵌缝＋清理板面＋防水涂料	TS225微泡胶＋ZTS复合板＋尼龙套胀钉	

3.2 ZTS复合保温板浇注聚氨酯方式（表2）

ZTS保温板浇注聚氨酯方式　　　　表2

①外墙	系统基本构造					构造示意图
	②基层	③保温层	④ZTS板	⑤饰面层	⑥尼龙套胀钉锚固	
实心粘土砖	涂TS226界面剂	钉挂ZT板＋浇注聚氨酯	清理板缝＋耐候硅酮密封胶嵌缝	清理板面＋防水涂料	TS225微泡胶＋ZTS复合板＋TOX钉	

3.3 ZTS复合保温板做法(图1~图4)

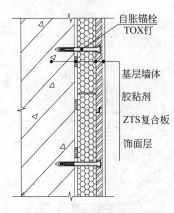

图1 钉粘结合构造图

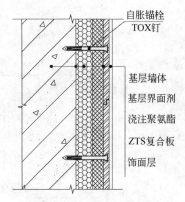

图2 浇注聚氨酯构造图

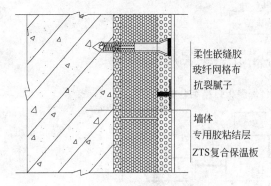

图3 表面无缝构造嵌缝示意图

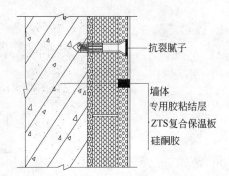

图4 表面有缝构造嵌缝示意图

4 ZTS环保多功能复合保温系统施工程序

4.0.1 ZTS环保多功能复合保温板钉粘结合施工工艺流程(图5)。

4.0.2 ZTS环保多功能复合保温板浇注聚氨酯硬泡施工工艺流程(图6)。

4.0.3 操作要点

(1) 施工准备

1) 基层墙体应符合现行国家标准《混凝土结构工程施工质量验收规范》GB 50204—2002和《砌体工程施工质量验收规范》GB 50203—2002及相应基层墙体质量验收规范的要求并通过验收。

2) 房屋各大角的控制钢垂线安装完毕。高层建筑及超高层建筑时，钢垂线应用经纬仪检查合格。

3) 外墙面的阳台栏杆、雨落管托架、外挂消防梯等安装完毕，并应考虑到保温系统厚度的影响。

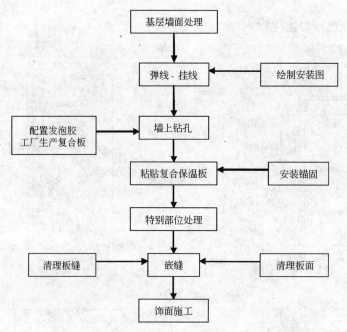

说明：按设计要求选项用哪种保温材料，在工厂加工的复合保温板是依据现场相关各节点的综合设计、加工板面尺寸、钉孔位置打孔，特殊异形的部位应在现场实施。

图5　ZTS环保多功能复合保温板钉粘结合施工工艺

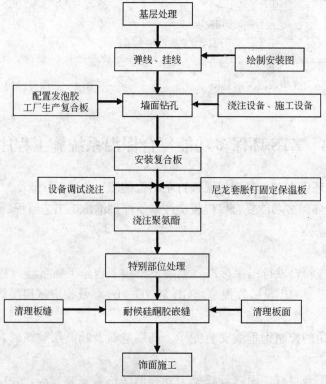

说明：按设计要求尺寸，在外墙钉挂已在工厂加工而成的复合保温板，然后在空腔内浇注聚氨酯。

图6　ZTS环保多功能复合保温板浇注聚氨酯硬泡施工工艺

· 266 ·

4）外窗的辅框安装完毕。

5）墙面应清理干净，无油渍、浮灰；施工孔洞、脚手架眼以及阳台板、墙面缺损处应用砂浆修补整齐；墙面松动、风化部分应剔除干净。基层墙面平整度误差不得超过3mm。

6）混凝土梁或墙面的钢筋头和凸起物清除完毕。

7）主体结构的变形缝应提前做好处理。

8）电动吊篮或专用保温施工脚手架的安装应满足施工作业要求，经调试运行安全无误、可靠，并配备专职安全检查和维修人员。

9）钉粘工艺ZTS环保型多功能复合板基层墙面用1∶3水泥砂浆找平。

（2）基层处理

墙面应清理干净，清洗油渍，清除浮灰等。墙面松动、风化部分应剔除干净。墙面平整度控制在±3mm以下。如果基层偏差过大，应抹砂浆进行找平。

（3）吊垂直、弹控制线

1）在顶部墙面与底部墙面固定膨胀螺栓，作为大墙面挂钢丝的垂挂点，高层建筑用经纬仪打点挂线，多层建筑用大线坠吊细钢丝挂线，用紧线器勒紧。在墙体大阴、阳角安装钢垂线，钢垂线距墙体的距离为保温层的总厚度。

2）挂线后每层首先用2m杠尺检查墙面平整度，用2m托线板检查墙面垂直度。达到平整度要求方可施工。

（4）ZTS环保型多功能复合保温板钉粘结合施工

1）ZTS环保型多功能复合保温板钉粘结合施工工艺还分为水泥基胶粘剂粘结和发泡胶粘结两种方法。

复合保温板一般在工厂内将ZT板与保温隔热材料（EPS、XPS、PU板）粘结复合为标准尺寸。ZTS复合保温板与主墙体粘贴结合后，即完成外保温工程。

2）根据现场提出的设计和加工计划在工厂进行加工。

3）根据现场设计在墙面放线钻孔。

4）钉粘结合ZTS环保型多功能复合保温板宜采用点粘法，即在保温板背面整个周边涂抹适当宽度厚度的胶粘剂，然后在中间部位均匀涂抹一定数量、一定厚度的直径约为100mm的圆形粘结点，总粘贴面积不小于40%，建筑物高度在60m及以上时总粘贴面积不小于60%，且应均布于保温板面。锚钉间距不大于500mm。

5）钉粘结合ZTS环保型多功能复合保温板应自下而上进行，水平方向应由墙角及门窗处向两侧粘贴，粘贴保温板时应轻柔，切勿挤压，并轻敲板面，必要时要采用锚固件辅助固定，排板时宜上下错缝，阴、阳角应错茬互锁。用吊线的方法保证立面垂直，用拉线的方法保证表面平整。

6）粘贴门窗口保温板时，应用整块保温板切成直角形板，保温板的拼缝不得正好留在门窗口的四角处，墙面边角在铺贴保温板时最小尺寸应不小于200mm。

7）ZTS环保型多功能复合保温板缝连接应采用企口连接方式，防止雨水渗入，有缝连接要采用耐候硅酮胶嵌缝密封。表面无缝的粘贴玻纤网格布用保温板相同材质柔性材料嵌平。锚钉在板面上时，应用与保温板相同材质柔性材料嵌埋锚栓孔。

8）ZTS环保型多功能复合保温板在施工现场应合理存放，运输、安装时应避免碰撞，搬运或安装上墙时操作现场风力不宜大于5级,高度大于20m时风力不大于3级。

9)现场施工作业,环境气温宜为5～35℃,基面含水率为不大于10%,作业湿度不宜大于75%。

10)单排或双排钢管脚手架、钢管门式脚手架距墙体板面应为200～300mm为宜,高层可采用附壁式整体升降脚手架。其施工必须符合国家现行安全技术规定。

11)有380V施工电源及夜间照明设备,其施工必须符合国家现行安全用电技术标准规定。

12)ZTS环保型多功能复合保温板施工过程为隐蔽工程,施工,其技术、质量、安全等应遵循施工程序,强化验收的原则。

13)ZTS环保型多功能复合保温板进入现场后,应在监理工程师监督下进行进场验收,并按规定抽样复验合格后方可使用。

(5)ZTS环保型多功能复合保温板浇注聚氨酯施工

1)ZTS环保型多功能复合保温板浇注聚氨酯方式施工时,先进行放垂直、水平控制线,严格按设计饰面要求安装保温板,以保证水平、垂直方向直线性要求和表面平整要求。

2)安装ZTS环保型多功能复合保温板应自下而上进行,水平方向应由墙角及门窗口处向两侧安装,安装保温板时应轻柔,切勿挤压,并轻敲板面,然后采用锚固件辅助固定,排板时宜上下错缝,阴阳角应错茬互锁。

3)ZTS环保型多功能复合保温板浇注聚氨酯方式施工时,应有效控制板与墙基面的空腔尺寸,用聚氨酯板块作垫块加以控制。

4)ZTS环保型多功能复合保温板采用聚氨酯浇注方式施工时,对如门窗洞口四周、装饰线、屋檐、底部等特殊部位宜采用先粘贴聚氨酯裸板再锚固ZT板的方法,装饰线上部、屋檐上部类似部位,宜采用喷涂法,同一施工范围内,特殊部位宜先于平面完成。

5)ZTS环保型多功能复合保温板施工的聚氨酯硬泡保温工程,板之间的接缝要打发泡胶,并应采取防护措施,不能使聚氨酯污染装饰板表面。

6)现场浇注聚氨酯硬泡时,环境气温宜为10～35℃,高温、低温或高温暴晒下不宜作业,相对湿度应小于80%为宜,雨天不得施工。

7)ZTS环保型多功能复合保温板聚氨酯硬泡一次浇注高度不宜超过300mm。

8)浇注设备到现场后,应先进行空运转,然后再试运转到适宜温度,检查是否正常。

9)浇注作业时,应按照使用说明书操作设备,开始的料液应弃之,待料液的比例正常后,方可正式进行浇注作业。

10)由技术人员确认所用A、B组分材料技术指标符合当时的环境温度、湿度等实际条件。

11)浇注作业中,应随时检查发泡质量,发现问题应立即停机,排除原因后方可重新作业,当停机作业时,需先停物料泵,待枪头中的物料吹净后,再停空气压缩泵。

12)浇注聚氨酯发泡材料时,每次浇注高度应小于300mm,并应控制发泡后不从保温板腔上口溢出。

13)施工前应预先处理墙上设备孔洞、预埋件等,防止保温隔热工程完工后,再开孔,如确实需要开口,对孔洞或损坏部位应进行妥善修补。

14)对已做完聚氨酯硬泡保温墙体,应防止重物撞击墙面。

15)聚氨酯硬泡外保温工程施工应采取必需的安全保障措施,且禁止同时明火作业,不宜与其他工种交叉作业。

5 施工质量及验收

5.1 一般规定

5.1.1 ZTS环保型多功能复合保温板所采用的材料、部品配件等应符合设计要求或合同约定，且必须在监理监督下实行进场验收，进场验收时，应检查产品的生产日期、出厂合理证、企业技术规程、技术性能检测报告等资料并按国家现行产品标准进行抽验并记录。

5.1.2 ZTS环保型多功能复合保温板应按现行产品规程进行密度、压缩强度、阻燃性能复试，托克斯钢钉的锚固应按现行国家标准规定进行拉拔检测。

5.1.3 ZTS环保型多功能复合保温板在建筑节能工程中有两种构造形式及不同的施工方法：

1) ZTS环保型多功能复合保温板钉粘结合外保温方式；

2) ZTS环保型多功能复合保温板聚氨酯硬质泡沫浇注保温方式。

5.1.4 ZTS环保型多功能复合保温板工程质量检验批，按ZTS环保型多功能复合保温板施工面积划分，同一种保温板每 $500\sim1000m^2$ 为一个检验批，不足 $500m^2$ 也应按一个检验批计算，每批抽检量不得少于5%且不得少于5块(处)

5.1.5 ZTS环保型多功能复合保温板工程质量检验批的验收应符合下列规定：

1) 主控项目应符合本规程的规定。

2) 一般项目应达到80%以上的抽检合格率规定，并在允许偏差范围且最大偏差不得大于1.5倍的允许偏差值。

5.2 尼龙套胀钉配件

5.2.1 本节适用于ZTS环保型多功能复合保温板与墙体钉粘结合、ZTS环保型多功能复合保温板用尼龙套胀钉为挂件与基层墙体空腔内浇注聚氨酯两种方式。

5.2.2 尼龙套胀钉可调挂件产品，进入施工现场应按设计或合同约定进行验收，并按规定进行抽检。检验方法按《ZTS保温装饰板外保温技术规程》第7.1.1条要求检验。

5.2.3 托克斯钉应符合设计要求，锚固应正确、牢固。

检验方法：检查拉拔检测报告，报告应有合格性评定。

5.2.4 基层墙面的抄平、放线应正确，垂直控制允许偏差应不大于10mm，水平控制允许偏差不大于±3mm。

检验方法：经纬仪、水平仪、线坠等检查。

5.2.5 ZTS环保型多功能复合保温板上的钉孔位置，可调整竖向、水平方向均不大于30mm。

检验方法：尺量并记录。

5.2.6 尼龙套胀钉墙内锚固深度不小于55mm。

检验方法：按墙面控制线用尺测量并记录。

5.3 粘贴

5.3.1 本节适用于ZTS环保型多功能复合保温板与基体墙面粘贴的施工，主要包括有胶粘剂、涂胶、保温板材等。

5.3.2 ZTS环保型多功能复合保温板胶粘剂及EPS、XPS、EPU—h等保温板材应符合技术要求，必须按国家现行产品规程进行质量抽检与验收。

检验方法：按《ZTS保温装饰板外保温技术规程》第7.1.1条要求检验。

5.3.3 EPS、XPS、EPU—h等板应按国家现行规程对其密度、压缩强度、阻燃性等进行抽检复试。

检验方法：检验复试报告，并有合格性结论。

5.4 ZTS环保型多功能复合保温板饰面

5.4.1 本节适用于ZTS环保型多功能复合保温板的ZT板面层，通过尼龙套胀钉、安装调节、固定在建筑节能墙体外檐墙上。

5.4.2 ZTS环保型多功能复合保温板安装完毕后，应符合设计要求，钉与板面挂接必须牢固、平整、垂直、横竖缝均匀，企口部位置依次合理对接，安装定位后不得位移。

检验方法：按《ZTS保温装饰板外保温技术规程》第1.1条规定执行（含加工质量验收文件），硬橡胶锤敲击。

5.4.3 ZTS环保型多功能复合保温板工程的ZT面板的颜色、品种、规格、竖缝、水平缝、缝宽、企口规格等应符合设计要求，其安装的允许偏差及检查方法应符合表3的规定。

ZTS板安装允许偏差及检验方法　　　表3

	项目	允许偏差(mm)	检验方法
1	竖缝及墙面垂直度（$H<30m$）	≤10	经纬仪（激光），线坠
2	墙面平整度	≤2.5	2m靠尺，钢板尺
3	竖缝直线度	≤2.5	2m靠尺，钢板尺
4	水平缝或横缝直线度	≤2.5	2m靠尺，钢板尺
5	缝宽度	≤1.0	卡尺
6	两邻板间接缝高低差	≤1.0	深度尺

注：设计另有要求或合同有规定时，应符合设计或合同的约定要求。

5.5 浇注聚氨酯硬泡

5.5.1 本节适用于ZTS环保型多功能复合保温板工程及未经复合的ZT板与墙面孔隙间浇注聚氨酯硬泡。

5.5.2 适用于ZTS环保型多功能复合保温板采用现场浇注硬质泡沫聚氨酯的浇料产品，应符合设计要求，并应有型式检验报告、出厂合格证等。

检验方法：按《ZTS保温装饰板外保温技术规程》第7.1.1条规定执行。

5.5.3 TS环保型多功能复合保温板及ZT板浇注聚氨酯硬泡时，应在监理监督下，按现行国家产品规程进行密度、压缩温度、阻燃性等复试。

检验方法：检验复试报告，并有合格结论的判定。

5.5.4 ZTS环保型多功能复合保温板及ZT板浇注聚氨酯硬泡施工应分层连续浇注均匀，每次浇注高度在200~300mm之间，最高不得超过300mm。浇注之间应粘结密实，严禁出现焦糊或僵料层现象。

检验方法：剖开法检验，观察法检验。

5.5.5 ZTS环保型多功能复合保温板及ZT板浇注聚氨酯硬泡应均匀连续，不得出现空鼓、断层、孔隙等。

检验方法：硬橡胶小锤敲击检验。

5.5.6 ZTS环保型多功能复合保温板及ZT板浇注硬质泡沫聚氨酯施工，浇料不得污染ZT板表面，硬质泡沫聚氨酯污染表面时应及时清除。

检验方法：观察法检测。

5.6 板缝、钉孔密封

5.6.1 本节适用于ZTS环保型多功能复合保温板及ZT板板缝、钉孔用原材料配方嵌注密封。

5.6.2 ZTS环保型多功能复合保温板及ZT板密封应符合设计及合同约定要求，其产品质量应符合国家现行产品规程，施工前应进行抽检。

检验方法：按《ZTS保温装饰板外保温技术规程》第7.1.1条规定执行。

5.6.3 嵌注密封胶(浆)之前，必须清理板缝、钉孔，不得有污物、凹凸不均，影响密封嵌注质量，板缝间、钉孔内不得有浮灰、浮尘及易造成开裂的污渍。

检验方法：观察检验。

5.6.4 嵌注密封胶(浆)材料的厚度均匀密实，表面平滑，不得有明显的桔梗、污垢、断裂、漏嵌现象，使之成为一块整体。严禁污染饰面表面。

检验方法：观察检验。

5.7 工程验收

5.7.1 采用ZTS环保型多功能复合保温板工程各检验批的质量应全部合格。

5.7.2 ZTS环保型多功能复合保温板工程验收时应检查下列文件和记录：

(1) 设计图纸和变更文件；
(2) 设计与施工执行规程文件；
(3) 材料部品及配件出厂合格证、技术性能检测报告、进行施工现场的验收记录；
(4) 材料、部品及配件的检验复试报告；
(5) 各检验批及隐蔽工程验收记录；
(6) 施工记录；
(7) 质量问题处理记录；
(8) 其他应提供的资料。

附录A 质量验收记录

A.0.1 ZTS环保型多功能复合保温板检验批质量记录可按表A0.1记录；

A.0.2 ZTS环保型多功能复合保温板分项工程质量验收记录可按表A0.2记录。

表 A0.1 ZTS环保型多功能复合保温板检验批质量记录

工程名称		项目名称		验收部位	
施工(总包)单位(全称)			项目经理		
分包单位(全称)			施工作业组长或分包人		
施工执行规程			专业工长		
项目	《ZTS保温装饰板外保温技术规程》质量验收规定	施工单位检查评定记录		监理(建设)验收记录	
强制性条文	4.2.2条				
	4.2.3条				
	4.2.4条				
	4.2.5条				
主控项目					
一般项目					
施工单位检查评定结果	项目专业质检员： 年 月 日			项目专业技术负责人： 年 月 日	
监理(建设)单位验收结论	监理(建设)技术负责人：			年 月 日	

ZTS环保型多功能复合保温板分项工程质量验收记录   表 A0.2

工程名称		节能要求		层 数	
施工(总包)单位(全称)			项目技术负责人		
分包施工单位(全称)			分包负责人		
分包单位技术负责人			专业工长		
序号	本分项检验批名称	检验批数		施工单位检查记录	验收意见
1					
2					
3					
4					
5					
质量控制资料(含复试)					
质量检测记录(厚度)					
观感质量记录					
验收单位	分包单位	项目承包人		年 月 日	
	施工单位	项目经理		年 月 日	
	设计单位	项目负责人		年 月 日	
	监理单位	总 监		年 月 日	
	建设单位	项目专业负责人		年 月 日	

胶粉聚苯颗粒保温浆料面砖饰面外墙外保温施工工法

北京振利高新技术有限公司
北京振利建筑工程有限责任公司
黄振利　朱　青　宋长友

1　前　言

胶粉聚苯颗粒外墙外保温系统是一种现场抹灰成型的无空腔外墙外保温做法。该系统2001年11月通过建设部的评估，2005年3月被建设部评为全国绿色建筑创新二等奖，2002年和2006年两次被建设部列入新产品推广目录，被国家五部委授予国家重点新产品证书并被列入国家级火炬计划。

本技术系统具有全部中国自主知识产权，发明专利：胶粉聚苯颗粒外保温粘贴面砖墙体及其施工方法 ZL 02153345.8、抗裂保温墙体及施工工艺 ZL 98103325.3；实用新型专利：外保温后锚固粘贴面砖墙体 ZL 03264433.7。

2　特　点

胶粉聚苯颗粒外墙外保温系统具有良好的保温隔热性能，抗裂性能好，抗火灾能力强，抗风压性能好，适应墙面及门、窗、拐角、圈梁、柱等变化，操作方便。材料的利用率高，基层剔补量小，节约人工费。是一种适用范围广、技术成熟度高、施工可操作性强、施工质量易控、性价比优的外墙外保温系统。外饰面采用面砖饰面，抗震性能好。

3　适用范围

胶粉聚苯颗粒保温浆料外墙外保温工法适用于不同气候区基层墙体为钢筋混凝土、各类砌体等新建建筑的外墙外保温系统，也适用于各类既有建筑的节能改造工程。

4　工艺原理

本工法保温层采用现场抹灰成型的做法，墙体基层用界面砂浆处理，使吸水率不同的材料附着力均匀一致；保温层形成一个整体，无板缝，减缓增长强度的配比及大量纤维的添入，使保温层不易发生空鼓；抗裂防护层采用抗裂砂浆复合热镀锌钢丝网，由尼龙胀栓锚固于基层墙体,抗震性能好;饰面层采用的专用面砖粘结砂浆及面砖勾缝料均具有粘结力强、柔韧性好、抗裂防水效果好。系统各构造层材料柔韧性匹配,热应力释放充分。基本构造见表1。

面砖饰面胶粉聚苯颗粒外保温系统基本构造　　　表1

基层墙体	涂料饰面胶粉聚苯颗粒外保温系统基本构造				构造示意图
	界面层①	保温层②	抗裂防护层③	饰面层④	
混凝土墙及各种砌体墙	界面砂浆	胶粉聚苯颗粒保温浆料	第一遍抗裂砂浆＋热镀锌钢丝网(用尼龙胀栓与基层锚固)＋第二遍抗裂砂浆	面砖粘结砂浆＋面砖＋勾缝	

5　工艺流程及操作要点

5.1　施工工艺流程(图1)

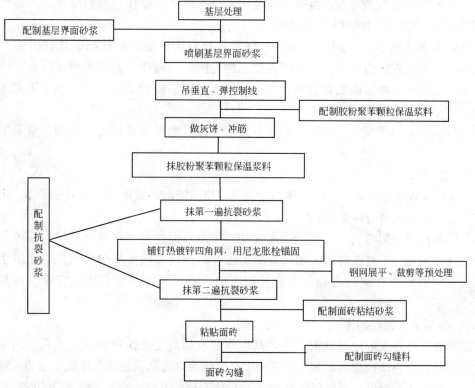

图1　胶粉聚苯颗粒保温浆料面砖饰面外墙外保温施工流程

5.2 操作要点

5.2.1 施工准备

(1) 基层墙体应符合现行国家标准《混凝土结构工程施工质量验收规范》GB 50204—2002和《砌体工程施工质量验收规范》GB 50203—2002及相应基层墙体质量验收规范的要求，保温施工前应会同相关部门做好结构验收。如基层墙体偏差过大，则应抹砂浆找平。

(2) 房屋各大角的控制钢垂线安装完毕。高层建筑及超高层建筑时，钢垂线应用经纬仪检验合格。

(3) 外墙面的阳台栏杆、雨落管托架、外挂消防梯等安装完毕，并应考虑到保温系统厚度的影响。

(4) 外窗的辅框安装完毕。

(5) 墙面脚手架孔、穿墙孔及墙面缺损处用相应材料修整好。

(6) 混凝土梁或墙面的钢筋头和凸起物清除完毕。

(7) 主体结构的变形缝提前做好处理。

(8) 根据工程量、施工部位和工期要求制定施工方案，要样板先行，通过样板确定消耗定额，由甲方、乙方和材料供应商协商确定材料消耗量，保温施工前施工负责人应熟悉图纸。

(9) 组织施工队进行技术培训和交底，进行好安全教育。

(10) 材料配制应指定专人负责，配合比、搅拌机具与操作应符合要求，严格按厂家说明书配制，严禁使用过时浆料和砂浆。

(11) 根据需要准备一间搅拌站及一间堆放材料的库房，搅拌站的搭建需要选择背风方向，靠近垂直运输机械，搅拌棚需要三侧封闭，一侧作为进出料通道。有条件的地方可使用散装罐。库房的搭建要求：要求防水、防潮、防阳光直晒。材料采取离地架空堆放。

(12) 施工时气温应大于5℃，风力不大于4级。雨天不得施工，否则，应采取防护措施。

5.2.2 基层墙面处理

墙面应清理干净，清洗油渍，清扫浮灰等。墙面松动、风化部分应剔除干净。墙表面凸起物大于10mm时应剔除（图2）。

为使基层界面附着力均匀一致，墙面均应做到界面处理无遗漏。基层界面砂浆可用喷枪或滚刷喷刷（图3）。砖墙、加气混凝土墙在界面处理前要先淋水润湿，堵脚手眼和废弃的孔洞时，应将洞内杂物、灰尘等物清理干净，浇水湿润，然后按要求将其补齐砌严。

5.2.3 吊垂直、弹控制线

根据建筑物高度确定放线的方法，高层建筑及超高层建筑可利用墙大角、门窗口两边，用经纬仪打直线找垂直。多层建筑或中高层建筑，可从顶层用大线坠吊垂直，绷钢丝找规矩，横向水平线可依据楼层标高或施工±0.000向上500mm线为水平基准线进行交

图 2 基层界面清理

图 3 涂刷基层界面砂浆

圈控制。根据吊垂直的线及保温厚度,每步架大角两侧弹上控制线,再拉水平通线做标志块。

5.2.4 做灰饼、冲筋

在距楼层顶部约 100mm 和距楼层底部约 100mm,同时距大墙阴角或阳角约 100mm 处,根据垂直控制通线做垂直方向灰饼(楼层较高时应两人共同完成),作为基准灰饼,再根据两垂直方向基准灰饼之间的通线,做墙面找平层厚度灰饼,每灰饼之间的距离按 1.5m 左右间隔粘贴。灰饼可用胶粉聚苯颗粒浆料做,也可用废聚苯板裁成 50mm×50mm 小块粘贴(图4)。待垂直方向灰饼固定后,在两水平灰饼间拉水平控制通线,具体做法为将带小线的小圆钉插入灰饼,拉直小线,使小线控制比灰饼略高 1mm,在两灰饼之间按 1.5m 左右间隔水平粘贴若干灰饼或冲筋。

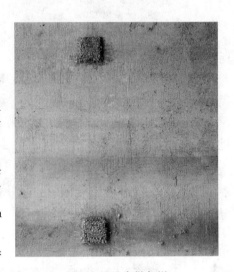

图 4 吊垂直做灰饼

每层灰饼粘贴施工作业完成后,水平方向用 5m 小线拉线检查灰饼的一致性,垂直方向用 2m 托线板检查垂直度,并测量灰饼厚度,冲筋厚度应与灰饼厚度一致。用 5m 小线拉线检查冲筋厚度的一致性,并做好记录。

5.2.5 抹胶粉聚苯颗粒保温浆料保温层

(1)界面砂浆基本干燥后即可进行保温浆料的施工。

(2)在施工现场,搅拌质量可以通过测量湿表观密度并观察其可操作性、抗滑坠性、膏料状态等方法判断。

(3)保温浆料应分层作业完成施工,每次抹灰厚度宜控制在 20mm 左右,保温浆料底层抹灰时顺序按照从上至下,从左至右抹灰,抹至距保温标准贴饼差 10mm 左右为宜(图5)。每层施工间隔为 24h。

(4)保温浆料面层抹灰厚度要抹至与标准贴饼一平。涂抹整个墙面后,用大杠在墙面上来回搓抹，去高补低，最后再用铁抹子压一遍，使表面平整，厚度一致(图6)。

图5 抹聚苯颗粒保温浆料

图6 胶粉聚苯颗粒保温层

(5) 保温层修补应在面层抹灰2～3h之后进行，施工前应用杠尺检查墙面平整度，墙面偏差应控制在±2mm。保温面层抹灰时应以修为主，对于凹陷处用稀浆料抹平，对于凸起处可用抹子立起来将其刮平，最后用抹子分遍再赶抹墙面，先水平后垂直，再用托线尺、2m杠尺检测后达到验收标准。

(6) 保温层施工时，在墙角处铺彩条布接落地灰，落地灰应及时清理，落地灰少量分批掺入新搅拌的浆料中及时使用。

(7) 阴阳角找方、门窗侧口、滴水线应按下列步骤进行：

1) 用木方尺检查基层墙角的直角度，用线坠吊垂直检验墙角的垂直度。

2) 保温浆料面层大角抹灰时，要用方尺压住墙角浆料层上下搓动抹子，反复检查抹压修补，基本达到垂直。然后用阴、阳角抹子压光，以确保垂直度偏差不大于±2mm，直角度偏差不大于±2mm。

3) 门窗口施工时应先抹门窗侧口、窗台和窗上口，再抹大面墙。施工前应按门窗口的尺寸截好单边八字靠尺，做口应贴尺施工，以保证门窗口处方正。

5.2.6 抗裂砂浆层及饰面层施工

待保温层施工完成3～7d，且保温层施工质量验收合格以后，即可进行抗裂砂浆层施工。

施工时抹第一遍抗裂砂浆，厚度控制在2～3mm(图7)。热镀锌电焊网分段进行铺贴，热镀锌电焊网的长度最长不应超过3m，为使边角施工质量得到保证，施工前预先用钢网展平机、剪网机及挝角机对热镀锌电焊网进行预处理。先用钢丝网展平机将钢丝网展平并用剪网机裁剪四角网，用挝角机将边角处的四角网预先折成直角。铺贴时应沿水平方向，按先下后上的顺序依次平整铺贴，铺贴时先用U形卡子卡住四角网使其紧贴抗裂砂浆表面，然

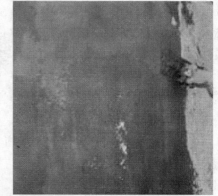
图7 抹第一遍抗裂砂浆

后按双向@500梅花状分布用尼龙胀栓将四角网锚固在基层墙体上,有效锚固深度不得小于25mm,局部不平整处用U形卡子压平。热镀锌电焊网之间搭接宽度不应小于两个网格,搭接层数不得大于3层,搭接处用U形卡子、钢丝固定。所有阳角钢丝网不应断开,窗口侧面、女儿墙、沉降缝等钢丝网收头处应用水泥钉加垫片使钢丝网固定在主体结构上(图8、图9)。

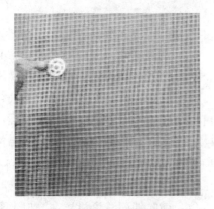

图8 铺贴钢丝网胀栓固定

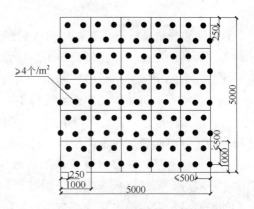

图9 粘贴面砖锚固点分布图

四角网铺贴完毕应重点检查阳角钢网连接状况,再抹第二遍抗裂砂浆,并将四角网包覆于抗裂砂浆之中,抗裂砂浆的总厚度宜控制在8~10mm,抗裂砂浆面层应平整(图10~图12)。

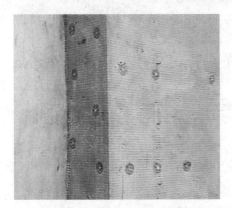

图10 锚固热镀锌四角钢网

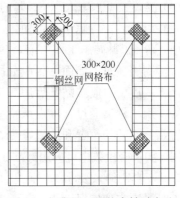

图11 门窗洞口网格布铺贴方法

5.2.7 粘贴面砖

(1)饰面砖工程深化设计:饰面砖粘贴前,应首先对涉及未明确的细部节点进行辅助深化设计,按不同基层做出样板墙或样板件,确定饰面砖排列方式、缝宽、缝深、勾缝形式及颜色、防水及排水构造、基层处理方法等施工要点。饰面砖的排列方式通常有对缝排列、错缝排列、菱形排列、尖头形排列等几种形式;勾缝通常有平缝、

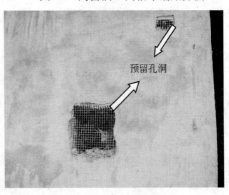

图12 抗裂砂浆层

凹平缝、凹圆缝、倾斜缝、山形缝等几种形式。确定粘结层及勾缝材料、调色矿物辅料等的施工配合比，外墙饰面砖不得采用密缝，留缝宽度不应小于5mm；一般水平缝10～15mm，竖缝6～10mm，凹缝勾缝深度一般为2～3mm。排砖原则确定后，现场实地测量结构尺寸，综合考虑找平层及粘结层的厚度，进行排砖设计，条件具备时应采用计算机辅助计算和制图。作粘结强度试验，经建设、设计、监理各方认可后以书面的形式进行确定。

（2）弹线分格：抗裂砂浆基层验收后即可按图纸要求进行分段分格弹线。同时，进行粘贴控制面砖的工作。以控制面砖出墙尺寸和垂直度、平整度。注意，每个立面的控制线应一次弹完。每个施工单元的阴阳角、门窗口、柱中、柱角都要弹线。控制线应用墨线弹制，验收合格后班组才能局部放细线施工。

（3）排砖：排砖时要满足以下要求：阳角、窗口、大墙面、通高的柱垛等主要部位都要排整砖，非整砖要放在不明显处，且不宜小于1/2整砖；墙面阴阳角处最好采用异形角砖，如不采用异形砖，宜留缝或将阳角两侧砖边磨成45°角后对接；横缝要与窗台平齐；墙体变形缝处，面砖宜从缝两侧分别排列，留出变形缝；外墙饰面砖粘贴应设置伸缩缝，竖向伸缩缝宜设置在洞口两侧或与墙边、柱边对应部位，横向伸缩缝可设置在洞口上下或与楼层对应处，伸缩缝应采用柔性防水材料嵌缝；对于女儿墙、窗台、檐口、腰线等水平阳角处，顶面砖应压盖立面砖，立面底皮砖应封盖底平面面砖，可下凸3～5mm兼作滴水线，底平面面砖向内翘起，以便于滴水。

（4）浸砖：吸水率大于0.5%的瓷砖应浸泡后使用，吸水率小于0.5%的瓷砖不需要浸砖。瓷砖浸水后，应晾干方可使用。

（5）贴砖：贴砖施工作业前，应在粘贴基层上充分用水湿润；贴砖作业一般为从上至下进行。高层建筑大墙面贴砖应分段进行。每段贴砖施工应由下至上进行。先固定好靠尺板贴最下一皮砖，面砖贴上后用灰铲柄轻轻敲击砖面使之附线，轻敲表面固定；用开刀调整竖缝，用小杠尺通过标准点调整平整度和垂直度，用靠尺随时找平找方；在粘结层初凝时，可调整面砖的位置和接缝宽度，初凝后严禁振动或移动面砖。砖缝宽度可用自制米厘条控制，如符合模数也可采用标准成品缝卡。墙面凸出的卡件、水管或线盒处宜采用整砖套割后套贴，套割缝口要小，圆孔宜采用专用开孔器来处理，不得采用非整砖拼凑镶贴。粘贴施工时，当室外气温大于35℃，应采取遮阳措施。贴砖时背面打灰要饱满，粘结灰浆中间略高四边略低，粘贴时要轻轻揉压，压出灰浆，最后用铁铲剔除灰浆。粘结灰浆厚度宜控制在3～5mm左右。面砖的垂直、平整应与控制面砖一致。

粘贴纸面砖时，应事先制定与纸面砖相应的模具，将模具套在纸面砖上，然后将模具后面刮满粘结砂浆，厚度为2～5mm，取下模具，从下口粘贴线向上粘贴纸面砖，并压实拍平，应在粘结砂浆初凝前，将纸面砖纸板刷水润透，并轻轻揭去纸板，应及时修补表面缺陷，调整缝隙，并用粘结砂浆将未填实的缝隙嵌实(图13)。

图13 粘贴面砖

5.2.8 面砖勾缝

(1) 保温系统瓷砖勾缝施工应用专用的勾缝胶粉。按要求加水搅拌均匀，制成专用勾缝砂浆。

(2) 勾缝施工应在面砖施工检查合格后进行。粘结层终凝后可按照样板墙确定的勾缝材料、缝深、勾缝形式及颜色进行勾缝，勾缝要视缝的形式使用专用工具；勾缝宜先勾水平缝再勾竖缝，纵横交叉处要过渡自然，不能有明显痕迹。砖缝要在一个水平面上，缝深 2～3mm，连续、平直，深浅一致，表面压光(图14)；采用成品勾缝材料应按厂家说明书操作。

图14 勾缝

(3) 缝勾完后应立即用棉丝、海绵蘸水或用清洗剂擦洗干净，勾缝完毕对大面积外墙面进行检查，保证整体工程的清洁美观。

5.2.9 细部节点构造(图15)

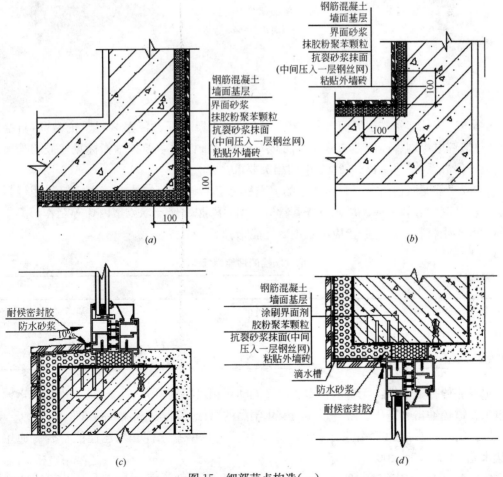

图15 细部节点构造(一)

(a)阴角；(b)阳角；(c)窗下口；(d)窗上口

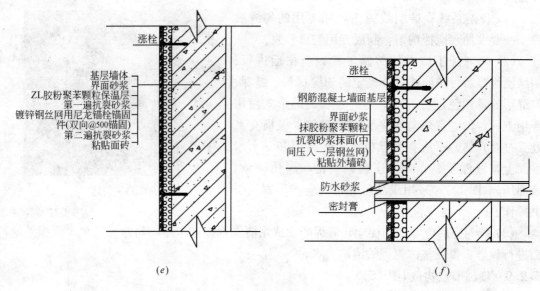

图15 细部节点构造(二)
(e)墙面;(f)穿墙管道

6 工 程 材 料

6.0.1 干拌建筑基层界面砂浆(界面剂)、胶粉聚苯颗粒保温浆料、抗裂剂(抗裂砂浆)、热镀锌电焊网、面砖粘结砂浆、面砖勾缝粉及面砖的主要技术指标见《胶粉聚苯颗粒外墙外保温系统》JG 158—2004 中的相关要求。

6.0.2 尼龙胀栓由螺钉和带圆盘的尼龙膨胀套管两部分组成,其中螺钉采用经过表面防锈蚀处理的金属制成,尼龙膨胀套管应采用聚酰胺、聚乙烯或聚丙烯等制作,不得使用回收的再生材料。尼龙胀栓应满足表2性能指标。

尼龙胀栓的性能指标　　表2

项　目	单　位	指　标
有效锚固深度	mm	≥25
圆盘直径	mm	≥50
单个胀栓抗拉承载力标准值(混凝土墙)	kN	≥0.80

尼龙胀栓存贮条件:无腐蚀介质、空气流动、相对湿度不大于85%的仓库中。运输注意事项:避免冲击、挤压、雨淋、受潮及化学品的腐蚀。可按非危险品办理。

6.0.3 水泥:强度等级42.5级或32.5级普通硅酸盐水泥,水泥性能符合《通用硅酸盐水泥》GB 175—2007 的要求。

6.0.4 中砂:应符合《普通混凝土砂、石质量及检验方法标准》JGJ 52—2006 的规定。

7 机具设备

7.1 机械设备(表3)

机具设备　　　　　表3

序　号	设备名称	单　位	规　格
1	小推车	辆	0.14m³
2	砂浆搅拌机	台	0.3m³
3	380V橡套线	m	五芯
4	220V橡套线	m	三芯
5	配电箱(三项)	套	砂浆机及临电
6	钢网展平机	台	ZP-1
7	钢网剪网机	台	YD-1
8	钢网捯角机	台	YC-1

7.2 常用工具

(1) 铁抹子：保温浆料施工宜使用抹子面积较大的矩形抹子。

(2) 阳角抹子、阴角抹子：保温浆料施工宜用塑料材质，抗裂砂浆宜用钢材质。

(3) 托灰板：用木制。

(4) 杠尺：铝合金杠尺长度2～2.5m和长度1.5m两种。

(5) 靠尺：木靠尺2～3m，单面为八字尺。

(6) 猪鬃刷：2寸。

(7) 方头铁锹。

(8) 筛子：孔径2.5～3.0mm。

(9) 手推车。

(10) 木方尺：单边长不小于150mm。

(11) 常用的检测工具：高层采用经纬仪及放线工具、2m托线板、杠尺、方尺、水平尺、探针、钢尺等。

(12) 电源线：动力线及照明线。

8 劳动组织

以外墙保温面积10000m²、工期90d，胶粉聚苯颗粒保温层厚度为40mm厚，其具体的劳动组织如下。

8.1 劳动力计划（表4）

劳动力计划（万 m²）　　　　　　　　　　表4

序号	工种名称	需求人数（人）	备注	
1	抹灰工	120		
2	普工	60		
3	管理人员	4	项目经理	1人
			质检员	1人
			安全管理员	1人
			材料员	1人

8.2 材料计划（表5）

材料计划（万 m²）　　　　　　　　　　表5

序号	材料名称		平方米耗量	总用量
1	界面砂浆	干拌建筑基层界面砂浆	1.2kg	12000kg
		界面剂	0.7kg	7000kg
2	40mm厚聚苯颗粒		0.04m³	400m³
3	抗裂砂浆	水泥砂浆抗裂剂Ⅲ	3kg	30000kg
		干拌抗裂砂浆Ⅲ	12kg	120000kg
4	钢网		1.2m²	12000m²
5	面砖粘结砂浆		6kg	60000kg
6	勾缝粉		2.5kg	25000kg

8.3 施工进度计划（表6）

施工进度计划　　　　　　　　　　表6

工序＼天	1	3	5	8	11	15	18	21	24	27	30	33	36	39	42	45	50	55	60	65	70
基层处理	■	■	■																		
涂刷界面砂浆		■	■	■																	
抹保温砂浆			■	■	■	■	■														
抹第一遍抗裂砂浆							■	■	■												
铺贴固定四角钢网									■	■	■										
抹第二遍抗裂砂浆										■	■	■									
粘贴面砖													■	■	■	■	■	■	■		
勾缝																				■	■

8.4 劳动定额(表7)

劳动定额(m²)   表7

项 目			1—1	1—2	1—3
			聚苯保温浆料50mm厚		聚苯保温浆料
			加气混凝土基层	混凝土基层	每增减10mm
	名 称	单位	数 量		
人工	技工	工日	0.189	0.189	0.008
	普工	工日	0.019	0.019	—
材料	1 建筑用界面剂①	kg	0.703	0.700	
	2 干拌界面砂浆①	kg	1.202	1.200	
	3 胶粉聚苯颗粒浆料	m³	0.051	0.051	0.010
	4 水泥砂浆抗裂剂Ⅲ②	kg	3.001	3.001	
	5 干拌抗裂砂浆Ⅲ②	kg	12.000	12.000	
	6 热镀锌电焊网	m²	1.15	1.15	
	7 12号镀锌钢丝	kg	0.026	0.026	
	8 尼龙胀栓	个	5.000	5.000	
	9 干拌砖粘结砂浆	kg	6.000	6.000	
	10 面砖勾缝料	kg	2.500	2.500	

① 建筑用界面剂和干拌界面砂浆两种基层处理材料可任选一种,如选界面剂还需另按使用说明书加水泥和中砂。

② 水泥砂浆抗裂剂和干拌抗裂砂浆两种抗裂材料可任选一种,不能同时使用,如选水泥砂浆抗裂剂需另按使用说明加水泥和中砂。

9 安 全 措 施

9.0.1 安全规定见表8。

现场安全规定   表8

序号	安全生产项目	检查内容	检查人	工作依据	结 论
1	砂浆机	出厂电机不漏电,配件齐全,安装符合要求	专职安全员	机器安装规定	不漏电,运转正常
2	380V、220V相套线	表皮破坏情况,皮内是否断线	专职安全员	按电气安装规定	不破坏,不断线
3	电闸箱	箱内配套齐全并有安全装置	专职安全员	按电气安装规定	使用时开关灵活,保证安全
4	小型机械	开关、线是否漏电	专职安全员	按电气安装规定	运转正常

续表

序号	安全生产项目	检查内容	检查人	工作依据	结 论
5	架子	搭设是否符合规范	专职安全员	架子搭设安全规定	符合要求
6	劳保用品	立杆、横杆、小排木、安全网、脚手板、安全帽、安全带	专职安全员	按劳保规定	符合规定齐全
7	高空作业	架子、脚手板、安全帽、安全带及作业要求	专职安全员	按架子规定及安全交底	达到要求
8	吊篮	安全帽、安全带及作业要求、限定人员数量	专职安全员	按吊篮规定及安全培训及交底	达到要求

9.0.2 严格遵守总包方的安全管理规定，严格遵守《北京市建筑工程施工安全操作规程》DBJ 01—62—2002。

9.0.3 建立安全责任制，进入现场前，对工人进行安全技术交底和安全培训工作。对施工机械、吊篮等操作工进行培训，专职安全员做好安全检查工作。

9.0.4 使用电源箱，要符合安全用电规章制度及《施工现场临时用电安全技术规范》JGJ 46—2005 的规定。

9.0.5 进入施工现场并在施工时，要戴好安全帽，系好安全带，施工现场严禁吸烟，严禁酒后施工。

9.0.6 上吊篮前经吊篮负责人同意后方可进入，施工人员必须系好安全带、戴好安全帽，手中工具抹子、杠尺、灰板，不准随意乱放，防止掉下砸人。

9.0.7 吊篮施工限定人员数量，防止过载，不是吊篮组装和升降操作人员，不准私自操作。

10 质 量 要 求

10.1 质量控制要点

10.1.1 基层处理。基层墙体垂直、平整度应达到结构工程质量要求。墙面清洗干净，无浮土、无油渍，空鼓及松动、风化部分剔掉，界面均匀，粘结牢靠。

10.1.2 胶粉聚苯颗粒粘结浆料的厚度控制与聚苯板平整度控制。要求达到设计厚度，墙面平整，阴阳角、门窗洞口垂直、方正。

10.1.3 抗裂砂浆的厚度控制。抗裂砂浆层厚度为 8～10mm，墙面无明显接茬、抹痕，墙面平整，门窗洞口、阴阳角垂直、方正。

10.1.4 热镀锌四角钢网与抗裂砂浆握裹力强，玻纤网格布与抗裂砂浆握裹力小，面砖饰面不易采用抗裂砂浆复合玻纤网做法。

10.1.5 热镀锌四角钢网铺设平整,阳角部位钢网不得断开,搭接网边应被角网压盖,胀栓数量、锚固位置符合要求。

10.2 质量验收

质量验收符合北京市地方标准《居住建筑节能保温工程施工质量验收规程》DBJ 01—97—2005 的规定。

11 效益分析

胶粉聚苯颗粒保温浆料面砖饰面外保温系统在高层建筑中应用,采取相应的安全加固措施,能有效抵抗热应力、火、水或水蒸气、风压、地震等外界作用力直接作用于建筑物表面,防止出现饰面开裂、饰面砖起鼓、脱落等质量事故,使建筑物和外保温系统的安定、稳定、可靠。该系统施工速度快、工程质量好、平整度好、可靠性高、市场前景广阔,具有较高的使用性。

12 工程实例

12.1 采用本工法施工的部分工程(见表9)

工程实例   表9

序号	工程名称	建设或施工单位	建筑面积(m²)	外保温贴砖面积(m²)	竣工时间
1	山东临沂桃源大厦	山东天元建筑公司	30000	12000	2001.6
2	北京清林苑	北京城建五公司	80000	38000	2002.10
3	蓝堡国际公寓	建工三建	25000	12000	2002.11
4	哈尔滨黄金公寓	哈尔滨华东开发有限公司	30000	11000	2003.07
5	嘉铭桐城	江苏省泰兴市黄桥装饰装潢工程公司	140000	60000	2003.08
6	北京奇然家园	奇然房地产	80000	35000	2003.11
7	长岛澜桥	北辰房地产	180000	50000	2003.11
8	珠江绿洲	广东韩川建安公司	230000	100000	2003.11
9	北京山水汇豪小区	北京建工一建水电设备安装公司	60000	28000	2003.5
10	徐州铜山供电局住宅楼	铜山供电局	110000	50000	2004.05
11	永丰茉莉城	江苏江都建设工程有限公司	35000	13000	2004.08
12	名佳花园三期	北京佳隆房地产	68000	32000	2004.10
13	望京世纪春天(果岭子小区)	中建一局五公司	170000	70000	2004.11
14	颐德家园	北京颐德地产	80000	25000	2004.11

续表

序号	工程名称	建设或施工单位	建筑面积(m²)	外保温贴砖面积(m²)	竣工时间
15	棕榈泉国际公寓	中建一局五公司	40000	16000	2004.10
16	清怡花苑	杭州商宇房地产开发有限公司	70000	43000	2005.11
17	西安亚美伟博广场	陕西亚美聚源房地产公司	60000	38000	2006.03
18	青岛天福丽都	青岛网点集团	50000	34000	2006.05

12.2 南京星雨花园工程

南京星雨花园项目为精品高档高层住宅小区，该项目位于南京市河西新城区江东南路与集庆西路交汇点西南角，占地面积15公顷，建筑面积约38万 m^2，投资总额为12亿元人民币，由9栋18层小高层，19栋24～26层高层住宅，1所小学，1所幼儿园，1座会所，结构墙体为剪力墙，局部为黏土多孔砖填充墙。

本工程外墙外保温采用北京振利高新技术公司研制开发的"胶粉聚苯颗粒外饰面粘贴面砖外保温技术"。从应用的情况看，该技术材料配套，工艺完备，施工方便。

胶粉聚苯颗粒保温浆料涂料饰面外墙外保温施工工法

北京振利高新技术有限公司
北京振利建筑工程有限责任公司
黄振利　朱　青　宋长友

1　前　言

胶粉聚苯颗粒外墙外保温系统是一种现场抹灰成型的无空腔外墙外保温做法。该系统2001年11月通过建设部的评估，2005年3月被建设部评为全国绿色建筑创新二等奖，2002年和2006年两次被建设部列入新产品推广目录，被国家五部委授予国家重点新产品证书并被列入国家级火炬计划。

本技术系统具有全部中国自主知识产权，发明专利：抗裂保温墙体及施工工艺 ZL 98103325.3；实用新型：塑料复合玻纤网格布 ZL 98207104.3。

2　特　点

胶粉聚苯颗粒外墙外保温系统具有良好保温隔热性能，抗裂性能好，抗火灾能力强，抗风压性能好，适应墙面及门、窗、拐角、圈梁、柱等变化，操作方便。材料的利用率高，基层剔补量小，节约人工费。是一种适用范围广、技术成熟度高、施工可操作性强、施工质量易控、性价比优的外墙外保温系统。

3　适用范围

胶粉聚苯颗粒保温浆料外墙外保温工法适用于不同气候区基层墙体为钢筋混凝土、各类砌体等新建建筑的外墙外保温系统，也适用于各类既有建筑的节能改造工程。

4　工艺原理

本工法采用现场抹灰成型保温层的做法，墙体基层用界面砂浆处理，使吸水率不同的材料附着力均匀一致；现场成型无板缝，保温层形成一个整体，减缓增长强度的配比及大量纤维的添入使保温层不易发生空鼓；柔性抗裂砂浆复合耐碱玻纤网格布增强了面层柔性变形能力，提高了抗裂性能；弹性底涂可有效阻止液态水进入，并有利于气态水排出；柔性耐水腻子位于保温层的面层,具有更强的柔韧性;外饰面宜选用丙烯酸类水溶性涂料,以与保温层变形相适应。系统各构造层材料柔韧性逐层渐变,充分释放热应力。基本构造见表1。

涂料饰面胶粉聚苯颗粒外保温系统基本构造　　　　表1

基层墙体	涂料饰面胶粉聚苯颗粒外保温系统基本构造				构造示意图
	界面层①	保温层②	抗裂防护层③	饰面层④	
混凝土墙及各种砌体墙	界面砂浆	胶粉聚苯颗粒保温浆料	抗裂砂浆＋耐碱涂塑玻璃纤维网格布(加强部位增设一道网格布)＋高分子乳液弹性底层涂料	柔性耐水腻子＋涂料	①②③④

5 工艺流程及操作要点

5.1 施工工艺流程(图1)

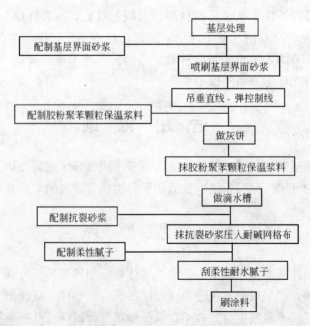

图1 胶粉聚苯颗粒保温浆料涂料饰面外墙外保温施工流程

5.2 操作方法和要求

5.2.1 施工准备

(1) 基层墙体应符合现行国家标准《混凝土结构工程施工质量验收规范》GB 50204—2002 和《砌体工程施工质量验收规范》GB 50203—2002 及相应基层墙体质量验收规范的要求，保温施工前应会同相关部门做好结构验收。如基层墙体偏差过大，则应抹砂浆找平。

(2) 房屋各大角的控制钢垂线安装完毕。高层建筑及超高层建筑时，钢垂线应用经纬仪检验合格。

(3) 外墙面的阳台栏杆、雨落管托架、外挂消防梯等安装完毕，并应考虑到保温系统厚度的影响。

(4) 外窗的辅框安装完毕。

(5) 墙面脚手架孔、穿墙孔及墙面缺损处用相应材料修整好。

(6) 混凝土梁或墙面的钢筋头和凸起物清除完毕。

(7) 主体结构的变形缝应提前做好处理。

(8) 根据工程量、施工部位和工期要求制定施工方案，要样板先行，通过样板确定消耗定额，由甲方、乙方和材料供应商协商确定材料消耗量，保温施工前施工负责人应熟悉图纸。

(9) 组织施工队进行技术培训和交底，进行好安全教育。

(10) 材料配制应指定专人负责，配合比、搅拌机具与操作应符合要求，严格按厂家说明书配制，严禁使用过时浆料和砂浆。

(11) 根据需要准备一间搅拌站及一间堆放材料的库房，搅拌站的搭建需要选择背风方向，靠近垂直运输机械，搅拌棚需要三侧封闭，一侧作为进出料通道。有条件的地方可使用散装罐。库房的搭建要求：要求防水、防潮、防阳光直晒。材料采取离地架空堆放。

(12) 施工时气温应大于5℃，风力不大于4级。雨天不得施工，否则，应采取防护措施。

5.2.2 基层墙面处理

墙面应清理干净，清洗油渍，清扫浮灰等。墙面松动、风化部分应剔除干净。墙表面凸起物大于10mm时应剔除(图2)。

(a)

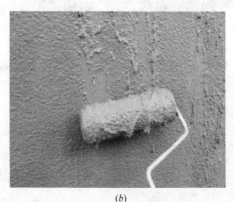
(b)

图2 基层墙面处理

为使基层界面附着力均匀一致，墙面均应做到界面处理无遗漏。基层界面砂浆可用喷枪或滚刷喷刷。砖墙、加气混凝土墙在界面处理前要先淋水润湿，堵脚手眼和废弃的孔洞时，应将洞内杂物、灰尘等物清理干净，浇水湿润，然后按要求将其补齐砌严。

5.2.3 吊垂直、弹控制线

根据建筑物高度确定放线的方法，高层建筑及超高层建筑可利用墙大角、门窗口两边，用经纬仪打直线找垂直。多层建筑或中高层建筑，可从顶层用大线坠吊垂直，绷钢丝找规矩，横向水平线可依据楼层标高或施工±0.000向上500mm线为水平基准线进行交圈控制。根据吊垂直的线及保温厚度，每步架大角两侧弹上控制线（图3），再拉水平通线做标志块。

5.2.4 做灰饼、冲筋

在距楼层顶部约100mm和距楼层底部约100mm，同时距大墙阴角或阳角约100mm处，根据垂直控制通线做垂直方向灰饼（楼层较高时应两人共同完成），作为基准灰饼，再根据两垂直方向基准灰饼之间的通线，做墙面找平层厚度灰饼，每灰饼之间的距离按1.5m左右间隔粘贴。灰饼可用胶粉聚苯颗粒浆料做，也可用废聚苯板裁成50mm×50mm小块粘贴（图4）。待垂直方向灰饼固定后，在两水平灰饼间拉水平控制通线，具体做法为将带小线的小圆钉插入灰饼，拉直小线，使小线控制比灰饼略高1mm，在两灰饼之间按1.5m左右间隔水平粘贴若干灰饼或冲筋。

图3 弹控制线

图4 做灰饼

每层灰饼粘贴施工作业完成后，水平方向用5m小线拉线检查灰饼的一致性，垂直方向用2m托线板检查垂直度，并测量灰饼厚度，冲筋厚度应与灰饼厚度一致。用5m小线拉线检查冲筋厚度的一致性，并做好记录。

5.2.5 抹胶粉聚苯颗粒保温浆料保温层

（1）界面砂浆基本干燥后即可进行保温浆料的施工。

（2）在施工现场，搅拌质量可以通过测量湿表观密度并观察其可操作性、抗滑坠性、膏料状态等方法判断。

（3）保温浆料应分层作业完成施工，每次抹灰厚度宜控制在20mm左右，保温浆料底层抹灰时顺序按照从上至下、从左至右抹灰，抹至距保温标准贴饼差10mm左右为宜(图5)。每层施工间隔为24h。

（4）保温浆料面层抹灰厚度要抹至与标准贴饼一平。涂抹整个墙面后，用大杠在墙面上来回搓抹，去高补低，最后再用铁抹子压一遍，使表面平整，厚度一致。

（5）保温层修补应在面层抹灰2~3h之后进行，施工前应用杠尺检查墙面平整度，墙面偏差应控制在±2mm。保温面层抹灰时应以修为主，对于凹陷处用稀浆料抹平，对于凸起处

图5 抹胶粉聚苯颗粒保温层

可用抹子立起来将其刮平，最后用抹子分遍再赶抹墙面，先水平后垂直，再用托线尺、2m杠尺检测后达到验收标准。

（6）保温层施工时，在墙角处铺彩条布接落地灰，落地灰及时清理，落地灰少量分批掺入新搅拌的浆料中及时使用。

（7）阴阳角找方、门窗侧口、滴水线应按下列步骤进行：

1）用木方尺检查基层墙角的直角度，用线坠吊垂直检验墙角的垂直度。

2）保温浆料面层大角抹灰时，要用方尺压住墙角浆料层上下搓动抹子，反复检查抹压修补，基本达到垂直。然后用阴、阳角抹子压光，以确保垂直度偏差不大于±2mm，直角度偏差不大于±2mm。

3）门窗口施工时应先抹门窗侧口、窗台和窗上口，再抹大面墙。施工前应按门窗口的尺寸截好单边八字靠尺，做口应贴尺施工，以保证门窗口处方正。

5.2.6 抗裂砂浆层施工

待保温层施工完成3~7d，且保温层施工质量验收合格以后，即可进行抗裂砂浆层施工。

耐碱网格布长度不大于3m，尺寸事先裁好，网格布包边应剪掉。抹抗裂砂浆时，厚度应控制在3~4mm，抹宽度、长度与网格布相当的抗裂砂浆后应按照从左至右、从上到下的顺序立即用铁抹子压入耐碱网格布。在窗洞口等处应沿45°方向提前增贴一道网格布（400mm×300mm）(图6)。耐碱网格布之间搭接宽度不应小于50mm，严禁干搭接。阴角处耐碱网格布要压茬搭接，其宽度不小于50mm；阳角处也应压茬搭接，其宽度不小于200mm。耐碱网格布铺贴要平整，无褶皱，砂浆饱满度达到100%，同时，要抹平、找直，保持阴阳角处的方正和垂直度。

首层墙面应铺贴双层耐碱网格布，第一层铺贴网格布，网布与网布之间采用对接方法，严禁网格

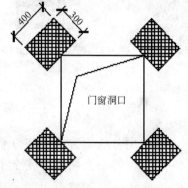

图6 门窗洞口网格布加强做法

布在阴阳角处对接，对接部位距离阴阳角处不小于200mm。然后进行第二层网格布铺贴，铺贴方法如前所述，两层网格布之间抗裂砂浆应饱满，严禁干贴（图7）。

建筑物首层下部外保温应在阳角处双层网格布之间设专用金属护角，护角高度一般为2m。在第一层网格布铺贴好后，应放好金属护角，用抹子在护角孔处拍压出抗裂砂浆，抹第二遍抗裂砂浆包裹住护角。保证护角安装牢固。

抗裂砂浆抹完后，严禁在此面层上抹普通水泥砂浆腰线、口套线等，严禁刮涂刚性腻子等非柔性材料。

5.2.7 涂刷弹性底涂

在抗裂层施工完2h后即可涂刷弹性底涂，涂刷应均匀，不得有漏底现象（图8）。

图7 抹抗裂砂浆铺贴网格布

图8 涂刷高分子弹性底层涂料

5.2.8 刮柔性耐水腻子

大墙面刮腻子，宜采用400～600mm长的刮板，门窗口角等面积较小部位宜用200mm长的刮板。第一遍修补局部坑洼部位，第二遍进行满刮，第三遍耐水腻子半干状态时，大面用长木方板绑400～600mm长的砂石板绑零号砂纸打磨，门窗口角用短的板绑零号砂纸打磨。第四遍要求满刮，第五遍耐水腻子半干状态时，大面用长木方板绑400～600mm长的板绑0号砂纸打磨，门窗口角用短的板绑零号砂纸打磨。若平整度达不到要求时，再分别增加一遍刮腻子和打磨的工序，直至达到平整度要求（图9）。

图9 刮柔性耐水腻子

5.2.9 涂刷底漆，刷面层涂料

涂刷工具采用优质短毛滚筒。上底漆前做好分格处理，墙面用分线纸分格代替分格缝。每次涂刷应涂满一格，避免底漆出现明显接痕。底漆涂刷均匀一至两遍，完全干燥12h。

底漆完全干透后，用造型滚筒滚面漆时用力均匀，让其紧密贴附于墙面，蘸料均匀，按涂刷方向和要求一次成活。
5.2.10 细部节点图
以下为部分节点，根据具体工程项目特点，由施工单位出具有针对性节点详图(图10～图12)。

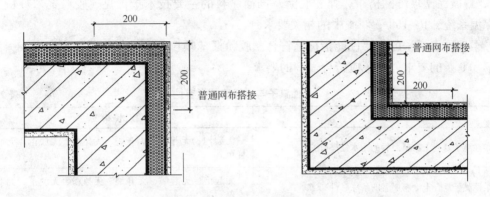

图10 阴阳角网格布搭接做法

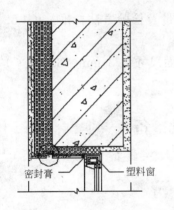
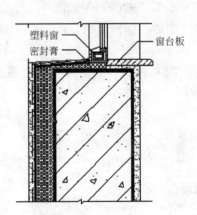

图11 平窗侧口做法

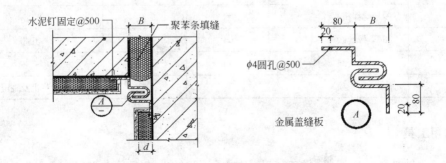

图12 伸缩缝做法

6 工 程 材 料

6.0.1 干拌建筑基层界面砂浆(界面剂)、胶粉聚苯颗粒保温浆料、抗裂剂(抗裂砂浆)、耐碱涂塑玻纤网格布、弹性底涂及饰面涂料的主要技术指标见《胶粉聚苯颗粒外墙外保温系统》JG 158—2004 中的相关要求。

柔性耐水腻子的主要性能指标除符合《胶粉聚苯颗粒外墙外保温系统》JG 158—2004 中第 5.9 条的要求外，还应符合表 2 的要求。

柔性腻子与涂料层的相容性　　　　　　　　　　　　　　　表 2

项　目	技术指标
柔性腻子复合上涂料层后的耐水性(96h)	无起泡、无起皱、无开裂、无掉粉、无脱落、无明显变色
柔性腻子复合上涂料层后的耐冻融性(5 次)	无起泡、无起皱、无开裂、无掉粉、无脱落、无明显变色

6.0.2 水泥：强度等级 42.5 级或 32.5 级普通硅酸盐水泥，水泥性能符合《通用硅酸盐水泥》GB 175—2007 的要求。

6.0.3 中砂：应符合《普通混凝土砂、石质量及检验方法标准》JGJ 52—2006 的规定。

6.0.4 配套材料：主要有专用金属护角(断面尺寸为 35mm×35mm×0.5mm，高 2000mm)等。

7 机 具 设 备

7.1 机械设备(表 3)

机具设备　　　　　　　　　　　　　　　表 3

序号	设备名称	单位	数量	规格
1	小推车	辆	15	0.14m³
2	砂浆搅拌机	台	3	0.3m³
3	380V 橡套线	m	—	五芯
4	220V 橡套线	m	—	三芯
5	配电箱(三项)	套	3	砂浆机及临电

7.2 常用工具

7.2.1 铁抹子：保温浆料施工宜使用抹子面积较大的矩形抹子。

7.2.2 阳角抹子、阴角抹子：保温浆料施工宜用塑料材质，抗裂砂浆宜用钢材质。

7.2.3 托灰板：木制。

7.2.4 杠尺：铝合金杠尺长度 2～2.5m 和长度 1.5m 两种。

7.2.5 靠尺：木靠尺 2～3m，单面为八字尺。

7.2.6 猪鬃刷：2寸。

7.2.7 方头铁锹。

7.2.8 筛子：孔径 2.5～3.0mm。

7.2.9 手推车。

7.2.10 木方尺：单边长不小于 150mm。

7.2.11 常用的检测工具：高层采用经纬仪及放线工具、2m 托线板、杠尺、方尺、水平尺、探针、钢尺等。

7.2.12 电源线：动力线及照明线。

7.2.13 铲刀、批刀、刮尺、铲刀、美术刀、400 目砂纸。

8 劳 动 组 织

以外墙保温面积 10000m²、工期 50d，施工人数 74 人，胶粉聚苯颗粒保温层厚度为 40mm 厚，外墙涂料做法为平涂，其具体的劳动组织如下：

8.1 劳动力计划（表4）

劳动力计划（万 m²）   表4

序号	工种名称	需求人数（人）	备 注	
1	抹灰工	50		
2	普 工	20		
3	管理人员	4	项目经理	1人
			质检员	1人
			安全管理员	1人
			材料员	1人

8.2 材料计划（表5）

材料计划（万 m²）   表5

序号	材料名称		平方米耗量	总用量
1	界面砂浆	干拌建筑基层界面砂浆	1.2kg	12000kg
		界面剂	0.7kg	700kg
2	40mm 厚聚苯颗粒		0.0404m³	404m³
3	抗裂砂浆	干拌抗裂砂浆Ⅰ	5.0kg	50000kg
		水泥砂浆抗裂剂Ⅰ	1.5kg	15000kg

续表

序号	材料名称	平方米耗量	总用量
4	玻纤网格布	1.2m²	12000m²
5	高分子弹性底层涂料	0.1kg	1000kg
6	柔性腻子	1.50kg	15000kg

注：以上材料耗量含损耗。

8.3 施工进度计划(表6)

施工进度计划(万 m²) 表6

工序\天	1	3	5	7	9	11	13	15	17	19	21	23	25	27	29	31	33	39	45	48	50
墙面处理	━	━																			
涂刷界面砂浆		━	━	━	━																
抹胶粉聚苯颗粒保温浆料				━	━	━	━	━	━	━	━										
抹抗裂砂浆铺贴网格布									━	━	━	━	━	━	━						
刮柔性耐水腻子												━	━	━	━	━					
涂料饰面																		━	━		
验收																			━	━	

8.4 劳动定额(表7)

根据大量的施工经验，胶粉聚苯颗粒保温浆料涂料饰面抹灰工平均每人每工日完成外保温成活面积4.00m²，胶粉聚苯颗粒保温层厚度为40mm厚。

胶粉聚苯颗粒外墙外保温劳动定额(m²)

工作内容：1. 清扫基层、调运界面砂浆、拉毛；
    2. 放线、打点、抹保温浆料、找平、镶滴水线；
    3. 抹抗裂砂浆、铺贴网格布、镶滴水线、涂刷弹性底漆。

劳动定额(m²) 表7

定额编号		涂刷界面砂浆		抹聚苯颗粒保温浆料(40mm)			抗裂砂浆铺贴网布	涂刷弹性底漆
项目		混凝土墙	填充墙	抹一遍	找平	每增减一遍		
基 价		2.922	3.836	20.419	22.723	21.227	22.185	3.82
其中	人工费(元)	1.152	1.036	1.284	3.588	2.092	3.26	0.3
	材料费(元)	1.49	2.52	18.71	18.71	18.71	18.50	3.36
	机械费(元)	0.28	0.28	0.425	0.425	0.425	0.425	0.16

续表

	名 称	单位	数量	数量	数量	数量	数量	数量	数量
人工	综合工日	工日	0.0288	0.0259	0.0321	0.0897	0.0523	0.0815	0.0125
	其他人工费	元							
材料	干拌建筑用界面砂浆①	kg	1.2	1.70					
	界面剂①	kg	0.7	1.20					
	保温胶粉、聚苯颗粒	m³			0.0202	0.0202	0.0202		
	干拌抗裂砂浆Ⅰ②	kg						5.0	
	水泥砂浆抗裂剂Ⅰ②	kg						1.5	
	涂塑耐碱玻纤网格布	m²						1.20	
	高分子弹性底层涂料	kg							0.21
	其他材料费	元	0.02		0.150	0.15	0.15		
机械	其他机械费	元	0.28	0.28	0.425	0.425	0.425	0.425	0.16

① 建筑用界面剂和干拌界面砂浆两种基层处理材料可任选一种,如选界面剂还需另按使用说明书加水泥和中砂。

② 水泥砂浆抗裂剂和干拌抗裂砂浆两种抗裂材料可任选一种,不能同时使用,如选水泥砂浆抗裂剂需另按使用说明加水泥和中砂。

9 安 全 措 施

9.0.1 安全规定见表8。

现场安全规定　　　　表8

序号	安全生产项目	检查内容	检查人	工作依据	结　论
1	砂浆机	出厂电机不漏电,配件齐全,安装符合要求	专职安全员	机器安装规定	不漏电,运转正常
2	380V、220V相套线	表皮破坏情况,皮内是否断线	专职安全员	按电气安装规定	不破坏,不断线
3	电闸箱	箱内配套齐全并有安全装置	专职安全员	按电气安装规定	使用时开关灵活,保证安全
4	小型机械	开关、线是否漏电	专职安全员	按电气安装规定	运转正常
5	架子	搭设是否符合规范	专职安全员	架子搭设安全规定	符合要求

续表

序号	安全生产项目	检查内容	检查人	工作依据	结论
6	劳保用品	立杆、横杆、小排木、安全网、脚手板、安全帽、安全带	专职安全员	按劳保规定	符合规定齐全
7	高空作业	架子、脚手板、安全帽、安全带及作业要求	专职安全员	按架子规定及安全交底	达到要求
8	吊篮	安全帽、安全带及作业要求、限定人员数量	专职安全员	按吊篮规定及安全培训及交底	达到要求

9.0.2 严格遵守总包方的安全管理规定，严格遵守《北京市建筑工程施工安全操作规程》DBJ 01—62—2002。

9.0.3 建立安全责任制，进入现场前，对工人进行安全技术交底和安全培训工作。对施工机械、吊篮等操作工进行培训，专职安全员做好安全检查工作。

9.0.4 使用电源箱，要符合安全用电规章制度及《施工现场临时用电安全技术规范》JGJ 46—2005 的规定。

9.0.5 进入施工现场并在施工时，要戴好安全帽，系好安全带，施工现场严禁吸烟，严禁酒后施工。

9.0.6 上吊篮前经吊篮负责人同意后方可进入，施工人员必须系好安全带、戴好安全帽，手中工具抹子、杠尺、灰板，不准随意乱放，防止掉下砸人。

9.0.7 吊篮施工限定人员数量，防止过载，不是吊篮组装和升降操作人员，不准私自操作。

10 质量要求

10.1 质量控制要点

10.1.1 基层处理。基层墙体垂直、平整度应达到结构工程质量要求。墙面清洗干净，无浮土、无油渍，空鼓及松动、风化部分剔掉，界面均匀，粘结牢靠。

10.1.2 胶粉聚苯颗粒粘结浆料的厚度控制与聚苯板平整度控制。要求达到设计厚度，墙面平整，阴阳角、门窗洞口垂直、方正。

10.1.3 抗裂砂浆的厚度控制。抗裂砂浆层厚度为 3~5mm，墙面无明显接茬、抹痕，墙面平整，门窗洞口、阴阳角垂直、方正。

10.1.4 外墙外保温施工过程中涂料饰面系统不留控制温差变形的分格缝。系统具有一定的柔性，随时释放应力，不需人为地制造应力集中释放区。若装饰需要进行分格时，建议采用涂料画出装饰分格线的做法。

（1）分格缝设置过程中势必要切断耐碱玻纤网格布或在网格布的附近形成断头。倘若在切断网格布或形成断头部位处理不当就会造成开裂渗水。不作分格缝处理，可以保证网格布的完整性，可避免上述渗水现象发生。

（2）保温面层上设置分格缝，由于抗裂砂浆黏稠度较大，表面用铁抹子修口较为困难，若加大水泥含量，易造成局部开裂，从而影响整个施工质量。

（3）若选用预制分格条，其与抗裂砂浆的线膨胀系数及方向不同，易发生拉裂。

10.2 质量验收

质量验收应符合北京市地方标准《居住建筑节能保温工程施工质量验收规程》DBJ 01—97—2005 的要求。

11 效 益 分 析

11.1 一次性投资小、综合效益高

胶粉聚苯颗粒保温浆料外墙外保温系统在高层建筑中应用，不仅能够保证良好的工程质量，而且从综合施工报价、施工工程进度来说，该系统也有非常大的优势，特别在框架轻体砌块填充墙结构中表现得尤为明显。在框架轻体结构表面，一般要进行装饰抹灰层施工，为了防止砌块接缝渗水，同时要采取必要的墙体防水措施。在此类结构中应用胶粉聚苯颗粒保温浆料系统，可以将装饰抹灰层、墙体结构防水层与保温层融为一体，节约一道每平方米约 15 元左右的外墙抹灰层费用。胶粉聚苯颗粒外保温系统的材料报价为 45 元/m^2 左右，外墙抹灰层的节省能够冲减总投资的 1/3，也就是说，甲方只需多投资 30 元/m^2，就可以在此种建筑结构中达到节能 50% 的要求。因此，对框架轻体高层结构来说，胶粉聚苯颗粒保温浆料系统可以说是一次性投资最小、综合效益最高的一种做法。

11.2 施工速度快、工程质量好

在有落地脚手架的作业条件下，胶粉聚苯颗粒保温浆料外墙外保温系统是施工速度最快的一种外墙外保温做法。由于胶粉聚苯颗粒保温浆料外墙外保温系统可以多点多层面施工，基准钢垂线一经设定，就可以根据基准标高进行贴饼、冲筋、抹灰操作，同时作业点可根据施工速度的要求进行任意的增加或裁减。

11.3 平整度好、可靠性高

胶粉聚苯颗粒保温浆料外墙外保温系统在高层外墙结构中应用的另一大优点是，对结构平整度不高的基层的施工适应性良好，对结构有很强的纠偏作用。在全现浇混凝土建筑中，胶粉聚苯颗粒保温浆料抹灰最厚处可达 100mm 以上，对于结构中出现的局部偏差能够有效地实施纠正。同时，由于局部采用了挂网等机械加固措施，材料施工后平整而牢固，深受施工单位的好评。

11.4 利废再生，生态建材

作为一种典型的生态建材，胶粉聚苯颗粒保温浆料总体积90%是利用回收的废聚苯包装物，俗称城市"白色污染"的材料制成，其中，粉煤灰材料占保温层总重量1/3，真正实现了在建设新建筑的同时净化了环境。

12 工 程 实 例

12.1 采用本工法施工的部分工程(表9)

工 程 实 例 表9

序号	工程名称	建设或施工单位	建筑面积（m²）	外墙保温面积（m²）	竣工时间	层数
1	北京鑫兆佳园	北京建雄集团材料公司	140000	60000	2003.08	16层
2	北京星城广厦	北京城建一建设工程有限公司	50000	25000	2002.10	27层
3	北京望京高校住宅小区	北京建工集团六公司	70000	30000	2002.11	32层
4	辽宁省工交大院公务员小区	中铁九局第四工程有限公司	65000	28000	2004.07	小高层
5	河北省军区二期经济房	河北省军区二期经济使用住房办	90000	40000	在建	14层
6	北京东丽温泉	五越公司二项目部	60000	25000	2002.12	31层
7	济南汇统花园	济南汇统大厦	76000	38000	2002.06	16层
8	葫芦岛教育园	葫芦岛凌云房地产开发公司	300000	100000	2003.10	12层
9	崇文门都市馨园	北京建工六建	100000	80000	2003.08	16层
10	蓝水湾小区	宏泰建设开发有限公司	28000	8000	2003.12	17层

12.2 南京世茂超高层建筑胶粉聚苯颗粒涂料饰面外墙外保温系统

南京世茂外滩新城5号住宅楼，建筑面积78000m²，建筑层数55层，全现浇剪力墙，工程位于南京市下关区滨江带。

5号住宅楼为其中的一栋超高层的住宅楼(图13、图14)，纯剪力墙结构，分为5-1、5-2、5-3三单元，层数分别为47、50、53，檐高(不含机房及水箱层)分别142、151、160m，总建筑面积78000m²，5-1单元的5层以上，5-2单元的6层以上、5-3单元的7层以上采用胶粉聚苯颗粒涂料饰面外墙外保温系统。外墙外保温工程于 2006 年 3 月 5 日开工，于 2006 年 7 月 30 日竣工，保温设计采用 50％节能。

图 13　南京世茂外滩一期 5 号楼

图 14　南京世茂外滩一期 1 号楼

参考标准

　　[1]《胶粉聚苯颗粒外墙外保温系统》JG 158—2004
　　[2]《建筑装饰装修工程质量验收规范》GB 50210—2001
　　[3]《通用硅酸盐水泥》GB 175—2007
　　[4]《普通混凝土砂、石质量及检验方法标准》JGJ 52—2006
　　[5]《北京市建筑工程施工安全操作规程》DBJ 01—62—2002
　　[6]《施工现场临时用电安全技术规范》JGJ 46—2005
　　[7]《居住建筑节能保温工程施工质量验收规程》DBJ 01—97—2005

XN无机建筑保温砂浆面砖饰面外墙外保温施工工法

浙江省平湖市兴能电力节能有限责任公司
浙江湖州市建工集团有限公司
周兆庭 陈有生 卢伟强 徐吉 曹顺发

1 前 言

1.0.1 XN外保温系统由墙基体、界面层、保温层、抗裂防护层(中间夹耐碱玻纤网夹布)和饰面层(面砖)组成。

1.0.2 XN外保温系统由高强材料组成,并以独特的施工工艺,无需特别的加强措施,使系统耐久性好,寿命长。

1.0.3 XN外保温系统经耐候性、冻融性试验,拉伸粘结强度为0.28MPa,再经ZT-1工艺施工,拉伸粘结强度可以超过0.30MPa,相当于每平方米1000个锚栓的拉拔力,系统无需锚固件加强。

1.0.4 XN外保温系统结构简单,省料、省工、省建筑成本,符合国情。

2 工 法 特 点

2.0.1 系统内各层面错位结合,能够充分、均匀地分散和释放应力,有效地控制裂缝、空鼓、脱落。

2.0.2 界面砂浆呈点状尖峰,大大扩大了保温层与墙基的错位接触面积,使系统与墙基整合成一体。

2.0.3 保温层表面拉毛,与抗裂砂浆错位结合,增加接触面积,使保温层和抗裂防护层紧密结合。

2.0.4 ZT-1施工法使保温层与抗裂防护层更加紧密结合。做法:在保温层施工10h后,用ZT-1模板在保温层面上打上无数的钉孔。抹抗裂砂浆时,这些钉孔被填满抗裂砂浆,抗裂砂浆干固后形成了抗裂砂浆钉子插入保温层内,可以彻底解决抗裂砂浆的开裂、空鼓、脱落问题。

2.0.5 抗裂砂浆中间夹玻纤网格布,用搓压法将第一遍抗裂砂浆中的部分短纤维拉出网孔外,再抹第二遍抗裂砂浆,使网格布与抗裂砂浆紧密结合,增加了抗裂防护层的整体强度。

3 适用范围

本工法适用于无机保温砂浆对各种墙体的外墙外保温工程。也适用于不同气候、不同建筑高度的外墙外保温工程。还适用于外墙内保温工程。

4 工艺原理

4.0.1 保温砂浆、抗裂砂浆、界面砂浆、面砖粘结砂浆、面砖勾缝料均是无机材料，它们与建筑物墙基是同一硅类物质。它们之间的应力、膨胀和收缩系数相同，为保温系统与建筑物的整体紧密结合创造了条件。

4.0.2 保温系统各结构层面错位结合，使各层面接触面积扩大一倍以上，从而增大了系统在墙基上的附着力。

4.0.3 基本构造见表1。

XN无机建筑保温砂浆面砖饰面基本构造　　　　　表1

基层墙体①	界面层②	保温层③	抗裂防护层④	饰面层⑤
各种墙体	喷涂尖峰状界面砂浆	保温砂浆（≥20mm）表面拉毛	第一遍抗裂砂浆＋耐碱玻纤网格布＋纤维拉出网布外＋第二遍抗裂砂浆，拉毛	面砖粘结砂浆＋贴面砖＋勾缝料

5 施工工艺流程及操作要点

5.1 施工工艺流程（图1）

5.2 施工准备

5.2.1 工程技术准备

(1) 根据工程量，制定工期要求和施工部位施工方案，施工负责人应熟悉图纸和施工工艺。

(2) 组织施工队进行技术交底和观摩学习，掌握施工工艺和操作规程。

(3) 保温材料加水、配比搅拌应由专人负责，搅拌机具和搅拌时间要严格符合生产厂家的要求。

5.2.2 库房和搅拌棚的搭建

根据工程量的大小及现场计划存放材料的多少，设置库房和搅拌棚。库房的搭建要求：地面平整坚实、防水防潮、防阳光直晒、材料离地架空堆放。

5.2.3 施工作业条件

(1) 环境温度不低于5℃，风力不大于5级。达不到要求不得施工。

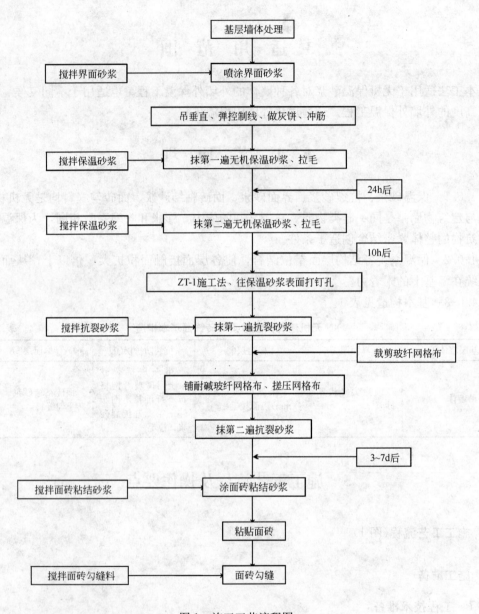

图 1 施工工艺流程图

（2）施工应做好防雨措施，雨天不得施工。

（3）施工用脚手架距墙面、墙角的距离应满足施工操作要求。

（4）外墙面上的水、电、煤气管卡及预埋铁件等应提前安装完毕，并预留外保温厚度。

（5）对墙基面凹凸不平处进行修整补平，对洞眼隙缝用砂浆堵塞，对墙基面的灰尘、污垢、油渍、浮渣和粘结的砂浆，彻底清除干净。

5.3 操作要点

5.3.1 喷涂界面砂浆

严格控制粉与水的比例搅拌界面砂浆。喷水湿润墙基面，喷涂或滚刷界面砂浆，要求有点底峰尖，平坦点状无效。

5.3.2 吊垂线、弹控制线、做灰饼、冲筋

(1) 根据建筑物的高度确定放线方法

1) 高层建筑及超高层建筑可以利用墙大角、门窗口两边，用经纬仪打直线找垂直。

2) 多层建筑或中高层建筑，可以从顶层用大线坠吊垂直，绷钢丝找规矩，横向水平线可以根据楼层标高或施工±0.000向上500mm线为水平基准线进行交圈控制。

3) 门窗、阳台、明柱、腰线等处都要横平竖直。

(2) 根据吊垂直通线及保温厚度，每步架大角两侧弹上控制线。

(3) 在距离大墙阴角或阳角约100mm处，根据垂直控制线按1.5m左右间距做垂直方向灰饼，顶部灰饼距楼层顶部约100mm，底部灰饼距楼层低部约100mm。待垂直方向灰饼固定后，在同一水平位置的两个灰饼之间拉水平控制通线，具体做法：将带小线的小圆钉插入灰饼，拉直小线，小线比灰饼略高1mm，在两个灰饼之间按1.5m左右间距水平粘贴若干个灰饼或冲筋。灰饼可用XN无机保温砂浆做。验收灰饼作业，每层灰饼粘贴施工作业完成后，水平方向用5m小线拉线检查灰饼的一致性，垂直方向用2m托线板检查垂直度，并测量冲筋厚度与灰饼厚度一致。用5m小线拉线检查冲筋厚度的一致性。发现偏差应立即纠正。

5.3.3 抹保温砂浆、拉毛、保温层表面按ZT-1施工

(1) 抹大平面保温砂浆

1) 用卧式搅拌机，严格按厂家提供的干粉与水配比搅拌砂浆5min左右，待浆料呈柔性膏状即可使用。

2) 抹保温砂浆，应按自上至下、从左至右的顺序。每遍的厚度不得超过15mm，每遍托平拉毛，其平整度偏差为±4mm。抹灰厚度略高于灰饼的厚度。

3) 搓平保温层。完成涂抹整块墙面后，用杠尺在保温层面上来回搓抹，去高补低，再用铁抹子压一遍。

4) 拉毛处理。待保温层施工30min后，用塑料抹子在保温层面上圆弧形搓动，拉毛处理。顺序先水平后垂直。再用托线尺检测达到验收标准。

5) 落地砂浆应及时掺入新拌砂浆中重新搅拌后使用。

(2) 抹阴阳角找方

1) 抹灰前用木方尺检查基层墙角的直角度，用线坠吊垂直检验墙角的垂直度。

2) 抹灰后用木方尺压住墙角浆料上下搓动，使墙角浆料基本达到垂直。然后用阴阳角抹子压光，确保垂直度偏差和直角偏差均为±2mm。

3) 门窗口施工时应先抹门窗侧口、上下口和窗台，再抹大墙面。施工前按门窗口的尺寸截好单边八字靠尺，施工时贴尺操作，以保证门窗口处的方正。

(3) ZT-1工艺法

整个保温层完工10h后，用ZT-1模板自上而下、自左至右间隔一块ZT-1模板在保温层面上来回拍压，在保温层面上留下无数的10mm深、$\phi 5 \sim \phi 8$mm的钉孔。

ZT-1模板的做法：取320mm×320mm×10mm正方形木板一块，距每条板边10mm处画一条线，在线上间距30mm画一个点，在每点上钉一个$\phi 5 \sim \phi 8$mm的钉子，穿出木

板10mm。

5.3.4 抹抗裂砂浆 中间铺耐碱玻纤网格布

(1) 待保温层完工3~7d，且施工质量验收合格后，即可进行抗裂防护层施工。

(2) 搅拌抗裂砂浆。按厂家提供的干粉与水的配比在高速立式搅拌机中搅拌3min左右，待浆料呈柔性膏状物即可使用，砂浆宜在1.5h内用完。

(3) 先抹第一遍抗裂砂浆，厚度控制在2~3mm，压实，让砂浆填实保温层的钉孔中。接着铺耐碱玻纤网格布，先将网格布自上而下垂直平铺，用铁抹子将网格布压入砂浆中。网格布平面搭接宽度不得少于50mm，阴角搭接不得少于100mm，阳角搭接不得少于200mm。搭接处严禁干搭接，各层网格布网眼都得填满砂浆，同时要抹平，并找阴阳角方正及垂直度。

(4) 压搓网格布。用塑料抹子在网格布上搓、压、拉，手法圆弧形，顺序自上至下、自左至右，直至一小部分砂浆和纤维被拉出网格布表面，形成网格布与砂浆的紧密结合。

(5) 紧接着抹第二遍砂浆，总厚度控制在4~6mm，表面找平、拉毛。

(6) 抗裂砂浆扎入保温层的钉孔中，干固后形成无数的砂浆钉子，使抗裂防护层与保温层紧密地整合成一体，可以彻底解决抗裂砂浆的开裂、空鼓和脱落的问题。

5.3.5 粘贴面砖

(1) 按工程设计要求，确定饰面砖的排列方式、缝宽、缝深、勾缝形式及颜色、排水构造、基层处理方法等施工要点。做出样板墙或样板件。

(2) 排砖原则确定后，要考虑找平层和粘结砂浆的厚度。对面砖粘结砂浆作拉伸粘结强度试验，经建设、设计、监理各方认可后以书面形式进行确定。

(3) 弹线分格：

抗裂砂浆防护层验收合格后即可按图纸要求和施工要点进行分段分格弹线。同时进行粘贴控制面砖的工作，以控制面砖出墙尺寸和垂直度、平整度。注意，每个立面的控制线应一次完成。每个施工单元的阴阳角、门窗口、柱中、柱角都要弹线。控制线应用墨线弹制，验收合格后方可局部放细线施工。

(4) 排砖：

阳角、窗口、大墙面、通高的柱垛等主要部位都要排整砖，非整砖放在不明显处，且不宜小于1/2整砖。墙面阴角处最好采用异形角砖，不宜将阳角两侧砖边磨成45°角后对接，如不采用异形角砖，也可采用大墙面饰面砖压小墙面饰面砖的做法。横缝要与窗台平齐，墙体变形缝处，饰面砖宜从缝两侧分别排列，留出变形缝。外墙饰面砖粘贴应设置伸缩缝，竖向伸缩缝宜设置在洞口两侧或与墙边、柱边对应的部位，横向伸缩缝可设置在洞口上下或与楼层对应处，伸缩缝应采用柔性防水材料嵌缝。对于女儿墙、窗口、檐口、腰线等水平阳角处，顶面砖应压盖立面砖，立面底皮砖应封盖底平面面砖，可下凸3~5mm兼作滴水线，底平面面砖向内翘起以便于滴水。

(5) 浸砖：

吸水率大于0.5%的饰面砖应浸泡后使用，吸水率小于0.5%的饰面砖不必浸砖。饰面砖浸水后应晾干后方可使用。

(6) 贴砖：

贴砖前先将抗裂防护层喷水湿润。

粘贴作业一般从上至下、从左至右进行，高层建筑大墙面贴砖应分段分块进行，每段（块）贴砖施工应由下至上进行。面砖背面打灰要饱满，粘结砂浆中间略高于四边，砂浆的厚度宜控制在3～5mm。操作粘贴，先固定好靠尺板，贴最下皮一块砖，面砖贴上后用灰铲柄轻轻敲击砖面，使之附线固定，压出多余的砂浆用铁铲剔除。用开刀调整竖缝，用小杠尺通过标准点调整平整度和垂直度，用靠尺随时找平找方，面砖垂直度、平整度应与控制面砖一致。

墙面凸出的卡件、水管或线盒处宜采用整砖套割后套贴，套割缝口宜小，圆孔宜采用专用开孔器处理。

粘贴施工时环境气温大于35℃时，应采取遮阳措施。

5.3.6 面砖勾缝

勾缝施工应在面砖粘贴施工检验合格后进行。

按设计要求选定勾缝材料、缝深、勾缝方式、颜色及专用工具，勾缝宜先勾水平缝再勾竖缝，纵横交叉处过渡要自然，不可有明显痕迹。砖缝要在一个水平上，要求连续、平直、深浅一致、表面压光，缝深2～3mm，勾缝完毕应立即用棉丝、海绵蘸水或用清洗剂擦洗干净。采用成品勾缝料应按厂家说明书进行操作。

5.3.7 细部节点做法

细部节点做法参照图2～图7。

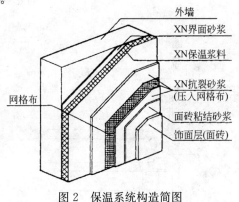

图2 保温系统构造简图

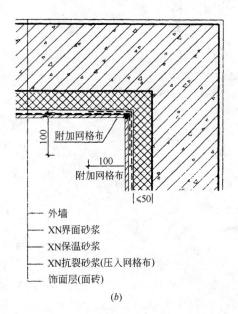

注：XN保温浆料一次抹灰厚度10～15mm，干燥24～48h后再抹第二道。

图3 外保温系统构造简图
(a)阳角；(b)阴角

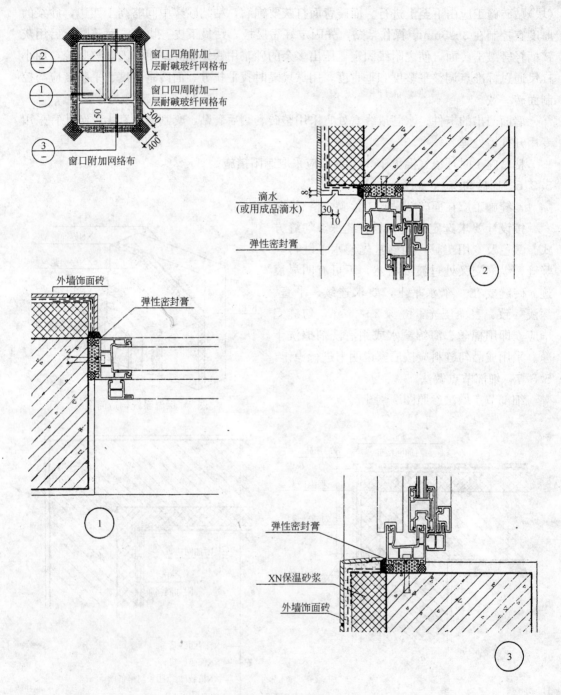

图 4 窗口节点详图

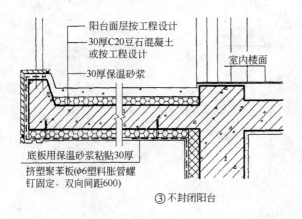

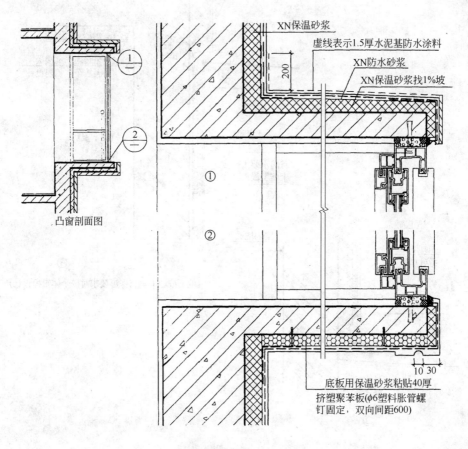

图5 凸窗、不封闭阳台保温详图

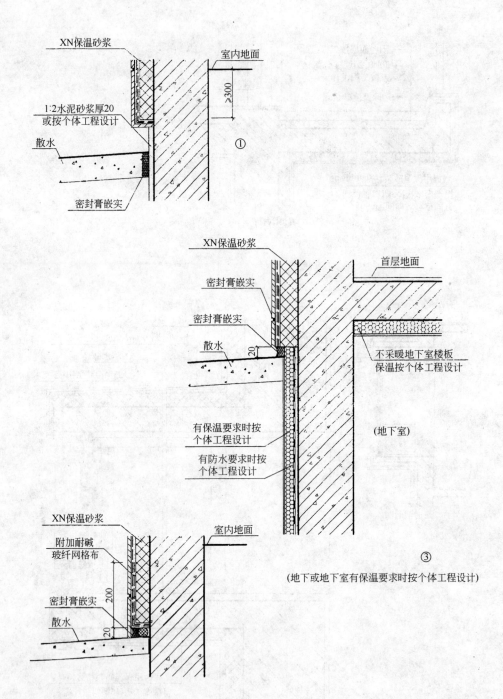

图 6　勒脚

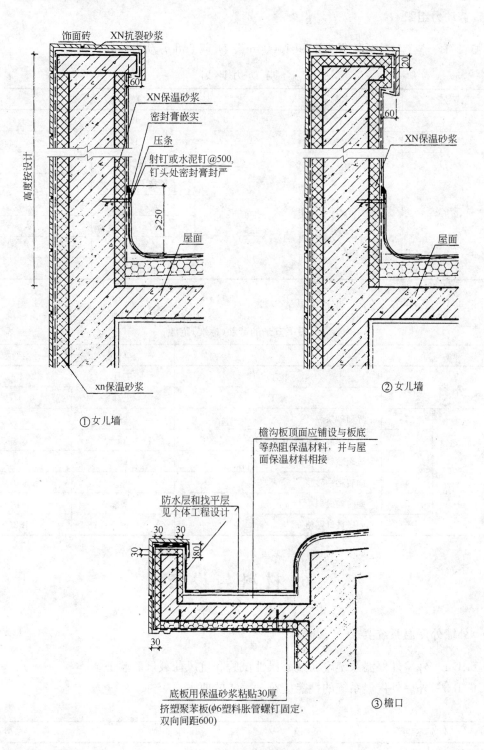

图7 女儿墙、檐口

5.4 劳动力组织

5.4.1 本工法按外墙保温面积10000m²、工期60d劳动力计划,见表2。

劳动力计划　　　　　　　　　表2

序号	工种名称	高峰时段需求人数(人)	
1	抹灰工	40	
2	普工	14	
3	管理人员	6	项目经理 1人
			技术员 1人
			质检员 1人
			材料员 1人
			安全管理员 1人
			工长 2人

5.4.2 每平方米的劳动定额见表3。

每平方米的劳动(标准)定额　　　　　　　表3

项 目		单位	消耗定额数量
人 工	技工	工日	0.159
	普工	工日	0.027
材 料	1 界面砂浆	kg	2.0
	2 无机保温砂浆(20mm厚)	kg	7.8
	3 抗裂砂浆(5mm厚)	kg	9.0
	4 面砖粘结砂浆	kg	6.0
	5 面砖勾缝料	kg	2.0
	6 耐碱玻纤网格布	m²	1.2

6 材料与设备

6.1 外墙外保温系统要求

6.1.1 外墙外保温系统应通过耐候性试验和抗风荷载试验验证。

6.1.2 外墙外保温系统的性能应符合表4的要求。

外墙外保温系统性能要求　　　　　　　表4

试验项目	性能要求
耐候性(80次高温-淋水循环和5次加热-冷冻循环)	试验后不应出现饰面层起鼓或剥落、抗裂防护层空鼓或脱落等破坏,不应有可渗水裂缝;抗裂防护层与保温层之间的拉伸粘结强度不应小于0.25MPa 破坏发生在保温层中;饰面砖粘结强度不应小于0.4MPa
耐冻融性能(30次循环)	

续表

试 验 项 目	性 能 要 求
吸水量(水中浸泡1h)	小于1000g/m²
抗冲击性	10J级
抗风荷载性能	不小于风荷载6.0kPa
抗裂防护层不透水性	2h不透水
水蒸气湿流密度	≥0.85g/(m²·h)
热阻	符合设计要求
燃烧性能级别	A1级
饰面砖现场拉拔强度	≥0.4MPa

注：1. 水中浸泡24h，带饰面层或不带饰面层的系统吸水量均小于500g/m²时，免作耐冻融性能检验。
2. 耐候性试验后，可在其试件上直接检测抗冲击性。

6.2 工程材料要求

6.2.1 无机保温砂浆的性能指标应符合表5的要求。

无机保温砂浆性能指标 表5

项 目	单 位	指 标
干密度	kg/m³	301～400
导热系数	W/(m·K)	≤0.070
抗压强度(56d)	MPa	≥0.80
拉伸粘结强度	kPa	≥200
线性收缩率	%	≤0.3
软化系数(56d)	—	≥0.6
燃烧性能等级	—	A1级

6.2.2 抗裂砂浆的性能指标应符合表6的要求。

抗裂砂浆性能指标 表6

项 目		单 位	指 标
可使用时间	可操作时间	h	≥1.5
	在可操作时间内拉伸粘结强度	MPa	≥1.0
拉伸粘结强度(常温28d)		MPa	≥1.2
浸水后的拉伸粘结强度(常温28d，浸水7d)		MPa	≥0.8
压折比		—	≤3.0

6.2.3 界面砂浆的性能指标应符合表7的要求。
6.2.4 面砖粘结砂浆的性能指标应符合表8的要求。
6.2.5 面砖勾缝料的性能指标应符合表9的要求。

界面砂浆的性能指标　　　　表7

项目		单位	指标
拉伸粘结强度		MP	≥1.0
压剪粘结强度	原强度	MPa	≥1.0
	耐　水	MPa	≥0.8
	耐冻融	MPa	≥0.7

面砖粘结砂浆的性能指标　　　　表8

项目		单位	指标
拉伸粘结强度		MPa	≥1.0
压折比		—	≤3.0
压剪粘结强度	原强度	MPa	≥1.0
	耐温7d	MPa	≥0.7
	耐水7d	MPa	≥0.7
	耐冻融30次	MPa	≥0.7
线性收缩率		%	≤0.3

面砖勾缝料性能指标　　　　表9

项目		单位	指标
外　观		—	均匀一致
颜　色		—	与标准样一致
凝结时间	初凝时间	h	≥2
	终凝时间	h	≤24
拉伸粘结强度	原强度(常温常态14d)	MPa	≥1.0
	耐水(常温常态14d，浸水48h，放置24h)	MPa	≥0.8
压折比		—	≤3.0
透水性(24h)		mL	≤3.0

6.2.6　耐碱玻纤网格布的性能应符合表10的要求。

耐碱玻纤网格布的性能指标　　　　表10

项目	单位	指标
网孔中心距	mm	4～6
单位面积质量	g/m²	≥160
拉伸断裂强力(经、纬向)	N/50mm	≥1250
断裂伸长率(经、纬向)	%	≤4.0
耐碱断裂强力保留率(经、纬向)	%	≥90
涂塑量	g/m²	≥20
玻璃成分	%	符合JC 719的规定，其中 ZrO_2 14.5±0.8　TiO_2 6±0.5

6.2.7 面砖粘贴面应带有燕尾槽，并不得有脱模剂，其性能指标除应符合《陶瓷砖》GB/T 4100、《陶瓷劈离砖》JC/T 457、《玻璃马赛克》GB/T 7697 的相关要求外，还应符合表 11 的要求。

保温饰面砖的性能指标　　　　　　　　　　表 11

项　目			单　位	指　标
尺寸	6m 以下墙面	表面面积	cm²	≤410
		厚度	cm	≤1.0
	6m 及以上墙面	表面面积	cm²	≤190
		厚度	cm	≤0.75
	单位面积质量		kg/m²	≤20
吸水率	Ⅰ、Ⅵ、Ⅶ气候区		%	≤3
	Ⅱ、Ⅲ、Ⅳ、Ⅴ气候区			≤6
抗冻性	Ⅰ、Ⅵ、Ⅶ气候区		—	50 次冻融循环无破坏
	Ⅱ气候区			40 次冻融循环无破坏
	Ⅲ、Ⅳ、Ⅴ气候区			10 次冻融循环无破坏

注：气候区划分级按《建筑气候区划标准》GB 50178—1993 中一级区划执行。

6.2.8 该外墙外保温系统中所采用的附件，包括密封膏、密封条、金属护角、塑料锚栓、水泥钉、盖口条等应分别符合相应产品标准的要求。

6.2.9 水泥强度等级为 42.5 级普通硅酸盐水泥，水泥技术性能应符合《通用硅酸盐水泥》GB 175—2007 的要求。

6.2.10 砂子选用中砂，应符合《普通混凝土用砂、石质量及检验方法标准》JGJ 52—2006 的规定。

6.2.11 消耗材料计划(以保温面积 10000m² 计算)见表 12。

消耗材料计划　　　　　　　　　　表 12

序号	材料名称	单位	规　格	平方米耗量	总用量
1	界面砂浆	kg	40kg/袋	2.0	20000
2	20mm 厚保温浆料	kg	20kg/袋	7.2	72000
3	抗裂砂浆	kg	40kg/袋	9.0	90000
4	面砖粘结砂浆	kg	40kg/袋	6	60000
5	勾缝料	kg	40kg/袋	2.5	25000
6	玻纤网格布	m²	孔距 4～6	1.2	12000

6.3 机具设备

每万平方米所需用的机具设备计划见表 13。

设 备 计 划 表　　　　　　表 13

序号	机具设备名称	规格型号	单位	数量	备 注
1	小推车	0.14m³	辆	20	
2	电锤	—	把	5	
3	砂浆搅拌机	250L~300L	台	4	其中卧式3台
4	手提式搅拌器		台	4	
5	电动冲击钻		把	1	
6	瓷砖切割器		台	1	
7	手提式电动打磨机		台	1	
8	电烙铁	—	把	1	
9	380V橡套线	五芯	m		根据现场而定
10	220V橡套线	三芯	m		根据现场而定
11	配电箱(三相)	砂浆机及临电	套	4	

注：常用抹灰工具及抹灰检测器具若干、喷枪、克丝钳子、剪刀、壁纸刀、手锯、手锤、滚刷、铁锹、水桶、扫帚等；常用的检测工具：经纬仪及放线工具、托线板、方尺、水平尺、探针、钢尺、靠尺。另外，总包方应配备好垂直运输机械、外墙脚手架、室外操作吊篮等。

7 质 量 验 收

7.1 一般规定

7.1.1 应按照现行国家标准《建筑节能工程施工质量验收规范》GB 50411 和《建筑装饰装修工程质量验收规范》GB 50210 的相关规定进行外墙外保温工程的施工质量验收。

7.1.2 主体结构完成后进行施工的保温系统工程，应在主体或基层质量验收合格后施工，施工过程中应及时进行质量检查、隐蔽工程验收和检验批验收，施工完成后应进行墙体节能分项工程验收。与主体结构同时施工的墙体节能工程，应与主体结构一同验收。

7.1.3 保温系统工程应对下列部位或内容进行隐蔽工程验收，并应有详细的文字记录和必要的图像资料：

(1) 保温层附着的基层及其表面处理；

(2) 保温材料粘结；

(3) 热桥部位处理；

(4) 被封闭的保温材料厚度。

7.1.4 墙体节能工程的保温材料在施工过程中应采取防潮、防水等保护措施。

7.1.5 墙体节能工程验收的检验批划分应符合下列规定：

(1) 采用相同材料、工艺和施工工法的墙面，每 500~1000m² 面积划分为一个检验批。不足 500m² 也为一个检验批。

(2) 检验批的划分也可根据与施工流程相一致且方便施工与验收的原则，由施工单位与监理(建设)单位共同商定。

7.1.6 面砖饰面的验收还应按照现行行业标准《外墙饰面砖工程施工及验收规程》JGJ 126 的相关规定进行验收。

7.2 主控项目

7.2.1 用于保温工程的材料、构件等，其品种、规格、性能、配比应符合设计要求和相关标准的规定。成品进场后，应做质量检查和验收。

检验方法：观察、称量、尺量检查；核查质量证明文件。

检查数量：按进场批次，每批随机抽取 3 个试样进行检查；质量证明文件应按照其出厂检验批进行核查。

7.2.2 保温砂浆的导热系数、密度和抗压强度应符合设计要求。

检验方法：核查质量证明文件及进场复验报告。

检查数量：全数检查。

7.2.3 保温工程采用的粘结材料，其性能应符合设计要求。

检验方法：随机抽样送检，核查复验报告。

检查数量：单位工程建筑面积在 20000m^2 以下时各抽查不少 3 次。

当单位工程建筑面积在 20000m^2 以上时各抽查不少于 6 次。

7.2.4 保温工程施工前应按照计划和施工方案的要求对基层进行处理，处理后的基层应符合保温层施工方案的要求。

检验方法：对照设计和施工方案观察检查；核查隐蔽工程验收记录，包括图像记录。

检查数量：全数检查。

7.2.5 保温工程各层构造做法应符合设计要求，并应按照经过审批的施工方案施工。

检验方法：对照设计和施工方案观察检查；核查隐蔽工程验收记录。

检查数量：全数检查。

7.2.6 保温工程的施工，应符合下列规定：

(1) 保温层的厚度必须符合设计要求，不允许有负偏差。

(2) 保温砂浆应分层施工。保温层与墙体及各构造层之间必须粘结牢固，无脱层、空鼓及开裂。

(3) 当外保温工程的保温层采用预埋或后置锚固件固定时，锚固件数量、位置、锚固深度和拉拔力应符合设计要求。后置锚固件应进行锚固力现场拉拔试验。

7.2.7 墙体节能保温工程饰面层的基层及面层施工，应符合设计要求和《建筑装饰装修工程质量验收规范》GB 50210 的要求，并应符合下列规定：

(1) 饰面层施工的基层应无脱层、空鼓和裂缝，基层应平整、洁净，含水率应符合饰面层施工的要求。

(2) 采用粘贴饰面砖做饰面层时，面砖的品种、规格、颜色及其安全性与耐久性必须符合设计要求。饰面砖应做粘结强度拉拔试验，试验结果应符合设计和有关标准的规定。

(3) 外保温工程的饰面层不得渗漏。当外保温工程的饰面层采用饰面板开缝安装时，保温层表面应具有防水功能或采取其他防水措施。

(4) 外保温层及饰面层与其他部位交接的收口处，应采取密封措施。

检验方法：观察检查；核查试验报告和隐蔽工程验收记录。

检查数量：全数检查。

7.3 一般项目

7.3.1 表面平整、洁净，接茬平整，线角顺直、清晰，毛面纹路均匀一致。

7.3.2 护角符合施工规定，表面光滑、平顺，门窗框与墙体间缝隙填塞密实，表面平整。

7.3.3 孔洞、槽、盒位置和尺寸正确，表面整齐、洁净。

7.3.4 外保温墙面层的允许偏差及检验方法应符合表14的规定

外保温墙面允许偏差和检验方法 表14

项次	项目		允许偏差(mm)	检查方法
1	表面平整		4	用2m靠尺和楔形塞尺检查
2	垂直度	每层	6	用2m托线板检查
		全高	$H/1000$ 且不大于20	用经纬仪或吊线和尺量检查
3	阴、阳角垂直		4	用2m托线板检查
4	阴、阳角方正		3	用200mm拐尺、塞尺检查2m
5	接缝高差		≤4	用直尺、塞尺检查
6	板间缝隙		≤8	尺量

8 成品保护

8.0.1 保温施工应有防晒、防风雨、防冻措施。外保温完成后严禁在墙体处近距离高温作业。

8.0.2 外保温施工完成后，进行脚手架拆除等后续工序时，应注意对外保温墙面的成品保护；严禁在保温墙面上随意剔凿，避免脚手架管等物品冲击墙面。

8.0.3 翻拆架子或升降吊篮应防止碰撞已完成的保温墙体，其他工种作业时不得污染或损坏墙面。严禁踩踏窗口，防止损坏棱角。

8.0.4 保温层、抗裂防护层、饰面层在硬化前应防止水冲、撞击、振动。

8.0.5 保护好墙上的埋件、电线槽、盒、水暖设备和预留孔洞等。

9 安全文明施工

9.0.1 制定施工现场的一切安全文明施工制度。进场前，所有人员必须进行安全文明培训。

9.0.2 保温施工过程中,各专业工种应紧密配合,合理安排工序,严禁颠倒工序作业。

9.0.3 施工前按有关操作规程检查脚手架等是否牢固,经检查合格后方可进入岗位操作。施工中途应加强检查和维护。

9.0.4 电器、机械设备、吊篮必须由专人看管和操作,经检验确认无安全隐患后方可使用。

9.0.5 高空作业必须系好安全带,施工中防止坠物发生。

9.0.6 施工现场的材料必须定位堆放整齐,做好标志。

9.0.7 每天施工完毕应清理场地,废料废物应集中在指定的地方,严禁随意倾倒。

9.0.8 施工完成后的墙面、色带、滴水槽、门窗口等处的残存砂浆,应及时清理干净。

9.0.9 尽量使用低噪声施工工具。

10 环保措施

10.0.1 外保温工程在施工过程中必须严格遵守国家和当地的建设工程施工现场环境保护标准及建设工程施工现场场容卫生标准的有关规定。

10.0.2 保温工程施工现场内各种施工相关材料应按照施工现场平面图要求布置,分类码放整齐,材料标识要清晰准确。

10.0.3 施工现场所用材料保管应根据材料特点采取相应的保护措施。材料的存放场地应平整夯实,有防潮排水措施。材料库内外的散落粉料必须及时清理。

10.0.4 为防止粉料扬尘,施工现场必须搭设封闭式保温砂浆及砂浆搅拌机棚,并配备有效的降尘防尘及污水排放装置。

10.0.5 搅拌机设专职人员管理,施工后及时清扫杂物,对所用的废袋子及时捆好放入指定地点。

10.0.6 料搅拌机四周及现场内不应有废弃保温砂浆。

10.0.7 施工现场注意节约用水,杜绝水管渗泄漏及长流水。

10.0.8 保温工程施工时建筑物内外散落的零散碎料及运输道路应有专人清扫。

10.0.9 施工垃圾及废弃保温材料应集中分拣,按指定的地点堆放,并及时清运回收利用。

欧文斯科宁惠围®外墙外保温系统施工工法

欧文斯科宁(中国)投资有限公司
花东海　金义键

1 总　则

1.0.1 为贯彻国家建筑节能政策及《江苏省民用建筑热环境与节能设计标准》，规范挤塑聚苯乙烯板外墙外保温系统及其组成材料的技术要求、施工做法及验收标准，保证工程质量，特制定本工法。

1.0.2 本工法规定了挤塑聚苯乙烯板外墙外保温系统的应用范围、定义、技术要求、施工质量标准等。

1.0.3 本工法适用于江苏省范围内的工业与民用建筑的新建、扩建和既有建筑的改造中用挤塑聚苯乙烯板为保温材料的外墙外保温工程。

1.0.4 除遵守本工法外，尚应符合国家及本省现行的有关标准、规范的规定。

2 术　语

2.0.1 基层墙体 substrate

指起承重或围护作用的外围护墙体，可以是混凝土墙、烧结砖和非烧结砖墙或各种砌块墙。

2.0.2 找平层 screed-coat

在基层墙体上，起找平作用的一层厚度约为20mm左右普通水泥砂浆。

2.0.3 特用胶粘剂 adhesive

专用于把挤塑聚苯乙烯泡沫板粘结到基层墙体上的工业产品。系在工厂里配制好的干粉胶料，使用时按比例加水混合制成。

2.0.4 外墙外保温专用挤塑聚苯乙烯泡沫塑料板(简称挤塑板) FWB

利用专利技术生产的保温材料，专指符合《绝热用挤塑聚苯乙烯塑料 XPS》GB 10801.2—2002和《惠围外墙外保温系统》Q/3201 NJOC 002—2008的挤塑聚苯乙烯泡沫塑料板。

2.0.5 专用界面剂 polymer

涂刷在挤塑板的表面，用于提高界面间粘结力的材料。

2.0.6 网格布 fiberglass mesh

增强材料，埋在聚合物砂浆之间，用以提高防护层的机械强度和抗裂性，采用耐碱玻璃纤维编制而成。

2.0.7 聚合物砂浆 base coat

抹面用聚合物砂浆，采用干混砂浆加水搅拌而成，以保证外保温系统的机械强度和耐久性。

2.0.8 固定件 mechanical anchors

把挤塑板固定在基层墙体的辅助连接件，包括螺钉和塑料套管两部分。螺钉由耐腐蚀的结构钢制成，塑料套管由高性能工程塑料制成。为了增加面砖饰面系统的安全性，特别在面砖饰面系统的固定件上增加了固定件专用卡帽，用于与固定件共同将网格布紧固，卡帽由改性工程塑料制成。

2.0.9 嵌缝材料 caulked joint material

嵌缝所用建筑密封膏应符合《硅酮建筑密封膏》GB/T 14683 的规定，密缝膏的隔离背衬采用发泡聚乙烯实心圆棒。

2.0.10 挤塑聚苯乙烯板外墙外保温系统 FWB Exterior Wall External Insulation System

以挤塑板为保温材料，采用粘贴和机械锚固方式将挤塑聚苯乙烯板固定在墙体的外表面上，聚合物砂浆作保护层、以耐碱玻璃纤维网格布为增强层，外饰面为涂料、彩色砂浆或面砖的外墙外保温系统。其基本构造如图1和图2所示。以下简称为系统。

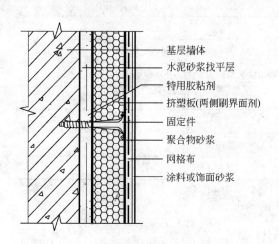

图 1 涂料或饰面砂浆饰面系统示意图

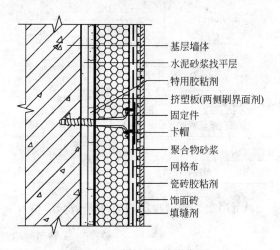

图 2 面砖饰面系统示意图

3 一般规定

3.0.1 建筑外墙的节能设计必须依据国家和地方现行有关规范和标准进行。

3.0.2 外墙传热阻的最小值按现行国家和地方标准采用。

3.0.3 挤塑板的导热系数设计计算取值为 $0.03W/(m·K)$，修正系数取值 1.15，蓄热系数取值 $0.35W/(m^2·K)$。

3.0.4 挤塑板外墙外保温系统的饰面材料可以采用涂料、饰面砂浆或面砖，但材料的性能指标应符合本工法相关要求，并应符合国家及本省的相关标准和规定。

3.0.5 当系统的饰面材料采用粘贴面砖时，系统的固定件应采用专用固定件卡帽，卡帽的采用可以将耐碱网格布增强的系统抗裂层与固定件连成一个整体，使得系统抗裂层承受的外力可以部分地直接通过固定件传递给基层墙体，从而大大地改善系统的受力和传力方式，因而可以大大提高系统的安全性。同时，当系统的饰面材料采用粘贴面砖时，还应符合国家及本省的相关标准和规定。

3.0.6 连接安全度核算。

挤塑板与墙体的连接采用粘结和机械锚固相结合的连接方式。固定件的数量依据建筑高度确定，对轻质墙体或比较特殊的墙体，必须对胶粘剂与墙体的粘结强度和固定件的拉拔强度进行实测，以便具体设计外保温系统同墙体的连接方案。

4 技 术 要 求

4.0.1 挤塑板外墙外保温系统的性能指标应符合表1的要求。

挤塑板外墙外保温系统的性能指标　　　　表1

项　目		性能指标
抗冲击(J)	普通型	≥3.0
	加强型	≥10.0
耐冻融		10次，表面无裂纹、空鼓、起泡、剥离现象
抗风压(kPa)		不小于工程项目的风荷载设计值，并不得小于3kPa
吸水量(g/m²，浸水24h)		≤500
水蒸气湿流密度[g/(m²·h)]		≥0.85
不透水性		试样防护层内侧无水渗透
耐候性(面砖、涂料)		表面无裂纹、粉化、剥落现象

4.0.2 特用胶粘剂的性能指标应符合表2的要求。

特用胶粘剂的性能指标　　　　表2

项　目		性能指标
拉伸粘结强度(MPa)(与水泥砂浆)	原强度	≥0.70
	耐水	≥0.50
拉伸粘结强度(MPa)(与FWB板)	原强度	≥0.20或破坏界面在FWB内
	耐水	≥0.20或破坏界面在FWB内
可操作时间(h)		1.5～4.0

4.0.3 聚合物砂浆的性能指标应符合表3的要求。

面层砂浆的性能指标　　　　　　　　　　　表3

试　验　项　目		性　能　指　标
拉伸粘结强度(MPa)(与FWB板)	原强度	≥0.20,破坏界面在FWB内
	耐水	≥0.20,破坏界面在FWB内
	耐冻融	≥0.20,破坏界面在FWB内
压折比(%)		≤3.0
可操作时间(h)		1.5～4

4.0.4 挤塑板的性能指标除应符合《绝热用挤塑聚苯乙烯泡沫塑料(XPS)》GB/T 10801.2—2002的要求外,还要符合表4和表5的要求。

挤塑聚苯板的性能指标　　　　　　　　　　表4

试　验　项　目	性能指标	试　验　项　目	性能指标
导热系数[W/(m·K)](25℃,90d)	≤0.0289	吸水率[%(vol),浸水96h]	≤1.5
表观密度(kg/m³)	20～28	尺寸稳定性(%)	≤0.3
垂直与板面方向的抗拉强度(MPa)	≥0.20	燃烧性能等级	C
压缩强度(kPa)	150～250		

注：1. 燃烧性能等级指标应按现行国家标准《建筑材料及制品燃烧性能分级》GB 8624—2006中规定的单体燃烧性能分级试验。
　　2. 尺寸稳定性是指长度和宽度方向的平均值。

挤塑聚苯板的允许偏差　　　　　　　　　　表5

项　　目		允许偏差(mm)
长　　度		±2.0
宽　　度		±1.0
厚　　度	≤50	±1.5
	>50	±2.0
对角线长度		±3.0
板边平直		±2.0
板面平整度		3.0

注：本表的允许偏差值以1200mm×600mm的FWB为基准。

4.0.5 网格布的性能指标应符合表6的要求。

耐碱网格布的性能指标　　　　　　　　　　表6

试　验　项　目	性能指标	试　验　项　目	性能指标
网孔中心距(mm)(经、纬向)	4～6	断裂应变(经、纬向)(%)	≤5
单位面积质量(g/m²)	≥160	面砖饰面系统的ZrO₂含量(%)	≥14.5(且表面须经耐碱涂塑处理)
断裂强力(经、纬向)(N/50mm)	≥1500		
耐碱断裂强力(经、纬向)(N/50mm)	≥800		
耐碱断裂强力保留率(经、纬向)(%)	≥60		

4.0.6 固定件的性能指标应符合表7的要求。

4.0.7 专用界面剂的性能指标应符合表8的要求。

固定件的性能指标　　表7

试验项目	性能指标
单个锚固件抗拉承载力(kN)	≥0.64
单个锚固件对系统传热增加值 [$W/(m^2 \cdot K)$]	≤0.004

专用界面剂的性能指标　　表8

试验项目	性能指标
外观	色泽均匀，表面无结皮，无胶冻状，无块状沉淀
固含量(%)	≥35
pH值	6~7

4.0.8 涂料应为水性弹性涂料，必须与保温系统相容，其性能应符合外墙建筑涂料的相关标准；面砖单块面积不宜大于 $0.01m^2$，重量不应大于 $20kg/m^2$，背面宜采用带有燕尾槽的，面砖性能及施工保证应由供应商确认。

4.0.9 瓷砖胶粘剂和填缝剂应符合现行国家及地方相关标准的要求。

4.0.10 在本系统中采用的辅件，包括密封膏、发泡聚乙烯圆棒或条等均应符合相应的产品标准。

5　材料验收、存放和运输

5.0.1 验收

主要材料必须进行验收。产品使用说明书、产品合格证、质量保证书和各项性能检验报告等有关资料应齐全。

5.0.2 材料运输应符合下列规定：

(1)挤塑板应侧立搬运，水平放置；在运输过程中应贴实放置，用宽扁形包装带固定好，严禁烟火或化学溶剂；不得重压、扔摔或利器碰撞或穿刺，以免破坏或变形。

(2)特用胶粘剂、聚合物砂浆采用托盘放置，运输过程中应防止挤压、碰撞、雨淋、日晒等，以免影响使用。

(3)其他系统组成材料在运输、装卸过程中，应整齐放置；包装和标志不得破损，不得使其受到扔摔、冲击、日晒、雨淋。

5.0.3 材料储存应符合下列规定：

(1)挤塑板应远离火源，不得与化学品接触，尤其是石油烃类溶剂。

(2)所有系统组成材料应防止与腐蚀介质接触，远离火源，存放场地应干燥、通风、防冻，不宜露天长期暴晒。

(3)所有材料应按型号、规格分类贮存，贮存期不得超过材料保质期。其中特用胶粘剂、聚合物砂浆贮存期不宜超过3个月，如超过期限，应在使用前必须重新检验合格后方可使用。

6 施 工 准 备

6.1 施工条件

6.1.1 基层墙体

外墙墙体找平层施工完毕,待找平层干燥,强度、平整度、垂直度达到要求,外门窗安装完毕,经有关部门检查验收合格。

外墙外保温施工的墙体基层墙面的尺寸偏差应符合表9的规定

基层墙体的允许偏差和检查方法　　　　　　　　表9

项次	项　目		允许偏差(mm)	检 查 方 法
1	表面平整		4	用2m靠尺和楔形塞尺检查
2	垂直度	每层	5	用2m托线板检查
		全高	$H/1000$ 且不大于 20	用经纬仪或吊线和尺量检查
3	阴阳角垂直度		4	用2m托线板检查

6.1.2 保温系统应延伸至门窗侧边,因此门窗边框与墙体连接应预留出保温系统的厚度,缝隙应分层填塞严密,并应做好门窗表面保护。

6.1.3 外墙面上的雨落管卡、预埋件、支架和设备穿墙管道等安装到位,并预留出外保温层的厚度。

6.2 工具与机具

6.2.1 电热丝切割器、电动搅拌器、壁纸刀、电动螺丝刀、剪刀、钢锯条、墨斗、棕刷或滚筒、粗砂纸、塑料搅拌桶、冲击钻、电锤、抹子、压子、阴阳角捋子、托线板、2m靠尺等。

6.2.2 吊篮或外墙施工脚手架。

6.3 材料准备

材料应符合"第5章　材料验收、存放和运输"的要求,并分类挂牌存放。挤塑板成包平放,避免阳光直射;聚合物砂浆和特用胶粘剂存放要注意防雨防潮;网格布、固定件也应防雨存放。

6.4 环境条件

6.4.1 系统施工环境不应低于0℃风力不大于5级,雨天不能施工,聚合物砂浆的施工环境温度在施工及施工后24h内均不得低于5℃。如施工中突遇降雨,应采取有效地防止雨水冲刷墙面的措施。

6.4.2 施工面应避免阳光直射。必要时,应在脚手架上搭设防晒布,遮挡墙面。

7 施 工 工 艺

7.1 施工流程及程序

本系统施工时应严格按照要求的顺序进行，其施工流程如图3和图4所示。

图 3 施工流程图（涂料、饰面砂浆饰面）　　图 4 施工流程图（面砖饰面）

根据工程进度及现场情况，可分单组双向或双组同向"流水"作业，即单组粘贴挤塑板由下向上施工，安装固定件、抹面由上向下施工；双组粘贴挤塑板和安装固定件、抹面均由下向上施工，常温施工流水间隔12h以上。

7.2 施工要点

7.2.1 基层墙体处理

（1）对新建工程的结构墙体，在1∶3水泥砂浆找平层做好后，应按照现行国家施工验收规范检查其平整度和垂直度，局部墙体平整度采用2m靠尺检查，最大偏差应小于4mm，超出部分应剔凿或用水泥砂浆修补平整。

（2）系统施工前，还应彻底清除基层墙体表面浮灰、油污、脱模剂、泥土及风化物等影响粘结强度的材料，并应对墙面空鼓进行修补。

（3）对旧房保温改造工程，应根据附着力情况，考虑是否对外饰面层进行清除。若进行清除则在清除饰面层后应将基层墙体修补平整，达到规定的平整度要求，并对基层墙体附着力进行检查，若仍然不具备粘结条件，则应全部采用机械固定方式，固定件的数量应按设计确定。

7.2.2 涂界面剂为增加挤塑板与特用胶粘剂及面层聚合物砂浆的结合力，应在挤塑板上下表面涂刷界面剂。

7.2.3 弹控制线

(1) 根据建筑立面设计和外墙外保温技术要求，在外门窗洞口及伸缩缝、装饰线处弹水平、垂直控制线。

(2) 在建筑物外墙阴阳角及其他必要处挂出垂直基准控制线，弹出水平控制基线。

(3) 施工过程中每层适当挂水平线，以控制挤塑板粘贴的垂直度和平整度。

7.2.4 配制特用胶粘剂

(1) 使用一只干净的塑料桶先加入1份的水，再倒入5份干混砂浆，然后用手持式电动搅拌器搅拌约5min，直到搅拌均匀，且稠度适中为止。保证聚合物砂浆有一定黏度。

(2) 将配好的砂浆静置5min，再搅拌即可使用。调好的砂浆宜在1h内用完。

(注意：本系统聚合物砂浆只能加入净水，不能加入其他任何添加剂，如水泥、砂、防冻剂及其他聚合物等)

7.2.5 粘贴翻包网格布

凡挤塑板侧边、端部与主体墙体接触处、门窗洞口处及建筑变形缝两侧，都应做网格布翻包处理，具体见《江苏省建筑外保温构造图集(二)》(苏J/T 16(二))。

7.2.6 粘贴挤塑板

(1) 标准外墙板尺寸为1200mm×600mm。非标准尺寸和局部不规则处可用电热丝切割器或工具刀现场切割，尺寸允许偏差为±1.5mm，大小面垂直。整块墙面的边角处应采用尺寸不小于300mm的挤塑板。

(2) 在挤塑板背面涂刷一道专用界面剂，待晾干至不粘手后即可涂抹特用胶粘剂。

(3) 采用条点法或条粘法粘贴挤塑板，墙面基层平整度较差时采用条点法，平整度较好时可以采用条粘法，确保粘结面积，涂料和饰面砂浆饰面系统在40%以上，面砖饰面系统在50%以上。

1) 条点法：用抹子在每块挤塑板板周边抹宽50mm特用胶粘剂，从边缘向中间逐渐加厚，最厚处达到10mm，然后再在挤塑板板上抹3个厚10mm、直径100mm的圆形特用胶粘剂和6个厚10mm、直径80mm的圆形特用胶粘剂。

2) 条粘法：用抹子在每块挤塑板板上抹满厚约10mm的特用胶粘剂，然后用专用齿形抹子刮出宽15mm的条状。

(4) 涂好灰后立即将挤塑板贴到墙上，并用2m靠尺将其挤压找平，保证其垂直度、平整度和粘结面积符合要求。碰头处不得抹粘结砂浆，每贴完一块，应及时清除挤出的砂浆。板与板之间要挤紧，不得有缝，板缝超出1.5mm时用挤塑板片填塞。拼缝高差不大于1mm，否则，应用打磨器打磨平整。

(5) 挤塑板应水平粘贴，上下两排挤塑板宜竖向错缝板长1/2，保证最小错缝尺寸不小于200mm。

(6) 在墙拐角处，应先排好尺寸，裁切挤塑板，使其粘贴时垂直交错连接，保证拐角处顺直且垂直。

(7) 在粘贴门窗框四周的阳角和外墙阳角时，应先弹出基准线，作为控制阳角上下垂直的依据。门窗框侧边也可根据设计采用其他辅助保温材料。

7.2.7 安装固定件

(1) 待挤塑板粘贴牢固，一般在 8～24h 内安装固定件，按设计要求的位置用冲击钻钻孔，锚固深度为 50mm，钻孔深度 60mm。

(2) 固定件的布置见《江苏省建筑外保温构造图集(二)》(苏 J/T 16(二))。固定件个数按下述采用：

1) 七层以下每平方米约 5 个；

2) 八至十八层(含十八层)每平方米约 6 个；

3) 十九至二十八层(含二十八层)每平方米约 9 个；

4) 二十九层以上每平方米约 11 个；

5) 任何面积大于 $0.1m^2$ 的单块板必须加固定件，数量视形状及现场情况而定。采用面砖饰面系统固定件数量应提高一个等级，并需采用固定件专用卡帽。

(3) 固定件加密：阳角、檐口下、门窗洞口四周应加密，距基层边缘不小于 60mm，间距不大于 300mm。

(4) 自攻螺钉应拧紧并将工程塑料膨胀钉的圆盘与挤塑板表面齐平或略拧入一些，确保膨胀钉尾部回拧使之与基层充分锚固。

(5) 当基层墙体为空心砖墙时，应采用回拧式固定件。

7.2.8 墙面分格条、缝的处理

(1) 根据已弹好的水平线和分格尺寸，用墨斗弹出分格线的位置。竖向分格线用线坠或经纬仪校正垂直。

(2) 按照已弹好的线，在挤塑板的适当位置安好定位靠尺，使用专用开槽机将挤塑板切成凹口，凹口处挤塑板的厚度不能少于 15mm。

(3) 对不顺直的凹口要进行修理。

7.2.9 打磨找平

(1) 挤塑板接缝不平处应用衬有平整处理的粗砂纸打磨，打磨动作宜为轻柔的圆周运动，不要沿着与挤塑板接缝平行的方向打磨。

(2) 打磨后应将打磨操作产生的碎屑、浮灰清理干净。

7.2.10 抹聚合物砂浆底层

(1) 在挤塑板表面涂刷一道界面剂，待晾干至不粘手后，将聚合物砂浆均匀地抹在挤塑板上，厚度约 2mm 左右。

(2) 当采用面砖饰面系统时，抹聚合物砂浆应留出固定件圆盘的位置，以便于固定件专用卡帽安装。

7.2.11 压入网格布

(1) 抹完聚合物砂浆后立即压入网格布。

(2) 网格布应按工作面的长度要求剪裁，并应留出搭接长度。网格布的剪裁应顺经纬向进行。

(3) 门、窗洞口内侧周边与大墙面形成的 45°阳角部分各加一层 300mm×200mm 网格布进行加强，大面网格布搭接在门窗洞口周边的网格布之上。

(4) 对于窗口、门口及其他洞口四周的挤塑板端头应用网格布和粘结砂浆将其包住，也只有在此时，才允许挤塑板侧边涂抹粘结砂浆。

(5) 将大面网格布沿水平方向绷直绷平，并将弯曲的一面朝里，用抹子由中间向上、下两边将网格布抹平，使其紧贴底层聚合物砂浆。网格布左、右搭接宽度不小于 100mm，上、下搭接宽度不小于 80mm，不得使网格布皱褶、空鼓、翘边。

(6) 在阴阳角处还需从每边双向绕角，且相互搭接宽度不小 200mm。

(7) 在墙面施工预留空洞四周 100mm 范围内仅抹一道聚合物砂浆并压入网格布，暂不抹面层聚合物砂浆，待大面积施工完毕后对局部进行修补。

(8) 对于面砖饰面系统，抹聚合物砂浆时应留出固定件位置。

7.2.12　安装固定件专用卡帽（此条面砖饰面系统时采用）

(1) 待网格布铺贴好后，开始安装固定件专用卡帽。

(2) 先将卡帽的圆心对准固定件圆盘中心，用小锤将卡帽轻轻敲入，要求卡帽安装平整并与固定件圆盘固定牢固。

7.2.13　抹面层聚合物砂浆

(1) 抹完底层聚合物砂浆，压入网格布后待砂浆干至不粘手时（面砖系统待安装好固定件专用卡帽后），抹面层聚合物砂浆，对于涂料饰面和饰面砂浆饰面系统，抹灰厚度以盖住网格布为准，约 1mm 左右，使砂浆保护层总厚度约 2.5 ± 0.5mm；对于面砖饰面系统，抹灰厚度以盖住固定件专用卡帽为准，约 2mm 左右，使砂浆保护层的总厚度在 3.5 ± 0.5mm。

(2) 首层墙面为提高其抗冲击能力应加铺一层网格布，保护层总厚度约 3.5 ± 0.5mm 左右。但对于面砖饰面系统，首层墙面仍为单层网格布。

(3) 在同一块墙面上，加强层与标准层间、面砖饰面与涂料（饰面砂浆）饰面之间应留设伸缩缝或设置装饰线条。

7.2.14　补洞及修理

(1) 当脚手架与墙体的连接拆除后，应立即对连接点的孔洞进行填补，对墙体孔洞用相同的基层墙体材料进行填补，并用水泥砂浆抹平。

(2) 根据孔洞尺寸切割挤塑板并打磨其边缘部分，使之能紧密填入孔洞处，并在挤塑板两面刷界面剂。

(3) 待水泥砂浆表层干燥后，将此挤塑板背面涂上厚 5mm 的粘结砂浆，应注意不要在其四周边沿涂粘结砂浆。将挤塑板塞入，粘在基层上。

(4) 用胶带将周边已做好的涂层盖住，以防施工过程中对其污染。切一块网格布，其大小应能覆盖整个修补区域，与原有的网格布至少重叠 80mm。

(5) 将挤塑板表面涂聚合物砂浆，压入网格布，待表面干至不粘手时，再涂抹一遍聚合物砂浆。注意修补过程中不要将聚合物砂浆涂到周围的表面涂层上。

7.2.15　变形缝做法

(1) 变形缝处填塞发泡聚乙烯圆棒，其直径应为变形缝宽的 1.3 倍，分两至三次勾填嵌缝膏，深度为缝宽的 50%～70%。

(2) 沉降变形缝根据设计缝宽和位置安装金属盖板，以射钉或螺栓紧固。

7.2.16 涂料外饰面和饰面砂浆外饰面

(1) 涂料选用水性弹性涂料，性能应符合《建筑涂料》GB 9153 标准的要求，若使用底涂和腻子，亦为水性弹性底涂和腻子。

(2) 饰面砂浆的性能应符合相应的国家及地方标准和规范的要求。

(3) 涂料及饰面砂浆的施工应符合相关国家及地方标准和规范的规定，同时应符合相关供应商的规定。

7.2.17 面砖外饰面

(1) 当墙面外饰面层为面砖时，挤塑板与基层墙体的粘结面积不小于 50%，固定件数量需提高一个等级。

(2) 面砖单块面积不宜大于 0.01m²，重量不应大于 20kg/m²，粘贴面砖采用专用瓷砖胶粘剂，勾缝应采用具有抗渗性的柔性材料，且以上材料都应符合《外墙饰面砖工程施工及验收规程》JGJ 126—2000 及《建筑工程饰面砖粘结强度检验标准》JGJ 110—2008 的要求。

(3) 外墙饰面砖粘贴应设置伸缩缝。竖向伸缩缝可设在洞口两侧或与横墙、柱对应的部位；水平向伸缩缝可设在洞口上、下或与楼层对应处。伸缩缝的宽度可根据当地的实际经验确定。墙体变形缝两侧粘贴的外墙饰面砖，其间的缝宽不应小于变形缝的宽度。面砖接缝的宽度宜在 3～8mm，不得采用密缝，缝深不宜大于 3mm，也可采用平缝，并应采取柔性防水材料勾缝处理。

8 质量标准

8.1 一般规定

8.1.1 本章适用于本外墙外保温系统的质量验收。

8.1.2 外墙外保温工程的检验批应按照下列规定进行划分：

相同材料、工艺和施工条件的外墙外保温工程每 500～1000m² 墙面面积为一个检验批，不足 500m² 也应划分为一个检验批。检验数量应符合下列规定：每 100m² 应至少抽查一处，每处不少于 10m²。

8.1.3 本系统作为建筑节能分部工程的一个分项工程，其验收程序应符合《建筑工程施工质量验收统一标准》GB 50300，验收资料应纳入相应的建筑节能分部工程。

8.1.4 本系统的质量验收除符合本章规定外，还应符合《建筑节能工程施工质量验收规范》GB 50411 和江苏省的相关规定。

8.2 主控项目

8.2.1 所有材料品种、质量、性能必须符合本工法及有关标准的要求，要求复验项目应符合相关标准要求。

检验方法：检查出厂合格证或复验报告。

8.2.2 挤塑板必须与基层面粘贴牢固，无松动和虚粘现象。粘贴面积应符合本工法的要求。

检验方法：观察和手扳检查。

8.2.3 聚合物砂浆与挤塑板必须粘结紧密，无脱层、空鼓，面层无爆灰和裂缝。

检验方法：用小锤轻击和观察检查。

8.2.4 系统力学性能应符合设计和相关标准要求。

检验方法：检查检测报告。

8.3 一般项目

8.3.1 抹特用胶粘剂及聚合物砂浆前检查界面剂是否已刷过。

检验方法：观察并触摸检查是否有粘手感。

8.3.2 网格布应横向铺设，压贴密实，不能有空鼓、皱折、翘曲、外露等现象，搭接宽度左右不得小于100mm，上下不得小于80mm。

检验方法：观察及尺量检查。

8.3.3 聚合物砂浆保护层总厚度不宜大于4mm，首层不宜大于5mm。

检验方法：尺量检查。

8.3.4 挤塑板安装的允许偏差应符合表10的规定。

挤塑板安装允许偏差及检查方法　　　　　　　　　　表10

项　次	项　　目		允许偏差(mm)	检查方法
1	表面平整		3	用2m靠尺和楔形塞尺检查
2	垂直度	每层	5	用2m托线板检查
		全高	$H/1000$且不大于20	用经纬仪或吊线和尺量检查
3	阴、阳角垂直度		2	用2m托线板检查
4	阴、阳角方正度		2	用200mm方尺和楔形塞尺检查
5	接缝高差		1	用直尺和楔形塞尺检查

9　安　全　文　明　施　工

9.1　文明施工

9.1.1 各项材料应分类存放并挂牌表明材料名称，不得用错。尤其注意特用粘结砂浆与面层聚合物砂浆不能用错。

9.1.2 每日施工完毕后，应及时将现场施工产生的垃圾及废料清理干净，剩余物资放回仓库，以保持干净卫生的施工环境。

9.1.3 网格布裁剪应尽量顺经纬线进行。

9.1.4 搅拌粘结砂浆和面层聚合物砂浆必须用电动搅拌器，用毕清理干净。

9.2 安全施工

9.2.1 施工人员进入施工现场应符合相关的安全规定。

9.2.2 不得在挤塑板上放置易燃及溶剂型化学物品，不得在施工处上方使用电气焊。

9.3 成品保护措施

9.3.1 加强成品保护教育，提高施工人员的成品保护意识。

9.3.2 施工中各专业工种紧密配合，合理安排工序，严禁颠倒工序作业。

9.3.3 对已施工完的保温墙体，不得随意开凿孔洞。

9.3.4 应防止重物撞击墙体。

9.3.5 严禁将窗户作为脚手架支点或固定点使用，防止脚手架砸碰损坏，防止门窗位移变形。

9.3.6 抹灰时，注意不要污染门窗表面。

欧文斯科宁连环甲™挂板外墙外保温系统(SIS)施工工法

欧文斯科宁(中国)投资有限公司
浙江湖州市建工集团有限公司
花东海　金义键　陈有生　卢伟强　徐　吉　曹顺发

1　前　言

欧文斯科宁连环甲™挂板外墙外保温系统(SIS)是一种采用欧文斯科宁 Foamular-Metric®福满乐®聚苯乙烯挤塑保温板、欧文斯科宁挂板、专用龙骨和固定件等系统材料组成的集保温和装饰功能于一体的新型外墙保温装饰系统。

保温层采用欧文斯科宁 HYDROVAC™专利真空发泡第三代技术生产的福满乐®挤塑板。挂板是一种非常成熟的装饰材料,在国外已有很多年的应用历史,在国内也得到了广泛的应用。它不仅具有很好的物理化学性能,而且还有多种不同的系列和多种色彩可供选择,既可独立应用于住宅、别墅、办公、商场、厂房等项目的室外和室内的装饰工程,也可与石材等其他材料结合使用,各具风格。

欧文斯科宁挂板的使用寿命长,韧性好,不会锈蚀,也不会出现斑点,更不会像涂料一样出现裂缝等现象。

(1)"连环甲"系统既适用于新建项目,也适用于改建项目,但连环甲只是一种外装饰及保温相结合的外墙保温装饰系统,不能用作结构件。墙身构造最终由设计方确定。

(2)"连环甲"除必须严格按本工法进行安装外,同时还必须符合国家有关施工规范、规程的规定。对于特殊的技术及节点处理,请咨询欧文斯科宁驻各地办事处或科技中心。

(3)当基本风压不大于 $0.6kN/m^2$ 时,连环甲系统可以在 30m 高度以内使用。

(4)当基本风压为 $0.65kN/m^2$ 时,连环甲系统可以在 10m 高度以内(3层及以下)使用。

(5)当建筑所在地的基本风压或建筑高度不适用以上情况时,请向欧文斯科宁科技中心或 E&C 部门咨询"连环甲"系统的具体应用方案。

2　挤塑板、挂板及主要构配件

连环甲主要构成为:挤塑板、挤塑板固定件、轻钢龙骨、龙骨固定件、挂板、内角柱、外角柱、起始条、收口条、J形槽、挂板固定件等。

2.1　挤塑板

挤塑板标准板规格尺寸为 1800mm×600mm 和 1200mm×600mm,对角线误差小于

2mm。挤塑板用电热丝切割器或工具刀切割,尺寸允许误差为±1.5mm。常用厚度为:25、30、40、50、60、70、80、90、100mm。

2.2 挤塑板固定件

由工程塑料制成带圆盘的塑料膨胀管与用耐候结构钢经机械加工制成的螺钉组成。其性能指标见表1。

固定件性能指标　　　表1

测试项目		性能指标
拉拔力(kN)	C20混凝土墙体	≥0.80
	烧结实心砖墙体	≥0.64
	多孔砖墙体	≥0.64
单个固定件对系统传热增加值[W/(m²·K)]		≤0.004

2.3 轻钢龙骨

两种镀锌U形轻钢龙骨,分别为50mm×10mm×1mm和100mm×10mm×1mm。100mm×10mm×1mm龙骨用于门窗周边和墙面阴阳角处,墙面大面上使用50mm×10mm×1mm龙骨(图1)。

图1　龙骨

2.4 龙骨固定件

工程塑料膨胀管采用高强度改性尼龙制成,螺钉采用高强度结构钢,表面镀层防锈(图2)。龙骨固定件在不同基层墙体中的拉拔力及拉拔力设计值见表2。

图2　龙骨固定件

固定件拉拔力及设计值　　　表2

基层墙体	拉拔力(kN)	拉拔力设计值(kN)
钢筋混凝土墙体(C25)≥	1.0	0.5
烧结实心砖墙体(MU10)≥	0.8	0.4
多孔砖墙体(MU10)≥	0.8	0.4

注:如基层墙体为其他材料,应进行现场固定件与基层墙体拉拔力测试,以确定拉拔力设计值。

2.5 挂板

常用挂板分 DL 型和 D-型，其常用规格为 228.6mm×3940mm（图 3）。

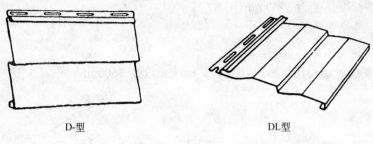

图 3 挂板

2.6 内角柱

内角柱用于墙的阴角处，作为挂板在此处的收边。其标准长度为 3050mm（图 4）。

2.7 外角柱

外角柱用于外墙的阳角处，作为挂板在此处的包角。外角柱标准长度为 3050mm（图 5）。

2.8 起始条

起始条位于墙面底部、腰线上方或两种材料上下交接处，用于固定整个挂板墙面的第一片挂板。起始条标准长度为 3660mm（图 6）。

2.9 收口条

用于屋檐下、女儿墙顶、窗洞口及其他洞口上下方，用于固定最后一片挂板。收口条标准长度为 3660mm（图 7）。

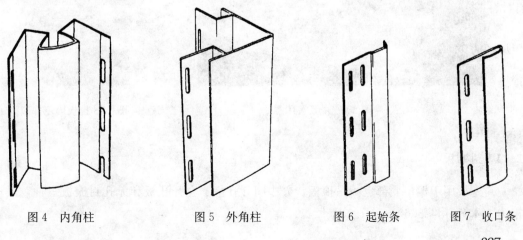

图 4 内角柱　　图 5 外角柱　　图 6 起始条　　图 7 收口条

2.10　J形槽

J形槽是常用的收边配件，它的作用是作为门窗洞口及其他洞口四周，或斜山墙顶部的收边。J形槽标准长度为3660mm（图8）。

2.11　望板

用于檐口正面，也可用于窗口处理。其标准长度为3660mm（图9）。

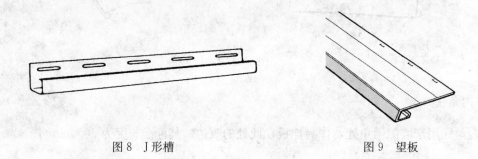

图8　J形槽　　　　　　　　　　图9　望板

2.12　窗套

用于窗口处理，其标准长度为3660mm（图10）。

2.13　挂板固定件

用经防锈处理的自攻螺钉，尾部设有回拧锚固结构，钉身可保证挂板自由移动。钉帽直径不小于9.5mm，与钉杆连接一侧的钉帽面为平的，钉身直径不大于3.8mm（图11）。

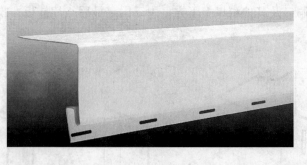　

图10　窗套　　　　　　　　　　图11　挂板固定件

2.14　封檐板

封檐板用于檐口底部也叫吊顶板，分中间开孔板、全开孔板和无孔封檐板三种，其规格为304.8mm×3660mm（图12）。

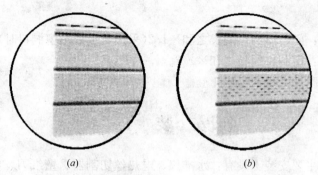

图 12 封檐板
(a)无孔封檐板；(b)中间开孔封檐板

3 材料用量计算

3.0.1 保温板固定件：

7层及以下为2.8个/m^2；7层～10层为5.6个/m^2。

(10层以上请联系欧文斯科宁技术部门)

3.0.2 保温板面积：墙体面积×1.05。

3.0.3 10cm宽龙骨(m)：(阴角的高度＋阳角的高度)×2＋门、窗洞口周长(当使用望板处理门、窗洞口周边时)＋外墙轮廓线总长×2。

3.0.4 5cm宽龙骨：3.3m/m^2－100mm宽龙骨的用量。

3.0.5 龙骨固定件：8个/m^2。

3.0.6 挂板固定件：20个/m^2。

3.0.7 挂板面积：(建筑物立面的面积－门、窗、洞口的面积)×(1.1～1.2)。在计算山墙时，由于建筑的山墙，特别是别墅山墙多为三角形，这时由于切割原因，墙板的损耗较多。因此，在计算三角形的面积时，将三角形的高度增加500mm作为补偿。

3.0.8 J形槽长度：

当屋顶为平屋顶时：门(采用望板处理窗洞或土建有窗套时，包含窗)及其他洞口周长之和×1.1；

当屋顶为斜屋顶时：[门(采用望板处理窗洞或土建有窗套时，包含窗)及其他洞口周长之和＋斜山墙斜向长度和]×1.1。

3.0.9 内角柱长度：墙体阴角高度和×1.1。

3.0.10 外角柱长度：墙体阳角高度和×1.1。

3.0.11 起始条的长度：外墙轮廓线总长×1.1；当门窗及其他洞口上边刚好是整张板时，也需要起始条。

3.0.12 收口条：

当屋顶为平屋顶时：[门窗以及其他洞口上下边长度和＋外墙长度和]×1.1；

当屋顶为斜屋顶时：[门窗以及其他洞口上下边长度和＋水平檐口长度和]×1.1。

注：当门窗以及其他洞口上边刚好是整张板时，上边长度不用考虑；当用望板或窗套处理窗时，也

需要收口条。

3.0.13 望板：门、窗洞口周长之和×1.2（采用望板处理窗洞口时）。

3.0.14 窗套：窗洞口周长之和×1.2。

3.0.15 窗套附件：每个窗户4套。

4 安 装 工 具

挂板保温系统主要安装工具有：水准仪、电热丝切割器、壁纸刀、电动螺丝刀、电动自攻螺钉钻、剪刀、墨盒、冲击钻、开槽器、托线板、2m靠尺、角尺、硅胶枪、压痕器、钉槽冲孔器和挂板拆除工具等。

5 连环甲的安装

5.1 施工条件

5.1.1 基层墙体应验收合格。门窗框及墙身上各种进户管线、水落管支架、预埋件等按设计安装完毕。

5.1.2 基层墙体不平处用1：3水泥砂浆修补平整。

5.1.3 基层墙体及找平层应干燥。

5.2 施工工序流程（图13）及系统构造（图14）

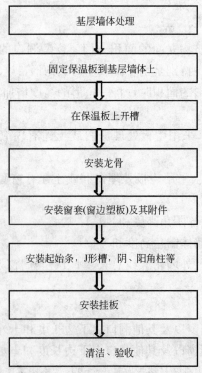

图13 外墙挂板系统施工流程图

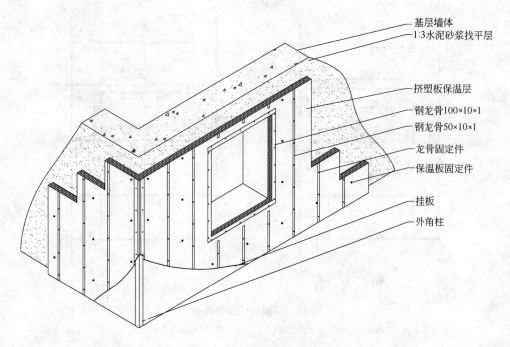

图 14 系统构造示意图

5.3 施工操作要点

5.3.1 基层处理

彻底清除基层墙体表面浮灰、油污、脱模剂、空鼓及风化物等影响安装挤塑板的材料。

5.3.2 安装挤塑板

(1) 在每片准备安装挤塑板的墙面顶端和底端分别弹水平线。

(2) 以此水平线为基准，开始安装挤塑板。上下两排板应错缝 1/2 板长排列。

(3) 挤塑板用保温板固定件固定在基层墙体上，在七层及其以下，每张 1200mm×600mm 的板用 2 个保温板固定件固定；在七至十层，每张同样的板用四个保温板固定件固定。保温板固定件的布置详见布置图(图 15)。

(4) 在墙角转角处，应先排板，量好尺寸，裁剪挤塑板，使其垂直交错连接，保证转角处顺直且垂直。

(5) 在安装窗框四周的阳角和外墙阳角的挤塑板时，应先弹出基准线，作为阳角上下垂直的依据。

(6) 安装挤塑板时，当遇墙体凸出物，必须用整幅板套割吻合，不得用零板拼凑，其切割边缘必须顺直，平整。

5.3.3 安装轻钢龙骨

(1) 挤塑板安装好后，在拟安装龙骨的挤塑板处弹线，用专用开槽器开槽。

(2) 在墙体阴阳角和门窗洞口(当使用挤塑板处理门、窗洞口周边时)，以及起始条和

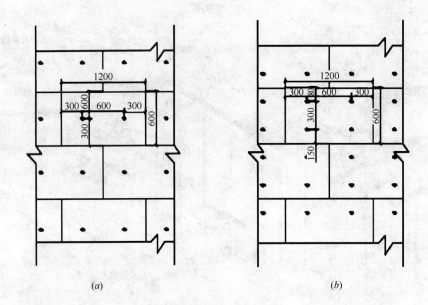

图 15 保温板固定件布置
(a)挤塑板排板及保温板固定件布置(七层及以下);(b)挤塑板排板及保温板固定件布置(七至十层)

收口条处,使用 100mm×10mm×1mm 龙骨,用龙骨固定件固定,固定件间距 400mm,并保证龙骨固定件距基层墙体边缘不小于 60mm。固定龙骨时,先将膨胀管打入,然后将螺钉拧入。确保固定件可靠锚入基层墙体不小于 50mm。

(3) 把 50mm×10mm×1mm 龙骨嵌入挤塑板槽中,用龙骨固定件固定,固定件间距 400mm(图 16、图 17)。

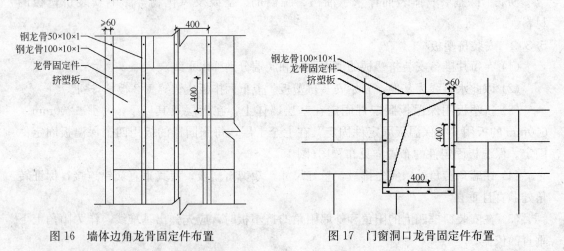

图 16 墙体边角龙骨固定件布置　　图 17 门窗洞口龙骨固定件布置

(4) 螺钉应拧紧,并将膨胀钉的钉帽与龙骨表面齐平或略拧入一些,确保膨胀钉尾部回拧使之与墙体充分锚固。

5.3.4 安装挂板

安装挂板时必须注意以下几点。

(1) 除竖向构件的最上面一个螺钉应位于钉槽的顶端外，其余螺钉均钉在钉槽的中间（图18）。

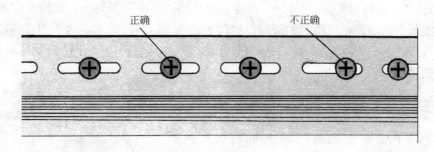

图18 螺钉在钉槽中间

(2) 螺钉不要拧得太牢。考虑到挂板的胀缩，钉帽同挂板之间留约1mm的间隙（图19）。

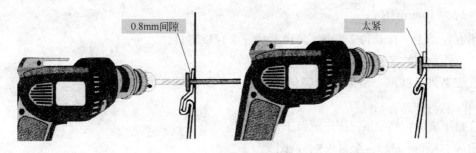

图19 钉帽与挂板间留有间隙

当挂板被固定，而上面一片挂板还没有被安装时，用手推动挂板，应能沿长度方向移动。

(3) 螺钉不能直接钉在挂板面上。如果没有钉槽，用钉槽冲孔器做一个。

(4) 螺钉要垂直钉入（图20）。不要使钉子弯曲，否则，会限制挂板自由移动。如果钉得偏上或偏下，挂板可能会偏离校准直线。

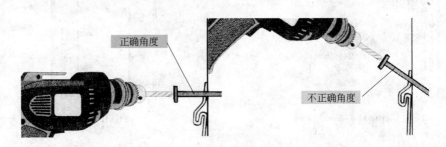

图20 螺钉要垂直钉入

(5) 每安装完一片挂板，检查挂板下边是否与下一层挂板扣牢，且不要太松或太紧。

(6) 挂板两端第一个完整的钉槽必须钉螺钉。水平挂板每隔400mm，在钉槽中间钉一个螺钉,即与龙骨间距吻合;内外角柱、起始条、收口条和J形槽每隔200mm,钉一个螺钉。

(7) 安装挂板前,必须先弹好线。在建筑物外墙的每个阴阳角处,量测从屋檐到被挂板覆盖的最低点的距离,以得到的最短距离值为基准,沿墙面弹水平线,用这条线作为起始条的定位线。起始线一定要弹,以后每隔几层(最多不超过5层,即1145mm)弹一水平线,允许误差2mm。

(8) 起始条的安装:

沿建筑物的底部安装起始条。

起始条的下边缘与定位线重合,固定于龙骨上。

当对接起始条时,应使它们保持至少10mm的间距,防止膨胀所引起的变形。

起始条同外角柱和内角柱之间留下足够的距离,一般为10mm(图21)。

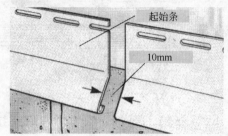

图21 起始条安装

沿起始条上下排孔每200mm交错安装一个自攻螺钉。

(9) 外角柱的安装:

在安装外角柱前,沿墙角弹竖向线,确保外角柱垂直度。外角柱应安装在距离顶部6mm处。

在最上面的钉槽的顶部固定螺钉于钢龙骨上。

每隔200mm安装一个自攻螺钉(图22)。

(10) 内角柱的安装:

内角柱的安装同外角柱一样(图23)。

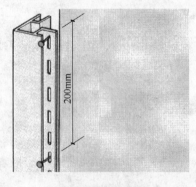

图22 外角柱安装

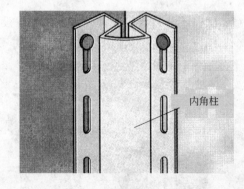

图23 内角柱安装

注:当一个角柱长度不够,须用几个角柱搭接时,上面的角柱应搭接在下面的角柱之上,搭接长度25mm。如为外角柱,应将上面柱内边缘剪去40mm,如为内角柱,将下面柱边缘剪去40mm。

(11) 门和窗周围的安装:

切一段J形槽用于底部,下料尺寸=窗宽+2倍J形槽的宽度。将J形槽的上面两端等于J形槽宽度部分切除。

再切二段J形槽，其长度分别等于窗高+2倍J形槽宽。将J形槽长于窗高的上下两端边剪开，将上面一部分切除，下面正面剪成45°，侧边折入底边的J形槽内，切一段J形槽用于顶部，下料尺寸＝窗宽+2倍J形槽的宽度。同样，将J形槽的两端剪开，将正面剪成45°，侧边下弯入侧边J形槽内。安装好顶部J形槽(图24)。

在窗上下边J形槽内安装收口条，以便将外墙挂板切割后的边端嵌在里面。

1) 圆弧窗的下边J形槽的安装同上不变，上边J形槽事先需加热并弯成同窗一样的弧度。

2) 在门洞的两个侧边和一个顶部安装J形槽，再于顶部J形槽内安装收口条。安装方法同窗。

3) 阳台板、空调台板周围J形槽的安装同窗。

对于无土建窗套、门套的窗/门周围，可用窗套安装，将其固定于窗/门边龙骨，横竖边用窗套附件连接即可。

(12) 斜墙顶部的安装：

在安装挂板前，同样应将斜墙顶部的J形槽安装好。在斜墙顶端，J形槽交会处，应有一侧J形槽切成一定角度，使交汇线成垂直线(图25)。

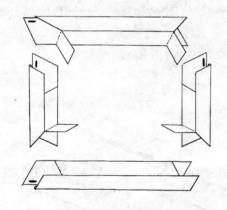

图24 门窗口周围安装

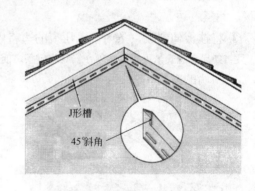

图25 斜墙顶安装

(13) 大面挂板的安装：

1) 将第一层外墙挂板安在起始板条上，紧紧地咬合。

2) 在钉槽中间安装螺钉，将外墙挂板固定。

3) 在外墙挂板板端与角柱及门窗边缘J形槽之间预留6mm的距离。

4) 板端应该搭接，搭接长度大约为25mm(搭接时注意当地的常年风向)。

5) 为了美观，每层挂板搭接部分最少互相错开1m，这样一个搭接不会直接在另一个之上。每4层或5层，应检查一下外墙挂板与屋檐和窗户是否保持平行，是否与其他墙面上的挂板在同一直线上。

6) 当外墙挂板被固定好以后，不要用力向上或向下推它(图26)。

7) 应该在挂板没有变形的情况下安装。不能为了使板能安放在某一位置，使板产生垂直的拉应力。也不能强行将挂板安装在距离板端小于6mm的位置。

图26 挂板安装

8)通常,搭接的部分应远离出入口和交通频繁的位置。这样会改善安装的整体外观。

(14)顶部挂板的收头:

1)墙体顶部水平时的安装:

① 安装最后一片挂板前,先将收口条安装好,收口条之间应搭接,搭接长度约为25mm。

② 使用压痕器沿着外墙挂板每隔150mm压一个凹痕。交替地压痕,使凹痕间隔出现在板的相反一边。

③ 将挂板伸到收口条内,已压痕的边将固定住外墙挂板(图27)。

注:如果您想安吊顶板,必须在安装收口条之前安装。

2)斜墙的安装(图28):

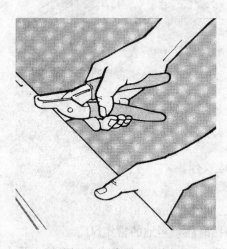

图27 压痕器压凹痕

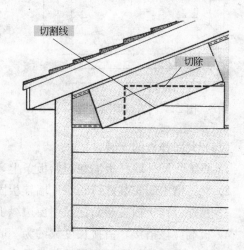

图28 斜墙的安装

① 沿着斜墙的顶部安装J形槽。

② 斜切外墙挂板,并将它安装到J形槽内,考虑到板的膨胀,两端应预留至少6mm的净距。

6 常见节点

6.0.1 阴角做法(图29)。

6.0.2 阳角做法(图30)。

图29 阴角做法

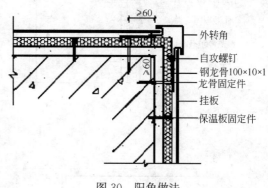

图30 阳角做法

6.0.3 女儿墙构造(图31)。

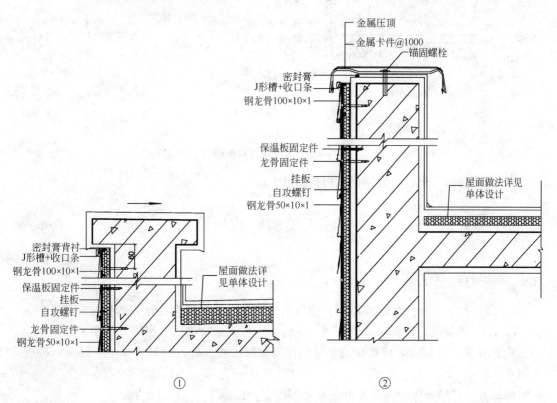

图31 女儿墙构造

6.0.4 4挂板外墙窗口构造(图32)。

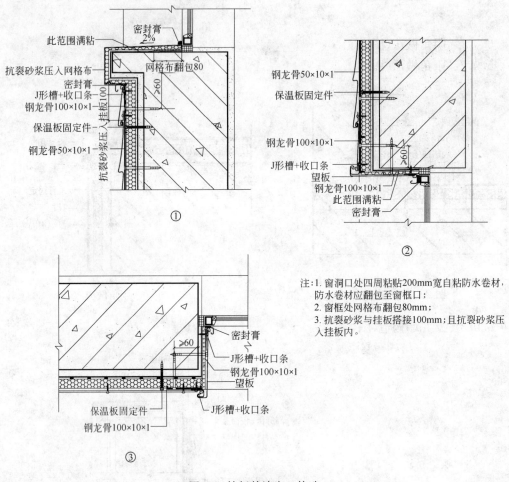

图32 挂板外墙窗口构造

6.0.5 雨篷、阳台、空调机隔板构造(图33)。

7 施工检验验收标准

7.1 保证项目

7.1.1 挂板、挤塑板的规格和各项技术指标及质量必须符合有关标准的要求。

7.1.2 龙骨固定件要求锚固牢固。龙骨固定件膨胀管进入基层部分不小于50mm。

检查数量：每200m² 墙面抽查一处或按每楼层抽查一处，每处不少于3延米；抽查5个固定件。

检验方法：检查固定件长度和挤塑板厚度是否匹配。

7.1.3 挂板固定件应穿透龙骨，且不得有遗漏。

检查数量：每200m² 墙面抽查一处或按每楼层抽查一处，每处不少于3延米。

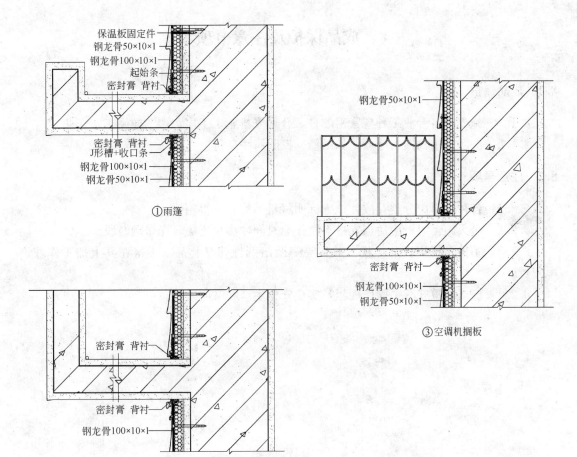

图 33 雨篷、阳台、空调机搁板构造

检验方法：观察检查。

7.2 基本项目

7.2.1 上下挂板应可靠扣接，无脱扣现象。

检查数量：每块板均需检查。

检验方法：观察、尺寸检查。

7.2.2 挂板两端应可靠伸入外角柱、内角柱和J形槽内。控制好内外角柱垂直度，J形槽的垂直度和水平度，每2m长允许偏差2mm。

检查数量：每条内外角柱、J形槽均需检查。

检验方法：观察检查。

7.2.3 相邻墙面上的挂板应在同一高度上，允许误差≤2mm。

检查数量：墙角处挂板均需检查。

检验方法：观察、尺寸检查。

8 成品保护及注意事项

8.1 成品保护

8.1.1 施工中各专业工种应紧密配合，合理安排施工工序，严禁颠倒工序作业。

8.1.2 应防止重物撞击墙面，如吊篮、拆除脚手架等。

8.2 注意事项

8.2.1 各种材料应分类存放并挂牌标明材料名称，不得用错。

8.2.2 暑天施工时，应适当安排不同作业时间，尽量避免日光暴晒时段。

8.2.3 不得在挤塑板及挂板上放置易燃及溶剂性化学物品，不得在其上加工作业、电气焊。

8.2.4 应严格遵守有关操作规程，实现安全生产和文明施工。

膨胀聚苯板薄抹灰外墙外保温系统施工工法

专威特(中国)系统有限公司
浙江湖州建工集团装饰有限公司
滕 荣 陆定裕

1 前 言

近十多年来,外墙外保温的应用技术在国内外发展迅速,已形成很多不同类别的体系。其中,以膨胀聚苯板(EPS)薄抹灰系统的应用时间最早,应用范围最广,应用也最为成熟。

膨胀聚苯板(EPS)薄抹灰外墙外保温系统早在 20 世纪 60 年代末,在欧美国家即开始了应用。我国早在 20 世纪 90 年代初便与美国专威特公司合作,从该公司引入了其技术成熟的膨胀聚苯板(EPS)薄抹灰外墙外保温系统。1999 年,建设部发布了我国第一本关于外墙外保温的国家建筑标准设计图集《外墙外保温建筑构造(专威特外墙外保温与装饰系统)》99J121-2,并于 2003 年发布了我国第一本关于外墙外保温的行业标准《膨胀聚苯板薄抹灰外墙外保温系统》JGJ 149—2003。

膨胀聚苯板(EPS)薄抹灰外墙外保温系统是集墙体保温和装饰功能于一体的新型结构系统,与其他几种建筑保温形式相比,EPS 板粘贴外墙外保温具有整体保温效果好、导热系数小、隔断冷热桥的产生、没有冷凝点、耐久性好等特点。同时,该类系统的自重轻,可以有效减轻建筑物外承重墙的荷载和地基荷载,减少抗震设防的基础处理费用,是可以大力推广和普及的建筑节能保温系统。

2 基本构造与特点

2.1 基本构造

膨胀聚苯板(EPS)薄抹灰外墙外保温系统由内到外的基本构造如图 1 所示。

2.1.1 基层墙体

外墙基层可以为钢筋混凝土、砖石、木材、石膏板、黏土实心砖、黏土多孔砖、砌块或多孔砌体等构成的牢固轻质复合墙体。

2.1.2 保温材料

采用导热系数极低的阻燃自熄型聚苯乙烯泡沫塑料板(简称膨胀聚苯板,即 EPS 板)。

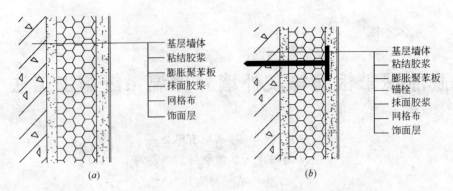

图 1 膨胀聚苯板(EPS)薄抹灰外墙外保温系统基本构造
(a)无锚栓系统；(b)有锚栓系统

保温层的厚度应根据设计确定，以满足节能标准设计的要求。

2.1.3 粘结胶浆

专用把膨胀聚苯板粘结到基层墙体上的工业产品，产品形式有两种：

（1）液态状胶浆：100%丙烯酸乳液，在现场与普通硅酸盐水泥按一定比例配置使用。

（2）干粉状聚合物砂浆：在工厂里预混合好的干粉状胶粘剂，在现场与水按一定比例配置使用。

2.1.4 耐碱玻璃纤维网格布

经特殊编织与耐碱涂敷处理的玻璃纤维网格布，能缓冲墙体位移、气候等原因引起的应力变化。将其埋入胶浆中，形成薄抹灰增强防护层，以提高系统防护层的强度和抗裂性。

2.1.5 抹面胶浆

聚合物抹面胶浆，由水泥基或其他无机胶凝材料、高分子聚合物等材料组成。薄抹在粘贴好的膨胀聚苯板的表面，用以保证系统的强度和耐久性。

2.1.6 锚栓

把膨胀聚苯板固定在墙上专用连接件，通常情况下包括塑料钉或带有防腐性能的金属螺钉和带圆盘的塑料膨胀套管两个部分。

金属螺钉应采用不锈钢或经过表面处理的金属制成。塑料钉和带圆盘的塑料套管应采用聚酰胺、聚乙烯或聚丙烯制成。塑料钉和塑料圆盘不得使用回收的再生材料。锚栓的有效锚固深度不得小于25mm，塑料圆盘直径不得小于50mm。

锚栓主要用于不可预见情况下对系统的安全性起一定辅助作用。胶粘剂应承受系统全部荷载。在供应商能确保系统安全性的情况下，也可不使用锚栓。

2.1.7 饰面层

作为系统的最外层，对防护层起到防止风化、提高抗裂性的作用。同时以其各种凹凸纹理与不同色彩使墙面达到艺术造型的效果。通常可使用水基的弹性涂料、面砖或石材。

2.2 基本特点

2.2.1 节能、保温

由于采用外墙外保温，消除了钢筋混凝土框架、抗震柱和圈梁等冷热桥部分的影响，能达70%以上的节能效果。膨胀聚苯板的保温隔热性能使居室内的温度得到均匀分布，提高居住的舒适度。

2.2.2 防水、防潮

采用抗水渗透的EPS保温板和防水抹面层，有效地解决了建筑外墙渗水问题。由于保温的原因，消除室内外温差，可有效消除结露现象，达到绝佳的防水性能。该系统还具有水蒸气双向传递性能，可以使一定量的水蒸气分子在通过建筑墙体自由流通，以保证整个建筑的"呼吸性能"，从而提高建筑的居住舒适性。

2.2.3 抗裂

玻纤网和胶浆组成的保护层具有良好的柔韧性和强度，就像为建筑物穿了件弹性外衣，很好地吸收了建筑外墙因沉降、位移和气候变化产生的应力，能有效防止墙面开裂，长期保证外墙的美观度。

2.2.4 保护墙体结构

膨胀聚苯板(EPS)薄抹灰外墙外保温系统对建筑物墙体具有独特的保护作用，避免了墙体常见的龟裂、渗水现象的发生。由于绝热层、保护层和饰面层在墙体外侧有效避免并能长期有效地保护墙体结构，避免了由于室外温度和太阳辐射剧烈波动等气候变化对墙体结构的影响。

2.2.5 防风、抗冲击

由专用抹面胶浆和涂塑耐碱玻纤布构成的保护层，使之与墙体的粘结力可抵抗160km/h的风力。在各种极端自然灾害中，如飓风与地震破坏后的建筑外保温系统中，膨胀聚苯板(EPS)薄抹灰外墙外保温系统几乎不会受到损伤。

2.2.6 隔声

由于膨胀聚苯板本身就是很好的隔声材料，所以系统具有良好的隔声性能，大大提高了居住的舒适性。

3 施 工 做 法

3.1 施工准备

3.1.1 作业条件

（1）施工现场应做到通水通电，并保持工作环境的清洁。

（2）外墙、外门窗口、屋面排水及雨水管预埋件施工及验收完毕。

（3）施工现场环境温度和基层墙体表面温度连续24小时不得低于4℃，风力不大于5级。雨天施工时应采取有效的防雨措施，避免雨水冲刷墙面。

（4）冬期施工时应采取防冻措施，夏季施工时避免阳光暴晒。

（5）基层墙体基层墙体须清理干净，使墙表面没有油、浮尘、污垢、脱模剂、风化物、涂料、蜡、防水剂、潮气、霜、泥土等污染物或其他妨碍粘结的材料，并剔除墙表面的凸出物，使之清洁平整，必要时用水清洁墙面；经过清洗的墙面必须晾干后，方可进行下道工序的施工；基层墙体干燥应达到90%；清除基层墙体中空鼓、松动或风化的部分，并用水泥砂浆填实后找平刮成细毛；基层墙体的平整度要求2m靠尺检测不大于5mm；垂直度要求2m内偏差不大于5mm。

（6）利用土建单位外墙脚手架施工时，外墙脚手架的架管与墙面的距离应为450mm，以便施工，也可采用电动吊篮施工。

3.1.2 主要施工工具

抹子、搓抹子、角抹子、槽抹子、靠尺、700～1000r/min电动搅拌器（或可调速电钻加搅拌器）、刷子、多用刀、灰浆托板、拉线、皮尺、粘有≥20粒度粗砂纸的打磨抹子、喷枪、空气压缩机、冲击钻等。

3.2 施工程序框图

施工程序框图见图2。

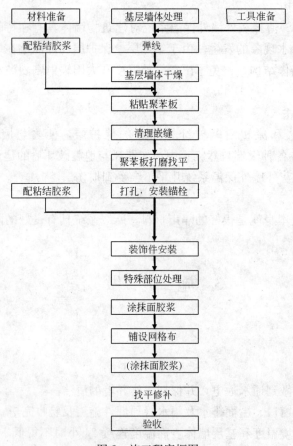

图2 施工程序框图

3.3 施工工艺

3.3.1 材料的准备和配制

（1）液态状胶浆的配制：开罐后，若胶粘剂有分层离析现象，应在掺合水泥前将其充分搅拌至胶浆状。将胶粘剂与普通硅酸盐水泥按一定重量配合比用搅拌器充分搅拌均匀，搅拌不得过度，以防止搅入空气，降低胶浆的和易性，搅拌好静置5min后，视其和易性，加入适量的水进行调和。应根据气候情况掌握胶浆的稠度，以易施工、不流淌为度，严格控制加入水量。胶浆中不得再掺入砂、骨料、速凝剂、防冻剂、聚合物等其他添加剂；胶浆应随用随搅，已搅拌好的胶浆料应1~2h内用完。

(2) 干粉状胶浆的配制：使用一只干净的塑料桶倒入一份净水加约五份的干混砂浆，注意边加砂浆变搅拌，然后用电动搅拌器搅拌约5min，直到搅拌均匀，且稠度适中为止。为保证聚合物砂浆的稠度，加水时应尽可能少一些。将配制好的砂浆静置5min，然后观其稠度情况，加入少量水，再搅拌一次。注意聚合物砂浆中只需加入净水，不得加入其他添加剂，如水泥、砂、骨料、速凝剂、防冻剂、聚合物等其他添加剂。

3.3.2 聚苯板的粘贴

标准聚苯板的尺寸为1200mm×600mm。

先沿着外墙散水标高标出散水水平线，需设置系统的变形缝处，则应在墙面弹出变形缝及变形缝宽度线。在垂直表面上安装保温板时，应从墙面的基部及支撑点开始。

翻包网格布：粘贴保温板前应先切割窄幅网格布做翻包网格布。

聚苯板的切割：应尽量使用标准尺寸的聚苯板，需使用非标准尺寸的聚苯板时应采用电热切割器进行切割，也可以用多用途刀。

聚苯板粘贴：用不锈钢抹子，沿聚苯板的四周涂抹配制好的粘结胶浆，其宽度为50mm，厚10mm。当采用标准尺寸聚苯板时，应在板的中间部分均匀设置8个点，每点直径为100mm，厚10mm，中心距200mm。当采用非标准尺寸板时，涂抹粘结胶浆的涂抹面积与聚苯板的面积之比不得小于1/3。聚苯板抹完粘结胶浆后，应立即将板平贴在基层墙体上滑动就位，粘贴时应轻揉，均匀挤压。为了保证板面的平整度，应随时用一根长度不小于2.0m的靠尺进行压平操作。聚苯板应自下而上沿水平方向横向铺贴，每排标准板应错缝1/2板长。

聚苯板粘贴24h后，可用专用的搓抹子将板边的不平之处搓平，尽量减少板与板之间的高差接缝，当板缝间隙大于1.6mm时，应用聚苯板条填实后磨平。在墙角处，聚苯板应垂直交错连接，保证拐角处板材安装的垂直度。

注意：门窗洞口角部的聚苯板，应采用整块聚苯板裁出洞口，不得拼接。

3.3.3 固定件的安装

在基层墙体不能满足强度要求的情况下，通常采用锚栓加固。

聚苯板粘贴固定后，通常在24h后安装固定件，按设计要求在相应位置用冲击钻打孔。固定件的个数根据国家相关标准和生产厂商的技术水平而定。固定件的有效锚固深度不得小于25mm。

3.3.4 网格布的铺设

网格布的铺设前，应先检查聚苯板是否有缝，板面是否平整(用2m靠尺检查)，窗户周边、墙边、墙角是否顺直，板面是否干燥，并去除板面的有害物质、杂质或表面变质部分。

铺设网格布时先做翻包网部位，再做大面积铺设。

用不锈钢抹子在聚苯板表面均匀涂抹一层面积略大于一块网格布的抹面胶浆，厚度约为1.6mm，立即将网格布压入湿的抹面胶浆中，待胶浆稍干硬至可以碰触时，再立即用抹子涂抹第二道抹面胶浆，直至网格布埋在两道抹面胶浆的中间，网格布完全被覆盖，肉眼看不到网眼为准。

网格布应自上而下沿外墙一圈一圈铺设网格布。当遇到门窗洞口时，应在洞口四角处沿45°方向补贴一块标准网格布，以防止开裂。

注意：不得在雨中铺设网格布；标准网布间应互相搭接至少65mm，但加强网格布间须对接，其对接应紧密；在拐角部位，标准网布应是连续的，并从每边双向绕角后包墙的宽度不小于200mm，加强网布应顶角边对接布置；转角交接处及铺设网格布时，网格布的弯曲面应朝向墙面，并从中央向四周用抹子抹平，直至网格布完全埋入抹面胶浆内，目测无任何可分辨的网格布纹路。若有裸露的网格布，应再抹适当的抹面胶浆进行修补；全部抹面胶浆和网格布铺设完毕后，至少静置养护24h，方可进行下一道工序的施工。

以下部位用加强网作处理：
(1) 散水以上2.0m范围的勒角部位；
(2) 其他可能遭受冲击力的部位。

以下部位用标准网做翻包：
(1) 门窗洞口、管道或其他设备需穿墙的洞口处；
(2) 勒角、阳台、雨篷等系统的尽端部位；
(3) 变形缝等需要终止系统的部位；
(4) 女儿墙顶部的装饰构件。

3.3.5 翻包网格布的施工

裁剪窄幅标准网布，长度应由需翻包的墙体部位的尺度而定；在基层墙体上所有的洞口周边及系统终端处，涂抹上粘结胶浆，宽度为65mm；将窄幅标准网布的一端65mm压入粘结胶浆内，余下的甩出备用，并应保持其清洁；将聚苯板的背面涂抹好粘结胶浆，将其压在墙上，按实，使其与墙面粘结牢固；将翻包部位的聚苯板的正面和侧面，均涂抹上抹面胶浆，将预先甩出的窄幅标准网布沿板厚翻转，并压入抹面胶浆。当需要铺设加强网布时，则应先铺设加强网布，再将翻包网布压在加强网布之上；粘结宽幅标准网布，使其覆盖在翻包的标准网布之上。

3.3.6 装饰件的安装

安装件凸出墙面时，聚苯板粘贴完毕以后，可采用墨盒弹线的方法。标好装饰件的位置，在装饰件及对应聚苯板上均涂抹一层抹面胶浆，在装饰件表面铺设标准网布，按图纸的要求粘贴到聚苯板上。

装饰线凹进墙面时，聚苯板粘贴完毕以后，可采用墨盒弹线的方法。标明装饰线的位置，利用开槽器按图纸要求在聚苯板上切出凹线条，凹槽处聚苯板的实际厚度不得小于20mm；在凹槽内及凹槽周侧65mm宽范围内，均刮上一层抹面胶浆，然后压入标准网布。

注意：铺设在装饰件(线)上的标准网布周边应甩出65mm以上与相邻墙面标准网布搭接；铺设在装饰件(线)上的标准网布被切坏时，必须在切口上加一新网布，新旧网布间的最小搭接长度为65mm，从墙的顶端开始，从上至下进行施工。

3.3.7 破损处的修理

使用锋利的工具刀，割除损坏处的保温叠合层，露出一块略大于实际损坏处面积的、尺寸规格一致的、洁净的基层墙面，用圆周或砂带打磨器沿破损部位周边约75mm宽度范围内磨掉面层涂料，直至露出原有抹面胶浆。

小心剔除残留的聚苯板，并将基层墙面上原有的粘结胶浆清除干净。预切一块聚苯板，并打磨其边缘部分，使其能紧密嵌入被切除的破损部位。

在这块聚苯板的背面全部涂上粘结胶浆，但不得在其四周侧面涂抹粘结胶浆。然后将其塞入破损处，粘在基层墙面上。用粘胶纸带盖住周边未损害的涂层，以防止其在施工时受损。切一块标准网布，其大小应能覆盖整个补丁区域，并与原有的网格布至少重叠65mm，将聚苯板表面涂上粘结胶浆，埋入准备好的标准网布。使用小号湿毛刷，整平表面不规则处，并将边缘处刷平。

用粘胶纸带将原有无损害面层涂料盖住，在修补用的聚苯板应与原有的聚苯板的型号完全一致。根据天气状况确定涂料的干燥时间，带其完全干燥后，撕去周边的粘胶纸带。仔细修补补丁四周，使其与周边的纹路融为一体。

3.3.8 外饰面的施工

外饰涂料时，宜选用浅色的水基弹性涂料，根据《建筑装饰装修工程施工质量验收规范》GB 50210—2001中对外墙涂装工程提出的规范和要求进行施工。

外饰面砖时，宜选用轻质面砖，施工时要保证100%的粘贴，揉按于胶粘剂中并压实，必要时揭下检查背面的料浆面积。面砖的施工应符合现行行业标准《外墙饰面砖工程施工及验收规程》JGJ 126—2000 的规定。

4 经济技术分析

膨胀聚苯板外墙外保温系统是外保温体系中性价比较高的体系之一，它不仅有着优异的保温效果，而且价格也易受到市场的认可。其单位价格分析见表1。

单位价格分析表　　　　　　　　　　　表1

	报价明细	单价(元/m²)	规格、型号、标准	备注
人工	综合用工	15.00		
材料	1　膨胀聚苯板（EPS）（以 30mm 厚，密度为 18kg/m³ 的 EPS 为例）	10.20～12.10		通常损耗不超过5%，此价格已含损耗
	2　保温板胶粘剂	14.00～20.00		此价格已含损耗量
	3　保温板抹面胶浆	17.00～23.00		此价格已含损耗量
	4　标准型耐碱网格布	3.00～5.70		通常损耗不超过30%，此价格已含损耗
	加强型耐碱网格布	—		按实际用量核算
	固定件	1.40～2.10		视实际情况 4～8 个/m²

续表

	报价明细		单价(元/m²)	规格、型号、标准	备注
材料	5	其他材料（密封膏、泡沫填缝剂等）	3.00~4.00		
	6	……			
机械		综合机械费	0		
综合取费	1	管理费	3.18~4.10		5%
	2	利润	6.68~8.60		10%
	3	规费	0		0
	4	税金	2.50~3.22		3.4%
合计(单价)		小写：76.00~97.82 元/m²		大写： 元/m²	
总价		小写：¥		大写：	工程量暂按____万m²计

5 检测内容及依据

随着外墙外保温行业的蓬勃发展，外保温工程的验收被提到了日程上来，上海地区外墙外保温起步较早，早在2002年便颁布了相应的规范。2005年，建设部发布了《外墙外保温工程技术规程》JGJ 144—2004，对外保温工程的验收和检测作出了相应的规定。

《外墙外保温工程技术规程》JGJ 144—2004中明确提出：外墙外保温工程应按现行国家标准《建筑工程施工质量验收统一标准》GB 50300的规定进行施工质量验收。

外保温工程分部工程、子分部工程和分项工程应按表2进行划分。

外保温工程分部工程、子分部工程和分项工程划分　　　表2

分部工程	子分部工程	分项工程
外保温工程	EPS薄抹灰系统	基层处理，粘贴EPS板，抹面层，变形缝，饰面层
	保温浆料系统	基层处理，抹浆料，抹面层，变形缝，饰面层
	无网现浇系统	固定EPS板，现浇混凝土，EPS局部找平，抹面层，变形缝，饰面层
	有网现浇系统	固定EPS钢丝网架板，现浇混凝土，抹面层，变形缝，饰面层
	机械固定系统	基层处理，安装固定件，固定EPS钢丝网架板，抹面层，变形缝，饰面层

5.1 墙体的质量检验

基层墙面应该达到《混凝土结构工程施工质量验收规范》GB 50204—2002、《砌体工程施工质量验收规范》GB 50203—2002的要求。修整墙面的水泥砂浆找平层与墙面必须粘结牢固，无脱层，空鼓和裂缝等缺陷。

5.2 材料的质量检验

系统所使用的所有材料的技术性能，均应满足国家有关标准和图集的有关要求。

5.2.1 粘结胶浆

（1）现场随机检查粘结胶浆是否按规定的配合比配制。

（2）现场随机检查涂胶面积及涂胶点的布置，数量是否符合规定。

5.2.2 聚苯板

（1）聚苯板的外形应基本平整，无明显膨胀和收缩变性，熔结良好，无明显掉粒，不得有油渍和杂质，不得有不正常的气味。

（2）聚苯板的表观密度应符合国家规定的要求。

（3）聚苯板的规格尺寸及其误差见表3。

聚苯板的规格尺寸及其误差　　　　　　　　　表3

指　标	单　位	允许尺寸	允许偏差
长度方向	mm	≤1200	±1.6
宽度方向	mm	≤600	±1.6
厚度	mm	20～25 25～100	±1.6 ±1.6
板边精度	mm	≤600	≤1.6
表面平整度	mm	长度方向的弯曲	≤0.8
方正度	mm	≤600	≤1.6

（4）聚苯板在运输中的表观要求见表4。

聚苯板在运输中的表观要求　　　　　　　　　表4

指　标	单　位	允许尺寸	允许偏差
压痕面积	％	表面深度大于1.6mm的压痕面积	≤总面积的5％
空　洞	个	板材每0.72m²的表面积上尺寸大于3.2×3.2×3.2(mm)的空洞数	≤8
凸凹深度	mm	板材表面的凸起或划痕深度	≤1.6

5.2.3 抹面胶浆

检查项目同粘结胶浆。

5.3 施工质量要求

5.3.1 聚苯板的粘贴

（1）用目测法检查表面状况，其中包括：

板边的切割质量。

板表面是否按要求进行打磨。

门窗洞口四角及管线穿墙等洞口处，聚苯板的切割及布置是否符合要求。

(2) 板面打磨完毕后，须用 2m 长靠尺及楔形塞尺检查板边平整度及垂直度，误差均不得大于 4mm，阴阳角处板边加工与连接也必须整齐平顺。

(3) 墙面装饰用凹凸线必须水平或垂直，凹线条及贴上的凸线条必须用 2m 长靠尺及楔形塞尺检查其平直度，误差不得大于 3mm。

(4) 聚苯板粘贴 48h 后，敲击检查是否有松动或粘结不实处。必要时可揭下聚苯板，看是否有虚粘，并观察界面破坏情况，破坏界面在聚苯板内时为粘结良好，粘结胶浆从聚苯板上剥离时为粘结不良。

(5) 用最小刻度为 0.5mm 的金属直尺测量板缝间隙及高差，板缝宽大于 1.6mm 的，必须进行塞缝处理。

5.3.2 网格布的铺设

(1) 用目侧法检查表面状况，不得有肉眼可分辨的网印。

(2) 现场随机检查网格布是否按规定铺设。

5.3.3 面层涂料的施工

涂料的施工质量应满足现行国家标准《建筑装饰装修工程施工质量验收规范》GB 50201—2001 的规定，并应用插针方法检查面层涂料的厚度。

5.3.4 面砖饰面的施工

(1) 面砖的施工必须符合现行行业标准《外墙饰面砖工程施工及验收规范》JGJ 126—2000 的要求。

(2) 必须保证面砖的实际粘贴面积为 100% 粘贴。

6 工 程 案 例

东部新城安置房位于宁波市东部新城开发区，占地面积约 19.77 万 m²，于 2006 年 1 月开工建设。68 幢住宅中规划高层住宅 12 幢、小高层住宅 14 幢、多层住宅 42 幢，具备了丰富的小区空间层次（图 3、图 4）。

图 3 小区实景图一

图 4 小区实景图二

根据现行行业标准《夏热冬冷地区居住建筑节能设计标准》JGJ 134—2001 和浙江省

地方标准《居住建筑节能设计标准》、《宁波市居住建筑围护结构节能设计技术措施》的要求，宁波市房屋建筑设计院和宁波大学建筑工程与环境学院合作进行了"东部新城经济适用房围护结构节能优化设计"课题研究，并用清华大学建筑能耗模拟计算软件 DeST-h 对该项目采取各种节能措施的节能效果进行了模拟分析计算。最终确定外墙采用膨胀聚苯板(EPS)薄抹灰外墙外保温系统，其中 EPS 保温板厚度为 30mm，并配合使用加气砌块，使复合墙体的传热系数可达 $0.79W/(m^2 \cdot K)$。在此之前，该项目领导和专家在上海、江苏等周边地区考察了多家外墙外保温企业，并邀请了十几家企业进行该项目的投标，在严格的招投标程序和考察后，最终确定采用美国专威特、福卡等四个外墙外保温的知名品牌。

下面以东部新城高层住宅部分(约 7.5 万 m^2)的外墙外保温工程为例，系统地说明外墙外保温工程的施工组织设计及现场质量控制。

该项目外饰面为涂料，最高达 20 层。质量要求：达到国家相关验收规范一次性合格标准(要求完成后的保温面层性能及平整度必须达到外墙涂料施工基层的要求，其验收将由招标单位及监理单位根据相关验收规范进行验收)。安全文明要求：达到宁波市建设安全文明施工标准。施工工期：各单幢高层 30 日历天，总供货及施工安装工期 60 日历天。

该项目对外墙外保温施工企业的要求：

(1) 具备外墙外保温(EPS 板)省、部级及以上产品推广证书和产品鉴定证书；

(2) 2002 年至今在华东地区独立供货及施工安装多、高层住宅外墙外保温(聚苯乙烯泡沫塑料板薄抹灰外墙外保温系统)累计 30 万 m^2 及以上；

(3) 2002 年至今在华东地区独立供货及施工安装单一建筑(群)多、高层住宅外墙外保温(聚苯乙烯泡沫塑料板薄抹灰外墙外保温系统)10 万 m^2 及以上；

(4) 外墙外保温(聚苯乙烯泡沫塑料板薄抹灰外墙外保温系统)材料符合现行有关国家标准及 EPS 板宁波检测合格证书(消防部门检测报告)；

(5) 提供以上要求合同或证书复印件及原件备查(以上要求面积均为外墙外保温面积)；

(6) 具备强大的安装、施工外墙外保温工程的劳务力量。

针对该项目工期紧、施工质量要求高的特点，施工单位专门成立了项目现场小组，并制订了完善的施工计划。

伊通(YTONG)轻质砂加气砌块的施工工法

长兴伊通有限公司
邵 兵 陈新疆 顾乐乐 许雨红

1 前 言

作为加气混凝土的技术发明者和世界著名的新型墙体材料,伊通产品经过80年的发展,已经形成了最为成熟、最为先进的生产工艺和应用技术,被广泛使用于五大洲70多个国家和地区的各种建筑体系。伊通砂加气混凝土砌块是根据欧洲高品质砂加气性能与特点,结合中国建筑的实际情况,经过多年实践与试验,先后完成了伊通砂加气混凝土砌块对墙体的保温、抗渗、隔声、防火、隔热等建筑物理性能研究,伊通砌块的抗压强度、弹性模量等基本力学性能的系统研究,编制和修订了完整的应用技术文件等砂加气应用技术的系统研发工作,形成了一整套适用于中国市场的应用技术体系。

长兴伊通不仅是优质砂加气混凝土产品制造商,也是混凝土框架填充系统、建筑自保温系统和钢结构维护系统的集成供应商,并能为客户提供各种解决方案。

2 编 制 依 据

2.0.1 根据设计研究院提供的工程设计图系列。

2.0.2 根据现行的规范:《蒸压轻质砂加气混凝土(AAC)砌块和板材建筑构造》06CJ05、《蒸压轻质砂加气混凝土(AAC)砌块和板材结构构造》06CG01等。

2.0.3 根据伊通公司:《YTONG 砌块建筑构造图》(图集号 2006 沪 J/T—105)、《YTONG 建筑保温工程技术规程》DBJ/CT 018—2006、《YTONG 砌块工程施工及验收规程》DBJ/CT 002—2006。

3 YTONG 砌块生产工艺

3.0.1 YTONG 砌块是以石英砂、水泥、石灰和石膏为主要原材料,以铝粉为发泡剂,经高温高压养护而成的细密多孔状优质 AAC 产品。

3.0.2 YTONG 生产工艺的最大特点是整套系统的稳定性、翻转和六面切割工艺。翻转工艺使材质更均匀。在切割时用钢丝和刀具对胚体进行六面切割,产品的槽口和外形可以同时成型，使外形尺寸更精确，制品表面也不会产生油污。

3.0.3 YTONG 的生产流程：

各种原料储备→原料加水混合搅拌→模具准备→板材的钢筋准备→注浆→发泡→翻转→脱模→边角切割→水平切割→垂直切割→成品入蒸压釜→高温高压养护→成品出蒸压釜→掰板分离及质量检验、包装→贮存→出货。

4 YTONG 砌块产品性能

4.1 YTONG 产品技术参数

伊通砌块、保温块的主要性能指标见表1。

主要性能指标　　　　　　　　　　　　　　　表1

项　目		B04	B05	B06
干密度（kg/m³）		≤425	≤525	≤625
抗压强度（MPa）		≥2.5	≥3.5	≥5.0
干燥收缩值（mm/m）	标准法	≤0.5	≤0.5	≤0.5
	快速法	≤0.8	≤0.8	≤0.8
导热系数[W/(m·K)]		≤0.11	≤0.13	≤0.15

注：伊通保温块仅有 B04 和 B05 两个级别。

4.2 YTONG 产品规格尺寸

产品规格尺寸见表2。

伊通砌块、保温块的常用规格尺寸（单位：mm）　　　表2

项目	密度级别	B04	B05	B06
规格尺寸	长度	600	600	600
	高度	250	250	250
	保温块厚度	30、40 50、60、75	30、40 50、60、75	—
	伊通砌块厚度	150、200、240 250、300	150、200、240 250、300	150、200、240 250、300

4.3 YTONG 产品特性

4.3.1 容重低

B05 级产品绝干容重小于 500kg/m³，为红砖的 1/3，混凝土的 1/4，在框架结构中应用，可有效降低建筑物的整体重量，大大提高建筑物总体抗震性。整体结构重量降低，其经济性是显而易见的。YTONG 产品先进的生产工艺及设备保证了其外形误差在±1.0mm

以内,加之其特有的榫槽设计和专用薄层胶粘剂,使砌体的整体性及强度利用率大幅度提高,达到其砌块本身强度的80%(多孔砖仅为30%~40%)。

4.3.2 保温、隔热性能

YTONG砌块内部的独立气孔设计使其内部空气不可流动,从而决定了其良好的保温隔热性及防火性,经检测,B05级产品导热系数≤0.13W/(m·K),240mm厚外墙加粉刷 K 值<0.6W/(m²·K),在一般框架结构住宅中完全可以抵消外墙面混凝土结构部分冷热桥所消耗掉的能源,从而满足国家关于外墙 K 值≤0.6W/(m²·K)的要求。同时,YTONG外墙自保温系统也是目前市场上唯一一种不需要增加其他任何保温措施即可满足夏热冬冷地区节能要求的外墙保温系统。YOTNG 10cm砌块的耐火极限达4h,因此在许多工程实例中被专门作为保温材料或者防火墙使用。

4.3.3 隔声性

YTONG砌块内部的封闭小孔使其同时也是一种良好的隔声材料,经同济大学声学研究院检测,240mm清水砌块墙计权隔声量达50dB以上。

4.3.4 抗渗性

YTONG砌块的抗渗性取决于其内部的独立小孔,其抗渗性能明显优于传统黏土砖,这种性能使它用在许多建筑外墙中。

以下技术参数是同济大学实验室人工模拟上海地区百年一遇的大风大雨连续作用得出的(表3)。

抗渗模拟结果　　　　　　表3

	处理方式	出现渗斑时间(h)
空心砖	1:1:6水泥砂浆砌筑灰缝10±2mm 内墙1:1:6灰砂浆粉面厚度10±2mm 外墙1:3水泥砂浆刮糙10mm厚 1:1:4灰浆粉面10mm厚 外粉刷20mm厚	18.25
YTONG150mm	专用胶粘剂砌筑3mm灰缝内墙1:1:6混合砂浆粉刷厚10mm+2mm	清水墙,聚合物水泥浆勾缝	9
		墙面喷有机硅乳液两道,聚合物水泥浆勾缝	168
		刮一道防水界面剂厚3mm,1:1:4混合砂浆厚10mm	48
		刮一道界面剂厚3mm,1:1:4混合砂浆厚10mm	34

5 YTONG砌块施工工艺

5.1 施工准备

根据工程实际情况,做好施工用水、用电等准备工作,提前做好道路交通运输、材料堆放、现场卸货等准备,施工机具、配套材料等应根据施工需要合理安排进场。

5.2 施工方法

5.2.1 砌块砌筑施工

(1) 测量放线

施工前应先按轴线尺寸标出底层填充墙的定位线，各楼层也应该按此标志标明墙体砌筑位置，所有定位线标明后应进行全面复检，若柱偏差大于规范值，则应对相关柱体进行凿平修整，无误后方可砌筑墙体。

(2) 砌块排块

为便于配料和减少施工中现场切割工作量，在施工前应进行排块设计。

1) 平面排块设计的基本块长仅为600mm一种规格。异形规格可与厂方协商后加工生产，或工地现场切割。

2) 砌块排列应上下错缝，搭接长度不宜小于被搭接砌块长度1/3，且最小搭接长度不得小于100mm。丁字形墙、L形墙上下皮砌块应相互咬合。

3) 在排块设计中宜避免宽度600mm以下（包括600mm）的窗间墙。当宽度小于或等于600mm时，可采用配套的L形铁件将砌块与混凝土柱连接，或设通长窗过梁（圈梁、连梁）与其拉结。

4) 排块时的灰缝尺寸：砌块应采用伊通专用粘结剂砌筑，其垂直灰缝和水平灰缝均应控制在2~3mm。厨房、卫生间、盥洗室等潮湿房间的砌块墙体应砌在高度不小于200mm的钢筋混凝土楼板的四周翻边上或相同高度的混凝土导墙上。

(3) 砌块砌筑

1) 砌筑前及砌筑过程中不得用水浇湿砌块，表面明显受潮也不得使用。

2) 砌块用台式切割机切割，切割面与铺水平胶粘剂的砌块表面应平整。

3) 胶粘剂应使用电动工具搅拌均匀，拌合量宜在4小时内用完为限。

4) 砌筑每楼层的第一皮砌块前，应先用水湿润基面，再施铺1:3水泥砂浆，并在砌块底面水平灰缝和侧面灰缝满涂胶粘剂进行砌筑。

5) 第二皮砌块的砌筑，必须待第一皮砌块水平灰缝的砌筑砂浆凝固后方能进行。

6) 每皮砌块砌筑前，宜先将下皮砌块表面（铺水平胶粘剂面）以磨砂板磨平并清理干净后方可施铺胶粘剂。

7) 砌上墙的砌块不应任意移动或受撞击。若需校正，应重新铺胶粘剂进行砌筑。

8) 墙体砌完后应及时检查表面平整度。不平整之处，应用钢齿磨板或磨砂板磨平，控制偏差值在允许范围内。

9) 砌块墙体与框架柱、排架柱或剪力墙体间宜留10mm到15mm宽的间隙，且每隔两皮砌块需打一个L形铁件或2φ6钢筋拉结，间隙内先嵌塞PE棒再填充PU发泡剂。

10) 砌块墙与框架梁或钢筋混凝土板间应留20mm左右宽的间隙，间隙内先嵌塞PE棒再填充PU发泡剂。

11) 砌块墙体的过梁应采用与砌块配套的专用过梁，也可用钢筋混凝土过梁。但钢筋混凝土过梁宽度宜比砌块墙两侧墙面各凹5~10mm。

12) 墙体修补及孔洞堵塞宜用专用修补材，也可用砌块碎屑拌以水泥、石灰膏及适量

建筑胶水进行修补，配合比为水泥∶石灰膏∶砌块碎屑＝1∶1∶3

13）当墙体高度大于 4m 且长度大于 5m 时，墙体顶部应用 L 形铁件与梁底或板底拉结；墙长大于 5m 或墙长超过层高 2 倍时，宜设钢筋混凝土构造柱；墙高大于 4m 时，墙体半高宜设置与柱连接且沿墙全长贯通的钢筋混凝土水平配筋带（详见 YTONG 砌块建筑构造图 2006 沪 J/T-105），也可做成钢筋混凝土圈梁。

5.2.2 门窗安装施工

（1）内墙厚度小于 20cm 时，门窗框应与砌入洞口两侧墙体上、中、下部位的预制混凝土块用铁件、射钉、尼龙锚栓或其他连接件固定，框与墙体间的孔隙用 PU 发泡剂充填。

（2）内墙厚等于或大于 20cm 时，门窗框与墙体连接处的砌块应采用 60cm 长的标准块。固定门窗框的尼龙锚栓或其他连接件位置宜在墙厚即该砌块的正中处，或离墙面水平距离不得小于 50mm。

5.2.3 管线铺设施工

（1）管线开槽应待墙体达到一定强度后方可进行。先弹线，后开槽。开槽时，应使用轻型电动切割机并辅以手工镂槽器，凿槽时与墙面夹角不得大于 45°，开槽深度不宜超过墙厚的 1/3。

（2）敷设管线后的槽应用 1∶3 聚合物水泥砂浆填实，宜比墙面微凹 2mm，再用胶粘剂补平，并沿槽长外贴宽度不小于 200mm 的玻璃纤维网格布加强。

5.2.4 装修装饰施工

说明：伊通内墙应尽量采用薄层批嵌做法，可节省人工和材料，同时能有效避免墙体表面起皮、开裂。

（1）装饰作业前，应检查墙体表面的平整度和垂直度，超过允许偏差值的部位应用钢齿磨板或磨砂板磨平并及时清理浮尘。

（2）墙体阳角 1.8m 高部位宜做每边 50mm 宽的 1∶3 水泥砂浆护角线或钉设金属塑料护角条及粘贴每边 100mm 宽的耐碱玻璃纤维网格布护角。

（3）墙面与构造柱、剪力墙、框架柱、混凝土梁交接处、批嵌时应粘贴耐碱玻璃纤维网格布，网格布网眼尺寸为 4mm×4mm，质量应大于 130g/m^2 的工业织物。

（4）涂料施工应在表面平整度符合要求的粉刷层、粉刷石膏层或批嵌完成后进行。涂料宜按底、面两遍要求施工。涂料主要技术性能指标应符合现行国家相关标准的规定。

（5）采用壁纸装饰时，其粘贴面应平整。

（6）墙面批嵌、粉刷及饰面砖施工宜在墙顶孔隙嵌填作业完成后 15d 后方可进行。

（7）外粉刷及饰面砖施工宜在屋面工程完成后进行。

（8）房屋顶部楼层（一般为房屋楼层数的 1/5～1/4）的内墙批嵌，粉刷及饰面砖施工宜在屋面保温层及至屋面工程完成后方可进行。

（9）批嵌施工应按底、面两道工序进行。先批底批涂，厚度 2～3mm，表面干固后，再批面批涂，厚度 1～2mm。伊通专用批涂按包装上的比例配比，用电动工具搅拌均匀制成胶泥状，用泥板涂抹。

（10）水泥砂浆粉刷施工前，墙面应先用界面剂进行处理。伊通专用界面剂用电动工具搅拌均匀制成胶泥状用泥板涂抹，厚度为2～3mm，涂抹5～10min内进行粉刷施工，粉刷施工应分层进行，总厚度宜为15～20mm，其材料宜用预拌砂浆、干粉砂浆或1∶1∶6水泥石灰混合砂浆、1∶3水泥砂浆。

(11) 内外墙的饰面砖施工均应采用满贴法。

(12) 粘贴饰面砖的基层或批嵌层或水泥类粉刷底层应平整、干净。当有防潮、防水要求者(如卫生间、厨房、外墙)还应满刷一道专用防水剂。防水界面剂应分两次施工，第一次施工完成表面干固后进行第二次施工，总厚度为2.5～3.5mm，第二次施工完成表面干固后方可粘贴面砖，粘贴时宜用陶瓷砖胶粘剂满涂在瓷砖背面，24h后应用嵌缝剂进行嵌缝作业。

(13) 饰面砖粘贴必须牢固，饰面砖的厚度宜小于或等于10mm。

(14) 花岗石、大理石外饰面板施工：花岗石、大理石外饰面板安装应用干挂法且按设计要求进行施工。饰面板的挂件必须与结构物或其附件勾挂牢固。厚度小于或等于10mm的花岗石、大理石外饰面板宜用满贴法施工，但粘贴高度不得大于8m，且不得超过两个楼层。

(15) 饰面板安装工程的预埋件(或后置埋件)、连接件数量、规格、位置，连接方法和防腐处理必须符合设计要求。后置埋件的现场拉拔强度必须符合设计要求。饰面板安装必须牢固。

(16) 湿作业法施工天然石材饰面板工程，应在安装前用防碱背涂进行背涂处理。

(17) 水泥粉刷与饰面工程验收应按现行国家标准《建筑装饰装修工程施工质量验收规范》GB 50210 执行。

5.2.5 施工机具设备

施工机具设备见表4。

拟投入的主要施工机械设备表　　　　　　　表4

序号	机械或设备名称	型号规格	数量	额定功率(kW)	备注
1	台式电动切割机		1台	7.5×3	
2	射钉枪		1把		
3	电焊机		1台	15×1	
4	水平尺		5把		
5	磨砂板		5把		
6	橡皮锤		5把		
7	刮勺		5把		
8	铝合金靠尺		5把		
9	吊线坠		5个		
10	打磨板		5把		
11	电动搅拌器		1台	0.75×1	
12	砂浆搅拌机		1台	3.0×1	

其他设备按工程需要添置。

5.2.6 质量保证措施

(1) 质量目标

我公司奉行"信守合同，科学管理，质量第一，顾客满意"的质量方针。在施工中建立质管组织，健全管理制度，落实质管措施。严格按照合同工期、施工图纸和规范要求监督施工，确保工程施工质量合格。

(2) 建立健全工程质量保证体系

本工程质量监督组织结构是甲方、监理部、施工项目部共同对本施工过程每一道工序进行监督检查，遇到问题及时采取有效补救措施，不留隐患。施工质量的保证，主要通过建立完善的施工组织管理机构、监控体系、岗位责任制及相应管理制度来实现。

1) 施工管理机构：项目经理部下设施工队（安全）、质检组、技术组、后勤。各层领导及技术人员加强对施工人员的技术指导，进行技术质量交底，通过严格组织管理提高施工人员积极性和责任心。

2) 施工监控体系：对施工各工序进行严格检查、控制，实行全面质量管理，施工中实行"三检制"：即班组长自检、现场质检员复检、专职质检员终检。

3) 岗位责任制：通过质量岗位责任制的建立，使质量管理与班组长、施工人员工资、奖金挂勾，对工程质量承担责任，建立必要的奖惩制度。

(3) 工程质量保证措施

由施工项目经理部管理人员组成质量监督组，由技术人员组成质量检查组，由班组人员组成自检互检组。

1) 跟班技术人员必须坚守施工现场，对各项施工参数随时进行检查，并进行签证负责。

2) 技术负责人负责施工质量检查验收签证和施工原始资料的收集整理。

3) 实行班组长和施工员、技术员双轨质量负责制。各班组认真做好记录，由班组长、跟班技术员签字后及时送交技术组验收汇总。

4) 定期向建设甲方、监理汇报工程施工情况，听取他们的意见，及时改正自己的工作。

5.2.7 安全生产和文明施工措施

(1) 安全生产措施

1) 认真贯彻"安全第一，预防为主"的方针。以国家安全生产法规、条例、决定为基础，按照主管部门的安全生产管理目标和要求，实行条块结合，分级管理的原则，把确保施工安全放在首位。制定周密的防范措施，确保施工生产安全，把该工程建成"安全生产、文明施工"的标准化示范工地。

2) 加强安全生产宣传教育，提高安全生产意识。结合本工程编制安全防护手册发给全体职工。上岗前重点进行以下四个方面的安全保卫教育：违章违纪安全教育、主人翁责任感和安全第一的教育、本职工作安全基本知识和技能的教育、遵守规章制度和岗位标准化作业的教育，并进行安全操作的考试和考核。

3) 建立健全安全生产保障体系，项目部设安全保卫科，实行安全岗位责任制，做到奖惩分明，把安全生产纳入竞争机制和承包内容。逐级签订安全生产合同，明确分工，责任到人。

4) 在施工现场悬挂有关施工安全标语,设立醒目警示牌,施工人员上岗时必须戴安全帽。

(2) 文明施工措施

1) 在抓工程进度、质量与安全的同时,把文明施工提到施工管理的角度来抓。

2) 建立功能齐全,标准化、规范化的项目经理部和职工生活临时设施,丰富职工的业余文化生活。

3) 建立严格的作息制度,制定专门的办公室、食堂、宿舍和工地现场的卫生制度。保持项目部、生活区和施工现场的环境卫生。

4) 改善职工生活,工地成立生活领导小组,饭菜花样多,质量好,价格合理并讲究卫生。要经常组织卫生检查,加强对疾病的预防,注重职工的劳逸结合,确保职工有一个良好的生活和休息环境。

5) 施工现场按总体布置要求建造,材料工具堆放整齐,减少对环境危害,确保施工场地整洁文明。

6) 材料运输、场地占用坚持礼让三先,树立良好企业形象。

7) 加强职工思想、纪律教育,杜绝偷盗、打架等治安事件发生。

8) 支护结构上部部位应有醒目的警告标记,避免人员坠落,发生人身事故。

9) 在工地上配备急救箱,内备适当药品。

6 经 济 分 析

投资建筑物的消耗与收益并不是在某一时刻产生的,而是分配于全寿命周期过程中。其中使用阶段的长期运行费用占到总费用的80%。根据德国经验,一幢没有采取节能优化措施的建筑物可以比一幢按照现代化标准建造的建筑物的能源需求高出10倍,而根据不同的能源价格及走势,5~7年后就可以通过节约能源成本收回由于采取节能措施而增加的额外成本。

长兴五丰福地为三层混凝土框架结构别墅项目,外墙填充墙(不包括门窗)面积约494m²,梁柱面积约238m²,建筑平均混凝土墙比约0.5。该项目设计采用240mm厚B05伊通砌块,梁柱部分未采取特殊保温。按照传统设计,也可采用黏土多孔砖或混凝土多孔砖外贴保温板或保温砂浆的做法,相应的保温计算见表5。

保 温 计 算　　　　　　　　　表5

填充墙部分	梁柱部分外加保温材料	K	D
240mm厚B05伊通砌块	无	1.47	4.16
240mm厚黏土多孔砖+20mm厚EPS保温板	20mm厚EPS保温板	1.10	3.70
240mm厚黏土多孔砖+25mm厚聚苯颗粒保温砂浆	25mm厚聚苯颗粒保温砂浆	1.20	3.67
240mm厚混凝土多孔砖+25mm厚聚苯颗粒保温砂浆	25mm厚聚苯颗粒保温砂浆	1.27	3.03

墙体平均价格和外墙总价比较见表6。

平均价与总价比 表6

墙体方案	平均单价（元/m²）	外墙总价（元）	造价增减
240mm厚B05伊通砌块	94.5	69989.9	0
240mm厚黏土多孔砖+20mm厚EPS保温板	110.9	81662.1	+16.7%
240mm厚黏土多孔砖+25mm厚聚苯颗粒保温砂浆	110.9	81662.1	+16.7%
240mm厚混凝土多孔砖+25mm厚聚苯颗粒保温砂浆	106.6	78456.1	+12.1%

7 伊通产品部分工程实例

工程实例见表7。

工程实例 表7

项目名称	项目性质	使用量（m³）	使用部位
东方润园	住宅	30000	内外墙
开元名都	酒店	10000	内外墙
星都嘉苑	住宅	3000	内外墙
湖滨特色区	住宅	10000	内外墙
坤和 山水人家	住宅	2500	内外墙
坤和 和家园	住宅	15000	内外墙
新湖 香格里拉	住宅	10000	内外墙
通和 南岸花城	住宅	4000	内墙
万科 金色城品	住宅	3500	内外墙
万科 魅力之城	住宅	8000	内外墙
金色家园	住宅	3500	内外墙
金都华府	住宅	13000	内外墙
邵逸夫医院	医院	4000	内外墙
锦绣天地	住宅	2500	内外墙
金色海岸	住宅	2000	内墙
文鼎苑	住宅	5500	内外墙

特拉块(烧结页岩空心砌块)砌体施工工法

浙江特拉建材有限公司
于献青　吴三群　章宝荣

1 前　言

1.1　为了贯彻执行国家节约能源、保护土地资源和发展新型墙体材料的政策,促进特拉块(烧结页岩空心砌块)在施工中科学使用,确保工程质量,特编制本施工工法。

1.2　本施工工法适用于用特拉块(烧结页岩空心砌块)砌筑的各类非承重填充墙砌体的施工质量控制和验收。

1.3　特拉块(烧结页岩空心砌块)除按本施工工法进行施工和验收外,尚应符合现行国家标准《建筑工程施工质量验收统一标准》GB 50300、《砌体工程施工质量验收规范》GB 50203 的要求。

2　工艺原理及特点

2.1　特拉块

2.1.1　特拉块规格:
特拉块的构造和孔形见图 1。规格、尺寸详见附录 B。

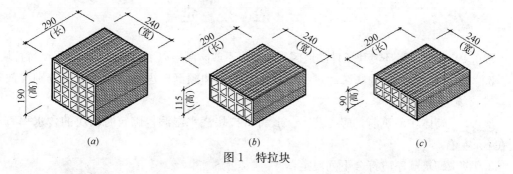

图 1　特拉块

2.1.2　特拉块的技术性能指标:
(1) 特拉块的强度等级:MU3.5、MU5;
(2) 特拉块的尺寸偏差、外观质量、吸水率、泛霜、石灰爆裂、抗风化等指标均达到现行国家标准《烧结空心砖和空心砌块》GB 13545 的规定,孔洞排列及结构符合企标Q/ZTR

001—2007 的规定。

2.1.3 特拉块以 3.5 万块为一验收批,特拉块在施工前应按规定进行尺寸偏差、外观质量、强度检验。检验方法:按《砌墙砖试验方法》GB/T 2542、《砌墙砖检验规则》JC/T 466 的有关规定进行检验。

2.2 砂浆

2.2.1 砌筑用砂浆按设计规定选用,设计无要求时宜选用不低于 M5 的混合砂浆,有防水要求时应采用水泥砂浆。

2.2.2 凡在砂浆中掺入有机塑化剂、早强剂、缓凝剂、防冻剂等,应经检验和试配,符合要求后,方可使用。有机塑化剂应有砌体强度的型式检验报告。

2.2.3 每一检验批且不超过 250m^3 砌体的各种类型及强度等级的砌筑砂浆,每台搅拌机应至少抽检一次。

2.3 其他辅助材料

2.3.1 热镀锌钢丝网网格宜不大于 20mm×20mm,钢丝网的丝径不应小于 0.9mm。

2.3.2 耐碱玻璃纤维网格布的主要技术指标,除符合《耐碱玻璃纤维网格布》JC/T 841 的要求外,还应符合表 1 的要求。

耐碱玻璃纤维网格布的主要技术指标　　　　　　表 1

项　目	技术指标	测试方法
单位面积质量(g/m^2)	≥130	参照《外墙外保温工程技术规程》JGJ 144
耐碱断裂强力(经、纬向)(N/50mm)	≥750	
耐碱断裂强力保留率(经、纬向)(%)	≥50	

2.3.3 安装门窗用的锚栓、建筑密封胶、发泡结构胶等材料的质量应符合相关产品标准要求。

3 一 般 规 定

3.0.1 在有冻胀环境和条件的地区,地面以下或防潮层以下的砌体,不宜采用特拉块。

3.0.2 特拉块在运输、装卸过程中,严禁抛掷和倾倒,进场后应按规格分别堆放整齐,堆放场地应平整。

3.0.3 砌体在砌筑前,应提前 1~2h 将特拉块浇水湿润,砌筑时砌块的含水率宜控制在 8% 左右。

3.0.4 砌筑顺序应符合下列规定:
(1)基底标高不同时,应从低处砌起,并由高处向低处搭砌;
(2)砌体的转角和交接处同时砌筑。当不能同时砌筑时,应按规定留槎、接槎。

3.0.5 在墙上留置临时施工洞口,其侧边离交接处墙面不应小于 500mm,洞口净宽度不应超过 1m。

3.0.6 砌体不宜留设脚手眼,如必须设置时,下列部位不应设置:
(1) 120mm 厚墙体、独立砌体柱;
(2) 过梁上与过梁成 60°角的三角形范围及过梁净跨度 1/2 的高度范围内;
(3) 宽度小于 1m 的窗间墙;
(4) 砌体门窗洞口两侧 200mm 和转角处 450mm 范围内;
(5) 过梁或圈梁下 500mm 范围内;
(6) 设计不允许设置脚手眼的部位。

3.0.7 施工脚手眼补砌时,不得用砖干填。

3.0.8 设计要求留设的洞口、管道、沟槽应在砌筑时正确留出或预埋,未经设计同意,不得打凿墙体和在墙上开凿深度超过半墙厚、长度超过 1/2 墙长的水平沟槽。宽度超过 300mm 的洞口上部,应设置过梁。

3.0.9 砌体每日内砌筑的高度不得超过 1.8m;雨天施工时,不宜超过 1.2m。

3.0.10 搁置预制过梁的砌体表面应找平,安装时应坐浆,当设计无具体要求时,宜采用 1:2.5 的水泥砂浆。

3.0.11 砌体施工质量控制等级应分为三级,并应符合表 2 的规定。

砌体施工质量控制等级   表 2

项目	施工质量控制等级		
	A	B	C
现场质量管理	制度健全,并严格执行;非施工方质量监督人员经常到现场,或现场设有常驻代表;施工方有在岗专业技术管理人员,人员齐全,并持证上岗	制度基本健全,并能执行;非施工方质量监督人员间断地到现场进行质量控制;施工方有在岗专业技术管理人员,并持证上岗	有制度;非施工方质量监督人员很少作现场质量控制;施工方有在岗专业技术管理人员
砂浆、混凝土强度	试块按规定制作,强度满足验收规定,离散性小	试块按规定制作,强度满足验收规定,离散性较小	试块强度满足验收规定,离散性大
砂浆拌合方式	机械拌合;配合比计量控制严格	机械拌合;配合比计量控制一般	机械或人工拌合;配合比计量控制较差
砌筑工人	中级工以上,其中高级工不少于 20%	高、中级工不少于 70%	初级工以上

3.0.12 设置在潮湿环境或有化学侵蚀性介质的环境中的砌体灰缝内的钢筋应采取防腐措施。

3.0.13 砌筑时,不得对特拉块进行砍凿。

3.0.14 砌体冬期施工应按《砌体工程施工质量验收规范》GB 50203 中"冬期施工"的规定执行,宜将砂浆强度等级按常温施工的强度等级提高一级。

3.0.15 砌体施工时,楼面堆载不得超过楼板的允许荷载值。

4 构 造 措 施

4.1 墙、柱的高厚比

墙、柱的高厚比根据《砌体结构设计规范》GB 50003 中第 6.1.1 条的规定,按自承重烧结空心墙类砌体进行验算。

4.2 一般构造要求

4.2.1 特拉块砌体应分别采取措施与周边构件可靠连接。应沿砌体高度每500～600mm设置2φ6拉结筋（或L形铁件），拉结筋伸入砌体的长度不小于1000mm。

4.2.2 预制过梁在砌体上的搁置长度应大于240mm。

4.2.3 砌块应分皮错缝搭砌，上下皮搭砌长度不得小于70mm。当搭砌长度不满足时，应在水平灰缝内设置不少于2φ4的焊接钢筋网片（横向钢筋的间距不宜大于200mm），网片每端均应超过该垂直缝，其长度不得小于300mm。

4.2.4 砌块墙与后砌墙交接处，应沿墙高每500mm，在水平灰缝内设置不少于2φ4，横筋间距不大于200mm焊接钢筋网片。

4.2.5 砌体在施工临时洞口上部应设置钢筋混凝土过梁，过梁宽同墙体，高不小于120mm，配筋不小于4φ12/φ6@200，混凝土等级为C20以上。洞口两侧沿墙高每500mm设2φ6拉结筋一道，伸入两侧墙体的长度不小于500mm。

4.2.6 当空心砌块墙长度大于5m时，应在墙中间或每隔5m设一构造柱，构造柱宽度不小于240mm，配筋不小于4φ10/φ6@200。

4.2.7 当墙净高大于4m时，应在墙中部设现浇混凝土圈梁，圈梁高度不小于120mm，配筋不小于4φ10/φ6@300。

4.3 预防墙体开裂的主要措施

4.3.1 特拉块砌体转角处和纵横墙交接处宜沿竖向每隔500～600mm设拉结钢筋，其数量为120mm墙厚不少于1φ6或焊接钢筋网片，埋入墙内长度从墙的转角或交接处算起，每边不小于600mm。

4.3.2 女儿墙应设构造柱，构造柱间距不宜大于4m，构造柱应伸至女儿墙顶与现浇钢筋混凝土压顶梁整浇在一起。

4.3.3 在墙体装饰抹灰时，宜在墙体不同材料交接缝处设置热镀锌钢丝网片或耐碱玻纤网格布，网片宽300mm，宜设置在砂浆层中部。

5 施 工

5.1 组砌方法

5.1.1 特拉块一般采用水平砌筑，孔洞呈水平方向，砌块大面朝下，允许少量砌块侧砌，如特殊部位需少量垂直砌筑，应在砌块孔洞内填满砂浆。

5.1.2 砌体内外墙和转角处应同时砌筑，严禁内外墙分砌施工，对不能同时砌筑而又必须留置的临时间断处，应砌成斜槎，斜槎水平投影长度与高度比控制在2/3左右，临时间断处实在不能留斜槎时，除转角外，可留直槎，但必须留置凸槎，并加设拉结筋。拉结筋数量按每120mm厚墙体设置1φ6，沿墙高每500～600mm设置一道拉结筋，其长度为非抗震地区每侧伸入墙内不少于500mm；抗震地区每侧伸入墙内不少于1000mm。

5.1.3 特拉砌体上下皮垂直灰缝宜相互错开，搭接长度不应小于70mm；水平灰缝厚度宜为8～12mm，竖向灰缝宽度宜为8～10mm。

5.1.4 在砌筑时，可采用铺浆法砌筑，铺浆长度不得超过700mm；施工期间最高气温高于30℃时，铺浆长度不得超过500mm。

砌体的竖向灰缝一般采用挂灰挤灰法砌筑，不得采用灌灰法砌筑，禁止采用水冲灌灰法砌筑。

5.1.5 门窗洞口应采用特拉块砌筑，并进行灌浆，满足门窗框固定要求。如何安装见安装图集。

5.2 墙与门窗樘连接

5.2.1 门窗洞口应采取墙体砌筑时预留门、窗洞口的做法，然后再安装门框、窗框。

5.2.2 普通门窗框安装，可先用轻型手提电钻在洞口标定位置钻孔，将鱼尾式塑料膨胀螺栓套打入孔内，再用相应长的螺钉对准膨胀螺栓套将门窗框固定在洞口上。门、窗框与墙之间的间隙应用发泡结构胶封实。

5.2.3 特殊门、窗，可用鱼尾式塑料螺栓与发泡结构胶结合固定。

5.2.4 塑钢、铝合金门窗，宜用尼龙锚栓或射钉枪固定。门窗框与初装后的墙面结合部位应用建筑密封胶密封。

5.3 墙体暗敷管线及装饰

5.3.1 墙体中的暗敷管线，应在砌体达到70%强度后再进行。管线槽开槽时，应先在准备敷管线的位置弹好墨线，再用轻型电动切割机（或专门的开槽机开槽），用凿子沿开缝处轻轻将槽踢出。槽不能过大过深（满足使用要求为准），一般控制在砌块的一个水平孔洞内，若需过大过深的敷线槽时，则按构造要求，作加强处理。

5.3.2 管线槽在敷设管线后，应尽快用水泥砂浆填塞，填塞高度略比墙面凹2～3mm为宜，然后用胶粘剂沿槽长粘贴增强玻璃纤维网格布。网格布的宽度以200mm为宜，粘贴时以线槽的两边边线为准向外各延伸100mm。

5.3.3 采用特拉砌块砌筑的墙体需要设置各类锚栓时，宜选用慧鱼建筑锚固产品系列，按表3、表4选用。安装方法见图集。

5.3.4 单点吊挂力设计荷载大于0.5kN时，应在砌体砌筑时埋入带有铁预埋件的混凝土预制块。

通用锚栓（UX） 表3

锚栓型号	UX6×50	UX8×50	UX10×60	UX12×70
木螺钉直径（mm）	5	5	8	10
设计荷载（kN）	0.28	0.28	0.28	0.42
平均破坏荷载（kN）	0.9	1.0	1.4	2.1

超级安全锚栓(SX)　　　　表 4

锚栓型号	SX6×30	SX8×65	SX10×50	SX12×60
木螺钉直径(mm)	5	6	8	10
设计荷载(kN)	0.10	0.24	0.24	0.36
平均破坏荷载(kN)	0.50	1.20	1.20	1.80

5.3.5　外墙面采用(干挂)幕墙饰面时，应在混凝土框架梁、柱内或在混凝土过梁、圈梁、构造柱内，按设计要求预埋铁件，预埋铁件与幕墙主龙骨焊接固定，如必须在特拉块墙上设置幕墙龙骨的固定点时，应由设计者确定；一般应在固定点位置的外墙上设混凝土圈梁或构造柱，也可在砌筑时埋入带有铁预埋件的混凝土预制块，在混凝土预制块上下各 2 皮砌块灰缝内，沿墙长各埋入 2φ6 拉结钢筋，灰缝应用水泥砂浆填墙，其强度等级不应小于 M10。

5.3.6　装饰及水电设施、其他设施操作方法，同一般烧结砖墙。

6　建筑节能

6.0.1　特拉块作节能建筑使用时，根据浙江省标准《居住建筑节能设计标准》DB 33/1015—2003、《夏热冬冷地区居住建筑节能设计标准》JGJ 134—2001、《公共建筑节能设计标准》GB 50189—2005 的要求进行设计。

6.0.2　采用特拉块作外墙自保温材料，墙体的热阻和传热系数可按表 5 选用。

墙体热工性能　　　　表 5

砌块规格(mm) (长×宽×高)	墙体厚(mm) (含 20mm 粉刷)	墙体热阻 [(m²·K)/W]	作外墙时的传热系数 [W/(m²·K)]	作内墙时的传热系数 [W/(m²·K)]
290×240×190	260	0.619	1.30	1.19
290×240×115	260	0.637	1.27	1.17
290×240×90	260	0.623	1.29	1.19

6.0.3　对钢筋混凝土圈梁、过梁、构造柱、楼板等部位，应根据设计计算要求作保温处理，避免产生热桥、冷桥。

7　验　收

7.1　验收要求

特拉块(烧结页岩空心砌块)砌体除按本工法的要求进行验收外，尚应符合现行国家标准《建筑工程施工质量验收统一标准》GB 50300—2001、《砌体工程施工质量验收规范》GB 50203—2002 的要求。

7.2　主控项目

7.2.1　特拉块和砌筑砂浆的强度等级应符合设计要求。

检验方法：检查砌块的产品合格证书、产品性能检测报告和砂浆试块检验报告。

7.2.2 砌体的转角处和交接处应同时砌筑,严禁无可靠措施的内外墙分砌施工,对不能同时砌筑而又必须留置的临时间断处应砌成斜槎,斜槎水平投影长度不应小于高度的2/3。

抽检数量:每检验批抽检不应少于5处,少于5处全检。

检验方法:观察检查。

7.3 一般项目

7.3.1 砌体一般尺寸的允许偏差应符合表6的规定。

砌体一般尺寸允许偏差 表6

项次	项　　目		允许偏差(mm)	检 验 方 法
1	轴线位移		10	用尺检查
	垂直度	小于或等于3m	5	用2m托线板或吊线、尺量检查
		大于3m	10	
2	表面平整度		8	用2m靠尺和楔形塞尺检查
3	门窗洞口高、宽(后塞口)		±5	用尺检查
4	外墙上、下窗口偏移		20	用经纬仪或吊线检查

抽检数量:

(1) 对表中第1、2项,在检验批的标准间中随机抽查10%且不应少于3间;大面积房间和楼道按2个轴线或每10延长米为一个标准间计算,每间检验不应少于3处。

(2) 对表中第3、4项,在检验批中抽检10%,且不应少于5处。

7.3.2 砌体中预埋块的数量、位置应准确。

抽检数量:每个检验批抽检不应少于5处。

检验方法:观察、尺量检查。

7.3.3 砌体的砂浆饱满度及检验方法应符合表7的规定。

填充墙砌体的砂浆饱满度及检验方法 表7

砌体分类	灰缝	饱满度及要求	检验方法
特拉块砌体	水平	≥80%	采用百格网检查块材底面砂浆的粘结痕迹面积
	竖向	填满砂浆,不得有透明缝、瞎缝、假缝	

抽检数量:每步架子不少于3处,且每处不应少于3块。

7.3.4 砌体留置的拉结钢筋或钢筋网片的位置应与块体皮数相符合。拉结钢筋或钢筋网片应置于灰缝中,埋置长度应符合设计要求,竖向位置偏差不应超过一皮高度。

抽检数量:每个检验批中抽检20%,且不应少于5处。

检验方法:观察、尺量检查。

7.3.5 砌体砌筑时应错缝搭砌,搭砌长度不应小于70mm;竖向通缝不应大于2皮。

抽检数量:在检验批的标准间中抽查10%,且不应少于3间。

检查方法:观察和用尺量检查。

7.3.6 砌体灰缝的厚度和宽度应符合要求。

抽检数量:在检验批的标准间中抽查10%,且不应少于3间。

检查方法：用尺量 5 皮砌块的高度或 2m 砌体长度折算。

7.3.7 砌体砌至接近梁、板底时，应留一定孔隙，待砌体砌筑完并至少间隔 7d 后，再将其补砌挤紧。

抽检数量：每验收批抽 10％填充墙片（每两柱间的填充墙为一墙片），且不应少于 3 片墙。

检验方法：观察检查。

附录 A 特拉块工程检验批质量验收记录

为统一特拉块砌体工程检验批质量验收记录用表，特编制附表"特拉块砌体工程检验批质量验收记录"（附表1）。

特拉块砌体工程检验批质量验收记录　　　　　　　附表 1

工程名称					分项工程名称		项目经理	
施工单位					验收部位			
施工执行标准名称及编号							专业工长（施工员）	
分包单位					分包项目经理		施工班组长	
		质量验收规范的规定			施工单位自检记录		监理（建设）单位验收记录	
主控项目	1	块材强度等级	设计要求					
	2	砂浆强度等级	设计要求					
	3	斜槎留置	第 7.2.2 条					
一般项目	1	轴线位移	≤10mm					
	2	垂直度（每层）	≤3m	≤5mm				
			>3m	≤10mm				
	3	砂浆饱满度	≥80％		％　％　％　％　％		％　％　％　％　％	
	4	表面平整度	≤8mm					
	5	门窗洞口	±5mm					
	6	窗口偏移	20mm					
	7	预埋块	第 7.3.2 条					
	8	拉结钢筋	第 7.3.4 条					
	9	搭砌长度	第 7.3.5 条					
	10	灰缝厚度	第 7.3.6 条					
	11	梁底砌法	第 7.3.7 条					
		施工操作依据						
		质量检查记录						
施工单位检查结果评定	项目专业质量检查员：			项目专业技术负责人：			年 月 日	
监理（建设）单位验收结论	专业监理工程师：（建设单位项目专业技术负责人）						年 月 日	

注：本表由施工项目专业质量检查员填写，专业监理工程师（建设单位项目技术负责人）组织项目专业质量（技术）负责人等进行验收。

附录 B 特拉块的规格尺寸和块型

(1) 特拉块的规格尺寸和块型可按附表2确定。

特拉块的规格尺寸和块型   附表2

产品系列	块型及尺寸标注	备注
T01	290×240×190；240×240×190；240×190×190；140×240×190	用于240mm墙体和190mm墙体
T02	290×240×115；240×240×115；240×140×115；115×240×115	用于240mm墙体和120mm墙体
T03	290×240×90；240×240×90；190×240×90；140(90)×240×90	用于240mm墙体、180mm墙体和90mm墙体

(2) 其他规格尺寸由供需双方协商确定。

附录 C 烧结页岩空心砌块组砌方式

(1) 基本砌筑方式(附图1)。

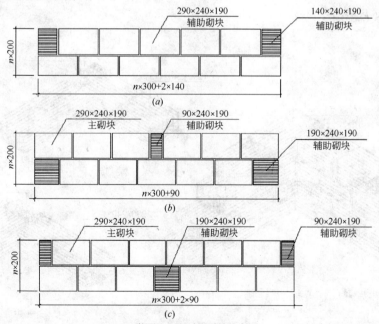

附图1 基本砌筑形式

(a)适用墙宽 $n×300$mm、墙高 $n×200$mm；(b)适用墙宽 $n×300$mm$+2×190$mm、墙高 $n×200$mm；
(c)适用墙宽 $n×300$mm$+190$mm、墙高 $n×200$mm

(2) 标准墙片砌筑方式(附图2)。

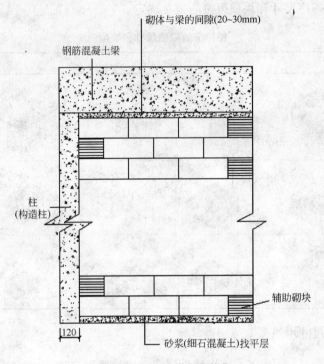

附图2　标准墙片砌筑形式

(3) 节点大样附图3。

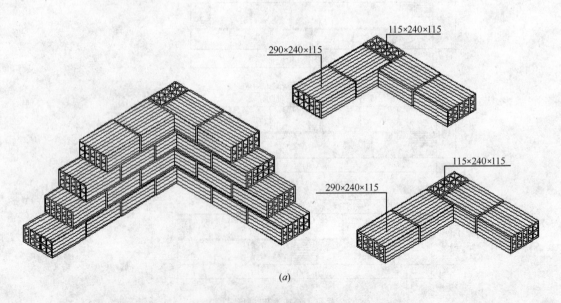

(a)

附图3　节点大样(一)

(a)240mm墙转角节点

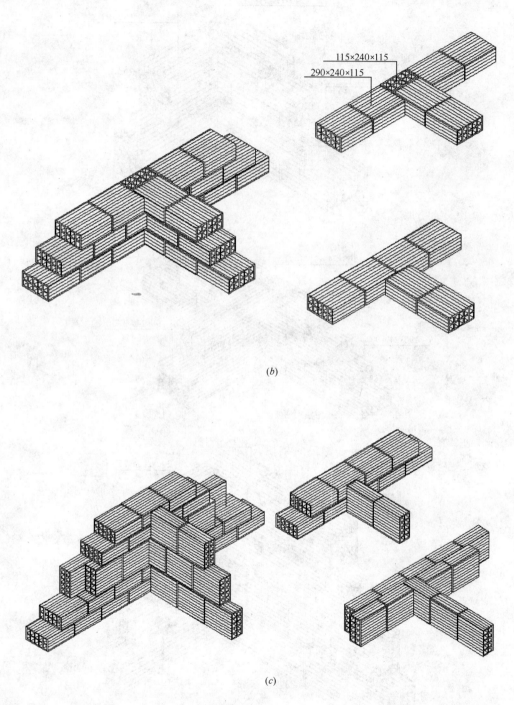

附图3 节点大样(二)

(b)240mm丁字墙节点；(c)240mm墙与120(100)mm墙丁字节点图

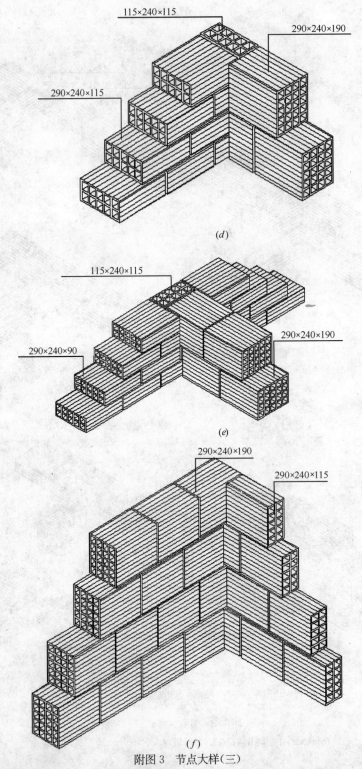

附图3 节点大样(三)

(d)240mm墙与190(200)mm墙转角节点；(e)240mm墙与190(200)mm墙丁字节点；
(f)190(200)mm墙与120(100)mm墙转角墙图

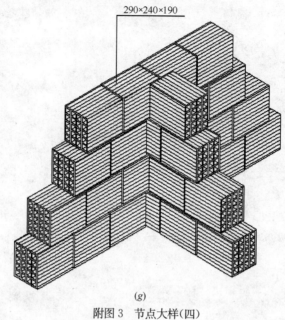

(g)

附图3 节点大样(四)

(g)190(200)mm丁字墙

第四篇
建筑节能技术研究及应用

建筑外墙外保温系统的防火安全

季广其

(中国建筑科学研究院建筑防火研究所，北京 100013)

摘 要：本文从外保温体系防火安全性问题出发，研究了保温材料的燃料性能与试验评定、体系的防火安全性能试验与评价方法、外墙外保温体系的模型火试验、外保温体系构造与试验结果分析等四大问题。本文对外墙外保温防火方面有很重要的指导作用。

关键词：外保温体系 防火安全 防火性能 燃烧性能 燃烧等级评价 模型火试验

1 外保温体系的防火安全性要点

1.1 外保温体系防火安全性问题的起因

外保温体系的主要功能是保温隔热，其核心材料是保温隔热材料。用于建筑外墙的保温材料主要包括三大类：一类是以矿物棉和玻璃棉为主的无机保温材料，通常认定为不燃性材料；一类是以胶粉聚苯颗粒保温浆料为主的有机无机复合保温材料，通常认定为难燃性材料；另一类是高分子发泡材料。

在我国目前的技术条件下，具有高效保温隔热功能的高分子发泡材料主要有聚苯乙烯、聚氨酯、酚醛、聚乙烯等，其中，聚苯乙烯和聚氨酯发泡材料在建筑中的使用最为普遍。作为墙体的保温隔热材料，未进行阻燃处理的普通聚苯乙烯和聚氨酯发泡材料被划定为易燃材料，阻燃的聚苯乙烯和聚氨酯发泡材料可达到可燃或难燃的等级，而保温隔热层的抹面砂浆一般为不燃性材料。

由于高分子发泡材料具有引发火灾的危险性，因此外保温体系的防火安全性能已成为备受各方关注的安全问题。在工程实际中，由可燃的外墙外保温材料导致火灾案例比比皆是。例如，2003年9月，北京某施工现场火灾(图1)；2004年4月，北京某大厦建筑工地由于作业时电焊的火星溅到了楼架底层的苯板上，引燃苯板所致发生的火灾；2005年12月，上海天价楼盘某建筑工地内，因工人施工时违章切割产生的火花引燃挤塑聚苯板导致的火灾(图2)；2007年5月9日，沈阳某居民楼东山墙下堆放的可燃物将东山墙的聚苯板薄抹灰外墙外保温点燃，整个山墙由下至上全部烧毁(图3)；2006年5月31日，江苏某外墙装饰材料与墙壁之间的保温材料遇火燃烧，大火迅速蔓延至整个20层的外墙墙面引起的火灾(图4)；2007年4月，北京某著名工地聚苯板薄抹灰做法上墙后发生的火灾(图5)；2007年5月12日，济南某工地发生的火灾现场，外墙采用的是挤塑板薄抹灰外墙外保温系统(图6)。

图1 东直门当代万国城火灾现场

图2 上海某建筑工地火灾现场　　　　图3 沈阳某建筑火灾现场

图4 江苏某建筑工地火灾现场

图 5　北京某著名建筑工地火灾现场

图 6　济南某建筑工地火灾现场

1.2　影响外保温体系防火安全性能的要素

外保温体系的防火安全性能是以可燃材料的存在为前提的。影响外保温体系防火安全性能的要素包括体系的构成材料及构造方式。

(1) 外保温体系层面构造材料包括：保温层材料、保护层或面层材料、固结材料等。

一般来讲，体系中具有足够燃烧能力的材料主要是保温层材料，保温层材料的燃烧性能是影响体系防火安全性能的基本条件。

(2) 外保温体系的构造方式是影响整个体系防火安全性能的关键。体系的构造包括：保护层或面层的厚度、粘结或固定方式(有无空腔)、防火隔断(分仓)的构造等。

保护层：抹面砂浆厚度和质量稳定性，决定体系层面构造的抗火能力。

空腔构造：空腔构造的存在可能为体系中保温材料的燃烧及火焰的蔓延提供充足的氧。

防火隔断：体系的防火隔断构造或分仓构造的存在，能够有效地阻止火焰的蔓延。

只有保温隔热层与抹面砂浆整体的对火反应性能良好，体系的构造方式合理，才能保证建筑外保温体系的防火安全性能满足要求。如何使外保温体系的整体对火反应性能满足要求，对工程应用才具有广泛的实际意义。

1.3 建筑外保温体系的防火性能要求

建筑外保温体系是否具有防火安全性，应考虑以下两个方面的问题：

(1) 点火性：在有火源或火种的条件下，体系是否能够被点燃或引起燃烧的产生，体系自身的燃烧性能要求。

(2) 传播性：当有燃烧或火灾时，体系是否具有传播火焰的能力，体系对外部火源攻击的抵抗能力或抗火性能要求。

对外保温体系的防火安全性能要求，具体体现在对高分子发泡材料的燃烧性能要求和对体系构造的抗火能力要求两个方面。

聚苯乙烯和聚氨酯硬质泡沫是目前普遍采用的保温材料，也是影响外保温体系防火安全性能的关键因素。那么，聚苯乙烯和聚氨酯硬质泡沫材料的阻燃性能达到何等程度才能保证整个体系的防火安全？是否需要在现有的技术条件下过多地提高聚苯乙烯和聚氨酯硬质泡沫的阻燃性指标？过高地要求其阻燃性能是否现实合理？

我们认为，目前的技术水平还不能对广泛使用的有机墙体保温材料的燃烧性能提出高于现有相关标准的技术指标。应弱化保温材料的燃烧性能等级在人们传统意识中的重要性地位，强调体系的整体防火安全性。很显然，提高保温体系的抗火能力才是我们的最终目的。因此，摆在我们面前的重要工作是，如何采取有效的防火构造措施提高外保温体系的整体抗火能力。

2 保温材料的燃烧性能与试验评定

对于我们目前广泛采用的聚苯乙烯和聚氨酯硬质泡沫，其燃烧特征具有特殊性：

聚苯乙烯泡沫 $\xrightarrow{\text{受火后}}$ 收缩、熔化、燃烧。

聚氨酯泡沫 $\xrightarrow{\text{受火后}}$ 燃烧、炭化。

2.1 聚苯乙烯泡沫的受火状态

聚苯乙烯泡沫材料是热塑性高分子保温隔热材料，导热系数 $0.041\text{W}/(\text{m}\cdot\text{K})$。当受热时，通常发生软化和熔化。聚苯板的热变形温度仅为 $70\sim98℃$，差异取决于选用配方和后处理方法，玻璃化温度为 $100℃$。聚苯乙烯全部由碳氢元素组成，本质上极易燃烧，未经阻燃处理，氧指数仅为 18%；燃烧的热释放量较大，同时生烟量也较大，受火后收缩、熔化，导致外保温系统内产生空腔，轰然状态下燃烧剧烈，燃烧的滴落物具有引燃性。

2.2 聚氨酯硬质泡沫的受火状态

聚氨酯硬质泡沫是一种高分子热固性保温隔热材料，导热系数 0.024W/(m·K)，在所有外墙用有机保温材料中是最优的。聚氨酯一般在202℃以下不会分解。热固性材料在受热时通常分解出易燃气体，受火后形成具有一定的阻止火焰传播能力的炭化层，炭化程度取决于配方。聚氨酯泡沫本质上属于高度易燃材料，未做阻燃处理时氧指数仅为16.5%。用 ASTM D1929 测定聚氨酯泡沫的点燃温度为强制点燃温度310℃，自燃温度415℃。聚氨酯硬质泡沫是多孔材料，生成的保温层表面与其内部发泡体的密度不同，表面层较为密实，表层内才是有效保温的多孔发泡体。在试验条件下，由于聚氨酯硬质泡沫内部发泡体本身的厚度较薄，切开后暴露在空气中的表面积相对较大，与密实材料相比，在受火状态下更容易分解并燃烧，其点火性能较差。

2.3 保温材料的燃烧性能技术要求

2.3.1 材料的燃烧性能分级

材料的燃烧性能分级是涵盖在完整的分级体系中的。一个完整的分级体系包括分级标准、设计规范、施工及验收规范等。

表1为《建筑材料燃烧性能分级方法》GB 8624—1997 中与外墙外保温系统相关的材料分级要求。

GB 8624—1997 相应的燃烧性能技术要求 表1

分级规定	级别	试验方法	判定条件
一般规定	A级匀质材料	GB/T 5464	炉内平均温升 $\Delta T \leqslant 50℃$ 试样平均持续燃烧时间 $t_f \leqslant 20s$ 试样平均质量损失率 $\Delta m \leqslant 50\%$
	A级复合(夹芯)材料	GB/T 8625	燃烧剩余长度：平均值$\geqslant 35cm$；单项值$> 20cm$ 平均烟气温度：$\leqslant 125℃$ 试件背面无任何燃烧现象
		GB/T 8627	烟密度等级 $SDR: \leqslant 15$
		GB/T 14402 BG/T 14403	燃烧热值 $PCI \leqslant 4.2MJ/kg$，且 单位面积热释放量$\leqslant 16.8MJ/m^2$
		***	产烟毒性 $LCO \geqslant 25mg/L$
	B1	GB/T 8626	点火 15s，20s 内，$FS \leqslant 150mm$ 不允许有燃烧滴落物引燃滤纸的现象
		GB/T 8625	燃烧剩余长度：平均值$\geqslant 15cm$；单项值$> 0cm$ 平均烟气温度：$\leqslant 200℃$
		GB/T 8627	烟密度等级 $SDR: \leqslant 75$
	B2	GB/T 8626	点火 15s，20s 内，$FS \leqslant 150mm$ 不允许有燃烧滴落物引燃滤纸的现象

续表

分级规定	级别	试验方法	判定条件
管道隔热保温用泡沫塑料	B1	GB/T 2406	氧指数：≥32%
		GB/T 8333	平均垂直燃烧时间：≤30s 平均垂直燃烧高度：≤250mm
		GB/T 8627	烟密度等级 SDR≤75
	B2	GB/T 2406	氧指数：≥26%
		GB/T 8332	平均水平燃烧时间：≤90s 平均水平燃烧范围：≤50mm

表2为《建筑材料及制品燃烧性能分级》GB 8624—2006中与外墙外保温系统相关的材料分级要求。

GB 8624—2006 相应的燃烧性能技术要求   表2

等级	试验标准		分级判据	附加分级
A1	GB/T 5464[a] 且		ΔT≤30℃，且 Δm≤50%，且 t_f=0（无持续燃烧）	
	GB/T 14402		PCS≤2.0MJ/kg[a] 且 PCS≤2.0MJ/kg[b] 且 PCS≤1.4MJ/m²[c] 且 PCS≤2.0MJ/kg[d]	
A2	GB/T 5464[a] 或	且	ΔT≤50℃，且 Δm≤50%，且 t_f≤20s	
	GB/T 14402		PCS≤3.0MJ/kg[a] 且 PCS≤4.0MJ/kg[b] 且 PCS≤4.0MJ/m²[c] 且 PCS≤3.0MJ/kg[d]	
	GB/T 20284 且		$FIGRA$≤120W/s 且 LFS<试样边缘 且 THR_{600s}≤7.5MJ	产烟量[e] 且 燃烧滴落物/微粒[f]
	GB/T 20285			产烟毒性[i]
B	GB/T 20284 且		$FIGRA$≤120W/s 且 LFS<试样边缘 且 THR_{600s}≤7.5MJ	产烟量[e] 且 燃烧滴落物/微粒[f]
	GB/T 8626[h] 点火时间=30s 且		60s 内 FS≤150mm	
	GB/T 20285			产烟毒性[i]
C	GB/T 20284 且		$FIGRA$≤250W/s 且 LFS<试样边缘 且 THR_{600s}≤15MJ	产烟量[e] 且 燃烧滴落物/微粒[f]
	GB/T 8626[h] 点火时间=30s 且		60s 内，FS≤150mm	
	GB/T 20285			产烟毒性[i]

续表

等级	试验标准	分级判据	附加分级
D	GB/T20284 且 GB/T 8626[h] 点火时间=30s	$FIGRA \leq 750W/s$ 60s 内 $FS \leq 150mm$	产烟量[e] 和 燃烧滴落物/微粒[f]
E	GB/T 8626[h] 点火时间=15s	20 秒内 $FS \leq 150mm$	燃烧滴落物/微粒[g]
F		无性能要求	

注：a：匀质制品和非匀质制品的主要组分；

  b：① 非匀质制品的外部次要组分；

   ② 另一个可选择的判据是：对 $PCS \leq 2.0MJ/m^2$ 的外部次要组分，则要求满足 $FIGRA \leq 20W/s$、$LFS <$ 试样边缘、$THR_{600s} \leq 4.0MJ$、s_1 和 d_0；

  c：非匀质制品的任一内部次要组分；

  d：整体制品；

  e：在试验程序的最后阶段，需对烟气测量系统进行调整，烟气测量系统的影响需进一步研究。由此导致评价产烟量的参数或极限值的调整。

  $s_1 = SMOGRA \leq 30m^2/s^2$ 且 $TSP_{600s} \leq 50m^2$；$s_2 = SMOGRA \leq 180m^2/s^2$ 且 $TSP_{600s} \leq 200m^2$；$s_3 =$ 未达到 s_1 或 s_2；

  f：$d_0 =$ 按 GB/T 20284 规定，600s 内无燃烧滴落物/微粒；

   $d_1 =$ 按 GB/T 20284 规定，600s 内燃烧滴落物/微粒持续时间不超过 10s；

   $d_2 =$ 未达到 d_0 或 d_1；

   按照 GB/T 8626 规定，过滤纸被引燃，则该制品为 d_2 级；

  g：通过=过滤纸未被引燃；

   未通过=过滤纸被引燃（d_2 级）；

  h：火焰轰击制品的表面和（如果适合该制品的最终实际应用）边缘。

  i：—$t_0 =$ 按 GB/T 20285 规定的试验方法，达到 ZA1 级；

   —$t_1 =$ 按 GB/T 20285 规定的试验方法，达到 ZA3 级；

   —$t_2 =$ 未达到 t_0 或 t_1。

表 3 为《公共场所阻燃制品及组件燃烧性能要求和标识》GB 20286—2006 中与外墙外保温系统相关的材料分级要求。

GB 20286—2006 公共场所阻燃泡沫塑料的燃烧性能技术要求　　表 3

阻燃性能等级	依据标准	判定指标
阻燃 1 级泡沫塑料	GB/T 16172 GB/T 8333 GB/T 8627 GB/T 20285	a) 热释放速率峰值 $\leq 250kW/m^2$； b) 平均燃烧时间 $\leq 30s$，平均燃烧高度 $\leq 250mm$； c) 烟密度等级（SDR）≤ 75； d) 产烟毒性等级不低于 ZA_2 级
阻燃 2 级泡沫塑料	GB/T 8333 GB/T 20285	a) 平均燃烧时间 $\leq 30s$，平均燃烧高度 $\leq 250mm$； b) 产烟毒性等级不低于 ZA_3 级

注：热释放速率试验的辐射热流为：$50kW/m^2$。

2.3.2 保温材料的燃烧性能技术要求

在目前的技术条件下，作为墙体的保温隔热材料，工程实际中所广泛采用的阻燃型聚苯乙烯和聚氨酯硬泡，其燃烧性能还不能达到难燃级，这也体现在相关标准规范的技术要求中，见表4。

聚苯乙烯和聚氨酯硬泡材料燃烧性能技术要求 表4

保温材料	产品标准	技术要求	试验方法
EPS	《绝热用模塑聚苯乙烯泡沫塑料》GB/T 10801.1—2002	氧指数：≥30%	GB/T 2406—1993
		可燃性试验：点火15s，20s内，FS≤150mm，且不允许有燃烧滴落物引燃滤纸的现象	GB/T 8626—1988
XPS	《绝热用挤塑聚苯乙烯泡沫塑料》GB/T 10801.2—2002	可燃性试验：点火15s，20s内，FS≤150mm，且不允许有燃烧滴落物引燃滤纸的现象	GB/T 8626—1988
聚氨酯硬泡	《聚氨酯硬泡外墙外保温工程技术导则》	水平燃烧试验：平均燃烧时间≤70s 平均燃烧范围≤40mm	GB/T 8332—1987
		烟密度等级(SDR)：≤75	GB/T 8627—1999

3 体系的防火安全性能试验与评价方法

3.1 外保温体系的防火安全性能试验方法

对建筑物进行防火安全性能评价是以试验为基础的，试验方法所采用的试验模型应能够表征建筑物在实际火灾中的状态。因此，选择正确的试验方法，是客观、科学地评价建筑物防火安全性能的关键。

在欧洲外保温体系标准ETAG004《有抹面层的外墙外保温复合系统欧洲技术标准认证》中规定，用于外保温系统的各种材料除应按照EN 13501—1进行材料对火反应等级的评价并应满足各国的要求外，同时还应采取防火构造措施，阻止火灾状态下的火焰蔓延。对外保温系统整体防火安全性能应依据大比例模型火试验的结果进行评价。作为EN 13501—1的补充，英国关于建筑维护结构（包括外墙外保温系统）标准BS 8414—1和BS 8414—2就属于检验外保温系统整体防火安全性能的方法。与之类似的国际标准为ISO 13785—1和ISO 13785—2。

对于外保温体系的防火安全性试验方法，归纳为以下三类：
- 大比例的模型火试验：
  - 墙角火试验 UL 1040　　　针对整个构造体系
  - 窗口火试验 BS 8414—1　　针对整个构造体系
- 中比例的模型火试验：
  - SBI试验 EN 13823　　　针对局部构造或单一材料
  - 燃烧竖炉试验 GB/T 8625　针对局部构造或单一材料
- 小比例的模型火试验：

- 锥形量热计试验 ISO 5660   针对局部构造或单一材料★
- 可燃性试验 GB/T 8626   针对单一材料
- 氧指数试验 GB/T 2406   针对单一材料
- 泡沫垂直燃烧 GB/T 8333   针对单一材料

外保温体系的防火安全性能评价，可以依据小比例试验或大比例试验的结果，甚至可以通过实际火灾的结果分析或进行完整的火灾模拟试验结果。

当小比例试验结果与大比例试验结果相矛盾时，毫无疑问，应以大比例试验结果、完整的火灾模拟试验结果或实际火灾的分析结果为依据。

近两年来，我们就建筑保温体系构造的抗火能力试验方法以及相应的评价标准进行了试验研究与验证工作，确定了以墙角火试验和窗口火试验为基础的建筑外墙外保温体系构造抗火能力的试验验证与评价体系。

3.2 锥形量热计试验

为了模拟墙体的实际受火状态，采用轻质防火隔热浆料制作外保温体系的锥形量热计试件，包括聚氨酯保温、聚苯板保温、挤塑板保温等三种类型，每种类型又分为平板试件和槽形试件。如图7所示，试件公称尺寸为：100mm×100mm×60mm，试件的四周为10mm的耐火砂浆或水泥砂浆，芯部为保温材料，尺寸为80mm×80mm×40mm。对比材料采用普通水泥砂浆，试件尺寸为：100mm×100mm×35mm。试件代码编号见表5。

轻质防火隔热浆料复合外保温体系与普通水泥砂浆在试验中的受火状态相同。

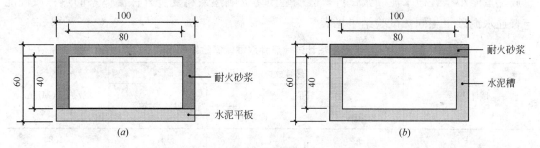

图7 复合外保温体系试件示意图
(a)水泥平板试件示意图；(b)水泥槽试件示意图

轻质防火隔热浆料复合外保温体系锥形量热计试件代码编号　　　表5

试件代码	保温层	构造分类	试件数量
AP	聚氨酯	平板试件	6
AU	聚氨酯	槽形试件	6
BP-1 （第1组）	模塑聚苯乙烯	平板试件	5
BU-1 （第1组）	模塑聚苯乙烯	槽形试件	6
BP-2 （第2组）	模塑聚苯乙烯	平板试件	6
BU-2 （第2组）	模塑聚苯乙烯	槽形试件	6
SP	挤塑聚苯乙烯	平板试件	5
SU	挤塑聚苯乙烯	槽形试件	6
C	普通水泥砂浆	均匀试件	6

3.2.1 点火性能

试验结果表明,轻质防火隔热浆料复合外保温体系与普通水泥砂浆试件均未被点燃。试验结果见表6。

锥形量热计试验点火性试验结果(单位:s)　　　　表6

试件代码	1#样	2#样	3#样	4#样	5#样	6#样	平均值
AP	未点火	未点火	未点火	未点火	未点火	未点火	未点火
AU	未点火	未点火	未点火	未点火	未点火	未点火	未点火
BP-1(第1组)	未点火	未点火	未点火	—	未点火	未点火	未点火
BU-1(第1组)	未点火	未点火	未点火	未点火	未点火	未点火	未点火
BP-2(第2组)	未点火	未点火	未点火	未点火	未点火	未点火	未点火
BU-2(第2组)	未点火	未点火	未点火	未点火	未点火	未点火	未点火
SP	未点火	未点火	未点火	未点火	未点火	—	未点火
SU	未点火	未点火	未点火	未点火	未点火	未点火	未点火
C	未点火	未点火	未点火	未点火	未点火	未点火	未点火

3.2.2 热释放性能

试验结果表明,轻质防火隔热浆料复合外保温体系试件的热释放速度峰值与普通水泥砂浆试件基本相同,而轻质防火隔热浆料复合外保温体系试件的热释放速度过程平均值和总放热量略小于普通水泥砂浆试件,表明轻质防火隔热浆料复合外保温体系的热释放性能与普通水泥砂浆相同。试验结果见表7。

锥形量热计试验热释放性能试验结果　　　　表7

试件代码	热释放速度(kW/m^2)		过程平均值	总放热量(MJ/m^2)
	峰值			
	范围	平均值		
AP	2.0~5.0	3.4	1.3	1.8
AU	3.1~6.0	4.2	1.4	1.8
BP-1(第1组)	3.1~3.9	3.5	1.4	1.8
BU-1(第1组)	1.3~7.2	3.8	0.8	1.0
BP-2(第2组)	3.3~4.9	4.1	1.1	1.6
BU-2(第2组)	4.2~5.6	5.0	1.2	1.6
SP	2.5~5.0	3.7	1.5	1.5
SU	2.6~5.4	3.4	1.1	1.4
C	3.0~5.6	3.9	2.0	2.4

3.2.3 烟

试验结果表明,轻质防火隔热浆料复合外保温体系试件的烟光吸收参数与普通水泥砂浆试件相同,均接近基线值。轻质防火隔热浆料复合外保温体系试件的比吸光面积平均值大于普通水泥砂浆试件,原因在于试验后期轻质防火隔热浆料复合外保温体系试件的质量损失小于普通水泥砂浆试件,使得普通水泥砂浆试件的非燃烧质量损失更多地承载了一部分比吸光面积的值。但轻质防火隔热浆料复合外保温体系试件的总烟量与普通水泥砂浆试件基本相同。试验结果见表8。

锥形量热计试验烟试验结果 表8

试件代码	质量损失(g)	烟光吸收参数		比吸光面积(m^2/kg)		总烟量(m^2)
		峰值	平均值	峰值	平均值	
AP	31.6	0.2	0.0	121	32	1.0
AU	33.5	0.2	0.0	171	28	0.9
BP-1(第1组)	15.4	0.2	0.0	78	17	0.5
BU-1(第1组)	14.1	0.2	0.0	265	38	1.1
BP-2(第2组)	33.0	0.0	0.0	11	3	0.0
BU-2(第2组)	30.4	0.0	0.0	18	5	0.1
SP	34.4	0.1	0.0	89	9	0.3
SU	36.9	0.0	0.0	121	25	0.9
C	32.1	0.2	0.0	72	17	0.5

3.2.4 CO

试验结果表明,轻质防火隔热浆料复合外保温体系试件的CO测定值略高于普通水泥砂浆,但均接近基线值。轻质防火隔热浆料复合外保温体系试件的CO产生比量平均值和CO总量与普通水泥砂浆试件基本相同。试验结果见表9。

锥形量热计试验CO试验结果 表9

试件代码	质量损失(g)	CO(ppm)		CO(kg/kg)		CO总量(mg)
		峰值	平均值	峰值	平均值	
AP	31.6	2	2	0.007	0.002	50
AU	33.5	3	2	0.012	0.002	64
BP-1(第1组)	15.4	5	4	0.476	0.004	118
BU-1(第1组)	14.1	4	2	0.763	0.002	67
BP-2(第2组)	33.0	2	2	0.008	0.003	51
BU-2(第2组)	30.4	2	2	0.011	0.004	50
SP	34.4	2	2	0.008	0.001	49
SU	36.9	2	2	0.003	0.001	49
C	32.1	2	2	0.005	0.001	44

3.2.5 CO_2

试验结果表明,轻质防火隔热浆料复合外保温体系试件的CO_2测定值略高于普通水泥砂浆相同，但均接近基线值。轻质防火隔热浆料复合外保温体系试件的 CO_2 产生比量平均值和 CO_2 的总量比普通水泥砂浆试件大。试验结果见表 10。

锥形量热计试验 CO_2 试验结果　　　　　表 10

试件代码	质量损失(g)	CO_2（%）		CO_2（kg/kg）		CO_2 总量(mg)
		峰值	平均值	峰值	平均值	
AP	31.6	0.002	0.002	0.118	0.027	847
AU	33.5	0.005	0.004	0.358	0.054	1761
BP-1(第1组)	15.4	0.018	0.005	1.302	0.042	1368
BU-1(第1组)	14.1	0.016	0.007	2.063	0.080	2250
BP-2(第2组)	33.0	0.002	0.002	0.141	0.056	848
BU-2(第2组)	30.4	0.002	0.002	0.174	0.061	836
SP	34.4	0.004	0.002	0.133	0.025	830
SU	36.9	0.002	0.002	0.049	0.023	834
C	32.1	0.002	0.002	0.077	0.023	723

从以上数据可以看出，聚氨酯与聚苯乙烯两类保温体系的锥形量热计试验结果无明显差异。

总体上看，轻质防火隔热浆料复合外保温体系采用的是耐火砂浆，与相同状态普通水泥砂浆的对火反应性能是相同的。

锥形量热计的试验结果表明：对于大比例试验中无火焰传播能力的体系，在锥形量热计试验中均未被点燃，热释放速率峰值小于 $10kW/m^2$，总放热量小于 $5MJ/m^2$，与普通水泥砂浆的试验结果基本相同。

3.3 燃烧竖炉试验

燃烧竖炉试验属于中比例的模型火试验。为了检验外保温体系的保护层厚度对火焰传播性的影响程度，以及在受火条件下外保温体系中可燃的保温材料的状态变化，我们进行了燃烧竖炉试验。

在燃烧竖炉试验中，试件尺寸为 $19mm×100cm$，沿试件高度中心线每隔 20cm 设置一个接触保护层的保温层温度测点，如图 8 所示。试验过程中，施加的火焰功率恒定，热电偶 5 和热电偶 6 的区域为试件的受火区域。

在燃烧竖炉试验中，分别采用模塑聚苯乙烯、挤塑聚苯乙烯、聚氨酯作为保温材料，试件的保护层厚度介于 5～45mm 的范围内(表 11)。

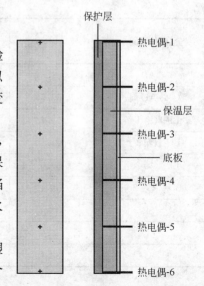

图 8　燃烧竖炉试验温度测点示意图

燃烧竖炉试验的试件的构造尺寸 表 11

保温层材料	保护层厚度(mm)	抗裂层＋饰面层厚度(mm)	保温层厚度(mm)
EPS	0	5	30
	10	5	30
	20	5	30
	30	5	30
	40	5	30
XPS	0	5	30
	10	5	30
	20	5	30
	30	5	30
	40	5	30
聚氨酯	0	5	30
	10	5	30
	20	5	30
	30	5	30
	30	5	30
	40	5	30

试验时，施加火焰的甲烷气的燃烧功率约 21kW，火焰温度约 900℃，火焰加载时间为 20min。试验过程试件的最大温度比对如图 9～图 16 所示。聚氨酯薄抹灰试件的温度曲线见图 12，EPS 薄抹灰试件的温度曲线如图 13 所示，XPS 薄抹灰试件的温度曲线如图 14 所示。试验后的试件状态如图 15 所示。

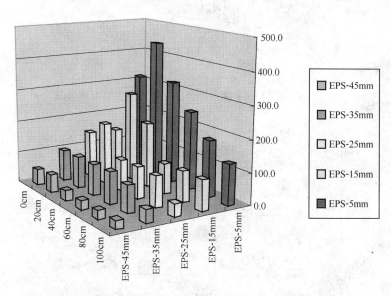

图 9　燃烧竖炉试验 EPS 薄抹灰试件最大温度比对图

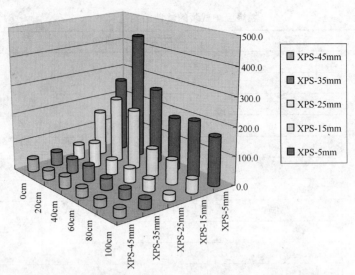

图10 燃烧竖炉试验XPS薄抹灰试件最大温度比对图

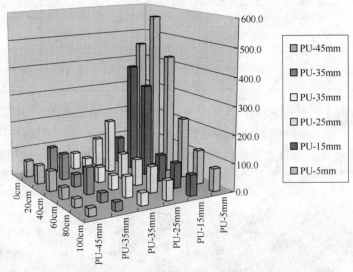

图11 燃烧竖炉试验聚氨酯薄抹灰试件最大温度比对图

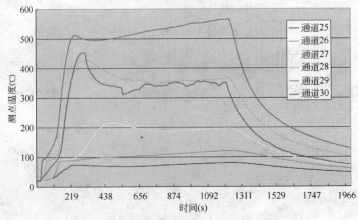

图12 聚氨酯薄抹灰(PU)试件的温度曲线

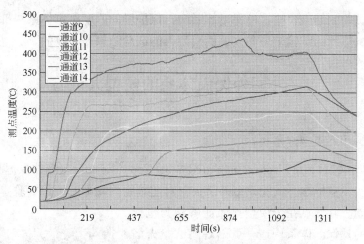

图 13　EPS 薄抹灰试件的温度曲线

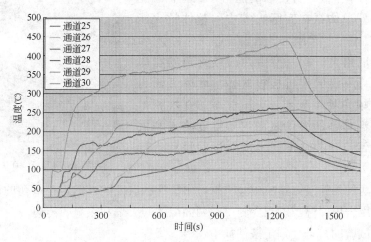

图 14　XPS 薄抹灰试件的温度曲线

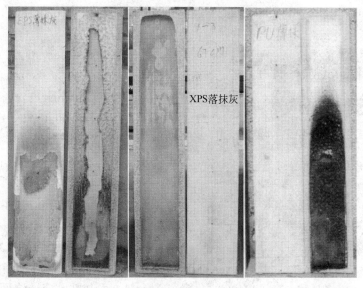

图 15　燃烧竖炉试验后的试件状态

燃烧竖炉试验的结果表明，外保温体系中，保护层的厚度决定体系局部的对火的承受能力，与锥形量热计的试验结果和大比例模型火的试验结果是一致的。

4 外墙外保温体系的模型火试验

4.1 UL1040 墙角火试验与结果

UL 1040：2001《Fire Test of Insulated Wall Construction》（墙体保温构造的火试验）为美国保险商实验室标准。试验模拟外部火灾对建筑物的攻击，用于检验建筑外墙外保温体系的抗火性能。其优点在于模型尺寸能够涵盖包括防火隔断在内的外保温体系构造，可以观测试验火焰沿外保温体系的水平或垂直传播的能力，试验状态能够充分反映外保温体系在实际火灾中的整体抗火能力。试验模型如图 16 所示。

UL 1040 墙角火试验模型由两面成直角的墙体构成，顶面采用不燃的无机板材遮盖，墙体表面为外保温体系，墙角处堆积木材。试验时，在堆积木材上方及外保温体系的墙体表面均布温度测点和大气环境的温度测点，并从不同角度对试验过程进行摄像记录。

图 16　UL 1040 试验模型

为了对比两种外保温体系的试验结果，出于课题研究的目的，在最初的试验中，在两面墙交汇处采用岩棉保温，以减少测试时两面墙体间火焰和热量的传递。

UL 1040 试验的符合性判定条件如下：

(1) During the test, surface burning shall not extend beyond 18 feet (5.49m) from the intersection of the two walls. [试验过程中，表面燃烧范围不应超过两个墙体交叉线的 18 英尺(5.49m)。]

(2) Post-test observations shall show that the combustive damage of the test materials within the assembly diminishes at increasing distance from the immediate fire exposure area. [试验后的观测应表明，组合体系内试验材料的燃烧损坏程度，应随着至火焰暴露面距离的增加而减少。]

试验举例 1：EPS 三明治体系、EPS 薄抹灰体系、贴砌瓷砖。

如图 17 所示，两面墙体分别为 EPS 三明治体系和 EPS 薄抹灰体系。每个体系的外饰面分别为涂料饰面和粘贴瓷砖饰面，两种饰面的

图 17　UL 1040 模型火试验外保温体系

分界线为每面墙体的垂直中心线。

三明治体系：按照《外墙外保温施工技术规程(复合胶粉聚苯颗粒外墙外保温系统)》DBJ/T 01—50—2005 中的胶粉聚苯颗粒贴砌聚苯板外墙外保温系统的要求制作，简称三明治体系。基本构造为：用 15mm 粘结找平浆料抹于墙体表面，再贴砌开好横向槽并涂刷界面剂的 55mm 厚聚苯板，预留的 10mm 板缝砌筑碰头灰挤出刮平，表面再用 10mm 厚粘结找平浆料找平；抗裂防护层采用抗裂砂浆复合涂塑耐碱玻纤网格布(涂料饰面)，表面刮涂抗裂柔性耐水腻子、涂刷饰面涂料，如图 18 所示。

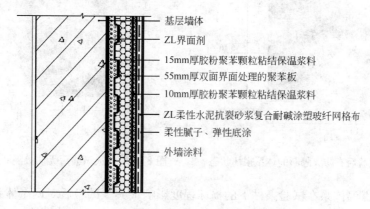

图 18　EPS 三明治体系构造示意图

薄抹灰体系：严格按照《膨胀聚苯板薄抹灰外墙外保温系统》JG 149—2003 的外墙外保温体系的要求制作，简称薄抹灰体系。基本构造为：使用聚苯板胶粘剂将 80mm 厚的聚苯板粘结在基层墙体上(30％粘结面积)，表面批抹抹面胶浆后压入耐碱涂塑网格布，再刮柔性耐水腻子，刷饰面涂料，如图 19 所示。

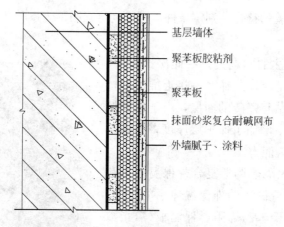

图 19　EPS 薄抹灰体系构造示意图

试验结果：点火开始后，数据采集与观测约 50min。期间，首先发现三明治体系的木材堆积部位的瓷砖脱落，但墙体表面未见燃烧，其后，薄抹灰体系的木材堆积部位墙体表面出现持续燃烧的火焰。墙体的其他部位未见火焰。如图 20、图 21 所示。

从图 20 和图 21 可以看出，尽管试验的保温体系面砖饰面层较厚，但仍可看出有无防

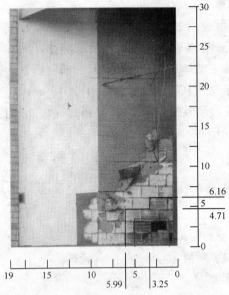 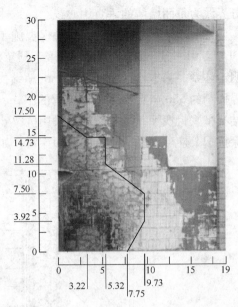

图20 墙角火试验后有防火隔断的体系损坏状态　　图21 墙角火试验后无防火隔断体系的损坏状态

火构造对于外保温体系在试验条件下的损坏程度影响很大。试验后对两个体系聚苯乙烯保温层的损坏程度进行了测量，结果见表12。

两体系损坏程 表12

	烧损高度(mm)	宽度(mm)	烧损面积(mm^2)
有防火构造设计外保温体系	6	6	33
无防火构造设计外保温体系	17.5	10	120

根据UL 1040试验的符合性判定条件，可以判定三明治体系和薄抹灰体系都是符合要求的。

非常值得我们关注的问题是，在此次试验中，不论是三明治体系还是薄抹灰体系，接近堆积木材火焰的受火部位都是贴有瓷砖的面层，由于在外保温体系上贴砌了瓷砖，增加了保护层厚度，提高了外保温体系的整体抗火能力。

试验举例2：防火隔热构造复合外保温体系和材料阻燃而无防火构造做法的外保温体系的对比。两种体系均采用模塑聚苯乙烯阻燃保温板（氧指数30），饰面层连续均为涂料。保温层表面距涂饰表面厚度约为5~6mm。试验结果如图22所示。结果表明，材料阻燃无防火构造的外保温体系，在点火开始后13min时，表面的抹面层脱落，聚苯乙烯保温层全部烧毁。而防火隔热构造复合外保温体系，

图22 墙角火试验中不同构造做法外保温体系的烧损状态

在点火开始后 50min 时仍无传播火焰的迹象。

试验举例 3：聚氨酯三明治体系、聚氨酯薄抹灰体系。

试验结果：点火开始后，数据采集与观测约 35min。试验过程中，火焰到达模型顶部，并将顶部受火部位的无机板烧穿，火焰穿出屋顶，如图 23 所示。试验开始后 18min 时，薄抹灰体系顶部两面墙的交叉角部位保护层首先拨开，如图 24 所示，聚氨酯被点燃，随后顶部保护层脱开面积稍有扩展，但未造成火焰水平方向传播。试验结束时，薄抹灰体系沿墙角区域的受火部位，保护层均脱落，内部聚氨酯燃烧炭化。墙体的其他部位未见火焰。试验后的烧损状态如图 25 所示。

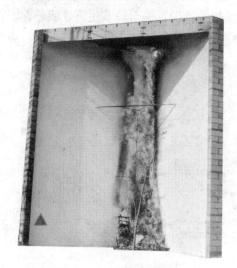

图 23　聚氨酯三明治体系和聚氨酯薄抹灰体系墙角火试验状态

图 24　聚氨酯三明治体系和聚氨酯薄抹灰体系墙角火试验状态

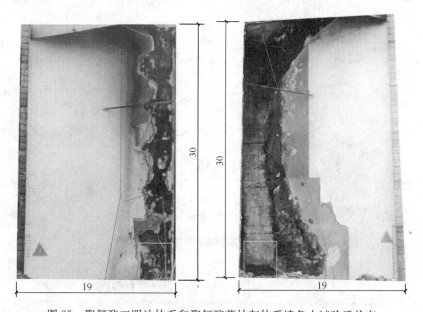

图 25　聚氨酯三明治体系和聚氨酯薄抹灰体系墙角火试验后状态

4.2 BS 8414—1 窗口火试验与结果

英国 BS 8414—1：2002《Fire performance of external cladding systems-Part 1：Test method for non-loadbearing external cladding systems applied to the face of the building》[外部包覆体系的抗火性能—第1部分：建筑外部的非承载包覆体系试验方法]

BS 8414—1 窗口火试验描述了应用于建筑表面并在控制条件下暴露于外部火焰的非承载外部包覆体系、包覆体系之上的遮雨屏及外墙保温体系的抗火性能评价方法。火焰的暴露方式表征外部火源或室内完全扩展（轰燃后）火焰，从窗口缝隙处溢出对包覆体形成外部火焰的影响。

BS 8414—1 窗口火试验，模拟内部火灾对建筑物的攻击，用于检验建筑外墙外保温体系的火焰传播性。其优点与墙角火试验相同，从实际火灾对建筑物的攻击概率来看，更具有普遍意义。如图 26 所示，说明了室内火灾从建筑物的窗口沿外墙外保温体系向外扩散的原理。当外保温体系具有阻止火焰传播的能力时，火灾不会扩散。从我们已经进行的试

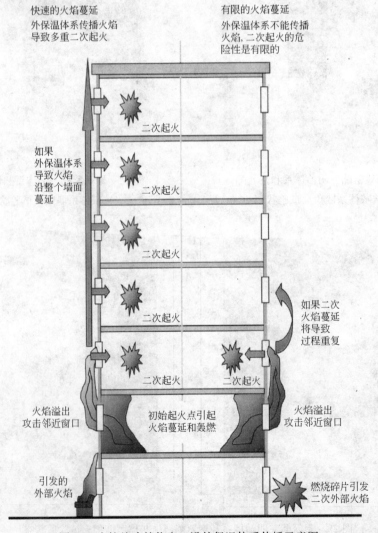

图 26 火焰从建筑物窗口沿外保温体系传播示意图

验来看，由于窗口火试验对检验外墙外保温体系抗火能力的合理性，是今后我们的试验重点。目前系列试验正在进行中。

试验举例4：EPS三明治体系（分仓构造）。

试验后，对胶粉聚苯颗粒贴砌聚苯板外墙外保温系统的保温层的损坏程度进行了观察，发现受火部位的聚苯乙烯保温层只出现了熔化状态，如图27所示。

试验举例5：EPS薄抹灰体系窗口火试验。

试验结果：点火后230s，火焰从窗口处开始蔓延，并很快轰燃，约120s后，全部烧损。燃烧状态如图28所示。

图27　EPS三明治体系试验后状态　　　　图28　EPS薄抹灰体系窗口火试验的燃烧状态

试验举例6：聚氨酯薄抹灰体系窗口火试验。

试验结果：试验过程中，未出现火焰蔓延等现象。试验状态如图29所示。试验后的状态如图30所示。

图29　聚氨酯薄抹灰体系窗口火试验状态　　　图30　聚氨酯薄抹灰体系窗口火试验后状态

5 外保温体系构造与试验结果分析

外墙外保温体系是否具有防火安全性,要看整个体系的点火性和火焰传播性。影响外保温体系防火安全性的因素主要是体系的构造方式,包括:保护层或面层的厚度、粘结或固定方式(有无空腔)、防火隔断(分仓)的构造等。一般除保温材料外,外保温体系中的其他构造材料应采用不燃性材料。对于外保温体系中采用的有机饰面涂层材料,由于其厚度很薄,对外保温体系的整体防火安全性能影响有限,可不予考虑。这一点在我国的标准规范中有明确的规定,如 GB 8624—2006、GB 50222—1995 中规定,当饰面层厚度不大于 0.6mm 或单位面积质量不大于 $300g/m^2$ 时,可不考虑饰面层对基材燃烧特性和分级的影响。

5.1 锥形量热计试验

结果表明,当保护层达到一定的厚度时,体系的整体对火反应性能与普通水泥砂浆相同。保护层的受火稳定性影响体系的整体对火反应性能。

5.2 燃烧竖炉试验

结果表明,测点温度随保护层厚度的减少而增加,保温层的烧损高度随保护层厚度的减少而增加。当保护层的厚度相同时,保温层的烧损状态与保温材料的类型相关,如 EPS 和 XPS 薄抹灰试件的保温层全部烧损,而聚氨酯薄抹灰试件,由于聚氨酯材料受火后的炭化层具有一定的阻火性,没有全部烧损。

燃烧竖炉试件的构造本身可以看成是外保温体系分仓构造的一个独立的分仓,当保护层具有一定的厚度时,分仓构造能够阻止火焰蔓延,其表现形式为试件的保温层留有完好的剩余,而薄抹灰体系试件,由于试验后其保温层被全部烧损,试件本身的这种分仓构造是否具有阻止火焰蔓延的能力,还需要进行大尺寸的模型试验加以验证。

5.3 大尺寸模型试验

墙角火试验和窗口火模型试验的结果都表明,采用热塑性保温材料和热固性保温材料的外墙外保温体系,构造方式影响整体防火安全性能的程度有明显差异。

5.4 外保温体系构造的防火等级

由于不同的外墙外保温体系具有不同的阻止火焰蔓延的能力,考虑到火灾条件下的安全与逃生,不同国家对不同防火等级的保温系统的建筑应用范围进行了规定。在欧洲标准规范 ETAG 004《有抹面层的外墙外保温复合系统欧洲技术标准认证》中规定,系统供应商应推荐一种防火隔离来防止火势蔓延,作为系统的一部分,其防火性能可参照产品性能列表或大尺寸试验的结果而定。同时,对外墙外保温的防火要求将依据法律、法规和适用于建筑物最终使用的管理条例而定。德国规定聚苯板薄抹灰系统不能在 22m 以上建筑使用；英国规定 18m 以上建筑不允许使用聚苯板薄抹灰外墙外保温系统；在美国纽约州建筑指令中，明确规定耐火极限低于 2h 的聚苯板薄抹灰外墙外保温系统不允许用在高于 75 英尺即 22.86m 的住宅建筑中。

考虑到我国目前的技术现状以及未来一定时期的发展，为了解决现有外保温防火问题，对外保温系统防火性能进行分级和建筑应用范围限定是十分必要的。为此，我们以大量试验数据为基础，考虑建筑消防安全因素，初步拟定了外墙外保温系统构造防火等级划分及适用高度的原则性方案。

保温材料及性能检测技术

张 斌[1] 杨惠忠[2]

(1. 哈尔滨工业大学市政环境工程学院，哈尔滨 150001；
2. 浙江国都房产集团有限公司，杭州 310014)

摘 要：本文主要对建筑用保温材料热物理性能检测进行了论述，并分别对导热系数、导温系数、比热等热物性参数如何准确、简便、迅速地测得提供了不同的检测方法，通过本文，读者可根据需要选择不同的方法对建筑用保温材料进行热物理性能检测。

关键词：导热系数 导温系数 比热

1 保温材料的热物理特性

随着建筑节能技术的迅速发展，对建筑材料的选择面越来越宽，同时对建筑材料的热物理特性需要更准确和全面了解，给今后的节能建筑的设计和检测提供可靠的依据。

建筑材料种类很多。从材料形状来分，可分为密实块状材料、多孔块状材料、纤维状材料、颗粒状材料等；从分子结构来分，可分为晶体材料、微晶体材料和玻璃体材料；从化学成分来分，又可分为有机材料和无机材料。这些材料具有一系列的热物理特性，在进行维护结构热工计算时，往往涉及材料的热物理特性。为了使计算准确可靠，就必须正确地选择材料的热物理指标，使其与材料实际使用情况相符合。否则，计算公式无论怎样准确，所得到的结果与实际情况仍然会有很大的差异。然而，材料的热物理指标往往受到许多因素的影响，除了材料本身的分子结构、化学成分、容重、孔隙率的影响外，还受到外界温度、湿度等影响。所以，要合理选择热物理指标，就必须了解材料的这些特性。

1.1 材料的导热性能

导热性能是材料的一个非常重要的热物理指标，它说明材料传递热量的一种能力。材料的导热能力用导热系数"λ"来表示。

在工程计算中，导热系数的单位为 $W/(m \cdot ℃)$，它表示：在一块面积为 $1m^2$，厚度为 $1m$ 的壁板上，板的两侧表面温度差为 $1℃$，每秒通过板面的热量。因此，导热系数 λ 值愈小，则材料的绝热性能愈好。

各种建筑材料的导热系数差别很大，大致在 $0.020 \sim 3.500 W/(m \cdot ℃)$ 之间，如聚氨酯泡沫塑料 $\lambda = 0.022 W/(m \cdot ℃)$，而大理石 $\lambda = 3.490 W/(m \cdot ℃)$。

影响材料导热系数的主要因素有：
(1) 材料的分子结构及其化学成分；
(2) 容重(包括材料的孔隙率、孔洞的性质和大小等)；
(3) 材料的湿度状况；
(4) 材料的温度状况。

1.1.1 材料的分子结构和化学成分对导热系数的影响

人们常常认为，材料的容重是影响材料导热系数的惟一因素，其实不然，材料的分子结构和化学成分等比容重所起的作用大得多。

由于建筑材料的化学成分和分子结构的不同，一般可分为结晶体构造(如建筑用钢、石英石等)、微晶体构造(如花岗石、普通混凝土等)和玻璃体构造(如普通玻璃，膨胀矿渣珠混凝土等)。这种不同的分子结构引起导热系数有很大的差别。玻璃体物质由于其结构没有规律，以致不能形成晶格，各向相同的平均自由程很小，因此，其导热系数值要比结晶体物质低得多。

然而，对于多孔保温材料来说，无论固体成分的性质是玻璃体或是结晶体，对导热系数的影响不大。因为这些材料孔隙率很高，颗粒或纤维之间充满着空气，因此，气体的导热系数就起着主要作用，而固体部分的影响就减少了。

1.1.2 材料导热系数与容重的关系

容重是指单位体积的材料重量，用"γ"来表示，单位为 kg/m^3，它是影响材料导热系数的重要因素之一。

对于大多数材料来说，都是由固相质点和其间的气孔所组成。例如，轻骨料混凝土总孔隙率大约为 30%～60%，而 40%～70% 是由固体部分所组成；泡沫混凝土总孔隙率大约为 56%～88%，而 12%～44% 是由固体部分所组成。所以，材料的容重取决于孔隙率。当材料的比重一定时，孔隙率愈大，则容重就愈小。

由于材料中有气孔的存在，因此，材料中的传热方式不单纯是导热，同时还存在着孔隙中气体的对流传热和孔壁之间的辐射传热。所以严格地说，多孔材料的导热系数应当是"当量导热系数"。材料随着其气孔尺寸的增大，孔内气体对流和孔壁之间的辐射换热就会增加。材料的当量导热系数也就明显地增大。因此，在生产加气混凝土、泡沫玻璃等容重轻、孔隙多的材料时，从工艺上保证孔隙率大、气孔尺寸小，是改善材料热物理特性的重要途径。

此外，材料的气孔形状对导热系数也有一定影响。一般来说，封闭型气孔的导热系数要比敞开型气孔的导热系数小。由于敞开型气孔的毛细管吸湿能力很强，这对保温材料来说是很不利的。

松散状的纤维材料，其容重变化的幅度较大，容重大，导热系数相应增大；然而容重小到一定程度，材料内产生空气循环对流换热，同样也会增加导热系数。因此，松散状的纤维材料存在着一个导热系数最小的最佳容重。

1.1.3 材料导热系数与湿度的关系

由于气候、施工水分和使用的影响，都将引起建筑材料含有一定的湿度。湿度对导热系数有着极其重要的影响。材料受潮后，在材料的孔隙率中就有了水分(包括水蒸气和液态水)。而水的导热系数 $\lambda=0.580W/(m \cdot ℃)$，比静态空气的导热系数 $\lambda=0.026W/(m \cdot ℃)$大

20多倍。这样，就必然使材料的导热系数增大。如果孔隙中的水分冻结成冰，冰的导热系数 $\lambda=2.330W/(m \cdot ℃)$，又是水的4倍，材料的导热系数将更大。所以，在进行围护结构热工计算时，应选取一定湿度下的导热系数，并且还必须采取一切必要的措施，来控制材料的湿度，以保证围护结构的保温性能。

湿度是说明材料中含游离水分多少的一个指标。湿度可以用重量湿度"w_z"，或用体积湿度"w_d"来表示。

重量湿度是指材料试样中所含水分重量与试样在干燥状况下的重量之比，即：

$$w_z=\frac{g_1-g_2}{g_2}\times100\% \tag{1}$$

式中　g_1——湿材料试样的重量（kg）；

　　　g_2——干材料试样的重量（kg）。

体积湿度是指材料试样中水分所占的体积与试样体积之比，即：

$$w_d=\frac{V_1}{V_2}\times100\% \tag{2}$$

式中　V_1——试样中水分所占的体积（m³）

　　　V_2——试样的体积（m³）。

体积湿度 w_d 与重量湿度 w_z 的相互关系可用下式来表示：

$$w_d=\frac{w_z \cdot \gamma_干}{1000} \tag{3}$$

大多数建筑材料的导热系数和湿度之间是线性关系。但是，也有一些建筑材料，当湿度增加到一定程度后，导热系数与湿度之间的关系就不是线性了，而出现向上凸出的弧度，也就是说导热系数增长的速度随着湿度的进一步增加而变慢。

建筑围护结构在一般的使用情况下，其材料的湿度与导热系数的关系为线性关系，可用下式来表示：

$$\lambda_湿=\lambda_干+\delta_w \omega_z \tag{4}$$

式中，δ_w 为材料的重量湿度增加1%时，其导热系数的增值。

有些材料在干燥状态下，它们的导热系数彼此差别很小，可是当含有一定水分时，它们之间的差别就增大。这说明水分与物体骨架的结合方式对导热系数有很大影响。

另一种现象也需指出：通常，干燥材料的导热系数是随着温度的降低而减小；然而，潮湿材料情况就不一样，当温度在0℃以下，材料中的水分会随着温度的下降而发生相态的变化，即水冷却成冰，这时，材料的导热系数就会增大。

1.1.4 材料的导热系数与温度的关系

材料的导热系数与温度的关系是比较复杂的，很难从数量上详细地概括在温度影响下导热系数的变化情况。

一般来说，材料随着温度的升高，其固体分子的热运动增加，而且孔隙中空气的导热和孔壁间辐射换热也增强，这就促成了材料的导热系数的增大。

然而，对于晶体材料来说，正好相反，它们的导热系数随着温度的增高而减少。

此外，气孔的尺寸对导热系数也会引起较大的影响。例如，对于直径为5mm的气孔来说，当温度自0℃升至500℃时，空气当量导热系数将增大11.7倍；然而在直径为1mm的气孔中，其空气当量导热系数增长仅为5.3倍。但是，当温度在70~80℃以内，材料导热系数受温度的影响就很小。在一般的房屋建筑中，材料温度的变化很少超过60℃，因此，在一般房屋围护结构的热工建筑中都不考虑温度变化对导热系数的影响。只有对处于高温或者很低的负温条件下，才考虑采用相应温度下的导热系数。

对于大多数材料来说，导热系数与温度的关系近似于线性性关系，可用下式来表示：

$$\lambda_t = \lambda_0 + \delta_t \cdot t \tag{5}$$

式中 λ_t——材料温度为 t 时的导热系数 [W/(m·℃)]；

λ_0——材料温度为0℃时的导热系数 [W/(m·℃)]；

δ_t——当材料温度升高1℃时，导热系数的增值。

1.2 材料的导温性能

从上节中知道，材料的导热系数是衡量一种维护结构当其两侧面有一定温差时，引起传递热量多寡的一个热工指标。然而，传递热量的快慢程度，则导热系数是反映不出来的。它要用材料的另一个热工指标——导温系数来衡量。

导温系数的物理意义是表示材料在冷却或加热过程中，各点达到同样温度的速度。导温系数愈大，则各点达到同样温度的速度就愈快。即温度的扩散能力大。

材料的导温系数与材料的导热系数成正比，与材料的体积热容量成反比，即：

$$\alpha = \frac{\lambda}{c\gamma} \tag{6}$$

式中 α——材料的导温系数(m^2/s)；

λ——材料的导热系数，[W/(m·K)]；

c——材料的比热 [J/(kg·K)]；

γ——材料的容重 (kg/m^3)。

目前由于越来越多地采用了新型的轻质薄壁板材结构和材料，给设计人员提出了如何防止房间过冷过热的问题。在这种情况下，设计围护结构时，不但要考虑材料的导热系数，更重要的是要考虑材料的导温系数。

影响材料导温系数的因素和导热系数一样，取决于材料的分子结构、化学成分、容重和温、湿度等。

1.3 材料的比热

材料的比热是表示1kg物质温度升高或降低1℃时所吸收或放出的热量，单位为J/(kg·℃)。材料的比热主要取决于矿物成分和有机质的含量，无机材料的比热要比有机材料的比热小。

1.4 湿度的培养

为了测定不同湿度下材料的热物理性能，首先需将实验的试件培养成不同含湿量。目前，培养湿度的方法有两种：

1.4.1 解吸法

将潮湿的试件进行解吸(自然风干或强迫减湿),使试件的湿度逐渐减少,以便控制试件的各种不同的含湿量。

1.4.2 加湿法

这种方法又可以分为以下几种:
(1) 在恒温恒湿状况下进行培养;
(2) 用水雾(雾化水)淋洒;
(3) 浸在室温水中;
(4) 浸在比室温高的热水中。

方法(1)、(2)适用于材料不宜浸入水中的试件,如玻璃棉、矿面及强度较低的多孔材料。对于具有一定强度的块状材料采用方法(1)、(2)加湿试件,在短时间内达不到要求的湿度时,则再用方法(3)较合适。方法(4)用于试件浸在室温水内短时间达不到所要求的吸湿量时,如软木等。

为了保证湿度的稳定,通过上述两种方法培养的湿试件,要求放入密闭容器中稳定 2~3d 后再进行实验。

2 建筑材料导热系数的检测方法

2.1 稳态法测量导热系数的基本原理

测定建筑材料导热系数的方法可分为两大类:(1)稳态法;(2)非稳态法。第一种方法是经过材料试件的热流,在数值上和方向上都不随时间而变,即温度场是稳定的,这样,可以根据稳定的热流强度、温度梯度(温差)和导热系数之间的关系来确定导热系数:

$$\lambda = \frac{q\delta}{t_1 - t_2} \tag{7}$$

式中 q——稳定热流强度(W/m^2);
δ——试件的厚度(m);
$t_1 - t_2$——试件两侧面的温度差(℃)。

基于稳态法热状况的方法又可分为三种类型:
(1) 平板法,包括单平板法、双平板法、相对平板法(比较法);
(2) 圆管法;
(3) 球体法。

一般用来测量散状材料的圆管法和球体法这里就不介绍了,只介绍平板法。

由于建筑材料是非均质的,每处的导热系数不尽相同,将式(7)得到的导热系数,看作是整个试件的一个平均值,叫做表现导热系数。以下为了简便,也一律称为导热系数。

以上就是稳定法测试材料的导热系数的基本原理,可以看出此方法原理简单,计算方便。

在稳态法中用直接法和比较法测量时,都要在试件上建立起稳定的一维热流,通常都是恒温的热板和冷板。直接法是要直接测定经试件的热流密度；而比较法则是通过测定出与被测试件串联的已知热性质的参考材料的温度梯度（重要的是保证流经试件和参考试件的热流量相等），从而推算出热流密度值。

实际测试的试件总是有限大的，周围环境温度会对试件要保证一维导热产生影响（图1），利用公式(7)求导热系数就会造成原理误差。给实验装置保温，可使情况有所改观。最主要的措施是将热板分成两部分(图2)，以护环热板的温度跟踪主热板的温度，将主板的面积作为一维热区面积，这就是直接法中保护热板法。保护热板法的主、护热板都是电加热，而冷板可以用恒温水套。通过试件的热流值可以通过测量主热板的电阻和电压计算出来。

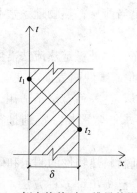

图1　侧向换热时一维导热影响

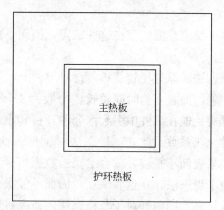

图2　热板结构示意图

保护热板法的测量精度高，许多国家都以此种方法作为标准方法，但结构复杂，稳定时间长，因而产生了比较法。比较法的精度要比直接法稍差，并且依赖于直接法进行校准。因其结构简单，测量时间短，操作方便，也被广泛使用。

用直接法测试材料的传热性能的概念早在18世纪就由Franklin等人提出了。1881年，chrrsliansen首次报道了平板型比较法。Perrce和Wiuson用玻璃板作为参考材料来比较测量大理石的导热系数。

采用标准试件的比较法(图3)是根据已知标准试件的导热系数、厚度及测得的温差，按公式可求出通过标准试件的热量。假设通过被测试件的热量相等，再利用公式(7)就可求出被测试件的导热系数。因为两试件各自的平均温度与环境温度差异，试件与环境有热交换，通过两试件的热量不会相等。试件越厚，由非一维导热造成的误差就越大。用标准试件的比较法要用与被测试件的导热系数匹配的标准试件，此方法的准确度的提高，很大程度取决于标准试件的准确度。国内用于测定标准试件的保护热板法，一般只能达到5%准确度，最好的可达到3%～4%。若用国内的标准试件，此种比较法达到大于±7%的误差。而国际上保护热板法测导热系数的准确度在1%～2%，国际上通用标准试件的导热系数的准确度在2%～

图3　比较法原理图

2.5%。现在采用标准试件的比较法还不多见。

热流测头将参考试件和测量温度梯度的元件合为一体,用它来代替标准试件的比较法,更方便、快速,而且准确度还会提高一些。

稳定热流法的原理比较简单,计算方便。因而较容易使导热系数实现数字显示。然而,这种稳定热流法需要有复杂的试验装置,而且试验时间长,一般为4h左右。因此,试件两表面存在一定的温差,就不可避免地在试件中引起水分的迁移和重新分布。所以,这种稳定热流法不适用于测定潮湿材料的导热系数。此外,稳定热流法对试件表面的平整度要求非常严格,特别是容重大的材料,如果表面不平整,就会给试验数据带来相当大的误差。

由于稳定热流法存在这些缺点,因而不能很好地满足当前材料热物理系数测定和研究的需要。

稳态法的原理比较简单,计算方便,精度较高。然而,这种稳定热流法需要有复杂的实验装置,而且实验时间较长,一般为4～8h左右。因此,试件两表面存在的一定温差,就不可避免地在试件中引起水分的迁移和重新分布。所以,这种稳态法不适用于测定潮湿材料的导热系数。此外,稳态法对试件表面的平整度要求非常严格,特别是容重大的材料,如果表面不平整,就会给实验数据带带相当大的误差。

由于稳态法存在这些缺点,因而不能很好地满足当前材料热物性的测定和研究需要。

近年来,国内外对于非稳态法的研究进展很快,迄今已提出许多种方法,大致可以归纳为:

(1) 利用在恒温介质中加热或冷却的"正常状况法";

(2) 具有内热源的非稳态法;

(3) 利用介质温度呈线性或周期性变化时加热或冷却的准稳态方法。

非稳态法的优点是:设备简单,操作维修方便;在一次实验中可以同时测出材料的导热系数、导温系数和比热;实验时间短(一般为10～20min),因而避免了试件中的湿迁移,能测定不同温度下材料的热物性参数。

2.2 非稳态法测量导热系数的基本原理和装置

近年来,国内外对于非稳态热流法的研究进展很快。随着测试新技术和计算机技术的发展和应用,使非稳态的优点更加突出的显示出来。非稳态法具有测试时间短,试件所维持的温差小,干湿材料均能测定,并可较好地满足工程需要的精度。目前,国内已有一些厂家和院校生产出各种不同的非稳态法导热仪,但还没有一家搞出和我们现在所完成的集三种非稳态法(平面热源)为一体的综合导热仪。其三种方法分别为:准稳态法、常功率法、热脉冲法。实验者可利用同一套实验装置,通过不同的组合,来实现测量导热系数、导温系数及比热的目的。设计的主要指导思想是考虑到一些材料的加工问题、测试方法之间的矫正问题,为科研和大中专院校学生和研究生提供一套较全面的非稳态法测试导热系数和热物性参数的装置。该导热仪的特色之一是提供了一种大尺寸(200mm×200mm)、低热容、高阻箔式耐磨的加热器。通过实验和误差分析证明,该导热仪具有精度高、复现性好、使用方法易于掌握等优点。

2.2.1 准稳态法测量导热系数的基本原理和装置

（1）基本原理

根据导热微分方程在第二类边界条件下无限大物体中平面热流解的准稳态阶段来确定导热系数和比热及导出导温系数。其解析解为：

$$\lambda = \frac{Q_c \delta}{2\Delta t} \tag{8}$$

$$C = \frac{Q_c}{\gamma \delta \dfrac{\Delta t}{\Delta \tau}} \tag{9}$$

$$\alpha = \frac{\lambda}{C\gamma} \tag{10}$$

式中 λ——被测试样的导热系数 [W/(m·℃)]；
C——被测试样的比热 [J/(kg·℃)]；
α——被测试样的导温系数(m^2/s)；
δ——试样厚度(m)；
Q_c——加热器发热面发出的热源强度(W/m^2)；
Δt——到达准稳态时中心点与边界加热面之间温差(℃)；
γ——试样容重(kg/m^3)；
$\dfrac{\Delta t}{\Delta \tau}$——温升速率(℃/s)。

（2）测试装置

测试装置如图4所示，正方形断面的四块同样厚度的试样，在试样2、3的两面有恒定功率的加热器，两加热器阻值相等。在四块试样的顶部和底部，设置热绝缘层进行绝

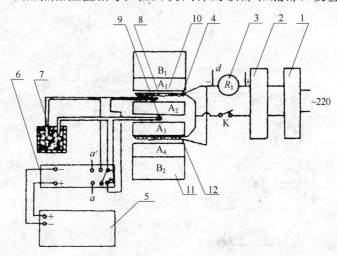

图4 准稳态法测试部分结构及仪表接线原理图
1—交流稳压电源；2—直流稳压电源；3—标准电阻$R=0.01\Omega$；4—加热器1；
5—高精度数字电压表；6—琴键转换开关；7—冰瓶(内装冰水混合物)；
8—热电偶1；9—热电偶2；10—试件1、2、3、4，厚度相同；
11—绝热材料Ⅰ、Ⅱ；12—加热器2，阻值同加热器1

热。电源采用二级稳压。加热方式为直流电源加热。加热器电功率的测量,使用 0.01Ω 标准电阻配高精度数字电压表(或电位差计)。测温采用经过标定的 0.1mm 左右的铜-康铜热电偶及高精度数字电压表测量。其接线方式如图 4 所示。

2.2.2 常功率平面热源法测量导热系数的基本原理和装置

(1) 基本原理

根据一种以不稳定导热理论拟定的测试方法。其过程属于第二类边界条件,半无限大物体常热流通量作用下的分析解和它在工程实际中的应用。其导温系数和导热系数的解为:

$$\alpha = \frac{x_1^2}{4Y^2 x_1 \tau x_1} \tag{11}$$

$$\lambda = \frac{2Q_e}{\theta_0 \tau_0} \sqrt{a\tau_0} \frac{1}{\sqrt{\pi}} \tag{12}$$

式中 α——材料的导温系数(m^2/s);

λ——被测试样的导热系数 [$W/(m \cdot \text{℃})$];

x_1——试样厚度(m);

Q_e——加热器发热面发出的热源强度(W/m^2);

τ_x——当被测试样下表面过余温度达到 θ_{x1},τ_x 时所需要的时间(s);

τ_0——当被测试样下表面过余温度达到 θ_0,τ_0 时所需要的时间(s);

$\theta_0 \tau_0$——当被测试样下表面对应于 τ_0 时刻的过余温度(℃);

Yx_1——"高斯误差补函数的一次积分"中的变量值。可由数学函数表中查得。

(2) 测试装置

根据常功率法的基本原理,其测试装置如图 5 所示,分三个主要部分。

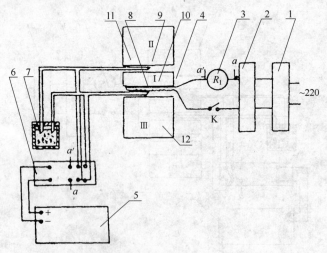

图 5 常功率平面热源法测试部分结构及仪表接线原理图

1—交流稳压电源;2—直流稳压电源;3—标准电阻 $R=0.01\Omega$;
4—加热器1;5—高精度数字电压表;6—琴键转换开关;
7—冰瓶(内装冰水混合物);8—热电偶1;9—热电偶2;
10—试件Ⅰ;11—试件Ⅱ;12—试件Ⅲ

第一部分为试件及试件夹具。试件Ⅰ、Ⅱ、Ⅲ为仅仅厚度不同的相同材质试件（200mm×200mm×δmm）。试件和试件之间夹以热电偶和加热器。

第二部分为测量系统，其温度传感器和二次测量仪表均同准稳态法测试部分。

第三部分为加热系统，除了将准稳态中二个加热器拿掉一个外，其余均同准稳态法测试部分。

2.2.3 热脉冲平面热源法测量导热系数的基本原理和装置

（1）基本原理

热脉冲法是以不稳定导热原理为基础，在实验材料中给以短时间的加热，使实验材料的温度发生变化。属第二类边界条件，半无限大物体平面热流作用下的另一分析解。其导温系数、导热系数的解为：

$$\alpha = \frac{X^2}{4\tau_1 y^2} \tag{13}$$

$$\lambda = \frac{Q_c \sqrt{a}(\sqrt{\tau_2} - \sqrt{\tau_2 - \tau_1})}{\theta_2(0, \tau_2)\sqrt{\pi}} \tag{14}$$

式中　τ'——在热源工作期内试件上表面开始升温时的时间(s)；

　　　y^2——是函数$B(y)$的自变量；

　　　X——试样厚度(m)；

　　　Q_c——加热器发热面发出的热源强度(W/m^2)；

　　　τ_1——平面热源工作时间(s)；

　　　τ_2——热源停止工作以后，测量热源面上($x=0$处)的温升时刻(s)；

$\theta_2(0, \tau_2)$——在τ_2时间内源面($x=0$处)的温升(℃)。

（2）测试装置（图6）

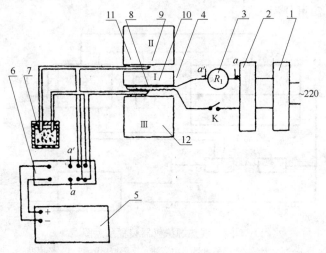

图6　热脉冲平面热源法测试部分结构及仪表接线原理图

1—交流稳压电源；2—直流稳压电源；3—标准电阻$R=0.01\Omega$；
4—加热器1；5—高精度数字电压表；6—琴键转换开关；
7—冰瓶（内装冰水混合物）；8—热电偶1；9—热电偶2；
10—试件Ⅰ；11—试件Ⅱ；12—试件Ⅲ

2.2.4 线热源法测量导热系数的基本原理和装置

(1) 基本原理

在试件材料中间,安置一根细长的金属加热丝,当加热丝两端接通电流后,就会发出热量,使加热丝温度升高。加热丝温度升高的快慢,与实验材料的导热系数有关。如果实验材料的导热系数小,即材料的绝热性能好,热量不容易跑掉,那么加热丝的温度升得又高又快;相反,实验材料的导热系数越大,热量就会很快散失掉,则加热丝的温度升得既小又慢。线热源法就是根据这种原理研制成的。

实验材料的导热系数与加热丝的温升关系可以通过求解无限长圆柱体的导热微分方程式很严格地表示出来。

如果在加热过程中任意确定两个不同时间的温度为 $t(r, \tau_1)$ 和 $t(r, \tau_2)$,并求出它们之差:

$$\Delta t = t(r, \tau_2) - t(r, \tau_1) = \frac{q}{2\pi\lambda}\ln\left(\frac{n_1}{n_2}\right) = \frac{q}{4\pi\lambda}\ln\left(\frac{\tau_1}{\tau_2}\right) \tag{15}$$

经过整体,试件的导热系数(λ)可以由下式计算:

$$\lambda = \frac{q}{4\pi\Delta t}\ln\left(\frac{\tau_2}{\tau_1}\right) \tag{16}$$

式中 q——加热丝单位长度、单位时间所发出的热量(W/m²)。

$$q = \frac{I^2R}{l} = \frac{V^2}{lR} \tag{17}$$

式中 l——加热丝长度(m);

R、I、V——分别为加热丝的电阻(Ω),通过加热丝的电流(A)和两端的电压(V)。

(2) 测试装置

测试装置(图7)可分为三部分。

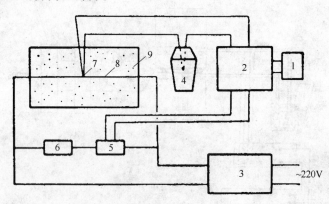

图7 线热源法仪器装置示意图
1—检流计;2—高精度数字电压表;3—稳压电源;4—恒温瓶;
5、6—标准电阻;7—热电偶;8—加热丝;9—试件

1) 容器为装填试样、安置加热丝和热电偶之用(图8)。容器内部尺寸一般为14cm×14cm×30cm,不宜再小。材料可采用木板、胶合板、硬塑料板和有机玻璃等,要求牢固。

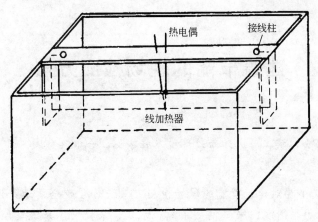

图 8　容器示意图

在容器的中心,安置加热丝和热电偶。加热丝可采用直径为 0.2mm 左右的镍铬丝、康铜丝或锰铜丝,在加热丝的两端焊上铜丝,用框架固定并连接电源。框架的下部用螺钉与容器连接,以此拉直加热丝。加热丝的长度与电阻值要精确测量。加热丝要进行绝缘处理。

2) 温度测量采用康铜-铜热电偶,热电偶的结点也用上述方法绝缘,并用胶粘剂将热电偶粘在加热丝的中心。

3) 加热系统。在实验过程中要求电压稳定,采用 WYJ-45A 型晶体管直流稳压电源。为了精确地测量加热丝两端的电压降,可与加热丝并联 10000Ω 与 1Ω 的标准电阻各一个,用高精度数字电压表(分辨率 $1\mu m$)测量热电偶的温差电势来换算出温度。

线热源法适用于测定粉末材料、小颗粒状材料、短纤维状材料的导热系数。线热源法的特点是:

测量时间短,1~15min。

不需要量测试件的尺寸,试件放入容器即可。

操作简单。

精确度为±5%。

参考文献

[1] 张斌等. 非准稳态综合导热实验台的设计与实验研究. 哈尔滨建筑大学学报,1995,(4).

[2] 余其铮等. 导热系数和比热准稳态测量方法的分析. 哈尔滨:哈尔滨工业大学出版社,1983.

[3] 王补宣等. 同时测定绝热材料 α 和 λ 的常功率平面热源法. 工程热物理学报. 1980,(1).

[4] 沈锟元等. 建筑材料热物理性能. 北京:中国建筑工业出版社,1981.

建筑节能的现场检测方法

张 斌

(哈尔滨工业大学市政环境工程学院,哈尔滨 150001)

摘 要: 本文主要对建筑节能的现场检测方法进行了较全面地论述,分别对采暖供热系统室外管网水力平衡度、采暖供热系统补水率、采暖供热系统室外管网热输送效率、采暖供热锅炉或换热站热效率、采暖供热系统循环水泵的单位输热耗电量、居住小区单位采暖耗煤量、建筑物室内平均温度、建筑物单位采暖耗电量进行了论述。同时,提出了建筑节能现场检测应注意的问题。

关键词: 现场检测 热输送效率 热效率 单位热耗电量 单位采暖耗煤量 室内平均温度 单位采暖耗热量

1 采暖供热系统室外管网水力平衡度的检测

采暖供热系统是有很多串、并联管段与各个用户组成的一个复杂的管道系统,各用户既互相关联,又互相影响。由于设计、施工和运行等多种原因,供热系统在实际运行时往往很难完全按照设计水力工况运行,而使流量分配偏离设计值,出现了某些用户或散热设备的流量比设计流量大,而有些用户或散热设备的流量比设计流量小,因而造成热用户或房间冷热不均的现象。各热用户或散热设备的流量与设计流量的不一致性称为采暖供热系统的水力失调。水力失调的程度用室外管网水力平衡度来衡量。

采暖供热系统产生水力失调的原因有两方面:一是缺乏消除环路剩余压头的定量调节装置。因为有些环路的剩余压头较难只由管径变化档次来消除,目前的截止阀及闸阀既无调节功能,又无定量显示,而截流孔板往往难以计算的比较精确;二是水泵实际运行点偏离设计运行点。设计时水泵型号是按两个参数选择,流量为系统总流量,扬程则为最不利环路阻力损失加上一定的安全系数,由于实际阻力往往低于设计阻力,水泵工作点处于水泵特性曲线的右下侧,使实际水量偏大。此外,对于旧系统改造、逐年并网,或者要考虑供热面积逐年扩大的管网系统,单纯依靠一次性的平衡计算或安装节流孔板是行不通的,设计时留有较大的富裕量是可以理解的。因此,不可避免地出现了水力失调的现象。

1.1 概念

采暖供热系统室外管网水力平衡度是指在集中热水采暖系统中,整个系统的循环水量满足设计条件时,建筑物热力入口处实际循环水量与设计值之比。循环水量的测量值应以相同检测持续时间(一般为 30min,若采用便携式超声波流量计可为 10min)内各热力入口测得的结果为依据进行计算。

1.2 计算公式

供热系统室外管网水力平衡度应按下式计算:

$$HB_j = \frac{G_{\text{wm},j}}{G_{\text{wd},j}} \tag{1}$$

式中 HB_j——第 j 个热力入口处的水力平衡度,无因次;
$G_{\text{wm},j}$——第 j 个热力入口处循环水量的测量值(kg/s);
$G_{\text{wd},j}$——第 j 个热力入口处循环水量的设计值(kg/s);
j——建筑物热力入口的序号。

1.3 检测方法

采暖供热系统室外管网用户侧分支循环流量的检测位置宜以建筑物热力入口为限,根据各个热力入口距热源中心距离的远近,采用近、中、远端热力入口抽样检测的方法进行。这样,一方面,可以将检测工作量控制在适度的水平,另一方面,又可以对该室外采暖管网的水力平衡度进行基本评估,所以具有可操作性。

要求被检测的采暖供热系统必须运行在正常运行工况下,这样有利于增加检测结果的可信性。否则,当系统中存在管堵、存气、泄水现象时,检测结果就很难反映系统的真实状态。

在检测期间,采暖供热系统总循环水量应维持恒定且为设计值的 100%~110%。这样可以遏制"大马拉小车"运行模式的继续存在。中国建筑科学研究院从 1991 年开始,一直致力于平衡供暖的实践工作。在实践中发现:在采暖系统中,"大马拉小车"的现象十分普遍。如,北京市朝阳区某住宅小区二次管网实测循环水量为设计值的 1.57 倍。尽管采用"大马拉小车"的运行模式能解决让运行人员头痛的由于"末端用户不热"而带来的居民投诉问题,然而这是以浪费能源为前提的。流量计量装置宜安装在供热系统相应的热力入口处,且宜符合相应产品的使用要求。我国热计量的工作正在积极地酝酿之中,热计量工作的全面展开将会使各个热力入口水力平衡度的检测工作更加方便。

1.4 流量检测设备

常用的流量测量方法有:(1)速度式,使用该测量方法的仪表有:孔板、喷嘴、文丘里管、转子流量计、叶轮式流量计、电磁式流量计、漩涡流量计。(2)容积式,使用该测量方法的仪表有:椭圆齿轮流量计、腰轮流量计、刮板式流量计、湿式流量计。(3)直接或间接测量单位时间内流过管道界面的流体质量。采用该方法的仪表有:叶轮式质量流量计、温度压力自动补偿流量计等。目前,市面上的流量计产品很多,有些为数字式仪表,可以通过计算机接口传输数据。但这些仪表大都是接触式测量,需要把仪表安装在管道中。

对于已经运行的系统，显然是不可能破坏管道而安装仪表的。因此，孔板、转子流量计等都不可能用于工程测试。现在使用较多的是超声波流量计（图1、图2）。

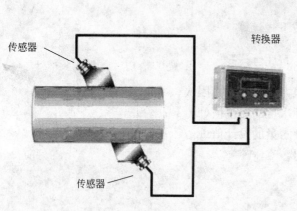

图1　固定式声波流量计

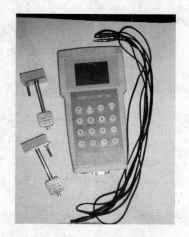

图2　便携式超声波流量计

超声波流量计是利用超声波在流体中的传播速度会随着被测流体流速而变化的特点发展起来的新型仪表。典型的超声波测速方法有：时差法、多普勒频移法、相位差法和声循环频率差法。时间差法适用于比较洁净的流体测量。当流体比较脏污，流体中有微小固体颗粒或气泡时，使用多普勒超声波流量计比较好。文献通过实验得出：时间差法超声波流量计的线性较多普勒超声波流量计要好，这也说明前者的精度更高。PORTAFLOW™ SE 便携式流量计是利用时差法，使用钳型传感器技术，测量满管情况下的液体流量。时差法测量流速的基本原理如下：

假定流体静止时的声速为 c，流体速度为 v，顺流时传播速度为 $c+v$，逆流时则为 $c-v$。在流体中设置两个超声波发生器 T1 和 T2，两个接收器 R1 和 R2，发生器与接收器的间距为 l。在不用两个放大器的情况下，声波从 T_1 到 R_1 和从 T_2 到 R_2 的时间分别为 t_1 和 t_2：

$$t_1 = \frac{l}{c+v} \tag{2}$$

$$t_2 = \frac{l}{c-v} \tag{3}$$

一般情况下，$c \gg v$，亦即 $c^2 \gg v^2$，则

$$\Delta t = t_2 - t_1 = \frac{2lv}{c^2} \tag{4}$$

若已知 l 和 c，只要测得 Δt，便可知流速 v。

使用上述超声波流量计测量时，可以有反射和对角两种模式，如图3所示。根据产品说明，可知当管道半埋在地面或流速很低时需要采用反射模式。若某种模式对管道尺寸无效，则仪器会给出提示。

传感器安装地点选择：

（1）满足直管段长度要求（直管段长度是指测量点距阻力件的距离）。直管段要求一般

为前10倍管径，后5倍管径。当流速低于3m/s时，直管段要求可为前5倍管径，后3倍管径(图4)。

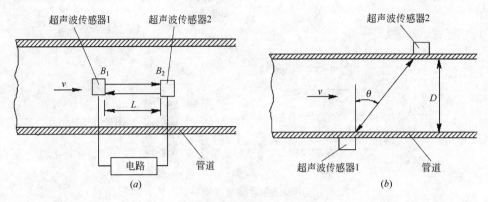

图3　超声波流量计的两种测量模式
(a)反射模式；(b)对角模式

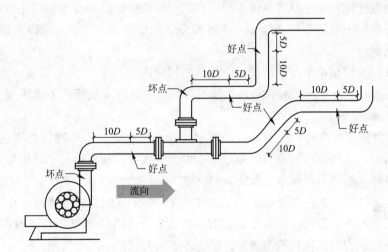

图4　超声波流量计传感器安装位置示意图

(2) 直管段部分表面平滑、较新、圆度较好。

(3) 首选液体向上(或斜向上)流动的竖直管路，其次是水平管路，尽量避开液体向下(或斜向下)流动的管路，防止液体不满管。测量点不要选在管路走向的最高点，防止管路内因有气泡聚集而造成测量不正常(图5)。

(4) 水平管路测量点应选在自水平线±45°范围以内，避开管路顶部气泡。

(5) 电缆的敷设：传感器与转换器之间连接电缆的敷设要安全、可靠。地下敷设时，电缆必须穿金属管，防止电缆被轧断或老鼠咬断。电缆外径7mm，每对传感器2根电缆，金属管内径要大于25mm。架空敷设线杆跨距超过20m时，必须做加强线，防止风力过大时将电缆扯断。与其他电缆敷设同一电缆沟时，需穿金属管，以提高抗干扰性能。

测量时，超声波流量计应在尽可能远离泵、阀等流动紊乱的地方安装。泵应在被测管上游侧50D(管道公称直径)处，流量控制阀应远离12D以上。一般情况下，上游侧应有12D的直管段，下游侧需5D的直管段。但实测中发现，有时不容易找到符合上述要求的

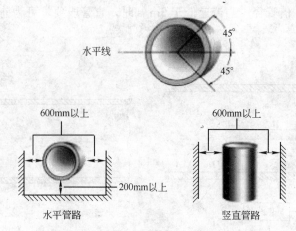

图 5　超声波流量计传感器安装基本要求

测点，往往机房内管路布置比较紧凑，可利用的直管段有限。因此可作适当调整。

超声波流量计比其他流量计使用方便，只需探头和管壁接触而与被测流体不接触，不干扰流场。可以用于管径 20～5000mm 的各种介质的流量测量，并且可以实现自动读数、存储数据的功能。

现场测试时使用超声波流量计同样应注意的问题：

(1) 超声波流量计在测量时有对角和反射两种模式，在对角模式不容易测出时，采用反射模式往往能测试出。

(2) 当所测温度较高时，使用的胶粘剂很可能会融化，使得传感器与管道接触不好，不易测出。因此，使用超声波流量计测量冷冻水、冷却水时相对容易，而测量蒸汽凝结水量和冬季采暖热水量时有些困难。即使有时能测出，信号也很小，数据的可信度降低。

(3) 该仪表对管道的表面清洁度有一定的要求。对于有保温层的管道，在征得管理人员同意的情况下，在管道的适当位置将部分保温层割下，并用砂纸将管道壁面打磨光滑、干净，并将胶粘剂均匀涂在传感器表面，防止传感器与管壁中出现气泡。

(4) 超声波流量计对管道流体的流动状态要求很高，如果管内流体为非满管流或气泡太多，则很难测出。

1.5　合格指标

室外采暖供热管网各个热力入口处的水力平衡度应为 0.9～1.2。

1.6　解决对策

(1) 在每个热力入口安装调节性能好的调节阀，在正式投入运行前进行初调节。但系统调节特别是大系统的调节需耗费大量的时间。这是由于调了前面影响后面，调了后面影响前面，并且要有一台便携式超声波流量计。清华大学热能系在 20 世纪 80 年代研究出一种科学的初调节软件和实施方法，即先把系统输入计算机进行计算和调节，然后到现场一次完成。该系统曾在北京和其他地区为一些失调的系统进行调整，并取得良好的效果。

(2) 对供热系统进行详细计算,在热力入口的管段上安装"节流孔板"消除剩余压头。这一对策的缺点是当热负荷变化时就得重新计算和更换节流孔板。同时,节流孔板的孔径太小,容易堵塞。

(3) 安装微机监控系统,在用户热力入口管段上安装电动调节阀,对其压差进行有效调整和控制,这种方法对一级网应用较多。

(4) 在热力入口管段上安装自力式压差(流量)调节器或自力式平衡阀,在运行初期进行调整并锁定。这种方法在国外用的较多,国内近几年有所使用,效果良好。

2 采暖供热系统补水率的检测

我国是一个缺水的国家,到 1989 年,我国不同程度缺水的城市竟达 300 个,2000 年我国各流域的缺水率见表 1。

2000 年我国各流域缺水率 表 1

序号	地域名称	缺水率(%)	序号	地域名称	缺水率(%)
1	东北诸河	7.4	6	华南诸河	4.0
2	海河	23.6	7	东南诸河	0.2
3	淮河	9.5	8	西南诸河	4.2
4	黄河	5.2	9	内陆河	2.7
5	长江	3.1	10	全国	5.9

随着我国工农业的迅速发展和城市化进程的加快以及工业污染的持续影响,水资源问题必将愈发突出,仅北京市从 2001~2005 年全市地下水储量累计减少就近 30 亿 m^3,如果按 2006 年北京市市区供水能力(268 万 m^3/d)计算,可供北京市区供水 1119d。正因为如此,我国政府提出了"节能、节水、节地、节材"的口号。实行对采暖供热系统补水率的检验不仅是大势所趋,而且从我国目前采暖供热系统运行管理水平来看也是十分必要的。

2.1 概念

采暖供热系统补水率是指采暖供热系统在正常运行工况下,检测持续时间内,该系统单位建筑面积、单位时间内的补水量与该系统单位建筑面积、单位时间设计循环水量的比值。

2.2 计算公式

采暖供热系统补水率应按下式计算:

$$R_m = \frac{g_m}{g_d} \cdot 100\% \tag{5}$$

$$g_d = 0.861 \frac{q}{t_s - t_r} \tag{6}$$

$$g_m = \frac{G_m}{A_0} \tag{7}$$

式中　R_m——采暖供热系统补水率，无因次；

　　　g_m——检测持续时间内采暖供热系统单位建筑面积单位时间内的补水量[kg/(m²·h)]；

　　　g_d——检测持续时间内采暖供热系统单位建筑面积单位时间设计循环水量[kg/(m²·h)]；

　　　G_m——检测持续时间内采暖供热系统平均单位时间内的补水量(kg/h)；

　　　A_0——采暖建筑的总建筑面积(应按行业标准《民用建筑节能设计标准(采暖建筑设计部分)》(JGJ 26)附录D的规定计算，但如果存在设有集中采暖设施的地下室时，则还应包含地下室建筑面积)(m²)；

　　　q——采暖供热系统设计热负荷指标(W/m²)；

　　　t_s、t_r——采暖供热系统设计供回水温度(℃)。

在工程界关于补水率的定义有两种。一种以系统的水容量为基础，另一种则以系统的循环水量为基础。《锅炉房设计规范》GB 50041—92、《城市热力网设计规范》CJJ 34—2002中的补水率都是按照系统水容量为基础计算的。从理论上看，应按系统水容量的某一个比例来控制补水率的大小，这样更直观。但在现场检测实际补水率的过程中，便会遇到困难。因为热水采暖系统的水容量不方便计算和测量。当然，在整个系统首次上水时，可以采用流量计测得其总上水量，通过该上水量即可求得系统的水容量。但由于所有采暖系统的上水时间都相对集中，所以按照此法执行起来十分困难。再加上为了减少管网系统的腐蚀，在系统的运行管理中大力提倡湿保养，这样，将会使"上水量实测法"变得越发无计可施。除实测外，尚可以通过计算。显然，企图通过系统管材设计用量的统计计算来计算系统水容量理论上是可行的，但实际上是不可能的，因为设计和施工往往相差甚远。综合以上分析，应以采暖系统供热设计热负荷指标为基础来计算系统的补水率。

2.3　检测方法

在采暖供热系统尚处于试运行时，由于整个系统内部的空气尚未全部排尽，所以会出现人为排气泄水的现象，然而这部分非正常泄水不属于正常运行补水量，所以，应在采暖供热系统正常运行且室外管网水力平衡度检验合格的基础上进行补水率的检验，且检测持续时间不应小于24h，宜为整个采暖期。延长检测持续时间，有利于较全面地评价采暖系统补水率的大小。此外，时间的延长从实际操作上也是可行的，不会给检测人员带来额外的工作负担。

总补水量应采用具有累计流量显示功能的流量计量装置测量，该流量计量装置应安装在系统补水管上适宜的位置，且应符合相应产品的使用要求。在建筑节能的现场检测过程中，不必要也不可能所有的检测仪表均属检测单位所有。为了保证检测数据的正确和有效，专业检测人员只要保证使用仪器仪表的方法正确即可。在对补水量进行检测时，完全可以使用系统中固有的水表进行检测，但若该水表没有有效标定证书的话，则在使用前必须进行标定。

2.4 合格指标

采暖供热系统补水率不应大于0.5%。

3 采暖供热系统室外管网热输送效率

3.1 概念

采暖供热系统室外管网实测热输送效率是指采暖供热系统在正常运行工况下,检测持续时间内,各建筑物热力入口测得热量累计值的总和与在锅炉房或热力站总管处测得的热量累计值的比值。

3.2 计算公式

采暖供热系统室外管网实测热输送效率应按下式计算:

$$\eta_{m,t} = \frac{\sum_{j=1}^{n} Q_{m,j}}{Q_{m,t}} \cdot 100\% \tag{8}$$

式中 $\eta_{m,t}$——室外管网实测热输送效率,无因次;
$Q_{m,j}$——检测持续时间内在第 j 个热力入口处测得的热量累计值(MJ);
$Q_{m,t}$——检测持续时间内在锅炉房或热力站总管处测得的热量累计值(MJ);
j——热力入口的序号。

3.3 检测方法

室外管网热输送效率的检测应在最冷月进行,且检测持续时间宜取72h。试点小区还应检测整个采暖期采暖供热系统实际运行条件下的平均热输送效率。检测期间,采暖供热系统应处于正常运行状态,且锅炉(或换热器)的热力工况应符合下列规定:
（1）锅炉或换热器出力的波动不应超过10%；
（2）锅炉或换热器的供回水温度与设计值之差不应大于10℃；
（3）各个热力(包括锅炉房或热力站)入口的热量应同时测量。

一般来说,在采暖系统初始运行时,因为采暖系统以及土壤本身均有一个吸热蓄热的过程,若在这个期间实施室外管网热输送效率的检验,便会给出不真实的结果,所以,应在室外管网正常运行120h后才能实施检测。检测期间热源供水温度的逐时值不应低于35℃。检测持续时间应不应少于72h,当然可以延长检测持续时间至整个采暖期。这样可以较为全面地了解采暖系统室外管网的热输送效率,而且,随着我国热计量制度的逐步贯彻执行,采暖系统各热力入口安装热量表将变成现实,所以各个热力入口的热量检测不再是一件可望而不可及的事,所以,适当地增加检测持续时间不会给检测人员造成额外的工作负担。

3.4 热量检测设备

热量表定义为：适用于测量在热交换环路中，被称作载热液体的液体所吸收或转换热能的仪器，它由流量传感器、温度传感器和热能积算仪三部分组成。热量表（热能积算仪），既能测量供热系统的供热量又能测量供冷系统的吸热量。2001年，国家质量技术监督局发布了《热能表检定规程》JJG 225—2001。

我国现在生产、经营热量表的企业已超过106家（2004年5月不完全统计）。地区分布包括：北京、上海、天津、山东、辽宁、河北、江苏、浙江、广东、吉林、黑龙江、陕西、甘肃、宁夏、内蒙古等16个省、市、自治区。分布比较集中的北京、天津、山东三地超过51家，约占总数的50%。全国已安装在集中供热及制冷建筑系统上的热量表超过20万套。随着热改的推进，中国的热量表行业发展看好。

另外，欧洲专业公司已大举进入中国热量表产业。在中国销售、合作生产热量表及其部件的外国公司已有17家以上。其关注程度已从提供、生产几种主要部件的方式，到引进全套技术在中国制造热量表整机。国际性的能源技术服务公司也有战略性的转移，从经销热量表硬件产品，到提供包括系统设计、管理、配套等软件的全套指导和咨询技术服务。其中，在超声波热量表领域里有着20年生产经验的兰吉尔公司，还专门开发设计了适用于中国的新一代超声波热量表（图6），已开始直接进入中国市场。

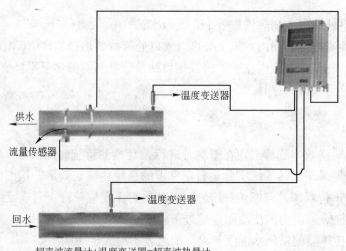

超声波流量计+温度变送器=超声波热量计

图6 超声波热量计

而在国内，正泰、吴忠、华立等著名的大型企业，已不同程度地直接进入热量表这一新兴产业。并针对中国国情自主研发既可用于测量供热表，也可用于测量供冷量（吸热量），既可用于集中供热计量收费，也可用于正在发展的冷热联供的中央冷暖空调的系统和分户冷热计量的计量产品。在流量表的设计安装上，国内产品既可安装在进水管道上，也可安装在回水管道上。

热量表的选型问题，主要从三个方面来考虑，即使用寿命、精确度和便于安装与维护。在选购热量表时，应具体考虑下面几个方面的问题：

3.4.1 热量表的额定流量

目前,在热量表的选用上存在一个误区,那就是根据热量表的公称口径来选择热量表,正确选用方法是,根据热量表的额定流量来选用。热量表国家标准 CJ 128—2000 第 4.3.3 条中规定:热量表的常用流量应符合 GB/T 778 冷水水表的要求,最低一档常用流量为 $0.6m^3/h$。常用流量与最小流量之比应为 10、25、50 或 100。公称直径不大于 40mm 的热量表,其常用流量与最小流量之比必须采用 50 或 100。

3.4.2 要考虑到安装位置与安装形式

根据不同的工程项目,有的热量表是安装在进水端,而有的是被安装在回水端,还有的是被设计成竖式安装。这样,就需要在采购热量表时,首先要了解清楚感兴趣的产品是否能满足上述要求。如前文所述,有的热量表是采用 K 系数法计算热量,这样的热量表对安装位置是有要求的,而有的热量表是不能竖式安装的。

3.4.3 不同的热量表在使用寿命上差别很大

不同技术原理的热量表在抗水锈、使用寿命、计量精度、抗杂质程度等方面的表现有很大的差别,下面详细介绍不同的热量表在这些方面的区别:

(1) 叶轮轴的耐磨程度:由于叶轮长期在水流的冲击下工作,它的耐磨性能非常重要。单流束流量计的热量表,流量计的水流是从单一方向直接冲击叶轮的,形成叶轮单向受力,在经过一年到两年的连续工作后,叶轮轴套很快就会被磨坏,导致流量计无法工作或精度下降。但是,单流束流量计也有优点,它初期运行时候的灵敏度很高,样品检测时候容易通过,而且外观体积小,视觉上容易使人接受。多流束流量计热表,工作时水是被分成多股从四周均衡地推动叶轮转动,从而大大地延长了流量计的使用寿命,至少可以用 5~6 年,不过,这只适用于无磁式热量表,如果是其他原理的热量表,还要考虑电池、干簧管的寿命,以及磁铁吸附杂质等因素。

(2) 磁传动装置的影响:在机械式热量表中除了无磁式热量表以外,其他热量表中叶轮上都必须安装一个磁环,那么:

1) 叶轮上的磁铁吸附了水中大量的铁屑、铁锈等,并形成堆积。从而阻碍了叶轮的转动,尤其是在停止供热以后,大量的杂质就会变硬甚至固化,使叶轮在第二年供热时不能转动或很慢,从而大大降低流量计的精度。

2) 由于热水对磁铁具有消磁作用,所以长时间在热水中工作以后,磁环的磁力会逐渐地减弱,从而使叶轮的转动与齿轮间的偶合力下降,造成转动不同步,使精度会逐渐下降。

3) 干簧管的影响:对于干簧管原理的热量表来说,流量信号是用干簧管把机械信号转变成电信号的。很容易看出,随着干簧管的簧片在工作中的一次次地弯曲和放松,干簧管的工作寿命和可靠程度是非常令人担心的。还有一个缺点就是,随着干簧管工作时间的延长,干簧管簧片的弹性强度也会改变。这样,原来调整好的磁性强度与干簧管吸合强度的配合就会变得不合适,也就是会出现水表指针转一圈的时候,干簧管出现不吸合或全吸合的情况。这些问题在热量表投入使用后的 2~3 年内很快就会发生。这一切都会影响热量表的流量计量精度。更严重的是一块强磁钢可以使干簧管永远吸合,而无脉冲信号输出。

4) 齿轮组的影响:有齿轮组的热量表,叶轮的转动情况需要带动齿轮组,逐级耦合后转变成电信号。因此，叶轮在转动时阻力大，始动流量高，长时间运行磨损大，精度下降快。而采用无磁原理的热量表的叶轮，其转动情况由上方的探头直接得到，叶轮的转动无任何额外阻力，因此，始动流量低，精度高，适宜长期运行。

5）磁场的影响：干簧管法和韦根传感器法热量表还有一个弱点，就是极容易受到外部磁性物质的干扰。也就是当有人用一块磁铁靠近热量表时，外部的磁场就干扰了内部的有磁计量元件的工作，使之不能工作，或变慢。这就给一些不良企图的人有了可乘机会。

3.4.4 所选的热量表是否适合现场条件

（1）安装空间：热量表多安装在楼层竖井（管道井）内，因此，热量表的安装尺寸相对小一些好，当然，安装尺寸也取决于传感器接入阀门的选择。这样的表无论是安在室内还是室外，都会节省建筑空间。有些情况下需要选择可立式安装的热量表。

（2）积算器的显示部分是否可以灵活地调整角度。热量表在一般情况下安装空间都比较狭窄，而且热量表的上方多有管道或有其他表，有些热量表的安装位置也高低不同，如果热量表的显示部分不能调整，会给日后的抄表工作带来不便。

（3）显示菜单的显示功能齐全。各种参数的显示一目了然。热量表的防水、防尘性能。热量表的进水端一般都安装有过滤器，而过滤器是要经常排污的，这难免会有水溅到热量表上，而且一般管道井里的灰尘会很多，所以热量表的防水、防尘性能也很重要。

3.5 合格指标

采暖供热系统室外管网热输送效率应不小于90%。加强室外管网热损失率的检验，有利于促进采暖运行管理水平的提高、人们责任感的增强，所以，若检测结果不符合此规定，即判为不合格。

4 采暖供热锅炉或换热站热效率

4.1 概念

采暖供热锅炉或换热站热效率是指采暖供热系统在正常运行工况下，检测持续时间内，采暖供热锅炉的产热量或换热器的输出热量与采暖供热锅炉或换热器的输入热量值的比值。

4.2 计算公式

采暖供热锅炉或换热器热效率采用下式计算：

$$\eta_t = \frac{Q_e}{Q_i} \cdot 100\% \tag{9}$$

式中 η_t——采暖供热锅炉或换热器的热效率，无因次；

Q_e——采暖供热锅炉的产热量或换热器的输出热量（MJ）；

Q_i——采暖供热锅炉或换热器的输入热量（MJ）。

对于采暖供热锅炉，应按下式计算。

$$Q_i = G_{ct} Q_{dw,av}^y 10^{-3} \tag{10}$$

式中 G_{ct}——检测持续时间内锅炉的燃煤量或燃油量(kg)，或燃气量(Nm^3)；

$G_{dw,av}^y$——检测持续时间内燃用煤的平均应用基低位发热值(kJ/kg)，或燃用油的平均低位发热值(kJ/kg)，或燃用气的平均低位发热值(kJ/Nm^3)。

4.3 检测方法

热效率的检测应在最冷月进行，且检测持续时间不应少于24h。这样，主要是考虑可操作性问题。如果规定检测持续时间过长，则完成一个项目的检测所费时间太多，执行起来困难，特别是对于燃煤锅炉，需要燃煤称重，需要投入的人力太多，试点小区还应检测整个采暖期采暖供热锅炉或换热站在实际运行条件下的平均热效率。检测期间采暖供热系统和锅炉(或换热器)的热工条件应符合以下规定：

(1) 锅炉或换热器出力的波动不应超过10%；

(2) 锅炉或换热器的供回水温度与设计值之差不应大于10℃。

燃煤采暖锅炉的耗煤量应按批逐日计量和统计，燃油和燃气采暖锅炉的耗油量和耗气量应用专用计量表累计计量。在检测持续时间内，煤应用基低位发热值的化验批数应与供热锅炉房进煤批次相一致，且煤样的制备方法应符合现行国家标准《工业锅炉热工试验规范》GB 10180 的有关规定。燃油和燃气的低位发热值也应根据油品种类和气源变化进行化验。为了防止在检测期间当每批煤煤质之间存在较大差异时而可能导致的较大误差，所以煤样应用基低位发热值的化验批数应与采暖锅炉房进煤批数相一致。燃油和燃气的低位发热值也应根据需要进行取样化验，以保证取得准确的数据。采暖供热锅炉的产热量、换热器的输入热量和输出热量均采用热量计量装置连续累计计量。

如果检测期间整个采暖系统运行不正常，得出的数据便会失去意义。燃煤锅炉的负荷率对锅炉的运行效率影响较大，所以单台锅炉的运行负荷不应低于额定负荷的60%。由于燃油和燃气锅炉的负荷特性好，当负荷率在30%以上时，锅炉效率可接近额定效率，所以，检测锅炉的运行效率时瞬时运行负荷率应不小于30%。因为锅炉运行效率不仅和负荷率有关，而且还和连续运行时数有关。当日供热量相同的条件下，运行时数长的锅炉，其日平均运行效率高于运行时数短的锅炉，所以为统一检测条件起见，锅炉日累计运行时数不应少于10h。

4.4 检测设备

检测设备如图7所示。

4.5 合格指标

采暖锅炉日平均运行效率直接涉及采暖煤耗的节省，由于长期以来对采暖锅炉运行管理工作的轻视，所以导致技术投入和资金投入严重不足，司炉工"看天烧火"现象仍然普遍存在，气候补偿技术尚未得到充分的重视。为了提高采暖锅炉的运行管理水平，必须对采暖锅炉运行效率进行检验。锅炉运行效率对建筑能耗的影响至关重要，而且20余年建筑节能工作的实践表明：采暖系统运行管理是最薄弱的环节，为了尽快提高采暖锅炉的运行管理水平，采暖供热锅炉或换热站的额定换热效率应满足表2的最低效率设计要求。

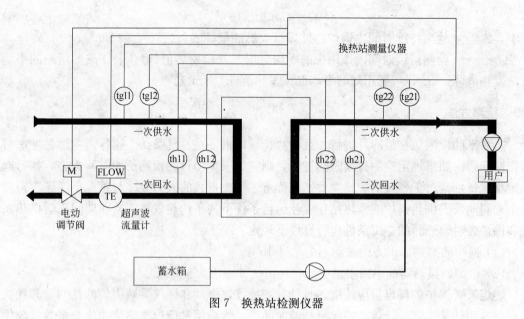

图 7 换热站检测仪器

锅炉最低设计效率　　　　　　表 2

锅炉类型、燃料种类及发热值			在下列锅炉容量(MW)下的设计效率(%)					
			0.7	1.4	2.8	4.2	7	14	>28.0
燃煤	烟煤	II	—	—	73	74	78	79	80
		III	—	—	74	76	78	80	82
燃油、燃气			86	87	87	88	89	90	90

5 采暖供热系统循环水泵的单位输热耗电量

5.1 概念

采暖供热系统循环水泵的单位输热耗电量是指在采暖期室外平均温度条件下，检测持续时间内采暖供热系统循环水泵所耗电量的累计值与检测持续时间内在锅炉房或热力站总管处测得的热量累计值的比值，单位为(kW·h)/MJ。

5.2 计算公式

采暖供热系统循环水泵的单位输热耗电量采用下式计算：

$$e_h = \frac{E_p}{Q_{m,t}} \tag{11}$$

式中　e_h——采暖供热系统循环水泵的单位输热耗电量[(kW·h)/MJ]；

E_p——检测持续时间内采暖供热系统循环水泵所耗电量的累计值(kW·h)；

$Q_{m,t}$——检测持续时间内在锅炉房或热力站总管处测得的热量累计值(MJ)。

5.3 检测方法

采暖供热系统循环水泵的单位输热耗电量的检测应在最冷月进行,且检测持续时间不应少于24h,试点小区还应检测整个采暖期采暖供热系统实际运行条件下的平均单位输热耗电量。检测期间采暖供热系统应符合以下规定:

(1) 锅炉或换热器出力的波动不应超过10%;

(2) 锅炉或换热器的供回水温度与设计值之差不应大于10℃。

采暖供热系统的累计供热量应在锅炉房或换热站内采用热计量装置进行检测,对建筑物的供热量应采用热量计量装置在建筑物热力入口处测量。计量装置中温度计和流量计的安装应符合相关产品的使用规定。供回水温度测点宜位于外墙外侧且距外墙轴线2.5m以内。循环水泵的用电量应独立计量,电表的测量不确定度应符合表3的规定。

仪器仪表的性能要求表 表3

序号	测量参数	测头不确定度(℃)	二次仪表 功能	二次仪表 精度(级)	总不确定度
1	空气温度	≤0.3(25℃)	应具有自动采集和存储数据功能,并可以和计算机接口	0.1	≤0.5℃
2	空气温差	≤0.2(25℃)	应具有自动采集和存储数据功能,并可以和计算机接口	0.1	≤0.3℃
3	采暖系统供回水温度	≤0.5(25℃)(低温水系统) ≤1.0(25℃)(高温水系统)	应具有自动采集和存储数据功能,并可以和计算机接口	0.1	≤1.0℃ ≤1.5℃
4	采暖系统供回水温差	≤0.3(25℃)(低温水系统) ≤0.5(25℃)(高温水系统)	应具有自动采集和存储数据功能,并可以和计算机接口	0.1	≤0.5℃ ≤1.0℃
5	采暖系统循环水量	—	应能显示瞬时流量或累计流量,或能自动存储、打印数据,或可以和计算机接口	—	≤5%
6	电功率	—	—	1	≤2%
7	煤量	—	—	2	≤5%
8	气量	—	—	1	≤2%
9	风速	—	应具有自动采集和存储数据功能,并可以和计算机接口		≤0.5m/s

5.4 检测设备

测量仪表可以选择电流表和功率表。由于电机上给出的额定功率为有功功率,使用的功率表也可测得有功功率。这样可以直接使用功率表测得电机输入端的有功功率。图8为测试中使用的数位夹式功率表。它可以对电流、电压、电阻、功率、功率因数等多个电力参数进行测量。

对于电机的三相负载,每一相的功率可以表示为:

$$P_p = U_p I_p \cos\varphi \tag{12}$$

式中 P_p——单相功率(W);

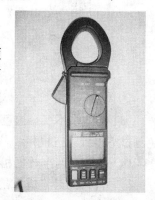

图8 数位夹式功率表

U_p——单相电压(V);

I_p——单相电流(A);

$\cos\varphi$——功率因数。

当三相负载对称时,各相负载功率相等。因此,三相总功率可以表示为:

$$P=3P_p=3U_pI_p\cos\varphi \tag{13}$$

式中 P——三相总功率(W)。

一般水泵或风机的电机有星形和三角形两种接法。对于星形接法,线电压、线电流与相电压、相电流的关系为:$U_l=\sqrt{3}U_p$,$I_l=I_p$,因此,可得:$P=3\cdot\left(\frac{1}{\sqrt{3}}U_l\right)I_l\cos\varphi=\sqrt{3}U_lI_l\cos\varphi$;对于三角形接法,$U_l=U_p$,$I_l=\sqrt{3}I_p$,可得:$P=3U_l\cdot\left(\frac{1}{\sqrt{3}}I_l\right)\cos\varphi=\sqrt{3}U_lI_l\cos\varphi$。

因此,不论电机线圈为星形连接还是三角形连接,电机输入功率都可以表示为:

$$P=\sqrt{3}U_lI_l\cos\varphi \tag{14}$$

式中 U_l——电机输入线电压(V);

I_l——电机输入线电流(A)。

使用该功率表测量时,可以分为三线三相有效功率测量和三线四相有功功率测量。三线三相有功功率测量的步骤为:

(1) 打开电表电源并把功能开关转至 $3\phi3W$ 位置。

(2) 选择某一相线作为共地端,并将黑色测试笔连到这个共地端,红色测试笔连到第二根相线,钩部勾住第二根相线,如图9中(a)所示,读数稳定后读值或按黄色键记录。

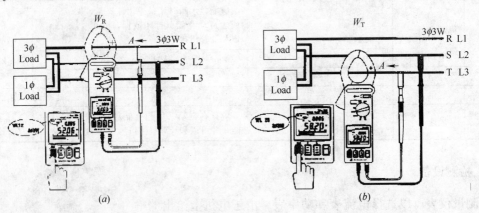

图9 三相三线有功功率测量
(a)步骤1;(b)步骤2

(3) 共地端不变,黑色测试笔仍连在原来的相线,将钩部移开并勾在第三根相线,红色测试笔连到第三根相线,如图9中(b)所示,读数稳定后读值或按黄色键记录。

(4) 将前面两个数据相加或由仪表自动处理前面数据,显示三相三线总有功功率。

需要注意的是,应当是功率表钩部的"+"符号面向电流来流方向,否则,读数为负值。三相四线有功功率测量与三相三线测量类似。需要以零线作为共地端,黑色测试笔位置不变,是红色测试笔分别与其余三根相线相连得到三个读数,取其和为三相四线总有功功率。测试步骤如图10所示。

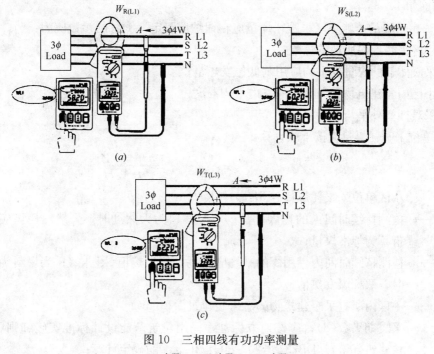

图 10 三相四线有功功率测量
(a)步骤 1;(b)步骤 2;(c)步骤 3

5.5 合格指标

采暖供热系统循环水泵的单位输热耗电量应满足下式的要求:

$$e_h \leqslant \frac{0.0056(14+a \cdot L)}{3.6\eta_m(t_s-t_r)} \tag{15}$$

式中 e_h——采暖供热系统循环水泵的单位输热耗电量[(kW·h)/MJ];

t_s,t_r——采暖供热系统设计供回水温度(℃);

η_m——循环水泵所配电机的额定效率;

L——室外管网主干线(包括供回水管道)总长度(m);

a——系数,其取值为:当 $L \leqslant 500m$ 时,$a=0.0115$;

当 $500m < L < 1000m$ 时,$a=0.0092$;

当 $L \geqslant 1000m$ 时,$a=0.0069$。

6 居住小区单位采暖耗煤量

6.1 概念

居住小区单位采暖耗煤量指的是在采暖期室外平均温度条件下,为保持小区建筑物室内计算温度，单位建筑面积在一个采暖期内消耗的标准煤量，单位(kg/m² · a)。

6.2 计算公式

由锅炉房供暖的节能小区采暖耗煤量应在锅炉房测定。测量的参数应为：
(1) 小区采暖期内所耗的煤量；
(2) 采暖所耗的煤量的平均应用基低位发热量；
(3) 小区内各建筑物采暖期内的室内平均温度；
(4) 采暖期室外平均温度。

小区单位采暖耗煤量应按下式计算：

$$q_{cm} = 8.2 \times 10^{-4} \cdot \frac{G_{ct} \cdot Q_{dw,av}^y}{A_{0,qt}} \cdot \frac{t_i - t_e}{t_{qt} - t_{ea}} \cdot \frac{Z}{H_r} \tag{16}$$

式中 q_{cm}——小区单位采暖耗煤量(标准煤)[kg/(m² · a)]；

G_{ct}——检测持续时间内的耗煤量(kg)；当燃料为天然气时，天然气耗量应按热值折算为标准煤量；

$Q_{dw,av}^y$——检测持续时间内燃用煤的平均应用基低位发热值(kJ/kg)；当燃料为天然气时，取标煤发热值；

$A_{0,qt}$——小区内所有采暖建筑物的总采暖建筑面积(m²)；

Z——采暖期天数(d)；应按地方标准《民用建筑节能设计标准实施细则(采暖居住建筑部份)》DB23/T120—2001 附录 A 的规定计算；

H_r——检测持续时间(h)。

其中小区室内平均温度应按下列公式计算：

$$t_{qt} = \frac{\sum_{i=1}^{m} t_{i,qt} \cdot A_{0,i}}{\sum_{i=1}^{m} A_{0,i}} \tag{17}$$

$$t_{i,qt} = \frac{\sum_{j=1}^{n} t_{i,j} \cdot A_{i,j}}{\sum_{j=1}^{n} A_{i,j}} \tag{18}$$

式中 t_{qt}——检测持续时间内小区室内平均温度(℃)；

$t_{i,qt}$——检测持续时间内第 i 类建筑物的室内平均温度(℃)；

$t_{i,j}$——检测持续时间内第 i 类建筑物中第 j 栋代表性建筑物的室内平均温度(℃)；

$A_{0,i}$——第 i 类建筑物的采暖建筑面积(m²)；

$A_{i,j}$——第 i 类建筑物中第 j 栋代表性建筑物的采暖建筑面积(m²)，应按地方标准《民用建筑节能设计标准实施细则(采暖居住建筑部分)》DB23/T120—2001 附录 F 的规定计算；

n——第 i 类建筑物中代表性建筑物的个数；

m——小区中采暖居住建筑的类别数。

6.3 检测方法

与小区单位采暖耗煤量有关的物理量的检测相同,应在供热系统正常运行后进行,检测持续时间应为整个采暖期。

耗煤量应按批逐日计量和统计。在检测时间内,煤应用基低位发热的化验批数应与供热锅炉房进煤批数相一致,且煤样的制备方法应符合现行国家标准《工业锅炉热工试验规范》GB 10180 的有关规定。小区室内平均温度应以代表性建筑物的室内平均温度的检测值为基础。代表性建筑物的采暖建筑面积应占其同一类建筑物采暖建筑面积的10%以上。代表性建筑室内平均温度的检测应按本章节检测方法执行。

6.4 检测设备

室外温度测量最简单的方法是采用玻璃管温度计。测量时,应注意以下几点:

(1) 温度计要防止太阳直接照射,消除辐射的影响。

(2) 使温度计悬垂,人手不得接触温度计本身,待液位稳定后读数,并根据多次读数取平均值。

另外,可利用多参数通风表进行温度测量(图11、图12)。

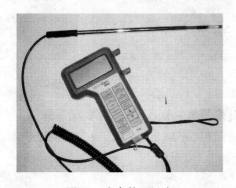
图11 多参数通风表

图12 温度自动记录仪

室内温度可以采用玻璃管温度计、多参数通风表或温湿度记录体测量。

ZDR 系列智能数据记录仪,该记录仪体积小、精度高,可采集记录温湿度、照度、CO_2、风向风速、雨量、电压、电流、pH 等参数。它集数据采集、记录和传输于一体,具有体积小($58mm \times 72mm \times 29mm$)、低功耗(配锂电池可连续工作1年)、高可靠(适应恶劣环境,失电时不丢失数据)。

温度自动记录仪使用方法:

(1) 用随机附带的通信电缆将记录仪与一般计算机(PC586以上即可)的串行口相连接。

(2) 在计算机上运行记录仪应用程序,设置好记录仪的记录启动时间、记录周期、停止时间、停止方式等参数。

(3) 设定完成后脱开记录仪与计算机的连接,将记录仪置于需检测的场合。

(4) 检测完毕后,再将记录仪与计算机连接,运行记录仪应用程序,将记录数据下载到计算机内进行数据处理。

6.5 合格指标

居住小区单位采暖耗煤量不应大于行业标准《民用建筑节能设计标准(采暖居住建筑部分)》JGJ 26—95 附录 A 附表 A 中相关指标值的 1.2 倍。

7 建筑物室内平均温度

7.1 概念

建筑物室内平均温度是指采暖供热系统在正常运行工况下,检测持续时间内,各建筑物在采暖期起止日期内,在某房间室内活动区域内一个或多个代表性位置测得的、不少于 24h 检测持续时间内室内空气温度逐时值的算术平均值,单位:℃。

7.2 计算公式

建筑物室内平均温度应以室内所有温度测头的连续检测值为依据,且应按下式计算:

$$t_{ia} = \frac{\sum_{j=1}^{n} t_{m,j} \cdot A_{m,j}}{\sum_{j=1}^{n} A_{m,j}} \tag{19}$$

式中 t_{ia}——检测持续时间内建筑物室内平均温度(℃);

$t_{m,j}$——检测持续时间内第 j 个温度计逐时检测值的算术平均值(℃);

$A_{m,j}$——第 j 个温度计所代表性的采暖建筑面积(m²);

j——室内温度计的序号;

n——建筑物室内温度计的个数。

7.3 检测方法

建筑物室内平均温度检测时段和持续时间应符合表 4 的规定,但当该项检测是为了配合其他物理量的检测而进行时,则其检测的起止时间应符合相应项目检测方法中的有关规定。

建筑物平均室温检测时段和持续时间　　　　表 4

序号	范围分类	时段	持续时间
1	试点小区/试点建筑	整个采暖期	整个采暖期
2	非试点小区/非试点建筑	冬季最冷月	≥72h

检测面积不应少于总建筑面积的 15% 或按合同执行;每层至少选取 3 个代表户;多于三层的居住建筑,首层、中间层和顶层均应布置测点;三层以下的居住建筑,应逐层布置测点。

建筑物室内平均温度应采用温度巡检仪进行连续检测，数据记录时间间隔最长不得超过 20min。测试室内空气温度的一次仪表宜采用Ⅰ级热电偶、热敏电阻、Ⅱ级、Ⅲ级铜电阻等可输出电信号的仪表，二次仪表应具有自动采集和存储数据的功能，并可以和计算机接口。测试的总不确定度应不大于 5‰。在设有温控装置的建筑物内检测室内空气温度时，测试期间室内空气设置温度应为 16~18℃。建筑物室内平均温度测头应设于室内活动区域内且距楼面 700~1800mm 的范围内有代表性的位置，但不应受太阳辐射或室内热源的直接影响。检测建筑物平均室温时，除设有浴盆和淋浴器的卫生间、浴房、厨房、阳台和使用面积不足 5m² 的自然间外，其他每个自然间均应布置测头，单间使用面积大于或等于 20m² 的宜设置两个测头。

7.4 合格指标

建筑物室内平均温度应在设计范围以内，且房间逐时温度的最低值不应小于室内设计温度的下限(已实行热计量、室内散热器装有恒温阀且住户出于经济的考虑，自觉调低室内温度者除外)，同时大于 24℃的房间温度逐时值不得连续出现 3 次。

8 建筑物单位采暖耗热量

8.1 概念

在采暖期室外平均温度条件下，为保持室内计算温度，单位建筑面积在单位时间内消耗的、需由室内采暖设备供给的热量，单位：W/m²。

8.2 计算公式

集中采暖建筑的建筑物耗热量的测试，应在建筑物范围内测定以下参数：(1)采暖入口处建筑的总供热量；(2)建筑物室内平均温度；(3)室外平均温度。

检测持续时间内室外平均温度应按下列公式计算：

$$t_{ea} = \frac{\sum_{i=1}^{m}\sum_{j=1}^{n} t_{ei,j}}{m \cdot n} \tag{20}$$

式中　　t_{ea}——检测持续时间内室外平均温度(℃)；

　　　　$t_{ei,j}$——第 i 个温度测点的第 j 个逐时测量值(℃)；

　　　　m——室外温度测点的数量；

　　　　n——单个温度测点逐时测量值的总个数；

　　　　i——室外温度测点的编号；

　　　　j——室外温度第 i 个测点测量值的顺序号。

建筑物供热量测试可采用由温度传感器、流量计和相应的二次仪表、集成一体化仪表和非一体化仪表，按下列方法之一进行：(1)热量计法；(2)流量计法。

采用流量计法测试供热量时，供热系统必须连续稳定运行。

8.2.1 热量计法

测试仪器应采用热量计,测量总不确定度不大于10%;应测试室内外空气温度、供回水温度。热量计法应按下列方法测试:(1)安装热量计;(2)每小时记录一次数据。

8.2.2 流量计法

应测试室内外空气温度、供回水温度、流量等内容;流量测试仪器应采用超声波、涡街流量计、涡轮流量计等;流量测量准确度为±5%。流量计法应按下列方法测试:(1)安装温度和流量测试仪表、数据采集仪、热量计量仪表;(2)记录数据时间间隔不应大于30min。

建筑物供热量 Q_g(MJ):

$$Q_g = 4.19 \times 10^{-3} \sum G_i (t_{gn} - t_{hn}) \Delta T \tag{21}$$

式中 G_i——每一时间间隔的供水流量(kg/h);

t_{gn}——每一时间间隔的供水温度(℃);

t_{hn}——每一时间间隔的回水温度(℃);

ΔT——测试时间间隔(h)。

测试水温的一次仪表宜采用Ⅰ级、Ⅱ级热电偶、热敏电阻、Ⅰ级、Ⅱ级铂电阻,测试水温差的一次仪表宜采用Ⅰ级、Ⅱ级热电偶、Ⅰ级、Ⅱ级铂电阻,应优先采用精度高的仪表。测试的总不确定度应不大于5%。

在有人居住的条件下进行检测时,建筑物单位采暖耗热量应按式(22)计算:

$$q_{hm} = \frac{Q_{hm}}{A_0} \cdot \frac{t_i - t_e}{t_{ia} - t_{ea}} \cdot \frac{278}{H_r} + \left(\frac{t_i - t_e}{t_{ia} - t_{ea}} - 1\right) \cdot q_{IH} \tag{22}$$

在无人居住的条件下进行检测时,建筑物单位采暖耗热量应按式(22)计算:

$$q_{hm} = \frac{Q_{hm}}{A_0} \cdot \frac{t_i - t_e}{t_{ia} - t_{ea}} \cdot \frac{278}{H_r} - q_{IH} \tag{23}$$

式中 q_{hm}——建筑物单位采暖耗热量(W/m²);

Q_{hm}——检测持续时间内在建筑物热力入口处测得的总供热量(MJ);

q_{IH}——单位建筑面积的建筑内部得热(W/m²);

t_i——全部房间平均室内计算温度,一般住宅建筑取16℃;

t_e——计算用采暖期室外平均温度(℃);

t_{ia}——检测持续时间内建筑物室内平均温度(℃);

t_{ea}——检测持续时间内室外平均温度(℃);

A_0——建筑物总采暖建筑面积(m²);

H_r——检测持续时间(h);

278——单位换算系数。

8.3 检测对象的确定

受检对象主要包括单体建筑和住宅小区建筑群两类建筑。

8.3.1 单体建筑

当建筑面积小于等于2000m² 时,应对整栋建筑进行检验;当建筑面积大于2000m²

或热力入口数多于一个时,应按总检验面积不小于该单体建筑面积的50%的原则进行随机抽样,但不得少于2个热力入口。

8.3.2 住宅小区或建筑群

受检热力入口所对应的总建筑面积不得小于该建筑小区或建筑群的5%;受检热力入口数不得小于该建筑小区或建筑群总热力入口数的10%;热力入口应按不同的建筑类别进行随机选取,每种建筑类别,受检的热力入口数不得少于一个。

8.4 检测方法

与建筑物单位采暖耗热量有关的物理量的检测应在采暖供热系统正常运行后进行,检测持续时间不应少于168h,试点建筑应为整个采暖期。对建筑物的供热量应采用热量计量装置在建筑物热力入口处测量。计量装置中温度计和流量计的安装应符合相关产品的使用规定。供回水温度测点宜位于外墙外侧且距外墙轴线2.5m以内。建筑物室内平均温度应按规定执行。

室外空气温度的测量,应采用温度巡检仪,逐时采集和记录。室外空气温度测头与二次仪表的总不准确度应符合表3的规定。室外空气温度传感器应设置在外表面为白色的百叶箱内。百叶箱应放置在距离建筑物5~10m范围内,且应避免阳光直射。当无百叶箱时,室外空气温度传感器应设置防辐射罩,安装位置距外墙外表面应大于0.20m,且宜在建筑物2个不同方向同时设置测点。温度传感器距地面的高度宜在1.5~2m的范围内,且应避免室外固有冷热源的影响。在正式开始采集数据前,温度传感器在现场应有不少于30min的环境适应时间。室外空气温度的测试时间应和室内空气温度的测试时间同步。采样时间间隔宜短于传感器最小时间常数。数据记录时间间隔不应短于20min。测试建筑物单位耗热量指标的过程中,要记录热源、供热系统的运行情况、环境气候的变化、住户的生活行为。

8.5 影响因素

影响建筑物单位采暖耗热量的几个主要因素:

(1) 体形系数。在建筑物各部分围护结构传热系数和窗墙面积比不变条件下,单位采暖耗热量随体形系数成直线上升。底层和少单元住宅对节能不利。

(2) 围护结构的传热系数。在建筑物轮廓尺寸和窗墙面积比不变条件下,单位采暖耗热量随围护结构的传热系数的降低而降低。采用高效保温墙体、屋顶和门窗等,节能效果显著。

(3) 窗墙面积比。在寒冷地区采用单层窗、严寒地区采用双层窗或双玻璃条件下,较大窗墙面积比,对节能不利。

(4) 楼梯间开敞与否。多层建筑采用开敞式楼梯间比有门窗的楼梯间,其单位采暖耗热量约上升10%~20%。

(5) 换气次数。提高门窗的气密性,换气次数由0.8次/h降低到0.5次/h,单位采暖耗热量降低10%左右。

(6) 朝向。多层住宅东西向的比南北向的,其单位采暖耗热量约增加5.5%。

(7) 高层住宅。层数在 10 层上时，耗热量指标趋于稳定。高层住宅中，带北向封闭式交通廊的板式住宅，其单位采暖耗热量比多层板式住宅约低 6%。

(8) 建筑物入口处设置门斗或采取其他避风措施，有利于节能。

8.6 合格指标

建筑物单位采暖耗热量不应大于行业标准《民用建筑节能设计标准（采暖居住建筑部分）》JGJ 26—95 附录 A 中相关指标值的 1.2 倍。

9 建筑节能现场检测应注意的问题

建筑节能的现场检测是对建筑采暖系统进行能效诊断、运行优化和节能改造的必要途径。测试方法和测试技术是诊断结果正确与否，以及后期改造方案制定的基础。由于建筑能耗工程实测面对的是真实的建筑本体和实际现场，测试环境的特殊性使得工程测试与一般的建筑环境测试有所不同。因此，测试方案的制订、仪器的选择和具体测试方法就有一定的特殊性。

建筑节能的现场检测的主要对象是建筑中采暖系统及其各耗能设备，目的是通过测试分析，对耗能系统的实际运行情况进行诊断，了解主要设备的运行工况和效率，了解建筑环境的健康程度，评估系统可用性和可靠性，改善室内环境，提高系统能效，降低能源消耗。

设备层或机房的环境一般比较恶劣，温湿度及空气品质大都严重地偏离人的舒适性。机房内空间狭小，布置了各种设备及管路设施，从而使安全性成为测试人员时刻注意的问题。例如，若测试部位距离地面较高，需要借助扶梯、安全绳等工具。测试中要防止无意中头部碰到设备、被管路的蒸汽及屋顶的凝结水烫伤、被敷设于地面的管路及管沟绊倒、避免进行电量测试时触电等等。这是进行现场测试得以顺利进行的前提和重要保证。

另外，测试过程中不能对设备和管路进行破坏，不能随便开闭和调节设备及管路的阀门。任何需要对设备及管路改动的操作都要和现场的设备运行维护人员协调并征得其帮助。因此，测试环境的制约使得测试仪表的选择和测试方法的确定应在综合考虑到实际各种情况之后决定。

参考文献

[1] 刘秀丽，汪寿阳，杨翠红. 建筑节能对建筑能耗的直接经济和环境影响测算模型及其实证分析. 中国人口、资源与环境. 2008，18(6)：100～104

[2] 徐磊. 节能建筑的发展现状及其应对策略. 科技创新导报. 2008，36：48.

[3] 郑亚娟. 浅谈建筑的节能环保及可持续发展. 科技资讯. 2008，36：51～52.

[4] 中华人民共和国国家标准. 设备及管道保温设计导则 GB/T 8175—1987. 北京：中国标准出版社，1987.

[5] 中华人民共和国国家标准. 节能监测技术通则 GB/T 15316—1994. 北京：中国标准出版社，1994.

[6] 中华人民共和国国家标准. 公共建筑节能设计标准 GB 50189—2005. 北京：中国建筑工业出版社，2005.

[7] 中华人民共和国国家标准. 民用建筑节能设计标准（采暖居住建筑部分）JGJ 26—1995. 北京：中国建筑工业出版社，1995.

[8] 中华人民共和国国家标准. 夏热冬暖地区居住建筑节能设计标准 JGJ 75—2003. 北京：中国建筑工业出版社，2003.

[9] 中华人民共和国国家标准. 既有采暖居住建筑节能改造技术规程 JGJ 129—2000. 北京：中国建筑工业出版社，2000.

[10] 中华人民共和国国家标准. 采暖居住建筑节能检验标准 JGJ 132—2001. 北京：中国建筑工业出版社，2001.

[11] 中华人民共和国国家标准. 夏热冬冷地区居住建筑节能设计标准 JGJ 134—2001. 北京：中国建筑工业出版社，2001.

[12] 中华人民共和国国家标准. 外墙外保温工程技术规程 JGJ 144—2004. 北京：中国建筑工业出版社，2004.

[13] 中华人民共和国国家标准. 绝热材料稳态热阻及有关特性的测定 防护热板法 GB/T 10294—1988. 北京：中国标准出版社，1988.

[14] 中华人民共和国国家标准. 绝热用模塑聚苯乙烯泡沫塑料 GB/T 10801.1—2002. 北京：中国标准出版社，2002.

[15] 中华人民共和国国家标准. 绝热用挤塑聚苯乙烯泡沫塑料（XPS）GB/T 10801.2—2002. 北京：中国标准出版社，2002.

[16] 中华人民共和国国家标准. 蒸压加气混凝土砌块 GB/T 11968—1997。北京：中国标准出版社，1997.

[17] 中华人民共和国国家标准. 建筑构件稳态热传递性质的测定 标定和防护热箱法 GB/T 13475—1992. 北京：中国标准出版社，1992.

国内外外墙外保温的发展及基本构造概论

黄振利

(北京振利建筑工程有限责任公司,北京 100000)

1 国外发展史

1973 年世界性的石油危机以后,世界上许多国家开始重视节约能源,目前,世界上许多国家都开始采用节约能源措施,特别是建筑物的节能,外墙外保温技术得到了长足的发展,并且在国际上形成了几种可行的建筑环境综合评价系统,比如:英国建筑研究院环境评价系统(British Research Establishment Environmental Assessment Methodology,BREEAM)是世界上第一个对建筑物环境影响进行评价的系统,BREEAM 根据一定的基准分别对建筑物的管理、健康和舒适、能源消费、交通、水消费、原材料、土地使用、当地生态环境和污染等 9 个方面的表现进行评价,并根据评价的结果给被评价的建筑物授予不同的评价等级,是一个综合评定的结果,其中包括了对建筑物的节能评价。GBC 建筑环境影响评价系统是由国际组织绿色建筑挑战协会(Green Building Challenge,GBC)采用国际合作的方法开发的一个建筑环境影响评价系统。其目的希望采用新技术、新材料、新工艺,实行综合优化设计,使建筑在满足使用需要的基础上所消耗的资源、能源最少。美国 LEED(Leadership in Energy and Environmental Design,LEED)评价系统是美国绿色建筑协会优先采用的评价系统。该系统以现有的建筑技术为基础,是一种建立在自愿和全体同意基础上的、以市场为导向的建筑物环境影响评价系统。澳大利亚国家建筑环境评价系统(National Australian Building Environmental Rating System Project,NABERS)的目的是确保澳大利亚的建筑能够朝着可持续发展的方向迅速发展。由于建筑物在建造和使用中会消耗大量的资源,因此,NABERS 认为,任何为了澳大利亚的绿色发展、为了保护环境和资源的战略,都必须认真考虑建筑物对环境的影响。日本 CaseBee(Comprehensive Assessment System for Building Enviromental Efficiency)建筑物综合环境性能评价系统从"环境效率"定义出发进行评价。其试图评价建筑物在限定的环境性能下,通过措施降低环境负荷的效果。建筑围护结构是建筑物节能的主要措施,得到了重视和应用,外墙外保温技术也得到了长足的发展,一些外墙外保温的新技术相继出现。

所谓外墙外保温是指在外墙的外表面建造保温层,以实现建筑节能的目的。目前在美国,外墙外保温及装饰系统(以下简称 EIFS)是应用最为广泛的外墙外保温系统之一。EIFS 起源于欧洲,20 世纪 50 年代,聚苯乙烯泡沫(以下简称 EPS)保温板在欧洲获得专利,被用于外墙保温系统。1969 年,美国从欧洲引入 EIFS 技术,并根据本国的具体气候条件和建筑体系特点进行了改进和发展。在20世纪70年代的能源危机以后,由于建筑节能的要求,EIFS在美国的应用不断增加,到20世纪90年代末,其平均年增长率为20%~25%。目前,在欧洲有三种主要的外墙外保温系统:膨胀聚苯板薄抹灰外墙外保温系统,即EIFS;岩棉纤维平行于墙面的外墙外保温系统;岩棉纤维垂直于墙面的外墙外保温系统。

2 国内发展史

我国的外墙外保温起步相对较晚。20世纪80年代,为了缓解建筑能耗增长过快和由此引发的能源紧张,确保国民经济的可持续发展,我国开始着手开展建筑节能工作。国内许多单位在学习、引进和消化国外先进技术的基础上,相继研发了多种外墙外保温产品和技术。20世纪90年代,美国专威特公司将EIFS的应用技术成套引入中国获得成功。随着建筑技术的不断发展和进步,我国外墙外保温的做法也日趋多样化。

随着我国经济建设的快速发展,建筑耗能在我国能源总消费量中所占有的比例逐年上升。我国自1997年就已经开始强制实行建筑节能,我国未来的建筑必然就是高科技节能建筑为主导,这是由国际环境及中国能源危机的现状决定的,也是建立节约型社会的内在要求。因此,国家中长期科学和技术发展规划纲要将建筑节能与绿色建筑列为城镇化与城市发展方面的优先发展课题。实现建筑节能的一个主要措施就是对外围护结构进行保温,而外墙外保温是目前大量使用和比较合理的围护结构保温技术。外墙外保温技术相对于其他保温技术具有许多不可替代的优势,并被相关部门作为推广技术在国内广泛应用。我国目前已经形成了以胶粉聚苯颗粒外墙外保温系统、膨胀聚苯板薄抹灰外墙外保温系统和喷涂硬泡聚氨酯外墙外保温系统为代表的多达数十种外墙外保温体系构造做法,并编制了《膨胀聚苯薄抹灰外墙外保温系统》JG 149—2003、《外墙外保温施工技术规程》JGJ 144—2004、《胶粉聚苯颗粒外墙外保温系统》JG 158—2004等行业标准或技术规程。这些行业标准和技术规程极大地推动了外墙外保温行业的发展。但是,由于标准制定之初在保温系统的构造设计和材料性能指标的设定方面,缺乏理论分析和实验数据的支撑,存在许多不合理之处,产生了一些工程质量问题,例如,保温层被风刮落、外保温构造层出现裂缝等等,而且现有外保温体系寿命在5年以上不出问题的工程占有量很小,一般在1~2年的时间内就出现质量问题,影响外保温的使用寿命。这些问题除了施工质量的因素之外,主要是外保温系统构造和材料性能参数设计不合理导致的。这也大大阻碍了外墙外保温技术的推广,因此急切需要相关部门对外墙外保温系统构造及材料性能参数的设定进行细化和标准化研究,严格控制外墙外保温系统的构造设计和材料参数指标,提高外墙外保温系统产品的准入门槛,规范外墙外保温市场,杜绝因外墙外保温结构设计不合理或材料选择不当引发的外墙外保温工程事故。

3 外墙外保温体系的基本组成及主要类型

3.1 外墙外保温体系基本组成及分类

外墙外保温系统(external thermal insulation system)由保温层、抹面层和饰面层构成，是固定在外墙外表面的非承重保温构造的总称，简称外保温系统。其主要组成包括：

(1) 基层：外保温系统所依附的外墙；

(2) 保温层：由保温材料组成，在外保温系统中起保温作用的构造层；

(3) 抹面层：抹在保温层或防火找平层(找平层)上，中间夹有增强网，保护保温层或防火找平层(找平层)并起防裂、防水和抗冲击等作用的构造层；

(4) 饰面层：外保温系统外装饰层。其他还包括一些辅助构造，比如：防火构造，由具有提高系统防火功能的难燃或不燃保温材料组成，起防火灾蔓延作用的构造。

国内目前外墙外保温系统类型比较多，主要有：

(1) EPS板薄抹面外保温系统：以EPS板为保温材料，玻纤网增强聚合物砂浆抹面层和饰面涂层为保护层，采用粘结方式固定，抹面层厚度小于6mm的外墙外保温系统。

(2) 胶粉EPS颗粒保温浆料外保温系统：以矿物胶凝材料和EPS颗粒组成的保温浆料为保温材料并以现场抹灰方式固定在基层上，以抗裂砂浆玻纤网增强抹面层和饰面层为保护层的外墙外保温系统。在此基础上又开发了适合于粘贴面砖饰面层的外墙外保温系统。

(3) 聚氨酯硬泡外墙外保温系统：由聚氨酯硬泡保温层、抹面层、饰面层或固定材料等构成，安装在外墙外表面的非承重保温构造的总称。

(4) 现浇混凝土复合无网EPS板外保温系统：用于现浇混凝土剪力墙体系。以EPS板为保温材料，以玻纤网增强抹面层和饰面涂层为保护层，在现场浇灌混凝土时将EPS板置于外模板内侧，保温材料与混凝土基层一次浇筑成型的外墙外保温系统。

(5) 现浇混凝土复合EPS钢丝网架板外保温系统：用于现浇混凝土剪力墙体系。以EPS单面钢丝网架板为保温材料，在现场浇灌混凝土时EPS单面钢丝网架板置于外模板内侧，保温材料与混凝土基层一次浇筑成型，钢丝网架板表面抹水泥抗裂砂浆并可粘贴面砖材料的外墙外保温系统。

(6) 机械固定EPS钢丝网架板外保温系统：采用锚栓或预埋钢筋机械固定方式，以腹丝非穿透型EPS钢丝网架板为保温材料，后锚固于基层墙体上，表面抹水泥抗裂砂浆并可粘贴面砖材料的外墙外保温系统。

3.2 外墙外保温技术特点

建筑节能工作开展至今已经几十年，全国各地区已要求全面实施节能50%，而北京等一些地区需要达到65%的节能要求。外墙外保温体系以其不可替代的技术优势得到广泛的应用，其主要的技术优势在于：

3.2.1 外保温提高主体结构的耐久性

内保温板缝的开裂主要由外围护墙体变形引发，而采用外墙外保温时，内部的砖墙或混凝土墙将受到保护。室外气候不断变化引起墙体内部较大的温度变化发生在外保温层内，使内部的主体墙冬季温度提高，湿度降低，温度变化较为平缓，热应力减少，因而主体墙产生裂缝、变形、破损的危险大为减轻，寿命得以大大延长。其他由于大气破坏力，如雨、雪、冻融、干湿等对主体墙的影响也会大大减轻。事实证明，只要墙体和屋面保温材料选择适当，厚度合理，施工质量好，外保温可有效防止和减少墙体和屋面的温度变形,从而有效地提高了主体结构的耐久性。

3.2.2 外保温改善人居环境的舒适度

在进行外保温后,由于内部的实体墙热容量大,室内能蓄存更多的热量,使诸如太阳辐射或间歇采暖造成的室内温度变化减缓,室温较为稳定,生活较为舒适;也使太阳辐射得热、人体散热、家用电器及炊事散热等因素产生的"自由热"得到较好的利用,有利于节能。而在夏季,外保温层能减少太阳辐射热的进入和室外高气温的综合影响,使外墙内表面温度和室内空气温度得以降低。可见,外墙外保温有利于使建筑冬暖夏凉。

室内居民实际感受到的温度,既有室内温度又有围护结构内表面的影响。这就证明,通过外保温提高外墙内表面温度即使室内的空气温度有所降低,也能得到舒适的热环境,由此可见,在加强外保温,保持室内热环境质量的前提下,适当降低室温,可以减少采暖负荷,节约能源。

3.2.3 外保温可以避免墙体产生热桥

外墙既要承重又要起保温作用,外墙厚度必然较厚。采用高效保温材料后,墙厚得以减薄。但如果采用内保温,主墙体越薄,保温层越厚,热桥的问题就越趋于严重。在寒冷的冬天,热桥不仅会造成额外的热损失,还可能使外墙内表面潮湿、结露,甚至发霉和淌水,而外保温则可以不存在这种问题。由于外保温避免了热桥,在采用同样厚度的保温材料条件下,外保温要比内保温的热损失减少约 1/5,从而节约了热能。

3.2.4 外保温优于内保温的其他功能

(1)采用内保温的墙面上难以吊挂物件,甚至安设窗帘盒、散热器都相当困难。在旧房改造时,从内侧保温存在使住户增加搬动家具、施工扰民,甚至临时搬迁等诸多麻烦,产生不必要的纠纷,还会因此减少使用面积,外保温则可以避免这些问题发生,外保温比内保温增加了室内使用面积近 2%。当外墙必须进行装修或抗震加固时,加做外保温是最经济、最有利的方法。

(2)我国目前许多住户在住进新房时,大多先进行装修。在装修时,房屋内保温层往往遭到破坏,采用外保温则不存在这个问题。外保温有利于加快施工进度,如果采用内保温,房屋内部装修、安装暖气等作业,必须等待内保温做好后才能进行。但采用外保温,则可以与室内工程平行作业。

(3)外保温可以使建筑更为美观,只要做好建筑立面设计,建筑外貌会十分出色。特别在旧房改造时,外保温能使房屋面貌大为改观。

(4)外保温适用范围十分广泛。既适用于采暖建筑,又适用于空调建筑;既适用于民用建筑,又适用于工业建筑;既可用于新建建筑,又可用于既有建筑;既能在低层、多层建筑中应用,又能在中高层和高层建筑中应用;既适用于寒冷和严寒地区,又适用于夏热冬冷地区和夏热冬暖地区。

(5)外保温的综合经济效益很高。虽然外保温工程每平方米造价比内保温相对要高一些,但只要技术选择适当,单位面积造价高出并不多。特别是由于外保温比内保温增加了使用面积近 2%,实际上是使单位使用面积造价得到降低。加上有节约能源、改善热环境等一系列好处,综合效益是十分显著的。

建筑门窗物理性能的检测技术

杨燕萍

(浙江省建筑科学设计研究院物理所,杭州 310012)

摘 要:本文主要论述了建筑门窗的物理性能检测要求,分别对建筑外窗的类型、门窗性能指标、抗风压性能、气密性能、保温性能等进行了详细的介绍,并对门窗的型式检验进行了论述。

关键词:门窗物理性能 检测方法 抗风压性能 气密性能 水密性能 保温性能

前 言

窗户是建筑外围护结构的一部分,是建筑的"眼睛",它在建筑与环境的协调上担负着人与自然、户内与户外既沟通又分离的多重实用功能。随着我国建筑业迅猛发展,国家对建筑物的门窗要求从抗风压、水密性和气密性能有明确要求外,又提出了保温隔热和空气隔声性能的要求。

浙江省建筑科学设计研究院主编的《建筑门窗应用技术规范》,根据国家相关标准明确了建筑外门窗从设计、材料、生产、试验、安装、验收过程的质量要求,本文就门窗物理性能的检测要求作一简介。

1 建筑外窗的类型

按《建筑门窗术语》GB 5823—2008,建筑外窗的类型以可开启形式和性能的不同区分。

1.1 按开启形式区分

1.1.1 固定窗——装设不能开启窗扇的窗。
1.1.2 上悬窗——合页(铰链)装于窗上侧,向内或向外开启的窗。
1.1.3 中悬窗——轴装在窗左右可沿轴转动的窗。
1.1.4 下悬窗——合页(铰链)装于窗下侧,向内或向外开启的窗。
1.1.5 立转窗——轴垂直安装,可沿轴转动的窗。
1.1.6 平开窗——合页(铰链)装于窗侧面,向内或向外开启的窗。
1.1.7 滑轴平开窗——窗上下装有折叠合页(滑撑铰链)沿框边向内或向外开启的窗。

1.1.8 滑轴窗——窗两侧有轴沿槽滑行上下开启的窗。

1.1.9 推拉窗——窗扇沿着垂直方向上下推拉的窗,或沿水平方向垂直左右推拉的窗。

1.1.10 推拉平开窗——窗扇即能平开又能推拉的窗。(用特殊的五金件)

1.1.11 平开下悬窗——窗扇即能平开又能下悬的窗。

标准中所提落地窗是按构造分类,定义为通至地面的长窗,开启扇可作门用。落地扇也可能是平开窗,也可能是推拉窗。

1.2 按性能区分

性能按表1的规定。

性　能　　　　　　　　　　　　　　　　　　　　　　　表1

性 能 项 目	种 类			检测标准编号
	普通型	隔声型	保温型	
抗风压性能(P_3)	◎	◎	◎	GB/T 7106
气密性能(q_1,q_2)	◎	◎	◎	GB/T 7107
水密性能($\triangle P$)	◎	◎	◎	GB/T 7108
保温性能(K)	○	○	◎	GB/T 8484
空气隔声性能(R_w)	○	◎	○	GB/T 8485
采光性能(T_r)	○	○	○	GB/T 11976
启闭力(N)	◎	◎	◎	QB/T 9158 第6.1条
反复启闭性能	◎	◎	◎	QB/T 3892 适用推拉窗 QB/T 3886 适用执手 QB/T 3888 适用滑撑

注:○为选择项目,◎为必须项目。

1.3 按不同型材区分

按不同型材区分主要有:

(1) 铝合金门窗;

(2) (PVC-U)塑料门窗;

(3) 彩色涂层钢板门窗;

(4) 铝塑复合门窗;

(5) (玻璃钢)门窗;

(6) 不锈钢窗;

(7) 钢塑、木塑、铝塑复合窗;

(8) 木(竹)复铝复合门窗等。

2 门窗性能指标

2.1 性能分级指标

建筑外窗抗风压性能采用定级检测压力差为分级指标,铝合金门窗和塑料门窗的现行产品标准的性能分级指标由低到高，与《建筑外窗抗风压性能分级及检测方法》、《建筑外窗气密性能分级及检测方法》、《建筑外窗水密性能分级及检测方法》、《建筑外窗保温性能分级及检测方法》、《建筑外窗空气声隔声性能分级及检测方法》及《建筑外窗采光性能分级及检测方法》等标准分级方法一致，也与国际惯例一致。

2.2 性能指标要求

浙江省《建筑门窗应用技术规范》中对五项物理性能即抗风压、气密、水密、保温、隔声性能等提出了具体的要求，见表2。

物理性能指标要求　　　　表2

序号	项目	标准编号	物理性能指标	
			基本风压≤0.45时	基本风压＞0.45时
1	抗风压性能	《建筑外窗抗风压性能分级及检测方法》	1～6层住宅建筑应≥1500Pa；7及7层以上住宅建筑应≥2000Pa；住宅建筑高度超过100m时（超高层），应符合设计要求	1～6层住宅建筑应≥2000Pa；7及7层以上住宅建筑应≥2500Pa
2	气密性能	《建筑外窗气密性能分级及检测方法》	居住1～6层建筑应≥3级，$2.5≥q_1 m^3/(m·h)>1.5$，$7.5≥q_2 m^3/(m^2·h)>4.5$； 7及7层以上建筑应≥4级，$1.5≥q_1 m^3/(m·h)>0.5$，$4.5≥q_2 m^3/(m^2·h)>1.5$ 公用建筑应≥4级，$1.5≥q_1 m^3/(m·h)>0.5$　$4.5≥q_2 m^3/(m^2·h)>1.5$	
3	水密性能	《建筑外窗水密性能分级及检测方法》	未渗漏压力值1～6层建筑应≥2级（$150Pa≤\Delta P≤250Pa$）； 7及7层以上建筑应≥3级（$250Pa≤\Delta P≤350Pa$）	
4	保温性能	《建筑外窗保温性能分级及检测方法》	外窗传热系数K不宜大于3.5W/(m^2·K)； 阳台门下门芯板传热系数K不宜大于1.70W/(m^2·K)（阳台门玻璃同外窗）。 各建筑物中门窗的传热系数K值要求根据节能测评报告要求定	
5	隔声性能	GB/T 8485《建筑外窗空气声隔声性能分级及检测方法》	计权隔声量R_w不小于30dB（快速路和主干路道路两侧50m范围内临街一侧）； 计权隔声量R_w不小于25dB（次干路和支路道路两侧50m范围内临街一侧）	
6	采光性能	GB/T 11976《建筑外窗采光性能分级及检测方法》	透光折减系数T_r应符合设计要求	

注：1. 建筑外窗物理性能宜按抗风压性能P_1，气密、水密、抗风压性能P_2、P_3顺序试验。
　　2. 序号1～4为必检项目，5～6可根据委托要求定。

3　型材的质量

3.1　铝合金门窗用型材的质量规定

3.1.1　铝合金门窗受力构件应经试验或计算确定，窗用型材未经表面处理的型材最小实测壁厚应不小于1.4mm；门用型材，未经表面处理的型材最小实测壁厚应不小于2.0mm。

3.1.2　型材表面处理作了规定，其中阳极氧化处理，氧化膜厚度要达到AA15级，即平均值不小于 15μm，局部最低值不小于 12μm。当然这一条首先应从型材厂贯彻执行。

3.2 塑料门窗用型材的质量规定

3.2.1 可焊性：焊角的平均应力大于等于 35MPa；最小应力大于等于 30MPa；
3.2.2 主型材可视面最小壁厚：平开窗大于等于 2.5mm、推拉窗大于等于 2.2mm；平开门大于等于 2.8mm、推拉门大于等于 2.5mm。

4 抗风压性能(wind resistance performance)

关闭着的外窗在风压作用下不发生损坏和功能障碍的能力。窗在关闭时抵抗风压的能力。

浙江省属多台风地区，50 年一遇的基本风压的分布从 0.30～1.60，差别相当大。近年来建筑业发展在全国名列前茅，建筑师们对门窗的设计更追求美观、通透、大气，不同形式的大型组合窗、落地窗、排窗成为设计师的首选。但我省的门窗行业以中、小型为主，对以上的窗型在结构上的不同要求大多还不能在设计上跟进，当然也未能在结构上有效的改进。故门窗的风压设计要求和抗风压性能检测显得越发重要。

4.1 检测设备要求

4.1.1 检测设备采用国际上惯用的静压箱法，如图 1 和图 2 所示。

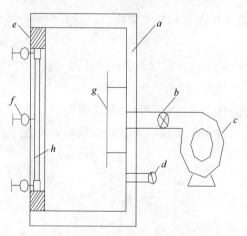

图 1 检测装置纵剖面示意图

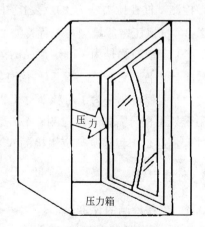

图 2 样品检测示意图

a—压力箱；b—调压系统；c—供压设备；d—压力监测仪器；e—镶嵌框；f—位移计；g—进气口挡板；h—试件

如图 2 所见，把样品窗装在密闭的静压箱内，往箱内逐级施加风压，当门窗受到风压时，受力杆件和玻璃均会出现挠度变形，主要受力杆件的变形会更大，当变形超出安全范围，玻璃会出现破碎，窗扇会出现脱落。这种事故的发生提醒门窗的设计、制作者和质量管理部门，当门窗在不同地区、不同楼层、不同位置所承受的风压是不同的。而不同结构、不同材料、不同壁厚的型材所能承受的风压也是不同的。通过受力杆件的设计计算和性能检测，可以按工程需要进行选择。

4.1.2 检测设备供压和压力控制系统

供压和压力控制系统的供压和压力控制能力必须满足：

(1) 供压压力应能≥5.0kPa。

(2) 加压速度要求：预备加压100Pa/s，反复加压和定级检测加压300～500Pa/s。

(3) 泄压时间不少于1s，作用时间为3s。

4.1.3 检测设备压力测量仪器

压力测量仪器测值误差不应大于2%。

这一规定对于机械表式或U形管式的压力测量仪器宣告不能用，机械压力表误差大于5%。

4.1.4 检测设备位移测量仪器

位移测量仪器测值误差不应大于0.1mm。

4.2 抗风压检测项目

4.2.1 抗风压变形检测

检测试件在逐步递增的风压作用下，测试杆件相对面法线挠度变化，得出的检测压力差P_1。

4.2.2 抗风压反复加压检测

检测试件在压力差P_2的反复作用下，是否发生损坏和功能障碍，$P_2=1.5P_1$。

4.2.3 抗风压定级检测与工程检测的区别

(1) 定级检测是为了确定产品的抗风压分级的检测，定级压力差为P_3。当产品作型式检验或当工程设计值大于$2.5P_1$倍时，需作定级检测。

(2) 工程检测是为了考核实际工程的外窗能否满足工程设计的要求的检测，所以当产品用于某工程时需作工程检测；另外，当工程设计值小于或等于$2.5P_1$倍，才按工程检测进行。这是工程检测与定级检测的第2个区别。

4.3 性能定级

4.3.1 工程检测的评定

工程检测时，如果出现功能障碍或损坏时的压力差值低于或等于工程设计值时，该外窗判为不满足工程设计要求。试件未出现功能障碍或损坏时，注明$\pm P_3$值，判为满足工程设计要求。否则，判为不满足工程设计要求。工程检测时，三试件必须全部满足工程设计要求。

4.3.2 定级检测的评定

试件经检测未出现功能障碍或损坏时，注明$\pm P_3$值，按$\pm P_3$中绝对值较小者定级。如果2.5倍P_1值低于工程设计要求时，便进行定级检测，给出所属级别，但不能判为满足工程设计要求。定级检测时，以三试件定级值的最小值为该试件的定级值。

4.4 检测报告

检测报告除了委托和生产单位的信息外,应该包括下列内容:

(1) 试件品种、系列、型号、规格、型材截面、试件立面和剖面(包括塑料窗的衬钢)的图纸及主要尺寸。

试件品种:品种为建筑外窗所包含的窗的品种,一般以开启形式分类,如本文开头提到的各种窗,但检测报告要用标准名称标注,如平开铝合金窗、推拉铝合金窗、平开塑料窗等,同时用标准规定的代号标注。

(2) 型号——区别同类产品的表示方法,可从形状上分,有圆形、方形等;也有从改进顺序上分,有Ⅰ型、Ⅱ型…A型、B型等,比如铝合金窗的828、858、878、898等。

(3) 规格——指窗的宽、高尺寸,有两种表达,一是在记录中要记录实际尺寸,用毫米(mm)表示,如洞口尺寸为1500mm×1500mm,窗实际尺寸为1475mm×1475mm,记录中应记宽1475mm、高1475mm。

(4) 型材截面——检测试件所使用型材的截面,通过截面可反映材料的形状、壁厚等。

(5) 试件立面和剖面(包括塑料窗的衬金)的图纸及主要尺寸——立面图和剖面图如图3所示。

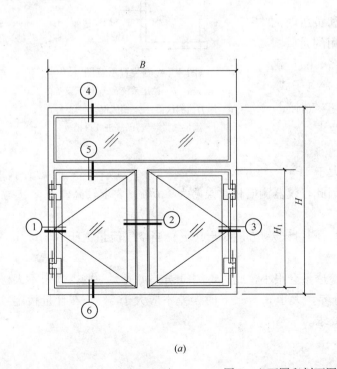
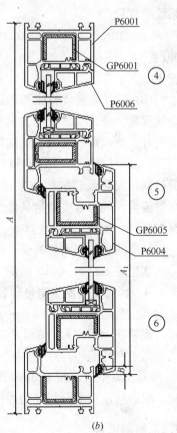

图3 立面图和剖面图
(a)立面分隔图;(b)节点剖面图

5 气密性能(air permeability performance)

外窗在关闭状态下,阻止空气渗透的能力。

门窗工作在空气介质之中,当门窗内外两侧的空气存在压力差时,空气介质流在压力作用下穿透门窗的结构缝隙,向压力较低的一侧流动,这个过程称为门窗的气体渗透。因此,门窗气密性能是门窗关闭状态下受压力差的作用,透过空气量的性能参数。对房间的保温性能影响很大。

5.1 检测设备要求

5.1.1 设备主要配置见(图4)

5.1.2 检测设备供压和压力控制系统

供压和压力控制系统的控制能力必须满足以下三方面的要求:

(1)能提供正压和负压。过去都是正压,现在要有0～150Pa的低压下的负压,对供压系统要求较严。

(2)加压速度100Pa/s,压力稳定时间脉冲时3s,逐级加压时10s,泄压时间不少于1s。

(3)空气流量计要能测量正压和负压时的空气流量。原来有些设备的流量计用的是管式流量计,如以前德国设备、沈阳设备,只能测正压,能同时测正负压流量目前只有电子式,通过测量流经管道的风速来计算出空气流量。空气流量计的量程应满足最低测试要求。

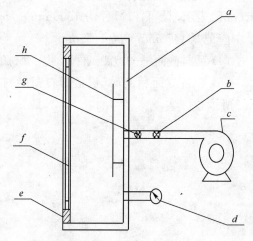

图4 检测装置示意图
a—压力箱;b—调压系统;c—供压设备;
d—压力监测仪器;e—镶嵌框;f—试件;
g—流量测量装置;h—进气口挡板

5.1.3 检测压力测量仪器

压力测量仪器测值的误差不应大于1Pa。

这里主要针对100Pa情况下,因此,仪器测值相对误差为1.0%,要求较高。

5.1.4 检测空气流量测量装置

当空气流量不大于$3.5m^3/h$时,测量误差应不大于10%;当空气流量大于$3.5m^3/h$时,测量误差不应大于5%。

当气密性能相当好,整窗空气渗透量会很小,此时,测量误差可能大一些,规定不大于10%。以空气流量$3.5m^3/h$为分界,大于$3.5m^3/h$时误差不应大于5%,在计量检定时,根据检定结果可判定是否符合要求。

5.2 检测项目

检测试件的气密性能。以在10Pa压力差下的单位缝长空气渗透量或单位面积空气渗透量进行评价。

试件在检测气密性时有一些特殊要求,即要求测量附加渗透量,需充分密封试件上的可开启缝隙和镶嵌缝隙,许多检测机构采用塑料布密封措施,测量附加渗透量的效果较好。这种方法是在试件与箱体开口处安装时同时蒙上塑料布,夹紧试件后塑料布密不透风,待附加渗透量测完后打开窗扇,把塑料布用刀片裁下再测总渗透量。

总渗透量－附加渗透量＝窗的空气渗透量

5.3 检测定级

将三樘试件的$+q1$值或$+q2$值分别平均后对照标准表1确定按照缝长和按面积各自所属等级。最后取两者中的不利级别为该组试件所属等级。正、负压测值分别定级。

5.4 检测报告

检测报告除委托和生产单位的信息外,应包括下列内容:

(1)试件的品种、系列、型号、规格、主要尺寸及图纸(包括试件立面和剖面,型材和镶嵌条截面);

(2)玻璃品种、厚度及镶嵌方法;

(3)明确注出有无密封条。如有密封条,则应注出密封条的材质;

(4)明确注出有无采用密封胶类材料填缝,如采用,则应注出密封材料的材质;

(5)五金配件的配置;

(6)将该组试件按单位缝长和按单位面积的计算结果,正负压所属级别及综合后所属级别标明于检测结果内。

6 水密性能(watertightness performance)

关闭着的外窗在风雨同时作用下,阻止雨水渗漏的能力。

门窗的防雨水渗漏性能,也称门窗水密性。它是考核门窗在风雨交加、暴风骤雨的气候条件下保持不渗水的性能。由于建筑物的外墙门窗处在风雨、温度和振动及其他外界因素的作用下,尤其沿海和降雨量较大的地地区,使门窗保持良好的防水性能十分重要,它对建筑物的室内卫生条件和延长门窗使用寿命影响很大。

6.1 检测设备要求

6.1.1 检测设备示意图(图5)

与前面两个试验一样,本试验中增加

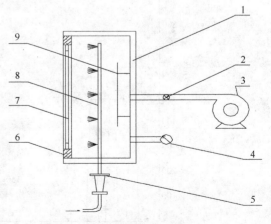

图5 检测装置示意图
1—压力箱;2—调压系统;3—供压设备;4—压力监测仪器;5—水流量计;6—镶嵌框;7—试件;8—淋水装置;9—进气口挡板

了淋水装置和水流量计。

6.1.2 供压和压力控制系统

供压和压力控制系统的难度主要是波动加压。波动加压必须要有合适响应速度的压力传感器测量,一般手动较难实现,并且设备要能自动控制波动加压的波峰波谷值。在显示器上应能读到波峰波谷值。

6.1.3 压力测量仪器

压力测量仪器测值误差不应大于 2%。

压力测量仪器要求与 GB 7106、GB 7107 相同。本标准对水流量装置没提出精度要求,按我们每年检定的情况,应控制在 5%以内。

6.1.4 喷淋装置

必须满足在窗试件的全部面积上形成连续水膜并达到规定淋水量的要求。要求最小淋水量不小于 $3L/(m^2 \cdot min)$,喷嘴应分布均匀,各喷嘴与试件的距离基本相等,装置的喷水量应能调节,并要有措施保证淋水量的均匀性。

6.2 检测项目

可分别采用稳定加压法和波动加压法。

6.2.1 定级检测

定级检测和工程所在地为非热带风暴和台风地区时,采用稳定加压法;如工程没有给出工程设计值,则按定级方法检测至出现严重渗漏为止。稳定加压的淋水要注意对整个试件均匀地淋水。淋水量为 $2L/(m^2 \cdot min)$。

稳定加压方式如图 6 所示。

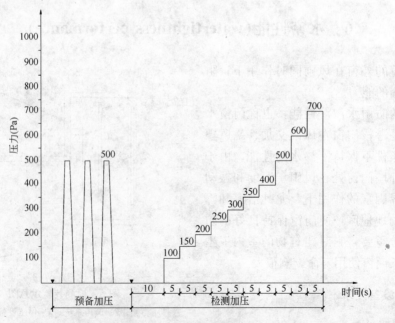

图 6 稳定加压顺序示意图

注:图中符号▼表示将试件的可开启部分开关 5 次。

6.2.2 工程检测

工程所在地为热带风暴和台风地区时,应采用波动加压法。浙江地处热带风暴和台风的地区,工程检测用波动加压法。

检测时,在未达到工程设计值时逐级升压,不是直接加压到工程设计值,未达到工程设计值出现渗漏不再加压至工程设计值。如达到设计值未出现渗漏,已满足设计要求,可停止加压。

波动加压时要对整个试件均匀地淋水。淋水量为$3L/(m^2 \cdot min)$;波动周期为3s~5s。

在各级波动加压过程中,观察并记录渗漏情况,直到严重渗漏为止。

波动加压方式如图7所示。

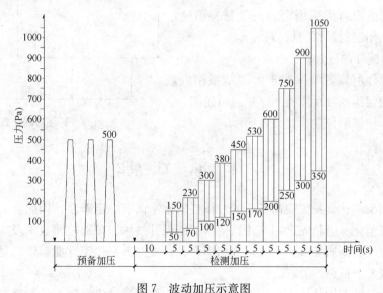

图7 波动加压示意图

注:图中▼符号表示将试件的可开启部分开关5次。

6.3 检测定级

定级检验时,在淋水的同时,加压至出现严重渗漏,以严重渗漏时所受压力差值的前一级检测压力差值作为该试件水密性能检测值。

工程检验时,在淋水的同时,加压至设计指标值。如果检测至委托方确认的检测值尚未渗漏,此时可停止加压,以此值作为试件的检测值,判是满足委托方要求,如工程则判满足工程要求。

以三樘窗的综合检测值向下套级。综合检测值应大于或等于分级指标值。现行铝合金窗产品标准中的分级见表3。

建筑外窗水密性能分级表(Pa)   表3

分级	1	2	3	4	5	****[①]
分级指标 ΔP	$100 \leqslant \Delta P < 150$	$150 \leqslant \Delta P < 250$	$250 \leqslant \Delta P < 350$	$350 \leqslant \Delta P < 500$	$500 \leqslant \Delta P < 700$	$\Delta P \geqslant 700$

注:① **** 表示用≥700Pa的具体值取代分级代号。

6.4 检测报告

检测报告除了委托和生产单位的信息外,应包括下列内容:

(1) 试件的品种、系列、型号、规格、主要尺寸及图纸(包括试件立面和剖面、型材和镶嵌条截面);

(2) 玻璃品种、厚度及镶嵌方法;

(3) 明确注出有无密封条,如有密封条则应注出密封材料的材质;

(4) 明确注出有无采用密封胶类材料填缝,如采用则应注出密封材料的材质;

(5) 五金配件的配置;

(6) 将试件所属等级标明于检测结果栏内,并注明是以稳定压或波动压检测结果进行定级。

此外要标注渗漏位置。如图8所示。

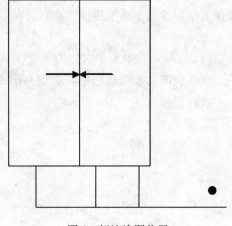

图 8 标注渗漏位置

7 保 温 性 能

与先进国家相比,我国门窗行业的总体技术水平尚有一定差距。因此,为配合节能法规的实施,应消化、吸收先进国家建筑门窗节能设计技术、节能检测技术及施工技术,开发适合不同地区的高质量节能建筑幕墙门窗产品,提高外窗热工性能,以满足国家建筑节能、走可持续发展道路的要求。

门窗是建筑外围护结构中热工性能最薄弱的构件,通过建筑门窗的能耗在整个建筑物能耗中占有相当可观的比例。

门窗的保温性能包含的内容有:传热系数(K);抗结露系数(CRF);太阳得热系数($SHGC$);遮蔽系数(SC)。本文主要介绍门窗的传热系数(K)的检测要求。

7.1 外窗传热系数 K 值

定义:在稳定传热条件下,外窗两侧空气温差为1K,单位时间内,通过单位面积的传热量,以 $W/(m^2 \cdot K)$ 计。是评价建筑外窗、门、玻璃幕墙保温性能的主要参数。

7.2 检测原理

基于稳定传热原理,采用标定热箱法检测门窗的保温性能。试件一侧为热箱,模拟采暖建筑冬季室内气候条件,另一侧为冷箱,模拟冬季室外气候条件。在对试件缝隙进行密封处理,试件两侧各自保持稳定的空气温度、气流速度和热辐射条件下,测量热箱中电暖气的发热量,减去通过热箱外壁和试件框的热损失〔两者均由标定试验确定〕,除以试件面积与两侧空气温差的乘积,即可计算出试件的传热系数 K 值。

7.3 检测设备的构成

检测设备主要由热箱、冷箱、试件框和环境空间四部分组成(图9)。

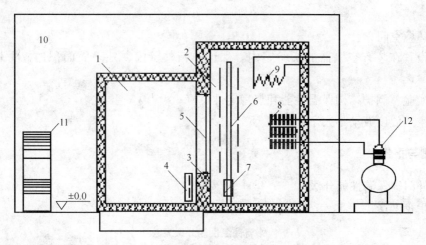

图9 检测装置图

1—热箱；2—冷箱；3—试件框；4—电暖气；5—试件；6—隔风板；
7—风机；8—蒸发器；9—加热器；10—环境空间；11—空调器；12—冷冻机

7.4 检测设备要求

7.4.1 热箱

(1) 箱体开口尺寸：不小于2100mm×2400mm；

(2) 箱体进深：不小于2000mm；

(3) 箱体外壁构造：热均匀体，其热阻值≥3.5(m^2·K)/W；

(4) 箱体内表面总的半球发射率值：>0.85；

(5) 设置两层热电偶，每层布4点，满足GB/T 13475规定；

(6) 试件框冷、热侧表面温度测点分别不得少于20个和14个点。

7.4.2 冷箱

(1) 冷箱开口尺寸与试件框外边缘尺寸相同，进深以能容纳制冷、加热及气流组织设备为宜；

(2) 冷箱外壁应采用不透气的保温材料，其热阻值不得小于3.5(m^2·K)/W，内表面材料不吸水、耐腐蚀；

(3) 冷箱通过安装在冷箱内的蒸发器或引入冷空气进行降温。利用隔风板和风机进行强迫对流，形成沿试件表面自上而下的均匀气流，隔风板与试件框冷侧表面距离应能调节。

7.4.3 试件框

(1) 外缘尺寸应不小于热箱开口部处的内缘尺寸；

(2) 采用不透气、构造均匀的保温材料，热阻值不得小于7.0(m^2·K)/W，容重约

$20kg/m^3$;

(3) 安装试件的洞口尺寸不小于 1500mm×1500mm;

(4) 洞口下部留有窗台。窗台及洞口周边采用不吸水、导热系数小于 $0.25W/(m·K)$ 的材料。

7.4.4 环境空间

(1) 设置在装有空调器的实验室内,保证热箱外壁内、外表面面积加权平均温差小于 1.0K;

(2) 实验室围护结构保温性能和热稳定性良好;

(3) 空气温度波动不大于 0.5~7.5。

7.5 检测与报告

7.5.1 外门窗保温性能分级

(1) 根据 GB/T 8484—2002 中外窗保温性能分为 10 级,见表 4。

外窗保温性能分级表　　　　　表 4

分级	1	2	3	4	5
分级指标值	$K\geqslant 5.5$	$5.5>K\geqslant 5.0$	$5.0>K\geqslant 4.5$	$4.5>K\geqslant 4.0$	$4.0>K\geqslant 3.5$
分级	6	7	8	9	10
分级指标值	$3.5>K\geqslant 3.0$	$3.0>K\geqslant 2.5$	$2.5>K\geqslant 2.0$	$2.0>K\geqslant 1.5$	$K<1.5$

(2) 根据 GB/T 16729—1997 中保温性能分为五级,见表 5。

外门保温性能分级表　　　　　表 5

分级	1	2	3	4	5
分级指标值	$K\geqslant 5.5$	$5.5>K\geqslant 5.0$	$5.0>K\geqslant 4.5$	$4.5>K\geqslant 4.0$	$4.0>K\geqslant 3.5$

7.5.2 检测报告

检测报告除了委托和生产单位的信息外,应包括下列内容:

(1) 试件名称、编号、规格、玻璃品种、玻璃及双玻空气层厚度、窗框面积与窗面积之比;

(2) 检测依据、检测设备、检测项目、检测类别和检测时间;

(3) 检测条件(热箱空气温度和空气相对湿度、冷箱空气温度和气流速度);

(4) 检测结果:试件传热系数 K 值和保温性能等级;

(5) 试件热测表面温度、结露和结霜情况;

(6) 测试人、审核人及负责人签名和检测单位。

8 型 式 检 验

各类建筑门窗产品有着不同的物理性能,建筑门窗节能性能是指达到现行节能建筑设计标准的门窗。换句话说,是门窗的保温隔热性能(传热系数)和空气渗透性能(气密性)两项物理性能指标达到(或高于)所在地区的建筑节能设计标准,及满足各省、市、区实施细则技术要求的建筑门窗。除了本文以上的四项物理性能外,作为产品还应通过型式检验。

8.1 铝合金门窗产品型式检验有18个检验项目及判定规则。塑料门窗产品型式检验有34个检验项目及判定规则。

8.2 分别明确提出了玻璃与槽口的配合按照平板玻璃、中空玻璃、隐框窗的不同要求。

关于该条款的内容,型材厂家更要引起重视,目前多数厂家在开发断桥隔热铝合金窗型材时,要针对(5+9A+5)或(5+12A+5)(mm)、(6+9A+6)或(6+12A+6)(mm)的中空玻璃设计玻璃与槽口的配合尺寸。否则,即便物理四项性能要求达到,型式检验的要求达不到,直接影响门窗的耐久性能。

8.3 增加了反复启闭要求和挠度控制值。窗主要受力构件相对挠度,单层、夹层玻璃$\leqslant L/120$,中空玻璃$\leqslant L/180$,其绝对值不应超过15mm,具体见相关产品标准。

关于该条款的内容,各检测机构和质量管理部门要重点学习执行,不但要学习检测方法标准,更要及时学习现行的产品标准。据了解,一些智能设备内设置的检测软件,错误地把中空玻璃的门窗和单层玻璃的门窗的抗风压检测设置成一样的程序,得出的结果相差50%。一些近1~2年内成立的检测机构,购置了智能设备,通过计量认证,没有经过专业培训,就开始了检测业务。用到工程中的门窗经过这些错误的检测结果误导,把中空玻璃的产品检测按单层玻璃的产品判断,不合格的窗误判为合格,出了安全事故,检测单位将难推责任。

9 结 语

目前我国的建筑节能受到国家与社会的普遍高度重视。门窗节能效益的提高,除保温隔热等性能外,与其抗风压、气密、水密等性能有十分密切的关系。门窗作为建筑外围护结构的一部分,不论是从安全的考虑还是节能的考虑,承担着举足轻重的责任。国家相关部门陆续出台的有关产品标准和性能检测方法及分级标准,目的还是为了把好门窗的产品质量关。

建设部为了为保证建筑门窗产品的节能性能,规范市场秩序,促进建筑节能技术进步,提高建筑物的能源利用效率,制定了建科[20061319]号《建筑门窗节能性能标识试点工作管理办法》,推进建筑门窗节能性能标识试点工作的进行。必将对本行业产品技术发展,产生深远影响,务必要引起全行业同仁的高度重视,把握机遇,适应市场变化,全力开发节能产品,这就是本文期待的目的。

红外热成像无损检测技术原理及工程应用

李为杜[1]　张晓燕[2]　黄国扬[2]

(1. 同济大学材料科学与工程学院，上海　200092；
2. 欧美大地仪器设备中国有限公司，广州　510300)

1　概　　述

1800 年，英国天文学家 Mr. William Herschel 用分光棱镜将太阳光分解成从红色到紫色的单色光，依次测量不同颜色光的热效应。他发现，当水银温度计移到红色光边界以外，人眼看不见任何光线的黑暗区的时候，温度反而比红光区更高。反复试验证明，在红光外侧，确实存在一种人眼看不见的"热线"，后来称为"红外线"，也就是"红外辐射"。

所有的物体都以红外能量的形式向环境中持续辐射热能。这种能量对我们的眼睛来说是看不见的。红外热像仪是利用红外探测器和光学成像物镜接受被测目标的红外辐射能量分布图形反映到红外探测器的光敏元件上，从而获得红外热像图，这种热像图与物体表面的热分布场相对应。热流在物体内部扩散和传递的路径中，将会由于材料或传导的热物理性质不同，或受阻堆积，或通畅无阻传递，最终会在物体表面形成相应的"热区"和"冷区"，这种由里及表出现的温差现象，就是红外检测的基本原理。运用红外热像仪探测物体各部分辐射红外线能量，根据物体表面的温度场分布状况所形成的热像图，直观地显示材料、结构物及其结合上存在不连续缺陷的检测技术，称为红外热成像检测技术。简单地讲，红外热成像是对目标表面进行非接触的成像并分析其热图案。红外热成像技术是将不可见的红外光变成可见的图像。

显然，红外热成像无损检测技术是依据被测物连续辐射红外线的物理现象，非接触式不破坏被测物体，已经成为国内外无损检测技术的重要分支，它具有对不同温度场、广视阈的快速扫测和遥感检测的功能，因而，对已有的无损检测技术功能和效果具有很好的互补性。

红外热成像检测技术的特点：红外线的探测器焦距在理论上为 30cm 至无穷远，因而适用于作非接触、广视阈的大面积的无损检测；探测器只响应红外线，只要被测物温度处于绝对零度以上，红外热成像仪就不仅在白天能进行工作，而且在黑夜中也可以正常进行探测工作；现代的红外热像仪的温度分辨率高达 0.1~0.05℃，所以探测的温度变化的精确度很高；一般红外热像仪测量温度的范围在 -20~120℃，最高可以扩展到 2000℃，其应用的探测领域十分广阔；摄像速度 1~60 帧/s，故适用静、动态目标温度变化的常规检测和跟踪探测。此技术几乎不需要后期投入，因此适合于大面积推广时使用。不像手敲法等传统方法，需要搭设脚手架，造成较大的人力物力财力的浪费，同时也不环保。

红外热成像检测技术已广泛用于电力设备、高压电网安全运转的检查，电子产品热传导、散热、电路设计等测试，石化管道泄漏，冶炼温度和炉衬损伤，航空胶结材料质量的检查，大地气象检测预报，山体滑坡的监测预报，医疗诊断等等。总之，红外热像技术的应用，已有文献报导，大至进行太阳光谱分析，火星表层温度场探测，小至人体病变医疗诊断检查研究。

红外检测技术用于房屋质量和功能检查评估，其用武之地是十分广阔的，诸如建筑物外墙空鼓、裂缝、渗漏、热工缺陷以及房屋保温气密性等检测，具有快速、大面积扫测、直观的优点，它有当前其他无损检测技术无法替代的技术特点，因而在建筑工程诊断中研究推广红外无损检测技术将是十分必要的。

2 红外检测技术基本原理

2.1 红外线及检测依据

红外线是介乎可见红光和微波之间的电磁波，其波长范围为 $0.76\sim 1000\mu m$，频率为 $4\times 10^{14}\sim 3\times 10^{11}$ Hz，图1表示整个电磁辐射光谱。

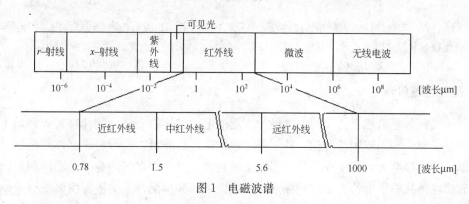

图1 电磁波谱

从电磁辐射光谱看出，可见光仅占很小一部分，而红外线则占很大一部分，科学研究把 $0.76\sim 2\mu m$ 的波段称为近红外区；$2\sim 20\mu m$ 称为中红外区；$20\mu m$ 以上称为远红外区。实际应用中，人们已把 $3\sim 5\mu m$ 称为中红外区，$8\sim 14\mu m$ 的称为远红外区。

在自然界中，任何高于绝对温度零度(−273℃)的物体都是红外辐射源，由于红外线是辐射波，被测物具有辐射的现象。所以，红外无损检测是测量通过物体的热量和热流来鉴定该物体质量的一种方法。当物体内部存在裂缝和缺陷时，它将改变物体的热传导，使物体表面温度分布产生差异，利用红外热成像的检测仪测量物体表面的不同热辐射，可以查出物体的缺陷位置或结合上不连续的疵病。

从图2、图3可以看出，光照或热流注入是均匀的，对无缺陷的物体，经反射或物体热传导后，正面和背面的表层温度场分布基本上是均匀的。如果物体内部存在缺陷，将使缺陷处的表层温度分布产生变化，对于隔热性的缺陷，正面检测方式，缺陷处因热量堆积将呈现"热点"；背面检测方式，缺陷处将呈现低温点。而对于导热性的缺陷，正面检测方式，缺陷处的温度将呈现低温点，背面检测方式，缺陷处的温度将呈现"热点"。因此，采用热红外测试技术，可较形象地检测出材料的内部缺陷和均匀性。前一种检测方式，常用于检查壁板、夹层结构的胶结质量，检测复合材料脱粘缺陷和面砖粘贴的质量等；后一种检测方式可用于房屋门窗、冷库、管道保温隔热性质的检查等。

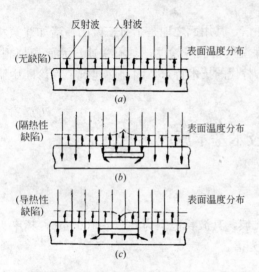

图2 表示向物体注入热量，从物体表面辐射状况来测量温度分布的方式
(a)均质体；(b)非均质体；(c)非均质体

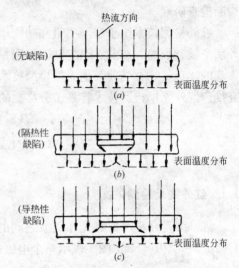

图3 表示热流通过物体内部的传导，从背面测量温度分布的方式
(a)均质体；(b)非均质体；(c)非均质体

2.2 红外线辐射特性

红外线辐射是自然界存在的一种最为广泛的电磁波辐射，任何物体在常规环境下产生自身的分子和原子无规则的运动，并不停地辐射出红外能量，这种分子和原子的运动愈剧烈，辐射的能量愈大，温度在绝对零度以上的物体，都会因自身的分子运动而辐射出红外线，显然红外线的辐射特性是红外热成像的理论依据和检测技术的重要物理基础。

(1) 辐射率

物体的热辐射总是从面上而不是从点上发出来的，其辐射将向平面之上的半球体各个方向发射出去，辐射的功率指的是所有各方向的辐射功率的总和，而一个物体的法向辐射功率与同样温度的黑体的法向辐射功率之比称为"比辐射率"，简称为辐射率。所谓黑体是对于所有波长的入射光（从 γ 射线到无线电波）能全部吸收而没有任何反射，即吸收系数为1，反射系数为0。

热像仪光学系统的参考黑体是不可缺少的部件，它提供一个基准辐射能量，使热像仪据此能够进行温度的绝对测量。根据普朗克辐射定律：温度、波长和能量之间存在着一定关系，一个绝对温度为 $T(K)$ 的黑体，在波长为 λ 的单位波长内所辐射的能量功率密度为：

$$W(\lambda, T) = \frac{C_1}{\lambda^5}(e^{\frac{C_2}{\lambda T}} - 1)^{-1} \tag{1}$$

式中 λ——波长(μm)；

T——黑体绝对温度(K)；

C_1——第一辐射常数($2\pi hc^2 = 3.7402 \times 10^{-12}$,W·cm^2);

C_2——第二辐射常数($ch/k = 1.4388$,cm·K);

h——普朗克常数;

k——玻尔兹曼常数;

C——光的速度。

根据普朗克定律可知,一个物体的绝对温度只要不为0,它就有能量辐射。

光谱辐射强度与温度的关系如图4所示。

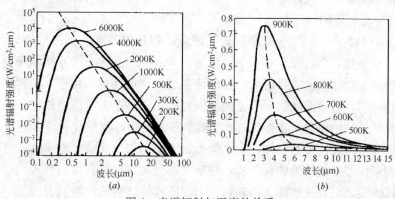

图4 光谱辐射与温度的关系
(a)对数坐标;(b)线性坐标

图4表明黑体波长辐射能量与温度的关系,辐射能量对于波长的分布有一个峰值,随着温度的升高,峰值所对应的波长越来越短,峰值波长的位置按 $\lambda_P = 2890/T$ 方向移动。处于室温的物体($T \approx 300K$ 左右),由上式可以估算其辐射能量的峰值波长 $\lambda_P \approx 10\mu m$。从图中可见,温度较高的分布曲线总是处于温度较低的曲线之上,即随着温度升高,物体辐射的能量在任何波长位置总是增加的。

为了解释温度和辐射能量之间的关系,斯蒂芬-玻尔兹曼对波长从0到无穷大,对式(1)进行积分,得出黑体在某一温度 T 时所辐射的总能量,表明前面曲线包络下单位面积的红外线能量。

$$W = \int_{\lambda=0}^{\lambda=\infty} W_\lambda d\lambda = 2\pi^5 k^4 T^4 / 15C^3 h^3 = \sigma T^4 \tag{2}$$

式中 σ——斯蒂芬-玻尔兹曼常数[5.673×10^{-12}(W/(cm^2·K)^4)];

λ——波长(μm);

k——玻尔兹曼常数;

T——黑体的绝对温度(k)。

式(2)可阐述红外线能量和黑体温度之间的关系,物体辐射的总能量随着温度的4次幂非线性关系而迅速增加,当温度有较小的变化时,会引起总能量的很大变化。对辐射信号进行线性化,则所测得的能量就能计算出温度值。

物体的温度越高,发射的辐射功率就越大,在绝对黑体中,任何物体在520~540K的辐射波长达到暗红色的可见光,温度再高,电阻由暗红变亮,6000K的太阳光辐射波长为 $0.55\mu m$,便呈白色的。

(2) 红外线辐射的传递

当红外线到达一个物体时,将有一部分红外线从物体表面反射,一部分波被物体吸收,一部分透过物体,三者之间的关系为:

$$\alpha+\beta+T=1 \qquad (3)$$

式中 α——吸收系数($=$发射率);

β——反射系数;

T——透射系数。

如果物体不透射红外线,即 $T=0$,则有 $\alpha+\beta=1$,理论上可证明一个物体的吸收系数和它的发射率 ε 是相等的,则 $\alpha=\varepsilon$,故对于不透红外线的物体:$\varepsilon+\beta=1$

对于黑体 $\varepsilon=1$,$\beta=0$,即吸收全部入射能量。但我们周围的物体一般都可用"灰体"来摸拟,即吸收系数 $\varepsilon<1$,反射系数 $\beta\neq0$。一个物体的辐射率 ε 大小决定于材料和表面状况,它直接决定了物体辐射能量的大小,即使温度相同的物体,由于 ε 不同,所辐射的能量大小是不相同的。若要温度值测得正确,辐射率必须接近 1 或加以修正,修正辐射率意味着通过计算使被测的辐射率接近 1。参考基尔霍夫定律,减小反射率和透射率比例,可形成黑体,例如,对任何被测物体打一个恒温封闭的小洞,或涂上黑漆使辐射率 ε 为 1。

此外,测量仪器所接收到的红外线,包括大部分来自目标自身的红外线,以及周围物体辐射来的红外线,只有把物体表面辐射率和周围物体辐射的影响同时改虑,才能获得准确的温度测量结果。

(3) 红外线的大气运输

处于大气中物体辐射的红外线,从理论计算和大气吸收实验证明,红外线通过大气中的微粒、尘埃、雾、烟等,将发生散射,其能量受到衰减,衰减程度与粒子的浓度、大小有关,但在 $3\sim5\mu m$ 和 $8\sim14\mu m$ 波段,大气对红外线吸收比较小,可认为是透明的,称之为红外线的"大气窗口",如图 5 所示。

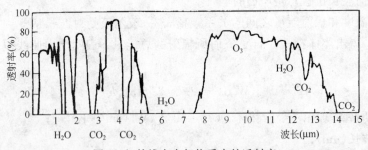

图 5 红外线在大气物质中的透射率

根据理论分析,双原子分子转动振动能级,正处在红外线波段,因而这些分子对红外线产生很强的吸收,大气中水汽、CO_2、CO 和 O_3 都属于双原子分子,它们是大气对红外线吸收的主要成分,且形成吸水带,如:水汽吸收带在 2.7、3.2、$6.3\mu m$,CO_2 在 2.7、4.3、$15\mu m$,O_3 在 4.8、9.5、$14.2\mu m$,N_2O 在 4.7、$7.8\mu m$,CO 在 $4.8\mu m$。

因而,在使用热像仪时,要尽量避免目标与热像仪之间水汽、烟、尘等影响,即设法使这种气氛对测量所选用的红外线波段没有吸收或吸收很小,则测量更为准确。

(4) 被测物体表面辐射率 ε 的作用与环境辐射的影响

在检测工作中，热像仪探测器所接收的来自物体的红外线辐射包括两个部分，即一部分来自物体自身辐射的红外线，另一部分是来自周围物体表面反射过来的红外线。只要被测物体的表面辐射率ε不等于1，这后一部分的红外线就永远存在。物体辐射的红外线大小决定于物体材料ε的大小，物体表面性质和周围物体的温度及其相对位置。周围物体反射的红外线的影响，可以近似地以一个温度为T_B黑体来表示，所以热像仪接收到的红外线辐射E可表示为：

$$E = \varepsilon W(T) + (1-\varepsilon)W(T_B) \tag{4}$$

式中 $W(T)$——温度等于T的黑体辐射。

由式(4)可得如下结论：

(1) 被测物体的ε越小，周围物体对测量结果的影响越大，要得到准确的测量结果就比较困难，因为周围物体的影响$W(T_B)$是很难正确估计的，当ε接近于1时(或>0.9)，除非周围有很高温度的物体存在，热像仪才能够测得正确的结果。

(2) 若被测物体的温度较低，而周围有高温物体存在，则由于$W(T_B)$一项影响大，温度也不容易测准。

(3) 若被测物体的温度很高，而周围物体的温度都比较低，则$W(T_B)$一项可以忽略，热像仪能够测得正确的结果。

由此可知，使用热像仪时，应尽量避免对ε很小且表面光滑的物体进行测温。在必须测温时，可对这些物体的表面进行改装，使其具有较高的表面辐射率。例如，涂上一层油漆，蒙上一层反射率ε高的纸张或布匹等，是行之有效的办法。

此外，在使用热像仪时，应当用东西遮挡周围高温物体对被测物体的影响，使真实的温度得到显示。

总之，知道了红外线测量的基本原理，懂得了物体表面辐射率的作用和周围物体的影响后，就能正确地使用热像仪进行测温，可获得满意的结果。一些常用材料的辐射率ε列于表1中，以供使用中参考。

各种材料的辐射率 表1

材料		温度(℃)	辐射率ε
铝	抛光	50~100	0.04~0.06
	表面粗糙	20~50	0.06~0.07
	强烈氧化过	50~500	0.20~0.30
	铝青铜合金	20	0.6
	氯化铝、纯铝、铝粉	常温	0.16
黄铜	钝化	20~350	0.22
	600℃氧化	200~600	0.59~0.61
	抛光	200	0.03
	薄片(金刚砂打磨)	20	0.2
青铜	抛光	50	0.1
	多孔、粗糙	50~150	0.55

续表

材料		温度(℃)	辐射率ε
铬	抛光	50	0.1
	抛光	500～1000	0.28～0.38
铜	化学磨光	20	0.07
	电解、精细抛光	80	0.018
	电解、粉状	常温	0.76
	熔融	1100～1300	0.13～0.15
	氧化	50	0.6～0.7
	氧化到黑色	5	0.88
铁	覆盖红锈	20	0.61～0.85
	电解、精细抛光	175～225	0.05～0.06
	用金刚砂打磨	20	0.24
	氧化	100	0.74
	氧化	125～525	0.78～0.82
	热碾压	20	0.77
	热碾压	130	0.60
锂	灰色、氧化	20	0.28
	200℃氧化	200	0.63
	红色、粉状	100	0.93
	硫化锂、粉状	常温	0.13～0.22
汞	纯	0～100	0.09～0.12
钼	—	600～1000	0.08～0.13
	细线	700～2500	0.10～0.30
镍铬合金	线、干净	50	0.65
	线、干净	500～1000	0.71～0.79
	线、氧化	50～500	0.95～0.98
镍	化学纯、抛光	100	0.045
	化学纯、抛光	200～400	0.07～0.09
	600℃氧化	200～600	0.37～0.48
	线	200～1000	0.1～0.2
	氧化镍	600～650	0.52～0.59
	氧化镍	1000～1250	0.75～0.86
铂	—	1000～1500	0.14～0.18
	纯、抛光	200～600	0.05～0.10
	带状	900～1000	0.12～0.17
	线状	50～200	0.06～0.07
	线状	500～1000	0.10～0.16

续表

材料		温度(℃)	辐射率ε
银	纯、抛光	200~600	0.02~0.03
钢	合金(8%镍、18%铬)	500	0.35
	粒状	20	0.28
	氧化	200~600	0.80
	强烈氧化	50	0.88
	强烈氧化	500	0.98
	热碾压	20	0.24
	表面粗糙	50	0.95~0.98
	生锈、红色	20	0.69
	薄片状、打磨过	950~1100	0.55~0.61
	薄片状、镍板	20	0.11
	薄片状、抛光	750~1050	0.52~0.56
	薄片状、碾压	50	0.56
	不锈钢、碾压	700	0.45
	不锈钢、砍砂	700	0.70
铸铁	浇铸	50	0.81
	铸块	1000	0.95
	液态	1300	0.28
	600℃氧化	200~600	0.64~0.78
	抛光	200	0.21
锡	打磨	20~50	0.04~0.06
钛	540℃氧化	200	0.40
	540℃氧化	500	0.50
	540℃氧化	1000	0.60
	抛光	200	0.15
	抛光	500	0.20
	抛光	1000	0.36
钨	—	200	0.05
	—	600~1000	0.1~0.16
	细线状	3300	0.39
锌	400℃氧化	400	0.11
	表面氧化	1000~1200	0.50~0.60
	抛光	200~300	0.04~0.05
	薄片	50	0.20
铝	氧化铝,粉状	常温	0.16~0.20
	硅化铝,粉状	常温	0.36~0.42

续表

材料		温度(℃)	辐射率ε
石棉	块状	20	0.96
	纸状	40～400	0.93～0.95
	粉状	常温	040～0.60
	薄板状	20	0.96
碳	细线	1000～1400	0.53
	经纯化(0.9%灰分)	100～600	0.79～0.81
水泥	—	常温	0.54
煤	粉状	常温	0.96
黏土	干	70	0.91
布	黑色	20	0.98
硬橡胶	—	常温	0.89
金刚砂	粗糙	80	0.85
喷漆	胶木	80	0.93
	黑色,无光泽	40～100	0.96～0.98
	黑色,有光泽,喷于铁上	20	0.87
	隔热	100	0.92
	白色	40～100	0.80～0.97
黑烟	—	20～400	0.95～0.97
	涂在固体表面	50～1000	0.96
	和水玻璃	20～200	0.96
纸	黑	常温	0.90
	黑,无光泽	常温	0.94
	绿	常温	0.85
	红	常温	0.76
	白	20	0.70～0.90
	黄	常温	0.72
玻璃	—	20～100	0.94～0.91
	—	250～1000	0.87～0.72
	—	1100～1500	0.70～0.67
	霜冻	20	0.96
石膏	—	20	0.80～0.90
冰	覆盖霜	0	0.98
	光滑	0	0.97
石灰	—	常温	0.30～0.40
大理石	灰色、抛光	20	0.93
云母	厚层	常温	0.72

续表

材料		温度(℃)	辐射率ε
陶瓷	上釉	20	0.92
	白色、有光泽	常温	0.70～0.75
橡胶	硬	20	0.95
	软、灰色、粗糙	20	0.86
砂		常温	0.60
乳胶漆	黑色、无光泽	75～150	0.91
	黑色、有光泽、用于锡板上	20	0.82
硅	粒状粉	常温	0.48
	硅(硅胶)、粉状	常温	0.30
矿渣	锅炉	0～100	0.97～0.93
	锅炉	200～500	0.89～0.78
	锅炉	600～1200	0.76～0.70
雪	—		0.80
灰泥	粗糙、石灰	10～90	0.91
焦油沥青	—		0.79～0.84
	沥青纸	20	0.91～0.93
水	金属表面的水膜	20	0.98
	层厚>0.1mm	0～100	0.95～0.98
砖	红色、粗糙	20	0.88～0.93
	耐火砖	20	0.85
	耐火砖	1000	0.75
	耐火砖	1200	0.59
	难熔、刚玉	1000	0.46
	难熔、刚玉、强辐射	500～1000	0.80～0.90
	难熔、刚玉、弱辐射	500～1000	0.65～0.75
	硅质(95%SiO_2)砖	1230	0.66

注：该表摘自 Mikael A. Bramson 的"红外辐射应用手册"中的各种材料的辐射率。

3 红外热成像仪

3.1 红外热成像仪工作原理

红外热像仪是利用红外探测器、光学成像物镜和光机扫描系统(目前先进的焦平面技术则省去了光机扫描系统)接受被测目标的红外辐射能量分布图形反映到红外探测器的光敏元上，由探测器将红外辐射能转换成电信号，经放大处理、转换或标准视频信号通过电视屏或监测器显示红外热像图。这种热像图与物体表面的热分布场相对应，实质上是被测目标物体各部分红外辐射的热像分布图由于信号非常弱,与可见光图像相比,缺少层次和立体感。因此,在实际动作过程中为更有效地判断被测目标的红外热分布场,常采用一些辅助措施来增加仪器的实用功能,如图像亮度、对比度的控制,实标校正,伪色彩描绘等技术。

3.2 红外热成像仪组成系统与特性分析

热像仪的基本工作原理犹如闭路电视系统,由摄像机拍摄图像,然后在监视器上显示图像,但两者有本质的不同:(1)普通电视摄像机接收的是可见光,不响应红外线,故夜间摄像需要灯光照明,而热像仪探测器仅对红外线有响应,如前所述,由于任何物体日夜均辐射红外线,因而,它在白天、夜间均可以工作;(2)普通电视摄像机摄像后显示的图像是人眼睛能感觉的物体亮度和颜色成分,大多数情况下,图像不反映物体的温度,而热像仪所显示的图像主要是反映物体的温度特性,可见的物体图像跟红外线热像没有直接的关系。

3.2.1 光学系统

热像仪光学系统中的物镜的主要功能是接收红外线,保证有足够的红外线辐射能量聚集热像仪系统,满足温度分辨率的要求。物镜往往还是一个望远镜或是近摄镜,起着变换系统视场大小的作用,如果物镜是一个望远镜,那么由扫描所决定的视场随望远镜的放大倍率而缩小,热像仪可以观察远处的目标,显示的图像将得到放大;如果物镜是一个近摄像,由扫描所决定的视场将以近摄镜的倍率而放大,热像仪可以观察近处大范围内物体,起到广角镜的作用。现代仪器的结构设计,使用者在现场即可以更换物镜,手续简便。

探测器透镜最靠近红外探测器,由物镜收集视场范围内物体辐射的红外线,由探测器透镜会聚于红外探测器的敏感元上,探测器敏感元的几何尺寸跟探测器的透镜的焦距之比称为瞬时视场,是一个决定热像仪空间分辨本领的重要参数。

参考黑体是热像仪光学系统中不可缺少的部件,它提供一个基准辐射能量,是热像仪据此能够进行温度的绝对测量,参考黑体应具有尽可能高的辐射系统($\varepsilon \approx 1$)。参考黑体在某扫描瞬间充满探测器瞬时视场,探测器此时输出的信号电平即对应于参考黑体的辐射能量。

3.2.2 红外探测器和前置放大器

红外探测器的作用在于把聚焦在敏感元上的红外线转换成电的信号,信号大小与红外线的强弱成正比,它是热像仪内最为关键的部件,其性能直接影响热像仪的性能。若红外探测仪仅有一个敏感元件,称为单元探测器,而包含 2 个或 2 个以上敏感元件,则称为多元探测器,例如,NEC 系列热像仪采用氧化矾晶体制作的 640×480 或 480×320 探测器。使用多元探测器即可提高仪器的性能,一个 n 元的探测器相当于性能提高了 $\sqrt{n}$ 倍的单元探测器,如果一个 n 元的探测器代替单元探测器,在并联使用情况下,若保持温度分辨率和空间分辨率不变,则可提高 n 倍扫描帧频,在串联使用情况下,若保持扫描速度不变,则可提高 $\sqrt{n}$ 倍温度分辨率。

红外探测器的输出电信号是极其微弱的,一般在微伏数量级。前置放大器的作用就是将探测器输出的弱信号进行放大,同时几乎没有或者很少增加噪声成分,这就要求前置放大器具有比探测器低得多的噪声,除要求前置放大器与探测器有最佳的源阻抗匹配,前置放大器还应有优良抗干扰性能,通常前置放大器不具有很高的放大倍数,主放大器则担负着将信号放大的任务。

3.2.3 信号处理机

由红外探测器把红外线信号转换成电信号,并由前置放大器和主放大器放大达到一定电平的热图像信号进入信号处理机,同时进入的还有同步信号,参考黑体温度信号等,信号处理机的主要任务是:恢复热图像信号的直流电平,使信号电平跟热图像所接收的能量有固定的关系,补偿摄像器因环境温度变化所引起的影响,使热像信号跟温度绝对值有一一对应的线性关系,操作时可随意改变热图像信号电平和灵敏度进行图像处理,提供显示器显示的热图像视频信号,其工作框图如图6所示。

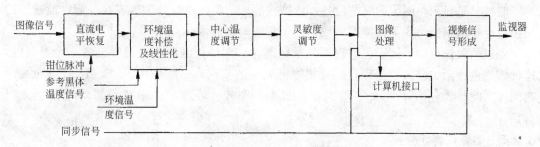

图6 热像仪信号处理框图

由于红外探测器和前置放大器之间通常是采用交流耦合的,使信号失去了直流分量,信号电平不能代表辐射的绝对量,无法从所接收的辐射能量计算得到物体的温度。而热像仪不仅显示温度分布,还需要告诉温度的绝对值,因而,信号处理的第一步必须设法恢复热图像信号的直流电平。参考黑体的辐射能量是已知的一个能量基准,在扫描中,当参考黑体充满探测器的瞬时视场时,使用钳位脉冲把热像信号恢复了直流电平。这个固定电平所对应的能量等于参考黑体的辐射能量,由其他物体的信号电平与固定电平之差,可以得到其他物体与参考黑体的辐射能量之差,推知其他物体辐射能量的绝对值。

环境温度补偿电路的作用就是当物体的表面辐射系统 $\varepsilon<1$ 时,同时考虑物体周围环境的红外辐射影响,对信号电平作相应的修正,使其跟温度有一一对应的线性关系。为此,根据参考黑体的温度求得相对应的直流电平,并把此直流电平叠加到信号电平中去,采用数字计算方法是解决这一问题的途径。

热图像信号反映物体温度的差别,它的电平变化比较大,也就是信号的动态范围相当大,因而在一幅图像上往往不可能反映温度分布的细节,为了让使用者观察和分析热图像,热像仪设置了中心温度和灵敏度两种调节电路,经过中心温度和灵敏度调节之后,监视器成为显示热图像的"窗口"。改变中心温度,即改变"窗口"的信号电平,热图像反映的温度在测温范围内的位置也改变,所以,调节中心温度可以从高温区看到低温区。选择灵敏度,就是改变热像仪电子系统的放大倍率,即改变"窗口"的宽度,此宽度对应于热图像上反映的最大温差,因而,调节灵敏度度量可以在热图像上从全貌看到细节。

热像处理是信号处理器能把热图像所包含的信号以各种人们易于接受的方式充分地显示出来,它所具有的功能反映了热像仪处理信息本领的大小。先进的热像仪采用数字方法对热图像信息进行处理,不仅大大增加了功能,其性能也得到了提高,例如,通过存储器的作用，获得热像的电视制式的彩色显示，通过积累图像信息提高信噪比和温度分辨率，运用内插方法提高显示图像的像元数目等，它还配有多种接口，实现热图像的输出记录和跟其他计算机的通信。

处理器的最后一部分是视频信号形成电路，把热图像和同步信号、消隐信号混合成一个视频信号。再输给监视器供显示热图像之用，也可以当记录信号输出，跟随电视复合同步信号混合形成电视制式的热图像信号。此信号即可输入监视器获得电视热图像，而不必考虑热图像原先由慢扫描摄取的。

3.2.4 监视器

监视器是显示热图像的终端设备，便携式的显示器往往与处理器连在一起，监视器的扫描速度要求跟摄像头部扫描器一致，便于实现同步成像。

先进的热像仪均采用彩色监视器显示热图像，用一种颜色表示温度或者一个等温区，这种假彩色显示，使人们更容易区分热像上温度的差别，一般采用4、8、16种颜色显示热图像。此外，还有一些文字信息，如日期、图片、温度值、系统设置等，便于人机对话。

3.2.5 热像仪特性分析

红外热像检测技术，由于测试往往是温度差异不大和现场环境复杂的因素，好的热像仪必须具备高像素，分辨率小于 $0.1℃$、空间分辨率小，具备红外图像和可见光图像合成的能量。

比较和分析热像仪的技术特性，是综合评价热像仪性能和适用性的基本观点。评价仪器的性能高低，必然要涉及热像仪的价格指标。选择合适功能仪器，首先应考虑仪器的技术指标应符合检测工作的要求。一味追求高科技性能，且不尽符合自身工作的需要，或"宽求窄用"的选择仪器，有可能造成经济上的浪费，为了选用仪器不至于盲目性，需要对热像仪的特性作综合分析。

决定热像仪技术特性的关键部件是红外探测器，因此，分析热像仪的特性，首先要介绍探测器的特性。

(1) 红外探测器

能把红外辐射能转变为便于测量的电量的器件，称为红外探测器，从如下的特性参数，可区别红外探测器的优劣：

1) 探测器的敏感元面积 A——接收红外线产生信号的几何尺寸，光电型的探测器敏感元有碲镉汞(HgCdTe)三元化合物的半导体，锑化铟(InSb)探测器和硫化铅(PbS)探测器。氧化矾晶体探测器的灵敏度高，响应速度快，能做成响应 $3\sim5\mu m$ 和 $8\sim14\mu m$ 的探测器，是大多数红外热成像系统所使用的，也是世界上新型的红外探测器。锑化铟探测器响应波长为 $3\sim5\mu m$，性能佳，价格贵。硫化铅探测器响应波长为可见光到 $2.5\mu m$，灵敏度低，一般适用于高温目标的探测，但也可在常温下工作，价格便宜。碲镉汞、锑化铟探测器的工作温度77K，通常探测器工作时采用液氮、热电和氩气制冷。

探测器的类型直接决定了红外热像仪的使用效果和寿命，目前世界上高端的产品普遍采用氧化钒晶体探测器(NEC产品)，此探测器测温视域为1，温度测量精确到1个像素点，最高 640×480 像素(例如 NEC 高端产品 H2640)，每个像素的大小为 $23.5\times23.5\mu m$，可以更精确的定位小的异常温度点。而一些低端产品则采用的是法国 ULIS 公司的多晶硅体传感器，测温视域为9，即每点的温度基于 3×3 个像素点；氧化钒探测器的长时间工作测温稳定性高，温度漂移很小，更加适用于较远距离测试，使用寿命长，为传统探测器寿命的两倍。

探测器的类型直接决定了红外热像仪的使用效果和寿命，目前世界上高端的产品普遍采用氧化钒晶体探测器（NEC 产品），此探测器测温视域为1，温度测量精确到1个像素点，最高 640×480 像素（例如 NEC 高端产品 H2640），每个像素的大小为 $23.5\times23.5\mu m$，可以更精确的定位小的异常温度点。而一些低端产品则采用的是法国 ULIS 公司的多晶硅体传感器，测温视域为9，即每点的温度基于 3×3 个像素点；氧化钒探测器的长时间工作测温稳定性高，温度漂移很小，更加适用于较远距离测试，使用寿命长，为传统探测器寿命的两倍。

2）响应率 R。红外探测器的输出电压（V）和输入的红外辐射功率（W）之比，称为响应率，它反映一个探测器的灵敏度，单位为 V/W，通常用 $\mu V/\mu W$。

3）响应时间。当红外线辐射照到探测器敏感元的面 A 上时，或入射辐射去除后，探测器的输出电压上升至稳定值，或降下来，这段上升或下降的延滞时间称为"响应时间"，它反映一个探测器对变化的红外辐射响应速度的快慢。

4）响应波长范围。没有一个探测器能对所有波长的红外线都有响应，因而，在实际工作中根据接收红外线所在波段来选择合适的红外探测器，使系统对该波段的红外线产生响应。红外探测器的响应率和入射辐射的波长关系如图7所示，在波长为 λ_p 时，响应率最大，波长小于 λ_p 时，响应率缓慢下降。波长大于 λ_p 时，响应率急剧下降以至于零，通常把响应率下降到最大值的一半的波长 λ_c 称为"截止波长"，表明这个红外探测器使用的波长最长不得超过 λ_c。

5）比探测率 D^*。定义为 $D^*=R\cdot\sqrt{A\cdot\Delta f}/V_N[(cm^2\cdot Hz)^{1/2}/W]$，$V_N$ 为测量系统的频带宽度等于 Δf 条件下，所测量到的探测器噪声电压，比探测率是反映探测器分辨最小能量的本领，一般运用此参数表征一个探测仪性能的高低。

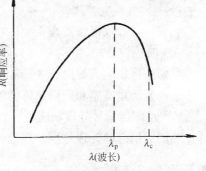

图7 响应率和入射波长的关系

（2）热像仪温度分辨率

它是热像仪温度分辨本领的基本参数，一般用噪声等效温差来表示，噪声等效温差定义为：当系统的信号跟噪声电压相等时热像仪所反映的温差，在热像仪的性能指标中，温度分辨率通常都是指噪声等效温差这一个量。噪声电压是红外探测器输出端存在的毫无规律、无法预测、不可避免的电压起伏。因而，红外探测器只有辐射输出功率产生的电压信号至少大于探测器本身的噪声电压时，才能分辨和测量温度的变化，噪声等效温差用下式表示：

$$NETD=\frac{T-T_B}{V_S/V_N} \quad (5)$$

式中　T——目标温度；
　　　T_B——背景温度；
　　　V_S——目标信号峰值电压；
　　　V_N——热像仪系统噪声电压。

根据上式，同一数值的温差，在高温时相对有较大的辐射能量差别，在低温时则对应于较小辐射能量的差别，因而在噪声等效温差测量中高温目标的同等温差产生较大信号，信噪比变高，测量得到的噪声等效温差将变小，亦即温差分辨率更高，可见噪声等效温差是依赖于被测目标的温度，热像仪这一参数是在室温目标(30℃)情况下测量的结果。

（3）空间分辨率

它是表征热像仪在空间分辨物体线度大小的本领。一般用热像仪的瞬时视场来表示空间分辨率，所谓瞬时视场是热像仪静态时探测器元件通过光学系统在物体上所对应线度大小对热像仪的空间张角。瞬时视场或空间张角越小，热像仪越能分辨细小的物体，如果要观察远距离的目标，热像仪应该具有较小的瞬时视场，即较高的空间分辨率，在热像仪上添加望远物镜缩小瞬时视场，实现远距离观察的要求。

（4）视场范围

它表示在多大空间范围内热像仪能摄取热图像，用 X、Y 方向视场大小来表示，热像仪所包含的像元素等于视场范围除以瞬时视场，像元素越多，热图像越清晰，像质量越高，因此，成像清晰与否与视场范围或瞬时视场，以及像元素大小有关。

（5）帧频

它表示热像仪摄像器在 1s 内摄取多少帧热图像。

（6）响应波段

目前热像仪响应波段有 $3\sim5\mu m$ 和 $7\sim14\mu m$ 两类，前者适用于测量高温物体的温度，后者适用于测量室温和低温物体的温度。

（7）热图像信号处理功能

热图像信息的处理是反映热像仪先进性的一个重要方面。

3.3　热像仪选用

选用热像仪是一项综合性的工作，除对仪器各个技术参数作比较分析之外，还要结合应用要求等考虑。上述诸多参数和性能中，温度分辨率和空间分辨率是最关键的，应用于低温环境，要求温度分辨率高一些；而用于高温环境，温度分辨率要求可以低一些。探测的目标移动快的，或被测物温度变化快的，采用帧频高一些，对于静目标或温度变化慢的场合，可以选用较低帧频，其价格相对就便宜些。而仪器处理机的功能和图像记录处理本领也是十分重要的。在选择热像仪时，最重要的应该根据自己应用领域和使用要求来决定，同时兼顾价格的高低。

热像仪功能先进，有利于检测工作获得最佳的热图像，对图像进行必要的处理，从而得到准确和满意的结果，根据检测工作需要，提出如下功能选配的建议：

（1）根据被摄对象的实际温度，可选择最合适的温度范围，从而可提高检测精度；

（2）根据被摄对象的远近，能自动调节焦距，使热图像的清晰度最高；

(3) 根据被摄对象的温度，具有自动调节温度中心点，使得整幅热图像的色彩分布更为合理；

(4) 根据被摄对象的温度范围，具有自动调节温度分辨率，使整个被摄对象以平均的色差显示出来；

(5) 操作人员能够手动调节焦距、温度中心点、温度分辨率，使对感兴趣的那部分达到最高的清晰度，得到该部分的温度中心点和最佳温度分辨率。例如，由于背景的介入，整个被摄对象的温度范围为10～80℃，这种情况下，红橙黄绿青蓝紫7种显示颜色（当然内部又有细分为几百种色调）每种颜色代表10℃，即红为70～80℃，橙为60～70℃……，紫为10～20℃。则10℃和11℃一样都是以红色来显示，眼睛无法很直观地分辨出来，这时如果手动将分辨率调小，使得10℃以紫色显示，而11℃以蓝色显示，这样就能很直观地将这1℃的差别分辨出来；

(6) 在同一画面上显示多个点的温度及其辐射率，得出重要的点的温度，或进行温度比较；

(7) 有广角镜头、望远镜头供特殊要求的选择，当使用特殊镜头时，仪器内部能自动进行红外线透过率的修正；

(8) 在热图像上选择任何感兴趣的区域，并对该区域进行处理，从而消除背景干扰；

(9) 对图像进行放大和缩小，以提高分辨率，或在同一屏上显示多幅热图像；

(10) 以等温带的方式显示图像，即用彩色显示感兴趣的温度范围，而其他温度则用黑白颜色来显示；

(11) 热图像的显示颜色可以调整，能够进行多级彩色显示，黑白显示，或反色显示；

(12) 将两幅热图像相减，既可以消除由于室内供热造成的恒定温度噪声，又能突出缺陷部位与正常部位的温差，使得缺陷更容易被识别出来。例如，上午缺陷部位比正常部位的温度高1℃，到下午缺陷部位比正常部位的温度低0.5℃，则将两幅热图像相减之后，缺陷部位比正常部位的温度要高1.5℃，这样诊断的精度就得以提高；

(13) 统计功能：软件能对整幅热图像进行统计计算，即计算平均温度、最高温度、最低温度，以及每个温度在整幅热图像上所占的百分比；

(14) 能够在图像的任何位置上标注文字注解；

(15) 热图像要能进行存储、传输到计算机进行进一步的分析；

(16) 仪器内部要有时钟，以显示正确的检测时间并和热图像一起记录下来；

(17) 能设置声音警报，当温度高于或低于某一值时能发出声音警报声。

一般情况下，建筑物的温度范围为-20～100℃，因此红外检测装置的检测范围应在此范围左右；通常空鼓部位与正常部位之间所产生的温差很小，因此，在检测中分辨温差需≤0.1℃，而试验表明，在检测房屋渗漏，特别是室内渗漏源时，红外热像仪探测器的要求需≤0.06℃，建议采用640×480像素元，例如NEC的H2640。建筑质量内部缺陷一般较小，而拍摄距离又较远，所以应该采用具有高空间分辨力的仪器。如果红外热像仪的空间分辨力为1mrad，则当拍摄距离为50m时，每个像素元能分辨的尺寸为50mm；当拍摄距离为25m，每个像素元能分辨的尺寸为25mm。因此红外热像仪拍摄距离较大，而缺陷尺寸较小时，则需要用可变的长焦镜头或者像素高的仪器（例如640×480）来缩小拍摄范围或增强图像精细度，提高空间分辨力，提高图像精度。红外热像仪的电子元件灵敏度较高，所以仪器应在-15～+50℃的环境下使用，否则易产生死机现象。仪器不宜在湿度较高、多灰、阳光直射、强磁环境下使用，以免影响试验结果。

为了对红外热图像和可见光图像进行对比，红外热像仪需要具备可见光数码成像功能。

4 应 用

凡被测物体具有辐射红外能量，由于各种缺陷所造成组织结构不均匀性，导致使物体表面温度场分布变异，均为红外热成像提供无损检测的条件。当前，红外热成像检测仪具有 0.02～0.1℃的温度分辨率，可以广泛用于温度场变化的精确测量，近代红外热成像仪功能较为完善，只要合理地选配和有效地利用光照条件，就能使红外热成像技术的检测评估效果得到充分的发挥。

4.1 建筑节能中的应用

红外热成像检测技术应用于建筑领域检测不是一种很新的技术。自20世纪70年代始，欧美一些发达国家先后开始了红外热像仪在建筑领域诊断预维护的探索，红外热像技术在建筑领域中的应用日臻完善，给建筑领域检测和评估技术前进和发展带来了较大的帮助。

在过去的几十年的发展中，红外热成像技术已经在以下几个方面得到了成熟的应用（图8）：墙面缺陷的检测；粘贴饰面的检测；渗漏和受潮的检测；热桥等热工缺陷检测；室内管道和电气设施的检测。由于环境保护和节能的迫切需要，国内外特别是加拿大、美国、日本等国家对红外热成像在节能中应用研究，取得了丰富的经验和成果。本文将着重对近年来红外热像技术应用于建筑节能研究作一下总结。

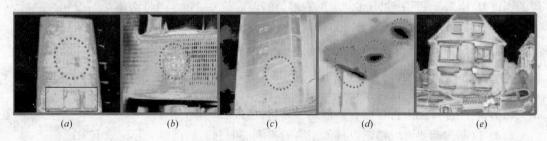

(a) (b) (c) (d) (e)

图8 建筑缺陷的红外热成像仪检测图像

4.1.1 能量的消耗

能量的消耗主要分成三部分：工业、运输和住宅。根据统计，有30%～50%的能量消耗集中在第三部分。其中又有一半的能量是为了更舒服的生活而消耗。当考虑节能时，这一点是不能忽略的。提高能效，提倡节能建筑是一个紧迫的任务。

对于新建筑工程，比较容易处理，即建立并执行严格的节能标准和法规。而对于现有建筑，能效相对较低，而每年只有1%～2%的旧楼能得到翻新，因此，改善现有建筑降低其能耗势在必行。对于旧建筑，很难评估其质量、当前状况和结构合理性。如果无法看见问题所在，很难对缺陷进行修补和改善。这是一个主要的问题。

4.1.2 红外检测和测试

建筑中隔热层和气密性缺陷可能造成麻烦，诸如室内空气不良、空气泄漏和受潮，都会造成居住不舒适以及能源浪费。最好的解决办法是首先发现问题，确定产生问题的原因，然后给予相应的处理办法。最主要的困难是找到合适的方法和设备来进行诊断出问题所在。通过常规的视觉检测和评估，通常效率不高，只能检测一些明显的缺陷和表面缺陷，对某些是可行的，例如，隐藏的大面积缺陷，对用户造成的影响存在一定的因果关系。然而，通常大部分缺陷的因果关系并非总是如此，只有在造成严重的破坏之后才能知道。到时唯一的补救办法只能是花费高昂的代价重建。

红外热成像法是一种预维护技术，最为经济，对建筑本身损坏最少的一种诊断办法。热工性缺陷如隔热材料缺失、热桥、漏气和受潮等都会造成墙面的温度变化。通过表面温度热图像来表征出次表面的异常。然而，对这些图像的分析以及对结果给出正确的处理办法，这需要有严格受训的红外热成像仪操作人员，对建筑学必须有很好的了解。

4.1.3 热传导损失

在建筑围护结构设计有隔热层，主要的目的是以最经济的方式达到所期望的室内环境。经验表明，缺少隔热材料、隔热材料安装不正确、气密层和气密性不良都会降低轮廓的整体热性能，从而大幅提升能耗。对于新楼或旧楼，满足新的节能标准非常重要，隔热和气密层以及结构中其他任何缺陷都必须诊断并得到修补（图9）。

建筑隔热标准在过去几十年中不断改进。许多国家根据新的"环境能源效率指导方针"，拥有或正在制订相应的节能标准。

典型的隔热缺陷有：

(1) 隔热材料没有填充整个设计的空间（缝隙、孔洞、隔热层薄、隔热材料沉降、安装后材料收缩、在错误的位置进行刚性绝缘等）。

(2) 隔热材料安装不当。

(3) HVAC通过隔热层进行安装。

(4) 有渗透性的隔热材料不足以阻挡气流的运动。

(5) 隔热材料受潮。

图10为红外检测清楚的显示楼房能量损失程度。楼龄为8年，红外图像显示在墙体和房顶都有明显的热损失，基础处也没有隔热处理。对楼顶进行检测发现，天花板没有安

(a)　　　　　　　　　　　　(b)

图9　红外热图显示出此新建楼房的节能效果很好，在检测中找不出热缺陷

装隔热材料。房屋主人知道了热损失程度，也确切理解了该采取措施进行改进。修补后可再用红外检测评估隔热安装的效果和质量。

墙体没有足够的隔热层也会造成明显的热损失。室内外温差越大或材料的 K 值越低，就需要越大的制冷或制热功率。图 10 显示在窗户和天花板之间的隔热层存在孔穴。

图 11 为红外热成像可以找出天花板和窗口之间隔热材料的缺损。在此楼的其他地方也可以找到类似的情况。这可能导致更为严重的问题，如在墙体空穴中形成受潮。合同承包商忽略了在墙体空穴中放置隔热材料，通过红外热像仪检测很容易发现。

在墙体空穴中安装隔热材料要求很严，必须填充在空穴中并紧密贴在墙壁上。如果没有这样安装，隔热效果大打折扣，很有可能成为空气对流的一个

图 10 在窗户和天花板之间的隔热层存在孔穴

通道，进一步降低隔热效果。

建筑围护结构中的一些部位，在室内外温差的作用下，形成热流相对密集、内表面温度较低的区域。这些部位成为传热较多的桥梁，故称为热桥(thermal bridges)，有时又可称为冷桥(cold bridges)。由于热桥附加能耗占整体建筑能耗的比例不断上升，根据调查和计算，在非节能型建筑中，各种热桥的附加能耗占建筑能耗的 3‰~5‰，而在新型节能建筑中，一般占节能建筑的 20% 左右。砌在砖墙或加气混凝土墙内的金属，混凝土或钢筋混凝土的梁、柱、板和肋，预制保温中的肋条，夹心保温墙中为拉结内外两片墙体设置的金属联结件，外保温墙体中为固定保温板加设的金属锚固件，内保温层中设置的龙骨，挑出的阳台板与主体结构的连接部位，保温门窗中的门窗框特别是金属门窗框等等。整个楼房存在大量的热桥，如图 11、图 12 所示，找出了热桥存在的位置，可以通过设置断热条来解决。

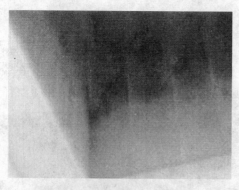

图 11 红外图像显示不当的隔热材料安装的影响。隔热材料没有紧贴在墙体上，降低隔热效率从而造成热损失

图 12 建筑围护结构中热桥红外图像

4.1.4 对流热损失

密封连接不良会造成泄漏，气密内衬层安装不当或损坏往往会出现规律性缺陷。空气很容易地通过刚性隔热体之间的部分。这些缺陷会引起不好的温度分布，会引起房间里空

气产生运动(气流),从而引起局部温度降低而增加能耗和尘土的沉降。泄漏路径比较复杂,没有红外热成像仪很难发现(图13、图14)。

图13 红外图像清晰的显示墙体上盖板连接处的冷空气渗透。整个房子密封性很差,造成较大的能量损失

图14 建筑围护结构连接处密封不良,造成严重的空气外泄的红外图谱

空气外泄只能在外面进行检测,具有相反的红外热图特征,不具有规律性特征。外泄的分析更为复杂,因为往往气体必须经过多层材料。如果在检测组合结构时(例如带有饰面的砖墙面),即使有很严重的空气泄漏也很难在热图上表现出明显的温度场差异。必要时,配合渗透性能测试可更准确检测出漏气的位置。

由于在螺栓、电线等旁边没有正确的安装隔热材料形成孔隙而造成垂直气流,也将对隔热性能产生明显的影响,如图15所示。

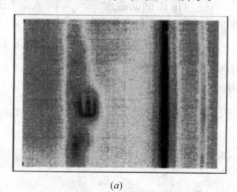 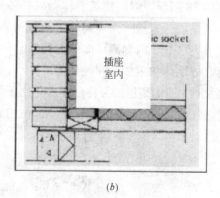

(a) (b)

图15 由于在电线旁不正确的放置隔热材料以及聚乙烯气凝剥裂而造成隔热和气密性缺陷

4.1.5 受潮

受潮恐怕是影响建筑物整体性最为严重的因素之一,也会大大影响节能的效果。湿气态时,是空气和建筑材料中必要且有用的组成部分。然而一旦成为液态或者固态,将产生不少麻烦。受潮的原因可能根源于渗漏、冷凝或建筑材料释放的湿气。

受潮(来源于渗漏或冷凝)会产生许多问题,水可能渗入一个小的裂缝,然后滞留在不渗透水的建筑材料中。砖和混凝土中未粘合好的区域往往造成砖墙体中积水和气体泄漏。使用不合格的混凝土也会造成雨水的渗入。由于建筑结构运动引起的砌墙体裂缝,同样会造成开口而引起雨水渗入,这通过红外可以快速清楚地显示,如图16所示。

图 16 墙体受潮的红外图像

办公大楼或者住宅常常会因为外部雨水渗入而造成问题。通过常规办法去寻找渗漏源和渗漏路径往往不能成功。渗水破坏是持续的，造成建筑材料、设备和装饰家具的过早损坏，并引起室内空气污染。渗入点难以确定，因为水往往不按照预想的路径渗入。肉眼看不到任何渗水痕迹，借助于红外热像仪，可以清楚地发现渗水并找到渗漏源。如图 17 所示。

图 17 建筑渗漏的红外图像

4.2 建筑物外墙剥离层的检测

如图 18 所示，新旧建筑墙体剥离有砂浆抹灰层与主体钢筋混凝土局部或大面积脱开，形成空气夹层，通常称为剥离层。砂浆粉饰层剥离，将导致墙面渗漏，大面积的脱落，可能酿成重大事故。因剥离形成的墙身缺陷和损伤，降低了墙体的热传导性，在抹面材料产生剥离，外墙体和主体之间的热传导变小，因此，当外墙表面从日照或外部升温的空气中吸收热量时，有剥离层的部位温度变化比正常情况下大。通常，当暴露在太阳光或升温的空气中时，外墙表面的温度升高，剥离部位的温度比正常部位的温度高；相反，当阳光减弱或

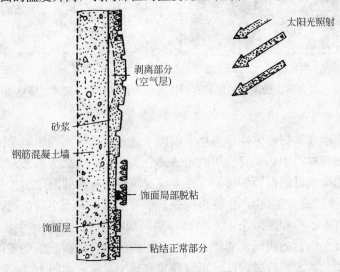

图 18 墙体构造及剥离、脱粘示图

气温降低,外墙表面温度下降时,剥离部位的温度比正常部位的温度低。由于太阳照射后的辐射和热传导,使缺陷、损伤处的温度分布与质量完好的面层的温度分布产生明显的差异,经高精度的温度探测分辨,红外热成像后能直观检出缺陷和损伤的所在,为诊断和评估提供科学依据,具有检测迅速,工作效率高,热像反映的点和区域温度分布明晰易辨等优点。

4.3 饰面砖粘贴质量大面积安全扫测

由于长期雨水冲刷,严寒酷热温度效应,或受振动冲击,使本来粘贴质量尚可的饰面砖与主体结构产生脱粘,如图18所示。对于施工时"空鼓"粘结性差的面砖则更有脱落的可能。此种危险现象在国内外均时有发生,若伤了人将会造成严重的后果。为此,国外很重视专项扫测检查,国内也已引起了关注。

面层与基体产生脱粘和"空鼓",同样造成整体的导热性与正常部位的导热性的差异,在脱粘部位,受热升温和降温散热均比正常部位的升温和散热快。这种温度场的差异提供了红外检测的可行性。对大面积非接触墙面的安全质量检测。红外遥感检测技术是很适用的,它可以根据阳光照射墙面的辐射能量,由红外热像仪采集和显示表面温度分布的差异,检出饰面砖粘贴质量问题,或使用过程局部脱粘的部位,为检修和工程评估提供确切的依据,对防患于未然具有十分重要的社会效益。

4.4 玻璃幕墙、门窗保温隔热性、防渗漏的检测

气密性、保温隔热性检查,是根据房屋耐久性、防渗漏要求提出的,随着生活水平的提高,也是节能的重要课题。冬夏季节室内外温差较大,内外热传导给红外检查门窗气密保温和渗漏性提供了良好的条件。对于构造的漏热,气密性不良部位,热传导与气密性良好部位的比较,有较明显的差异,其形成的温度场分布也有明显的不同。红外热像仪能形象快速显示和分辨,检测工作对提供建筑保温隔热性,可为施工装配质量检查和节能评估提供科学的依据,扫测视域广,面积大,非接触快速检测是其他无损检测方法无法替代的。

玻璃幕墙气密性、防渗漏的检查是一项重要的课题。红外检测技术视域广,非接触快速扫测效率很适合这种场合的检测任务。但由于玻璃幕墙是低光谱反射材料,玻璃的反射光谱如图19所示。

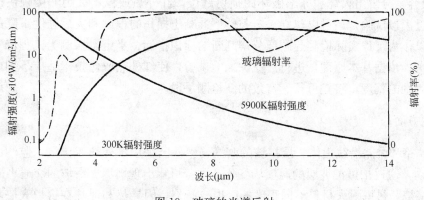

图19 玻璃的光谱反射

检测时，应注意太阳光或天空反射的影响，选择适用于被测物的波长的仪器。

日本 NEC 曾推出的 TH3105 型的红外热成像仪。摄像头对 5.5～8.0μm 的波十分灵敏。设计该波段的热像仪旨在与玻璃及一些主要的建筑材料的低光谱反射相匹配，使检测时红外热成像受阳光或天空反射的影响大大降低，但该波段仍然处于受空间水蒸气吸收的范围，因而，检测时应尽可能避开大气中水蒸气吸红外辐射能的干扰影响。先进的红外热成像仪，在常用波段的摄像头部（红外线的"大气窗口"）光学系统配上滤波器来降低太阳光或天空反射的影响，以适合于被测物低光谱反射特点的探测需要。现在 NEC 公司推出的 TH9260 新一代非制冷胶平面红外热像仪在克服环境因素的影响又作了很大的改进。

4.5 墙面、屋面渗漏的检查

屋面防水层失效和墙面微裂所造成的雨水渗漏，是一种普遍性的房屋老化或质量问题，也是广大用户十分烦恼的一个社会问题。这种缺陷用红外检测在国外已有成功的文献报导。屋面或墙面渗漏、隐匿水层的部位，其水分的热容和导热性与质量正常的周边结构材料的热容和热传导性是不同的。借太阳光照射后的热传导或反射扩散的结果，缺陷部位在表面层的温度场分布与周边表层的温度分布有明显的差异，红外检测技术可以检出面层不连续性或水分渗入隐匿部位，从室内热扩散、阳光被吸收和传导的物理现象给红外热成像检测提供了可行的依据。

4.6 结构混凝土火灾受损、冻融冻坏的红外检测技术

当前，对结构混凝土火灾的损伤程度和混凝土的强度下降范围，以及混凝土受冻融反复作用的损伤情况还缺乏破损和快速的有效检测手段，在国内近年来有采用红外热成像技术对上述混凝土损伤破坏进行探测研究。

根据混凝土火灾的物理化学反应，使混凝土表层变得疏松，表面因被直接火烧，其疏松尤为严重，其强度也随着疏松程度而下降；混凝土受冻融作用，出现剥离破坏和局部疏松，以上均导致混凝土的导热性下降。在阳光或外部热照射后，损伤部位的温度场分布与完好或周边混凝土的温度场分布产生明显的差异。从红外热成像显示的"热斑"和"冷斑"，比较容易分辨出火烧和冻融破坏的损伤部位，红外热成像不失为非接触快速检测的特点。通过模拟试验，还可以建立一定条件下混凝土损伤的程度和灾后强度下降的大致对应范围，以作为工程实际检测热图像分辨判断的标识指标，半定量探测为工程修复加固处理提供参考，依据基本原理，进行广泛深入地试验，使红外热成像技术适应不同的技术条件，提高判别的精度，将是可行、有效的新检测手段。

4.7 其他方面

（1）铁路和公路沿线山体岩层扩坡的监测，国外已采用红外热成像技术监测山体岩石的滑移活动，通过拍摄护坡层的温度场变化，预警可能出现坍塌、滑坡的交通事故。

（2）窑炉，衬里耐火材料不同程度的磨损或开裂，因导热和泄热在窑炉表层均会造成温度场分布的变异，采用红外热成像技术非接触扫查窑炉外壳，显示耐火衬里不同程度的

磨损及开裂泄热的部位，为窑炉检修提供必要的科学信息，红外检测仪用于冶炼炉内温度分布变化的观察更是常用的工具。

（3）能检测保温管道，冷藏库的保温绝热的部局失效，而导致泄热，均有温度场分布变异，红外热成像技术具有简捷、直观的检查效果。

（4）电气检测，大至高压电网安全运输，小至集成电路工作故障的检测，在国内外均成了专业的测试手段。

（5）空间检测，远距离的红外技术探测大地的气象动态预报，星球的探测研究，夜幕的军事活动探测，导向攻击均有红外遥感探测技术的应用。

5 红外热成像影响因素与摄像条件选择

5.1 红外热成像影响因素

红外热成像系统摄取的热图像是反映物体表面的温度分布，在许多情况下，热像图上物体表面反射的温度并不总是准确地反映要检测的真实温度，例如，建筑物外墙面温度场可能要受到诸如室内空调温度热传导和泄漏的叠加，建筑物外表面不平或构件搭接和屋檐的拐角以及墙面上程度不同的污渍等对表面温度场的干扰，均可造成表面红外辐射的差异。此外，还可能因太阳光的反射，对面建筑物、天空和地面的反射干扰，拍摄的热图像的温差，也往往能影响热图像正确分析甚至误判。

太阳光、建筑物和地面反射干扰如图20所示。

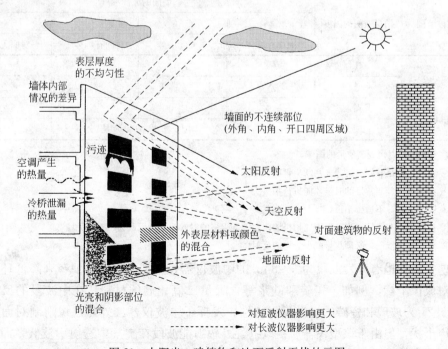

图20 太阳光、建筑物和地面反射干扰的示图

5.2 摄像条件选择

选择合适波段的热像仪：红外热像仪系统的测量波段选择了大气吸收红外辐射能很小的 $3\sim5\mu m$ 和 $8\sim13\mu m$，或称红外辐射能穿透率很高的 $3\sim5\mu m$ 短波段，$7\sim14\mu m$ 长波段。

短波仪器常用于高温测量环境，它受天空、对面建筑物和地面反射的影响很小，这种波段适合于大气中透射率很高的红外辐射能成像的，但是，短波仪器易受太阳光反射（特别是上釉的瓷砖），以及当时天气时阳时阴的波动等影响，因成像温度不稳定，均要引起系统性能的噪声干扰，尤其是在低温情况下成像质量受影响更甚。

长波仪器适合于室温和低温测试环境，其波段恰是系统所具有的接收大气中透射率很高的红外辐射能而成像的特性，它对太阳光反射抗干扰性能良好，但是长波仪器成像将受对面建筑物、天气和地面反射的干扰，产生系统性能的噪声。

根据仪器的特性，在摄像时应尽可能选择太阳、天空和对面建筑物等反射均很小的地点进行拍摄，避开噪声干扰的环境条件，有条件采用长、短波仪器同时拍摄同一个表面，加以综合分析，提高热图像的真实性和鉴别率。

对于反射很小的墙面，长波仪器可以提供比短波仪器拍摄的质量更高的图像，且图像质量不致因温度下降而下降。

根据墙面情况选择仪器的标准，参见表2。

仪 器 选 择　　　　　　　　　　表2

探测波段范围	拍摄墙面的温度	墙面的光泽程度			
		低		高	
		对面有墙体	对面无墙体	对面有墙体①	对面无墙体
短波 $3\sim5\mu m$	高	○	○	○	○
	低	△	△	△	△
长波 $7\sim14\mu m$	高	◎	◎	△	②
	低	◎	◎	×	②

注：◎ 很好。可以得到高质量的图像。
　　○ 可以得到足够好的图像来判断出剥离部位。
　　△ 必须在天气非常好的时候才能进行拍摄。
　　× 噪声太多，不适合拍摄。
　　① 即使对面有墙体，当其温度比拍摄墙体温度低很多的时候，也可以认为"对面无墙"。
　　② 对于高温墙面，必须尽量减少天空的反射。

近期在国外也有开发波段为 $5\sim8\mu m$ 的中波仪器，是把大气作为滤镜来降低环境空间反射的对成像干扰，例如，瓷砖和砂浆等含大量二氧化硅的材料，在中波段的反射率较低，如图21为玻璃和瓷砖的光谱反射特性。发挥了中波仪器红外热成像限制对面墙体反映的噪声干扰，但由于该型仪器所摄取的红外辐射能波段在空气中透射率较低，即空气对辐射能吸收率较高，随着拍摄距离的增加，图像质量将受影响而下降，因此，当前尚没有推广应用。但根据实验情况，拍摄距离在100m之内，这种影响就较小，当用短波、中波和长波三种仪器拍摄同一个墙面时,比较所得的红外图像,中波仪器的受噪声干扰最小。总之,要推广应用,仍需作更多应用验证。

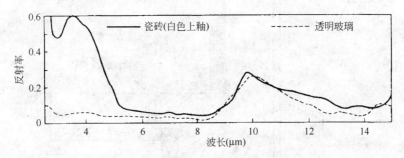

图21 玻璃和瓷砖的光谱反射特性

无论是长波还是短波仪器,拍摄距离越远,越难判别损伤缺陷,短距离的瞬时视域面积以长距离观察可能是一个点,分辨率必然要降低。

5.3 拍摄热像方法

(1) 选择合适的拍摄热像的时间

总的设想应使被测目标损伤区与正常部位温差最大。当损伤区的温度很高时,相当于晴天阳光对墙面的辐射达到最大,例如,拍摄东墙的最佳时间略为提前于太阳辐射峰值的时间,而拍摄西墙,最佳拍摄时间是太阳落山后2~3h。对于北墙或因临近建筑物遮阳的情况下,最佳拍摄时间是在白天空气温度最高的时候,一般是较佳条件下的温差。但这些条件将随季节不同而变化,对于东墙和西墙来说,夏季太阳辐射是可达500~600kCal/($m^2 \cdot h$),而冬季只有200~300kCal/($m^2 \cdot h$)。南墙则不同,夏天可能只有300kCal/($m^2 \cdot h$),而冬季有可能超过500kCal/($m^2 \cdot h$)。拍摄时最低需要的太阳辐射量为300~400kCal/($m^2 \cdot h$),并持续2~3h(东墙和西墙)或3~4h(南墙)。

对于没有太阳辐射的北墙,因损伤与正常部位的温差很小,从所拍摄的热像图上分辨出缺陷比较困难

(2) 拍摄对象及状况

对于建筑物的诊断,拍摄的距离一般在100m左右,正常天气拍摄条件下,大气对红外辐射能的衰减可不必考虑,在作长距离拍摄的场合,如观察发射火箭和火山爆发过程,大气中水蒸气和二氧化碳对红外辐射能的衰减将是比较大的。混凝土、砂浆等主要建筑材料的辐射率很高,用红外热成像仪测量其温度变化较容易,而对于高反射率的墙面材料,仪器接收到的太阳辐射产生的热量较少,在晴天拍摄,则要注意避开各种周围空间的反射干扰。

建筑物构造上拐角和开口等不连续的部位,如图22所示。

由于与正常部位热传递不同而造成的温差,在诊断检测时,有必要采用间隔时间进行多次拍摄,或辅以采用敲击法。

对于短波仪器,由于太阳反射、光亮部位和阴影部位存在温差,红外热成像的温度比实际的要大,因此,必须记录有否电线杆、树木和邻近建筑物等反射到墙面上。长波仪器

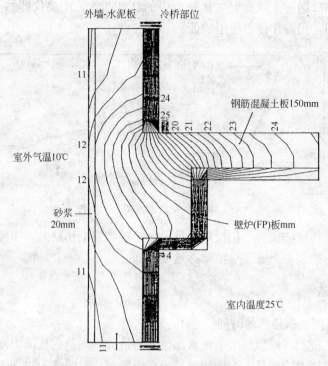

图 22　建筑物构造不连续部位

也因天空反射、墙面底部和顶部产生温差，降低对探测图像的鉴别率。为了减小反射的影响，长波仪器拍摄的仰角尽可能小，即设法寻找一个避开对面建筑物等的位置进行拍摄。

5.4　热像图二次处理

在现场检测时，一个平面红外热成像图，可疑的温度场分布中有可能包括损伤部位和室内空调热泄漏，以及墙面污渍对太阳能吸收和红外辐射能差异等呈现的附加温度效应，均将给热像图的分析判断带来了一定的困难。为此，采用图像处理功能对热像进行二次处理达到去伪存真的效果。技术上可通过最佳时间拍摄的图像与另一时间拍摄影的热像图相减，来放大损伤区与周围正常部位的温差，消除附加温度的干扰，提高缺陷热像图真实性和分析判断的可靠性。通过图像二次处理，可使分辨温差由原来的1℃左右，降低到0.5℃。例如，对建筑物墙面的剥离损伤缺陷的红外检测作图像相减的二次处理的方法有：

（1）为了放大温差，可采用同一墙面在白天红外辐射量处于峰值时拍摄的图像与夜晚红外辐射较低时拍摄的图像进行相减的所谓二次处理，使损伤部位与正常部位的温差得到放大，从实时图像中温差分辨出缺陷区，如图 23 所示。

（2）为了消除诸如业已存在的空调漏热和非剥离损伤的温度干扰噪声，采用同一墙面有剥离缺陷区温差拍摄的图像与剥离层未产生温差或温差极小的拍摄图像相减，从技术上将保留剥离缺陷区红外辐射的热像图，如图 24 所示。

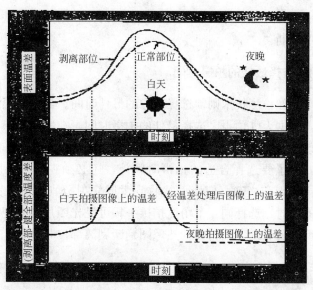

图 23 通过图像处理后温差得到放大示图

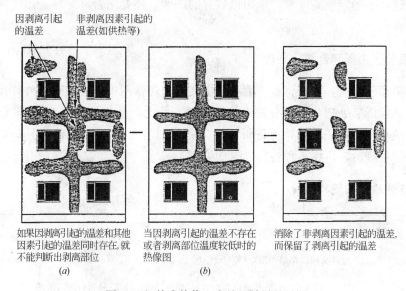

图 24 红外成热像二次处理效果的示图
(a)在白天太阳辐射量最大的时候；(b)在没有太阳辐射的时候

6 建筑工程红外热成像诊断的步骤

当前，红外热成像检测技术最广泛应用当属于建筑外墙的诊断，它的实际诊断步骤对无损检测工作具有一定的典型性。

6.1 调查建筑物的情况

了解结构形式的外墙组成；调查建筑室内外环境有关现况；邻近建筑物和树木、室内供热管道、拍摄外墙的合适地点等,以判断该建筑物的诊断用热像法检测是否适宜,以及要否采用敲击法辅助诊断。

6.2 根据墙面的朝向选择最佳的拍摄时间

如要采用红外热成像检测技术则须选择摄像的最佳时间。最佳拍摄时间指的太阳辐射为峰值的几个小时,根据天气预报来选择最佳的拍摄时间,在实际拍摄热像图时,最好提前测试一下太阳辐射量和室外气温,搞清楚拍摄时的天气情况。如要作二幅不同时间拍摄的图像相减处理时,除了要选择合适的拍摄时间外,还必须在同一角度拍摄这两幅热像图,即要求拍摄选择白天和夜晚,使墙面接收到太阳辐射分别处于最大和最小的时候进行。在拍摄热像图的同时,选择同一个角度拍摄一幅可见光照片,来记录墙面上的局部凸起、缝隙和修补的痕迹,有助于编辑处理热像图判断剥离部位时参考。

6.3 辅以敲击法作局部复核

对可疑的损伤缺陷区,在伸手可及的地方,运用敲击法回声情况加以复核。

综上所述,要确定剥离区域,须拍摄较好的图像,还要结合部分墙面敲击法和目测的结果进行综合断判。

6.4 大墙面分区拍摄和合拼等处理

实际拍摄建筑物时,难于将整个墙面拍摄在一幅热像图中,即使有条件作足够远距离拍摄,但是热像图后处理分析的分辨率将要下降。为此,常将墙面分为若干区进行拍摄。为了将多幅热像图拼成一幅图,可将每幅热象图分别输入 PC,将图像拼到一起,进行几何校正和差异处理后,再作各种各样的二次处理。

6.5 进行红外诊断的流程图

初步调查	☆ 建筑物朝向 ☆ 外墙表面类型 ☆ 设计文件,粘结类型,修理历史 ☆ 现场是否有合适的拍摄点 ☆ 建筑物周围的环境(邻近建筑物等)、建筑物室内环境(是否有内部供热) ☆ 电源

↓

确定是否可用 红外诊断法	不适合用红外诊断法的条件有: ● 没有拍摄地点(停车场、墙面前的开阔空间) ● 外墙表层反射很多 ● 墙面非常粗糙 ● 建筑物处于屋檐或邻近建筑物的阴影中 ● 周围有许多掩蔽的物体如树木等 ● 外墙表层太厚

↓OK

确定拍摄地点	☆ 主要考虑仰角不能太大、避开各种干扰等因素

↓

选择仪器类型	也就是选择仪器的测量波段（也可使用2种类型的红外仪器）
确定拍摄时间	☆ 根据方向选择最合适的拍摄时间。通常选择太阳辐射量峰值的时候 ☆ 根据天气预报确定具体的检测日期 ☆ 如果需要进行两幅图差异处理，必须在同一角度、在2个或多个不同的时间进行拍摄
拍摄图像	☆ 注意根据太阳的移动，变换拍摄方向 ☆ 最好在拍摄的同时，测量一下太阳的辐射量和室外气温 ☆ 要从一个太阳、天空、对面建筑物等反射均很小的地点进行拍摄
辅助检测 ＊与拍摄图像同时进行	☆ 在手可以伸到的地方，对部分墙面进行敲击法诊断（以校正图像） ☆ 拍摄墙面的可见光照片 ☆ 记录下墙面的局部凸起、裂缝、风化、维修的痕迹，等等
图像输出和二次处理	☆ 几何校正 ☆ 温度梯度校正 ☆ 图像差异处理 ☆ 进行各种统计分析 ☆ 拼图 根据所使用的仪器类型选配合适的处理软件
判断剥离部位	☆ 分辨图像温差是由剥离层形成还是噪声引起的 ☆ 从图像中确定出剥离区域，与辅助检测的结果相对照综合分析
画出剥离区域图	☆ 制作诊断报告

6.6 图像编辑

（1）根据墙面尺寸和拍摄距离，将墙体分成几个分部进行拍摄。如图25所示。

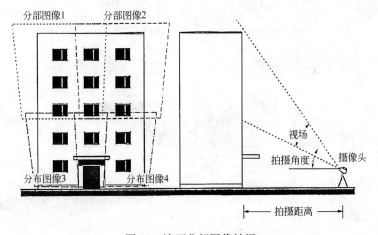

图25 墙面分部图像拍摄

（2）拍摄各分布图像时，要将它们的边界互相覆盖。拍摄角度越小，图像扭曲程度越高。如图 26 所示。

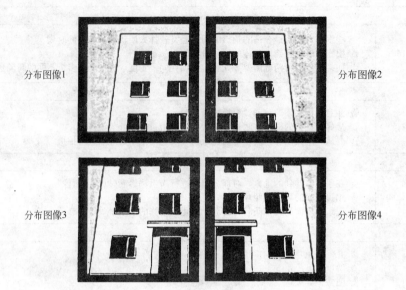

图 26　热像图输出

（3）在 PC 上，使用仪器制造商提供的专用软件将扭曲的图像校正过来，也可以用扫描仪将图像扫描进 PC，然后再用通用的图像处理软件来处理。如图 27 所示。

图 27　几何校正后的墙面图

（4）将经过几何校正后的图像进行剪切，然后在 PC 上将它们拼凑起来。如图 28 所示。

（5）如果在图像上有高度方向上温度梯度，为消除这些温度梯度，进行温度梯度校正。如图 29 所示。

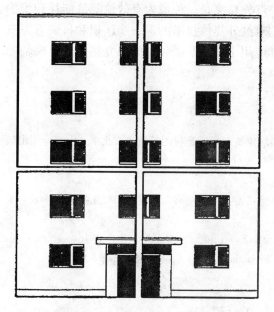

图 28 分部拍摄图的拼接　　　　　图 29 温度梯度校正

（6）经校正后墙面温差分布图像，如图 30 所示。

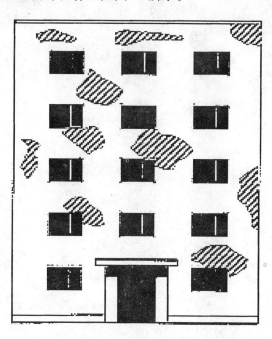

图 30　经校正后墙面上剥离部位热像图

7　总　　结

红外热成像检测技术是一种已经成功使用 30 多年的建筑节能和建筑缺陷检测的有效

检测手段。对于大小建筑的所有方面的预维护红外检测是一种最为有效地降低能耗和维护费用的方式。随着科学技术的发展，随着我们对红外热像技术的进一步认识和科研思路及理念的转变，红外热像技术将日趋成熟，将其应用于建筑节能领域的研究将会有更广阔的前景。

参考文献

［1］李为杜. 红外热成像无损检测技术//张仁瑜. 建筑工程质量检测新技术. 北京：中国计划出版社，2001.

［2］上海技术物理研究所. 热像仪讲义. 1994.

［3］李为杜. 红外检测技术基本原理、应用及热像仪特性分析//第六届建设工程无损检测学术会议论文集. 1999.

［4］Ron Newport，Institute of Infrared Thermography；《Infrared Building Energy Inspection》；the 2nd International Conference on Intelligent Green and Energy Efficient Building，2006。

节能墙体系统的技术与应用

于献青[1]　董承明[2]　唐见江[3]

(1. 浙江省发展新型墙体材料办公室，杭州　310000；2. 浙江瑞明节能门窗有限公司，湖州　313200；3. 北京世纪千府国际工程有限公司，杭州　314000)

摘　要：本文论述了节能墙体系统的概念、施工工艺、基本构造等做法，特别是对蒸压加气混凝土砌块系统、特拉块(烧结页岩空心砌块)墙体系统、复合陶粒混凝土小型空心砌块墙体系统、陶粒增强加气混凝土砌块墙体系统的概念、施工工艺、基本构造等进行全面论述。

关键词：蒸压加气混凝土砌块　特拉块(烧结页岩空心砌块)复合陶粒混凝土小型空心砌块　陶粒增强加气混凝土砌块　施工工艺　构造做法　检测

1　蒸压加气混凝土砌块系统

1.1　术语

以石英砂或粉煤灰、石灰、水泥为主要原材料，以铝粉(或铝粉膏)为发泡剂，以高压蒸汽养护而制成的砌块，可用作非承重墙体和保温隔热材料。

1.2　施工工艺

1.2.1　砌块砌筑

砌块应堆置于室内或不受雨雪影响的场所。砌块应按品种、规格、强度等级分别堆码整齐，高度不宜超过 2.0m。砌块堆垛上应设有标志，堆垛间应留有通道。在运输、装卸砌块时，严禁用翻斗车倾卸和抛掷。砌块施工含水率不宜大于 15%。切割砌块应使用手提式机具或相应的机械设备。胶粘剂应使用电动工具搅拌均匀。应随拌随用，拌合量宜在 3h 内用完为限，若环境温度高于 25℃，应在拌合后 2h 之内用完。使用胶粘剂施工时，不得用水浇湿砌块。砌筑前，应对基层进行清理和找平，按设计要求弹出墙的中线、边线与门、窗洞口位置。砌筑时，应以皮数杆为标志，拉好水准线。砌筑每楼层的第一皮砌块前，应先用水润湿基面，再用 M7.5 水泥砂浆铺砌，砌块的垂直灰缝应披刮胶粘剂，并注意校正砌块的水平和垂直度。待每楼层的第一皮砌块水平灰缝的砌筑砂浆初凝后方可进行上皮砌块的砌筑。常温下，砌块的日砌筑高度宜控制在 1.8m 内。每皮砌块砌筑前，宜先将下皮砌块表面(铺浆面)用磨砂板磨平，并用毛刷清理干净后再铺水平、垂直灰缝处的胶粘剂。每皮砌块砌筑时，应注意校正水平、垂直位置，并做到上下皮砌块错缝搭接，其搭接长度不宜小于被搭接砌块长度的1/3。砌体转角和交接处应同时砌筑，对不能同时砌筑而又必须留设的临时间断处，应砌成斜槎，斜槎水平投影长度不应小于高度的2/3。接槎时，应先清理槎口，再铺胶粘剂接砌。砌块砌筑时，应将胶粘剂均匀铺刮于下皮砌块表面及待砌砌块侧面。灰缝应饱满，做到随砌随勒，及时清理挤出的胶粘剂。砌上墙的砌块不应任意移动或撞击。若需校正，应在清除原胶粘剂后，重新铺刮胶粘剂进行砌筑。墙体砌完后必须检查表面平整度，如有不平整，应用钢齿磨砂板磨平，使偏差值控制在允许范围内。墙体水平配筋带应预先在砌块的水平灰缝面开设通长凹槽，置入钢筋后，应用胶粘剂或M7.5水泥砂浆填实至槽的上口平。砌体与钢筋混凝土柱(墙)相接处应设置拉结钢筋进行拉结或L形铁件连接。当采用L形铁件时，砌块墙体与钢筋混凝土柱(墙)间应预留10～15mm的孔隙，待墙体砌筑完成后，该孔隙用柔性材料嵌填。砌块墙顶面与钢筋混凝土梁(板)底面间应预留10～25mm孔隙，孔隙内的充填物宜在墙体砌筑完成7d后进行。在墙顶每一砌块中间部位两侧用经防腐处理的木楔楔紧固定，再在木楔两侧用水泥砂浆或柔性材料嵌严，或采取其他有效措施。厨房、卫生间等潮湿房间及底层外墙的砌体应砌在高度不小于200mm的混凝土翻边上或混凝土导墙上，并应做好墙面防水处理。砌块墙体的过梁宜采用与砌块配套的专用过梁，也可用钢筋混凝土过梁或钢筋砌块过梁。但钢筋混凝土过梁宽度宜比砌块墙两侧墙面各凹10mm。砌筑时，严禁在墙体中留设脚手洞。墙体修补及空洞堵塞宜用专用修补材料修补。

1.2.2 木门樘安装

应在门洞两侧的墙体中按上、中、下位置每边砌入带防腐木砖的C20混凝土块，然后可用钉子或其他连接件固定。木门樘与墙体间孔隙应用柔性材料封填。内墙厚度等于或大于200mm时，木门樘可用尼龙锚栓直接固定。但锚栓位置宜在墙厚的正中处，离墙面水平距离不得小于50mm。安装特殊装饰门，可用发泡结构胶固定木门樘。安装塑钢、铝合金门窗，应在门窗洞两侧的墙体中按上、中、下位置每边砌入C20混凝土块，然后宜用尼龙锚栓或射钉将塑钢、铝合金门窗框连接铁件与预制混凝土块固定，框与砌体之间的缝隙用柔性材料填充。

1.2.3 墙体暗敷管线

水电管线的暗敷工作，必须待墙体完成并达到一定强度后方能进行。开槽时，应使用轻型电动切割机并辅以手工镂槽器。开槽的深度不宜超过墙厚的1/3。墙厚小于120mm的墙体不得双向对开管线槽。管线开槽应距门窗洞口300mm外为宜。预埋在现浇楼板中的管线弯进墙体时，应贴近墙面敷设，且垂直段高度宜低于一皮砌块的高度。敷设管线后的槽应用水泥砂浆填实，宜比墙面微凹2mm，再用胶粘剂补平，沿槽长外侧粘贴宽度不小于100mm的耐碱玻璃纤维网格布增强。

1.2.4 装饰施工

装饰作业前，应将墙面基层清理干净。墙的阳角部位宜用25mm×25mm热镀锌角网条或300mm宽耐碱玻璃纤维网格布护角。砌体与钢筋混凝土柱、梁、墙交接处均应铺设等于或大于500mm宽耐碱玻璃纤维网格布或热镀锌钢丝网。窗台板、表具箱、配电箱、消火栓箱、电话箱等与砌体交接处的缝隙，应用柔性材料封填。墙面批刮腻子、粘贴瓷砖（面砖）、抹灰的施工宜在墙顶孔隙的嵌填作业完成后7d进行。墙面抹灰前，基层应清扫干净后再抹或喷专用界面剂处理，界面剂厚度宜为2～3mm，界面剂处理后应及时养护，待浆面凝结达到一定强度后，方可根据抹灰层厚度做灰饼、冲筋。界面剂施工作业应在3℃以上的气温环境中进行。墙面抹灰应分层，先抹专用抹灰砂浆过渡层，每层厚度宜为5～7mm，下一层抹灰应待前一层抹灰终凝后进行。抹灰分层接槎处，先施工的抹灰层应稍薄，要均匀结合，接槎不应过多，防止面层凸凹不平。罩面灰应边抹边用钢抹子抹平、抹光。墙面批刮腻子宜分底、面两道工序。面层腻子批刮应待底层腻子批刮施工完毕并干固后方能进行。面层腻子干固后应打磨平整方可进行涂料或墙纸施工。门窗、各种箱盒侧壁分层填实抹严，避免框体侧壁与砌体交接处空鼓、裂缝。需要打密封胶的框体周围，抹灰时应留出深7mm、宽5mm的缝隙，以便嵌缝打胶。铺贴墙面瓷砖（或面砖）前，应将基层清理干净，并满刷一道防水剂。粘贴时，宜用齿状泥板或其他工具将胶粘剂涂抹在墙面或瓷砖（面砖）背面，按方案进行有序铺贴，铺贴后经24h进行嵌缝作业。面层涂饰工程、裱糊与软包工程按《建筑装饰装修工程质量验收规范》GB 50210的要求进行。

1.3 基本构造做法

1.3.1 一般规定

砌块应根据确定的建筑平面图、剖面图以及结构和管线设计的要求，进行砌块墙排块设计。卫生间、厨房等有防水要求的部位，在楼板面以上应设置与墙同宽且高度为不小于200mm的现浇混凝土带，其内墙抹灰层应采取有效的防水措施。应安排设计好水、电、气、智能化等有关管线的位置。外墙抹灰层收缩强烈的墙体部位宜加设热镀锌钢丝网片、耐碱玻璃纤维网格布和其他防裂措施。墙面抹灰层应做分格处理，分格间距不宜大于3m。外墙装饰外层宜用有防水和抗裂性能的材料。外墙墙脚应用混凝土实心砖砌筑或普通混凝土浇筑，高度不小于200mm。

1.3.2 构造措施

外墙砌块强度等级应不小于A5.0，内墙砌块强度等级应不小于A3.5。墙面抹面砂浆强度等级应不低于M5，顶层墙面抹面砂浆强度等级应不低于M7.5。门窗洞口宜采用钢筋混凝土过梁或蒸压加气混凝土砌块专用过梁，钢筋混凝土过梁两端应伸入墙体不小于250mm；其支承面下应设置混凝土垫块，遇水平系梁时，垫块与水平系梁应浇成整体。当洞口宽度大于2m时，洞口两侧应设置钢筋混凝土边框。窗台宜采用钢筋混凝土窗台梁，两端伸入墙体各600mm；窗口下一皮砌块的底部应放置3ϕ6.5纵向钢筋，两端伸入墙体不小于700mm。砌块墙与结构柱或混凝土墙交接处，应在柱或混凝土墙内预留拉结钢筋，每隔500mm或两皮砌块间设2ϕ6.5拉结钢筋，拉结钢筋伸入墙内长度不应小于墙长的1/5且不小于700mm，抗震设防烈度为6度时不应小于1000mm，抗震设防烈度为7度时应通长设置。砌块墙与后砌隔墙交接处，应沿墙高每隔500mm或两皮砌块间设置不少于2ϕ6.5、横筋间距不大于200mm的焊接钢筋网片(图1)。

墙厚不大于150mm且墙体净高大于3m,或墙厚大于150mm且墙体净高大于4m时,墙体半高处或门窗洞上必须设置沿墙全长贯通的钢筋混凝土水平系梁。水平系梁与柱或混凝土墙连接,宽度宜与墙厚相同,高度应不小于120mm;遇门窗洞时,高度应不小于180mm。其纵向钢筋不应少于4ϕ10,箍筋间距不应大于250mm。砌块墙长大于5m或超过层高2倍时,应设置钢筋混凝土构造柱,构造柱纵筋必须锚入混凝土梁或板中。

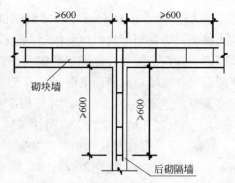

图1 砌块墙与后砌隔墙交接处预留拉结钢筋

砌体与梁、柱或混凝土墙体结合的界面处(包括内、外墙),应在墙体抹灰层中加设热镀锌钢丝网片(网片宽500mm,沿界面缝两侧各延伸250mm)、耐碱玻璃纤维网格布或耐碱玻璃纤维布。房屋两端山墙和顶层墙体的抹灰层中宜加设热镀锌钢丝网片或耐碱玻璃纤维网格布。砌块墙体与零配件的连接(如门、窗、附墙管道、管线支架、卫生设备等)应牢固可靠。铁件或穿过砌块的连接构件应采用钻孔法施工固定,其铁件应有防锈保护措施。

1.4 验收检测内容及依据

墙面应平整、干净、灰缝处无溢出的胶粘剂。砌体灰缝应饱满,其水平灰缝厚度不大于4mm;垂直灰缝宽度不大于6mm。水平和垂直灰缝饱满度均应不小于80%。上下皮砌块错缝搭接长度不应小于砌块长度的1/3,竖向通缝不应大于两皮。砌块墙体的允许偏差应符合表1的规定。

砌块墙体的允许偏差　　　　　　　　　　表1

序号	项目		允许偏差(mm)	检验方法
1	轴线位置偏移		10	用经纬仪或拉线和尺量检查
2	基础顶面或楼面标高		±15	用水准仪和尺量检查
3	垂直度	每层	5	用线锤和2m托线板检查
		全高 ≤10m	10	用经纬仪或吊锤挂线和尺量检查
		全高 >10m	20	
4	表面平整度		6	用2m靠尺和塞尺检查
5	外墙上、下窗口偏移		18	用经纬仪或吊线检查
6	门窗洞口(后塞口)	宽度	±5	用尺量检查
		高度	±5	

砌体的质量验收方法按现行国家标准《砌体工程施工质量验收规范》GB 50203执行。装饰工程质量验收应按现行国家标准《建筑装饰装修工程质量验收规范》GB 50210执行。

附录A 砌块规格及质量指标(见表A.0.1和表A.0.2)

砌块的规格尺寸(mm)　　　　　　　　　　　　　　　表A.0.1

尺寸	有槽砌块	无槽砌块
长度 L	600	600
厚(宽)度 B	150, 200, 250, 300	50, 75, 100, 120, 200, 240
高度 H	240, 250	240, 250, 300

注：其他规格可根据供需双方协商决定，有槽砌块指企业工厂化生产的砌块。

砌块尺寸偏差和外观质量指标　　　　　　　　　　　　表A.0.2

项　目		指标(mm)
尺寸允许偏差(mm)	长度 L	±3
	厚(宽)度 B	±2
	高度 H	±2
缺棱掉角	处数	≤1
	最大、最小尺寸	≤70，≤30
平面弯曲		≤3
油污		不得有
裂纹	条数	≤1
	任一面上的裂纹长度不得大于裂纹方向尺寸	1/3
	贯穿一棱二面的裂纹长度不得大于裂纹所在面的裂纹方向尺寸总和的	1/3
爆裂、粘模和损坏深度		≤20
表面疏松、层裂		不允许

注：执行标准 GB 11968—2006。

附录B 拉伸粘结强度的测试方法

B.0.1 水泥砂浆板尺寸为 40mm×40mm×(15～25)mm，其抗拉强度应不小于 1.5MPa。蒸压加气混凝土砌块的尺寸为 100mm×100mm×(30～40)mm，砌块体积密度等级为 B06。

B.0.2 将拌好的胶粘剂涂抹在水泥板(或蒸压加气混凝土砌块)上，把两块水泥板粘在一起，胶粘剂厚度为(3±1)mm，共5个试件。

B.0.3 把带夹具的钢块用环氧树脂(或其他高强胶粘剂)粘贴在试件的两表面上，然后按规定的时间养护，养护条件：空气温度 15～25℃，水温 15～25℃。

B.0.4 养护期满后进行拉伸强度试验，并记录破坏时的拉力和破坏部位，结果以五个试件拉伸强度的平均值表示，精确至 0.1MPa。

2 特拉块(烧结页岩空心砌块)墙体系统

2.1 术语

特拉块(烧结页岩空心砌块)是以硬质页岩为主要原材料,经高真空挤压成型和天然气高温焙烧而成的高孔洞率节能型非承重空心砌块。

特拉块的主规格(长×高×宽)(mm)为:290×190×240、290×115×240、290×90×240,构造及孔型如图2所示。

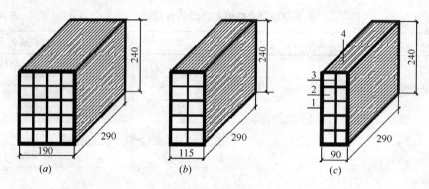

图2 非承重空心砌体
1—外壁;2—孔洞;3—肋;4—凹线槽

特拉块的技术性能指标:

(1) 特拉块的强度等级:MU3.5、MU5;

(2) 特拉块的尺寸偏差、外观质量、吸水率、泛霜、石灰爆裂、抗风化等指标均达到《烧结空心砖和空心砌块》GB 13545—2003 的规定,孔洞排列及结构符合企标 Q/ZTR001 的规定;

(3) 240mm 厚墙体传热系数为 $1.25W/(m^2 \cdot K)$。

2.2 施工工艺

2.2.1 组砌方法

特拉块一般采用水平砌筑,孔洞呈水平方向,砌块大面朝下,允许少量砌块侧砌,如特殊部位需少量垂直砌筑,应在砌块孔洞内填满砂浆。砌体内外墙和转角处应同时砌筑,严禁内外墙分砌施工,对不能同时砌筑而又必须留置的临时间断处,应砌成斜槎,斜槎水平投影长度与高度比控制在 2/3 左右,临时间断处实在不能留斜槎时,除转角外,可留直槎,但必须留置凸槎,并加设拉结筋。拉结筋数量按每 120mm 厚墙体设置 1φ6,沿墙高每 500mm 设置一道拉结筋长度,非抗震地区每侧伸入墙内不少于 500mm;抗震地区每侧伸入墙内不少于 1000mm。特拉块砌体上下皮垂直灰缝宜相互错开,搭接长度不应小于 70mm;水平灰缝厚度宜为 8~12mm,竖向灰缝宽度宜为 8~10mm。在砌筑时,可采用铺浆法砌筑,铺浆长度不得超过 700mm;施工期间最高气温高于 30℃时,铺浆长度不得超过500mm。

砌体的竖向灰缝一般采用挂灰挤灰法砌筑，不得采用灌灰法砌筑，禁止采用水冲灌灰法砌筑。门窗洞口应采用特拉块砌筑，并进行灌浆，满足门窗框固定要求。

2.2.2 墙与门窗樘连接

门窗洞口应采取墙体砌筑时预留门、窗洞口的做法，然后再安装门框、窗框。

普通门窗框安装，可先用轻型手提钻在洞口标定位置钻孔，将鱼尾式塑料膨胀螺栓套打入孔内，再用相应长的螺钉对准膨胀螺栓套将门窗框固定在洞口上。门、窗框与墙之间的间隙应用发泡结构胶封实。特殊门、窗，可用鱼尾式塑料螺栓与发泡结构胶结合固定。塑钢、铝合金门窗，宜用尼龙锚栓或射钉枪固定。门窗框与初装后的墙面结合部位应用建筑密封胶密封。

2.2.3 墙体中的暗敷管线

应在砌体达到70%强度后再进行。管线槽开槽时，应先在准备敷设管线的位置弹好墨线，再用轻型电动切割机（或专门的开槽机开槽），用凿子沿开缝处轻轻将槽踢出。槽不能过大过深（满足使用要求为准），一般控制在砌块的一个水平孔洞内，若需过大过深的敷线槽时，则按构造要求，作加强处理。管线槽在敷设管线后，应尽快用水泥砂浆填塞，填塞高度略比墙面凹2～3mm为宜，然后用胶粘剂沿槽长粘贴增强玻璃纤维网格布。网格布的宽度以200mm为宜，粘贴时以线槽的中心线为准向两边各延伸100mm。单点吊挂力小于900kN的吊挂件，可在砌体抹灰后在墙上用电钻成孔，用 $\phi 4 \sim \phi 6$ 的膨胀螺栓吊挂。单点吊挂力大于900kN的吊挂件，应在砌体砌筑时埋入带有铁预埋件的混凝土预制块吊挂。挂镜线条、衣帽钩等单点吊挂力小于300kN的吊挂件，也可在砌体抹灰后在梯状上电钻成孔，打入直径不小于 $\phi 30mm$ 的木楔后钉钉子吊挂。外墙面采用（干挂）幕墙饰面时，应在混凝土框架梁、柱内或在混凝土过梁、圈梁、构造柱内，按设计要求预埋铁件，预埋铁件与幕墙主龙骨焊接固定，如必须在特拉块墙上设置幕墙龙骨的固定点时，应由设计者确定。一般应在固定点位置的外墙上设混凝土圈梁或构造柱，也可在砌筑时埋入带有铁预埋件的混凝土预制块，在混凝土预制块上下各2皮砌块灰缝内，沿墙长各埋入 $2\phi 6$ 拉结钢筋，灰缝应用水泥砂浆填实，其强度等级不应小于M10。装饰及水电设施、其他设施操作方法同一般烧结砖墙。

基本构造做法：

特拉块砌体应分别采取措施与周边构件可靠连接。应沿砌体高度每500～600mm设置 $2\phi 6$ 拉结筋（或L形铁件），拉结筋伸入砌体的长度不小于1000mm。预制过梁在砌体上的搁置长度应大于240mm。砌块应分皮错缝搭砌，上下皮搭砌长度不得小于70mm。当搭砌长度不满足时，应在水平灰缝内设置不少于 $2\phi 4$ 的焊接钢筋网片（横向钢筋的间距不宜大于200mm），网片每端均应超过该垂直缝，其长度不得小于300mm。砌块墙与后砌墙交接处，应沿墙高每500mm，在水平灰缝内设置不少于 $2\phi 4$、横筋间距不大于200mm焊接钢筋网片。砌体在施工临时洞口上部应设置钢筋混凝土过梁，过梁宽同墙体，高不小于120mm，配筋不小于 $4\phi 12/\phi 6@200$，混凝土等级为C20以上。洞口两侧沿墙高每500mm设 $2\phi 6$ 拉结筋一道，伸入两侧墙体的长度不小于500mm。当空心砌块墙长度大于5m时，应在墙中间或每隔5m设一构造柱，构造柱宽度不小于240mm，配筋不小于 $4\phi 10/\phi 6@$

200。当墙净高大于 4m 时,应在墙中部设现浇混凝土圈梁,圈梁高度不小于 120mm,配筋不小于 $4\phi10/\phi6@300$。

2.2.4 常见质量问题及防治措施

预防墙体开裂的主要措施:特拉块砌体转角处和纵横墙交接处宜沿竖向每隔 500mm 设拉结钢筋,其数量为 120mm 墙厚不少于 $1\phi6$ 或焊接钢筋网片,埋入墙内长度从墙的转角或交接处算起,每边不小于 600mm。女儿墙应设构造柱,构造柱间距不宜大于 4m,构造柱应伸至女儿墙顶与现浇钢筋混凝土压顶梁整浇在一起。在墙体装饰抹灰时,宜在墙体不同材料交接缝处设置热镀锌钢丝网片或耐碱玻纤网格布,网片宽 300mm,宜设置在砂浆层中部。

2.2.5 验收检测内容及依据

特拉块(烧结页岩空心砌块)砌体应符合现行国家标准《建筑工程施工质量验收统一标准》GB 50300、《砌体工程施工质量验收规范》GB 50203 的要求。

主控项目:

(1)特拉块和砌筑砂浆的强度等级应符合设计要求。

检验方法:检查砌块的产品合格证书、产品性能检测报告和砂浆试块检验报告。

(2)砌体的转角处和交接处应同时砌筑,严禁无可靠措施的内外墙分砌施工,对不能同时砌筑而又必须留置的临时间断处应砌成斜槎,斜槎水平投影长度不应小于高度的 2/3。

抽检数量:每检验批抽检不应少于 5 处,少于 5 处全检。

检验方法:观察检查。砌体一般尺寸的允许偏差应符合表 2 的规定。

砌体尺寸允许偏差　　　　　　　　　　　　　　　　表 2

项次	项　目		允许偏差(mm)	检验方法
1	轴线位移		10	用尺检查
	垂直度	小于或等于 3m	5	用 2m 托线板或吊线,尺检查
		大于 3m	10	
2	表面平整度		8	用 2m 靠尺和楔形塞尺检查
3	门窗洞口高、宽(后塞口)		±5	用尺检查
4	外墙上、下窗口偏移		20	用经纬仪或吊线检查

对表中 1、2 项,在检验批的标准间中随机抽查 10% 且不应少于 3 间;大面积房间和楼道按 2 个轴线或每 10 延长米为一个标准间计算,每间检验不应少于 3 处。对表中 3、4 项,在检验批中抽检 10%,且不应少于 5 处。

(3)砌体中预埋块的数量、位置应准确。

抽检数量:每个检验批抽检不应少于 5 处。

检验方法:观察、尺量检查。

(4)砌体的砂浆饱满度及检验方法应符合表 3 的规定。

填充墙砌体的砂浆饱满度及检验方法　　　　表3

砌体分类	灰缝	饱满度及要求	检验方法
特拉块砌体	水平	≥80%	采用百格网检查块材底面砂浆的粘结痕迹面积
	竖向	填满砂浆、不得有透明缝、瞎缝、假缝	

抽检数量：每步架子不少于3处，且每处不应少于3块。

（5）砌体留置的拉结钢筋或钢筋网片的位置应与块体皮数相符合。拉结钢筋或钢筋网片应置于灰缝中，埋置长度应符合设计要求，竖向位置偏差不应超过一皮高度。

抽检数量：每个检验批中抽检20%，且不应少于5处。

检验方法：观察、尺量检查。

（6）砌体砌筑时应错缝搭砌，搭砌长度不应小于砌块长度1/3；竖向通缝不应大于2皮。

抽检数量：在检验批的标准间中抽查10%，且不应少于3间。

检查方法：观察和用尺量检查。

（7）砌体灰缝的厚度和宽度应符合要求。

抽检数量：在检验批的标准间中抽查10%，且不应少于3间。

检查方法：用尺量5皮砌块的高度或2m砌体长度折算。

（8）砌体砌至接近梁、板底时，应留一定孔隙，待砌体砌筑完并至少间隔7d后，再将其补砌挤紧。

抽检数量：每验收批抽10%填充墙片（每两柱间的填充墙为一墙片），且不应少于3片墙。

检验方法：观察检查。

3 复合陶粒混凝土小型空心砌块墙体系统

3.1 术语

复合陶粒混凝土小型空心砌块是由陶粒混凝土与聚苯板复合而成的小型空心砌块，其规格尺寸应符合现行国家标准《轻集料混凝土小型空心砌块》GB/T 15229—2002的要求。空心率应大于75%，砌块壁厚不小于70mm，密度等级不大于1200kg/m³。

3.2 施工工艺

（1）复合陶粒混凝土小型空心砌块填充墙施工宜采用下列工艺流程：

清理基层→定位放线→立皮数杆→后置拉结钢筋→墙底坎台施工（适用于轻骨料混凝土小型砌块以及有防水要求的砌体）→选砌块→浇水湿润→满铺砂浆→摆砌块→浇灌混凝土门窗框等（或安装门窗过梁）→砌筑顶部配套砌块。

（2）砌筑前应做好基层检查，基层符合要求后再放线。在墙体转角处立好皮数杆或利用混凝土墙柱作皮数杆，杆上应注明皮数以及门窗洞口、过梁等部位的标高。

（3）开始砌筑时，应根据皮数杆先盘角，用靠尺调整好垂直度，再在砌块上边拉准线,依准线砌筑。

(4) 砌筑前应清理干净砌块表面的污物。不应使用断裂或砌块壁肋中有竖向裂缝的砌块。

(5) 第一皮砌块下应满铺砂浆,铺浆厚度宜为10~30mm。

(6) 一次铺设砂浆长度不宜超过800mm。铺浆后应立即放置砌块,用木锤敲击摆正、找平,找平时严禁在灰缝中塞石子、木片等。

(7) 需要移动已砌筑好的砌块或砌块被撞动移位时,应铲除原有砂浆重新砌筑,不得任意撬动砌块。

(8) 复合陶粒空心砌块墙体应对孔错缝搭砌,搭接长度不应小于90mm。

(9) 砌筑时水平灰缝宜用专用灰铲或铺灰工具坐浆铺灰,竖向灰缝宜采用把砌块竖立后平铺端面砂浆的方法,相邻砌块的灰口同时挂灰碰头砌筑。

(10) 顶砌块与混凝土梁板之间的灰缝厚度应饱满、密实。

(11) 设计要求或施工所需的洞口、管道、沟槽和预埋件等,应在砌筑时预留或预埋,不得在已经砌好的混凝土小型空心砌块砌体上剔凿打孔。不宜在已经砌好的轻骨料混凝土小型实心砌块砌体上剔凿打孔。如确需在实心砌块上剔凿打孔,要待砌筑时间15d后,并应用便携无齿锯、高速旋转锯等小型机具施工。

(12) 采用现场拌制砂浆时,陶粒混凝土小型砌块的灰缝厚度应为8~12mm;竖向灰缝厚度不宜大于20mm,横竖缝均不得小于8mm,灰缝横平竖直,厚度均匀。

3.3 施工质量控制

(1) 砌块的养护龄期达到28d以后才能进行砌筑。

(2) 砌块的吸水率不应大于20%,施工时自然含水率宜为5%~8%时,一般不需浇水湿润;当施工期间最高气温超过30℃时,应提前适当喷水湿润。

(3) 现场拌制砂浆应采用机械搅拌,在出现泌水现象时应重新拌合。水泥砂浆和水泥混合砂浆应分别在拌合后3h和4h内用完,施工期间最高气温超过30℃时,应分别在2h和3h内用完。

(4) 采用干粉砂浆施工,砂浆干混料在施工现场储存应采取防雨、防潮措施。干粉砂浆应采用机械搅拌,搅拌时间不宜少于3min,并应随拌随用,并应在砂浆初凝前使用完毕,当产品有要求时,应在产品规定的时间内使用完。

(5) 外墙砌体应分次砌筑,每次砌筑高度不应超过1.5m,应待前次砌筑砂浆终凝后,再继续砌筑;日砌筑高度不宜大于2.5m。

(6) 砌体顶部应预留孔隙,再将其补砌顶紧。应待砌体砌筑完毕至少间隔14d后补砌。补砌顶紧可用配套砌块斜顶砌筑,在砌体顶部预留200mm左右孔隙。

(7) 砌体砂浆的饱满度,水平灰缝饱满度不小于95%,竖向灰缝不小于90%。

3.4 抹灰工程施工

3.4.1 一般规定

(1) 抹灰工程应在砌体工程施工完毕至少28d并经验收合格后进行。

(2) 砂浆的工作性能和技术指标应满足设计和本规定及相关规程的要求，经检验合格后方可使用。

(3) 抹灰前，应检查砌体预埋件、预留洞等位置是否正确，基体表面的尘土、污垢、油渍等应清除干净，墙体上的灰缝、孔洞和凹槽应填补密实。

(4) 抹灰前，砌体应防止雨淋或暴晒。抹灰时砌体应保持表面湿润，陶粒混凝土小型砌体含水率宜控制在5%～8%。

(5) 砂浆的拌制、运输、储存、使用应符合相关规定。

(6) 采用干粉砂浆时，抹灰层的平均总厚度不宜大于20mm。采用现场拌制砂浆时，抹灰层的平均总厚度不宜大于25mm。

(7) 抹灰应分层进行，采用干粉砂浆时，砂浆每遍抹灰厚度宜为5～10mm。采用现场拌制砂浆时，水泥砂浆每遍抹灰厚度宜为5～7mm，水泥混合砂浆每遍抹灰厚度宜为7～9mm，且应待前一层砂浆终凝后方可抹后一层砂浆。

(8) 修补找平用砂浆宜与大面积抹灰所用砂浆一致，其强度等级不得低于大面积抹灰砂浆。

(9) 下列部位抹灰时应挂加强网加强：不同材料基体结合处在基体上挂加强网，墙体上要挂加强网。

(10) 加强网可采用钢丝网或纤维网。挂网前将结合处、孔槽、洞口边等部位进行修补，修补时应分层填实抹平。

(11) 挂网时混凝土墙可用射钉固定，砌块墙可用钢钉固定；固定钉间距不宜超过400mm；钢钉宜钉在灰缝中，固定后应保证钢网平整、连续、牢固，不变形起拱。网材与基体的搭接宽度不应小于100mm。

(12) 钢丝网应用镀锌钢丝网，眼目规格不宜大于20mm×20mm，钢丝直径不小于1.0mm。

(13) 挂纤维网时，应先用铁抹子将聚合物砂浆抹在找平层上，再将纤维网展平贴在聚合物砂浆上，并使聚合物砂浆均匀布满在纤维网上，总厚度3～5mm，纤维网应置于抹灰层表面下3～5mm，严禁外露。

(14) 采用干粉砂浆时，应按干粉砂浆的用途说明选用砂浆的类型，并按施工指导书的要求施工。

(15) 抹灰砂浆在凝结前应防止暴晒、雨淋、水冲、撞击、振动。

(16) 下一道工序施工前，抹灰砂浆应湿润养护。

(17) 强度等级相同，生产工艺和配合比基本相同的抹灰砂浆，每50m³应制作一组试块，每组6块试块。

3.4.2 外墙抹灰

(1) 外墙抹灰宜采用下列工艺流程：

基体表面处理→挂钢丝网→挂线、贴灰饼、设标筋→界面处理→抹找平层（第一道防水层）→设分格缝→抹防水层→抹面层（保护层）。

(2) 外墙抹灰前，门窗框与砌体之间的缝隙用聚氨酯PU发泡胶或其他弹性材料封填并在门窗框与外墙交界处留10mm深凹槽，用纤维防水砂浆或聚合物防水砂浆填塞密实，

再刷 1mm 厚聚合物水泥基防水涂料

（3）外墙找平层抹灰应根据不同防水材料要求进行刮平搓毛或收光，并湿润养护。

（4）外墙找平层作为防水层时抹灰应做分格缝。分格缝一般宽 10mm、深 5mm，分格缝间距不宜超过 3m。

（5）外墙窗上口应做滴水线，窗下口应放坡，坡度应控制在不小于 20%，外窗台最高点应低于内窗台 20mm 以上。门窗框外侧表面与洞口墙体间留 6mm×6mm 凹槽，内填防水密封胶，或按设计规定。

（6）外墙面防水宜采用聚合物纤维防水砂浆，厚度不小于 10mm。也可根据试验确定防水砂浆的厚度。

3.5 验收检测内容及依据

3.5.1 一般规定

（1）非承重砌体及饰面工程的施工质量应满足现行国家标准《建筑工程施工质量验收统一标准》GB 50300、《砌体工程施工质量验收规范》GB 50203 和《建筑装饰装修工程质量验收规范》GB 50210 的要求，同时应符合相关的规定。

（2）非承重砌体及饰面工程检验批的合格判定应符合下列规定：

1）主控项目必须符合国家标准和本规范的规定。

2）一般项目应符合本规范的规定，其中有允许偏差的检验项目，应有 80% 以上的检查点在规范规定的允许偏差范围之内，检查点中的最大偏差不得超过允许偏差的 1.5 倍，且不得有影响使用功能或装饰效果的缺陷。

（3）非承重保温砌体及饰面工程施工质量验收时，应检查下列安全和功能检测资料：

1）外墙雨水渗漏性能。

2）外墙热工性能。

（4）外墙雨水渗漏性能可采用大雨后检查。检查数量不应少于 10% 的房间。

（5）砌筑砂浆和抹灰砂浆强度应分批进行检验评定。一个验收批的砂浆应由强度等级相同、龄期相同以及生产工艺条件和配合比基本相同的砂浆组成。一个验收批的砂浆强度应同时满足下列要求：

1）抗压强度平均值大于或等于设计强度等级所对应的立方体抗压强度标准值。

2）抗压强度最小一组平均值大于或等于设计强度等级所对应的立方体抗压强度标准值的 0.75 倍。

3.5.2 砌体工程

（1）砌体工程验收时应检查下列文件和记录：

1）砌块出厂合格证、检验报告、进场验收记录和复验报告。包括保温层的厚度、长度、高度及紧密程度。

2）现场搅拌砂浆水泥、砂检验报告，砂浆配合比试验报告。

3）预拌砂浆出厂合格证、检验报告、进场验收记录和复验报告。

4）干粉砂浆出厂合格证、检验报告、进场验收记录和复验报告。

5）砂浆抗压强度试验报告和评定报告。

6）施工方案和墙体砌块排列图。

7）隐蔽工程验收记录。

8）施工记录。

（2）砌体工程验收时应检查下列项目隐蔽验收记录：

1）拉结钢筋及预埋件。

2）构造柱和连系梁钢筋。

3）沟槽、管线、预留洞口等位置。

（3）砌体工程验收时应检查下列施工记录：

1）基体检查记录。

2）定位放线记录。

3）砌体垂直度、砂浆饱满度等自检评定记录。

4 陶粒增强加气砌块墙体系统

4.1 术语

以轻质陶粒、粉煤灰、水泥基胶凝材料为主要原材料，以铝粉或发泡液为发泡剂，以高压蒸汽或蒸汽养护而成的砌块，可用作非承重砌体材料和保温隔热材料。

4.2 施工工艺及验收检测依据

可参照蒸压加气混凝土砌块施工工艺及验收规范进行。

薄抹灰外墙外保温系统粘贴面砖的应用策略

孙轶群[1] 于子雨[2] 吕磊勇[3]

(1. 欧文斯科宁(中国)投资有限公司,上海 200122;2. 浙江瑞明节能门窗有限公司,湖州 313200;3. 北京世纪千府国际工程设计有限公司,杭州 314000)

摘 要：文章主要分析了抹灰外墙外保温系统粘贴面砖的技术瓶颈,并提出了如下三个应用策略：①挤塑型聚苯乙烯泡沫板 XPS 具有出色的物理性能,在针对面砖应用方面具有更高的可靠性;②固定件的位置对于分散面砖对系统应力有着重要的作用;③卡帽式设计的惠围外墙外保温面砖系统可以满足薄抹灰外墙外保温系统的贴面砖需求。

关键词：外墙外保温 面砖 保温材料 固定件 卡帽

前 言

面砖作为一种出色的建筑材料长久以来深受建筑师和业主的喜爱,得到了非常广泛的应用。但是,随着国家建筑节能事业的发展,外墙外保温系统作为一种新型的墙体系统,其对于面砖的适用性和可靠性却广受质疑。特别是一些外保温工程在应用面砖材料时出现了一些问题,就更加加深了人们的这种猜测。那么,究竟面砖材料能否成功应用在外墙外保温系统上呢?影响系统的因素有哪些?怎样提高系统的安全性呢?本文将就以上问题作简单分析。

1 薄抹灰外墙外保温系统面砖饰面系统受力分析

薄抹灰外墙外保温系统就是通过粘结或固定的方法将保温材料固定在墙体基面,在完成增强抹灰作业面后,从而实现对建筑墙体的节能保温功能。由于系统包裹固定于建筑的外表面,系统将直接受到自然界风雨的直接侵袭和影响,因此在确定适用策略前,应首先对系统的受力情况作以分析：

如图1所示,一般来说,系统将主要受到以下几种因素的影响：自重、弯矩和剪切应力、风荷载、水分和温度变化的影响。

1.1 自重

外墙外保温系统整体及其饰面层的面砖材料所组成的恒荷

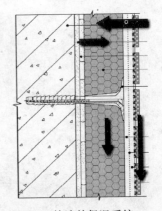

图1 外墙外保温系统

载是首先需要考虑的。

通常薄抹灰外墙外保温系统的自重为：

$$G_{EIFS}=(\rho_{Insulant} \cdot \delta_{Insulant}+\rho_{Mortar} \cdot \delta_{Mortar})\times g \approx 0.1 kN/m^2$$

面砖系统(以20kg/m² 面砖为例)自重为：

$$G_{Tile}=(20kg+\rho_{Adhesive} \cdot \delta_{Adhesive})\times g \approx 0.4 kN/m^2$$

从计算可以看出，在采用了面砖系统后，系统整体自重增加了近4~5倍。如果考虑到某些更大自重的面砖，则可能增加近8~10倍，对于系统的可靠性挑战性更高。

出于安全性考虑，《江苏省外墙外保温粘贴面砖做法技术要求》和《上海市民用建筑外墙保温工程应用导则》对于面砖重量有着明确的要求，即20kg/m²。

1.2 弯矩力与剪切应力

由于系统自身各层材料的重力影响，其所形成的弯矩力和陶瓷面砖自重将直接对系统保温结构层形成剪切作用，这些都直接影响着系统自身的稳定性。

由于弯矩的作用离不开力和力臂，系统厚度越大，其弯矩的作用就越明显，因此控制系统厚度对于提高系统的可靠性也是很有益的。

1.3 风荷载

风是建筑物可能需要考虑的最大的潜在作用力之一，在其作用下，建筑物会受到相应的风压和负风压的作用(图2)。

通常影响风荷载的大小主要有如下几个因素：风速、建筑的高度、建筑的尺寸、建筑的位置、建筑的开孔、邻近建筑布局等等。

影响风速的因素主要有如下几个因素：地点、朝向、季节、高度、地形、距地表高度等等。此外，还特别应该予以注意的是在建筑物边棱部位的负风压力。

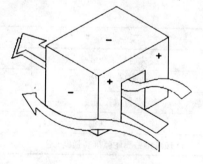

图2 风荷载作用

根据《建筑结构荷载规范》GB 50009—2001，可以计算出相应高度建筑所处地域下的风荷载受力情况：

风荷载标准值 $w_k=\beta_{gz}\mu_s\mu_z w_0$；风荷载设计值 $w_d=1.4\times w_k$。

这里 w_0 为基本风压，β_{gz} 为高度 z 处的阵风系数，μ_s 为局部风压体型系数，μ_z 为风压高度变化系数。

在这里，以浙江地区基本风压最高的嵊泗地区为例，地面粗糙度C类，100m高处，取最不利的建筑边棱角部位($\mu_s=1.8$)的最大风压标准值：

$$w_k=1.6\times 1.8\times 1.70\times 1.75=8.568 kN/m^2$$

最大风压计算值 $w_d=1.4\times 8.568=12.0 kN/m^2$

也就是说，在浙江地区系统必须能抵御至少12.0kN/m² 的风压影响。

1.4 冻融影响

水分的存在是造成建筑物老旧的最主要原因，而冷暖交替作用将直接造成水分冻融破坏系统结构，降低材料强度，从而对整个系统的可靠性造成不利影响。

1.5 温差变化引起的内应力

由于外保温系统和面砖材料组成的复合构造，彼此间不同的线性膨胀系数在温差作用下产生的形变可能造成不利于可靠性的内应力，存在开裂的隐患。但是，根据钱选青的分析，墙体系统的温度降主要出现在保温材料中，但是由于保温材料通常为聚苯板，具有低弹性模量，变形大而应力小等特点。因此，只要保温材料合适，这部分因素的影响是很微小的。

2 影响系统安全性的因素

由于系统各结构层（基层、保温层、保护层、面砖饰面层）是主要通过粘结作用形成的牢固整体，因此在外力作用下，各结构层的抗拉表现就直接反映了在外力作用条件下的安全性。

在《膨胀聚苯板薄抹灰外墙外保温系统》JG 149—2003 中，对于系统各层材料的抗拉强度作了如表1的规定。

材料抗拉强度 表1

项　目	JGJ 149—2000	判定依据
胶粘剂与水泥砂浆	$0.6MPa=600kN/m^2$	
粘胶与保温板	$0.1MPa=100kN/m^2$	破坏界面在保温层
保温板抗拉强度	$0.1MPa=100kN/m^2$	破坏界面在保温层
抹面胶浆与保温板	$0.1MPa=100kN/m^2$	破坏界面在保温层
玻纤网格布耐碱抗裂强度	750N/5cm	

通过表1，我们可以看到，系统抗拉强度最低的部分是保温层附近，而其判定依据也是以保温层的破坏为指标的。我们知道，决定系统安全性主要取决于两个方面：组成系统的材料和形成系统的结构。就如同一个木桶盛水量的多少取决于最短的桶板，对于外墙外保温系统而言，对安全性影响最大的，或者说系统最薄弱的环节正是保温层。

事实上，不同于传统的砖石类建筑材料，外墙外保温系统由于内置了物性较为轻质、柔软的保温层，使得墙体基面的承载强度相对偏软，正是因为这层质地相对偏软的保温材料的存在，才使得人们投以怀疑的态度。因此，对于外墙外保温面砖系统而言，首先应该选择的是保温材料。

目前，市场上常见的保温材料主要有三种：膨胀式聚苯乙烯泡沫板（EPS）、挤塑式聚苯乙烯泡沫板（XPS）和聚苯胶粉颗粒。这些保温材料以其各自的特点满足着市场不同领域的需求，但是对于高层需要面砖的外墙外保温工程，我们建议首选 XPS 的外墙外保温系统。原因如下：

2.1 高保温效能提高系统的抗剪切、弯矩能力

XPS具有极低的导热系数[0.0289W/(m·K)]（图3），使得系统具有极佳的保温节能效果。以浙江地区50%节能标准为例，在满足节能设计要求的条件下，25mm厚的XPS就可以满足节能设计要求，而EPS或者保温砂浆则需要更厚才能满足。根据张运平等的研究报告证实，保温材料层越厚，保温材料的抗剪强度就越差。板厚30mm的EPS板材其抗剪强度较之50mm厚的板材强度下降了近30%。此外，在前面系统受力分析中也曾指出，控制系统层的厚度对于减少面砖层弯矩力，提高系统可靠性也是大有裨益的。

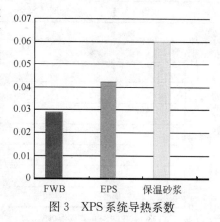

图3 XPS系统导热系数

2.2 强度性能

一般情况下，XPS的抗拉强度在 $0.25MPa=250kN/m^2$ 以上，实测的结果还可以达到 $360kN/m^2$，完全可以满足外墙外保温面砖系统需要面临的组合抗拉强度 $12.01kN/m^2$。应该说，在满足组合抗拉强度的要求方面，不论是EPS的 $100kN/m^2$ 强度指标，还是胶粉聚苯颗粒都是非常安全的。

但是，对于长期荷载作用的面砖系统，除了作用于保温层垂直面的拉力，还必须考虑徐变作用和固定件的拉拔影响。这时候XPS出色的抗蠕变性就发挥了重要的作用，不仅仅可以应用在墙体表面，XPS甚至可以用在地坪里，供车辆停靠。

在对固定件的拉拔检测时，XPS抗拉穿力为0.6kN，是EPS拉穿力0.2kN的3倍，满足固定件墙体拉拔力设计值0.32~0.4kN，从而进一步确保了系统的可靠性。

2.3 冻融影响

正如前面分析的，水对系统的安全性有着非常重要的影响。XPS在潮湿条件下的长期保温性（图4）和模拟春冬交替的冻融循环强度残留测试条件（表2）下有着非常出色的表现。

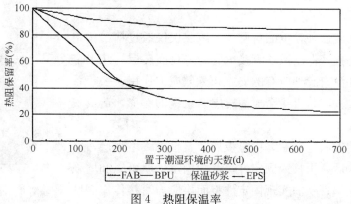

图4 热阻保温率

冻融循环测试 表2

	XPS板（600次冻融循环）	EPS板（100次冻融循环）
初始抗压强度	201	80
剩余强度	196	28
强度保留率	98%	35%

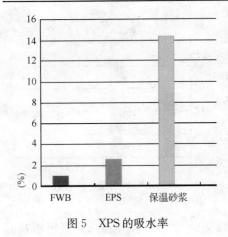

图5 XPS的吸水率

之所以XPS在潮湿条件下具有如此良好的性能表现，最主要的原因是其闭孔蜂窝状微观结构使其具有极低的吸水率（图5），因此水分的作用很难影响XPS保温材料的保温和强度表现。

2.4 XPS更合适面砖系统的使用

正是由于以上这些优点，我们认为以XPS为核心保温层的外墙外保温系统更适合高层贴面砖项目。当然仅有XPS板材是不够的，XPS可以提供最高达700kPa的抗压强度，如此高的强度的确可以带来极佳的力学性能，但是仅有强度的考量显然是不够的。对于墙体应用，还必须考虑材料的弹性模量，以适应如温差变化引起的内应力等等。试验证明，XPS的强度过高其刚性也较大。因此，必须符合一定要求的XPS才能用作墙体保温使用。

在《江苏省外墙外保温粘贴面砖做法技术要求》和《上海市民用建筑外墙保温工程应用导则》这两个地方规范中，对于墙体用XPS作了如下规定：

保温板表观密度25～35kg/m³，压缩强度150～250kPa，吸水率小于1.5%。

3 薄抹灰外墙外保温系统粘贴面砖的现行方案

普通薄抹灰外墙外保温系统一般通过粘贴固定保温板后，直接旋入固定件作机械加固，接着抹面层砂浆并埋入耐碱网格布。此种做法在涂料饰面的外墙外保温系统中得到了非常广泛的应用，其可靠性和安全性得到了肯定。

但是对于面砖这种较重的材质，面砖层仅仅通过粘结作用和外保温系统连接，保温系统直接承受着来自面砖层的几乎全部重量，固定件没有起到应有的支撑和分散应力作用，一旦系统粘结面应力过大，将直接造成面砖层与系统的解离，造成安全隐患(图6)。

一种可行的做法是粘贴完保温板后，直接铺设增强层，完成网格布的埋入后，再打入固定件，这样固定件就可以和增强层结合成一个整体，从而实现固定件将面层应力直接传递到墙

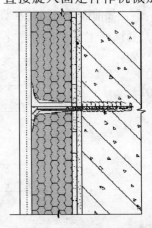

图6 面砖保温系统

体基面的作用。

但是，这种做法有两个问题：

(1) 固定件一般在聚苯板错接的"T"字部位安装，以避免因聚苯板角部虚粘造成的板角翘起。抹灰后装钉不利于准确布置固定件的位置。

(2) 固定件穿透网格布，会破坏、撕扯网格布，影响网格布的抗裂强度。

如何解决呢？

4 惠围外墙外保温系统面砖解决方案

惠围外墙外保温面砖系统是欧文斯科宁公司针对目前国内的面砖工程市场开发的 XPS 外墙外保温系统。系统除了采用 XPS 材料作为保温材料，最主要的是采用了面砖专用的卡帽固定件来实现固定件对面砖饰面层的应力控制(图7)。

通过对卡帽固定件的应用，可以使增强层、饰面层与墙体基面直接通过固定件形成一个有效的载荷传递通道，从而有效降低饰面层对保温系统荷载影响。

图8是惠围外墙外保温面砖系统在完成整个面砖作业面后通过特殊方法完全破坏掉保温层后的实验照片。从图中可以清晰地看出，在保温层缺失的条件下，面砖饰面层依然固定在墙体基面上，固定件卡帽机构实现了对面砖层的应力分散的设计预想。

图7 卡帽固定件

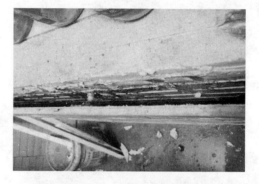

图8 惠围面砖系统破坏实验照片

在对该系统完成了大型耐候性试验之后，我们对系统墙面的面砖进一步作了拉拔测试(图9)，测试的结果显示，在经历了一整套耐候喷淋试验后，面砖粘结强度的测试结果依然满足 0.4MPa 的拉拔要求。

实验表明，惠围外墙外保温面砖系统的确可以确保面砖使用上的安全，也解决了薄抹灰外墙外保温系统粘贴面砖的技术问题。

图9 面砖拉拔测试

5 小　结

(1) 保温层对于提高面砖外墙外保温系统的安全性起着重要的作用。
(2) XPS保温材料可以满足面砖系统的要求。
(3) 固定件应在墙体基层和抹灰增强层之间形成有效的荷载，以分散应力。
(4) 惠围外墙外保温系统的面砖卡帽设计，提供了杰出的面砖系统解决方案。

总之，只要系统构造合理，材料指标符合设计要求，施工工艺可靠稳定，外墙外保温系统粘贴面砖是完全可以符合安全需要的。欧文斯科宁公司的惠围外墙外保温面砖系统也带来了一种全新的面砖解决方案，完全可以满足国内市场对于高层贴面砖项目的工程需求。

硬泡聚氨酯(PUF)——高效节能保温建材及施工工法简介

郭晓飞 肖芳英 郭春雷

(沈阳市聚氨酯科工贸公司,沈阳 110032)

摘 要: 硬泡聚氨酯(英文缩称 PUF)是人类发明的在自然界中保温性能最好材料。同时,PUF 自身优异的可施工性,在建筑节能保温施工方面又可演变成十几种工法及数种饰面体系。本文作者集国内、外 PUF 应用实例及多年工作积累,用抛砖引玉之态,向各位同仁作一简介,以便适应未来十几年中国逐渐分段普及的建筑节能新标准(节能 50%～65%)及更高的标准(低能耗 80%以上)之需要。

关键词: PUF(硬泡聚氨酯) 施工工法 高效节能保温

前 言

硬泡聚氨酯(英文 polyurethane foam,缩写 PUF)是目前人类发明的保温性能最好的高分子合成材料 [$\lambda < 0.02 W/(m \cdot K)$]。PUF 又因其优异的可施工性、防水性能,自粘结性能,在高效保温节能领域是首选材料。在国外,20 世纪 70 年代广泛应用于石油化工、热力供暖、致冷保冷、建筑、家电、车辆、船舶各领域的保温隔热。在国内应用也是如此,只是因为 PUF 未形成大工业化生产及相关产业链,价格较贵,只在石化、热力、家电等领域普及,未能在建筑领域,尤其是外保温方面上大规模应用。近几年,随着中国"省地节能"国策的展开及建筑节能标准的提高(从 50%提高到 65%),人民生活水平提高,大规模 PUF 原料工厂的投产以及建设部对推广 PUF 建筑保温应用的重视(专门成立了 PUF 推广机构);目前,北京、上海等四个直辖市已经大规模应用,部分沿海开放城市(大连、青岛等 6 个城市)及北方省会城市开始试用,这无疑给 PUF 提供了新的机遇,预计 3～5 年在建筑保温领域将会迅速普及并波及至中等城市。

在中国,由于 PUF 大规模应用于建筑保温只是近几年之事,各种工法及体系研发、专利虽层出不穷,但典范工程实例不多,时间不长。同时,由于中国南北气候区域太大,东西经济发展不平衡,城乡差别,再加上民族习性多异,地理不同,新建和既有建筑节能又都要实施保温节能等多种因素,决定了建筑保温各种工法及体系仍会同时存在,在市场竞争的实践中发展取舍。但 PUF 的优异施工性能,几乎可以胜任目前已知的各种建筑保温工法及体系。为适应今后发展的需要,笔者汇集国内外 PUF 应用实例及工法,给业内同仁作一简介(篇幅所限),以期得到抛砖引玉之功效。

1 PUF材料简介

PUF是一种合成高分子材料，目前其产量排在合成材料中第五位。主要由多异氰酸酯(NCO基团)与多羟基化合物(OH基团)化学反应而成。PUF又有软质、半硬质、自结皮、硬质之分，其中建筑保温节能主要应用的是硬质PUF。目前硬泡PUF原料主要是双组分液态形式供货，其中A组分为组合成分，由多元醇(分聚醚型、聚酯型)、发泡剂、催化剂、匀泡剂、阻燃剂多种成分组成。B组分为单一成分多异氰酸酯组成。在一定温度下，A、B组分混合后，在短时间(几秒钟至几小时)内发生化学反应，形成氨基甲酸酯并聚合—简称聚氨酯。其自身放热使发泡剂气化，形成PU树脂发泡膨胀，凝固后就形成PUF。相同材料如果改变配方，又可在化学反应中形成聚异氰脲酸酯(英文poly isocyanurate—缩写PIR)，因其材料、物性、加工手段几乎与PUF制品相同，我们称改性PUF。建筑用PUF(PIR)主要有喷涂、浇注、板材三种加工形态，其通用物性见表1。

聚氨酯硬泡材料性能指标[1] 表1

序号	项 目		指标要求			测试方法
			喷涂法	浇注法	粘贴法或干挂法	
1	密度(kg/m³)		≥35	≥38	≥40	《聚氨酯硬泡外墙外保温工程技术导则》附录A1、B1、C1
2	导热系数(23±2℃)[W/(m·K)]		≤0.024			《聚氨酯硬泡外墙外保温工程技术导则》附录A2、B2、C2
3	拉伸粘结强度(kPa)		≥150①	≥150②	≥150③	《聚氨酯硬泡外墙外保温工程技术导则》附录A3、B3、C3
4	拉伸强度(kPa)		≥200④	≥200⑤	≥200	《聚氨酯硬泡外墙外保温工程技术导则》附录A4、B4、C4
5	断裂延伸率(%)		≥7	≥5	≥5	
6	吸水率(%)		≤4			《聚氨酯硬泡外墙外保温工程技术导则》附录A5、B5、C5
7	尺寸稳定性(48h)(%)		80℃≤2.0 −30℃≤1.0			《聚氨酯硬泡外墙外保温工程技术导则》附录A6、B6、C6
8	阻燃性能	平均燃烧时间(s)	≤70			《聚氨酯硬泡外墙外保温工程技术导则》附录A7.2、B7.2、C7.2
		平均燃烧范围(mm)	≤40			
		烟密度等级(SDR)	≤75			《聚氨酯硬泡外墙外保温工程技术导则》附录A7.3、B7.3、C7.3

注：① 是指与水泥基材料之间的拉伸粘结强度；
② 是指与水泥基材料之间的拉伸粘结强度；
③ 是指聚氨酯硬泡材料与其表面的面层材料之间的拉伸粘结强度；
④ 拉伸方向为平行于喷涂基层表面(即拉伸受力面为垂直于喷涂基层表面)；
⑤ 拉伸方向为垂直于浇注模腔厚度方向(即拉伸受力面为平行于浇注模腔厚度方向)。

2 建筑保温各种 PUF 工法简介

目前已知的建筑保温(防水、装饰、密封一体化)PUF 工法,据不完全统计,竟达十几种之多,简要介绍如下:

2.1 喷涂法

这是目前建筑保温 PUF 应用最普遍(保温面积最多)的一种工法,又根据外墙、屋顶内外喷涂不同及饰面材料不同,演变成多种体系。

2.1.1 外墙外喷 PUF

(1) 外墙喷涂 PUF 保温薄抹灰(玻纤网增强)涂料饰面体系。
(2) 外墙喷涂 PUF 保温厚抹灰(钢网增强)面砖饰面体系。
(3) 外墙喷涂 PUF 保温龙骨外挂板(天然石材、人造石材、金属板、铝塑板)饰面体系。
(4) 气囊外喷涂 PUF 快速建造营房、假目标体系。

2.1.2 外墙内喷 PUF

(1) 外墙内喷 PUF 体系(表面裸露):主要用于冷库、贮藏间、烘干室、养殖场(必要时仅局部 2m 高度做保护层)。
(2) 外墙内喷 PUF 抹灰内饰面体系:主要用于一般建筑内保温。
(3) 外墙内喷 PUF 龙骨饰面板体系:主要用于一般建筑内保温。

2.1.3 屋顶外喷 PUF(保温防水一体化体系)

根据上人、非上人屋面及防水等级要求,饰面材料有抹灰(防水混凝土)、直接喷(刷)涂料和卷材饰面三种。适合所有气候区域建筑屋面保温防水工程。

2.1.4 屋顶内喷 PUF

(1) 屋顶内喷 PUF 体系(表面裸露):适用于大型公共工农业建筑,市场、仓库、养殖场。
(2) 屋顶内喷 PUF 体系(表面涂料):适用于大型重要公共建筑,体育馆、展馆、机库、会场。
(3) 屋顶内喷 PUF 体系(内饰板):适用于大型重要公共建筑,体育馆、展馆、机库、会场。

喷涂法优点是现场施工速度快,墙体形状不限,粘结力强、无缝防水保温隔声效果好,成本较低。缺点是有一定的环境污染、喷手技术水平及设备要求较高,施工条件有一定的限制(温度、风力、湿度、防护)。较适合新建建筑大规模保温。

2.2 浇注法

PUF 浇注法也是目前常用的工法之一,根据饰面的材料及浇注工装不同,又分为如下不同体系:

2.2.1 外墙可拆模板 PUF 浇注法

模板为轻体纤维板、钢板等,根据现场情况预先安装,浇注 PUF 后再拆下重复使用。其饰面有三种体系:

(1) 外墙可拆模板 PUF 浇注保温薄抹灰涂料饰面体系(玻纤网增强)。

(2) 外墙可拆模板 PUF 浇注保温厚抹灰面砖饰面体系(钢丝网增强)。

(3) 外墙可拆模板 PUF 浇注保温直喷涂料弹涂饰面体系。

2.2.2 外墙固定模板 PUF 浇注法

模板为泡沫板(PUF、XPS)或纤维板,现场安装浇注 PUF 后不取下,直接作为保温材料或防护层一部分。其饰面有三种体系:

(1) 外墙固定模板 PUF 浇注保温薄抹灰涂料饰面体系(玻纤网增强)。

(2) 外墙固定模板 PUF 浇注厚抹灰面砖饰面体系(钢丝网增强)。

2.2.3 外墙饰面板 PUF 浇注法

(1) 有龙骨外墙饰面板 PUF 浇注保温体系(类似湿粘法,加锚钉辅固)。

(2) 无龙骨外墙饰面板 PUF 浇注保温体系(类似湿粘法,加锚钉辅固)。

(3) 饰面板为工厂预制,材质有天然石材、金属板、铝塑板、人造石材、纤维板等多种。

2.2.4 外墙中空 PUF 浇注法

(1) 外、内墙中空 PUF 浇注法(涂料、面砖饰面体系)。

(2) 空心砌块 PUF 浇注法(涂料、面砖饰面体系)。

PUF 浇注法具有表面平整度好、环保好(污染小),对施工条件要求相对低,技术及设备要求不高等优点。也有施工效率低,墙体形状要求简单,工装多及 PUF 发泡内空洞不易发现弥补的缺点。饰面板体系方案综合总体工效较高,但相对成本也较高。

2.3 干挂法

干挂法指在工厂预制 PUF 保温装饰板材,运抵现场直接安装的外墙保温装饰一体化工法。饰面保温装饰板生产工艺有连续法和间歇法之分。目前有龙骨干挂法体系(幕墙体系)和锚钉固定体系(局部发泡 PUF 粘结)。干挂法优点是保温装饰性好(幕墙效果)、一体化完成价格较低、相对总体工期短、环保及施工条件好。缺点是系统设计、制作、安装综合技术较高,总造价较高。适合用作装饰要求高的公共建筑的保温和民用住宅建筑底层的装饰保温。

2.4 粘贴法

其工艺为用专用聚合物水泥砂浆作胶粘剂,将工厂预制好的保温(装饰)板材在施工现场粘结,辅以塑料锚钉固定,最后表面再做饰面处理的工艺。

2.4.1 PUF 裸板粘贴法(该工法类似 EPS 保温板粘结工法)

目前,有粘贴 PUF 保温板薄抹灰涂料饰面体系和粘贴 PUF 保温板厚抹灰面砖饰面体系两种,饰面材有树脂板、铝塑板、彩钢板等等。

2.4.2 保温饰面板粘贴法

亦称湿粘法：PUF 保温装饰一体化体系。

粘贴法的 PUF 裸板粘结体系的施工工艺与现有 EPS、XPS 体系完全相同，但因 PUF 价格较高，一般建筑大面积保温施工没有太多优势。保温装饰一体化体系则优势明显，其施工工艺为塑料锚钉辅助固定，聚合物砂浆框点或粘结，总体施工快捷。完工后的外墙有幕墙效果，外保温装饰的价格，性价比较高。适合公共建筑保温装饰，是 PUF 大规模应用、发展的方向之一。

2.5 金属面 PUF 保温复合板法[4]

这类工法是指在工厂用金属作饰面（彩钢板、铝箔），中间 PUF 发泡制成的一定长度、宽度、厚度的板材，现场安装（一般为钢结构）。主要应用于大跨度轻钢建筑屋顶及墙体、活动营房、商亭、冷库及空调风道。其特点是工厂化生产，有连续法和间歇法之分，效率极高（200m^2/h）、体轻（<20kg/m^2）、质量均一稳定。该工法集结构、装饰、保温一体化，现场安装快捷。缺点是价格相对较高，运费较高，多用于工业、商业、体育、展馆、会议厅、市场等大型大空间建筑和商亭、警亭、活动房等临时建筑。民用住宅、分格小空间建筑应用不多（仅在楼顶接层等特殊情况下应用）。

2.6 夹芯法

其工艺为双面墙体中间夹上一层预制好的 PUF 板材裸材。国内建筑现在大多数夹 EPS 板材，优点是施工工艺传统，对保温材料及建筑材料要求不高。缺点是有"冷桥"，夹芯墙体连接强度抵抗地震等能力差，墙体厚度较厚。该工法适合低层（多层）民用建筑，目前在北方地区已逐渐被外保温工法所取代，但在中小城市、乡、镇及农村还有一定市场。

2.7 钢丝网架板法

该工法是在 EPS 钢丝网板工艺演变而来的，只是将 EPS 保温材更换成 PUF（因为节能标准提高后 EPS 某些指标已不适应某些需要）。PUF 保温钢丝网架板体系有承重墙和非承重墙及楼面（屋顶）之分。保护层均为厚抹灰，饰面有面砖和涂料之分。该工程优点是结构、保温一体化，墙体重量轻（<100kg/m^2），厚度薄（节能 65% 标准约 120mm 以内），产品工厂化生产，安装施工快捷，适于各类低层（多层）建筑及阳台、飘窗外围护，总体价格较低。缺点是仍有"冷桥"（主要是斜插钢丝所致），总体设计、施工水平要求较高，长途运输成本高。

2.8 大模板内置法

该工艺为：在现浇混凝土剪力墙模板内预置成型的 PUF 保温板，安装固定后浇注混凝土，待其固化后撤下模板，使 PUF 保温板与混凝土墙形成一体。最后统一饰面。通常为保证粘结牢固，PUF 板预制有凹槽，并预涂界面剂以保证粘结。模板有大模板（钢模—以房屋单元间距为单位）和小模板（纤维板—以建筑模数为单位）之分，PUF 适合大模板为主。

该工艺也是在EPS大模内置法转化而来的，目前有两种体系应用。
(1) 大模板内置PUF保温板钢网厚抹灰面砖饰面体系(PUF保温板可予置钢网)。
(2) 大模板内置PUF保温板玻纤网薄抹灰涂料饰面体系。

该工法特点是保温、结构一体化，总体工期短，材料工厂化预制，质量均一保证。对环保及施工条件要求不高。缺点是对墙体施工工艺要求高，对垂直度要求极严，一旦超限，将对饰面造成弥补困难。该工法适合现浇混凝土剪力墙结构的高层建筑，是PUF大规模应用于建筑外保温研发的方向之一。

2.9 砌块、保温、饰面一体化法

该工艺为在工厂将空心砌块与饰面材(天然石、面砖等)在模具中用PUF连成一体，制成砌块、保温、饰面一体化模块。现场按传统砌墙工艺砌筑，墙体、保温、饰面一次完成。该工法适于别墅(三层以下)、农房、乡镇低层建筑，具有总体施工速度快，总体造价低的特点。缺点是长途运输成本高，总体设计、制造、施工技术要求高，适合500km运输圈内工厂化生产、集约化安装施工模式。

2.10 ICF法[5]

ICF是英文Insullation Concrete Form缩写，中文简称为绝热混凝土模板。该工法是指用硬泡PUF做成一定尺寸的模板(两面)，在施工现场预先按需要排列，待一定层数之后在中间浇筑混凝土(钢筋已预置完毕，通常高1～2m)。待混凝土终凝后即可实行第二遍排列(先预置钢筋)，再进行第二遍浇筑；直至需要遍数为止。该工法优点是：PUF既是模板又是保温板，双面保温效果极佳墙体重量轻($<300kg/m^2$)、厚度薄(200mm)，总体施工快捷，灵活多变，抗震抗沉降性能优异。

该工法外饰面有薄抹灰涂料饰面和厚抹灰面砖饰面两种。也可根据需要做成一面是PUF，一面是水泥纤维板的单面保温结构。该工法是由EPS双夹芯模块保温墙(DIW墙)演变而来的，主要用于低层、多层的低能耗建筑(节能80%以上)及别墅、冷库、烘房等特殊应用。

2.11 嵌缝法

该工法是特殊PUF在建筑保温(防水、密封)特殊应用。目前大多数PUF为单组分，预置在特殊的容器中现场开启即用。主要是用于门、窗、孔、洞的边缘密封及保温板缝的密封。该工法优点是节点细部密封、防水、保温效果好，操作简便，缺点是大量应用价格偏高及产生大量废容器和产品不阻燃。目前已有微型双组分浇注机(自清洁喷头)和双组分PUF组合料应用，可弥补上述不足，非常适合建筑中大规模PUF嵌缝充填密封(防水保温)施工。

2.12 抹涂法[6]

该工法将废弃PUF粉碎成碎末，按一定比例与聚合物水泥砂浆现场混合，做成PUF粉末保温砂浆，可以直接抹涂在墙面或带界面剂的保温材料上，干燥成品的导热系数小于

0.06W/(m·K)(做法与现行 EPS 颗粒保温胶浆相同)。该做法起拾遗补缺的作用，是从 EPS 颗粒胶浆演变而来的，优点多于 EPS 胶浆，但缺点是废弃 PUF 来源不稳定。该工法主要是处于环保目的，做到废物利用。该保温胶浆主要应用于外保温找平层，或窗门侧面、楼梯间等保温要求不高的地方。

2.13 特殊 PUF 建材及工法

因此类 PUF 与建筑相关，故作简单介绍。

2.13.1 太阳能采集、保温装饰一体化建筑部件

PUF 有良好的随意成型性、粘合性、保温性，与彩钢板、铝板、不锈钢板复合，可制成各种建筑部件，再与各种太阳能采集装置集合，就形成了太阳能采集、保温、装饰一体化建筑部件。目前已有各种太阳能热水、光电屋面板(斜屋面居多)，太阳能热水、光电窗台板，太阳能集热风道板及太阳能光纤采光板试用于实际建筑。

这种主动获取太阳能装置和 PUF 良好的节能保温、粘合性与抗腐蚀、强度高的金属板结合在一起，形成完美的高强、耐久、轻体、保温、集能、装饰一体化的建筑部件，是建筑节能发展的另一个方向(主动获能)。其产业化、标准化及效益是研发单位及社会所关注的焦点。

2.13.2 各类 PUF 外饰仿形材

PUF 可制成风格各异的仿形石材、欧式角线、罗马浮雕等装饰材，大量用于建筑外装饰。具有仿制快、体轻、保温、防潮、安装方便等优点。同时，现场喷涂 PUF 也可以做成大型假目标、道具、仿真模型，广泛用于军事、影视、园林、展会等特殊场合，具有工装成本低、造型快、仿型逼真的优点，目前也已经大批量应用。

2.13.3 PUF 保温管道

目前国内外均已普及，广泛用于石油化工、热力供暖、空调制冷的管道保温，保温效果极佳(每公里温降仅1℃)。因成型工艺及外护壳不同而分一步法、两步法及手工法，有专业书籍详介，故不再详述。

2.13.4 PUF 注浆发泡堵漏

将聚氨酯树脂制成预聚体，加入助剂后，可以做成注浆发泡堵漏剂，专门用于建筑物因裂缝、蜂窝、孔洞等原因造成的渗漏。其工艺是用专业高压注浆机将专用 PUF 料注入裂缝中，遇水 PUF 胶浆就开始发泡膨胀(可达数倍至十几倍)，发泡后的 PUF 将缝隙孔洞充满后固化，形成坚固的防水层。目前已广泛用于建筑物、矿山、隧道、桥梁堵漏防渗。

3 初步结论及补充说明

综合所述，硬泡 PUF 在建筑节能保温(防水、装饰、密封)领域应用十分广泛，节能效果明显，其他综合指标也很优异，初步结论如下：

(1) 硬泡 PUF 是目前保温性能最好的高效节能保温建材，并具有可持续发展性，即 50%→65%→75%→80%(低能耗)各节能标准阶段，体系无须实质性改变，仅增加保温层厚度即可。

（2）硬泡 PUF 用于建筑施工的工法多样，又演变多种饰面体系，可以满足我国各气候地域、各类工业民用建筑、新旧建筑保温装饰（防水、密封）需要。

尽管硬泡 PUF 目前造价较高，但应用在高节能标准（65％以上）建筑、高层建筑、异形建筑、高级别墅、特殊建筑上，还是可以接受的。而且，随着国内大规模 PUF 原料工厂投产、PUF 施工效率提高、各类技术不断进步、PUF 外保温产业链不断完善、PUF 保温总造价会呈相对下降趋势；再伴随着人民生活水平的不断提高、国家建筑节能标准的不断提高（50％→65％→75％→80％以上，低能耗），硬泡 PUF 在建筑节能保温领域的应用会进一步扩大、普及。

目前，硬泡 PUF 产业链正逐渐形成，社会专业化分工正逐渐细化，建设部已组织了国家级的建设部聚氨酯建筑节能应用推广工作组，辽宁省级《硬泡聚氨酯外保温工程技术规程》DB21/T 1463—2006 已经实行，《聚氨酯外墙外保温工程技术导则》及建材行业标准 JC/T 998—2006 已经出台，这些都为硬泡 PUF 大规模推广、应用、普及打下了基础。

因篇幅所限，各工法及体系的详细说明、指标、节点图、工程实例及照片等不一一介绍。欢迎业内同仁批评指正，补充探讨，以便促进硬泡 PUF 各工法、体系更加完善。

参考文献

[1] 建设部聚氨酯建筑节能应用推广工作组. 聚氨酯硬泡外墙外保温工程技术导则. 北京：中国建筑工业出版社，2006.
[2] 辽宁省建设厅. 硬泡聚氨酯外保温工程技术规程 DB21/T 1463—2006. 2007.
[3] 中国建筑标准设计研究院. 外墙外保温建筑构造（三）06J 121—3. 北京：中国计划出版社，2006.
[4] 地方标准图集. 彩色钢板夹芯板 88 JZ7. 北京：华北地区建筑设计标准化办公室，2004.
[5] 沈阳市聚氨酯科工贸公司. DIW 墙设计、施工图集（试用）. 2002.
[6] 中国标准化协会标准. 胶粉聚苯颗粒复合型外墙外保温系统 CAS 126—2005(C). 2005.

断桥隔热铝合金中空玻璃窗隔声性能实测及分析研究
——国都枫华府第项目声环境探讨

叶坤林[1]　武茜[2]　杨惠忠[3]

(1. 浙江湖州市建工集团有限公司，湖州，313000；2. 浙江科技学院，杭州，310023；3. 浙江国都房产集团有限公司，杭州，310012)

1 项目概况

枫华府第是浙江国都房产集团有限公司开发的一个高品质楼盘，该项目位于杭州市城西文教区，毗邻文二路、学院路。小区总用地面积约 9.4 万 m^2，总建筑面积约 25.5 万 m^2，包括住宅楼 15 栋、商业用房 2 栋、幼儿园 1 栋，地下车库 3 个，有 1392 住户。小区内由 A1~A6 号 25 层点式住宅、B1~B6 号小高层住宅、C1~C2 号 25 层板式住宅、D1 号 25 层精装修住宅楼、S1~S2 号商业用房和 1 栋幼儿园所组成(图 1)。

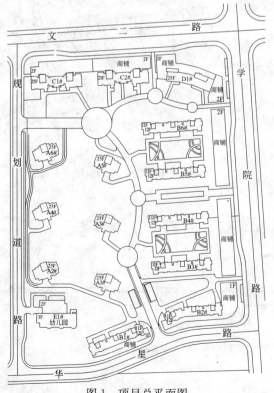

图 1　项目总平面图

2 检测部位

本项目挑选了平行于干道、垂直于干道和位于干道交叉口等三处典型位置的建筑作为检测对象,分别为C2、D1、B4号楼,测点分布如图2~图4所示。此外,在相同路段还选择了使用普通单层钢窗和塑钢窗的其他建筑进行检测,作为对比研究的对象。

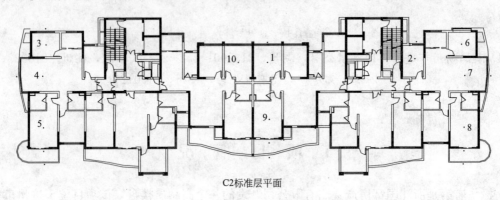

C2标准层平面

图2 C2楼测点分布图

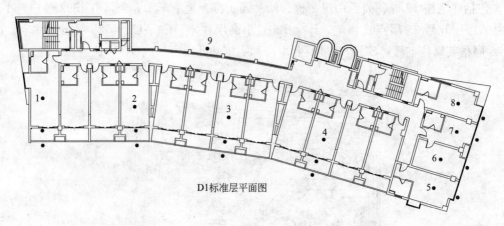

D1标准层平面图

图3 D1楼测点分布图

B4楼平面图

图4 B4楼测点分布图

3 检测依据

本次项目采用的是按国家 1 级标准生产制造的声级计,能够用于环境噪声监测和 24h 噪声监测,还可以作噪声统计分析与频谱分析。所依据的测量方法和标准如下:
(1)《城市区域环境噪声测量方法》GB/T 14623—93。
(2)《声学环境噪声测量方法》GB/T 3222—94。
(3)《工业企业厂界噪声排放标准》GB 12348—2008。
(4)《民用建筑隔声设计规范》GBJ 118—88。

4 检测流程

4.1 24h 噪声监测

本项目对 C2、D1 和 B4 号楼几个受噪声影响最大的标准层位置进行 24h 的室内外噪声同时监测,监测流程见表 1。

监测流程 表1

测量对象	测量状态	测点位置	说明
C2 号楼第七层房间 1 和 10	房间 1 外窗全开	窗外 1m 处	监测室外噪声
	房间 10 外窗全关闭	室内中央位置处	监测室内噪声
D1 号楼第五层房间 7 和 8	房间 8 外窗全开	窗外 1m 处	监测室外噪声
	房间 7 外窗全关闭	室内中央位置处	监测室内噪声
B4 号楼第十层房间 1 和 2	房间 1 外窗全开	窗外 1m 处	监测室外噪声
	房间 2 外窗全关闭	室内中央位置处	监测室内噪声

4.2 噪声对比检测

为保证检测结果的客观性,又对 C2、D1、B4 号不同标准层位置的房间进行了对比监测,见表 2。

对比检测 表2

测量对象	测量状态	测点位置	说明
C2 号楼不同标准层的房间 1~10	外窗全开	窗外 1m 处	监测室外噪声
	外窗全关闭	室内中央位置处	监测室内噪声
D1 号楼不同标准层的房间 1~8	外窗全开	窗外 1m 处	监测室外噪声
	外窗全关闭	室内中央位置处	监测室内噪声
B4 号楼不同标准层的房间 1~11	外窗全开	窗外 1m 处	监测室外噪声
	外窗全关闭	室内中央位置处	监测室内噪声

4.3 同地段使用普通窗的房间噪声监测

在相同地段、相同检测时段，对使用普通钢窗和普通铝合金窗的用房也进行了噪声监测，以对比不同材料的外窗现场隔声效果好坏，见表3。

不同外窗噪声监测   表3

测量对象	测量状态	测点位置	说明
文二路使用普通铝合金窗的某沿街用房	外窗全开	窗外1m处	监测室外噪声
	外窗全关闭	室内中央位置处	监测室内噪声
学院路使用普通钢窗的某沿街用房	外窗全开	窗外1m处	监测室外噪声
	外窗全关闭	室内中央位置处	监测室内噪声

5 检 测 指 标

（1）等效（连续）A声级：是指在某规定时间内A声级的能量平均值，用L_{eq}表示，单位dB。噪声标准中都用等效连续A声级作为交通噪声水平的评价指标。

（2）噪声频谱：分别测量31.5Hz、63Hz、125Hz、250Hz、500Hz、1kHz、2kHz、4kHz各倍频程中心频率噪声情况。

6 检 测 结 果

6.1 断热铝合金中空玻璃窗现场隔声能力监测结果

具体测量房间为：C2楼第七层房间1、D1楼第五层房间7和B4楼第十层房间2，分别进行了24h噪声监测，得出不同状态下的噪声平均值，见表4和图5所示。

使用了断热铝合金双层中空玻璃窗的房间噪声监测结果   表4

测试状态	等效A声级(dB)	频率(Hz)							
		31.5	63	125	250	500	1000	2000	4000
窗外1m处	63.4	75.7	72.9	64.3	60.8	61.2	61.4	58.4	50.3
外窗关闭，室内测量	44.6	53.6	56.4	51.3	49.7	42.6	40.2	35.2	29.7
差值	18.8	22.1	16.5	13	11.1	18.6	21.2	23.2	20.6
降噪率	29.7%	29.2%	22.6%	20.2%	18.3%	30.4%	34.5%	39.7%	41%

表格中差值即为断热铝合金双层中空玻璃窗的现场隔声量。

6.2 普通单层钢窗现场隔声能力监测结果

具体测量房间为沿学院路某高校教学楼内一普通教室，测量结果见表5和图6所示。

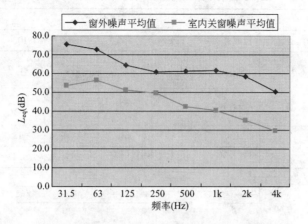

图5 使用断热铝合金中空玻璃窗的房间噪声监测结果

使用了普通单层钢窗的房间的噪声状态对比　　　　　表5

测试状态	累积A声级(dB)	频率(Hz)							
		31.5	63	125	250	500	1000	2000	4000
窗外1m处	72	69.8	67	62	64	59.7	59.7	51	53.9
外窗关闭，室内测量	65.4	61.6	60	53.5	50.1	47.8	45.5	44.2	37.9
差值	6.6	8.2	6.9	8.5	13.9	11.9	14.2	6.9	15.9
降噪率	9.2%	11.7%	10.3%	13.7%	21.7%	19.9%	23.8%	13.5%	29.5%

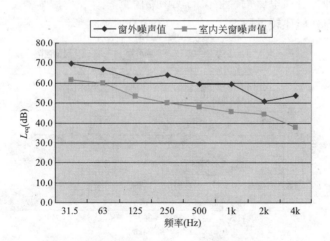

图6 使用普通单层钢窗的房间噪声监测结果

表格中差值即为普通单层钢窗的现场隔声量。

6.3 普通单层铝合金窗现场隔声能力监测结果

具体测量房间为沿文二路某沿街住宅内一卧室，测量结果见表6和图7。

使用了普通单层铝合金窗的房间的噪声状态对比　　　　　表6

测试状态	累积A声级(dB)	频率(Hz)							
		31.5	63	125	250	500	1000	2000	4000
室内开窗状态测量	49.5	48.7	49.3	41.5	41.1	46	46.7	49.6	41
外窗关闭，室内测量	39.9	41	44.7	37.7	35.7	33.1	34.7	32.7	25.2
差值	9.6	7.7	4.6	3.8	5.4	12.9	12	16.9	15.8
降噪率	19.4%	15.8%	9.3%	9.2%	13.1%	28%	25.7%	34.1%	38.5%

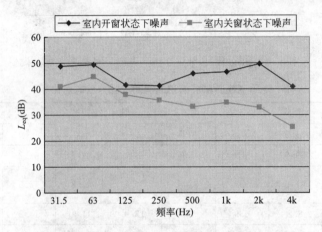

图7　使用普通单层铝合金窗的房间噪声监测结果

表格中差值即为普通单层铝合金窗的现场隔声量。

三种窗户隔声性能比较见图8。

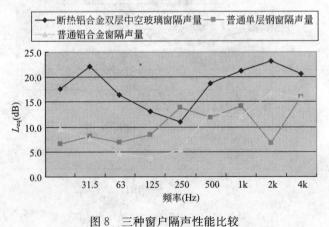

图8　三种窗户隔声性能比较

7　测　试　结　论

从表4中可以看出，小区沿街建筑室外噪声 $L_{eq}=63.4\mathrm{dB}$，室外声环境不容乐观。经

24h 关窗状态下室内监测结果表明，$L_{eq}=44.6$dB，二者的差值为 18.8dB，降噪率达到了近 30%，可以视为被测房间现有窗户提供的隔声能力。如果住户装修入住后，室内吸声面积增加，室内噪声水平会更低，能够达到一级住宅建筑室内允许噪声的标准(≤45dB)。

在对使用普通单层钢窗和铝合金窗的房间进行监测后，得出室外和室内关窗状态下的噪声差值均不到 10dB。可见，断热铝合金双层中空玻璃窗在隔声方面均优于普通窗户。

图 8 表明了三种窗户在不同频率处对噪声的隔绝能力。使用了双层中空玻璃窗后，低频声和高频声均得到了一定的衰减：31.5Hz 处噪声下降了 22.1dB，2kHz 处下降了 22.3dB。普通铝合金窗在中频方面要略好于双层窗，普通钢窗在高频隔声方面要好于铝合金窗。但在具体环境中，交通噪声主要以低频声为主，显然，双层窗的低频隔绝能力明显好于普通窗。

由此我们能够看到，断桥隔热铝合金中空玻璃窗不仅提供很好的绝热效果，在噪声隔绝方面也比常用的单层钢窗和铝合金窗有一定的优越性。

注：1. 本检测数据和结论是以现有项目的周边环境和规划设计条件为依据，仅对该项目负责，特此说明。

2. 本项目隶属于 2007 年浙江省建设厅立项课题《城市道路交通噪声对居住区声环境的影响研究》。

供热采暖的相关技术研究

王雅珍[1] 陆定裕[2] 吕磊勇[3] 朱孔华[3]

(1. 中华环保联合会能源环境专业委员会，上海 200052；
2. 浙江湖州建工集团装饰有限公司，湖州 313000；
3. 北京世纪千府国际工程设计有限公司，杭州 314000)

摘　要：节能减排是全党、全国、全社会成员的历史性任务，是惠及子孙万代的大善事、大好事，是构建人与自然和谐、乃至整个社会和谐的必由之路。本文提出创新理念，把节能减排当作一项重要产业来做。本文针对我国工业给水领域存在的主要污染问题，提出几点节能、节水、环保的合理化建议。笔者在工业给水领域发明了创新理念，从而达到节能、节水、减排。2008年6月，国家发展和改革委员会发布了2008第36号公告《国家重点节能技术推广目录(第一批)》，在被推广的50项高效节能技术中，笔者发明的产品和技术是在工业给水领域唯一被国家发展和改革委员会推荐的锅炉防腐阻垢水处理技术。

关键词：节能减排　节能减排　高效节能技术　脱硫　节能　节水环保　合理化建议

依据20多年的实践经验，我总结出下面几项需供热单位着重注意的一些问题，如果参照这几项改造我们的供热采暖系统，供热采暖单位一定会做到节能、节水、环保、减少设备的维修量、延长设备的使用寿命。使供热采暖工作走上良性循环。

1 改变传统落后设计，为供热采暖经济环保运行打下物质基础

1.1 设计安装先进的除污器，让水系统恢复自洁功能

目前，设计院设计的除污器和各单位已使用的除污器一般都是直通过滤式、Y形、旋流式、角式，这些除污器都不适用于供热采暖水系统，其中使用最多的直通过滤式和Y形除污器只在投运初期能截留建筑垃圾，以后根本起不到除污作用，根本不能净化水系统。要想使供热采暖水系统良性循环，就必须在一次网、二次网安装立式扩容式除污器，此类除污器运行中没有阻力，基本上不消耗水系统的动能。造价低，投资少。这是供热采暖水系统走上良性循环的最主要环节。

例如，枣庄热力总公司在2008年夏天用98万元修一台29MW热水炉，为了从根本上解决防垢、防腐问题，该公司在2008年夏按笔者的设计制造了一台大型立式扩容式除污器，安装在一次网回水总母管上。运行时投加了上海昱真水处理科技有限公司生产的YZ-

101防腐阻垢剂。运行17d后停炉检验，水冷壁管中大于5mm的水垢被清除的干干净净，并育上了保护膜。立式扩容式除污器上部流出的是棕黑色澄清透明的水（防人为失水），下部排出的是混浊的污垢。流经立式扩容式除污器的水得到了净化，从而净化了整个水系统。

1.2 供热采暖水系统不必设计安装任何除氧装置，只需投加YZ-101防腐阻垢剂，就可以做到防垢、防腐、防人为失水等11项作用

（1）供热采暖系统除氧是GB 1576《工业锅炉水质》标准的误区

早在1987年，我就提出GB 1576《工业锅炉水质》（即低压锅炉水质标准）存在五大误区，供热采暖系统除氧就是其中的一项误区。人们总把热水锅炉、采暖系统的防腐与除氧直接挂钩。好像只要一提防腐，就必须除氧。而热水锅炉及采暖系统又没有好的除氧方法，因此，这个难题多年来一直困扰着人们，其实，走出这个误区，将是另一片新天地。

GB 1576中规定采用锅外化学处理的补给水应该控制溶解氧不大于0.1mg/L。由于我国绝大部分热水锅炉和采暖系统的补给水都是采用锅外化学处理，所以设计部门在设计锅炉房时都设计了除氧设备，这是导致人们进入防腐误区的直接原因。

除了适用于蒸发量大于10t/h的蒸汽炉的热力除氧能确保除氧效果外，对于热水锅炉和采暖系统都没有好的除氧方法。

目前采暖系统补给水采用的几种除氧方法都存在不同的缺陷。

（2）热水锅炉和采暖系统在运行中以二氧化碳腐蚀和垢下腐蚀为主

对于热水锅炉和采暖系统来讲，在运行中以CO_2腐蚀和垢下腐蚀为主，以O_2腐蚀为辅，在停炉中以O_2腐蚀、垢下腐蚀为主。也就是说，在运行中热水炉以CO_2腐蚀为主。CO_2既使锅炉发生酸腐蚀，又使锅炉发生电化学腐蚀。当生水碱度大时，生水中的碱度进入锅炉受热分解即产生CO_2，这是锅炉水中CO_2的主要来源。

国外有资料介绍，热水锅炉CO_2腐蚀量是氧腐蚀的20倍。在冬季，北方补给水的溶解氧含量约为11mg/L，相当于1.37mmol/L，而生水的碱度一般都大于4mmol/L，因此，在水系统中CO_2的含量是溶解氧的4倍，又由于CO_2具有反复参加腐蚀反应的特性，即CO_2参加腐蚀反应后又百分之百地析出，因此其危害是大于氧腐蚀的。

既然除氧不能从根本上解决热水锅炉、采暖系统的防腐问题，我们何不寻找另一个途径，用最简单、最省钱、省力而且又从根本上防腐的好办法呢？

（3）热水锅炉、采暖系统防腐的最佳方法选择——投加"YZ-101防腐阻垢剂"

我是我国主讲《低压锅炉水处理》的教师。我从1987年起发现钠离子交换再生废液对地下水造成严重的永久性污染。从那时起，我致力于研究先进的水处理药剂和设备。我研制的YZ型系列防腐阻垢剂经科技部考查，被确定为节能环保型产品。

科技部委托中央电视台拍摄了科技专题片《热水锅炉、采暖系统水处理-YZ型防腐阻垢剂》，于2001年10月25日、26日首次在中央电视台第七套节目"星火科技"栏目播出。其中YZ-101防腐阻垢剂是热水锅炉专用药剂（另外还有蒸汽炉、空调、工业冷却循环水等专用药剂），它具有防腐、阻垢、运行状态下除垢、除锈、育保护膜、防止人为失水等功能,从而达到节能、节水、节盐、延长设备使用寿命减少维修量的目的。

使用由上海昱真水处理科技有限公司生产的这种药剂后不用再除氧,就能达到根本性防腐。它有下述三层防腐功能,其一,是在运行中除垢、除锈。除掉锅炉和水系统中的垢和锈后,就等于除掉了电化学腐蚀的阴极。锅炉和水系统发生的主要是电化学腐蚀,去掉了腐蚀电池的阴极,从而阻止了电化学腐蚀。其二,是它有几种育膜剂,能迅速渗透过水垢和铁锈,在铁的表面育上一层黑亮的保育膜,从而隔绝 O_2 的腐蚀、CO_2 腐蚀和垢下腐蚀。其三,是它属于碱性药剂,能迅速提高水系统的 pH 值,使 pH 值大于等于 10,从而使铁处在钝化区中,使腐蚀降到最低。

上述三道防腐理念已被收入北京市地方标准《供热采暖系统水质及防腐技术规程》DBJ 01—619—2004 中。YZ 型固体防腐阻垢剂是唯一过关并被该标准唯一推荐的产品。

例如:北京花家地供热厂从 1993 年起使用 YZ-101 防腐阻垢剂,从 6 台 29MW 热水炉到 21 个大型换热站再到 230 多万 m^2 供热面积,在从没有除氧的前提下,全部水系统 15 年没有花费维修费用,上百组不锈钢板式换热器内干干净净,15 年没有拆洗过。

又如济南南郊热电厂、齐齐哈尔阳光热力、包头热力总公司等几百家企业都在使用上海昱真公司产品和技术,这些用户的供热采暖水系统都没有采用除氧措施,但是,他们的水系统都在无垢、无锈、无腐蚀状态下运行。

济南南郊热电厂还将《YZ-101 防腐阻垢剂替代热力除氧在热水锅炉中的应用》于 2007 年 1 月 30 日通过了由济南市科技局组织的鉴定委员会专家鉴定,鉴定号为:济科鉴字【2007】第 8 号。鉴定批准日期为:2007 年 2 月 8 日。该项目被列为济南市建委 2006 年的科技项目。

经上万台锅炉多年的使用,证明 YZ-101 防腐阻垢剂能为热水锅炉和采暖系统提高供暖质量、节能降耗、环保等带来福音,它将为热水锅炉、采暖系统走出防腐误区,带来新天地!

1.3 将集水器设计为拥有自洁功能的装置

很多供热单位都拥有集水器,集水器的形式五花八门,但是,其中只有上进水上出水式的扩容型集水器拥有自洁功能,可以截留水系统中的污物,减轻锅炉或换热器的除污负担,净化水系统的水质。

例如:供热系统分户计量是目前国家大力推行的节能、节水政策,做好水处理工作是分户计量推行下去的关键。循环水系统的水质情况直接决定了分户计量表的使用寿命及其精确程度。在 2006~2007 年采暖期间,承德市热力总公司将 37 万 m^2 带有分户计量表的供暖水处理工作交由上海昱真水处理科技有限公司承包管理。分户计量工作取得了成功,成为全国分户计量工作的典型,并在全国推广。在 2007~2009 采暖年度,承德热力总公司全面推广使用昱真技术。

上海昱真公司之所以敢于承接承德热力总公司 37 万 m^2 带有分户计量表的供暖水处理

工作，是由于该公司五个换热站都拥有上进水上出水式的扩容型集水器。昱真公司将上进水上出水式的扩容型集水器充当除污器使用，将用药剂除下的垢、锈、污物通过集水器排出水系统，从而使分户计量工作获得成功！

济南南郊热电厂获得的巨大成功中也有上进水上出水式的扩容型集水器的功劳。

1.4 在板式换热器一次侧、二次侧进、出口安装不锈钢球阀

在板式换热器一次侧、二次侧进、出口安装 $D25$、$D40$ 左右的不锈钢球阀，通过用"三开三关振荡法"和"三开三关反冲洗法"在板换内形成振荡，破坏污物在板换内的附着力，达到净化板换、清除板换内污物，使板换免除清洗、在干净状态下运行的目的。北京花家地供热厂之所以能取得全部水系统 15 年没有花费维修费用，上百组不锈钢板式换热器内干干净净，15 年没有拆洗过的卓越成绩，主要由于本人在 1995 年为他们供热厂出了几项合理化建议。他们按照这些建议对设备进行了适当改造。当年每个换热站在板式换热器一次侧、二次侧出口各安装了一个 $D25$ 不锈钢球阀，在除污器最下部加装了一个 $D40$ 不锈钢球阀，每个换热站总计花了 70 多元改造费。

上海昱真公司从 2005 年至今承包了包头热力总公司 1200 多万 m^2 供暖面积的水处理工作，该公司 200 个换热站板换的一、二次侧均安装了不锈钢球阀，通过用"三开三关振荡法"和"三开三关反冲洗法"维持板换和水系统的干净。

2 热水锅炉选型中应注意的几点问题

2.1 锅炉设计要合理，运行中锅内不能存在死区

（1）当锅炉下降管面积设计不足时会导致上升管上升动力不足，在锅内形成死水区，导致污物在死水区析出。一般在天棚管处易发生此类结垢事故。

（2）回水短路，造成冷热水混合，从上锅筒向下 40cm 处开始，约有 50cm 结垢最严重，这就是由于冷热水混合，导致上升管动力被破坏，从而造成上升管结垢。

2.2 前、后、左、右下联箱的直径要大，要保证联箱拥有截污能力

近 3 年很多锅炉厂家为了节约钢材，下联箱直径设计的不足 300mm，一般应大于 450mm 以上。前者锅炉自洁能力很差，不要选用。

2.3 锅炉每组排污阀要选用两只快开阀

选用两只快开阀时，可采用"三开三关走三圈法"排污，从而净化锅内水质。

2.4 地面一定建排污检查口

很多锅炉房的排污管汇集在一起埋入地下，没留检查口，这样无法检查排出污物的多少及形态，当排污管泄露时也不宜发现，易造成失水。

3 几项节能技术在操作不当时导致锅炉结垢

3.1 当锅炉流量小于设计流量时导致锅炉结垢

为了节约循环泵所用电能，近年来锅炉采用大温差小流量运行。但是，当锅炉流量低于设计流量时，会导致锅炉上升管上升动力不足，造成上升管内结垢。这样不但不节能，反而浪费了能源。此种现象在供暖初期和尾期易发生。因为室外温度高，锅炉外旁通管的流量加大，导致锅内流量大幅降低，从而在锅内形成死水区而析垢。

3.2 多级泵混水量过大导致锅炉结垢

为了节能，近年来在一次网管路上安装了多级泵，采用抻水和混水技术，但是，当混水量过大时，导致回流到锅炉内的水量过低，从而造成锅炉内析垢。此种现象在供暖初期和尾期易发生。

4 水处理方法的选择

4.1 供热采暖系统水处理方法选择的原则

水处理方法选择的原则是：首先要保证设备安全运行，其次是最经济的、最环保的、操作最简便的、运行最容易控制的水处理方法就是最佳的水处理方法

在北京市地方标准《供热采暖系统水质及防腐技术规程》DBJ 01—619—2004（以下简称《规程》）中，规定了热水供暖系统水处理设置的基本目标是：

(1) 使系统的金属腐蚀减至最小。

(2) 与热源间接连接的二次水供暖系统的水质应达到《规程》表 3-2 的标准，与锅炉房直接连接的供暖系统（无压热水锅炉除外）的水质应达到《规程》表 3-3 的标准。同时抑制水垢、污泥的生成及微生物的生长，防止堵塞采暖设备、管道，特别是保证散热器恒温阀、机械式热表等正常运行。

(3) 不污染环境，特别是不污染地下水。

(4) 方法简单易行，费用较低。

4.2 应如何选择供热采暖系统的水处理方法

应该因炉、因水、因地制宜地选择水处理方法。可参考下述方法：

(1) 北京市地方标准《供热采暖系统水质及防腐技术规程》DBJ 01—619—2004 规定的补水水处理的方式：

1) 投加防腐阻垢剂（首推锅内加药处理，因 YZ 型固体防腐阻垢剂是 DBJ 01—619—2004 北京市地标唯一过关并被该标准唯一推荐的产品）。

2) 离子交换软化（锅外处理）。

3) 石灰水软化处理(应推广的方法)。

(2) 一次网水系统水处理方法：

1) 热电联产：自来水投加防腐阻垢剂。

2) 集中供热热水锅炉：软化水投加防腐阻垢剂。

3) 首站汽水换热：在水侧的循环水中投加防腐阻垢剂(用防腐阻垢剂的投加量控制循环水的pH，初期pH≥10，一个月后pH控制在9.5~10，拥有铜材质的水系统控制pH≤9.9)。

(3) 二次网水系统水处理方法：

选自来水投加防腐阻垢剂。

(4) 直供式热水锅炉水处理方法：

1) 发热量≤7MW(10t/h)采用自来水投加防腐阻垢剂。

2) 传热量＞7MW(10t/h)采用软化水投加防腐阻垢剂。

值得一提的是：只要锅炉设计合理，任何发热量的热水锅炉都可以采用自来水投加防腐阻垢剂。用防腐阻垢剂的投加量控制循环水的pH值，使9.5≤pH≤10.5。

5 在供暖尾期和供暖结束后应做的几项工作

5.1 对一次网、二次网及锅炉直供水系统投加YZ-101防腐阻垢剂进行运行状态下清洗

在供暖尾期，对已经结垢、结锈换热效果不好的一次网、二次网及锅炉直供水系统投加YZ-101防腐阻垢剂。按系统保有水量计算，每吨水一次性投加1kgYZ-101防腐阻垢剂(在4h内投完)，从第二天开始每天排污一次。在15d时间内用YZ-101防腐阻垢剂维持循环水系统的pH值在10~10.2，约10d左右可彻底清除水系统中的垢锈，达到节能20%~50%、节水1~2倍以上，并完成对整个水系统的清洗和育保护膜的工作。使整个管网设备光光亮亮，干干净净。在夏季即使不采用任何停用保护措施，设备也不会腐蚀。

5.2 运行中对板式换热器，可采取两种不拆机方法用YZ系列药剂清洗

对已经结垢、部分堵塞的板式换热器，可采取两种不拆机方法用YZ系列药剂清洗。

第一种：用YZ-101防腐阻垢剂在运行中清除，在15d时间内用药剂维持循环水系统的pH值在10~10.2，约15d左右可彻底清除掉水系统中的垢、锈。

第二种：用YZ-501水垢锈垢清洗剂在3h内系统外流动清洗，然后再用YZ-101防腐阻垢剂钝化或用清水冲洗后直接接到已投加了YZ-101防腐阻垢剂的水系统中。只需3~5h就完成了板式换热器的清洗工作。

板式换热器不拆机清洗可以减少板换机械损伤，并对设备腐蚀小，保护设备，省时省力。而且省去了高额更换密封垫的费用。

5.3 在供暖结束、管网检修完毕以后。可以使用YZ-101防腐阻垢剂进行湿法停炉保护

湿法停炉保护有三项好处：第一，是投加完药剂后可终止水系统中全部设备和管网的电化学腐蚀、化学腐蚀和生物腐蚀，防止夏季水系统滋生细菌、藻类，并剥离生物粘泥。

第二，是YZ-101防腐阻垢剂可以使水系统中的老垢、老锈变得疏松，在秋季供暖运行时在最短的时间内可以除掉全部水系统中的老垢、老锈并育上保护膜，使设备优质低耗运行。第三，是水中的药剂可保留到下个采暖期使用，省药，总体上减少水处理费用。

停炉保护具体投加方法是：按照水系统保有水量，每吨水投加药剂0.5～1kg，将水系统pH值调到≥11。冷态循环2～4h，使药剂均匀。每半个月检查一次水位，人工补水或自动补水。停炉结束时，应先冷态循环运转，排污除渣后再点火运行。系统水里的药剂也可继续使用。

5.4 供暖结束后可对板式换热器采用不拆机清洗

供暖结束后可对板式换热器采用不拆机清洗。方法采用本文第5.2条。例如：2008年8月，昱真公司为吉林四平热力公司供暖系统不拆机清洗了22台板式换热器（两年没做水处理，没清洗）。另外，又清洗了10台锅炉。在2008～2009年采暖年度，上海昱真公司承包了四平热力公司200多万m^2供暖面积的水处理工作。2009年1月6日，打开一台锅炉、一台板换、一台散热器，检查全部合格。原来结垢、腐蚀很严重的水系统变得既干净又育好了保护膜。

（备注：2008年8月昱真公司为吉林四平热力公司供暖系统不拆机清洗了22台板式换热器（两年没做水处理，没清洗）。另外，又清洗了10台锅炉。）

6 几点节能建议

6.1 热电联产单位应将凝汽器串入一次网供热水系统

在2007～2009年两个供暖年度，济南南郊热电厂为了节能，将凝汽器串入供暖水系统，由于水中投加了昱真产品，凝汽器的真空度由小于0.9提到0.98。这意味着同样的煤耗可多发电10%左右。由于采用了这项节能技术，全部吸收了发电的余热，供热能耗从每年每平方米25元降到15元左右。

6.2 在煤中投加YZ型节能环保剂

在煤中投加YZ型节能环保剂，吨煤投加2～3kg，可节能大于20%，脱硫大于30%，脱硝大于40%，除尘大于40%。

6.3 改造锅炉尾部省煤器和空气预热器

采用新型省煤器和空气预热器可节能大于20%，增加锅炉出力50%，当锅炉供热量不足时，可采用此方法。

附录 建筑节能常用术语中英文对照

1 绿 色 建 筑

1.1 绿色建筑 green building

指在建筑的全生命周期内,在适宜条件下,最大限度地节约资源(能源、土地、水资源、材料),保护环境和减少污染,为人们提供安全、健康和适用的使用空间,与自然和谐共生的建筑。

1.2 建筑的全生命周期 whole life cycle of building

包括建筑的规划、设计、施工、运营管理、直至拆除这五个节段。

1.3 可再生能源 renewable energy

指风能、太阳能、水能、生物质能、地热能和海洋能等非化石能源。

1.4 绿色电力 green electric power

指产生于风能、太阳能、地热和生物质能等可再生能源的电能。

1.5 再利用 reuse

以其原来形式无需再加工就能当作同样或类似的产品使用。

1.6 可循环材料 recycling material

受到损坏不能再直接使用但经加工处理后可循环再利用的材料。

1.7 固体废弃物 building rubbles,construction debris

指工业生产和施工过程中产生的废料、废渣、粉尘和污泥等,包括有毒和无毒废弃物。

1.8 能量转换系数(ECC) energy conversion coefficient

衡量空调冷热源能量转换效率的系数。

1.9 能源输配系数(TDC) transportation and distribution coefficient

衡量能源输配系统中,风机和水泵等输配效率的系数。

1.10 照明功率密度(LPD) lighting power density

单位面积上的照明安装功率(包括光源、整流器或变压器),单位:W/m^2。

1.11 生活废水　domestic wastewater

居民日常生活中排泄的洗涤水。

1.12 生活污水　domestic soil

居民日常生活中排泄的粪便污水。

1.13 水量平衡　water balance

对再生水水源水量、处理水与再生用水量和自来水补水量进行计算、调整，使其达到供用平衡和一致。

1.14 污水再生利用　wasterwater reclaimation and reuse, water cycling

污水再生利用为污水回收、再生和利用的统称，包括污水净化再用、实现水循环的全过程。

1.15 再生水　reclaimed water, recycled water

指污水经适当再生处理后，达到一定的水质指标，满足某种使用要求，可以进行有益使用的水。

1.16 再生水系统　reclaimed water system

由再生水源水的收集、储存、处理和再生水供给等工程设施组成的有机结合体，是建筑物或建筑小区的功能配套设施之一。

1.17 景观环境用水　scenic environment use water

指满足景观需要的环境用水，即用于营造城市景观水体和各种水景构筑物的水的总称。

1.18 绿色建材　green building materials

绿色建材就是在原料采取、产品制造、使用以及废料处理的全生命周期中对资源和能源消耗最少、生态环境影响最小、再循环利用率最高，具有优异使用性能，有利于人类健康的材料。

1.19 材料全生命周期　whole life cycle of material

在原料采用、产品制造、使用或再循环以及废料处理的整个生命周期。

1.20 环境友好　environment-friendly

指从资源摄取量、能源消耗量、污染物排放量及其危害、废弃物排放量及其回收、处置都不给环境带来太多的负面影响。

1.21 智能建筑(IB)　intelligent building

它是以建筑为平台,兼备建筑设备、办公自动化及通信网络系统,集结构、系统、服务、管理及它们之间的最优化组合,向人们提供一个安全、高效、舒适、便利的建筑环境。

1.22 通信网络系统(CNS)　communication network system

它是楼内的语音、数据、图像传输的基础,同时与外部通信网络(如公用电话网、综合业务数字网、计算机互联网、数据通信网及卫星通信网等)相联,确保信息畅通。

1.23 办公自动化系统(OAS)　office automation system

办公自动化系统是应用计算机技术、通信技术、多媒体技术和行为科学等先进技术,使人们的部分办公业务借助于各种办公设备,并由这些办公设备与办公人员构成服务于某种办公目标的人机信息系统。

1.24 建筑设备监控系统(BAS)　building automation system

将建筑物或建筑群的空调、给排水、电力、照明、防火、保安、车库管理等设备或系统,以集中监视、控制和管理为目的,构成综合系统。

1.25 综合布线系统(GCS)　generic cabling system

综合布线系统是建筑物或建筑群内部之间的传输网络。它能使建筑物或建筑群内部的语音、数据通信设备、信息交换设备、建筑物物业管理及建筑物以自动化管理设备等系统之间彼此相联,也能使建筑物内通信网络设备与外部的通信网络相联。

1.26 系统集成(SI)　system integration

它是将智能建筑内不同功能的智能化子系统在物理上、逻辑上和功能上有机地连接起来,以实现信息综合、资源共享。

1.27 热负荷　heat load

维护一定市内热环境所需要的在单位时间向室内加入的热量。

1.28 冷热电联供　cooling, heating & power

通过能源的梯级利用,燃料通过热电联产装置将高品位能发电后,其中的低品位的热能用于采暖、生活供热等用途的供热,这一热量也可以驱动吸收式制冷机,用于夏季的空调,从而形成冷热电三联供系统。

1.29 设备寿命周期费用　equipment life cycle costs

指设备在整个生命周期中发生的所有费用的总和,包括设备的设置费和维持费。

2 建 筑 节 能

2.1 建筑节能工程 energy efficiency buildings

为节约建筑使用能耗所进行的建筑施工及安装工程。

2.2 住宅建筑节能 energy efficiency in residential buildings

指在保证住宅建筑使用和室内热环境质量条件下，通过建筑热工和建筑采暖、空调降温设计，使住宅建筑的使用能耗降低和有效利用。

2.3 节能住宅建筑 residential building on energy efficiency

指达到现行国家住宅建筑节能设计标准的住宅，本标准特指围护结构节能达标的住宅建筑。

2.4 保温工程 insulation works

将保温系统通过组合、组装、施工或安装固定在围护结构表面上所形成的建筑物实体。

2.5 围护结构 building envelope

建筑物及房间各面的围挡物，分透明和不透明两部分：不透明的围护结构有墙、屋顶和楼板等，透明的围护结构有窗户、天窗和阳台门等。按是否同室外空气直接接触，又可分为外围护结构和内围护结构。

外围护结构是指同室外空气直接接触的围护结构，如外墙、屋顶、楼板、外门和外窗等。内围护结构是指不同室外直接接触的围护结构，如隔墙、楼板、内门和内窗等。

2.6 空调年耗电量 annual cooling electricity consumption

按照夏季室内热环境设计标准和设定的计算条件，计算出的单位建筑面积空调设备每年所要消耗的电能。

2.7 对比评定法 custom budget method

将所设计建筑物的空调采暖能耗和相应参照建筑物的空调采暖能耗作对比，根据对比的结果来判定所设计的建筑物是否符合节能要求。

2.8 建筑热环境 building thermal environment

影响居住者热感受的环境因素总称为建筑热环境，可分室外热环境和室内热环境。室内热环境由室内的空气温度、空气相对湿度、风速和壁面的表面温度等参数综合表征。

2.9 建筑物耗热量指标　index of heat loss of building

按照冬季室内热环境设计标准和设定的计算条件,计算出的单位建筑面积在单位时间内消耗的需由采暖设备提供的热量。

2.10 建筑物耗冷量指标　index of cool loss of building

按照夏季室内热环境设计标准和设定的计算条件,计算出的单位建筑面积在单位时间内消耗的需要由空调设备提供的冷量。

2.11 空调、采暖设备能效比(EER)　energy efficiency ratio

在额定工况下,空调、采暖设备提供的冷量或热量与设备本身所消耗的能量之比。

2.12 建筑物耗电量　electricity consumption of building

由建筑物耗热量或耗冷量根据设备能效比,计算出的电能消耗。单位:$(kW \cdot h)/m^2$。

2.13 典型气象年　typical meteorological year

以近30年的月平均值为依据,从近10年的资料中选取一年各月接近30年的平均值作为典型气象年。由于选取的月平均值在不同的年份,资料不连续,还需要进行月间平滑处理。

2.14 户内平均室温　average air temperature in an apartmet

除厨房、卫生间、储物间、阳台和使用面积不大于$5m^2$的空间外,由住户内所有其他房间的平均室温通过面积加权而得到的算术平均值。

2.15 小区平均室温　average air temperature in a residential quarter

由三栋以上(含三栋)同属于某小区的居住建筑的建筑平均室温通过面积加权而得到的算术平均值。

2.16 空气标准状态　standard condition at dry air

当空气大气压力为101.3kPa,温度为20℃,密度为$1.202kg/m^3$时称为空气的标准状态。

2.17 室内活动区域　occupied zone

在室内空间内,由距地面或楼板面为100mm和1800mm,距内墙内表面300mm,距外墙内表面或固定的采暖空调设备600mm的所有平面所围成的区域。

2.18 房间平均室温 average room air temperature

某房间室内活动区域内在一个或多个代表性位置测得的室内空气温度逐时值的算术平均值。

2.19 每层平均室温 average air temperature in a floor

每层由除厨房，设有浴盆或淋浴器的卫生间、淋浴室、储物间、封闭阳台和使用面积不足 $5m^2$ 的空间外的所有其他房间的平均室温通过每层建筑面积加权而得到的算术平均值。

2.20 建筑物平均室温 average air temperature in a building

由随机抽取的同属于某民用建筑物的代表性住户或房间的户内平均室温通过户内建筑面积加权而得到的算术平均值，代表性住户或房间的数量应不少于总户数或总间数的 10%。

2.21 围护结构热工性能权衡判断 building envelope trade-off option

当建筑设计不能完全满足规定的围护结构热工设计要求时，计算并比较参照建筑和所设计建筑的全年采暖和空气调节能耗，判定围护结构的总体热工性能是否符合节能设计要求。

2.22 参照建筑 reference building

对围护结构热工性能进行权衡判断时，作为计算全年采暖和空气调节节能耗用的假想建筑。

2.23 建筑物体形系数(S) shape coefficient of building

建筑物与室外大气接触的外表面积 F_0 与其所包围的体积 V_0 之比，外表面积中不包括地面和楼梯间隔墙及分户门的面积。单位：m^2/m^3。

2.24 空调年耗电量 annual cooling electricity consumption

按照夏季室内热环境设计标准和设定的计算条件，计算出的单位建筑面积采暖设备每年所要消耗的电能。

2.25 采暖年耗电量 annual heating electricity consumption

按照夏季室内热环境设计标准和设定的计算条件，计算出的单位面积的采暖设备每年所需消耗的电能。

2.26 空调、采暖设备能效比(EER) energy efficiency ratio

在额定工况下，空调、采暖设备提供的冷量或热量与设备本身所消耗的能量之比。

2.27 采暖度日数（HDD18） heating degree day based on 18℃

一年中，当某天室外日平均温度低于18℃时，将低于18℃的度数乘以1天，并将此乘积累加。

2.28 空调度日数（CDD26） cooling degree day based on 26℃

一年中，当某天室外日平均温度高于26℃时，将高于26℃的度数乘以1天，并将此乘积累积。

2.29 围护结构传热系数（K） overall heat transfer coefficient of building evelope

围护结构两侧空气温差为1K，在单位时间内通过单位面积围护结构的传热量，单位：W/(m² · K)。

2.30 热桥 thermal bridge/heat(cold)bridge

在金属材料构件或钢筋混凝土梁（圈梁）、柱、窗口梁、窗台板、楼板、屋面板、外墙的排水构件及附墙构件（如阳台、雨罩、空调室外机隔板、附壁柱、靠外墙阳台栏板、靠外墙阳台分户墙）等与外围护结构的结合部位，在室内外温差作用下，出现局部热流密集的现象。在室内采暖条件下，该部位内表面温度较其他主体部位低，而在室内空调降温条件下，该部位的内表面温度又较其他主体部位高。具有这种热工特征的部位，称为热桥。

2.31 窗墙面积比 ratio of window area to wall area

窗户洞口面积与房间立面单元面积（即建筑层高与开间定位线围成的面积）的比值。

2.32 平均窗墙面积比（C_M） mean ratio of window area to wall area

整栋建筑外墙面上的窗及阳台门的透明部分的总面积与整栋建筑的外墙面的总面积（包括其上的窗及阳台门的透明部分面积）之比。

2.33 灯具效率 luminaire efficiency

在相同的使用条件下，灯具发出的总光通量与灯具内所有光源发出的总光通量之比。

2.34 总谐波畸变率（THD） total harmonic distortion

周期性交流量中的谐波含量的方均根值与其基波分量的方均根值之比（用百分比表示）。

2.35 不平衡度 Unbalance factor

指三相电力系统中三相不平衡的程度，用电压或电流负序分量与正序分量的方均根值百分比表示。

2.36 质量证明文件 quality proof document

随同进场材料、设备等一同提供的能够证明其质量状况的文件。通常包括出厂合格证、中文说明书、型式检验报告及相关性能检测报告等。进口产品应包括出入境商品检验合格证明。适用时,也可包括进场验收、进场复验、见证取样检验和现场实体检验等资料。

2.37 核查 check

对技术资料的检查及资料与实物的核对。包括:对技术资料的完整性、内容的正确性、与其他相关资料的一致性及整理归档情况的检查,以及将技术资料中的技术参数等与相应的材料、构件、设备或产品实物进行核对、确认。

2.38 建筑反射隔热涂料 architectural reflective thermal insulation coatings

建筑反射隔热涂料是以合成树脂为基料,与功能性颜填料(如红外颜料、空心微珠、金属微粒等)及助剂等配制而成,施涂于建筑物表面,具有较高太阳光反射比和较高半球发射率的涂料。

2.39 太阳光反射比 solar reflectance

反射的与入射的太阳辐射能通量之比值。

2.40 半球发射率 hemispherical emittance

热辐射体在半球方向上的辐射出射度与处于相同温度的全辐射体(黑体)的辐射出射度之比值。

2.41 隔热温差 thermal insulation temperature difference

在指定热源照射下,空白试板与隔热试板背向热源一侧的表面温度的差值。

2.42 隔热温差衰减 attenuation of thermal insulation temperature difference

在特定热源照射下,耐沾污试验后与耐沾污试验前隔热试板背向热源一侧的表面温度的差值。

3 外 墙 保 温

3.1 围护结构节能工程质量 the quanlity of enetgy-saving engineeting for bulding evelope

反映围护结构节能工程满足相关标准规定或合同约定的要求,包括其在安全、使用功能及其耐久性能、环境保护等方面所有明显和隐含能力的特性总和。

3.2 节能工程专项验收 energy-saving engineering specialized acceptance

节能工程在施工单位自行质量检查评定的基础上,参与建设活动的有关单位共同对围护结构节能工程质量(包括节能设计审查、节能产品与材料检查、节能施工质量检查、节能资料核查等)进行的专项验收。

3.3 外墙外保温工程 external thermal insulation on walls

将外墙外保温系统通过组合、组装、施工或安装固定在外墙外表面上所形成的建筑物实体。

3.4 外墙内保温系统 internal thermal insulation composite systems

置于建筑物外墙内侧的非承重保温构造的总称,是由保温层、护面层、饰面层等组成的具有保温隔热和装饰功能的围护体系。

3.5 外墙外保温系统 external thermal insulation composite systems

置于建筑物外墙外侧的非承重保温构造的总称,是由保温层、护面层、饰面层等组成的具有保温隔热、防水和装饰功能的围护系统。

3.6 泡沫聚苯板 expended polystyrene board

采用加入发泡剂(可膨胀性)的聚苯乙烯颗粒,经预加热发泡后置入模具内加热加压生成具有闭孔结构的发泡聚苯乙烯板材。常称:泡沫塑料、泡沫板,英语缩写:EPS。采用加热加压挤出生成工艺的发泡聚苯乙烯板材,常称:EPS挤出板或挤塑板,代号:XPS。

3.7 泡沫聚苯颗粒混合浆料 mixing mortal consisting of gelatinous powder and expanded polystyrene pellets

利用废弃泡沫聚苯物,采用机构破碎而产出的粒状泡沫聚苯颗粒与胶凝粉料产品在施工现场按计量比例投料,经机械搅拌成抹灰浆料。常称:泡沫聚苯颗粒保温浆料,聚苯颗粒保温抹灰等,简称绝热灰浆。

3.8 胶粉保温颗粒保温浆料 insulating mortar consisting of gelatinous powder and insulation material pellets

由胶粉料和保温材料颗粒集料组成并且保温材料颗粒体积比不小于80%的保温灰浆。

3.9 硬质泡沫聚氨酯 hard expended polyurethane

采用加入发泡剂(可膨胀性)的聚氨酯乳液(以多元醇与多元异氰酸酯为主要原料),经机械高速搅拌后采用喷或注工艺发泡成型且达到硬质(高回弹)干密度的发泡聚氨酯材料。

常称：硬海绵，英语缩写：EPU-h。亦有称：PUR。

3.10 喷涂聚氨酯硬泡体防水保温材料 spray polyurethane foam for thermal insulation

以异氰酸酯、组合聚醚或聚酯为主要原料加入添加剂组成的双组分，经现场喷涂施工的硬质泡沫材料。

3.11 膨胀聚苯板薄抹灰外墙外保温系统（以下简称薄抹灰外保温系统） **external thermal insulation composite systems based on expanded polystyrene**（英文缩写为ETICS）

置于建筑物外墙外侧的保温及饰面系统，是由膨胀聚苯板、胶粘剂和必要时使用的锚栓、抹面胶浆和耐碱网布及涂料等组成的系统产品。薄抹灰增强防护层的厚度宜控制在：普通型3～5mm，加强型5～7mm。

3.12 膨胀珍珠岩 expansion pearlite

珍珠岩是由地壳中一种熔岩，膨胀珍珠岩制品是以膨胀珍珠岩为骨料，以水泥、水玻璃等为胶粘剂，按一定的工艺制成各种规格产品。

3.13 泡沫玻璃 cellular glass

泡沫玻璃又称多孔玻璃。泡沫玻璃制品的主要成分为SiO_2，其主要原料为碎玻璃、发泡剂（一般采用石灰石、焦炭或大理石等）。

3.14 抗裂柔性耐水腻子（简称柔性耐水腻子） **waterproof flexible putty**

由弹性乳液、助剂和粉料等制成的具有一定柔韧性和耐水性的腻子。

3.15 面砖粘结砂浆 adhesive for tile

由聚合物乳液和外加剂制得的面砖专用胶液同强度等级42.5及以上的普通硅酸盐水泥和建筑砖质砂（一级中砂）按一定质量比混合搅拌均匀制成的粘结砂浆。

3.16 面砖勾缝料 jointing mortar

由高分子材料、水泥、各种填料、助剂复配而成的陶瓷面砖勾缝材料。

3.17 粘结层 bonding coat

粘结饰面砖的粘结材料层。

3.18 粘结力 cohesive force

饰面砖与粘结层界面、粘结层自身、粘结层与找平层界面、找平层自身、找平层与基体界面，在被垂直于表面的拉力作用造成断裂时的最大拉力值。

3.19 粘结强度 cohesive strength

饰面砖与粘结层界面、粘结层自身、粘结层与找平层界面、找平层自身、找平层与基体界面上单位面积上所承受的粘结力。

3.20 界面砂浆　interface treating mortar

用以改善基层与保温层表面粘结性能的聚合物砂浆。

3.21 导热系数（λ）　thermal conductivity［coefficient］；heat conduction coefficient；heat conductivity

在稳态条件和单位温差作用下，通过单位厚度、单位面积的匀质材料的热流量，也称热导率。单位：W/(m·K)。

3.22 抹面砂（胶）浆（抗裂砂浆）　rendering coat mortar(anti-crack mortar)

用于护面层抹灰的聚合物砂（胶）浆。

3.23 增强网　strengthened mesh

铺设在抹面砂（胶）浆内用以提高护面层强度以及抗裂和抗冲击性能的玻纤网络布或金属网。

3.24 基层墙体　substrate

建筑物中起承重或围护作用的外墙墙体，可以是混凝土墙体或各种砌体墙体。

3.25 热镀锌电焊网　hot galvanized electric welding

经热镀锌防腐处理的钢丝网片，固定于抹面层中，用于外贴面砖的外墙外保温系统。

3.26 水泥基粘结材料　adhesive material based on cement

以水泥为主要原料，配有改性成分，用于外墙饰面砖粘贴的材料。

3.27 保温系统　insulation system

由保温层、保护层和固定材料（胶粘剂、锚固件等）构成并且适用于安装在基体表面的非承重保温构造总称。

3.28 保温复合墙体　wall composed with insulation system

由基层和保温系统组合而成的墙体。

3.29 保温层　thermal insulation layer

由保温材料组成，在围护结构中起保温隔热作用的构造层。

3.30 护面层　rendering coat

抹在保温层上，中间夹有增强网，保护保温层并起防裂、防水和抗冲击作用的构造层。抹面层可分为薄抹面层和厚抹面层。例如，用于 EPS 板和胶粉 EPS 颗粒保温浆料时为薄体抹面层，用于 EPS 钢丝网架板时为厚抹面层。

3.31　饰面层　coating

附着于保温系统表面起装饰作用的构造层。

3.32　建筑涂饰　building surface decoration

用涂饰材料对建筑物进行装饰和保护的工序。

3.33　基层　substrate

涂饰对象的表层，如混凝土、水泥砂浆、混合砂浆、石膏板、黏土砖等材料。节能工程中，直接承受保温系统的结构层。

3.34　底涂层　priming-coat

在基层上涂饰第一道涂料形成的涂层。

3.35　保护层　protecting coat

抹面层和饰面层的总称。

3.36　结合层　bond coat

由聚合物水泥砂浆或其他界面处理剂构成的用于提高界面间粘结力的材料层。

3.37　岩棉、矿渣棉　rock wool, slag wool

石棉采用玄武岩(或辉绿石)、石灰石为主要原料(以入少量矿渣)，并加入焦炭，采用各种生产方法制成；矿渣棉是以矿渣和石灰石为主要原料，并加入焦炭，采用各种生产方法制成。

3.38　保温浆料　thermal insulating mortar

由胶粉料与聚苯颗粒或其他保温骨料组配，使用时按比例加水搅拌混合而成的浆料。

3.39　玻璃棉　glass wool

玻璃棉是以硅砂、石灰石、白云石为主要原料，采用各种生产工艺生产而成。

3.40　蒸压加气混凝土砌块　foam asbestos

主要是以石英砂为基础，以水泥和石灰为胶合剂，以石膏为硬化剂，以铝粉为发泡剂，经高温高压养护而成的多孔状加气混凝土砌块，常称砂加气混凝土砌块。

3.41 陶粒加气砌块 ceramsite aerated building block

以粉煤灰、混凝土管桩制品离心余浆、轻质陶粒等为主要原料，通过高效发泡、陶粒增强、蒸汽养护、全自动机器切割等工艺生产而成的一种具有轻质、高强、隔热保温、防火、隔声特点的墙体自保温材料。

3.42 胶粘剂 adhesive

专用于把膨胀聚苯板粘结到基层墙体上的工业产品。产品形式有两种：一种是在工厂生产的液状胶粘型，在施工现场按使用说明加入一定比例的水泥或由厂商提供的干粉料，搅拌均匀即可使用。另一种是在工厂里预混合好的干粉状胶粘剂，在施工现场只需按使用说明加入一定比例的拌合用水，搅拌均匀即可使用。

3.43 锚栓 mechanical fixings

把膨胀聚苯板固定于基层墙体的专用连接件，通常情况下包括塑料钉或具有防腐性能的金属螺钉和带圆盘的塑料膨胀套管两部分。

3.44 耐碱网布 alkali-resistant fiberglass mesh

耐碱型玻璃纤维网格布，由表面涂覆耐碱防水材料的玻璃纤维网格布制成，埋入抹面胶浆中，形成浆料的复合胶凝材料。

3.45 聚苯颗粒 expanded polystyrene granule

由聚苯乙烯泡沫塑料经粉碎、混合而制成的具有一定粒度、级配的专门用于配制胶粉聚苯颗粒保温浆料的轻骨料。

3.46 高分子乳液弹性底层涂料（以下简称弹性底涂） elastic ground coating

由弹性防水乳液加入多种助剂、颜填料配制成的具有防水和透气效果的封底涂层。

3.47 聚氨酯防潮底漆 polyurethane moisturleproof primer

由高分子树脂及各种助剂、稀释剂配制而成的底漆，用于封闭基层水气等以满足硬泡聚氨酯与墙体的粘结。

3.48 聚氨酯界面砂浆 polyurethane interface treating mortar

由与聚氨酯具有良好粘结性能的合成树脂乳液为主要胶粘剂复合各种助剂、砂和填料配制成的界面处理剂，使用时与水泥按比例混合配成界面砂浆，涂覆于聚氨酯保温层上，满足与胶粉聚苯颗粒保温浆料找平材料的粘结。

3.49 聚氨酯预制件 polyurethane precast board

在工厂预制成型的角形或其他形状的硬泡聚氨酯保温模块，用于粘贴在外墙阴阳角及门窗洞口等部位。

3.50 聚氨酯预制件胶粘剂 polyurethane precast board adhesive

以合成树脂为胶粘料，现场加入固化剂等添加料而制成的双组分胶粘剂，用于聚氨酯预制件与基层墙体的粘结。

3.51 进场验收 site acceptance

对进入施工现场的材料、设备等进行外观质量检查和规格、型号、技术参数及质量证明文件核查，并形成相应验收记录的活动。

3.52 进场复验 site reinspection

进入施工现场的材料、设备等在进场验收合格的基础上，按照有关规定从施工现场抽取试样送至试验室进行部分或全部性能参数检验的活动。

3.53 见证取样送检 evidential test

施工单位在监理工程师或建设单位代表见证下，对已经完成施工作业的分项或分部工程，按照有关规定在工程实体上抽取试样，送至有见证检测资质的检测机构进行检测的活动。

3.54 现场实体检验 in-situ inspection

在监理工程师或建设单位代表见证下，对已经完成施工作业的分项或分部工程，按照有关规定在工程实体上抽取试样，在现场进行检验或送至有见证检测资质的检测机构进行检验的活动。简称实体检验或现场检验。

3.55 型式检验 type inspection

由生产厂家委托有资质的检测机构，对定型产品或成套技术的全部性能及其适用性所作的检验。其报告称型式检验报告。通常在工艺参数改变、达到预定生产周期或产品生产数量时进行。

4 节 能 门 窗

4.1 外门、外窗 external door external window

有一个面朝向室外的门或窗。

4.2 铝合金门窗 aluminium allay door and window

用铝合金建筑型材制作框与扇结构的门和窗。

4.3 塑料门窗　unplasticized polyvinyl chloride door and window

用未增塑聚氯乙烯型材按规定要求使用增强型钢制作的门窗。

4.4 隔热性能　heat insulation performance

建筑门窗在夏季阻隔太阳辐射得热以及室外高温得热的能力(建筑门窗阻隔热量传递的能力)。

4.5 外门窗综合遮阳系数(WS)　integration adumbral coefficient of outer door and window

考虑外门窗本身的门窗洞口的建筑外遮阳装置综合遮阳效果的一个系数。其值为外门窗本身的遮阳系数 SC 与门窗洞口的建筑外遮阳系数 SD 的乘积。

4.6 抗风压性能　wind resistance performance

关闭着的外门窗在风压使用下不发生损坏和功能障碍的能力。以发生损坏或功能障碍之前的风压力差值 P_3 表示。

4.7 气密性能　air permeability performance

外门窗在关闭状态下,阻止空气渗透的能力。通常以建筑外门窗的标准状态(气温20℃,气压101.3kPa,空气密度1.202kg/m³)下,压力差为10Pa时的单位缝长空气渗透量 q_1 和单位面积空气渗透量 q_2 表示。

4.8 水密性能　watertightness performance

关闭着的外门窗在风雨同时作用下,阻止雨水渗漏的能力。以发生严重渗漏压力差的前一级压力差值 ΔP 表示。

4.9 安全玻璃　safety glass

符合现行国家标准的钢化玻璃、夹层玻璃及由钢化玻璃或夹层玻璃组合加工而成的其他玻璃制品。

4.10 太阳辐射透射系数　solar energy transmittance

透过玻璃(或其他透明材料)的太阳辐射能,与投射在其表面上的总太阳辐射能之比。无因次。

4.11 遮阳系数(SC)　shading coefficient

透过窗玻璃的实际太阳辐射得热,与透过3mm厚透明玻璃的太阳辐射得热之比。无因次。

4.12 太阳辐射吸收系数　solar radiation absorptance

某表面对投射到该表面的太阳辐射能的吸收部分,与投射到该表面的总太阳辐射能之比。无因次。

4.13 外门窗窗口单位空气渗透量 air leakage index

在标准空气状态下，当门窗内外压差为 10Pa、外窗所有可开启门窗扇均已正常关闭的条件下，单位门窗口面积、单位时间内由室外渗入的空气量，单位：$m^3/(m^2 \cdot h)$。该渗透量中既包括经过门窗本身的缝隙渗入的空气量，也包括经过外门窗与围护结构之间的安装缝隙渗入的空气量。

4.14 附加渗透量 extraneous air leakage

在标准空气状态下，当窗内外压差为 10Pa 时，单位时间内通过受检外窗以外的缝隙渗入的空气量，单位：m^3/h。

4.15 外窗的综合遮阳系数(Sw) overall shading coefficient of wingdow

考虑窗本身和窗口与建筑外遮阳装置综合遮阳效果的一个系数，其值为窗本身的遮阳系数(SC)与窗口的建筑外遮阳系数(SD)的乘积。

4.16 可见光透射比 visible transmittance

透过透明材料的可见光光通量与投射在其表面上的可见光光通量之比。

4.17 建筑幕墙 building curtain wall

由支承结构体系与面板组成的、可相对主体结构有一定位移能力、不分担主体结构所受作用的建筑外围护结构或装饰性结构。

4.18 透明幕墙 transparent curtain wall

可见光可直接透射入室内的幕墙。

4.19 非透明幕墙 no-transparent curtain wall

不能将可见光透射入室内的幕墙。

5 其 他

5.1 耐火极限 duration of fire resistance

建筑构件按时间-温度标准曲线进行耐火试验，从受到火的作用时起，从失去支持能力或完整性被破坏或失去隔火作用时止的这段时间，用小时(h)表示。

5.2 不燃烧体 non-combustible component

用不燃烧材料做成的建筑构件。

5.3 难燃烧体 hard-combustible component

用难燃烧材料做成的建筑构件或用燃烧材料做成而用不燃烧材料作保护层的建筑构件。

5.4 燃烧体 combustible component

用燃烧材料做成的建筑构件。

5.5 可燃类保温材料 combustible thermal insulating material

指应用于外保温系统中，燃烧性能低于 GB 8624—2006 规定的 D 级的模塑聚苯板、挤塑聚苯板和聚氨酯类等有机高分子保温材料。

5.6 不燃类保温材料 non-combustible thermal insulating material

指应用于外保温系统中，燃烧性能达到 GB 8624—2006 规定的 A 级的保温材料。

5.7 难燃类保温材料 difficult-combustible thermal insulating material

指应用于外保温系统中，燃烧性能达到 GB 8624—2006 规定的 B 级的保温材料。

5.8 防火界面层 fire-proof interface layer

涂覆在可燃保温材料表面提高其界面粘结能力并阻断火焰对保温层引燃的的过渡层。

5.9 点火性 ignitability

在有火源或火种的条件下，材料是否能够被点燃或引起燃烧材料自身的燃烧性能要求。

5.10 保温装饰板 thermal insulating decoration board

外表面带有装饰面层的复合预制保温板材。

5.11 防火保护层 fire-proof protection layer

由不燃或不具有火焰传播性的难燃材料覆盖在可燃保温层表面形成的系统构造层，可有效阻止火焰对可燃保温层的引燃和火灾蔓延。

5.12 防火隔离带 fire-proof barrier

为防止火灾蔓延而在可燃保温材料之间设置的由不燃或不具有火焰传播性的难燃保温材料构成的区域，隔离带应具有一定的设计宽度和长度且与墙体无空腔粘结。

5.13 防火分仓 fire-proof compartment

由不燃或不具有火焰传播性的难燃保温材料将固定尺寸的保温层材料隔离成相互独立的区域，可减少可燃保温材料受火攻击时对相邻可燃保温材料产生的影响。

5.14 竖炉实验 "brandschacht" test

是《建筑材料难燃性试验方法》GB/T 8625 标准中用于确定某种材料是否具有难燃性的实验，试验装置包括燃烧竖炉和控制仪器等。

5.15 锥形量热计实验 cone calorimeter test

一种小型燃烧性能实验，根据量热学耗氧原理，模拟材料实际火灾状态的一种试验，可同时测定材料的点火性能、热释放、烟及毒性气体等，且整个试验是一个连续过程，试验标本为保温体系局部构造或单一材料试块。

5.16 热释放速率峰值 heat release rate

锥形量热计试验的一种参数，指在预设的加热器热辐射热流强度下，样品引燃后单位面积上释放热量的速率的最大值，代表材料的典型燃烧特性。单位为：kW/m^2。

5.17 窗口火实验 window fire test

用于描述应用于建筑表面并在控制条件下暴露于外部火焰的外墙外保温系统的防火性能评价方法。火焰的暴露方式表征外部火源或室内完全扩展（轰燃后）火焰，从窗口处溢出对外保温系统影响，检验外保温系统整体工程的防火性能的一种试验方法。

5.18 火焰传播性 flash spread

外保温系统在火灾中的火焰传播能力。用窗口火实验中两条水平测线上测点的最高温度来描述。

5.19 空腔 cavity

指在保温层和基层墙体之间未采取满粘工艺造成的具有一定空气量的空间。

5.20 露点温度 temperature of dwe point

在给定的压力下，混合比为 Y 的湿空气被水饱和时的温度。在该温度下水的饱合蒸气压等于混合比为 Y 的湿蒸气分压。

5.21 节能传热系统(K_E) heating transfer system of energy efficiency

根据建筑节能标准计算需要的围护结构的传热系数限值。

5.22 围护结构的热稳定性 thermal stability of building envelopes

在周期性热作用下，围护结构本身抵抗温度波动的能力。

5.23 热惰性指数(D) index of thermal inertia

表征围护结构反抗温度波动和热流波动能力的无量纲指数。对于单一材料层围护结构，$D=RS$；多层材料围护结构，$D=\sum RS$。式中 R 为围护结构材料层的热阻；S 为相应材料层的蓄热系数。D 值越大，温度波在其中的衰减也越大，围护结构的热稳定性越好。

5.24 室外综合温度(t_{sa})　comprehensive temperature of outdoors

室外空气温度、太阳辐射当量温度与天空辐射当量温度之和。单位：℃。

5.25 热流计法　heat flow meter method

指用热流计进行热阻测量并计算热阻和传热系数的测量方法。

5.26 热箱法　hot box method

指用标定或防护热箱法对构件进行传热阻和传热系数的测量方法。

5.27 外墙平均传热系数(K_m)　mean overall heat transfer coef-ficient

外墙构件中，对各部分(如主墙体、钢筋混凝土柱梁等)的传热系数按面积计权的平均传热系数。

5.28 内表面最高计算温度(t_{imax})　calculated highest inner sur-face temperature

指在夏季自然通风条件，外围护结构中的屋顶、外墙按照《民用建筑热工设计规范》(GB 50176—93)中规定的计算条件，计算得到的内表面最高温度，单位：℃。(上海为 36.1℃)。

5.29 热惰性指标(D)　index of thermal inertia

表征围护结构对温度波衰减速度快慢程度的无量纲指标。$D=\sum RS$，其中 R 为围护结构材料层热阻；S 为相应材料层的蓄热系数。

5.30 外墙平均热惰性指标(D_{pm})　mean index of thermal iner-tia

外墙主墙体构件中对各部分的热惰性指标 D 值进行按面积计权求得的平均值。

5.31 门窗传热系数　window and door of thermal transmittance/heat transfer coefficient

表示热量通过玻璃中心部位而不考虑连缘效应，稳态条件下，玻璃两面单位环境温度差，通过单位面积的热量。传热系数 U 值的单位：$W/(m^2 \cdot K)$。

5.32 热阻(R)　thermal resistance; heat resistance

表征物体阻抗热传导能力大小的物理量。单位：$(m^2 \cdot K)/W$。

5.33 蓄热系数(S)　coefficient of accumulation of heat; coefficient of thermal storage

(1) 在周期性热作用下，物体表面温度升高或降低 1K 时，单位表面积贮存或释放的热流量。单位：$W/(m^2 \cdot K)$。

(2) 当某一足够厚度的匀质材料层一侧受到谐波热作用时，通过表面的积存或释放的热流量。单位：$W/(m^2 \cdot K)$。

5.34 传热阻(R) total thermal resistance

表征围护结构(包括两侧表面空气边界层)阻抗传热能力的物理量。为传热系数的倒数。单位：$(m^2 \cdot K)/W$。

5.35 最小传热阻(R_0) minimal total thermal resistance

设计计算中容许采用的围护结构传热阻的下限值，规定最小传热阻的目的是为了限制通过围护结构的传热量过大，防止内表面冷凝，以及限制内表面与人体之间的辐射换热量过大而影响热舒适。单位：$(m^2 \cdot K)/W$。

5.36 节能传热阻($R_{0 \cdot E}$) energy efficiency of total thermal resistance

根据建筑节能标准计算需要的围护结构的传热阻限值。

5.37 综合部分负荷性能系数($IPLV$) integrated part load value

用一个单一数值表示的空气调节用冷水机组的部分负荷效率指标，它基于机组部分负荷时的性能系数值，按照机组在各种负荷下运行时间的加权因素，通过计算获得。

5.38 静态水力平衡阀 static hydraulic balancing valve

通过借助专用的二次仪表能手动地定量调整系统水流量，且阀体上具有测压孔、开启刻度和最大开度锁定装置的调节阀。

5.39 噪声当量温度差($NETD$) noise equivalent temperature difference

在热成像系统或扫描器的信噪比为1时，黑体目标与背景之间的目标—背景温度差，也称温度分辨率。

5.40 制冷性能系数(COP) refrigerating coefficient of performance

制冷机在规定工况下的制冷量(W)的比值。

5.41 热水采暖系统耗电输热比(HER) energy efficiency index in hot water heating systems

在采暖室内外计算温度条件下，集中热水采暖系统热水循环泵在设计工况点的轴功率(kW)跟建筑物的供热负荷(kW)与水泵在设计工况点的效率乘积的比值。

5.42 水力平衡度(HB) hydraulic balance Status

在集中采暖供热系统中，居住建筑物热力入口处循环水量(质量流量)的实测值与设计值之比。无因次。

5.43 不平衡度 unbalance factor

指三相电力系统中三相不平衡的程度，用电压或电流负序分量与正序分量的方均根值百分比表示。

5.44 采暖供热系统补水率(R_{mu}) makeup ratio of a space heating system

采暖供热系统正常运行工况下，检测持续时间内，该系统单位建筑面积、单位时间内的补水量与该采暖供热系统设计循环水量指标的比值。无因次。

5.45 建筑物耗能量指标 index of energy loss of building

耗热量指标和耗冷量指标之和。单位：W/m^2。

5.46 热像图 thermogram

用红外热像仪拍摄的表示物体表面辐射温度的图片。

5.47 红外热像仪 Infrared Camera

基于表面辐射温度原理，能产生热像的红外成像系统。

5.48 参照温度 reference temperature

在被测物体表面测得的用来标定红外热像仪的物体表面温度。

5.49 环境参照体 ambient reference object

用来采集环境温度的物体，它并不一定具有当时的真实环境温度，但具有与被测物相似的物理属性，并与被测物处于相似的环境之中。

5.50 热工缺陷 thermal irregularities

当保温材料缺失、受潮、分布不均或其中混入灰浆或围护结构存在空气渗透的部位时，则称该围护结构在此部位存在热工缺陷。

5.51 检验批 Inspection Patch

相同材料、工艺、施工条件，同品种、类型、规格的建筑物构件或保温系统及建筑物。

5.52 既有建筑 exting building

已建成一年以上的建筑物

尊敬的读者：

感谢您选购我社图书！建工版图书按图书销售分类在卖场上架，共设22个一级分类及43个二级分类，根据图书销售分类选购建筑类图书会节省您的大量时间。现将建工版图书销售分类及与我社联系方式介绍给您，欢迎随时与我们联系。

★ 建工版图书销售分类表（见下表）。

★ 欢迎登陆中国建筑工业出版社网站www.cabp.com.cn，本网站为您提供建工版图书信息查询、网上留言、购书服务，并邀请您加入网上读者俱乐部。

★ 中国建筑工业出版社总编室　　电　话：010—58934845　　传　真：010—68321361

★ 中国建筑工业出版社发行部　　电　话：010—58933865　　传　真：010—68325420
　　　　　　　　　　　　　　　E-mail：hbw@cabp.com.cn

建工版图书销售分类表

一级分类名称（代码）	二级分类名称（代码）	一级分类名称（代码）	二级分类名称（代码）
建筑学（A）	建筑历史与理论（A10）	园林景观（G）	园林史与园林景观理论（G10）
	建筑设计（A20）		园林景观规划与设计（G20）
	建筑技术（A30）		环境艺术设计（G30）
	建筑表现·建筑制图（A40）		园林景观施工（G40）
	建筑艺术（A50）		园林植物与应用（G50）
建筑设备·建筑材料（F）	暖通空调（F10）	城乡建设·市政工程·环境工程（B）	城镇与乡（村）建设（B10）
	建筑给水排水（F20）		道路桥梁工程（B20）
	建筑电气与建筑智能化技术（F30）		市政给水排水工程（B30）
	建筑节能·建筑防火（F40）		市政供热、供燃气工程（B40）
	建筑材料（F50）		环境工程（B50）
城市规划·城市设计（P）	城市史与城市规划理论（P10）	建筑结构与岩土工程（S）	建筑结构（S10）
	城市规划与城市设计（P20）		岩土工程（S20）
室内设计·装饰装修（D）	室内设计与表现（D10）	建筑施工·设备安装技术（C）	施工技术（C10）
	家具与装饰（D20）		设备安装技术（C20）
	装修材料与施工（D30）		工程质量与安全（C30）
建筑工程经济与管理（M）	施工管理（M10）	房地产开发管理（E）	房地产开发与经营（E10）
	工程管理（M20）		物业管理（E20）
	工程监理（M30）	辞典·连续出版物（Z）	辞典（Z10）
	工程经济与造价（M40）		连续出版物（Z20）
艺术·设计（K）	艺术（K10）	旅游·其他（Q）	旅游（Q10）
	工业设计（K20）		其他（Q20）
	平面设计（K30）	土木建筑计算机应用系列（J）	
执业资格考试用书（R）		法律法规与标准规范单行本（T）	
高校教材（V）		法律法规与标准规范汇编/大全（U）	
高职高专教材（X）		培训教材（Y）	
中职中专教材（W）		电子出版物（H）	

注：建工版图书销售分类已标注于图书封底。